U0359975

清华大学电子与信息技术系列教材

电磁场理论基础

王 蔷 李国定 龚 克 编著

清华大学出版社

内 容 提 要

本书系统地介绍了电磁场理论的基本内容，包括静电场、恒定磁场、准静态场、时变场、电磁波在无界空间的自由传播、导波和电磁波的激励。比较系统地介绍了求解电磁问题的几种严格的解析方法，也讨论了近年来出现的计算电磁学中常用的几种数值计算方法的基本原理，并介绍了电磁场理论在电磁兼容性中的应用。为便于读者掌握基本理论，对重要的物理概念从不同的角度加以阐述，并在各章中都列出了较多的典型例题和习题。

该书适于作为高等院校无线电技术专业本科生的教材，也可供从事电磁场理论、微波技术、天线和电磁兼容性领域工作的科技人员阅读和参考。

版权所有，侵权必究。举报：010-62782989，beiqinquan@tup.tsinghua.edu.cn。

图书在版编目(CIP)数据

电磁场理论基础/王蔷等编著．—北京：清华大学出版社，2001(2023.11 重印)
清华大学电子与信息技术系列教材
ISBN 978-7-302-04251-8

Ⅰ．电…　Ⅱ．王…　Ⅲ．电磁场-高等学校-教材　Ⅳ．O441.4

中国版本图书馆 CIP 数据核字(2001)第 07498 号

责任印制：曹婉颖

出版发行：清华大学出版社
网　　址：https://www.tup.com.cn，https://www.wqxuetang.com
地　　址：北京清华大学学研大厦 A 座　　**邮　　编**：100084
社 总 机：010-83470000　　**邮　　购**：010-62786544
投稿与读者服务：010-62776969，c-service@tup.tsinghua.edu.cn
质量反馈：010-62772015，zhiliang@tup.tsinghua.edu.cn
印 装 者：三河市龙大印装有限公司
经　　销：全国新华书店
开　　本：185mm×260mm　　**印　　张**：21.5　　**字　　数**：532 千字
版　　次：2001 年 2 月第 1 版　　**印　　次**：2023 年 11 月第 14 次印刷
定　　价：49.00 元

产品编号：004251-04/TN

前　言

1865 年英国学者麦克斯韦总结和概括了物理学家法拉第、安培和高斯等前人的工作，创造性地提出位移电流的概念，建立了宏观电磁现象满足的基本规律——麦克斯韦方程组及光的电磁波学说，至今已有一百多年。在这期间，随着科学技术的发展，电磁场理论得到了广泛的应用和发展。尤其近三十年来，无线电电子学、计算机和网络技术的飞速发展，生物电磁学、环境电磁学和电磁兼容性等学科的建立，向电磁场理论提出了许多新的研究课题，使现代电磁场理论得到了迅速的发展。以无线电电子学领域为例，近代发展起来的新技术如雷达、通信、导航、遥感等，均与电磁波的产生、辐射、传播和接收有关，作为微波技术与天线技术的理论基础的电磁场理论，在这些新技术中起着极其重要的作用，同时也得以丰富和发展。反过来，电磁场理论的研究成果又不断地促进了其他学科的发展。因此，“电磁场理论”成为世界各国大学电类专业学生必修的一门技术基础课，本书就是总结了多年来在清华大学电子工程系讲授此课程的经验编写而成的。

由于电磁场理论中的物理量大多是矢量，在定量分析时要用到许多矢量公式、定义和定理，为便于读者查阅，书中第 1 章概略地介绍了矢量的运算规则、相关的定义和几个在以后相关的章节中要用到的矢量积分定理。

第 2 章至第 4 章讨论静电场和恒定磁场。静电场和恒定磁场是电磁场理论的基本内容，它包含了电磁学的基本定理、定律以及求解电磁问题的基本方法。这 3 章涉及的物理概念多，利用的数学工具多，这些概念和处理问题的方法在一定的条件下对时变场也是有效的。

分析求解一个物理系统中的时变电磁问题严格地说都应采用电磁场理论的方法，即通常称为“场”的方法，但在很多情况下人们采用电路理论的方法，简称为“路”的方法。“路”的方法比“场”的方法要简单得多，但“场”的方法具有普遍性，“路”的方法具有局限性，电路理论只在所研究的场满足准静态的条件下成立，“路”的方法是“场”的方法的特例。作为讨论时变场的过渡，书中第 5 章讨论准静态场。在该章中，利用准静态条件从电磁场理论的基本方程——麦克斯韦方程，导出了电路理论的基本方程——环路电压定理和节点电流定理。

第 6 章至第 8 章讨论时变场，内容涉及时变场满足的基本方程式和时变场的波动特性，包括各种位函数、麦克斯韦方程组、波动方程，电磁波在各种媒质中自由传播的特性和导波。第 10 章则讨论电磁波的激励。这 4 章是电磁场理论的核心内容，它是正确理解各种宏观电磁现象和正确解决工程电磁问题必备的基本知识。

20 世纪 60 年代末开始，出现了称之为“计算电磁学”的新学科，它是计算机技术与传统电磁场理论相结合的产物。它的出现大大拓宽了电磁场理论的研究范围，使许多原来不能解决的复杂工程电磁问题能顺利求解。书中第 9 章介绍了计算电磁学中常用的几种数值计算方法的基本原理。

本书最后的第 11 章介绍电磁场理论在电磁兼容性中的应用。由于电子设备的应用已渗透到各个领域，工作时伴有寄生辐射的通信设备和各种信息处理设备往往同时配置在同一个场地中，且场地的空间越来越小(尤其在移动的场地中)，而设备和系统的灵敏度越来越高，无线通信的频道日趋拥挤，加上有限的频谱资源被非法滥用，使得系统内和系统间的电磁干扰问题变得越来越严重。信息处理设备在运行过程中产生的信息电磁泄漏失密问题已成为主要的安全风险。因此从 20 世纪 60 年代中期开始，逐渐形成了一门称之为"电磁兼容性"的学科。电磁兼容性中的许多问题是必须用电磁场理论才能解决的。第 11 章中除介绍了电磁兼容性的一些基本概念外，还推导了一些在文献中经常被引用的公式。

本书力求比较系统地介绍求解电磁问题的基本方法，在进行严格的数学分析的同时，对重要的物理概念从不同的角度加以阐述，为便于读者理解，每章都有较多的典型例题和习题。

本书在内容安排上，恒定场与时变场相比，时变场为重点；静电场与恒定磁场相比，静电场为重点。本书目录中标注有 * 的内容属于较深的内容，可由任课教师自行选择讲授。

全书第 1，5，9，10，11 章由李国定编写，第 2，3，4 章由王蔷编写，第 6，7，8 章由龚克编写。

阅读本书应具备大学物理电磁学和高等数学中的矢量分析、复变函数、数理方程、特殊函数和线性代数的基础知识。

由于作者水平有限，书中难免存在缺点与不足，欢迎广大读者与同行专家批评指正。

作者于清华大学

2000 年 8 月

目　　录

第1章 矢量分析

“电磁场理论基础”课程的基本任务是研究电磁场作为一种物质形态的运动规律。众所周知，电磁场是一矢量场，其基本量电场强度 $\boldsymbol{E}$、电位移矢量 $\boldsymbol{D}$、磁感应强度 $\boldsymbol{B}$ 和磁场强度 $\boldsymbol{H}$ 都是矢量函数，研究电磁场运动规律的基本出发点是麦克斯韦方程组，而这一方程组正是矢量函数的微分方程组。因此在本门课程的学习中自始至终都要遇到矢量函数的代数运算、微分运算与积分运算。为了便于本课程的学习，我们将矢量运算(包括代数运算、微分与积分运算)的基本规律以及与它密切相关的坐标系问题做一扼要的介绍，主要包括梯度、散度和旋度的定义，一些矢量恒等式和几个重要的积分定理，有关并矢及其运算规则。

1.1 矢量及其代数运算

1.1.1 矢量的基本概念

1. 矢量与标量

矢量是既有大小又有方向的量，例如力、位移、速度等。在矢量运算中常用黑体字母如 $\boldsymbol{A}$ 来表示一个矢量，而它的大小(即模)则用符号 $|\boldsymbol{A}|$ 或 A 表示。

标量则是只有大小而无方向的量，例如质量、时间、温度等。

2. 单位矢量与矢量的分量

单位矢量是长度为 1 的矢量，本书中以上方带有“ ˆ ”符号的黑体字母表示，如 $\hat{\boldsymbol{a}}$，显然 $|\hat{\boldsymbol{a}}|=1$。由定义可知

$$\hat{\boldsymbol{a}} = \boldsymbol{A}/A \text{ 或 } \boldsymbol{A} = A\hat{\boldsymbol{a}} \tag{1-1}$$

在直角坐标系中有一组基本单位矢量 $\hat{\boldsymbol{x}}, \hat{\boldsymbol{y}}, \hat{\boldsymbol{z}}$，它们的方向与右手直角坐标系中 x, y, z 轴方向一致，见图 1-1。当然，也可以定义其他正交坐标系中的基本单位矢量，这将在 1.6 节中介绍。

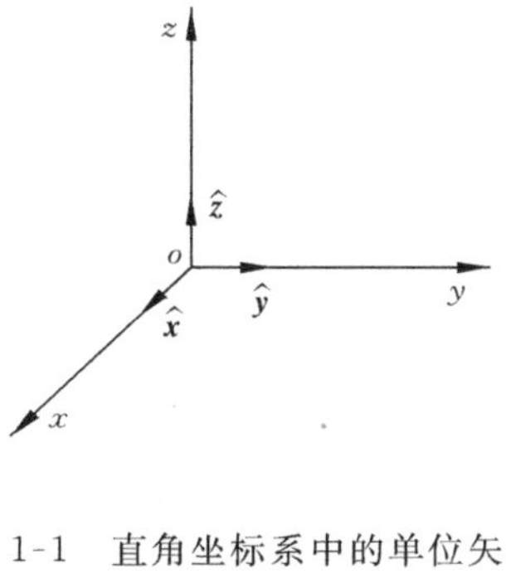

图 1-1 直角坐标系中的单位矢量

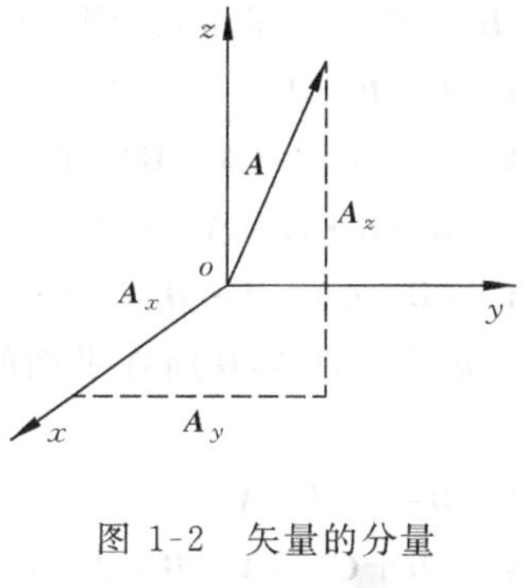

图 1-2 矢量的分量

三维空间中任何矢量 $\boldsymbol{A}$ 都可以在一直角坐标系中用始于原点 o 的矢量来表示，见

图 1-2。设起点为 o 的矢量 $\boldsymbol{A}$ 的终点坐标是 (A_x, A_y, A_z)，则有

$$\boldsymbol{A} = A_x\hat{\boldsymbol{x}} + A_y\hat{\boldsymbol{y}} + A_z\hat{\boldsymbol{z}} \tag{1-2}$$

式中 A_x, A_y, A_z 是矢量 $\boldsymbol{A}$ 在 x, y, z 方向的分量。显然 $\boldsymbol{A}$ 的大小为

$$|\boldsymbol{A}| = (A_x^2 + A_y^2 + A_z^2)^{1/2} \tag{1-3}$$

3. 位置矢量

设空间中有一点 P，它的位置在所选择的坐标系下可以用一从原点出发的矢量 $\boldsymbol{r}$ 来表示，矢量 $\boldsymbol{r}$ 叫做点 P 的位置矢量，见图 1-3。显然 $\boldsymbol{r}$ 的分量是点 P 的坐标值 (x, y, z)，即

$$\boldsymbol{r} = x\hat{\boldsymbol{x}} + y\hat{\boldsymbol{y}} + z\hat{\boldsymbol{z}} \tag{1-4}$$

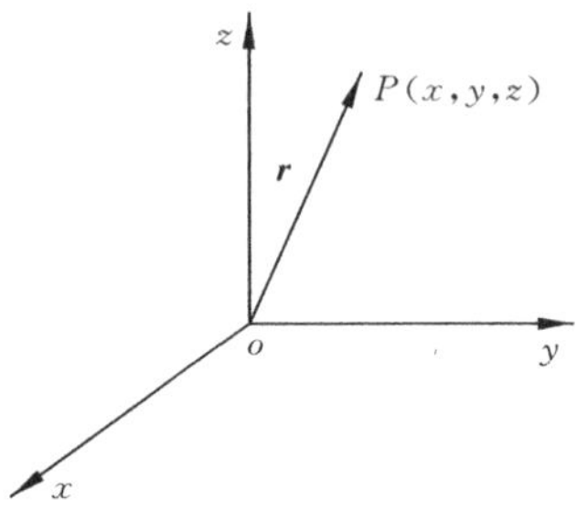

图 1-3 位置矢量

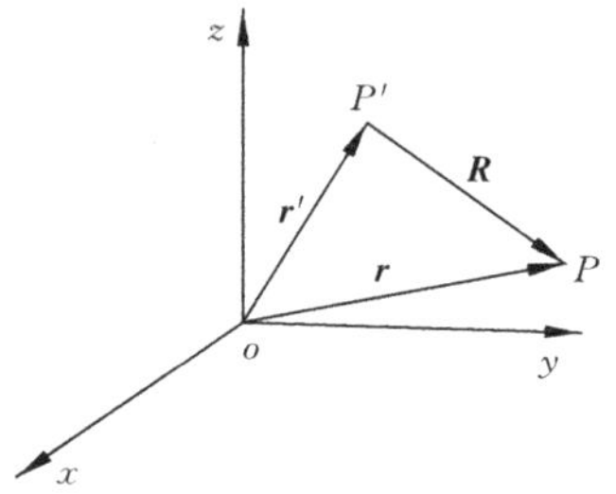

图 1-4 相对位置矢量

类似地，如另有一点 $P'(x', y', z')$，则它的位置也可用一位置矢量

$$\boldsymbol{r}' = x'\hat{\boldsymbol{x}} + y'\hat{\boldsymbol{y}} + z'\hat{\boldsymbol{z}}$$

来表示，以此类推，点 P 相对于点 P' 的位置也可用从 P' 到 P 的矢量 $\boldsymbol{R}$ 来表示（见图 1-4），矢量 $\boldsymbol{R}$ 称为点 P 相对于点 P' 的相对位置矢量。显然，$\boldsymbol{r}' + \boldsymbol{R} = \boldsymbol{r}$，所以

$$\boldsymbol{R} = \boldsymbol{r} - \boldsymbol{r}' \tag{1-5}$$

矢量 $\boldsymbol{R}$ 用 P 点和 P' 点的坐标值表示时，为

$$\boldsymbol{R} = (x - x')\hat{\boldsymbol{x}} + (y - y')\hat{\boldsymbol{y}} + (z - z')\hat{\boldsymbol{z}} \tag{1-6}$$

所以 $\boldsymbol{R}$ 的模的平方为

$$R^2 = [(x - x')^2 + (y - y')^2 + (z - z')^2] \tag{1-7}$$

1.1.2 矢量函数的代数运算规则

设 $\boldsymbol{A}, \boldsymbol{B}, \boldsymbol{C}$ 都是矢量函数，则它们满足以下运算规则：

(1) $\boldsymbol{A} + \boldsymbol{B} = \boldsymbol{B} + \boldsymbol{A}$ (1-8)

(2) $\boldsymbol{A} + (\boldsymbol{B} + \boldsymbol{C}) = (\boldsymbol{A} + \boldsymbol{B}) + \boldsymbol{C}$ (1-9)

(3) $\boldsymbol{A} \cdot \boldsymbol{B} = \boldsymbol{B} \cdot \boldsymbol{A} = AB\cos\theta \quad (0 \leqslant \theta \leqslant \pi)$ (1-10)

(4) $\boldsymbol{A} \cdot (\boldsymbol{B} + \boldsymbol{C}) = \boldsymbol{A} \cdot \boldsymbol{B} + \boldsymbol{A} \cdot \boldsymbol{C}$ (1-11)

(5) 设 $\hat{\boldsymbol{u}}$ 是垂直 $\boldsymbol{A}, \boldsymbol{B}$ 所在平面的单位矢量，则

$$\boldsymbol{A} \times \boldsymbol{B} = AB\sin\theta\,\hat{\boldsymbol{u}} \tag{1-12}$$

(6) $\boldsymbol{A} \times \boldsymbol{B} = -\boldsymbol{B} \times \boldsymbol{A}$ (1-13)

(7) $\boldsymbol{A} \times (\boldsymbol{B} + \boldsymbol{C}) = \boldsymbol{A} \times \boldsymbol{B} + \boldsymbol{A} \times \boldsymbol{C}$ (1-14)

(8) 若 $\boldsymbol{A} = A_1\hat{\boldsymbol{u}}_1 + A_2\hat{\boldsymbol{u}}_2 + A_3\hat{\boldsymbol{u}}_3$，$\boldsymbol{B} = B_1\hat{\boldsymbol{u}}_1 + B_2\hat{\boldsymbol{u}}_2 + B_3\hat{\boldsymbol{u}}_3$，则

$$\boldsymbol{A}\times\boldsymbol{B}=\begin{vmatrix}\hat{\boldsymbol{u}}_1 & \hat{\boldsymbol{u}}_2 & \hat{\boldsymbol{u}}_3\\ A_1 & A_2 & A_3\\ B_1 & B_2 & B_3\end{vmatrix} \tag{1-15}$$

(9) $\boldsymbol{A}\cdot(\boldsymbol{B}\times\boldsymbol{C})=\boldsymbol{B}\cdot(\boldsymbol{C}\times\boldsymbol{A})=\boldsymbol{C}\cdot(\boldsymbol{A}\times\boldsymbol{B})$ (1-16)

(10) $(\boldsymbol{A}\cdot\boldsymbol{B})\boldsymbol{C}\neq\boldsymbol{A}(\boldsymbol{B}\cdot\boldsymbol{C})$ (1-17)

(11) $\boldsymbol{A}\times(\boldsymbol{B}\times\boldsymbol{C})\neq(\boldsymbol{A}\times\boldsymbol{B})\times\boldsymbol{C}$ (1-18)

(12) $\boldsymbol{A}\times(\boldsymbol{B}\times\boldsymbol{C})=(\boldsymbol{A}\cdot\boldsymbol{C})\boldsymbol{B}-(\boldsymbol{A}\cdot\boldsymbol{B})\boldsymbol{C}$ (1-19)

以上的运算规则都已在矢量代数中证明过，这里不再重复。应当指出的是，上述运算规则与坐标系的选择无关。在 1.3.1 节中引入微分算子“∇”后，矢量函数的许多微分运算规则可以从上面列出的代数运算规则直接导出。

1.2 矢量函数和微分

我们所研究的电磁场在通常情况下是在一定空间内连续变化又随时间而改变的矢量场，因此在讨论中经常要遇到矢量函数对变量求导的问题。

1.2.1 矢量函数的偏导数

设矢量 $\boldsymbol{A}$ 是依赖于一个以上变量的矢量函数，如 $\boldsymbol{A}=\boldsymbol{A}(x,y,z)$，则定义 $\boldsymbol{A}$ 对于变量 x，y，z 的偏导数为

$$\frac{\partial\boldsymbol{A}}{\partial x}=\lim_{\Delta x\to 0}\frac{\boldsymbol{A}(x+\Delta x,y,z)-\boldsymbol{A}(x,y,z)}{\Delta x}$$

$$\frac{\partial\boldsymbol{A}}{\partial y}=\lim_{\Delta y\to 0}\frac{\boldsymbol{A}(x,y+\Delta y,z)-\boldsymbol{A}(x,y,z)}{\Delta y}$$

$$\frac{\partial\boldsymbol{A}}{\partial z}=\lim_{\Delta z\to 0}\frac{\boldsymbol{A}(x,y,z+\Delta z)-\boldsymbol{A}(x,y,z)}{\Delta z}$$

上述定义中假定了等式右端的极限必须存在。由于

$$\boldsymbol{A}(x,y,z)=A_x(x,y,z)\hat{\boldsymbol{x}}+A_y(x,y,z)\hat{\boldsymbol{y}}+A_z(x,y,z)\hat{\boldsymbol{z}}$$

所以

$$\frac{\partial\boldsymbol{A}}{\partial x}=\frac{\partial A_x}{\partial x}\hat{\boldsymbol{x}}+\frac{\partial A_y}{\partial x}\hat{\boldsymbol{y}}+\frac{\partial A_z}{\partial x}\hat{\boldsymbol{z}}$$

$$\frac{\partial\boldsymbol{A}}{\partial y}=\frac{\partial A_x}{\partial y}\hat{\boldsymbol{x}}+\frac{\partial A_y}{\partial y}\hat{\boldsymbol{y}}+\frac{\partial A_z}{\partial y}\hat{\boldsymbol{z}}$$

$$\frac{\partial\boldsymbol{A}}{\partial z}=\frac{\partial A_x}{\partial z}\hat{\boldsymbol{x}}+\frac{\partial A_y}{\partial z}\hat{\boldsymbol{y}}+\frac{\partial A_z}{\partial z}\hat{\boldsymbol{z}}$$

这样，矢量函数 $\boldsymbol{A}$ 的全微分 $\mathrm{d}\boldsymbol{A}$ 就是

$$\mathrm{d}\boldsymbol{A}=\mathrm{d}A_x\hat{\boldsymbol{x}}+\mathrm{d}A_y\hat{\boldsymbol{y}}+\mathrm{d}A_z\hat{\boldsymbol{z}}$$

而

$$\mathrm{d}A_x=\frac{\partial A_x}{\partial x}\mathrm{d}x+\frac{\partial A_x}{\partial y}\mathrm{d}y+\frac{\partial A_x}{\partial z}\mathrm{d}z$$

对 $\mathrm{d}A_y$，$\mathrm{d}A_z$ 亦有类似的表达式，代入前一式得

$$\begin{aligned}\mathrm{d}\boldsymbol{A}=&\left\{\frac{\partial A_x}{\partial x}\hat{\boldsymbol{x}}+\frac{\partial A_y}{\partial x}\hat{\boldsymbol{y}}+\frac{\partial A_z}{\partial x}\hat{\boldsymbol{z}}\right\}\mathrm{d}x+\left\{\frac{\partial A_x}{\partial y}\hat{\boldsymbol{x}}+\frac{\partial A_y}{\partial y}\hat{\boldsymbol{y}}+\frac{\partial A_z}{\partial y}\hat{\boldsymbol{z}}\right\}\mathrm{d}y\\&+\left\{\frac{\partial A_x}{\partial z}\hat{\boldsymbol{x}}+\frac{\partial A_y}{\partial z}\hat{\boldsymbol{y}}+\frac{\partial A_z}{\partial z}\hat{\boldsymbol{z}}\right\}\mathrm{d}z\\=&\frac{\partial \boldsymbol{A}}{\partial x}\mathrm{d}x+\frac{\partial \boldsymbol{A}}{\partial y}\mathrm{d}y+\frac{\partial \boldsymbol{A}}{\partial z}\mathrm{d}z\end{aligned}\tag{1-20}$$

其形式与标量函数 f 的全微分

$$\mathrm{d}f=\frac{\partial f}{\partial x}\mathrm{d}x+\frac{\partial f}{\partial y}\mathrm{d}y+\frac{\partial f}{\partial z}\mathrm{d}z\tag{1-21}$$

相类似。

1.2.2 梯度、散度和旋度的定义

1. 梯度

尽管电磁场本质上是一矢量场，但在某些特定条件下亦可定义一个标量函数作为辅助量或作为形式参量以简化问题，此时，标量函数 f 也是一多变量函数，它的全微分为

$$\mathrm{d}f=\frac{\partial f}{\partial x}\mathrm{d}x+\frac{\partial f}{\partial y}\mathrm{d}y+\frac{\partial f}{\partial z}\mathrm{d}z$$

上式可以看成是两个矢量 $\boldsymbol{A}$ 和 $\mathrm{d}\boldsymbol{r}$ 的点积，其中

$$\boldsymbol{A}=\frac{\partial f}{\partial x}\hat{\boldsymbol{x}}+\frac{\partial f}{\partial y}\hat{\boldsymbol{y}}+\frac{\partial f}{\partial z}\hat{\boldsymbol{z}}\tag{1-22}$$

于是有

$$\mathrm{d}\boldsymbol{r}=\mathrm{d}x\hat{\boldsymbol{x}}+\mathrm{d}y\hat{\boldsymbol{y}}+\mathrm{d}z\hat{\boldsymbol{z}}$$

$$\boldsymbol{A}\cdot\mathrm{d}\boldsymbol{r}=\frac{\partial f}{\partial x}\mathrm{d}x+\frac{\partial f}{\partial y}\mathrm{d}y+\frac{\partial f}{\partial z}\mathrm{d}z$$

如式(1-22)所示，$\boldsymbol{A}$ 的分量是标量函数 f 随空间坐标方向的变化率，定义矢量 $\boldsymbol{A}$ 为标量函数 f 的梯度，记为

$$\boldsymbol{A}=\mathrm{grad}\ f\tag{1-23}$$

2. 散度

从场论知识可知，一个矢量函数的曲面积分称为此矢量场穿过该曲面的通量 Φ，即

$$\Phi=\int_S\boldsymbol{A}\cdot\mathrm{d}\boldsymbol{S}\tag{1-24}$$

现将 S 曲面取为闭合曲面，令此闭合曲面所包围的体积为 ΔV，当 $\Delta V\to 0$ 时，若极限

$$\lim_{\Delta V\to 0}\frac{\oint_S\boldsymbol{A}\cdot\mathrm{d}\boldsymbol{S}}{\Delta V}=\mathrm{div}\ \boldsymbol{A}\tag{1-25}$$

存在，则称此极限值为矢量函数 $\boldsymbol{A}$ 在该点的散度。从此定义出发可以证明，在直角坐标系中

$$\mathrm{div}\ \boldsymbol{A}=\frac{\partial A_x}{\partial x}+\frac{\partial A_y}{\partial y}+\frac{\partial A_z}{\partial z}\tag{1-26}$$

3. 旋度

根据场论中的定义，一矢量函数 $\boldsymbol{A}$ 的旋度仍为一矢量，它在某方向 $\hat{\boldsymbol{n}}$ 上的投影，等于该矢量 $\boldsymbol{A}$ 沿垂直于 $\hat{\boldsymbol{n}}$ 的无限小面积 ΔS 的周线 c 的线积分(积分方向与 $\hat{\boldsymbol{n}}$ 成右手关系)与 ΔS 的比值的极限，即

$$\lim_{\Delta S\to 0}\frac{\oint_c \boldsymbol{A}\cdot \mathrm{d}\boldsymbol{r}}{\Delta S}=(\mathrm{rot}\ \boldsymbol{A})\cdot\hat{\boldsymbol{n}} \tag{1-27}$$

式中的 rot $\boldsymbol{A}$ 称为矢量场 $\boldsymbol{A}$ 的旋度，由此定义出发可以证明，在直角坐标系中

$$\mathrm{rot}\ \boldsymbol{A}=\begin{vmatrix}\hat{\boldsymbol{x}} & \hat{\boldsymbol{y}} & \hat{\boldsymbol{z}}\\ \dfrac{\partial}{\partial x} & \dfrac{\partial}{\partial y} & \dfrac{\partial}{\partial z}\\ A_x & A_y & A_z\end{vmatrix} \tag{1-28}$$

1.3 矢量微分算子

1.3.1 微分算子▽的定义

在电磁场理论中会经常遇到上述的梯度、散度、旋度以及二阶微分的运算，这些运算虽不困难但都比较繁琐。为了简化运算，引入了微分算子▽，它已成为场论分析中不可缺少的工具。▽算子运算法的优点在于可以把对矢量函数的微分运算转变成矢量代数运算，从而明显地简化运算过程，并且推导简明扼要，易于掌握。

微分算子▽是一个“符号”矢量，它在直角坐标系中的定义式为

$$\nabla=\hat{\boldsymbol{x}}\frac{\partial}{\partial x}+\hat{\boldsymbol{y}}\frac{\partial}{\partial y}+\hat{\boldsymbol{z}}\frac{\partial}{\partial z}=\frac{\partial}{\partial x}\hat{\boldsymbol{x}}+\frac{\partial}{\partial y}\hat{\boldsymbol{y}}+\frac{\partial}{\partial z}\hat{\boldsymbol{z}} \tag{1-29}$$

并规定，它的各个分量可以像普通矢量的分量一样进行运算，而$\dfrac{\partial}{\partial x}$和标量函数 f 的乘积则理解为对 f 的偏导数，即$\dfrac{\partial f}{\partial x}$。

根据这样的定义和规定，上面所提到的梯度、散度和旋度就可以以一种更简洁方式来表示，因为

$$\nabla f=\left(\frac{\partial}{\partial x}\hat{\boldsymbol{x}}+\frac{\partial}{\partial y}\hat{\boldsymbol{y}}+\frac{\partial}{\partial z}\hat{\boldsymbol{z}}\right)f=\frac{\partial f}{\partial x}\hat{\boldsymbol{x}}+\frac{\partial f}{\partial y}\hat{\boldsymbol{y}}+\frac{\partial f}{\partial z}\hat{\boldsymbol{z}}$$

$$\begin{aligned}\nabla\cdot\boldsymbol{A}&=\left(\frac{\partial}{\partial x}\hat{\boldsymbol{x}}+\frac{\partial}{\partial y}\hat{\boldsymbol{y}}+\frac{\partial}{\partial z}\hat{\boldsymbol{z}}\right)\cdot(A_x\hat{\boldsymbol{x}}+A_y\hat{\boldsymbol{y}}+A_z\hat{\boldsymbol{z}})\\&=\left(\frac{\partial A_x}{\partial x}+\frac{\partial A_y}{\partial y}+\frac{\partial A_z}{\partial z}\right)\end{aligned}$$

$$\begin{aligned}\nabla\times\boldsymbol{A}&=\left(\frac{\partial}{\partial x}\hat{\boldsymbol{x}}+\frac{\partial}{\partial y}\hat{\boldsymbol{y}}+\frac{\partial}{\partial z}\hat{\boldsymbol{z}}\right)\cdot(A_x\hat{\boldsymbol{x}}+A_y\hat{\boldsymbol{y}}+A_z\hat{\boldsymbol{z}})\\&=\begin{vmatrix}\hat{\boldsymbol{x}} & \hat{\boldsymbol{y}} & \hat{\boldsymbol{z}}\\ \dfrac{\partial}{\partial x} & \dfrac{\partial}{\partial y} & \dfrac{\partial}{\partial z}\\ A_x & A_y & A_z\end{vmatrix}\end{aligned}$$

所以梯度、散度和旋度可用微分算子▽表示成

$$\mathrm{grad}\ f=\frac{\partial f}{\partial x}\hat{\boldsymbol{x}}+\frac{\partial f}{\partial y}\hat{\boldsymbol{y}}+\frac{\partial f}{\partial z}\hat{\boldsymbol{z}}=\nabla f \tag{1-30}$$

$$\operatorname{div} \boldsymbol{A}=\frac{\partial A_x}{\partial x}+\frac{\partial A_y}{\partial y}+\frac{\partial A_z}{\partial z}=\nabla \cdot \boldsymbol{A} \tag{1-31}$$

$$\operatorname{rot} \boldsymbol{A}=\begin{vmatrix} \hat{\boldsymbol{x}} & \hat{\boldsymbol{y}} & \hat{\boldsymbol{z}} \\ \frac{\partial}{\partial x} & \frac{\partial}{\partial y} & \frac{\partial}{\partial z} \\ A_x & A_y & A_z \end{vmatrix}=\nabla \times \boldsymbol{A} \tag{1-32}$$

从以上的证明过程中可以清楚地看出，∇ 算子确实把对矢量函数 $\boldsymbol{A}$ 的微分运算转变为矢量算子 ∇ 与矢量 $\boldsymbol{A}$ 的代数运算。

但是必须注意的是，算子 ∇ 在上述的定义与规定下可以将它看成一矢量来按照矢量代数规则进行运算，但又不能完全将它与一普通矢量等同，因为 ∇ 的分量是微分算符而不是真实矢量的分量。这样，两个普通矢量代数运算的某些性质对 ∇ 就不成立。例如，普通矢量有 $\boldsymbol{A} \cdot \boldsymbol{B}=\boldsymbol{B} \cdot \boldsymbol{A}$，但是 $\nabla \cdot \boldsymbol{A} \neq \boldsymbol{A} \cdot \nabla$；再如，$\boldsymbol{C}=\boldsymbol{A}\times\boldsymbol{B}$ 中 $\boldsymbol{C}$ 矢量一定与矢量 $\boldsymbol{A}$，$\boldsymbol{B}$ 正交，即 $\boldsymbol{A}\cdot(\boldsymbol{A}\times\boldsymbol{B})=0$，但 $\nabla\times\boldsymbol{A}$ 在一般情况下与 $\boldsymbol{A}$ 并不正交，即 $\boldsymbol{A}\cdot\nabla\times\boldsymbol{A}\neq 0$，这就说明，在运用 ∇ 算子进行运算时，除了上面的定义与规定外，还必须对包含有 ∇ 算子的算式做进一步的补充定义。

1.3.2 含有 ∇ 算子算式的定义与性质

一个含有 ∇ 算子并对 ∇ 为线性的算式 $T(\nabla)$ 的定义为

$$T(\nabla)=\frac{\partial}{\partial x}T(\hat{\boldsymbol{x}})+\frac{\partial}{\partial y}T(\hat{\boldsymbol{y}})+\frac{\partial}{\partial z}T(\hat{\boldsymbol{z}}) \tag{1-33}$$

式中 $T(\hat{\boldsymbol{x}})$，$T(\hat{\boldsymbol{y}})$ 和 $T(\hat{\boldsymbol{z}})$ 是在算式 $T(\nabla)$ 中，将 ∇ 分别用单位矢量 $\hat{\boldsymbol{x}}$，$\hat{\boldsymbol{y}}$，$\hat{\boldsymbol{z}}$ 替换后得到的结果。

现举例对上式加以说明。

(1) $T(\nabla)=\nabla=\frac{\partial}{\partial x}\hat{\boldsymbol{x}}+\frac{\partial}{\partial y}\hat{\boldsymbol{y}}+\frac{\partial}{\partial z}\hat{\boldsymbol{z}}$

(2) $T(\nabla)=\nabla f=\frac{\partial}{\partial x}\hat{\boldsymbol{x}}f+\frac{\partial}{\partial y}\hat{\boldsymbol{y}}f+\frac{\partial}{\partial z}\hat{\boldsymbol{z}}f=\frac{\partial f}{\partial x}\hat{\boldsymbol{x}}+\frac{\partial f}{\partial y}\hat{\boldsymbol{y}}+\frac{\partial f}{\partial z}\hat{\boldsymbol{z}}$

(3) $T(\nabla)=\nabla\cdot\boldsymbol{A}=\frac{\partial}{\partial x}(\hat{\boldsymbol{x}}\cdot\boldsymbol{A})+\frac{\partial}{\partial y}(\hat{\boldsymbol{y}}\cdot\boldsymbol{A})+\frac{\partial}{\partial z}(\hat{\boldsymbol{z}}\cdot\boldsymbol{A})$

$=\frac{\partial A_x}{\partial x}+\frac{\partial A_y}{\partial y}+\frac{\partial A_z}{\partial z}$

(4) $T(\nabla)=\nabla\times\boldsymbol{A}=\frac{\partial}{\partial x}(\hat{\boldsymbol{x}}\times\boldsymbol{A})+\frac{\partial}{\partial y}(\hat{\boldsymbol{y}}\times\boldsymbol{A})+\frac{\partial}{\partial z}(\hat{\boldsymbol{z}}\times\boldsymbol{A})$

$=\left(\frac{\partial A_z}{\partial y}-\frac{\partial A_y}{\partial z}\right)\hat{\boldsymbol{x}}+\left(\frac{\partial A_x}{\partial z}-\frac{\partial A_z}{\partial x}\right)\hat{\boldsymbol{y}}+\left(\frac{\partial A_y}{\partial x}-\frac{\partial A_x}{\partial y}\right)\hat{\boldsymbol{z}}$

在算式 $T(\nabla)$ 中，如果有某些函数位于 ∇ 算子前面，那么在运算中这些函数应视为常数，不受微分影响。在上面定义中，所谓线性的算式 $T(\nabla)$ 是指若在 $T(\nabla)$ 中将 ∇ 换成两个矢量之和，例如 $a_1\boldsymbol{P}_1+a_2\boldsymbol{P}_2$（其中 a_1 和 a_2 为常数，$\boldsymbol{P}_1$ 和 $\boldsymbol{P}_2$ 为任意两矢量），应有

$$T(a_1\boldsymbol{P}_1+a_2\boldsymbol{P}_2)=a_1T(\boldsymbol{P}_1)+a_2T(\boldsymbol{P}_2)$$

根据算式 $T(\nabla)$ 的定义可以导出 $T(\nabla)$ 的几个重要性质，这些性质是在 $T(\nabla)$ 运算时

的理论依据。

性质一：对于任何 $T(\nabla)$，可以将 ∇ 看作普通矢量进行矢量代数的恒等变换，所得结果不变。但是在变换中不能将 ∇ 后面的函数移到 ∇ 的前面(除非此函数被视为常数)，而若把 ∇ 前面的函数移到 ∇ 的后面时应在此函数上加注下标 c，以表示它被视为常数。

性质二：如果 $T(\nabla)$ 算式中在 ∇ 的后面有两个函数相乘(包括数乘、点乘和叉乘)，那么 $T(\nabla)$ 可表示为两项之和。在其中一项中，前一函数视为常数，不受微分影响；而在另一项中，后一函数视为常数，不受微分影响。例如

$$\nabla\cdot(f\mathbf{A})=\nabla\cdot(f_c\mathbf{A})+\nabla\cdot(f\mathbf{A}_c)$$

按定义

$$\begin{aligned}\nabla\cdot(f_c\mathbf{A})&=\frac{\partial}{\partial x}(\hat{\boldsymbol{x}}\cdot f_c\mathbf{A})+\frac{\partial}{\partial y}(\hat{\boldsymbol{y}}\cdot f_c\mathbf{A})+\frac{\partial}{\partial z}(\hat{\boldsymbol{z}}\cdot f_c\mathbf{A})\\&=f\frac{\partial}{\partial x}(\hat{\boldsymbol{x}}\cdot\mathbf{A})+f\frac{\partial}{\partial y}(\hat{\boldsymbol{y}}\cdot\mathbf{A})+f\frac{\partial}{\partial z}(\hat{\boldsymbol{z}}\cdot\mathbf{A})\\&=f\nabla\cdot\mathbf{A}\\\nabla\cdot(f\mathbf{A}_c)&=\frac{\partial}{\partial x}(\hat{\boldsymbol{x}}\cdot f\mathbf{A}_c)+\frac{\partial}{\partial y}(\hat{\boldsymbol{y}}\cdot f\mathbf{A}_c)+\frac{\partial}{\partial z}(\hat{\boldsymbol{z}}\cdot f\mathbf{A}_c)\\&=\mathbf{A}\cdot\frac{\partial f}{\partial x}\hat{\boldsymbol{x}}+\mathbf{A}\cdot\frac{\partial f}{\partial y}\hat{\boldsymbol{y}}+\mathbf{A}\cdot\frac{\partial f}{\partial z}\hat{\boldsymbol{z}}\\&=\mathbf{A}\cdot\nabla f\end{aligned}$$

所以

$$\nabla\cdot(f\mathbf{A})=f\nabla\cdot\mathbf{A}+\mathbf{A}\cdot\nabla f$$

又如

$$\nabla\times(\mathbf{A}\times\mathbf{B})=\nabla\times(\mathbf{A}_c\times\mathbf{B})+\nabla(\mathbf{A}\times\mathbf{B}_c)\tag{1-34}$$

由矢量代数恒等式

$$\mathbf{A}\times(\mathbf{B}\times\mathbf{C})=(\mathbf{A}\cdot\mathbf{C})\mathbf{B}-(\mathbf{A}\cdot\mathbf{B})\mathbf{C}=\mathbf{B}(\mathbf{A}\cdot\mathbf{C})-\mathbf{C}(\mathbf{A}\cdot\mathbf{B})$$

可得

$$\begin{aligned}\nabla\times(\mathbf{A}_c\times\mathbf{B})&=\mathbf{A}(\nabla\cdot\mathbf{B})-(\nabla\cdot\mathbf{A}_c)\mathbf{B}=\mathbf{A}(\nabla\cdot\mathbf{B})-(\mathbf{A}\cdot\nabla)\mathbf{B}\\\nabla\times(\mathbf{A}\times\mathbf{B}_c)&=(\nabla\cdot\mathbf{B}_c)\mathbf{A}-\mathbf{B}(\nabla\cdot\mathbf{A})=(\mathbf{B}\cdot\nabla)\mathbf{A}-\mathbf{B}(\nabla\cdot\mathbf{A})\end{aligned}$$

代入式(1-34)后求得

$$\nabla\times(\mathbf{A}\times\mathbf{B})=\mathbf{A}(\nabla\cdot\mathbf{B})-(\mathbf{A}\cdot\nabla)\mathbf{B}+(\mathbf{B}\cdot\nabla)\mathbf{A}-\mathbf{B}(\nabla\cdot\mathbf{A})$$

性质三：算式 $T(\nabla)$ 在其定点 P 上的值与坐标的选择无关。

1.3.3 二重 ∇ 算子

在电磁场理论中，除了上面所介绍的一重 ∇ 算子的算式 $T(\nabla)$ 外，还经常碰到 $\nabla\cdot\nabla f$, $\nabla\times\nabla\varphi$, $\nabla\nabla\cdot\mathbf{A}$, $\nabla\cdot\nabla\times\mathbf{A}$ 等二重算子的算式 $T(\nabla,\nabla)$，对于这类包含有二重算子的算式 $T(\nabla,\nabla)$，其运算规则为：先将其中一个 ∇ 看作固定矢量 $\boldsymbol{P}$，其算式变为 $T(\boldsymbol{P},\nabla)$，将它按一重算式处理，令所得结果为 $T_1(\boldsymbol{P})$；再将 $T_1(\boldsymbol{P})$ 中的 $\boldsymbol{P}$ 换成 ∇，对 $T_1(\nabla)$ 重复类似的处理，所得的结果即为 $T(\nabla,\nabla)$。具体来说，就是

$$T_1(\boldsymbol{P})=T(\boldsymbol{P},\nabla)=\frac{\partial}{\partial x}T(\boldsymbol{P},\hat{\boldsymbol{x}})+\frac{\partial}{\partial y}T(\boldsymbol{P},\hat{\boldsymbol{y}})+\frac{\partial}{\partial z}T(\boldsymbol{P},\hat{\boldsymbol{z}})$$

$$
\begin{aligned}
T(\nabla,\nabla) = T_1(\nabla) &= \frac{\partial}{\partial x}T_1(\hat{x}) + \frac{\partial}{\partial y}T_1(\hat{y}) + \frac{\partial}{\partial z}T_1(\hat{z}) \\
&= \frac{\partial}{\partial x}\left\{\frac{\partial}{\partial x}T(\hat{x},\hat{x}) + \frac{\partial}{\partial y}T(\hat{x},\hat{y}) + \frac{\partial}{\partial z}T(\hat{x},\hat{z})\right\} \\
&\quad + \frac{\partial}{\partial y}\left\{\frac{\partial}{\partial x}T(\hat{y},\hat{x}) + \frac{\partial}{\partial y}T(\hat{y},\hat{y}) + \frac{\partial}{\partial z}T(\hat{y},\hat{z})\right\} \\
&\quad + \frac{\partial}{\partial z}\left\{\frac{\partial}{\partial x}T(\hat{z},\hat{x}) + \frac{\partial}{\partial y}T(\hat{z},\hat{y}) + \frac{\partial}{\partial z}T(\hat{z},\hat{z})\right\} \\
&= \frac{\partial^2}{\partial x^2}T(\hat{x},\hat{x}) + \frac{\partial^2}{\partial y^2}T(\hat{y},\hat{y}) + \frac{\partial^2}{\partial z^2}T(\hat{z},\hat{z}) \\
&\quad + \frac{\partial^2}{\partial x\partial y}(T(\hat{x},\hat{y}) + T(\hat{y},\hat{x})) + \frac{\partial^2}{\partial y\partial z}(T(\hat{y},\hat{z}) \\
&\quad + T(\hat{z},\hat{y})) + \frac{\partial^2}{\partial z\partial x}(T(\hat{z},\hat{x}) + T(\hat{x},\hat{z}))
\end{aligned} \tag{1-35}
$$

在具体运算展开中，仍应注意的是不能把∇后面的函数移到任何一个∇的前面来。

现举例说明如何根据定义式(1-35)来展开 $T(\nabla,\nabla)$算式。

例 1-1 求$\nabla \cdot \nabla f$ 在直角坐标系中的展开式。

因为

$$
\left.\begin{aligned}
(\hat{x}\cdot\hat{x}) = 1,\ (\hat{y}\cdot\hat{y}) = 1,\ (\hat{z}\cdot\hat{z}) = 1 \\
(\hat{x}\cdot\hat{y}) = 0,\ (\hat{y}\cdot\hat{z}) = 0,\ (\hat{z}\cdot\hat{x}) = 0
\end{aligned}\right\} \tag{1-36}
$$

根据式(1-35)，有

$$
\begin{aligned}
\nabla\cdot\nabla f &= \frac{\partial^2}{\partial x^2}(\hat{x}\cdot\hat{x})f + \frac{\partial^2}{\partial y^2}(\hat{y}\cdot\hat{y})f + \frac{\partial^2}{\partial z^2}(\hat{z}\cdot\hat{z})f \\
&= \frac{\partial^2 f}{\partial x^2} + \frac{\partial^2 f}{\partial y^2} + \frac{\partial^2 f}{\partial z^2}
\end{aligned} \tag{1-37}
$$

在数学中，将$\nabla\cdot\nabla$表示为∇^2，所以上式就是$\nabla^2 f$ 的展开式。

例 1-2 求$\nabla\cdot\nabla\boldsymbol{A}$ 在直角坐标系中的展开式。

因为仍有式(1-36)的条件，所以$\nabla\cdot\nabla\boldsymbol{A}$ 的展开式与式(1-37)相似，只需将式中的 f 换成$\boldsymbol{A}$ 即可，于是得

$$
\nabla\cdot\nabla\boldsymbol{A} = \frac{\partial^2\boldsymbol{A}}{\partial x^2} + \frac{\partial^2\boldsymbol{A}}{\partial y^2} + \frac{\partial^2\boldsymbol{A}}{\partial z^2} \tag{1-38}
$$

将$\boldsymbol{A}$ 写成$\boldsymbol{A} = A_x\hat{x} + A_y\hat{y} + A_z\hat{z}$，并代入上式，得

$$
\begin{aligned}
\nabla\cdot\nabla\boldsymbol{A} = \nabla^2\boldsymbol{A} &= \left(\frac{\partial^2 A_x}{\partial x^2} + \frac{\partial^2 A_x}{\partial y^2} + \frac{\partial^2 A_x}{\partial z^2}\right)\hat{x} \\
&\quad + \left(\frac{\partial^2 A_y}{\partial x^2} + \frac{\partial^2 A_y}{\partial y^2} + \frac{\partial^2 A_y}{\partial z^2}\right)\hat{y} + \left(\frac{\partial^2 A_z}{\partial x^2} + \frac{\partial^2 A_z}{\partial y^2} + \frac{\partial^2 A_z}{\partial z^2}\right)\hat{z} \\
&= \nabla^2 A_x\hat{x} + \nabla^2 A_y\hat{y} + \nabla^2 A_z\hat{z}
\end{aligned} \tag{1-39}
$$

1.3.4 包含∇算子的恒等式

根据 $T(\nabla)$，$T(\nabla,\nabla)$的运算规则，借用矢量代数中的恒等关系可以导出下列常用的恒等式：

(1) $\nabla(f+g)=\nabla f+\nabla g$ (1-40)

(2) $\nabla(fg)=f\nabla g+g\nabla f$ (1-41)

(3) $\nabla(f/g)=(g\nabla f-f\nabla g)/g^2 \quad (g\neq 0)$ (1-42)

(4) $\nabla\cdot(\boldsymbol{A}+\boldsymbol{B})=\nabla\cdot\boldsymbol{A}+\nabla\cdot\boldsymbol{B}$ (1-43)

(5) $\nabla\cdot(f\boldsymbol{A})=f\nabla\cdot\boldsymbol{A}+\nabla f\cdot\boldsymbol{A}$ (1-44)

(6) $\nabla\cdot(\boldsymbol{A}\times\boldsymbol{B})=\boldsymbol{B}\cdot(\nabla\times\boldsymbol{A})-\boldsymbol{A}\cdot(\nabla\times\boldsymbol{B})$ (1-45)

(7) $\nabla\cdot\nabla f=\nabla^2 f$ (1-46)

(8) $\nabla\cdot(\nabla\times\boldsymbol{A})=0$ (1-47)

(9) $\nabla\times(\boldsymbol{A}+\boldsymbol{B})=\nabla\times\boldsymbol{A}+\nabla\times\boldsymbol{B}$ (1-48)

(10) $\nabla\times(f\boldsymbol{A})=f\nabla\times\boldsymbol{A}+\nabla f\times\boldsymbol{A}$ (1-49)

(11) $\nabla\times(\boldsymbol{A}\times\boldsymbol{B})=(\boldsymbol{B}\cdot\nabla)\boldsymbol{A}-\boldsymbol{B}(\nabla\cdot\boldsymbol{A})-(\boldsymbol{A}\cdot\nabla)\boldsymbol{B}+\boldsymbol{A}(\nabla\cdot\boldsymbol{B})$ (1-50)

(12) $\nabla\times\nabla f=0$ (1-51)

(13) $\nabla\times(\nabla\times\boldsymbol{A})=\nabla(\nabla\cdot\boldsymbol{A})-\nabla^2\boldsymbol{A}$ (1-52)

(14) $\nabla(\boldsymbol{A}\cdot\boldsymbol{B})=(\boldsymbol{B}\cdot\nabla)\boldsymbol{A}+(\boldsymbol{A}\cdot\nabla)\boldsymbol{B}+\boldsymbol{B}\times(\nabla\times\boldsymbol{A})+\boldsymbol{A}\times(\nabla\times\boldsymbol{B})$ (1-53)

(15) $\nabla\cdot(\nabla f\times\nabla g)=0$ (1-54)

在例 1-2 中出现了$\nabla\boldsymbol{A}$的运算，求$\nabla\cdot\nabla\boldsymbol{A}$展开式时是借用了$\nabla\cdot\nabla f$的展开式，直接用 $\boldsymbol{A}$ 取代 f 而求得的。这一取代是有条件的，即只在直角坐标系中成立(因为直角坐标系中的单位矢量$\hat{\boldsymbol{x}},\hat{\boldsymbol{y}},\hat{\boldsymbol{z}}$都是常矢量)，对曲线坐标则不一定成立。若不借用$\nabla\cdot\nabla f$的结果，而直接用$\nabla\boldsymbol{A}$进行展开是否可以呢？答案是肯定的，但此时要引入一新的广义矢量——并矢。

*1.4 并矢及其运算规则

1.4.1 并矢的导出及其表达式

设有一矢量函数 $\boldsymbol{A}=A_x\hat{\boldsymbol{x}}+A_y\hat{\boldsymbol{y}}+A_z\hat{\boldsymbol{z}}$，现取它的梯度

$$
\begin{aligned}
\nabla\boldsymbol{A}&=\left(\frac{\partial}{\partial x}\hat{\boldsymbol{x}}+\frac{\partial}{\partial y}\hat{\boldsymbol{y}}+\frac{\partial}{\partial z}\hat{\boldsymbol{z}}\right)(A_x\hat{\boldsymbol{x}}+A_y\hat{\boldsymbol{y}}+A_z\hat{\boldsymbol{z}})\\
&=\frac{\partial A_x}{\partial x}\hat{\boldsymbol{x}}\hat{\boldsymbol{x}}+\frac{\partial A_y}{\partial x}\hat{\boldsymbol{x}}\hat{\boldsymbol{y}}+\frac{\partial A_z}{\partial x}\hat{\boldsymbol{x}}\hat{\boldsymbol{z}}+\frac{\partial A_x}{\partial y}\hat{\boldsymbol{y}}\hat{\boldsymbol{x}}+\frac{\partial A_y}{\partial y}\hat{\boldsymbol{y}}\hat{\boldsymbol{y}}\\
&\quad+\frac{\partial A_z}{\partial y}\hat{\boldsymbol{y}}\hat{\boldsymbol{z}}+\frac{\partial A_x}{\partial z}\hat{\boldsymbol{z}}\hat{\boldsymbol{x}}+\frac{\partial A_y}{\partial z}\hat{\boldsymbol{z}}\hat{\boldsymbol{y}}+\frac{\partial A_z}{\partial z}\hat{\boldsymbol{z}}\hat{\boldsymbol{z}}\\
&=\left(\frac{\partial A_x}{\partial x}\hat{\boldsymbol{x}}+\frac{\partial A_x}{\partial y}\hat{\boldsymbol{y}}+\frac{\partial A_x}{\partial z}\hat{\boldsymbol{z}}\right)\hat{\boldsymbol{x}}+\left(\frac{\partial A_y}{\partial x}\hat{\boldsymbol{x}}+\frac{\partial A_y}{\partial y}\hat{\boldsymbol{y}}+\frac{\partial A_y}{\partial z}\hat{\boldsymbol{z}}\right)\hat{\boldsymbol{y}}\\
&\quad+\left(\frac{\partial A_z}{\partial x}\hat{\boldsymbol{x}}+\frac{\partial A_z}{\partial y}\hat{\boldsymbol{y}}+\frac{\partial A_z}{\partial z}\hat{\boldsymbol{z}}\right)\hat{\boldsymbol{z}}
\end{aligned}
$$

可见所得到的这种矢量有 3 个分量，但每一个分量又都是通常的一个有 3 个分量的矢量，因而共有 9 个分量。这种有 9 个分量的矢量称为并矢，它与一个二阶张量等价。

并矢是两个矢量的形式组合，这种组合并不带有任何矢量运算含意。并矢 $\vec{\boldsymbol{D}}$ 定义为

$$\vec{\boldsymbol{D}}=\boldsymbol{A}\boldsymbol{B} \tag{1-55}$$

式中 $\boldsymbol{A}$ 称为前项，$\boldsymbol{B}$ 称为后项，它们的相互位置不能随意改变。

并矢本身与矢量函数不同，它没有任何物理解释，但是当并矢作用在另一个矢量函数上时，其结果就可以是有意义的。

采用并矢符号，并赋予它一定的运算规则，可以使许多物理问题的数学表示式非常简洁，运算也可以简化。

以一个旋转刚体的角动量矩为例。一个质量分布均匀的刚体，当它以角速度 ω 作旋转（如图 1-5 所示）时，其中一体积元 $\mathrm{d}V$ 对任意一点 o 的角动量矩 $\mathrm{d}\boldsymbol{H}_0$ 为

$$\mathrm{d}\boldsymbol{H}_0 = \boldsymbol{r} \times (\rho \mathrm{d}V)\, \boldsymbol{v}$$

式中 ρ 为质量密度，$\boldsymbol{v} = \boldsymbol{\omega} \times \boldsymbol{r}$。因而得总的角动量矩 $\boldsymbol{H}_0$ 为

$$\begin{aligned}\boldsymbol{H}_0 &= \int_V (\boldsymbol{r} \times \boldsymbol{v})\rho \mathrm{d}V \\ &= \int_V [\boldsymbol{r} \times (\boldsymbol{\omega} \times \boldsymbol{r})]\rho \mathrm{d}V \end{aligned} \qquad (1\text{-}56)$$

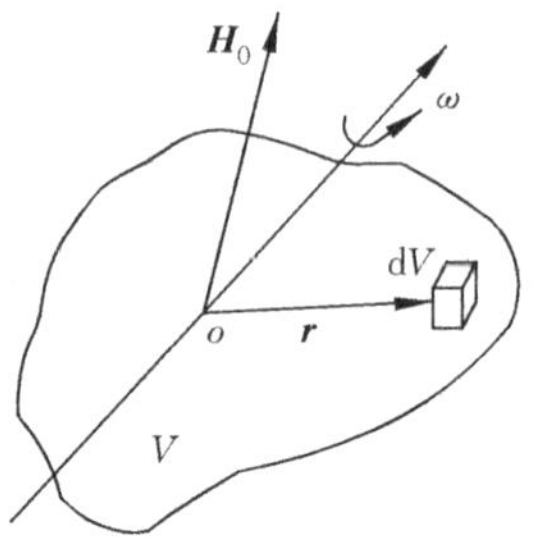

图 1-5　体积元对任意一点 o 的角动量矩

对一刚体而言，$\boldsymbol{v}$ 与 $\boldsymbol{r}$ 有关，但 $\boldsymbol{\omega}$ 与 $\boldsymbol{r}$ 无关。

根据矢量恒等式

$$\boldsymbol{A} \times (\boldsymbol{B} \times \boldsymbol{C}) = \boldsymbol{B}(\boldsymbol{A} \cdot \boldsymbol{C}) - \boldsymbol{C}(\boldsymbol{A} \cdot \boldsymbol{B})$$

可将式(1-56)写为

$$\boldsymbol{H}_0 = \int_V [r^2 \boldsymbol{\omega} - \boldsymbol{r}(\boldsymbol{r} \cdot \boldsymbol{\omega})]\rho \mathrm{d}V \qquad (1\text{-}57)$$

因为 $\boldsymbol{\omega}$ 与 $\boldsymbol{r}$ 无关，可以把它提出积分号外以简化表达式。对上式中第一项可以直接将 $\boldsymbol{\omega}$ 提出来，而对第二项则要先把 $\boldsymbol{r}(\boldsymbol{r} \cdot \boldsymbol{\omega})$ 写成 $\boldsymbol{\omega} \cdot (\boldsymbol{rr})$ 或 $(\boldsymbol{rr}) \cdot \boldsymbol{\omega}$ 的形式，而 $(\boldsymbol{rr})$ 正是一种并矢的形式，这样就可以将式(1-57)改写成

$$\boldsymbol{H}_0 = \vec{\boldsymbol{q}} \cdot \boldsymbol{\omega} \qquad (1\text{-}58)$$

式中

$$\vec{\boldsymbol{q}} = \int_V [r^2 \vec{\boldsymbol{I}} - \boldsymbol{rr}]\rho \mathrm{d}V$$

$\vec{\boldsymbol{q}}$ 是一并矢，$\vec{\boldsymbol{I}}$ 称为恒等并矢或单位并矢。

在电磁理论中，一个任意的偶极源在一个选定的参考坐标系中有 3 个分量，而每一个偶极矩分量在空间中都产生一个具有 3 个分量的电场和磁场。任意偶极源所产生的总电磁场应当是这 3 个分量作用的矢量和，此时引入并矢格林函数就可以简洁地表示出任意的偶极源所产生的电磁场，关于并矢格林函数的具体形式将在第 6 章 6.5 节中介绍。

根据式(1-55)的定义，若有两个矢量

$$\boldsymbol{A} = A_1 \hat{\boldsymbol{a}}_1 + A_2 \hat{\boldsymbol{a}}_2 + A_3 \hat{\boldsymbol{a}}_3, \quad \boldsymbol{B} = B_1 \hat{\boldsymbol{a}}_1' + B_2 \hat{\boldsymbol{a}}_2' + B_3 \hat{\boldsymbol{a}}_3'$$

式中 $\hat{\boldsymbol{a}}_1, \hat{\boldsymbol{a}}_2, \hat{\boldsymbol{a}}_3$ 和 $\hat{\boldsymbol{a}}_1', \hat{\boldsymbol{a}}_2', \hat{\boldsymbol{a}}_3'$ 分别为前矢量 $\boldsymbol{A}$ 和后矢量 $\boldsymbol{B}$ 所在正交坐标系中的单位矢量，在非直角坐标系中，这两组单位矢量不一定相等。将 $\boldsymbol{A}$ 和 $\boldsymbol{B}$ 的表示式代入并矢 $\vec{\boldsymbol{D}}$ 的定义式(1-55)后，求得

$$\begin{aligned}\vec{\boldsymbol{D}} = \boldsymbol{AB} &= A_1 B_1 \hat{\boldsymbol{a}}_1 \hat{\boldsymbol{a}}_1' + A_2 B_1 \hat{\boldsymbol{a}}_2 \hat{\boldsymbol{a}}_1' + A_3 B_1 \hat{\boldsymbol{a}}_3 \hat{\boldsymbol{a}}_1' + A_1 B_2 \hat{\boldsymbol{a}}_1 \hat{\boldsymbol{a}}_2' \\ &\quad + A_2 B_2 \hat{\boldsymbol{a}}_2 \hat{\boldsymbol{a}}_2' + A_3 B_2 \hat{\boldsymbol{a}}_3 \hat{\boldsymbol{a}}_2' + A_1 B_3 \hat{\boldsymbol{a}}_1 \hat{\boldsymbol{a}}_3' + A_2 B_3 \hat{\boldsymbol{a}}_2 \hat{\boldsymbol{a}}_3' + A_3 B_3 \hat{\boldsymbol{a}}_3 \hat{\boldsymbol{a}}_3' \\ &= D_{11} \hat{\boldsymbol{a}}_1 \hat{\boldsymbol{a}}_1' + D_{21} \hat{\boldsymbol{a}}_2 \hat{\boldsymbol{a}}_1' + D_{31} \hat{\boldsymbol{a}}_3 \hat{\boldsymbol{a}}_1' + D_{12} \hat{\boldsymbol{a}}_1 \hat{\boldsymbol{a}}_2' + D_{22} \hat{\boldsymbol{a}}_2 \hat{\boldsymbol{a}}_2' + D_{32} \hat{\boldsymbol{a}}_3 \hat{\boldsymbol{a}}_2' \\ &\quad + D_{13} \hat{\boldsymbol{a}}_1 \hat{\boldsymbol{a}}_3' + D_{23} \hat{\boldsymbol{a}}_2 \hat{\boldsymbol{a}}_3' + D_{33} \hat{\boldsymbol{a}}_3 \hat{\boldsymbol{a}}_3' = (D_{11} \hat{\boldsymbol{a}}_1 + D_{21} \hat{\boldsymbol{a}}_2 + D_{31} \hat{\boldsymbol{a}}_3)\hat{\boldsymbol{a}}_1' \\ &\quad + (D_{12} \hat{\boldsymbol{a}}_1 + D_{22} \hat{\boldsymbol{a}}_2 + D_{32} \hat{\boldsymbol{a}}_3)\hat{\boldsymbol{a}}_2' + (D_{13} \hat{\boldsymbol{a}}_1 + D_{23} \hat{\boldsymbol{a}}_2 + D_{33} \hat{\boldsymbol{a}}_3)\hat{\boldsymbol{a}}_3' \\ &= \boldsymbol{D}_1 \hat{\boldsymbol{a}}_1' + \boldsymbol{D}_2 \hat{\boldsymbol{a}}_2' + \boldsymbol{D}_3 \hat{\boldsymbol{a}}_3' \end{aligned} \qquad (1\text{-}59)$$

也可以写成

$$\vec{\boldsymbol{D}}=\hat{\boldsymbol{a}}_1(D_{11}\hat{\boldsymbol{a}}_1'+D_{12}\hat{\boldsymbol{a}}_2'+D_{13}\hat{\boldsymbol{a}}_3')+\hat{\boldsymbol{a}}_2(D_{21}\hat{\boldsymbol{a}}_1'+D_{22}\hat{\boldsymbol{a}}_2'+D_{23}\hat{\boldsymbol{a}}_3')$$
$$+\hat{\boldsymbol{a}}_3(D_{31}\hat{\boldsymbol{a}}_1'+D_{32}\hat{\boldsymbol{a}}_2'+D_{33}\hat{\boldsymbol{a}}_3')=\hat{\boldsymbol{a}}_1\boldsymbol{D}_1'+\hat{\boldsymbol{a}}_2\boldsymbol{D}_2'+\hat{\boldsymbol{a}}_3\boldsymbol{D}_3' \tag{1-60}$$

从式(1-59)和式(1-60)可以看出,若把矢量代数中的标量积法则应用到并矢中来,则有

$$\boldsymbol{D}_1=\vec{\boldsymbol{D}}\cdot\hat{\boldsymbol{a}}_1',\quad \boldsymbol{D}_2=\vec{\boldsymbol{D}}\cdot\hat{\boldsymbol{a}}_2',\quad \boldsymbol{D}_3=\vec{\boldsymbol{D}}\cdot\hat{\boldsymbol{a}}_3'$$
$$\boldsymbol{D}_1'=\hat{\boldsymbol{a}}_1\cdot\vec{\boldsymbol{D}},\quad \boldsymbol{D}_2'=\hat{\boldsymbol{a}}_2\cdot\vec{\boldsymbol{D}},\quad \boldsymbol{D}_3'=\hat{\boldsymbol{a}}_3\cdot\vec{\boldsymbol{D}}$$

在直角坐标系中

$$\hat{\boldsymbol{a}}_1=\hat{\boldsymbol{a}}_1',\ \hat{\boldsymbol{a}}_2=\hat{\boldsymbol{a}}_2',\ \hat{\boldsymbol{a}}_3=\hat{\boldsymbol{a}}_3'$$

因为 $\boldsymbol{D}_1\neq\boldsymbol{D}_1'$,$\boldsymbol{D}_2\neq\boldsymbol{D}_2'$,$\boldsymbol{D}_3\neq\boldsymbol{D}_3'$,所以一个并矢和一个矢量的标积是不满足交换律的,即

$$\boldsymbol{A}\cdot\vec{\boldsymbol{D}}\neq\vec{\boldsymbol{D}}\cdot\boldsymbol{A} \tag{1-61}$$

通常称 $\boldsymbol{A}\cdot\vec{\boldsymbol{D}}$ 为前标积,$\vec{\boldsymbol{D}}\cdot\boldsymbol{A}$ 为后标积,以示区别。如有一矢量

$$\boldsymbol{C}=C_1\hat{\boldsymbol{x}}+C_2\hat{\boldsymbol{y}}+C_3\hat{\boldsymbol{z}}$$

现取它与并矢 $\vec{\boldsymbol{D}}$ 的后标积,即得

$$\begin{aligned}\boldsymbol{F}=\vec{\boldsymbol{D}}\cdot\boldsymbol{C}&=[(D_{11}\hat{\boldsymbol{x}}+D_{21}\hat{\boldsymbol{y}}+D_{31}\hat{\boldsymbol{z}})\hat{\boldsymbol{x}}+(D_{12}\hat{\boldsymbol{x}}+D_{22}\hat{\boldsymbol{y}}+D_{32}\hat{\boldsymbol{z}})\hat{\boldsymbol{y}}\\&\quad+(D_{13}\hat{\boldsymbol{x}}+D_{23}\hat{\boldsymbol{y}}+D_{33}\hat{\boldsymbol{z}})\hat{\boldsymbol{z}}]\cdot(C_1\hat{\boldsymbol{x}}+C_2\hat{\boldsymbol{y}}+C_3\hat{\boldsymbol{z}})\\&=(D_{11}C_1+D_{12}C_2+D_{13}C_3)\hat{\boldsymbol{x}}+(D_{21}C_1+D_{22}C_2+D_{23}C_3)\hat{\boldsymbol{y}}\\&\quad+(D_{31}C_1+D_{32}C_2+D_{33}C_3)\hat{\boldsymbol{z}}=F_1\hat{\boldsymbol{x}}+F_2\hat{\boldsymbol{y}}+F_3\hat{\boldsymbol{z}}\end{aligned}$$

由上述结果可知,这一标积运算可用矩阵的运算来表示,即

$$\begin{bmatrix}F_1\\F_2\\F_3\end{bmatrix}=\begin{bmatrix}D_{11}&D_{12}&D_{13}\\D_{21}&D_{22}&D_{23}\\D_{31}&D_{32}&D_{33}\end{bmatrix}\begin{bmatrix}C_1\\C_2\\C_3\end{bmatrix} \tag{1-62}$$

显然,若取前标积 $\boldsymbol{F}'=\boldsymbol{C}\cdot\vec{\boldsymbol{D}}$,则所得结果可用矩阵表示为

$$\begin{bmatrix}F_1'\\F_2'\\F_3'\end{bmatrix}=\begin{bmatrix}D_{11}&D_{21}&D_{31}\\D_{12}&D_{22}&D_{32}\\D_{13}&D_{23}&D_{33}\end{bmatrix}\begin{bmatrix}C_1\\C_2\\C_3\end{bmatrix} \tag{1-63}$$

即前标积的变换矩阵是后标积的变换矩阵的转置矩阵。

1.4.2 并矢的运算规则

并矢的运算规则如下:

(1) 并矢的和与差仍为并矢,新并矢的各分量是原两并矢对应分量的和与差,它符合结合律与交换律。

(2) 并矢的数乘

$$C\vec{\boldsymbol{D}}=\vec{\boldsymbol{D}}C \tag{1-64}$$

相当于用数 C 乘以并矢各矩阵元素。

(3) 并矢与矢量的标积有前标积与后标积两种,其运算规则与矩阵运算规则相同,不符合交换律。

(4) 并矢与并矢的标积有单标积与双标积两种。

设 $\vec{\boldsymbol{D}}$ 和 $\vec{\boldsymbol{D}}'$ 为两个并矢,它们是

$$\vec{D} = \boldsymbol{AB}, \quad \vec{D}' = \boldsymbol{A}'\boldsymbol{B}'$$

则单标积定义为

$$\vec{D} \cdot \vec{D}' = \boldsymbol{AB} \cdot \boldsymbol{A}'\boldsymbol{B}' = \boldsymbol{A}(\boldsymbol{B} \cdot \boldsymbol{A}')\boldsymbol{B}' = (\boldsymbol{B} \cdot \boldsymbol{A}')\boldsymbol{AB}'$$

仍是一个并矢,并且不符合交换律。

双标积的定义是

$$\vec{D} : \vec{D} = \boldsymbol{AB} : \boldsymbol{A}'\boldsymbol{B}' = (\boldsymbol{A} \cdot \boldsymbol{A}')(\boldsymbol{B} \cdot \boldsymbol{B}') \tag{1-65}$$

为一个标量,且符合交换律。

(5) 并矢与矢量的叉积有前叉积与后叉积两种。前叉积的定义是

$$\boldsymbol{C} \times \vec{D} = \boldsymbol{C} \times \boldsymbol{AB} = (\boldsymbol{C} \times \boldsymbol{A})\boldsymbol{B} \tag{1-66}$$

后叉积的定义是

$$\vec{D} \times \boldsymbol{C} = \boldsymbol{AB} \times \boldsymbol{C} = \boldsymbol{A}(\boldsymbol{B} \times \boldsymbol{C}) \tag{1-67}$$

两者仍为并矢,且不符合交换律。

(6) 并矢与并矢的叉积有单叉积与双叉积两种。单叉积的定义是

$$\vec{D} \times \vec{D}' = \boldsymbol{AB} \times \boldsymbol{A}'\boldsymbol{B}' = \boldsymbol{A}(\boldsymbol{B} \times \boldsymbol{A}')\boldsymbol{B} \tag{1-68}$$

所得到的称为三矢。双叉积的定义是

$$\vec{D} \underset{\times}{\times} \vec{D}' = \boldsymbol{AB} \underset{\times}{\times} \boldsymbol{A}'\boldsymbol{B}' = (\boldsymbol{A} \times \boldsymbol{A}')(\boldsymbol{B} \times \boldsymbol{B}') \tag{1-69}$$

仍为一个并矢。

(7) 并矢的散度

$$\nabla \cdot \vec{D} = (\nabla \cdot \boldsymbol{D}_1)\hat{\boldsymbol{x}} + (\nabla \cdot \boldsymbol{D}_2)\hat{\boldsymbol{y}} + (\nabla \cdot \boldsymbol{D}_3)\hat{\boldsymbol{z}} \tag{1-70}$$

为一个矢量函数。

(8) 并矢的旋度

$$\nabla \times \vec{D} = (\nabla \times \boldsymbol{D}_1)\hat{\boldsymbol{x}} + (\nabla \times \boldsymbol{D}_2)\hat{\boldsymbol{y}} + (\nabla \times \boldsymbol{D}_3)\hat{\boldsymbol{z}} \tag{1-71}$$

仍为一个并矢。

(9) 并矢的∇^2

$$\nabla^2 \vec{D} = \nabla\nabla \cdot \vec{D} - \nabla \times \nabla \times \vec{D} \tag{1-72}$$

仍为一个并矢。

1.4.3 并矢的几点性质

并矢的几点重要性质分述如下:

(1) 零并矢 $\vec{0}$

对一切非零的向量 $\boldsymbol{C}$,若式

$$\boldsymbol{C} \cdot \vec{0} = \vec{0} \cdot \boldsymbol{C} = 0 \tag{1-73}$$

成立,则 $\vec{0}$ 称为零并矢,其 9 个分量皆为零。

(2) 转置并矢

若一并矢的矩阵是某原并矢 $\vec{D}$ 的相应矩阵的转置矩阵,则称该并矢为原并矢的转置并矢,以符号 $\tilde{D}$ 表示。显然

$$\boldsymbol{C} \cdot \vec{D} = \tilde{D} \cdot \boldsymbol{C} \tag{1-74}$$

(3) 对称并矢

对一切非零向量 $\boldsymbol{C}$，若有

$$\boldsymbol{C}\cdot\vec{\boldsymbol{D}}=\vec{\boldsymbol{D}}\cdot\boldsymbol{C} \tag{1-75}$$

则称 $\vec{\boldsymbol{D}}$ 为对称并矢。显然，对称并矢的转置并矢就等于原并矢。

(4) 反对称并矢

对一切非零矢量 $\boldsymbol{C}$，若有

$$\boldsymbol{C}\cdot\vec{\boldsymbol{D}}=-\vec{\boldsymbol{D}}\cdot\boldsymbol{C} \tag{1-76}$$

则称 $\vec{\boldsymbol{D}}$ 为反对称并矢。

(5) 酉并矢

若一并矢的矩阵为酉矩阵，其分量组成的行列式值为一，则称其为酉并矢。

(6) 恒等并矢

若 $\vec{\boldsymbol{D}}$ 为任意非零并矢，且有一个并矢 $\vec{\boldsymbol{I}}$ 使等式

$$\vec{\boldsymbol{D}}\cdot\vec{\boldsymbol{I}}=\vec{\boldsymbol{I}}\cdot\vec{\boldsymbol{D}}=\vec{\boldsymbol{D}} \tag{1-77}$$

成立，则 $\vec{\boldsymbol{I}}$ 称为恒等并矢。在直角坐标系中恒等并矢(也可称为单位并矢)为

$$\vec{\boldsymbol{I}}=\hat{\boldsymbol{x}}\hat{\boldsymbol{x}}+\hat{\boldsymbol{y}}\hat{\boldsymbol{y}}+\hat{\boldsymbol{z}}\hat{\boldsymbol{z}} \tag{1-78}$$

(7) 逆并矢

若 $\vec{\boldsymbol{D}}$ 为任意非零并矢，且有

$$\vec{\boldsymbol{D}}\cdot\vec{\boldsymbol{D}}'=\vec{\boldsymbol{D}}'\cdot\vec{\boldsymbol{D}}=\vec{\boldsymbol{I}} \tag{1-79}$$

则称 $\vec{\boldsymbol{D}}'$为 $\vec{\boldsymbol{D}}$ 的逆并矢，以 $\vec{\boldsymbol{D}}^{-1}$ 表示。

在结束本节之前，应当补充说明的是在矢量运算中有许多恒等式，这些恒等式经过适当变换可以推广到并矢中来，以恒等式

$$\boldsymbol{A}\cdot\boldsymbol{B}\times\boldsymbol{C}=\boldsymbol{B}\cdot\boldsymbol{C}\times\boldsymbol{A}=\boldsymbol{C}\cdot\boldsymbol{A}\times\boldsymbol{B}$$

为例，如果式中矢量 $\boldsymbol{C}$ 换为并矢 $\vec{\boldsymbol{D}}$，则仍有类似的并矢恒等式。实际上只需先将上式中的矢量 $\boldsymbol{C}$ 都移到各项的最后，即

$$\boldsymbol{A}\cdot\boldsymbol{B}\times\boldsymbol{C}=-\boldsymbol{B}\cdot\boldsymbol{A}\times\boldsymbol{C}=\boldsymbol{A}\times\boldsymbol{B}\cdot\boldsymbol{C}$$

再将上式的矢量 $\boldsymbol{C}$ 分别看成并矢 $\vec{\boldsymbol{C}}$ 的三个分量 $\boldsymbol{C}_1,\boldsymbol{C}_2,\boldsymbol{C}_3$，就可得出三个矢量恒等式

$$\boldsymbol{A}\cdot\boldsymbol{B}\times\boldsymbol{C}_1=-\boldsymbol{B}\cdot\boldsymbol{A}\times\boldsymbol{C}_1=\boldsymbol{A}\times\boldsymbol{B}\cdot\boldsymbol{C}_1$$

$$\boldsymbol{A}\cdot\boldsymbol{B}\times\boldsymbol{C}_2=-\boldsymbol{B}\cdot\boldsymbol{A}\times\boldsymbol{C}_2=\boldsymbol{A}\times\boldsymbol{B}\cdot\boldsymbol{C}_2$$

$$\boldsymbol{A}\cdot\boldsymbol{B}\times\boldsymbol{C}_3=-\boldsymbol{B}\cdot\boldsymbol{A}\times\boldsymbol{C}_3=\boldsymbol{A}\times\boldsymbol{B}\cdot\boldsymbol{C}_3$$

将上面三式分别乘以单位矢量 $\hat{\boldsymbol{u}}_1,\hat{\boldsymbol{u}}_2,\hat{\boldsymbol{u}}_3$，得

$$\boldsymbol{A}\cdot\boldsymbol{B}\times\boldsymbol{C}_1\hat{\boldsymbol{u}}_1=-\boldsymbol{B}\cdot\boldsymbol{A}\times\boldsymbol{C}_1\hat{\boldsymbol{u}}_1=\boldsymbol{A}\times\boldsymbol{B}\cdot\boldsymbol{C}_1\hat{\boldsymbol{u}}_1$$

$$\boldsymbol{A}\cdot\boldsymbol{B}\times\boldsymbol{C}_2\hat{\boldsymbol{u}}_2=-\boldsymbol{B}\cdot\boldsymbol{A}\times\boldsymbol{C}_2\hat{\boldsymbol{u}}_2=\boldsymbol{A}\times\boldsymbol{B}\cdot\boldsymbol{C}_2\hat{\boldsymbol{u}}_2$$

$$\boldsymbol{A}\cdot\boldsymbol{B}\times\boldsymbol{C}_3\hat{\boldsymbol{u}}_3=-\boldsymbol{B}\cdot\boldsymbol{A}\times\boldsymbol{C}_3\hat{\boldsymbol{u}}_3=\boldsymbol{A}\times\boldsymbol{B}\cdot\boldsymbol{C}_3\hat{\boldsymbol{u}}_3$$

最后相加得

$$\begin{aligned}\boldsymbol{A}\cdot\boldsymbol{B}\times(\boldsymbol{C}_1\hat{\boldsymbol{u}}_1+\boldsymbol{C}_2\hat{\boldsymbol{u}}_2+\boldsymbol{C}_3\hat{\boldsymbol{u}}_3)&=-\boldsymbol{B}\cdot\boldsymbol{A}\times(\boldsymbol{C}_1\hat{\boldsymbol{u}}_1+\boldsymbol{C}_2\hat{\boldsymbol{u}}_2+\boldsymbol{C}_3\hat{\boldsymbol{u}}_3)\\&=\boldsymbol{A}\times\boldsymbol{B}\cdot(\boldsymbol{C}_1\hat{\boldsymbol{u}}_1+\boldsymbol{C}_2\hat{\boldsymbol{u}}_2+\boldsymbol{C}_3\hat{\boldsymbol{u}}_3)\end{aligned}$$

即

$$\boldsymbol{A}\cdot\boldsymbol{B}\times\vec{\boldsymbol{C}}=-\boldsymbol{B}\cdot\boldsymbol{A}\times\vec{\boldsymbol{C}}=\boldsymbol{A}\times\boldsymbol{B}\cdot\vec{\boldsymbol{C}} \tag{1-80}$$

用类似的方法可以推出其他许多并矢恒等式。

1.5 矢量积分定理

1.5.1 高斯散度定理

高斯散度定理建立了体积分与面积分间的关系。设 V 是由一闭曲面 S 所包围的体积，而 $\boldsymbol{A}$ 是一个在 V 内有连续导数的矢量函数，那么

$$\int_V \nabla \cdot \boldsymbol{A} \mathrm{d}V = \oint_S \boldsymbol{A} \cdot \mathrm{d}\boldsymbol{S} = \oint_S \boldsymbol{A} \cdot \hat{\boldsymbol{n}} \mathrm{d}S \tag{1-81}$$

其中 $\hat{\boldsymbol{n}}$ 是 S 的外法向单位矢量。

1.5.2 斯托克斯定理

斯托克斯定理建立了面积分与线积分间的关系。设 S 是由一闭合但不交叉的曲线 C 所包围的双侧曲面，而 $\boldsymbol{A}$ 是在 S 上有连续导数的矢量函数，那么

$$\oint_C \boldsymbol{A} \cdot \mathrm{d}\boldsymbol{r} = \int_S (\nabla \times \boldsymbol{A}) \cdot \mathrm{d}\boldsymbol{S} = \int_S (\nabla \times \boldsymbol{A}) \cdot \hat{\boldsymbol{n}} \mathrm{d}S \tag{1-82}$$

其中 C 的积分正方向是这样规定的：假如一观察者站在 S 的边界上，他的站立方向与曲面 S 的法线向量一致，当他沿着 C 的正方向前进时，曲面 S 始终在他的左侧。由此定理可知，当矢量场 $\boldsymbol{A}$ 为保守场时，有 $\oint_C \boldsymbol{A} \cdot \mathrm{d}\boldsymbol{r} = 0$，根据上面的定理，应有 $\int_S \nabla \times \boldsymbol{A} \cdot \mathrm{d}\boldsymbol{S} = 0$。因为以 C 为周界的 S 可以任取，因此要使 $\int_S \nabla \times \boldsymbol{A} \cdot \mathrm{d}\boldsymbol{S} = 0$，必须有 $\nabla \times \boldsymbol{A} = 0$。由此得出保守场的等价条件为

$$\nabla \times \boldsymbol{A} = 0$$

1.5.3 平面格林定理

设 R 是 xy 平面上由一个简单闭曲线 C 所围的一闭区域，而 M 与 N 是 R 上 x，y 的连续函数，而且具有连续导数，那么

$$\oint_C (M\mathrm{d}x + N\mathrm{d}y) = \int_R \left(\frac{\partial N}{\partial x} - \frac{\partial M}{\partial y}\right) \mathrm{d}x\mathrm{d}y \tag{1-83}$$

其中 C 的正方向为逆时针方向。

这一定理实际是斯托克斯定理的一个特殊情况，即曲面 S 变成平面 R 的一个特例。为了说明这一点，可以做如下代换。令

$$M\mathrm{d}x + N\mathrm{d}y = (M\hat{\boldsymbol{x}} + N\hat{\boldsymbol{y}}) \cdot (\mathrm{d}x\,\hat{\boldsymbol{x}} + \mathrm{d}y\,\hat{\boldsymbol{y}}) = \boldsymbol{A} \cdot \mathrm{d}\boldsymbol{r}$$

其中

$$\boldsymbol{A} = M\hat{\boldsymbol{x}} + N\hat{\boldsymbol{y}}, \quad \boldsymbol{r} = x\hat{\boldsymbol{x}} + y\hat{\boldsymbol{y}}$$

对 $\boldsymbol{A}$ 取旋度，即有

$$\nabla \times \boldsymbol{A} = -\frac{\partial N}{\partial z}\hat{\boldsymbol{x}} + \frac{\partial M}{\partial z}\hat{\boldsymbol{y}} + \left(\frac{\partial N}{\partial x} - \frac{\partial M}{\partial y}\right)\hat{\boldsymbol{z}}$$

所以

$$\nabla\times\boldsymbol{A}\cdot\hat{\boldsymbol{z}}=\frac{\partial N}{\partial x}-\frac{\partial M}{\partial y}$$

代入式(1-83)，就得出平面格林定理的矢量形式

$$\oint_C\boldsymbol{A}\cdot\mathrm{d}\boldsymbol{r}=\int_R(\nabla\times\boldsymbol{A})\cdot\hat{\boldsymbol{z}}\mathrm{d}R \tag{1-84}$$

式中 $\mathrm{d}R=\mathrm{d}x\mathrm{d}y$。

1.5.4 标量格林定理

有两个标量格林定理，分别称为格林第一定理和格林第二定理。

格林第一定理的数学表示式为

$$\int_V[\varphi\nabla^2\psi+(\nabla\varphi\cdot\nabla\psi)]\mathrm{d}V=\oint_S(\varphi\nabla\psi)\cdot\mathrm{d}\boldsymbol{S} \tag{1-85}$$

式中 φ,ψ 是在 V 中具有连续二阶导数的任意标量函数。

格林第二定理的数学表示式为

$$\int_V(\varphi\nabla^2\psi-\psi\nabla^2\varphi)\mathrm{d}V=\oint_S(\varphi\nabla\psi-\psi\nabla\varphi)\cdot\mathrm{d}\boldsymbol{S} \tag{1-86}$$

两定理的证明如下：

在 1.5.1 节的高斯散度定理中，令 $\boldsymbol{A}=\varphi\nabla\psi$，代入式(1-81)后求得

$$\int_V\nabla\cdot(\varphi\nabla\psi)\mathrm{d}V=\oint_S(\varphi\nabla\psi)\cdot\hat{\boldsymbol{n}}\mathrm{d}S=\oint_S(\varphi\nabla\psi)\cdot\mathrm{d}\boldsymbol{S}$$

根据式(1-44)有

$$\nabla\cdot(\varphi\nabla\psi)=\varphi(\nabla\cdot\nabla\psi)+\nabla\varphi\cdot\nabla\psi=\varphi\nabla^2\psi+\nabla\varphi\cdot\nabla\psi$$

代回前一式得

$$\int_V(\varphi\nabla^2\psi+\nabla\varphi\cdot\nabla\psi)\mathrm{d}V=\oint_S(\varphi\nabla\psi)\cdot\mathrm{d}\boldsymbol{S}$$

第一定理得证。

对第二定理，可令式(1-85)中的 φ 与 ψ 交换位置，得

$$\int_V[\psi\nabla^2\varphi+(\nabla\psi)\cdot(\nabla\varphi)]\mathrm{d}V=\oint_S(\psi\nabla\varphi)\cdot\mathrm{d}\boldsymbol{S}$$

将式(1-85)与前一式相减，求得

$$\int_V(\varphi\nabla^2\psi-\psi\nabla^2\varphi)\mathrm{d}V=\oint_S(\varphi\nabla\psi-\psi\nabla\varphi)\cdot\mathrm{d}\boldsymbol{S}$$

第二定理得证。

1.5.5 矢量格林定理

根据恒等式

$$\nabla\cdot(\boldsymbol{A}\times\boldsymbol{B}')=\boldsymbol{B}'\cdot(\nabla\times\boldsymbol{A})-\boldsymbol{A}\cdot(\nabla\times\boldsymbol{B}')$$

现令 $\boldsymbol{B}'=\nabla\times\boldsymbol{B}$，代入上式得

$$\nabla \cdot (\boldsymbol{A} \times \nabla \times \boldsymbol{B}) = \nabla \times \boldsymbol{B} \cdot \nabla \times \boldsymbol{A} - \boldsymbol{A} \cdot (\nabla \times \nabla \times \boldsymbol{B})$$

再应用 1.5.1 节中的高斯散度定理就得出矢量形式的格林第一定理

$$\int_V \nabla \cdot (\boldsymbol{A} \times \nabla \times \boldsymbol{B}) \mathrm{d}V = \int_V [\nabla \times \boldsymbol{A} \cdot \nabla \times \boldsymbol{B} - \boldsymbol{A} \cdot (\nabla \times \nabla \times \boldsymbol{B})] \mathrm{d}V$$

$$= \oint_S (\boldsymbol{A} \times \nabla \times \boldsymbol{B}) \cdot \mathrm{d}\boldsymbol{S} \tag{1-87a}$$

若将式(1-87a)中 $\boldsymbol{A}$ 与 $\boldsymbol{B}$ 交换位置,可得

$$\int_V [\nabla \times \boldsymbol{B} \cdot \nabla \times \boldsymbol{A} - \boldsymbol{B} \cdot (\nabla \times \nabla \times \boldsymbol{A})] \mathrm{d}V = \oint_S (\boldsymbol{B} \times \nabla \times \boldsymbol{A}) \cdot \mathrm{d}\boldsymbol{S} \tag{1-87b}$$

式(1-87a)与式(1-87b)两式相减,即是矢量形式的格林第二定理

$$\int_V [\boldsymbol{B} \cdot (\nabla \times \nabla \times \boldsymbol{A}) - \boldsymbol{A} \cdot (\nabla \times \nabla \times \boldsymbol{B})] \mathrm{d}V$$

$$= \oint_S (\boldsymbol{A} \times \nabla \times \boldsymbol{B} - \boldsymbol{B} \times \nabla \times \boldsymbol{A}) \cdot \mathrm{d}\boldsymbol{S} \tag{1-88}$$

1.5.6 并矢格林定理

按照 1.4.3 节所介绍的将矢量恒等式变换为并矢恒等式的方法,可以导出并矢形式的格林定理。它是

$$\int_V [\boldsymbol{B} \cdot \nabla \times \nabla \times \vec{\boldsymbol{A}} - (\nabla \times \nabla \times \boldsymbol{B}) \cdot \vec{\boldsymbol{A}}] \mathrm{d}V$$

$$= -\oint_S [\boldsymbol{B} \times (\nabla \times \vec{\boldsymbol{A}}) + (\nabla \times \boldsymbol{B}) \times \vec{\boldsymbol{A}}] \cdot \mathrm{d}\boldsymbol{S} \tag{1-89}$$

1.5.7 其他积分定理

下面的三个积分定理建立了体积分和面积分的关系。

(1) $$\int_V \nabla \times \boldsymbol{B} \mathrm{d}V = \oint_S (\hat{\boldsymbol{n}} \times \boldsymbol{B}) \mathrm{d}S = \oint_S \mathrm{d}\boldsymbol{S} \times \boldsymbol{B} \tag{1-90}$$

证明如下:

在高斯散度定理中令 $\boldsymbol{A}=\boldsymbol{B}\times\boldsymbol{C}$,其中,$\boldsymbol{C}$ 是常矢量,代入高斯定理得

$$\int_V \nabla \cdot (\boldsymbol{B} \times \boldsymbol{C}) \mathrm{d}V = \oint_S (\boldsymbol{B} \times \boldsymbol{C}) \cdot \hat{\boldsymbol{n}} \mathrm{d}S \tag{1-90a}$$

因为

$$\nabla \cdot (\boldsymbol{B} \times \boldsymbol{C}) = \boldsymbol{C} \cdot \nabla \times \boldsymbol{B} - \boldsymbol{B} \cdot \nabla \times \boldsymbol{C} = \boldsymbol{C} \cdot \nabla \times \boldsymbol{B} \tag{1-90b}$$

$$(\boldsymbol{B} \times \boldsymbol{C}) \cdot \hat{\boldsymbol{n}} = \boldsymbol{B} \cdot (\boldsymbol{C} \times \hat{\boldsymbol{n}}) = \boldsymbol{C} \cdot (\hat{\boldsymbol{n}} \times \boldsymbol{B}) \tag{1-90c}$$

将式(1-90b)和式(1-90c)代回式(1-90a),得

$$\int_V \boldsymbol{C} \cdot (\nabla \times \boldsymbol{B}) \mathrm{d}V = \oint_S \boldsymbol{C} \cdot (\hat{\boldsymbol{n}} \times \boldsymbol{B}) \mathrm{d}S$$

将常矢量 $\boldsymbol{C}$ 提出积分号外,得

$$\boldsymbol{C} \cdot \int_V \nabla \times \boldsymbol{B} \mathrm{d}V = \boldsymbol{C} \cdot \oint_S \hat{\boldsymbol{n}} \times \boldsymbol{B} \mathrm{d}S$$

因为 $\boldsymbol{C}$ 是非零常矢量，可约去，得

$$\int_V \nabla \times \boldsymbol{B} \mathrm{d}V = \oint_S \hat{\boldsymbol{n}} \times \boldsymbol{B} \mathrm{d}S$$

证毕。

(2) $\int_V \nabla \varphi \, \mathrm{d}V = \oint_S \hat{\boldsymbol{n}} \varphi \, \mathrm{d}S$ (1-91)

证明如下：

令高斯散度定理中 $\boldsymbol{A}=\varphi \boldsymbol{C}$，这里 $\boldsymbol{C}$ 也是常矢量，代入高斯散度定理

$$\int_V \nabla \cdot (\varphi \boldsymbol{C}) \mathrm{d}V = \oint_S \varphi \boldsymbol{C} \cdot \hat{\boldsymbol{n}} \mathrm{d}S$$

由于

$$\nabla \cdot (\varphi \boldsymbol{C}) = \boldsymbol{C} \cdot \nabla \varphi \quad (\nabla \cdot \boldsymbol{C} = 0)$$

所以

$$\int_V \boldsymbol{C} \cdot \nabla \varphi \, \mathrm{d}V = \oint_S \boldsymbol{C} \cdot (\varphi \hat{\boldsymbol{n}}) \mathrm{d}S$$

或

$$\boldsymbol{C} \cdot \left[\int_V \nabla \varphi \, \mathrm{d}V - \oint_S \varphi \, \hat{\boldsymbol{n}} \, \mathrm{d}S\right] = 0$$

$\boldsymbol{C}$ 是非零常矢量，所以

$$\int_V \nabla \varphi \, \mathrm{d}V = \oint_S \varphi \, \hat{\boldsymbol{n}} \, \mathrm{d}S$$

证毕。

(3) $\oint_S \boldsymbol{B}(\boldsymbol{A} \cdot \mathrm{d}\boldsymbol{S}) = \int_V [(\boldsymbol{A} \cdot \nabla)\boldsymbol{B} + \boldsymbol{B} \nabla \cdot \boldsymbol{A}] \mathrm{d}V$ (1-92)

证明如下：

矢量 $\boldsymbol{B}$ 在直角坐标中有 3 个分量，即有

$$\boldsymbol{B} = B_x \hat{\boldsymbol{x}} + B_y \hat{\boldsymbol{y}} + B_z \hat{\boldsymbol{z}}$$

利用矢量恒等式(1-44)，有

$$\nabla \cdot (B_x \boldsymbol{A}) = \boldsymbol{A} \cdot \nabla B_x + B_x \nabla \cdot \boldsymbol{A}$$

利用高斯散度定理

$$\int_V \nabla \cdot (B_x \boldsymbol{A}) \mathrm{d}V = \oint_S B_x \boldsymbol{A} \cdot \mathrm{d}\boldsymbol{S}$$

所以

$$\oint_S B_x (\boldsymbol{A} \cdot \mathrm{d}\boldsymbol{S}) = \int_V [\boldsymbol{A} \cdot \nabla B_x + B_x (\nabla \cdot \boldsymbol{A})] \mathrm{d}V$$

类似有

$$\oint_S B_y (\boldsymbol{A} \cdot \mathrm{d}\boldsymbol{S}) = \int_V [\boldsymbol{A} \cdot \nabla B_y + B_y (\nabla \cdot \boldsymbol{A})] \mathrm{d}V$$

$$\oint_S B_z (\boldsymbol{A} \cdot \mathrm{d}\boldsymbol{S}) = \int_V [\boldsymbol{A} \cdot \nabla B_z + B_z (\nabla \cdot \boldsymbol{A})] \mathrm{d}V$$

因此

$$\oint_S \boldsymbol{B}(\boldsymbol{A} \cdot \mathrm{d}\boldsymbol{S}) = \int_V \{[\boldsymbol{A} \cdot \nabla B_x + B_x (\nabla \cdot \boldsymbol{A})] \hat{\boldsymbol{x}}$$

$$+[\boldsymbol{A}\cdot\nabla B_y+B_y(\nabla\cdot\boldsymbol{A})]\hat{\boldsymbol{y}}+[\boldsymbol{A}\cdot\nabla B_z+B_z(\nabla\cdot\boldsymbol{A})]\hat{\boldsymbol{z}}\}\mathrm{d}V$$

$$=\int_V\{[(\boldsymbol{A}\cdot\nabla B_x)\hat{\boldsymbol{x}}+(\boldsymbol{A}\cdot\nabla B_y)\hat{\boldsymbol{y}}+(\boldsymbol{A}\cdot\nabla B_z)\hat{\boldsymbol{z}}]+\boldsymbol{B}\nabla\cdot\boldsymbol{A}\}\mathrm{d}V$$

因为

$$(\boldsymbol{A}\cdot\nabla B_x)\hat{\boldsymbol{x}}+(\boldsymbol{A}\cdot\nabla B_y)\hat{\boldsymbol{y}}+(\boldsymbol{A}\cdot\nabla B_z)\hat{\boldsymbol{z}}=(\boldsymbol{A}\cdot\nabla)\boldsymbol{B}$$

所以

$$\oint_S\boldsymbol{B}(\boldsymbol{A}\cdot\mathrm{d}\boldsymbol{S})=\int_V[(\boldsymbol{A}\cdot\nabla)\boldsymbol{B}+\boldsymbol{B}\nabla\cdot\boldsymbol{A}]\mathrm{d}V$$

证毕。

1.5.8 亥姆霍兹定理

亥姆霍兹定理是矢量场的一个重要定理，它的内容是：对一个在无限远处有界、完全正则的矢量函数 $\boldsymbol{C}(\boldsymbol{r})$，一定可以把它分解为两个矢量函数的和，其中一个矢量函数的散度恒等于零，另一个矢量函数的旋度恒等于零，即

$$\boldsymbol{C}(\boldsymbol{r})=\boldsymbol{D}(\boldsymbol{r})+\boldsymbol{F}(\boldsymbol{r}) \tag{1-93}$$

其中

$$\nabla\cdot\boldsymbol{D}=0,\quad \nabla\times\boldsymbol{F}=0 \tag{1-94}$$

要证明这一定理，先将 $\boldsymbol{D}(\boldsymbol{r})$，$\boldsymbol{F}(\boldsymbol{r})$ 用另外的函数 $\varphi(\boldsymbol{r})$，$\boldsymbol{A}(\boldsymbol{r})$ 来表示，即令

$$\boldsymbol{D}(\boldsymbol{r})=\nabla\times\boldsymbol{A}(\boldsymbol{r}) \tag{1-95}$$

$$\boldsymbol{F}(\boldsymbol{r})=-\nabla\varphi(\boldsymbol{r}) \tag{1-96}$$

这样定义的 $\boldsymbol{D}(\boldsymbol{r})$ 与 $\boldsymbol{F}(\boldsymbol{r})$ 是一定满足式(1-94)的，再取式(1-96)的散度和式(1-95)的旋度，得

$$\nabla\cdot\nabla\varphi=\nabla^2\varphi=-\nabla\cdot\boldsymbol{C}(\boldsymbol{r}) \tag{1-97}$$

$$\nabla\times(\nabla\times\boldsymbol{A})=\nabla\times\boldsymbol{C}(\boldsymbol{r}) \tag{1-98}$$

从后面的 2.7 节和 4.3 节可知，上述两式一个类似标量位满足的泊松方程，另一个类似矢量磁位 $\boldsymbol{A}$ 满足的方程，这两个方程的一般解的形式是已知的，即有

$$\varphi=\frac{1}{4\pi}\int_V\frac{\nabla\cdot\boldsymbol{C}}{R}\mathrm{d}V \tag{1-99}$$

$$\boldsymbol{A}=\frac{1}{4\pi}\int_V\frac{\nabla\times\boldsymbol{C}}{R}\mathrm{d}V \tag{1-100}$$

当 φ 与 $\boldsymbol{A}$ 由 $\boldsymbol{C}(\boldsymbol{r})$ 确定后，此定理所要求分解的 $\boldsymbol{D}(\boldsymbol{r})$ 与 $\boldsymbol{F}(\boldsymbol{r})$ 也就确定了，定理由此得证。此定理表明：如果一矢量场的散度和旋度在一有限区域内处处是已知的，则该矢量场就能唯一地求得。

1.6 正交曲线坐标系

在电磁场边值问题的求解中，由于边界形状的多样性，在许多情况下使用非直线正交坐标系更为方便。这种非直线正交坐标系除了常见的圆柱坐标系、圆球坐标系外，还有椭圆柱坐标系、抛物线坐标系等共 11 种，在本节中将从一般正交曲线坐标系入手来介绍它们。

1.6.1 正交曲线坐标系的基本概念

1. 一般正交曲线坐标系

在直角坐标系中，空间中的任一点 $P_0(x_0,y_0,z_0)$ 的位置是由 $x=x_0, y=y_0, z=z_0$ 三个相互正交平面的交点确定的。现来考察方程

$$f(x,y,z)=u \tag{1-101}$$

式中 u 是一常数。显然式(1-101)代表了空间中的一族曲面，这个曲面族中的每一个曲面是由参数 u 的一个特定值确定的。现设有三个不同的方程

$$\left.\begin{aligned} f_1(x,y,z)&=u_1\\ f_2(x,y,z)&=u_2\\ f_3(x,y,z)&=u_3 \end{aligned}\right\} \tag{1-102}$$

令这三个方程所代表的三个曲面互相正交，显然，空间中任意一点 P 也可以用属于这个曲面族中的三个曲面的交点来确定，而 P 点的坐标则可以用这三个曲面方程的 u_1,u_2,u_3 值来表示(见图 1-6)，变量 u_1,u_2,u_3 就叫做这一点的曲线坐标。

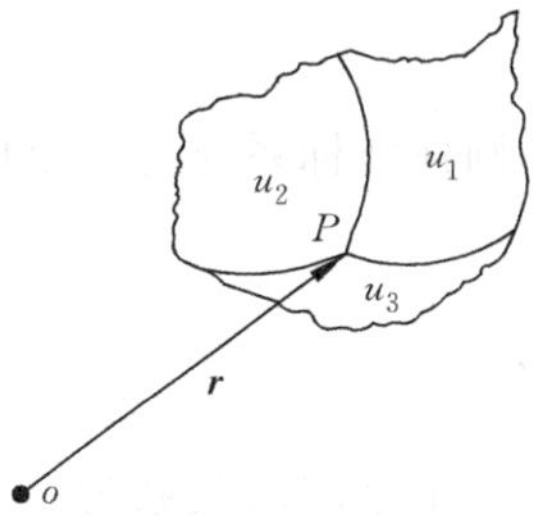

图 1-6　曲线坐标系

设想有一动点从 $P(u_1,u_2,u_3)$ 点移动到 $P'(u_1+\mathrm{d}u_1, u_2+\mathrm{d}u_2, u_3+\mathrm{d}u_3)$ 点，相应的位置向量 $\boldsymbol{r}$ 变化为 $\boldsymbol{r}+\mathrm{d}\boldsymbol{r}$，动点移动的这一小段距离构成了此正交坐标系中的线元 $\mathrm{d}\boldsymbol{r}$，这一移动可以看成是动点自 P 沿三个坐标轴 u_i 各移动一小段距离 $\mathrm{d}l_i$ 合成的结果，即

$$\mathrm{d}\boldsymbol{r}=\sum_{i=1}^{3}\mathrm{d}\boldsymbol{l}_i=h_1\mathrm{d}u_1\hat{\boldsymbol{u}}_1+h_2\mathrm{d}u_2\hat{\boldsymbol{u}}_2+h_3\mathrm{d}u_3\hat{\boldsymbol{u}}_3 \tag{1-103}$$

其中

$$\mathrm{d}\boldsymbol{l}_i=h_i\mathrm{d}u_i\hat{\boldsymbol{u}}_i \tag{1-104}$$

它所表示的是沿第 i 个坐标轴 u_i 方向的微分线元，因为 $\mathrm{d}l_i$ 的量纲是长度，但 u_i 的量纲不一定是长度，所以应当乘上一个变换系数 h_i，通常称 h_i 为度量系数。以圆柱坐标系为例，u_1 为 ρ，u_2 为ϕ，u_3 为 z，因为 ρ, z 本身量纲就是长度，所以 $h_1=h_3=1$，但ϕ的量纲是弧度，因而必须引入度量系数 h_2，且 $h_2=\rho$。

有了微分线元后，可以进一步引入微分面元和微分体积元。例如在 $u_i=$常数的曲面上，由微分线元 $\mathrm{d}\boldsymbol{l}_j, \mathrm{d}\boldsymbol{l}_k$ 组成的面元为

$$\mathrm{d}\boldsymbol{S}_i=\mathrm{d}\boldsymbol{l}_j\times\mathrm{d}\boldsymbol{l}_k=h_jh_k\mathrm{d}u_j\mathrm{d}u_k\hat{\boldsymbol{u}}_i \tag{1-105}$$

微分体积元为

$$\mathrm{d}V=\mathrm{d}\boldsymbol{l}_i\cdot(\mathrm{d}\boldsymbol{l}_j\times\mathrm{d}\boldsymbol{l}_k)=h_ih_jh_k\mathrm{d}u_i\mathrm{d}u_j\mathrm{d}u_k \tag{1-106}$$

2. 常用的正交曲线坐标系

常用的正交曲线坐标系除直角坐标系外，还有圆柱和圆球坐标系。

(1) 圆柱坐标系(ρ,ϕ,z)

在此坐标系中 P 点的位置是由 $\rho=$常数的圆柱面、$\phi=$常数的平面和 $z=$常数的平面三者的交点来确定的(见图 1-7)。这时

$$\hat{\boldsymbol{u}}_1=\hat{\boldsymbol{\rho}},\quad \hat{\boldsymbol{u}}_2=\hat{\boldsymbol{\phi}},\quad \hat{\boldsymbol{u}}_3=\hat{\boldsymbol{z}} \tag{1-107}$$

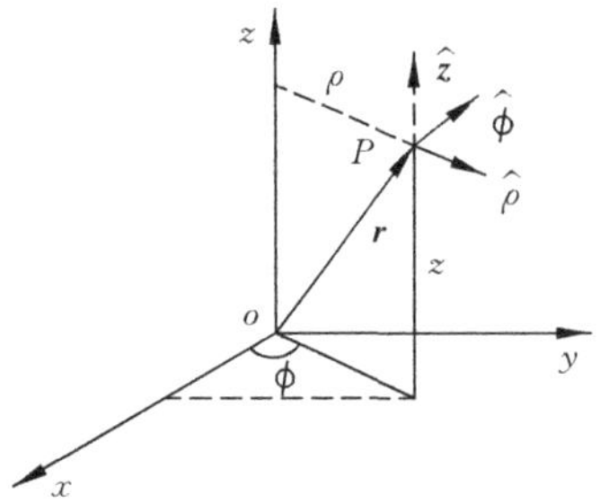

图 1-7 圆柱坐标系

描述 P 点的位置向量 $\boldsymbol{r}$ 是

$$\boldsymbol{r}=\rho\hat{\boldsymbol{\rho}}+z\hat{\boldsymbol{z}} \tag{1-108}$$

当 P 点的位置发生微小变化时，由 $\mathrm{d}\rho$ 引起的 $\mathrm{d}\boldsymbol{r}=\mathrm{d}\rho\hat{\boldsymbol{\rho}}$，由 $\mathrm{d}\phi$ 引起的 $\mathrm{d}\boldsymbol{r}=\rho\mathrm{d}\phi\hat{\boldsymbol{\phi}}$，由 $\mathrm{d}z$ 引起的 $\mathrm{d}\boldsymbol{r}=\mathrm{d}z\hat{\boldsymbol{z}}$。当三者同时变化时引起的 $\mathrm{d}\boldsymbol{r}$ 是

$$\mathrm{d}\boldsymbol{r}=\mathrm{d}\rho\hat{\boldsymbol{\rho}}+\rho\mathrm{d}\phi\hat{\boldsymbol{\phi}}+\mathrm{d}z\hat{\boldsymbol{z}} \tag{1-109}$$

相应的体积增量是

$$\mathrm{d}V=\rho\mathrm{d}\rho\mathrm{d}\phi\mathrm{d}z \tag{1-110}$$

这里 $h_1=1, h_2=\rho, h_3=1$。

圆柱坐标系与直角坐标系的变换关系为

$$\begin{cases}x=\rho\cos\phi\\ y=\rho\sin\phi\\ z=z\end{cases}$$

单位矢量之间的关系为

$$\left.\begin{aligned}\hat{\boldsymbol{\rho}}&=\cos\phi\,\hat{\boldsymbol{x}}+\sin\phi\,\hat{\boldsymbol{y}}\\ \hat{\boldsymbol{\phi}}&=-\sin\phi\,\hat{\boldsymbol{x}}+\cos\phi\,\hat{\boldsymbol{y}}\\ \hat{\boldsymbol{z}}&=\hat{\boldsymbol{z}}\end{aligned}\right\} \tag{1-111}$$

所以

$$\left.\begin{aligned}&\frac{\partial\hat{\boldsymbol{\rho}}}{\partial\phi}=\hat{\boldsymbol{\phi}},\quad \frac{\partial\hat{\boldsymbol{\phi}}}{\partial\phi}=-\hat{\boldsymbol{\rho}},\quad \frac{\partial\hat{\boldsymbol{z}}}{\partial\phi}=0\\ &\frac{\partial\hat{\boldsymbol{\rho}}}{\partial\rho}=\frac{\partial\hat{\boldsymbol{\phi}}}{\partial\rho}=\frac{\partial\hat{\boldsymbol{z}}}{\partial\rho}=0\\ &\frac{\partial\hat{\boldsymbol{\rho}}}{\partial z}=\frac{\partial\hat{\boldsymbol{\phi}}}{\partial z}=\frac{\partial\hat{\boldsymbol{z}}}{\partial z}=0\end{aligned}\right\} \tag{1-112}$$

若一矢量函数 $\mathbf{A}$ 在直角坐标系的分量为 A_x, A_y, A_z，在圆柱坐标系中的分量为 A_ρ, A_ϕ, A_z，则它们之间的变换关系为

$$\left.\begin{aligned}A_x&=A_\rho\cos\phi-A_\phi\sin\phi\\ A_y&=A_\rho\sin\phi+A_\phi\cos\phi\\ A_z&=A_z\end{aligned}\right\} \tag{1-113}$$

与

$$\left.\begin{aligned}A_\rho&=A_x\cos\phi+A_y\sin\phi\\ A_\phi&=-A_x\sin\phi+A_y\cos\phi\\ A_z&=A_z\end{aligned}\right\} \tag{1-114}$$

(2) 圆球坐标系(r,θ,ϕ)

在此坐标系中 P 点的位置是由 $r=$常数的球面、$\theta=$常数的锥面和 $\phi=$常数的平面三者的交点来确定的(见图 1-8)。这时

$$\hat{\boldsymbol{a}}_1=\hat{\boldsymbol{r}},\quad \hat{\boldsymbol{a}}_2=\hat{\boldsymbol{\theta}},\quad \hat{\boldsymbol{a}}_3=\hat{\boldsymbol{\phi}} \tag{1-115}$$

P 点位置的向量 $\boldsymbol{r}$ 是

$$\boldsymbol{r} = r\hat{\boldsymbol{r}} \tag{1-116}$$

显然，当 P 点位置发生微小变化时，由 $\mathrm{d}r$ 引起的 $\mathrm{d}\boldsymbol{r}=\mathrm{d}r\hat{\boldsymbol{r}}$，由 $\mathrm{d}\theta$ 引起的 $\mathrm{d}\boldsymbol{r}=r\mathrm{d}\theta\hat{\boldsymbol{\theta}}$，由 $\mathrm{d}\phi$ 引起的 $\mathrm{d}\boldsymbol{r}=r\sin\theta\,\mathrm{d}\phi\hat{\boldsymbol{\phi}}$。当三者同时变化时所引起的 $\mathrm{d}\boldsymbol{r}$ 是

$$\mathrm{d}\boldsymbol{r} = \mathrm{d}r\hat{\boldsymbol{r}} + r\mathrm{d}\theta\hat{\boldsymbol{\theta}} + r\sin\theta\,\mathrm{d}\phi\hat{\boldsymbol{\phi}} \tag{1-117}$$

相应的体积元是

$$\mathrm{d}V = r^2\sin\theta\,\mathrm{d}r\mathrm{d}\theta\mathrm{d}\phi \tag{1-118}$$

$$h_1 = 1,\quad h_2 = r,\quad h_3 = r\sin\theta \tag{1-119}$$

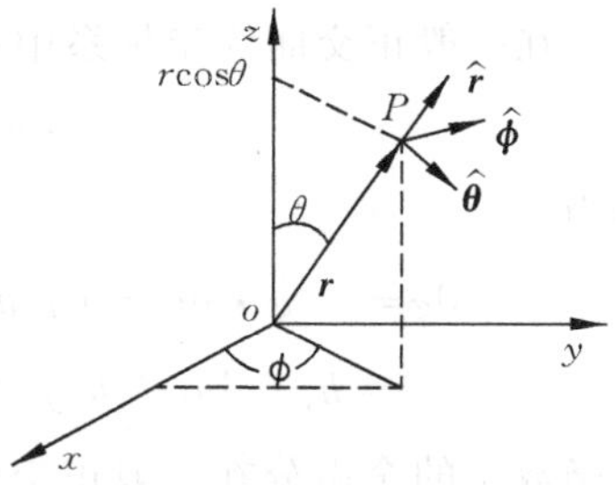

图 1-8　圆球坐标系

圆球坐标系与直角坐标系的变换关系为

$$\left.\begin{aligned} x &= r\sin\theta\cos\phi \\ y &= r\sin\theta\sin\phi \\ z &= r\cos\theta \end{aligned}\right\} \tag{1-120}$$

单位矢量之间的关系为

$$\left.\begin{aligned} \hat{\boldsymbol{r}} &= \sin\theta\cos\phi\,\hat{\boldsymbol{x}} + \sin\theta\sin\phi\,\hat{\boldsymbol{y}} + \cos\theta\,\hat{\boldsymbol{z}} \\ \hat{\boldsymbol{\theta}} &= \cos\theta\cos\phi\,\hat{\boldsymbol{x}} + \cos\theta\sin\phi\,\hat{\boldsymbol{y}} - \sin\theta\,\hat{\boldsymbol{z}} \\ \hat{\boldsymbol{\phi}} &= -\sin\phi\hat{\boldsymbol{x}} + \cos\phi\hat{\boldsymbol{y}} \end{aligned}\right\} \tag{1-121}$$

所以

$$\left.\begin{aligned} &\frac{\partial\hat{\boldsymbol{r}}}{\partial r} = \frac{\partial\hat{\boldsymbol{\theta}}}{\partial r} = \frac{\partial\hat{\boldsymbol{\phi}}}{\partial r} = 0 \\ &\frac{\partial\hat{\boldsymbol{r}}}{\partial\theta} = \hat{\boldsymbol{\theta}},\quad \frac{\partial\hat{\boldsymbol{\theta}}}{\partial\theta} = -\hat{\boldsymbol{r}},\quad \frac{\partial\hat{\boldsymbol{\phi}}}{\partial\theta} = 0 \\ &\frac{\partial\hat{\boldsymbol{r}}}{\partial\phi} = \sin\theta\hat{\boldsymbol{\phi}},\quad \frac{\partial\hat{\boldsymbol{\theta}}}{\partial\phi} = \cos\theta\hat{\boldsymbol{\phi}},\quad \frac{\partial\hat{\boldsymbol{\phi}}}{\partial\phi} = -\sin\theta\hat{\boldsymbol{r}} - \cos\theta\hat{\boldsymbol{\theta}} \end{aligned}\right\} \tag{1-122}$$

如一矢量函数 $\boldsymbol{A}$ 在直角坐标系中的分量为 A_x, A_y, A_z，在圆球坐标系中的分量为 A_r, A_θ, A_ϕ，则它们之间的变换关系为

$$\left.\begin{aligned} A_x &= A_r\sin\theta\cos\phi + A_\theta\cos\theta\cos\phi - A_\phi\sin\phi \\ A_y &= A_r\sin\theta\sin\phi + A_\theta\cos\theta\sin\phi + A_\phi\cos\phi \\ A_z &= A_r\cos\theta - A_\theta\sin\theta \end{aligned}\right\} \tag{1-123}$$

与

$$\left.\begin{aligned} A_r &= A_x\sin\theta\cos\phi + A_y\sin\theta\sin\phi + A_z\cos\theta \\ A_\theta &= A_x\cos\theta\cos\phi + A_y\cos\theta\sin\phi - A_z\sin\theta \\ A_\phi &= -A_x\sin\phi + A_y\cos\phi \end{aligned}\right\} \tag{1-124}$$

1.6.2　正交曲线坐标系中的梯度、散度和旋度

1. 一般正交曲线坐标系中的梯度、散度和旋度

(1) 梯度 $\nabla\varphi$

函数 φ 的梯度为一个矢量，设它在一般正交曲线坐标系中的表示式为

$$\nabla\varphi = f_1\hat{\boldsymbol{u}}_1 + f_2\hat{\boldsymbol{u}}_2 + f_3\hat{\boldsymbol{u}}_3$$

下面来求三个分量 f_1, f_2, f_3 与函数 φ 的关系。

在一般正交曲线坐标系中 $\mathrm{d}\boldsymbol{r}$ 可以表示为

$$\mathrm{d}\boldsymbol{r} = h_1\mathrm{d}u_1\hat{\boldsymbol{u}}_1 + h_2\mathrm{d}u_2\hat{\boldsymbol{u}}_2 + h_3\mathrm{d}u_3\hat{\boldsymbol{u}}_3 \tag{1-125}$$

因为

$$\begin{aligned}\mathrm{d}\varphi &= \nabla\varphi\cdot\mathrm{d}\boldsymbol{r} = (f_1\hat{\boldsymbol{u}}_1 + f_2\hat{\boldsymbol{u}}_2 + f_3\hat{\boldsymbol{u}}_3)\cdot(h_1\mathrm{d}u_1\hat{\boldsymbol{u}}_1 + h_2\mathrm{d}u_2\hat{\boldsymbol{u}}_2 + h_3\mathrm{d}u_3\hat{\boldsymbol{u}}_3)\\ &= h_1f_1\mathrm{d}u_1 + h_2f_2\mathrm{d}u_2 + h_3f_3\mathrm{d}u_3\end{aligned} \tag{1-126}$$

而函数 φ 的全微分在一般正交曲线坐标系中为

$$\mathrm{d}\varphi = \frac{\partial\varphi}{\partial u_1}\mathrm{d}u_1 + \frac{\partial\varphi}{\partial u_2}\mathrm{d}u_2 + \frac{\partial\varphi}{\partial u_3}\mathrm{d}u_3 \tag{1-127}$$

比较式(1-126)和式(1-127),可得

$$f_1 = \frac{1}{h_1}\frac{\partial\varphi}{\partial u_1},\quad f_2 = \frac{1}{h_2}\frac{\partial\varphi}{\partial u_2},\quad f_3 = \frac{1}{h_3}\frac{\partial\varphi}{\partial u_3}$$

所以函数 φ 的梯度为

$$\nabla\varphi = \frac{1}{h_1}\frac{\partial\varphi}{\partial u_1}\hat{\boldsymbol{u}}_1 + \frac{1}{h_2}\frac{\partial\varphi}{\partial u_2}\hat{\boldsymbol{u}}_2 + \frac{1}{h_3}\frac{\partial\varphi}{\partial u_3}\hat{\boldsymbol{u}}_3 \tag{1-128}$$

(2) 散度 $\nabla\cdot\boldsymbol{A}$

矢量 $\boldsymbol{A}$ 的散度在一般正交曲线坐标系中的表示式为

$$\begin{aligned}\nabla\cdot\boldsymbol{A} &= \nabla\cdot(A_1\hat{\boldsymbol{u}}_1 + A_2\hat{\boldsymbol{u}}_2 + A_3\hat{\boldsymbol{u}}_3)\\ &= \nabla\cdot(A_1\hat{\boldsymbol{u}}_1) + \nabla\cdot(A_2\hat{\boldsymbol{u}}_2) + \nabla\cdot(A_3\hat{\boldsymbol{u}}_3)\end{aligned} \tag{1-129}$$

下面以上式等号右端第一项 $\nabla\cdot(A_1\hat{\boldsymbol{u}}_1)$ 为例求其展开式。

因为

$$\nabla u_2 = \hat{\boldsymbol{u}}_2/h_2,\qquad \nabla u_3 = \hat{\boldsymbol{u}}_3/h_3$$

$$\nabla u_2\times\nabla u_3 = \hat{\boldsymbol{u}}_2\times\hat{\boldsymbol{u}}_3/h_2h_3 = \hat{\boldsymbol{u}}_1/h_2h_3$$

所以 $\nabla\cdot(A_1\hat{\boldsymbol{u}}_1)$ 可以写成

$$\nabla\cdot(A_1\hat{\boldsymbol{u}}_1) = \nabla\cdot(A_1h_2h_3\nabla u_2\times\nabla u_3) \tag{1-130}$$

根据矢量恒等式

$$\nabla\cdot(f\boldsymbol{A}) = \nabla f\cdot\boldsymbol{A} + f\,\nabla\cdot\boldsymbol{A}$$

可以将式(1-130)右边展开为

$$\begin{aligned}\nabla\cdot(A_1h_2h_3\nabla u_2\times\nabla u_3) &= \nabla(A_1h_2h_3)\cdot(\nabla u_2\times\nabla u_3)\\ &\quad + A_1h_2h_3\nabla\cdot(\nabla u_2\times\nabla u_3)\end{aligned}$$

又因为

$$\begin{aligned}\nabla\cdot(\nabla u_2\times\nabla u_3) &= \nabla u_3\cdot(\nabla\times\nabla u_2) - \nabla u_2\cdot(\nabla\times\nabla u_3)\\ &= 0\end{aligned}$$

所以

$$
\begin{aligned}
\nabla \cdot (A_1 \hat{\boldsymbol{u}}_1) &= \nabla (A_1 h_2 h_3) \cdot \frac{\hat{\boldsymbol{u}}_1}{h_2 h_3} \\
&= \left[\frac{\hat{\boldsymbol{u}}_1}{h_1}\frac{\partial}{\partial u_1}(A_1 h_2 h_3) + \frac{\hat{\boldsymbol{u}}_2}{h_2}\frac{\partial}{\partial u_2}(A_1 h_2 h_3) + \frac{\hat{\boldsymbol{u}}_3}{h_3}\frac{\partial}{\partial u_3}(A_1 h_2 h_3)\right] \cdot \frac{\hat{\boldsymbol{u}}_1}{h_2 h_3} \\
&= \frac{1}{h_1 h_2 h_3}\frac{\partial}{\partial u_1}(A_1 h_2 h_3)
\end{aligned}
\tag{1-131}
$$

同理可得

$$
\nabla \cdot (A_2 \hat{\boldsymbol{u}}_2) = \frac{1}{h_1 h_2 h_3}\frac{\partial}{\partial u_2}(A_2 h_3 h_1) \tag{1-132}
$$

$$
\nabla \cdot (A_3 \hat{\boldsymbol{u}}_3) = \frac{1}{h_1 h_2 h_3}\frac{\partial}{\partial u_3}(A_3 h_1 h_2) \tag{1-133}
$$

将式(1-131)～式(1-133)代入式(1-129)，整理后，得

$$
\nabla \cdot \boldsymbol{A} = \frac{1}{h_1 h_2 h_3}\left[\frac{\partial}{\partial u_1}(A_1 h_2 h_3) + \frac{\partial}{\partial u_2}(A_2 h_3 h_1) + \frac{\partial}{\partial u_3}(A_3 h_1 h_2)\right] \tag{1-134}
$$

(3) 旋度$\nabla \times \boldsymbol{A}$

矢量 **A** 的旋度在一般正交曲线坐标系中的表示式为

$$
\begin{aligned}
\nabla \times \boldsymbol{A} &= \nabla \times (A_1 \hat{\boldsymbol{u}}_1 + A_2 \hat{\boldsymbol{u}}_2 + A_3 \hat{\boldsymbol{u}}_3) \\
&= \nabla \times (A_1 \hat{\boldsymbol{u}}_1) + \nabla \times (A_2 \hat{\boldsymbol{u}}_2) + \nabla \times (A_3 \hat{\boldsymbol{u}}_3)
\end{aligned}
\tag{1-135}
$$

根据矢量恒等式

$$
\nabla \times (f\boldsymbol{A}) = \nabla f \times \boldsymbol{A} + f \nabla \times \boldsymbol{A}
$$

式(1-135)右边第一项可展开为

$$
\begin{aligned}
\nabla \times (A_1 \hat{\boldsymbol{u}}_1) &= \nabla \times (A_1 h_1 \nabla u_1) = \nabla (A_1 h_1) \times \nabla u_1 + A_1 h_1 \nabla \times \nabla u_1 \\
&= \nabla (A_1 h_1) \times \hat{\boldsymbol{u}}_1 / h_1 \\
&= \left[\frac{\hat{\boldsymbol{u}}_1}{h_1}\frac{\partial (A_1 h_1)}{\partial u_1} + \frac{\hat{\boldsymbol{u}}_2}{h_2}\frac{\partial (A_1 h_1)}{\partial u_2} + \frac{\hat{\boldsymbol{u}}_3}{h_3}\frac{\partial (A_1 h_1)}{\partial u_3}\right] \times \frac{\hat{\boldsymbol{u}}_1}{h_1} \\
&= \frac{1}{h_3 h_1}\frac{\partial (A_1 h_1)}{\partial u_3}\hat{\boldsymbol{u}}_2 - \frac{1}{h_1 h_2}\frac{\partial (A_1 h_1)}{\partial u_2}\hat{\boldsymbol{u}}_3
\end{aligned}
\tag{1-136}
$$

类似可得式(1-135)右边第二项和第三项的展开式

$$
\nabla \times (A_2 \hat{\boldsymbol{u}}_2) = \frac{1}{h_1 h_2}\frac{\partial (A_2 h_2)}{\partial u_1}\hat{\boldsymbol{u}}_3 - \frac{1}{h_2 h_3}\frac{\partial (A_2 h_2)}{\partial u_3}\hat{\boldsymbol{u}}_1 \tag{1-137}
$$

$$
\nabla \times (A_3 \hat{\boldsymbol{u}}_3) = \frac{1}{h_2 h_3}\frac{\partial (A_3 h_3)}{\partial u_2}\hat{\boldsymbol{u}}_1 - \frac{1}{h_1 h_3}\frac{\partial (A_3 h_3)}{\partial u_1}\hat{\boldsymbol{u}}_2 \tag{1-138}
$$

将式(1-136)～式(1-138)代入式(1-135)，整理后得矢量 **A** 的旋度为

$$
\nabla \times \boldsymbol{A} = \frac{1}{h_1 h_2 h_3}\begin{vmatrix} h_1 \hat{\boldsymbol{u}}_1 & h_2 \hat{\boldsymbol{u}}_2 & h_3 \hat{\boldsymbol{u}}_3 \\ \dfrac{\partial}{\partial u_1} & \dfrac{\partial}{\partial u_2} & \dfrac{\partial}{\partial u_3} \\ A_1 h_1 & A_2 h_2 & A_3 h_3 \end{vmatrix} \tag{1-139}
$$

用类似的方法还可以导出

$$
\nabla^2 f = \frac{1}{h_1 h_2 h_3}\left[\frac{\partial}{\partial u_1}\left(\frac{h_2 h_3}{h_1}\frac{\partial f}{\partial u_1}\right) + \frac{\partial}{\partial u_2}\left(\frac{h_3 h_1}{h_2}\frac{\partial f}{\partial u_2}\right) + \frac{\partial}{\partial u_3}\left(\frac{h_1 h_2}{h_3}\frac{\partial f}{\partial u_3}\right)\right] \tag{1-140}
$$

$$\nabla\times\nabla\times\boldsymbol{A}=\begin{vmatrix}\dfrac{1}{h_2h_3}\hat{\boldsymbol{u}}_1 & \dfrac{1}{h_3h_1}\hat{\boldsymbol{u}}_2 & \dfrac{1}{h_1h_2}\hat{\boldsymbol{u}}_3\\ \dfrac{\partial}{\partial u_1} & \dfrac{\partial}{\partial u_2} & \dfrac{\partial}{\partial u_3}\\ \xi_1 & \xi_2 & \xi_3\end{vmatrix} \tag{1-141}$$

其中

$$\xi_1=\frac{h_1}{h_2h_3}\left[\frac{\partial}{\partial u_2}(A_3h_3)-\frac{\partial}{\partial u_3}(A_2h_2)\right]$$

$$\xi_2=\frac{h_2}{h_3h_1}\left[\frac{\partial}{\partial u_3}(A_1h_1)-\frac{\partial}{\partial u_1}(A_3h_3)\right]$$

$$\xi_3=\frac{h_3}{h_1h_2}\left[\frac{\partial}{\partial u_1}(A_2h_2)-\frac{\partial}{\partial u_2}(A_1h_1)\right]$$

2. 常用的正交曲线坐标系中的梯度、散度和旋度

(1) 圆柱坐标系

圆柱坐标系中梯度、散度和旋度的表示式分别为

$$\nabla f=\frac{\partial f}{\partial\rho}\hat{\boldsymbol{\rho}}+\frac{1}{\rho}\frac{\partial f}{\partial\phi}\hat{\boldsymbol{\phi}}+\frac{\partial f}{\partial z}\hat{\boldsymbol{z}} \tag{1-142}$$

$$\nabla\cdot\boldsymbol{A}=\frac{1}{\rho}\frac{\partial}{\partial\rho}(\rho A_\rho)+\frac{1}{\rho}\frac{\partial A_\phi}{\partial\phi}+\frac{\partial A_z}{\partial z} \tag{1-143}$$

$$\begin{aligned}\nabla\times\boldsymbol{A}=\frac{1}{\rho}\begin{vmatrix}\hat{\boldsymbol{\rho}} & \rho\hat{\boldsymbol{\phi}} & \hat{\boldsymbol{z}}\\ \dfrac{\partial}{\partial\rho} & \dfrac{\partial}{\partial\phi} & \dfrac{\partial}{\partial z}\\ A_\rho & \rho A_\phi & A_z\end{vmatrix}&=\left(\frac{1}{\rho}\frac{\partial A_z}{\partial\phi}-\frac{\partial A_\phi}{\partial z}\right)\hat{\boldsymbol{\rho}}\\ &+\left(\frac{\partial A_\rho}{\partial z}-\frac{\partial A_z}{\partial\rho}\right)\hat{\boldsymbol{\phi}}+\left[\frac{1}{\rho}\frac{\partial(\rho A_\phi)}{\partial\rho}-\frac{1}{\rho}\frac{\partial A_\rho}{\partial\phi}\right]\hat{\boldsymbol{z}}\end{aligned} \tag{1-144}$$

标量函数 f 和矢量函数 $\boldsymbol{A}$ 的拉普拉斯表示式分别为

$$\nabla^2 f=\frac{1}{\rho}\frac{\partial}{\partial\rho}\left(\rho\frac{\partial f}{\partial\rho}\right)+\frac{1}{\rho^2}\frac{\partial^2 f}{\partial\phi^2}+\frac{\partial^2 f}{\partial z^2} \tag{1-145}$$

$$\begin{aligned}\nabla^2\boldsymbol{A}=&\left(\nabla^2A_\rho-\frac{A_\rho}{\rho^2}-\frac{2}{\rho^2}\frac{\partial A_\phi}{\partial z}\right)\hat{\boldsymbol{\rho}}\\ &+\left(\nabla^2A_\phi-\frac{A_\phi}{\rho^2}+\frac{2}{\rho^2}\frac{\partial A_\rho}{\partial\phi}\right)\hat{\boldsymbol{\phi}}+\nabla^2A_z\hat{\boldsymbol{z}}\end{aligned} \tag{1-146}$$

矢量函数 $\boldsymbol{A}$ 的散度的梯度的表示式为

$$\nabla\nabla\cdot\boldsymbol{A}=\eta_1\hat{\boldsymbol{\rho}}+\eta_2\hat{\boldsymbol{\phi}}+\eta_3\hat{\boldsymbol{z}} \tag{1-147}$$

其中

$$\eta_1=\frac{\partial^2A_\rho}{\partial\rho^2}+\frac{\partial^2A_z}{\partial\rho\partial z}+\frac{1}{\rho}\frac{\partial^2A_\phi}{\partial\rho\partial\phi}+\frac{1}{\rho}\frac{\partial A_\rho}{\partial\rho}-\frac{1}{\rho^2}\frac{\partial A_\phi}{\partial\phi}-\frac{A_\rho}{\rho^2}$$

$$\eta_2=\frac{1}{\rho}\frac{\partial^2A_z}{\partial\phi\partial z}+\frac{1}{\rho^2}\frac{\partial^2A_\phi}{\partial\phi^2}+\frac{1}{\rho}\frac{\partial^2A_\rho}{\partial\rho\partial\phi}+\frac{1}{\rho^2}\frac{\partial A_\rho}{\partial\phi}$$

$$\eta_3=\frac{\partial^2A_z}{\partial z^2}+\frac{1}{\rho}\frac{\partial^2A_\phi}{\partial\phi\partial z}+\frac{\partial^2A_\rho}{\partial\rho\partial z}+\frac{1}{\rho}\frac{\partial A_\rho}{\partial z}$$

矢量函数 **A** 的旋度的旋度为

$$\nabla\times\nabla\times\boldsymbol{A}=\zeta_1\hat{\boldsymbol{\rho}}+\zeta_2\hat{\boldsymbol{\phi}}+\zeta_3\hat{\boldsymbol{z}} \tag{1-148}$$

其中

$$\zeta_1=-\frac{1}{\rho^2}\frac{\partial^2A_\rho}{\partial\phi^2}-\frac{\partial^2A_\rho}{\partial z^2}+\frac{\partial^2A_z}{\partial\rho\partial z}+\frac{1}{\rho}\frac{\partial^2A_\phi}{\partial\rho\partial\phi}+\frac{1}{\rho^2}\frac{\partial A_\phi}{\partial\phi}$$

$$\zeta_2=-\frac{\partial^2A_\phi}{\partial z^2}+\frac{1}{\rho}\frac{\partial^2A_z}{\partial\phi\partial z}-\frac{\partial^2A_\phi}{\partial\rho^2}-\frac{1}{\rho}\frac{\partial A_\phi}{\partial\rho}+\frac{A_\phi}{\rho^2}-\frac{1}{\rho^2}\frac{\partial A_\rho}{\partial\phi}+\frac{1}{\rho}\frac{\partial^2A_\rho}{\partial\phi\partial\rho}$$

$$\zeta_3=-\frac{\partial^2A_z}{\partial\rho^2}-\frac{1}{\rho^2}\frac{\partial^2A_z}{\partial\phi^2}+\frac{\partial^2A_\rho}{\partial\rho\partial z}+\frac{1}{\rho}\frac{\partial^2A_\phi}{\partial\phi\partial z}+\frac{1}{\rho}\frac{\partial A_\rho}{\partial z}-\frac{1}{\rho}\frac{\partial A_z}{\partial\rho}$$

(2) 圆球坐标系

圆球坐标系中梯度、散度和旋度的表示式分别为

$$\nabla f=\frac{\partial f}{\partial r}\hat{\boldsymbol{r}}+\frac{1}{r}\frac{\partial f}{\partial\theta}\hat{\boldsymbol{\theta}}+\frac{1}{r\sin\theta}\frac{\partial f}{\partial\phi}\hat{\boldsymbol{\phi}} \tag{1-149}$$

$$\nabla\cdot\boldsymbol{A}=\frac{1}{r^2}\frac{\partial}{\partial r}(r^2A_r)+\frac{1}{r\sin\theta}\frac{\partial}{\partial\theta}(\sin\theta A_\theta)+\frac{1}{r\sin\theta}\frac{\partial A_\phi}{\partial\phi} \tag{1-150}$$

$$\begin{aligned}\nabla\times\boldsymbol{A}&=\frac{1}{r^2\sin\theta}\begin{vmatrix}\hat{\boldsymbol{r}} & r\hat{\boldsymbol{\theta}} & r\sin\theta\,\hat{\boldsymbol{\phi}}\\ \dfrac{\partial}{\partial r} & \dfrac{\partial}{\partial\theta} & \dfrac{\partial}{\partial\phi}\\ A_r & rA_\theta & r\sin\theta\,A_\phi\end{vmatrix}\\ &=\left(\frac{1}{r}\frac{\partial A_\phi}{\partial\theta}+\frac{A_\phi}{r\tan\theta}-\frac{1}{r\sin\theta}\frac{\partial A_\theta}{\partial\phi}\right)\hat{\boldsymbol{r}}+\left(\frac{1}{r\sin\theta}\frac{\partial A_r}{\partial\phi}-\frac{\partial A_\phi}{\partial r}-\frac{A_\phi}{r}\right)\hat{\boldsymbol{\theta}}\\ &\quad+\left(\frac{\partial A_\theta}{\partial r}+\frac{A_\theta}{r}-\frac{1}{r}\frac{\partial A_r}{\partial\theta}\right)\hat{\boldsymbol{\phi}}\end{aligned} \tag{1-151}$$

标量函数 f 和矢量函数 **A** 的拉普拉斯表示式分别为

$$\nabla^2f=\frac{\partial^2f}{\partial r^2}+\frac{2}{r}\frac{\partial f}{\partial r}+\frac{1}{r^2}\frac{\partial^2f}{\partial\theta^2}+\frac{1}{r^2\tan\theta}\frac{\partial f}{\partial\theta}+\frac{1}{r^2\sin^2\theta}\frac{\partial^2f}{\partial\phi^2} \tag{1-152}$$

$$\nabla^2\boldsymbol{A}=\xi_1\hat{\boldsymbol{r}}+\xi_2\hat{\boldsymbol{\theta}}+\xi_3\hat{\boldsymbol{\phi}} \tag{1-153}$$

其中

$$\xi_1=\nabla^2A_r-\frac{2A_r}{r^2}-\frac{2\cot\theta}{r^2}A_\theta-\frac{2}{r^2}\frac{\partial A_\theta}{\partial\theta}-\frac{2}{r^2\sin\theta}\frac{\partial A_\phi}{\partial\phi}$$

$$\xi_2=\nabla^2A_\theta+\frac{2}{r^2}\frac{\partial A_r}{\partial\theta}-\frac{A_\theta}{r^2\sin^2\theta}-\frac{2\cos\theta}{r^2\sin^2\theta}\frac{\partial A_\phi}{\partial\phi}$$

$$\xi_3=\nabla^2A_\phi+\frac{2}{r^2\sin\theta}\frac{\partial A_r}{\partial\phi}-\frac{1}{r^2\sin\theta}A_\phi+\frac{2\cos\theta}{r^2\sin\theta}\frac{\partial A_\theta}{\partial\phi}$$

矢量函数 **A** 的散度的梯度的表示式为

$$\nabla\nabla\cdot\boldsymbol{A}=\eta_1\hat{\boldsymbol{r}}+\eta_2\hat{\boldsymbol{\theta}}+\eta_3\hat{\boldsymbol{\phi}} \tag{1-154}$$

其中

$$\begin{aligned}\eta_1=&\frac{\partial^2A_r}{\partial r^2}+\frac{2}{r}\frac{\partial A_r}{\partial r}-\frac{2A_r}{r^2}-\frac{A_\theta}{r^2\tan\theta}+\frac{1}{r\tan\theta}\frac{\partial A_\theta}{\partial r}\\ &+\frac{1}{r}\frac{\partial^2A_\theta}{\partial\theta\partial r}-\frac{1}{r^2}\frac{\partial A_\theta}{\partial\theta}+\frac{1}{r\sin\theta}\frac{\partial^2A_\phi}{\partial\phi\partial r}-\frac{1}{r^2\sin\theta}\frac{\partial A_\phi}{\partial\phi}\end{aligned}$$

$$\eta_2 = \frac{1}{r}\frac{\partial^2 A_r}{\partial r\partial\theta} + \frac{2}{r^2}\frac{\partial A_r}{\partial\theta} - \frac{A_\theta}{r^2\sin^2\theta} + \frac{1}{r^2\tan\theta}\frac{\partial A_\theta}{\partial\theta}$$

$$- \frac{1}{r^2}\frac{\partial^2 A_\theta}{\partial\theta^2} + \frac{1}{r^2\sin\theta}\frac{\partial^2 A_\phi}{\partial\phi\partial\theta} - \frac{\cos\theta}{r^2\sin^2\theta}\frac{\partial A_\phi}{\partial\phi}$$

$$\eta_3 = \frac{1}{r\sin\theta}\frac{\partial^2 A_r}{\partial r\partial\phi} + \frac{2}{r^2\sin\theta}\frac{\partial A_r}{\partial\phi} + \frac{\cos\theta}{r^2\sin^2\theta}\frac{\partial A_\theta}{\partial\phi}$$

$$+ \frac{1}{r^2\sin\theta}\frac{\partial^2 A_\phi}{\partial\phi\partial\theta} + \frac{1}{r^2\sin^2\theta}\frac{\partial^2 A_\phi}{\partial\phi^2}$$

矢量函数 **A** 的旋度的旋度的表示式为

$$\nabla\times\nabla\times\boldsymbol{A} = \zeta_1\hat{\boldsymbol{r}} + \zeta_2\hat{\boldsymbol{\theta}} + \zeta_3\hat{\boldsymbol{\phi}} \tag{1-155}$$

其中

$$\zeta_1 = \frac{1}{r}\frac{\partial^2 A_\theta}{\partial r\partial\theta} + \frac{1}{r^2}\frac{\partial A_\theta}{\partial\theta} - \frac{1}{r^2}\frac{\partial^2 A_r}{\partial\theta^2}$$

$$+ \frac{1}{r\tan\theta}\frac{\partial A_\theta}{\partial r} + \frac{1}{r\tan\theta}\frac{A_\theta}{r} - \frac{1}{r^2\tan\theta}\frac{\partial A_r}{\partial\theta}$$

$$- \frac{1}{r^2\sin^2\theta}\frac{\partial^2 A_r}{\partial\phi^2} + \frac{1}{r\sin\theta}\frac{\partial^2 A_\phi}{\partial r\partial\phi} + \frac{1}{r^2\sin\theta}\frac{\partial A_\phi}{\partial\phi}$$

$$\zeta_2 = \frac{1}{r^2\sin^2\theta}\frac{\partial^2 A_\phi}{\partial\phi\partial\theta} + \frac{\cos\theta}{r^2\sin^2\theta}\frac{\partial A_\phi}{\partial\phi} - \frac{1}{r^2\sin^2\theta}\frac{\partial^2 A_\theta}{\partial\phi^2}$$

$$- \frac{2}{r}\frac{\partial A_\theta}{\partial r} + \frac{1}{r}\frac{\partial^2 A_r}{\partial r\partial\theta} - \frac{\partial^2 A_\theta}{\partial r^2}$$

$$\zeta_3 = \frac{1}{r\sin\theta}\frac{\partial^2 A_r}{\partial\phi\partial r} - \frac{2}{r}\frac{\partial A_\phi}{\partial r} - \frac{1}{r^2}\frac{\partial^2 A_\phi}{\partial\theta^2} - \frac{\partial^2 A_\phi}{\partial r^2}$$

$$- \frac{1}{r^2\tan\theta}\frac{\partial A_\phi}{\partial\theta} + \frac{A_\phi}{r^2\sin^2\theta} + \frac{1}{r^2\sin^2\theta}\frac{\partial^2 A_\theta}{\partial\theta\partial\phi} - \frac{\cos\theta}{r^2\sin^2\theta}\frac{\partial A_\theta}{\partial\phi}$$

习　　题

1-1　设 $f=\ln|\boldsymbol{r}|$，求 ∇f。

1-2　设 $f=1/r$，求 ∇f。

1-3　证明 $\nabla r^n = nr^{n-2}\boldsymbol{r}$

1-4　证明 $\nabla^2(1/r)=0\quad(r\neq 0)$

1-5　证明 $\nabla\cdot(\boldsymbol{r}/r^3)=0$

1-6　证明 $\nabla\times(\nabla f)=0$

1-7　证明 $\nabla\cdot(\nabla\times\boldsymbol{A})=0$

1-8　证明 $\nabla\cdot(\boldsymbol{A}\cdot\boldsymbol{B})=(\boldsymbol{B}\cdot\nabla)\boldsymbol{A}+(\boldsymbol{A}\cdot\nabla)\boldsymbol{B}+\boldsymbol{B}\times(\nabla\times\boldsymbol{A})+\boldsymbol{A}\times(\nabla\times\boldsymbol{B})$

1-9　给出在直角坐标系中

(1) $\boldsymbol{A}\cdot\nabla$ 的展开式；

(2) $(\boldsymbol{A}\cdot\nabla)\boldsymbol{B}$ 的展开式；

(3) $\boldsymbol{A}\cdot\nabla\boldsymbol{B}$ 的展开式，并证明 $\boldsymbol{A}\cdot\nabla\boldsymbol{B}=(\boldsymbol{A}\cdot\nabla)\boldsymbol{B}$

1-10　设 S 是一闭曲面，$\boldsymbol{r}$ 是从原点 o 到任意点 P 的位置矢量，求证：

(1) 如果原点 o 位于 S 面之外，则有$\oint_S \frac{\hat{\boldsymbol{r}}\cdot\hat{\boldsymbol{n}}}{r^2}\mathrm{d}S=0$

(2) 如果原点 o 位于 S 面之内，则有$\oint_S \frac{\hat{\boldsymbol{r}}\cdot\hat{\boldsymbol{n}}}{r^2}\mathrm{d}S=4\pi$

1-11　证明 $\boldsymbol{A}\cdot\vec{\boldsymbol{D}}=\tilde{\boldsymbol{D}}\cdot\boldsymbol{A}$

1-12　证明$\nabla\cdot[\vec{\boldsymbol{I}}\psi]=\nabla\psi$（$\psi$ 为标量函数）

1-13　证明$\nabla(f/g)=(g\nabla f-f\nabla g)/g^2\quad(g\neq0)$

1-14　(1) 证明$\nabla^2 f(r)=\frac{\mathrm{d}^2 f}{\mathrm{d}r^2}+\frac{2}{r}\frac{\mathrm{d}f}{\mathrm{d}r}$

(2) 求 $f(r)$，使$\nabla^2 f(r)=0$

1-15　证明$\nabla\times(f\nabla f)=0$

1-16　证明平面格林定理式(1-83)可以写成

$$\oint_C \boldsymbol{B}\cdot\hat{\boldsymbol{n}}\mathrm{d}S=\oint_R\nabla\cdot\boldsymbol{B}\mathrm{d}R$$

形式，求出 $\boldsymbol{B}$ 与 M,N 的关系。

1-17　证明在一般正交曲线坐标系中$\nabla^2 f$ 的展开式(1-140)。

1-18　证明$\nabla\boldsymbol{r}=\vec{\boldsymbol{I}}$，$\nabla\cdot\boldsymbol{r}=3$，$\nabla\times\boldsymbol{r}=0$

第2章　静　电　场

静电场是指由静止的、其电量不随时间变化的电荷所产生的电场。

本章将从静电学的基本定律——库仑定律——出发，导出静电学的各个基本概念和定律：电场强度、高斯定律、电位、泊松方程与拉普拉斯方程、介质的极化与电位移矢量、边界面上的边界条件以及静电场中的能量和能量密度、静电场中的机械力等。

2.1　静电场中的基本定律

2.1.1　库仑定律

库仑定律是一个从点电荷概念出发，通过测量不同点电荷之间的相互作用力而总结出的实验定律。所谓点电荷，是指一个带有限电量，而几何尺寸为零的荷电体。这显然是一个理想化模型，实际上并不存在。但是，当两个荷电体之间的距离远大于荷电体本身的尺寸时，可以近似地将它们之间的作用看成点电荷之间的相互作用。

设在真空中有两个点电荷 q 和 q'，它们之间的距离为 R(见图 2-1)。实验发现，电荷 q 将由于 q' 的存在而受到作用力 $\boldsymbol{F}_{q'\to q}$。我们把点电荷 q' 作为“源”，它所在的位置称为“源点”，由位置矢量 $\boldsymbol{r}'$ 给出；而把受到作用力的点电荷 q 所在的位置称为“场点”，它的位置用位置矢量 $\boldsymbol{r}$ 表示。

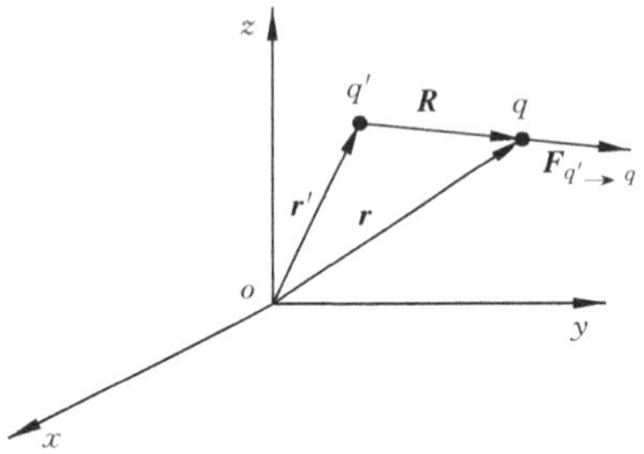

图 2-1　点电荷 q' 和 q 在真空中的相互作用力

大量的实验结果表明，点电荷 q' 和 q 在真空中的相互作用力服从下面的规律：$\boldsymbol{F}_{q'\to q}$ 的大小与乘积 qq' 成正比；与两点电荷之间的距离 R 的平方成反比；$\boldsymbol{F}_{q'\to q}$ 的方向沿着两点电荷之间的连线方向，即沿相对位置矢量 $\boldsymbol{R}=\boldsymbol{r}-\boldsymbol{r}'$ 的方向。$\boldsymbol{F}_{q'\to q}$ 表示为

$$\boldsymbol{F}_{q'\to q} = k\frac{qq'}{R^2}\hat{\boldsymbol{R}} = k\frac{qq'}{R^3}\boldsymbol{R} \tag{2-1}$$

式中 k 为比例系数，在国际单位制中

$$k = \frac{1}{4\pi\varepsilon_0} \tag{2-2}$$

ε_0 为真空或自由空间中的介电常数，$\varepsilon_0=8.85\times10^{-12}\,\mathrm{F/m}$。

显然，我们也可以把 q 作为“源”，它所在的位置作为“源点”，q' 所在位置作为“场点”，求 q 对 q' 的作用力。此时有

$$\boldsymbol{F}_{q\to q'} = \frac{qq'}{4\pi\varepsilon_0 R'^2}\hat{\boldsymbol{R}}' = \frac{qq'}{4\pi\varepsilon_0 R'^3}\boldsymbol{R}' \tag{2-3}$$

式中

$$R' = r' - r = -R$$

所以

$$F_{q \to q'} = - F_{q' \to q} \tag{2-4}$$

式(2-1)称为库仑定律,它是静电学中最基本的定律。许多著名学者,如麦克斯韦(Maxwell)、普林顿(Plimton)、威廉斯(Williams)等都做过十分精确的实验来检验库仑定律。后人的大量实验证实,当 R 小到 10^{-10}m 左右时,库仑定律的准确度仍优于 10^{-9}。这就证明,在宏观电磁学的范围内,库仑定律是可靠的。

2.1.2 电场强度 $\boldsymbol{E}$

库仑定律[式(2-1)]只是从定量关系上说明了两点电荷之间的作用力的大小和方向如何确定,并没有涉及这一作用力的物理本质问题。对于这一点可以有不同的理解。一种是所谓超距作用,即一电荷直接把作用力施加于另一电荷上,当场源电荷发生变化时,电荷 q 所受之力将同时随之变化;另一种观点是电荷之间的相互作用是通过“场”来传递的。电荷 q 所受之力是场源电荷 q' 所建立的电场对 q 的作用力,它们之间的作用不可能是超距的。这两种观点在静电场中对问题的描述是等价的,因为既然是静电场,当然就排除了随时间变化的可能。但在时变场中,这两种观点就给出不同的回答。实践证明,后一观点更符合实际。因此,应当认为 q 之所以受到作用力是因为在电荷 q' 周围存在着一种特殊物质——电场,q 所受之力就是电场对它的作用力。显然,当 q 位于 q' 场中不同位置时所受到的力的大小和方向是不同的。为定量地描述 q' 周围的电场的物理特性,我们定义电场强度 $\boldsymbol{E}$ 为

$$\boldsymbol{E} = \frac{q'}{4\pi\varepsilon_0 R^2}\hat{\boldsymbol{R}} \tag{2-5}$$

它的物理意义是单位实验正电荷在电场中所受之力。电荷 q 在场中某点所受的作用力

$$\boldsymbol{F} = q\boldsymbol{E} = \frac{qq'}{4\pi\varepsilon_0 R^2}\hat{\boldsymbol{R}}$$

如果在空间中场源电荷不是一个而是多个,则根据叠加原理,电荷 q 在场中某点所受到的作用力就应是多个场源电荷单独作用力的矢量和,即

$$\boldsymbol{F} = \sum_{i=1}^{N} \boldsymbol{F}_{q_i \to q} = \sum_{i=1}^{N} \frac{qq_i}{4\pi\varepsilon_0 R_i^2}\hat{\boldsymbol{R}}_i \tag{2-6}$$

相应地,此时点电荷系所产生的电场强度 $\boldsymbol{E}$ 为

$$\boldsymbol{E}(\boldsymbol{r}) = \sum_{i=1}^{N} \frac{q_i}{4\pi\varepsilon_0 R_i^2}\hat{\boldsymbol{R}}_i \tag{2-7}$$

实际上,理想的点电荷或点电荷系是不存在的。电荷或是分布在一个体积内,或是分布在一个面积上。当然,从物质的结构理论来看,电荷的分布是不连续的,但是即使是很大的原子核,直径也只有 10^{-14}m 的数量级,所以在研究宏观电磁规律时,可以将电荷看成是连续分布的。当电荷连续分布在一体积内时,可以定义一体电荷密度

$$\rho = \lim_{\Delta V \to 0} \frac{\Delta q}{\Delta V} = \frac{\mathrm{d}q}{\mathrm{d}V} \tag{2-8}$$

ρ 的单位为 $\mathrm{C/m^3}$。将 $\rho\mathrm{d}V$ 视为一点电荷,根据叠加原理,可以写出连续分布的体电荷所产生的电场强度 $\boldsymbol{E}$ 为

$$\boldsymbol{E}(\boldsymbol{r})=\int_{V'}\frac{\rho(\boldsymbol{r}')\mathrm{d}V'}{4\pi\varepsilon_0 R^2}\hat{\boldsymbol{R}} \tag{2-9}$$

如果电荷连续分布在一厚度可忽略的曲面上，则可引入一面电荷密度

$$\rho_S=\lim_{\Delta S\to 0}\frac{\Delta q}{\Delta S}=\frac{\mathrm{d}q}{\mathrm{d}S} \tag{2-10}$$

ρ_S 的单位为 $\mathrm{C/m^2}$。将 $\rho_S \mathrm{d}S$ 视为一点电荷，根据叠加原理可写出连续分布的面电荷所产生的电场强度 $\boldsymbol{E}$ 为

$$\boldsymbol{E}(\boldsymbol{r})=\int_{S'}\frac{\rho_S(\boldsymbol{r}')\mathrm{d}S'}{4\pi\varepsilon_0 R^2}\hat{\boldsymbol{R}} \tag{2-11}$$

如果电荷连续分布在半径可忽略的曲线上，则可以引入一线电荷密度

$$\rho_l=\lim_{\Delta l\to 0}\frac{\Delta q}{\Delta l}=\frac{\mathrm{d}q}{\mathrm{d}l} \tag{2-12}$$

ρ_l 的单位为 C/m。将 $\rho_l \mathrm{d}l$ 视为一点电荷，可写出连续分布的线电荷所产生的电场强度 $\boldsymbol{E}$ 为

$$\boldsymbol{E}(\boldsymbol{r})=\int_{l'}\frac{\rho_l(\boldsymbol{r}')\mathrm{d}l'}{4\pi\varepsilon_0 R^2}\hat{\boldsymbol{R}} \tag{2-13}$$

例 2-1 求真空中无限长均匀直线电荷产生的电场强度。

解 设线电荷密度为 ρ_l，取圆柱坐标，见图 2-2，线电荷沿 z 轴放置。根据电荷的对称性，可知 $\boldsymbol{E}$ 与 ϕ 无关，离坐标原点 o 任意距离 z 处线电荷元 $\rho_l \mathrm{d}z$ 在 P 点产生的电场 $\mathrm{d}\boldsymbol{E}$ 为

$$\mathrm{d}\boldsymbol{E}=\frac{\rho_l \mathrm{d}z}{4\pi\varepsilon_0 R^2}\hat{\boldsymbol{R}}=\hat{\boldsymbol{r}}\mathrm{d}E_r+\hat{\boldsymbol{z}}\mathrm{d}E_z$$

式中

$$R^2=r^2+z^2$$

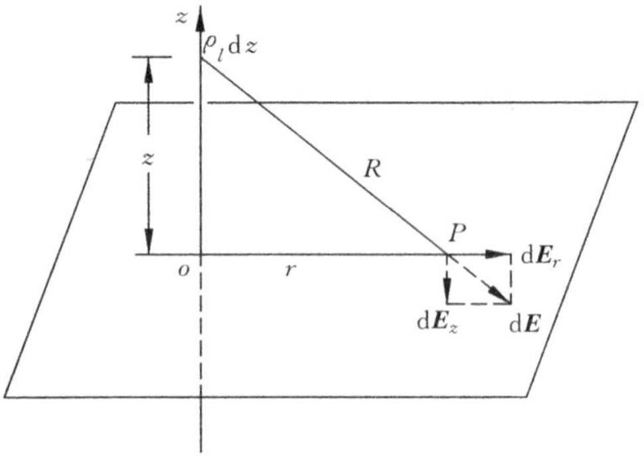

图 2-2 无限长直线电荷的电场

由图 2-2 可知，位于 z 轴上任意位置 z 处的线电荷元与位于与之对称位置 $-z$ 处的线电荷元在 P 点产生的电场的 z 方向的分量相互抵消，所以无限长直线电荷在 P 点产生的电场只有 $\hat{\boldsymbol{r}}$ 方向分量，并且有 $\mathrm{d}E_r=\frac{r}{R}\mathrm{d}E$。所以无限长直线电荷在空间任一点处产生的电场强度为

$$\boldsymbol{E}=\hat{\boldsymbol{r}}E_r=\hat{\boldsymbol{r}}\int_{-\infty}^{+\infty}\frac{\rho_l r\mathrm{d}z}{4\pi\varepsilon_0(r^2+z^2)^{3/2}}=\frac{\rho_l}{2\pi\varepsilon_0 r}\hat{\boldsymbol{r}}$$

2.1.3 高斯定律的积分和微分形式

高斯定律的积分形式表示通过一闭合曲面的电场通量和被此曲面所包围的电荷量之间的关系，它可由库仑定律直接导出，实质上是库仑定律的另一种表达形式。

按定义，穿过一闭曲面的电场通量为 $\oint \boldsymbol{E}\cdot\mathrm{d}\boldsymbol{S}$，如电场是由一点电荷 q 产生，则由式(2-5)，有

$$\boldsymbol{E}=\frac{q}{4\pi\varepsilon_0 R^2}\hat{\boldsymbol{R}}$$

穿过闭曲面 $\boldsymbol{E}$ 的通量为

$$\oint_S \boldsymbol{E}\cdot \mathrm{d}\boldsymbol{S}=\oint_S \frac{q\hat{\boldsymbol{R}}\cdot \mathrm{d}\boldsymbol{S}}{4\pi\varepsilon_0 R^2}=\frac{q}{4\pi\varepsilon_0}\oint_S \frac{\hat{\boldsymbol{R}}\cdot \mathrm{d}\boldsymbol{S}}{R^2} \tag{2-14}$$

式中的 $\hat{\boldsymbol{R}}\cdot \mathrm{d}\boldsymbol{S}$ 为面元投影到以 R 为半径的球面上的面积，而 $\frac{\hat{\boldsymbol{R}}\cdot \mathrm{d}\boldsymbol{S}}{R^2}$ 则为面元 $\mathrm{d}\boldsymbol{S}$ 对 q（见图 2-3）所张的立体角 $\mathrm{d}\Omega$，所以

$$\oint \boldsymbol{E}\cdot \mathrm{d}\boldsymbol{S}=\frac{q}{4\pi\varepsilon_0}\oint_S \frac{\hat{\boldsymbol{R}}\cdot \mathrm{d}\boldsymbol{S}}{R^2}=\frac{q}{4\pi\varepsilon_0}\oint_S \mathrm{d}\Omega$$

$$=\frac{q}{4\pi\varepsilon_0}4\pi=\frac{q}{\varepsilon_0} \tag{2-15}$$

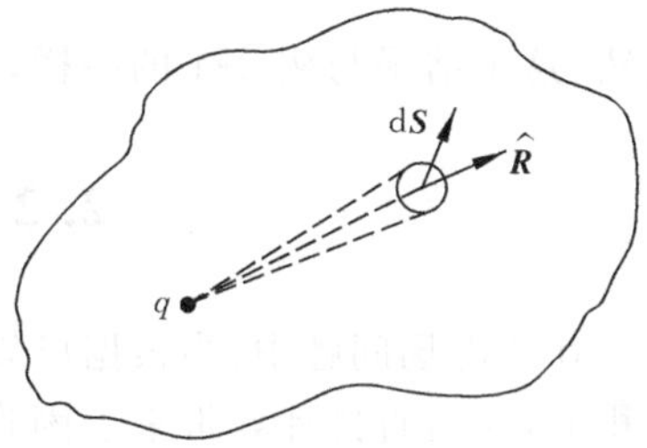

图 2-3　面元 $\mathrm{d}S$ 对 q 所张的立体角

式(2-15)即为高斯定律的积分形式。它说明，穿过任意闭曲面 S 的电场通量只与被此闭曲面所包围的电荷有关，与曲面外的电荷无关。但这绝不能误解为曲面 S 上任意一点处的电场强度 $\boldsymbol{E}$ 只与曲面 S 内的电荷有关，而与曲面外的电荷无关，$\boldsymbol{E}$ 与曲面内外所有电荷的大小及位置均有关。

如曲面 S 内有一个由 N 个电荷组成的点电荷系，则式(2-15)可写为

$$\oint_S \boldsymbol{E}\cdot \mathrm{d}\boldsymbol{S}=\frac{1}{\varepsilon_0}\sum_{i=1}^{N} q_i$$

如果曲面内有连续分布的体电荷，且体电荷密度为 ρ，曲面 S 所包围的体积为 V，则式(2-15)可写为

$$\oint_S \boldsymbol{E}\cdot \mathrm{d}\boldsymbol{S}=\frac{1}{\varepsilon_0}\int_V \rho \mathrm{d}V \tag{2-16}$$

在电荷分布完全对称的情况下，积分形式的高斯定律提供了一个计算电场的简便方法。这里的关键问题是要能将待求量 $\boldsymbol{E}$ 从式(2-15)左边的积分号中提出来，这就要求积分曲面 S（常称为高斯面）的选择应符合以下条件：在高斯面上电场强度 $\boldsymbol{E}$ 的振幅应为常数（包括为零），且其方向应垂直或平行于高斯面。要做到这一点就要求我们在应用高斯定律解题前应首先判断电场分布是否具有对称性。因为有这一要求，所以应用积分形式的高斯定律来求解静电场问题的范围是极为有限的。

若对式(2-16)左端应用高斯散度定理，则有

$$\oint_S \boldsymbol{E}\cdot \mathrm{d}\boldsymbol{S}=\int_V \nabla\cdot \boldsymbol{E}\mathrm{d}V=\frac{1}{\varepsilon_0}\int_V \rho \mathrm{d}V$$

上式对任意闭曲面包围的任意体积均成立，因此，对场中的任意一点都有

$$\nabla\cdot \boldsymbol{E}=\rho/\varepsilon_0 \tag{2-17}$$

式(2-17)为真空或自由空间中的高斯定律的微分形式，是静电场微分形式的基本方程之一。

由式(2-17)可见，高斯定律的微分形式表示空间某一点的 $\boldsymbol{E}$ 的散度只与该点的体电荷密度 ρ 有关，而与其他地方的电荷分布无关。但是，这并不意味着该点的 $\boldsymbol{E}$ 与其他地方的电荷分布无关。事实上，空间某点的 $\boldsymbol{E}$ 与空间任意位置处的电荷大小及分布均有关。

例 2-2　利用高斯定律，求真空中无限长均匀直线电荷产生的电场强度 $\boldsymbol{E}$。

解　由于场源是无限长均匀直线电荷，采用柱坐标系。由图 2-2 可知，无限长均匀直线电荷在空中任一点产生的电场强度为 $\hat{\boldsymbol{r}}$ 方向，垂直于电荷线，$\boldsymbol{E}=\hat{\boldsymbol{r}}E_r$。作一圆柱形高斯面，

其半径为 r，轴线为电荷线，长度为 L，在这个圆柱侧面上 E_r 为常量，$\mathrm{d}\boldsymbol{S}=\hat{\boldsymbol{r}}r\,\mathrm{d}\phi\mathrm{d}z$，所以

$$\oint \boldsymbol{E}\cdot\mathrm{d}\boldsymbol{S}=\int_0^L\int_0^{2\pi}E_r r\,\mathrm{d}\phi\mathrm{d}z=2\pi rLE_r=\frac{\rho_l L}{\varepsilon_0}$$

可得

$$\boldsymbol{E}=\hat{\boldsymbol{r}}E_r=\hat{\boldsymbol{r}}\,\frac{\rho_l}{2\pi\varepsilon_0 r}$$

显然，这个结果与例 2-1 的一样，但方法要简单得多。

2.2 静电场中的标量电位

在静电场问题中，当根据已知的场源电荷分布求解电场强度时，要遇到矢量函数的求和或积分，这给直接计算带来了困难。为了克服这一困难，在本节中将根据静电场的性质，定义一个和待求场矢量 $\boldsymbol{E}$ 有确定关系的标量函数，先求解这一个辅助的标量函数，然后再将它变换为待求的电场强度 $\boldsymbol{E}$。

2.2.1 静电场的保守性

一点电荷 q' 在静电场 $\boldsymbol{E}$ 中由 P_1 点沿任一路径以不变的速率移动到 P_2 点时，q' 受到的静电场力所做的功为

$$W=\int_{P_1}^{P_2}\boldsymbol{F}\cdot\mathrm{d}\boldsymbol{l}=\int_{P_1}^{P_2}q'\boldsymbol{E}\cdot\mathrm{d}\boldsymbol{l}=q'\int_{P_1}^{P_2}\boldsymbol{E}\cdot\mathrm{d}\boldsymbol{l}\tag{2-18}$$

式中 $\int_{P_1}^{P_2}\boldsymbol{E}\cdot\mathrm{d}\boldsymbol{l}$ 为电场强度 $\boldsymbol{E}$ 沿任意路径 l 的曲线积分，它表示在电场 $\boldsymbol{E}$ 中从 P_1 点到 P_2 点移动单位正电荷时电场力所做的功。

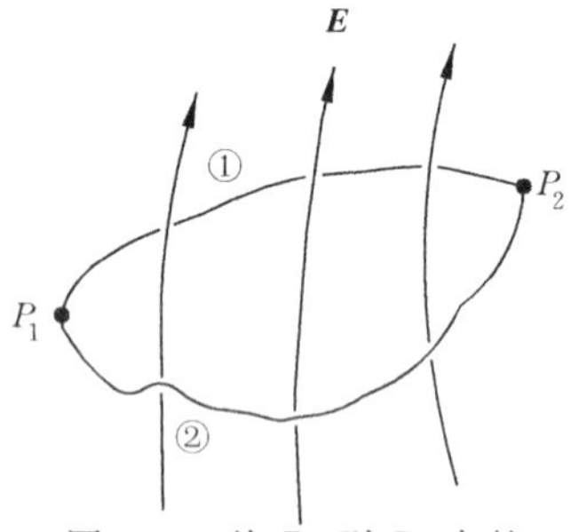

图 2-4 从 P_1 到 P_2 点的任意两条路径

从 P_1 到 P_2 可以有许多路径可循，图 2-4 画出其中任意两条，电场力所做之功与移动电荷的路径无关。这是因为如果电场力所做之功与路径有关，则可以沿做功较小的路径将电荷 q 从 P_1 点移动到 P_2 点，再沿另一条路径移回 P_1 点，从而获得功或能的净增量。显然这是违反能量守恒原理的。所以，可以得出这样的结论：在静电场中，电场强度的曲线积分 $\int_{P_1}^{P_2}\boldsymbol{E}\cdot\mathrm{d}\boldsymbol{l}$ 只与积分路径的起点 P_1 和终点 P_2 的位置有关，而与连结 P_1 和 P_2 点间的路径无关。静电场的这一重要特性即为静电场的保守性。也就是说，静电场是一保守场、无旋场。

如果在静电场中将单位正电荷由 P_1 点沿任意路径 l_1 移动到 P_2 点，再将这一电荷沿另一任意路径 l_2 移回到 P_1 点，则电场力沿 $P_1\to P_2\to P_1$ 这个闭合回路 L 所做的功为

$$\oint_L\boldsymbol{E}\cdot\mathrm{d}\boldsymbol{l}={}_{l_1}\int_{P_1}^{P_2}\boldsymbol{E}\cdot\mathrm{d}\boldsymbol{l}+{}_{l_2}\int_{P_2}^{P_1}\boldsymbol{E}\cdot\mathrm{d}\boldsymbol{l}={}_{l_1}\int_{P_1}^{P_2}\boldsymbol{E}\cdot\mathrm{d}\boldsymbol{l}-{}_{l_2}\int_{P_1}^{P_2}\boldsymbol{E}\cdot\mathrm{d}\boldsymbol{l}$$

由于电场强度 $\boldsymbol{E}$ 的线积分与路径无关，所以由上式可得

$$\oint_L\boldsymbol{E}\cdot\mathrm{d}\boldsymbol{l}=0\tag{2-19}$$

式(2-19)即为静电场的环流定理,是静电场的基本方程之一,实质上是静电场的保守性的另一种表达形式。它表明在静电场中,场强沿任意闭合路径的线积分为零。

2.2.2 标量电位 φ 的定义及其物理意义

对式(2-19)运用斯托克斯定理

$$\oint_C \boldsymbol{E} \cdot \mathrm{d}\boldsymbol{l} = \int_S (\nabla \times \boldsymbol{E}) \cdot \mathrm{d}\boldsymbol{S} = 0$$

因为以 C 为周界的曲面 S 可以任意取,因此要满足 $\int_S (\nabla \times \boldsymbol{E}) \cdot \mathrm{d}\boldsymbol{S} = 0$,必须有

$$\nabla \times \boldsymbol{E} = 0 \tag{2-20}$$

式(2-20)表示静电场所在空间的电场强度 $\boldsymbol{E}$ 的旋度处处为零,所以静电场是一无旋场,它没有旋涡源,式(2-20)即为保守场的等价条件。

由矢量分析中的零恒等式 $\nabla \times \nabla\varphi \equiv 0$ 可知,一个无旋的矢量场一定可以表示成一个标量场的梯度场,这使得我们可以定义一个标量函数 φ,满足

$$\boldsymbol{E} = -\nabla\varphi \tag{2-21}$$

称这一辅助的标量函数 φ 为标量电位(又称电势),由于 φ 是标量函数,其求解显然要比求矢量 $\boldsymbol{E}$ 方便,所以可以先较容易地求出 φ,再经过梯度运算求电场强度 $\boldsymbol{E}$。下面推导标量 φ 的表达式。根据矢量微分规则有

$$-\nabla\left(\frac{1}{R}\right) = \frac{\hat{\boldsymbol{R}}}{R^2}$$

将上式代入式(2-5),得

$$\boldsymbol{E}(\boldsymbol{r}) = -\frac{q'}{4\pi\varepsilon_0}\nabla\left(\frac{1}{R}\right) = -\nabla\left(\frac{q'}{4\pi\varepsilon_0 R}\right) \tag{2-22}$$

将式(2-21)和式(2-22)进行比较,得到 φ 的表示式为

$$\varphi = \frac{q'}{4\pi\varepsilon_0 R} \tag{2-23}$$

显然,如果已知 $\varphi(\boldsymbol{r})$,则按式(2-21)就可以唯一地定出 $\boldsymbol{E}(\boldsymbol{r})$。而电位 φ 是标量,它的求和或积分都相对简单。式(2-23)表示的是一个点电荷的电位。根据叠加原理,点电荷系和连续分布电荷的电位表达式如下:

$$\varphi(\boldsymbol{r}) = \sum_{i=1}^{N} \frac{q_i}{4\pi\varepsilon_0 R_i} \tag{2-24}$$

$$\varphi(\boldsymbol{r}) = \int_{V'} \frac{\rho(\boldsymbol{r}')}{4\pi\varepsilon_0 R}\mathrm{d}V' \tag{2-25}$$

$$\varphi(\boldsymbol{r}) = \int_{S'} \frac{\rho_S(\boldsymbol{r}')}{4\pi\varepsilon_0 R}\mathrm{d}S' \tag{2-26}$$

$$\varphi(\boldsymbol{r}) = \int_{l'} \frac{\rho_l(\boldsymbol{r}')}{4\pi\varepsilon_0 R}\mathrm{d}l' \tag{2-27}$$

从式(2-21)可知,如果已知 φ 求 $\boldsymbol{E}$,则 $\boldsymbol{E}$ 是唯一的,如果已知 $\boldsymbol{E}$ 求 φ,则其解不是唯一的。这是因为对于一个任意常数 C,由于满足 $\nabla C=0$,所以有 $-\nabla\varphi = -\nabla(\varphi + C) = \boldsymbol{E}$,这说明 φ 和 $\varphi + C$ 对应的是同一个 $\boldsymbol{E}$,也就是说在静电场中电位 φ 的绝对值是没有意义的,因为它依赖于常数 C 的选取,是不确定的。有意义即有确定数值的是场中两点之间的电位差值。

为了避免在解题过程中由于常数 C 选取的随意性而造成混乱，应当在解题的起始阶段就规定电位 φ 为零的参考点的位置。在绝大多数情况下，场源电荷都是分布在一有限空间内，此时可规定无限远处的电位值 $\varphi_\infty=0$，即无限远点为电位参考点。在此情况下，空间某点电位 φ 的物理意义就是将单位正电荷自该点移动到无限远处时电场力所做之功，或是将单位正电荷自无限远处移动到该点时外力对电场所做之功。

由于引入了标量电位 φ，可使根据叠加原理计算电场的问题大为简化，下面举两例说明。

例 2-3 有一根长为 $2d$ 的均匀带电直线段，其线电荷密度为 ρ_l，求空间任一点处的电位和电场强度。

解 取圆柱坐标系，见图 2-5，带电直线段与 z 轴重合，根据电荷分布的对称性，可知电位 φ 和 ϕ 无关，只是 ρ,z 的函数。由图可知 $R=[\rho^2+(z-z')^2]^{1/2}$，$\mathrm{d}l'=\mathrm{d}z'$，根据式(2-27)可求得电位 φ 为

$$\begin{aligned}\varphi&=\int_{l'}\frac{\rho_l(\boldsymbol{r}')}{4\pi\varepsilon_0 R}\mathrm{d}l'=\frac{\rho_l}{4\pi\varepsilon_0}\int_{-d}^{d}\frac{\mathrm{d}z'}{[\rho^2+(z-z')^2]^{1/2}}\\&=\frac{\rho_l}{4\pi\varepsilon_0}\ln\frac{(z+d)+[(z+d)^2+\rho^2]^{1/2}}{(z-d)+[(z-d)^2+\rho^2]^{1/2}}\end{aligned}$$

再由式(2-21)求得电场强度为

$$\begin{aligned}\boldsymbol{E}&=-\nabla\varphi=-\frac{\partial\varphi}{\partial\rho}\hat{\boldsymbol{\rho}}-\frac{1}{\rho}\frac{\partial\varphi}{\partial\phi}\hat{\boldsymbol{\phi}}-\frac{\partial\varphi}{\partial z}\hat{\boldsymbol{z}}\\&=\frac{\rho_l}{2\pi\varepsilon_0}\left\{\frac{\rho\hat{\boldsymbol{\rho}}+\left[(z-d)+\sqrt{(z-d)^2+\rho^2}\right]\hat{\boldsymbol{z}}}{[(z-d)^2+\rho^2]+(z-d)\sqrt{(z-d)^2+\rho^2}}\right.\\&\qquad\left.-\frac{\rho\hat{\boldsymbol{\rho}}+\left[(z+d)+\sqrt{(z+d)^2+\rho^2}\right]\hat{\boldsymbol{z}}}{[(z+d)^2+\rho^2]+(z+d)\sqrt{(z+d)^2+\rho^2}}\right\}\end{aligned}$$

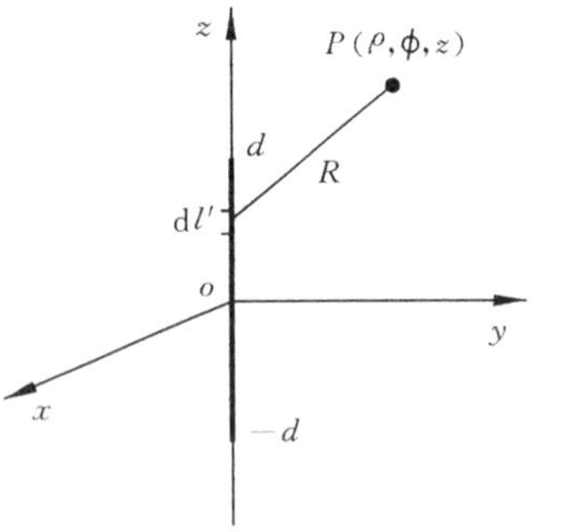

图 2-5 例 2-3 的示意图

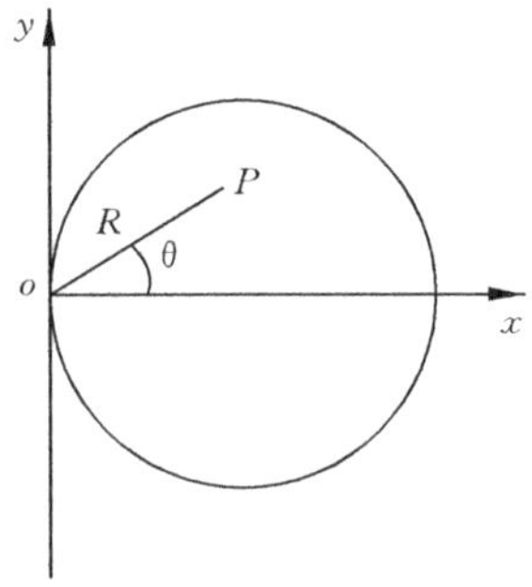

图 2-6 例 2-4 的示意图

例 2-4 有一半径为 a，电荷面密度为 ρ_S 的均匀带电圆盘，求圆盘边缘上任一点的电位。

解 选待求电位点为原点的直角坐标系，如图 2-6 所示，根据式(2-26)有

$$\varphi=\frac{\rho_S}{4\pi\varepsilon_0}\int_{S'}\frac{\mathrm{d}S'}{R}$$

在平面极坐标系下求以上积分，则 $\mathrm{d}S'=R\mathrm{d}R\mathrm{d}\theta$，又知 θ 的积分限为 $-\frac{\pi}{2}\rightarrow\frac{\pi}{2}$，而 R 的积分限

由方程$(x-a)^2+y^2=a^2$决定。为此将$x=R\cos\theta, y=R\sin\theta$代入，可解得$R=2a\cos\theta$，于是$R$的积分限为$0\to 2a\cos\theta$，所以

$$\varphi=\frac{\rho_S}{4\pi\varepsilon_0}\int_{-\frac{\pi}{2}}^{\frac{\pi}{2}}\mathrm{d}\theta\int_0^{2a\cos\theta}\mathrm{d}R=\frac{\rho_S a}{\pi\varepsilon_0}$$

2.3 存在电介质时的静电场

前面讨论了真空中的静电场，本节将讨论存在电介质时静电场的特性。电介质是完全不同于导体的一种物质，在工程实际中很有用，它内部几乎没有自由电子，原子核把所有的电子紧密地束缚在其周围，因而它不导电，但外电场可以渗入电介质内部，使原来呈中性的介质由于极化而形成极化电荷。这些极化电荷又构成了新的附加场源，使电场的分析与计算复杂化，因而有必要单独加以讨论。

2.3.1 介质的极化

从宏观电磁学的角度出发，电介质分子可以用以下两类简单的模型描述。一类分子所带的正、负电荷不仅电量相等、净电荷为零，而且它们的电中心也重合，即此类分子不仅单极矩为零，而且固有的偶极矩也为零。此类分子被称为非极性分子。另一类分子则被称为极性分子，它的固有单极矩为零，但所带正、负电荷的电中心并不重合，即固有的偶极矩不为零。但是由于分子的热运动，它们的排列是随机的，因此在没有外加电场时，它们对外呈现的宏观偶极矩仍为零。因而这两类分子在没有外加电场时，对外部都呈现电中性。

假设现有外电场渗入电介质内部，在外电场作用下，这两类分子中的电荷都将发生位移。对非极性分子，外电场使正、负电荷的电中心不再重合，从而产生感生偶极矩；对极性分子，外电场对固有偶极矩产生作用力矩（见图2-7），迫使它们沿外电场方向排列，虽然这种取向作用要受到分子热运动的阻碍，但总会产生一个沿外电场方向的合成偶极矩分量。上述这两种作用都被称为电介质的极化，它们的过程不尽相同，但最终的效果都是产生了宏观的偶极矩，使原来对外呈电中性的电介质不再呈电中性，形成了二次场源。为了定量地计算介质极化的影响，将引入极化强度矢量$\boldsymbol{P}$以及极化电荷密度的概念。

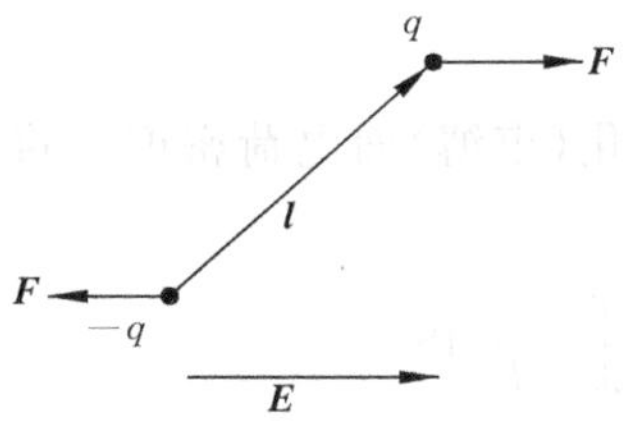

图2-7 外电场对固有偶极矩产生的作用力矩

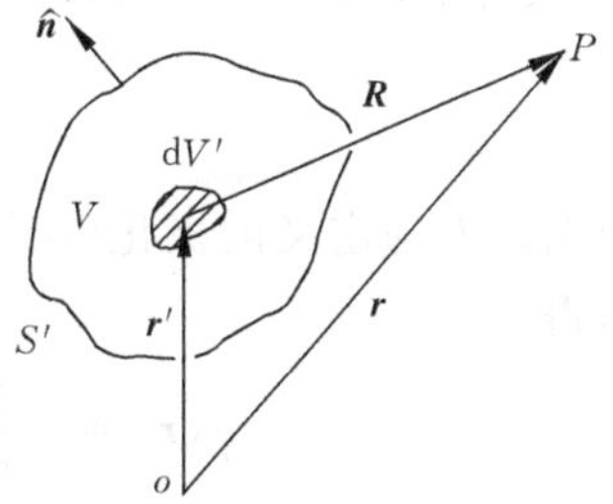

图2-8 被极化的电介质在空间所产生的电位

1. 极化强度$\boldsymbol{P}$

极化强度$\boldsymbol{P}$定义为介质在给定点上每单位体积内的偶极矩，单位是$\mathrm{C/m^2}$。设在单位

体积内的分子数为 N，则有

$$\boldsymbol{P} = N\boldsymbol{p}_0 \tag{2-28}$$

式中 $\boldsymbol{p}_0$ 应理解为单位体积内每个分子的平均偶极矩，即

$$\boldsymbol{p}_0 = \sum_{i=1}^{N} \boldsymbol{p}_i / N \tag{2-29}$$

根据式(2-28)，一个小体积元 $\mathrm{d}V$ 的偶极矩 $\mathrm{d}\boldsymbol{p}$ 就应等于

$$\mathrm{d}\boldsymbol{p} = \boldsymbol{P}\mathrm{d}V \tag{2-30}$$

2. 极化(束缚)电荷

设有一块已被极化的电介质，其体积为 V'。如果现在要求解此极化介质在空间所产生的电位或电场，可以在 V' 中取体积元 $\mathrm{d}V'$，它的偶极矩应是

$$\mathrm{d}\boldsymbol{p} = \boldsymbol{P}\mathrm{d}V'$$

由图 2-8 可知，它在 $\boldsymbol{r}$ 处所产生的电位应为

$$\mathrm{d}\varphi = \frac{\mathrm{d}\boldsymbol{p} \cdot \hat{\boldsymbol{R}}}{4\pi\varepsilon_0 R^2} = \frac{\boldsymbol{P}(\boldsymbol{r}') \cdot \hat{\boldsymbol{R}}}{4\pi\varepsilon_0 R^2}\mathrm{d}V'$$

整个极化介质所产生的电位

$$\varphi(\boldsymbol{r}) = \int_{V'} \frac{\boldsymbol{P}(\boldsymbol{r}') \cdot \hat{\boldsymbol{R}}}{4\pi\varepsilon_0 R^2}\mathrm{d}V' = \frac{1}{4\pi\varepsilon_0}\int_{V'} \boldsymbol{P}(\boldsymbol{r}') \cdot \nabla'\left(\frac{1}{R}\right)\mathrm{d}V' \tag{2-31}$$

式中，$\boldsymbol{R} = |\boldsymbol{r} - \boldsymbol{r}'|$，$\nabla'\left(\frac{1}{R}\right) = \frac{\hat{\boldsymbol{R}}}{R^2}$，算子 ∇' 是对 $\boldsymbol{r}'$ 微分。

将矢量恒等式

$$\nabla' \cdot \left(\frac{\boldsymbol{P}}{R}\right) = \frac{1}{R}\nabla' \cdot \boldsymbol{P} + \boldsymbol{P} \cdot \nabla'\left(\frac{1}{R}\right)$$

$$\boldsymbol{P} \cdot \nabla'\left(\frac{1}{R}\right) = -\frac{\nabla' \cdot \boldsymbol{P}}{R} + \nabla' \cdot \left(\frac{\boldsymbol{P}}{R}\right)$$

代入式(2-31)，得

$$\begin{aligned}\varphi(\boldsymbol{r}) &= \frac{1}{4\pi\varepsilon_0}\int_{V'} \frac{-\nabla' \cdot \boldsymbol{P}}{R}\mathrm{d}V' + \frac{1}{4\pi\varepsilon_0}\int_{V'} \nabla' \cdot \frac{\boldsymbol{P}}{R}\mathrm{d}V' \\ &= \frac{1}{4\pi\varepsilon_0}\int_{V'} \frac{-\nabla' \cdot \boldsymbol{P}}{R}\mathrm{d}V' + \frac{1}{4\pi\varepsilon_0}\oint_{S'} \frac{\boldsymbol{P} \cdot \hat{\boldsymbol{n}}}{R}\mathrm{d}S'\end{aligned} \tag{2-32}$$

式(2-32)中的 $-\nabla' \cdot \boldsymbol{P}$ 具有体电荷密度的量纲 $\mathrm{C/m^3}$，而 $\boldsymbol{P} \cdot \hat{\boldsymbol{n}}$ 则具有面电荷密度的量纲 $\mathrm{C/m^2}$，将此式与前面式(2-25)和式(2-26)相比较，可以定义

$$\rho_b = -\nabla' \cdot \boldsymbol{P} \tag{2-33}$$

$$\rho_{Sb} = \boldsymbol{P} \cdot \hat{\boldsymbol{n}} = P_n \tag{2-34}$$

ρ_b 和 ρ_{Sb} 分别是人为定义的极化(束缚)体电荷密度和极化(束缚)面电荷密度。将它们代入式(2-32)，得

$$\varphi(\boldsymbol{r}) = \frac{1}{4\pi\varepsilon_0}\int_{V'} \frac{\rho_b}{R}\mathrm{d}V' + \frac{1}{4\pi\varepsilon_0}\oint_{S'} \frac{\rho_{Sb}}{R}\mathrm{d}S' \tag{2-35}$$

式(2-35)表明，介质极化后所产生的电位可以这样来计算，即将电介质从所研究的区域取走，而代之以根据式(2-33)和式(2-34)所计算出的 ρ_b 和 ρ_{Sb}，然后按照计算自由电荷的位场的方法来计算极化(束缚)电荷的位场。

式(2-33)中的负号是因为 $\boldsymbol{P}$ 的正方向规定为自负电荷指向正电荷，而电场强度 $\boldsymbol{E}$ 的正

方向则是自正电荷指向负电荷。

应当指出，对一均匀极化的介质，其极化强度 $\boldsymbol{P}$ 为常矢量，$\nabla' \cdot \boldsymbol{P}=0$，即 $\rho_b=0$，只有极化面电荷存在于介质表面处。另外，电介质内的总极化电荷应为零，即

$$Q_b=\int_{V'}(-\nabla' \cdot \boldsymbol{P})\mathrm{d}V'+\oint_{S'}\boldsymbol{P}\cdot\hat{\boldsymbol{n}}\mathrm{d}S'$$
$$=\oint_{S'}-\boldsymbol{P}\cdot\hat{\boldsymbol{n}}\mathrm{d}S'+\oint_{S'}\boldsymbol{P}\cdot\hat{\boldsymbol{n}}\mathrm{d}S'=0$$

这一结论与电介质整体呈电中性，没有净单极矩是一致的。

2.3.2 电位移矢量 $\boldsymbol{D}$

式(2-35)给出了计算极化(束缚)电荷电位的公式，当自由电荷与极化电荷同时存在时，它们共同作用所产生的电位和电场可根据叠加原理分别按以下两式计算：

$$\varphi(\boldsymbol{r})=\frac{1}{4\pi\varepsilon_0}\left\{\int_{V'}\frac{(\rho_f+\rho_b)}{R}\mathrm{d}V'+\int_{S'}\left(\frac{\rho_{Sf}+\rho_{Sb}}{R}\right)\mathrm{d}S'\right\} \tag{2-36}$$

$$\boldsymbol{E}(\boldsymbol{r})=\frac{1}{4\pi\varepsilon_0}\left\{\int_{V'}\frac{(\rho_f+\rho_b)\hat{\boldsymbol{R}}}{R^2}\mathrm{d}V'+\int_{S'}\frac{(\rho_{Sf}+\rho_{Sb})\hat{\boldsymbol{R}}}{R^2}\mathrm{d}S'\right\} \tag{2-37}$$

式(2-36)、式(2-37)中 ρ_f，ρ_{Sf} 为自由电荷体密度与面密度，ρ_b，ρ_{Sb} 为极化电荷体密度与面密度。但实际应用上式计算场时会遇到求极化电荷分布的困难，这是因为 ρ_b 和 ρ_{Sb} 与极化强度 $\boldsymbol{P}$ 有关，而 $\boldsymbol{P}$ 又是由外加电场和介质极化后所产生的附加电场所共同决定的，即由总电场决定，而总电场又是待求的。为了克服这一困难，引入一新的物理量——电位移矢量(电感应强度)$\boldsymbol{D}$。

由真空中高斯定律的微分形式

$$\nabla \cdot \boldsymbol{E}=\rho_f/\varepsilon_0$$

可知，当在空间中存在极化电荷 ρ_b 时，由于 ρ_b 同样产生电场通量，高斯定律可改写为

$$\nabla \cdot \boldsymbol{E}=(\rho_f+\rho_b)/\varepsilon_0$$

式中

$$\rho_b=-\nabla \cdot \boldsymbol{P}$$

所以

$$\nabla \cdot \boldsymbol{E}=(\rho_f-\nabla \cdot \boldsymbol{P})/\varepsilon_0$$

即

$$\nabla \cdot (\varepsilon_0\boldsymbol{E}+\boldsymbol{P})=\rho_f \tag{2-38}$$

由式(2-38)可定义电位移矢量(电感应强度)$\boldsymbol{D}$ 为

$$\boldsymbol{D}=\varepsilon_0\boldsymbol{E}+\boldsymbol{P} \tag{2-39}$$

于是有

$$\nabla \cdot \boldsymbol{D}=\rho_f \tag{2-40}$$

式(2-40)为电介质中高斯定律的微分形式，它表明，空间某点电位移矢量 $\boldsymbol{D}$ 的散度只取决于该点的自由电荷体密度 ρ_f。

由高斯散度定理可导出介质中高斯定律的积分形式为

$$\oint_S \boldsymbol{D} \cdot \mathrm{d}\boldsymbol{S} = \int_V \nabla \cdot \boldsymbol{D} \mathrm{d}V = \int_V \rho_\mathrm{f} \mathrm{d}V = Q_\mathrm{f} \tag{2-41}$$

式(2-41)又称为电位移矢量 $\boldsymbol{D}$ 的通量定律，它表明 $\boldsymbol{D}$ 的力线的起点和终点都在自由电荷上，而 $\boldsymbol{E}$ 的力线的起点和终点既可以在自由电荷上，也可以在极化电荷上。

显然，电位移矢量 $\boldsymbol{D}$ 的引入为简化电场的计算提供了途径，它使得在求电场 $\boldsymbol{E}$ 的计算中可避开求极化电荷的问题。

2.4 电介质的分类

2.4.1 线性和非线性电介质

实验证实，极化强度 $\boldsymbol{P}$ 是电场强度 $\boldsymbol{E}$ 的函数，即 $\boldsymbol{P}=\boldsymbol{P}(\boldsymbol{E})$，$\boldsymbol{P}$ 的各分量可由电场强度 $\boldsymbol{E}$ 的各分量的幂级数来表示，在直角坐标系中有

$$\begin{aligned} P_x &= \alpha_1 E_x + \alpha_2 E_y + \alpha_3 E_z + \beta_1 E_x^2 + \beta_2 E_x E_y + \cdots \\ P_y &= \alpha_1' E_x + \alpha_2' E_y + \alpha_3' E_z + \beta_1' E_x^2 + \beta_2' E_x E_y + \cdots \\ P_z &= \alpha_1'' E_x + \alpha_2'' E_y + \alpha_3'' E_z + \beta_1'' E_x^2 + \beta_2'' E_x E_y + \cdots \end{aligned} \tag{2-42}$$

如果电介质的极化强度 $\boldsymbol{P}$ 的各分量只与电场强度 $\boldsymbol{E}$ 的各分量的一次项有关，与高次项无关，亦即 $\boldsymbol{P}$ 的各分量与 $\boldsymbol{E}$ 的各分量成线性关系，则称这种介质为线性介质。在直角坐标系中，线性介质 $\boldsymbol{P}$ 的各分量与 $\boldsymbol{E}$ 的各分量之间的关系可表示为

$$\begin{aligned} P_x &= \varepsilon_0 (\chi_{xx} E_x + \chi_{xy} E_y + \chi_{xz} E_z) \\ P_y &= \varepsilon_0 (\chi_{yx} E_x + \chi_{yy} E_y + \chi_{yz} E_z) \\ P_z &= \varepsilon_0 (\chi_{zx} E_x + \chi_{zy} E_y + \chi_{zz} E_z) \end{aligned} \tag{2-43}$$

用矩阵形式表示为

$$\begin{bmatrix} P_x \\ P_y \\ P_z \end{bmatrix} = \varepsilon_0 \begin{bmatrix} \chi_{xx} & \chi_{xy} & \chi_{xz} \\ \chi_{yx} & \chi_{yy} & \chi_{yz} \\ \chi_{zx} & \chi_{zy} & \chi_{zz} \end{bmatrix} \begin{bmatrix} E_x \\ E_y \\ E_z \end{bmatrix} \tag{2-44}$$

式中比例系数 χ_{ij} (i,j 分别为 x,y,z)称为电介质的电极化率。显然，对于线性介质，χ_{ij} 是与 $\boldsymbol{E}$ 无关的常数。

如果电介质的 $\boldsymbol{P}$ 的各分量不仅与 $\boldsymbol{E}$ 的各分量的一次项有关，而且还与高次项有关，称这种介质为非线性介质，此时 $\boldsymbol{P}$ 的各分量与 $\boldsymbol{E}$ 的各分量的关系即为式(2-42)。

2.4.2 各向同性和各向异性电介质

如果电介质内部某点邻域的物理特性在所有方向上都相同，即介质特性与外加场 $\boldsymbol{E}$ 的方向无关，那么称这种介质为各向同性电介质，否则为各向异性电介质。对于各向同性电介质来说，它的某一个方向完全等效于其他任意方向，所以极化强度 $\boldsymbol{P}$ 必然平行于产生它的电场强度 $\boldsymbol{E}$。对于线性、各向同性电介质，式(2-44)中比例系数 $\chi_{ij}=0(i\neq j)$，并且 $\chi_{xx}=\chi_{yy}$

$=\chi_{zz}$，所以，极化强度 $\boldsymbol{P}$ 和电场强度 $\boldsymbol{E}$ 的关系可以简单地表示为

$$\boldsymbol{P}=\chi_{\mathrm{e}}\varepsilon_0\boldsymbol{E} \tag{2-45}$$

式中 χ_{e} 为介质的电极化率，它是与 $\boldsymbol{E}$ 无关的常数，将上式代入式(2-39)，可得

$$\boldsymbol{D}=(1+\chi_{\mathrm{e}})\varepsilon_0\boldsymbol{E}=\varepsilon_{\mathrm{r}}\varepsilon_0\boldsymbol{E}=\varepsilon\boldsymbol{E} \tag{2-46}$$

式中

$$\varepsilon_{\mathrm{r}}=1+\chi_{\mathrm{e}}$$

称为电介质的相对介电常数，而 ε 为电介质的介电常数，ε_{r} 是一无量纲的量，通常可用实验方法测定，其值可在工程手册中查到。对所有的介质，$\chi_{\mathrm{e}}\geqslant0$，即 $\varepsilon_{\mathrm{r}}\geqslant1$。

由式(2-46)可知，在线性、各向同性电介质中，$\boldsymbol{D}$ 平行于 $\boldsymbol{E}$。式(2-46)称为结构方程。

对于线性、各向异性的电介质，$\boldsymbol{P}$ 和 $\boldsymbol{E}$ 的关系应用式(2-43)来表示，式中 $\chi_{ij}\neq0(i\neq j)$，可见 $\boldsymbol{P}$ 和 $\boldsymbol{E}$ 的方向不一致，例如，由式(2-43)有

$$P_x=\varepsilon_0(\chi_{xx}E_x+\chi_{xy}E_y+\chi_{xz}E_z)$$

即极化强度 $\boldsymbol{P}$ 的 x 分量不仅与 E_x 有关，还与 E_y 和 E_z 有关。对于线性、各向异性电介质，$\boldsymbol{P}$ 的每个分量都依赖于 $\boldsymbol{E}$ 的 3 个分量，这样电极化率有 9 个分量，是一个张量，可用矩阵来表示。可见尽管 $\boldsymbol{P}$ 和 $\boldsymbol{E}$ 的关系仍然是线性的，但由于极化率为张量，所以各向异性电介质的特性比各向同性电介质要复杂得多。我们将在本书的 7.4 节专门讨论线性、各向异性电介质的特性及在工程中的应用。

2.4.3 均匀和非均匀电介质

如果电介质的介电常数 ε 与空间位置无关，即 $\nabla\varepsilon=0$，则称这种电介质为均匀电介质，否则为非均匀电介质。对于线性、各向同性、均匀(简称 L. I. H)的电介质，有

$$\boldsymbol{P}=\chi_{\mathrm{e}}\varepsilon_0\boldsymbol{E}$$

$$\boldsymbol{D}=\varepsilon\boldsymbol{E},\quad \varepsilon_{\mathrm{r}}=1+\chi_{\mathrm{e}}$$

式中 χ_{e}，ε_{r} 和 ε 均为常数。本书重点讨论线性、各向同性、均匀电介质中电场的特性。

在了解了介质的极化情况及电介质的分类之后，现在举一个最简单的例子来说明极化如何影响电场。设有一点电荷 q 放在无限延伸的线性、均匀、各向同性的电介质中，其相对介电常数为 ε_{r}。我们已知在真空中点电荷的电场 $\boldsymbol{E}$ 是径向的，为球对称分布。这里，由于介质是线性、各向同性、均匀的，$\boldsymbol{E}$，$\boldsymbol{P}$，$\boldsymbol{D}$ 应相互平行，所以 $\boldsymbol{P}$，$\boldsymbol{D}$ 也是呈球对称径向分布的。根据介质中的高斯定律，即式(2-41)，取 q 所在的坐标为坐标原点，可得

$$4\pi r^2D=q \tag{2-47}$$

由此得

$$\boldsymbol{D}=\frac{q\hat{\boldsymbol{r}}}{4\pi r^2} \tag{2-48}$$

由式(2-46)可得

$$\boldsymbol{E}=\frac{q\hat{\boldsymbol{r}}}{4\pi\varepsilon_0\varepsilon_{\mathrm{r}}r^2} \tag{2-49}$$

因为

$$\boldsymbol{P}=\varepsilon_0\chi_{\mathrm{e}}\boldsymbol{E},\quad \chi_{\mathrm{e}}=\varepsilon_{\mathrm{r}}-1$$

所以

$$\boldsymbol{P}=\frac{(\varepsilon_r-1)q}{4\pi\varepsilon_r r^2}\hat{\boldsymbol{r}} \tag{2-50}$$

式(2-49)表明,介质中的电场弱于真空中同一点的电场。对此结论,从物理上可以这样来理解:根据以前的分析,不论自由电荷还是极化电荷都同样产生电场,在存在介质的情况下,除去自由电荷 q 外,还可能有极化电荷 ρ_b 和 ρ_{Sb}。先看 ρ_b,根据式 $\rho_b=-\nabla\cdot\boldsymbol{P}$,将式(2-50)代入得

$$\nabla\cdot\boldsymbol{P}=\nabla\cdot\left[\frac{(\varepsilon_r-1)q}{4\pi\varepsilon_0 r^2}\hat{\boldsymbol{r}}\right]=0\quad(r\neq0)$$

所以 $\rho_b=0$。对面极化电荷,因为介质延伸到无限远,所以外表面的影响可以忽略,在紧贴点电荷 q 的表面上,总的极化面电荷应为

$$\begin{aligned}Q_{Sb}&=\lim_{r\to0}4\pi r^2(\boldsymbol{P}\cdot\hat{\boldsymbol{n}})=-\lim_{r\to0}4\pi r^2(\boldsymbol{P}\cdot\hat{\boldsymbol{r}})\\&=-\frac{\varepsilon_r-1}{\varepsilon_r}q\end{aligned}$$

这样,总电荷为

$$Q=q+q_{Sb}=q-\frac{\varepsilon_r-1}{\varepsilon_r}q=\frac{q}{\varepsilon_r}$$

上式清楚地说明了介质极化削弱电场的原因。

在此例中,均匀介质的体极化电荷 $\rho_b=0$ 的结论具有一般性,并不只限于单一点电荷对无限大介质极化的情况。这是因为

$$\boldsymbol{P}=\boldsymbol{D}-\varepsilon_0\boldsymbol{E}=\frac{\varepsilon_r-1}{\varepsilon_r}\boldsymbol{D}$$

由于是均匀介质,ε_r 为常数,所以

$$\begin{aligned}\nabla\cdot\boldsymbol{P}&=\nabla\cdot\left(\frac{\varepsilon_r-1}{\varepsilon_r}\right)\boldsymbol{D}=\left(\frac{\varepsilon_r-1}{\varepsilon_r}\right)\nabla\cdot\boldsymbol{D}\\&=\left(1-\frac{1}{\varepsilon_r}\right)\rho_f=-\rho_b\end{aligned}$$

上式说明,在均匀、线性、各向同性的电介质任何一点上,如果 $\rho_f=0$,则也有 $\rho_b=0$,此时极化电荷只出现在电介质表面上。

2.5 静电场中的导体与电容

2.5.1 静电场中的导体

导体是指具有自由电荷的物体,即电荷在电场的作用下可以在导体内部自由运动。大多数金属都是良导体。静电场的前提是不允许有电荷的定向运动,所以静电场中导体内部各点的电场强度均为零,这是静电场中导体的第一个性质。

当将一导体引入电场中时,开始导体内是有电场的,在电场力的作用下,正电荷沿电场方向、负电荷逆电场方向向导体表面运动,最终必然使导体内部的电场变为零,此时导体内电荷运动也就停止了,导体上电荷达到一种稳定的分布,这就是静电平衡状态。当达到这一

平衡状态时，电荷都分布于导体表面上，以面电荷形式存在。导体内不存在任何净电荷，这是静电场中导体的第二个性质。如果导体内有净电荷，则它的周围必有电场，这就与第一个性质矛盾。

因为导体内部电场处处为零，所以导体在静电场中必为一等位体，导体表面必为等位面。

当导体周围媒质是线性媒质时(真空也是一种线性媒质)，一个带电导体的电场中任一点的电位与导体上所带的电量成正比。同样，导体本身的电位 φ 与它表面所带的电量 Q 也成正比关系。在物理学中 Q 与 φ 的比值称为电容 C，即

$$C = \frac{Q}{\varphi}$$

实质上，它是一孤立导体的电容。例如一个半径为 a 的孤立带电导体球，其电荷为均匀分布于球面上的面电荷，所以其电位

$$\varphi = \frac{Q}{4\pi\varepsilon_0 a} \tag{2-51}$$

此球的电容为

$$C = 4\pi\varepsilon_0 a \tag{2-52}$$

2.5.2 导体系与部分电容

当电场中存在有两个以上导体时就构成了导体系。对导体系中每一个导体而言，它仍必须服从下述条件的约束：导体内电场处处为零，不存在净电荷，导体表面是一等位面，导体上所带电荷以面电荷形式存在等。此时导体系中多导体的电位与所带电荷量之间的关系比较复杂，电容的概念也需要加以推广。

如果导体系周围的媒质仍为线性媒质，导体系由 N 个导体及大地构成(如图 2-9 所示)，并设各导体上荷电量分别为 $q_1, q_2, \cdots, q_N$，则根据叠加原理，每一导体的电位与各个导体上电荷之间的线性关系为

$$\begin{aligned} \varphi_1 &= p_{11}q_1 + p_{12}q_2 + \cdots + p_{1N}q_N \\ \varphi_2 &= p_{21}q_1 + p_{22}q_2 + \cdots + p_{2N}q_N \\ &\vdots \\ \varphi_N &= p_{N1}q_1 + p_{N2}q_2 + \cdots + p_{NN}q_N \end{aligned} \tag{2-53}$$

式中 p_{ij} 称为电位系数，它们只与导体系的几何参数有关，而与电荷、电位无关，所以式

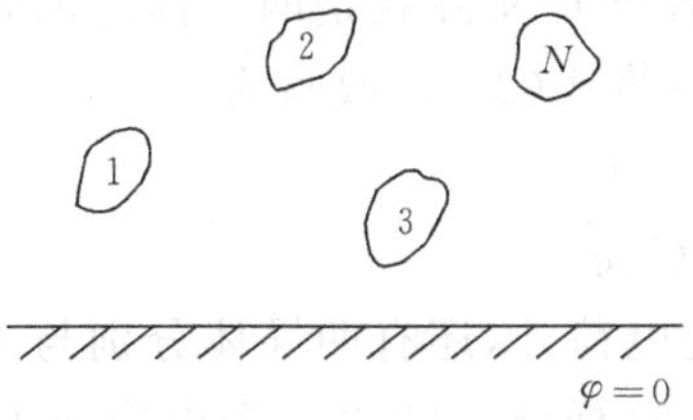

图 2-9 由 N 个导体及大地构成的导体系

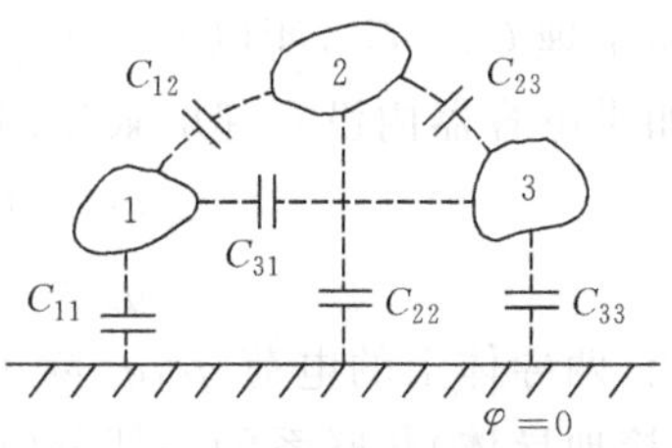

图 2-10 各部分电容的相互关系

(2-53)为一线性方程组，可用矩阵表示为

$$\begin{bmatrix}\varphi_1\\ \varphi_2\\ \vdots\\ \varphi_N\end{bmatrix}=[p_{ij}]\begin{bmatrix}q_1\\ q_2\\ \vdots\\ q_N\end{bmatrix} \tag{2-54}$$

式中$[p_{ij}]$称为电位系数矩阵。上述线性关系也可改写为

$$\begin{bmatrix}q_1\\ q_2\\ \vdots\\ q_N\end{bmatrix}=[\beta_{ij}]\begin{bmatrix}\varphi_1\\ \varphi_2\\ \vdots\\ \varphi_N\end{bmatrix} \tag{2-55}$$

式中$[\beta_{ij}]$称为电容系数矩阵，显然

$$[\beta_{ij}]=[p_{ij}]^{-1} \tag{2-56}$$

为了更清楚地表示各个导体上的电荷与电位之间的关系，将式(2-55)改写为

$$\left.\begin{aligned}q_1&=(\beta_{11}+\beta_{12}+\cdots+\beta_{1N})\varphi_1-\beta_{12}(\varphi_1-\varphi_2)-\beta_{13}(\varphi_1-\varphi_3)-\cdots-\beta_{1N}(\varphi_1-\varphi_N)\\ &=C_{11}\varphi_1+C_{12}(\varphi_1-\varphi_2)+C_{13}(\varphi_1-\varphi_3)+\cdots+C_{1N}(\varphi_1-\varphi_N)\\ q_2&=C_{21}(\varphi_2-\varphi_1)+C_{22}\varphi_2+C_{23}(\varphi_2-\varphi_3)+\cdots+C_{2N}(\varphi_2-\varphi_N)\\ q_N&=C_{N1}(\varphi_N-\varphi_1)+C_{N2}(\varphi_N-\varphi_2)+C_{N3}(\varphi_N-\varphi_3)+\cdots+C_{NN}\varphi_N\end{aligned}\right\} \tag{2-57}$$

式中

$$C_{ii}=\beta_{i1}+\beta_{i2}+\beta_{i3}+\cdots+\beta_{iN}=\sum_{j=1}^{N}\beta_{ij} \tag{2-58}$$

$$C_{ij}=-\beta_{ij}\quad(i\neq j) \tag{2-59}$$

称C_{ii}为第i个导体的自身部分电容，C_{ij}为第i个导体与第j个导体之间的相互部分电容。

式(2-57)清楚地表明，任何一个导体上的总电量都是由它的自身部分电容C_{ii}和相互部分电容C_{ij}所共同决定的。所谓自身部分电容实质就是导体与大地之间或与无限远处之间的电容。以三个导体组成的导体系为例，图2-10给出了各个部分电容的相互关系。

电路中常用的电容器一般由两个导体构成，并有电容器C的标称值。这种电容器的电容量C只有在下述情况下才具有明确的物理意义，即两导体中有一导体被另一接地导体完全包围。设导体2接地，导体1被导体2完全包围，则有$\varphi_2=0$，$C_{11}=0$，此时式(2-57)变为

$$\left.\begin{aligned}q_1&=C_{12}\varphi_1\\ q_2&=-C_{21}\varphi_1\end{aligned}\right\} \tag{2-60}$$

根据互易定理$C_{ij}=C_{ji}$，所以$q_2=-q_1$，此电容器的电容量C实际就是两导体间的相互部分电容。如果电容器内没有起屏蔽作用的接地导体，则应将式(2-60)改写为

$$\left.\begin{aligned}q_1&=C_{11}\varphi_1+C_{12}(\varphi_1-\varphi_2)\\ q_2&=-C_{12}(\varphi_1-\varphi_2)+C_{22}\varphi_2\end{aligned}\right\} \tag{2-61}$$

上式表明，两导体上的电荷q_1，q_2除了有一等量异号的电荷外，还有两导体分别与无限远处(或远处接地导体)相联系的一部分电荷，因而$q_2\neq q_1$，这样就不能以一个电容量C来表示两导体上荷电量与电位之间的线性关系，而必须用部分电容的概念来说明。显然对于三个导体以上的多导体系也只能用部分电容的概念，而不能笼统地说某一导体的电容是多少。

2.6 静电场的边界条件

在研究静电场的具体问题时，经常会遇到不同媒质的分界面，在两种不同媒质的分界面上，由于两侧媒质的突变，电场强度 $\boldsymbol{E}$ 和电位移矢量 $\boldsymbol{D}$ 将由于分界面上面电荷的存在而发生跃变。本节所要讨论的就是电场量 $\boldsymbol{E}$ 和 $\boldsymbol{D}$ 在通过不同媒质分界面时的跃变规律，即分界面上的边界条件。由于分界面两侧媒质介电常数 ε 有不连续的突变，分界面上存在有面电荷，静电场方程的微分形式不成立，所以只能从积分形式的静电场方程出发来讨论场的边界条件。

2.6.1 电位移矢量的法向分量

应用积分形式的高斯定律，在分界面上做一扁平圆柱体(见图 2-11)，其高度 $\Delta h\to 0$，即圆柱的上下底面与分界面平行，并且无限地靠近它。底面积 ΔS 非常小，可以认为 ΔS 上的 $\boldsymbol{D}$ 和 ρ_{Sf} 是均匀的。ρ_{Sf} 为介质表面自由面电荷密度，$\hat{\boldsymbol{n}}$ 为分界面的法向单位矢量，规定 $\hat{\boldsymbol{n}}$ 的正方向由介质Ⅰ指向介质Ⅱ，$\hat{\boldsymbol{n}}_1$，$\hat{\boldsymbol{n}}_2$ 分别是圆柱体上下底面的外法线矢量。由图可知 $\hat{\boldsymbol{n}}_1=-\hat{\boldsymbol{n}}$，$\hat{\boldsymbol{n}}_2=\hat{\boldsymbol{n}}$。根据介质中的高斯定律，穿过此圆柱面的通量(忽略穿过圆柱侧面的通量)为

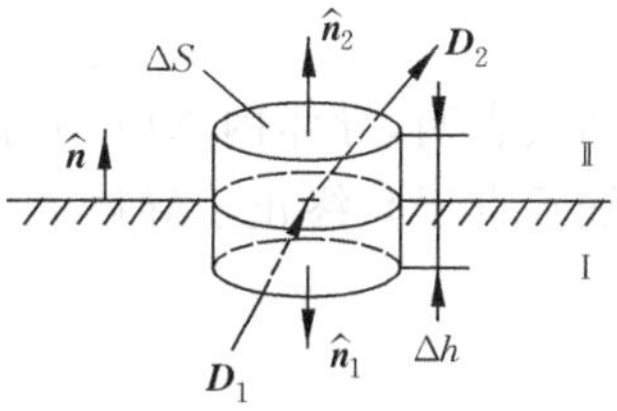

图 2-11 高斯定律在媒质界面上的应用

$$\oint \boldsymbol{D}\cdot d\boldsymbol{S}=\hat{\boldsymbol{n}}_1\cdot\boldsymbol{D}_1\Delta S+\hat{\boldsymbol{n}}_2\cdot\boldsymbol{D}_2\Delta S$$
$$=\hat{\boldsymbol{n}}\cdot(\boldsymbol{D}_2-\boldsymbol{D}_1)\Delta S$$
$$=\rho_{Sf}\Delta S$$

所以有

$$\hat{\boldsymbol{n}}\cdot(\boldsymbol{D}_2-\boldsymbol{D}_1)=\rho_{Sf} \tag{2-62}$$

或

$$D_{2n}-D_{1n}=\rho_{Sf} \tag{2-63}$$

式(2-62)或式(2-63)称为电场法向分量的边界条件。

如果分界面两侧均为电介质，则由于介质表面不存在自由面电荷，所以以上边界条件变为

$$\hat{\boldsymbol{n}}\cdot(\boldsymbol{D}_2-\boldsymbol{D}_1)=0 \tag{2-64}$$

或

$$D_{2n}=D_{1n} \tag{2-65}$$

式(2-65)表明，在两介质的分界面上，电位移矢量 $\boldsymbol{D}$ 的法向分量连续。

2.6.2 电场强度的切向分量

求解电场的切向分量的边界条件，可利用静电场的环流定理。在分界面上做一小的矩形回路(见图 2-12)，回路的宽边为 Δl，它平行于分界面，回路的高度 Δh 为无限小量，即

$\Delta h \to 0$，且回路宽度 Δl 非常小，可认为 $\boldsymbol{E}$ 在 Δl 上是均匀的。$\hat{\boldsymbol{n}}$ 为分界面上的法向单位矢量，正方向由Ⅰ指向Ⅱ。$\hat{\boldsymbol{t}}$，$\hat{\boldsymbol{N}}$ 均为分界面上的切向单位矢量，$\hat{\boldsymbol{N}}$ 垂直于以矩形回路为周界的平面，$\hat{\boldsymbol{t}}$ 平行于此平面。$\hat{\boldsymbol{t}}$，$\hat{\boldsymbol{N}}$，$\hat{\boldsymbol{n}}$ 满足右手关系，即 $\hat{\boldsymbol{t}}=\hat{\boldsymbol{N}}\times\hat{\boldsymbol{n}}$，由环流定理

$$\oint \boldsymbol{E}\cdot \mathrm{d}\boldsymbol{l} = -\boldsymbol{E}_1\cdot\Delta l\hat{\boldsymbol{t}} + \boldsymbol{E}_2\cdot\Delta l\hat{\boldsymbol{t}} = 0$$

得

$$-E_{1t}\Delta l + E_{2t}\Delta l = 0$$

所以

$$E_{2t} = E_{1t} \tag{2-66}$$

或

$$\hat{\boldsymbol{n}}\times(\boldsymbol{E}_2-\boldsymbol{E}_1) = 0 \tag{2-67}$$

式(2-66)或式(2-67)为电场切向分量的边界条件，表明电场强度 $\boldsymbol{E}$ 的切向分量在分界面处是连续的。

如果分界面一侧为电介质，另一侧为导体，即图 2-12 中Ⅱ为介质，Ⅰ为导体时，分界面上 $\boldsymbol{D}$ 和 $\boldsymbol{E}$ 的边界条件又如何呢？根据静电场中导体的性质，导体内部电场为零，即 $\boldsymbol{E}_1=0$，$\boldsymbol{D}_1=0$，并且电荷以面电荷形式分布在导体表面，所以，边界条件式(2-63)和式(2-66)分别变为

$$D_{2n} = \rho_{\mathrm{Sf}} \tag{2-68}$$

$$E_{2t} = 0 \tag{2-69}$$

上两式表明，导体内部电场为零，导体表面电场强度的切向分量为零，法向分量不为零，即电力线垂直于且终止于导体表面。

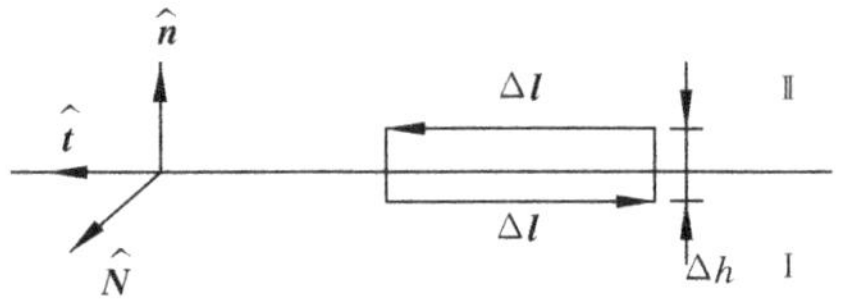

图 2-12　环流定理在媒质界面上的应用

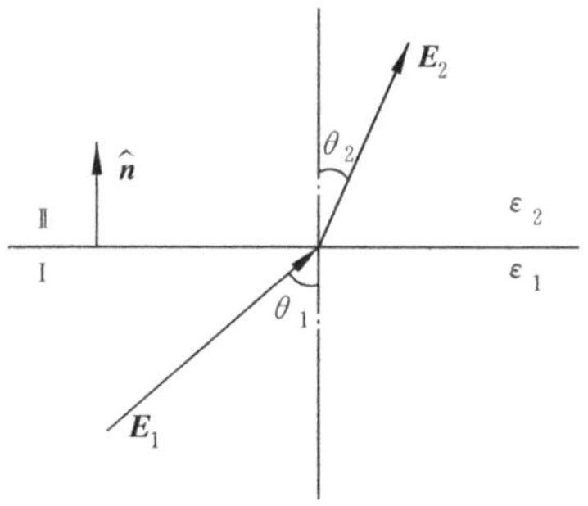

图 2-13　$\boldsymbol{E}$ 在两介质分界面处的突变

由于两介质分界面处 $\boldsymbol{E}$ 的切向分量连续，法向分量不连续，所以电力线在通过分界面时将发生弯曲，即在分界面两侧电力线与介质表面法线方向的夹角 θ_1 和 θ_2 不一样，见图 2-13。设介质Ⅰ和Ⅱ均为线性、各向同性、均匀电介质，介电常数分别为 ε_1 和 ε_2，由边界条件 $D_{2n}=D_{1n}$，即 $\varepsilon_2 E_{2n}=\varepsilon_1 E_{1n}$ 和 $E_{1t}=E_{2t}$，从图 2-13 中几何关系可得

$$\frac{\tan\theta_2}{\tan\theta_1} = \frac{E_{2t}/E_{2n}}{E_{1t}/E_{1n}} = \frac{E_{1n}}{E_{2n}} = \frac{\varepsilon_2}{\varepsilon_1}$$

可见，θ_1 和 θ_2 之间的关系取决于分界面两侧的介电常数 ε_1 和 ε_2。

2.6.3　标量电位的边界条件

本小节将推导出标量电位 φ 在分界面上的边界条件，这在解静电场问题中是非常有用

的。我们从标量电位的物理意义出发来进行推导。见图 2-14，介质Ⅰ和Ⅱ的分界面法线单位矢量为 $\hat{\boldsymbol{n}}$，1，2 为位于分界面两侧的无限靠近的两个点，两点之间连线为 Δh，$\Delta h \to 0$，且 Δh 平行于 $\hat{\boldsymbol{n}}$，从电位的物理意义出发，可得出 1，2 两点间的电位差为

$$\varphi_1 - \varphi_2 = \int_1^2 \boldsymbol{E} \cdot \mathrm{d}\boldsymbol{r}$$

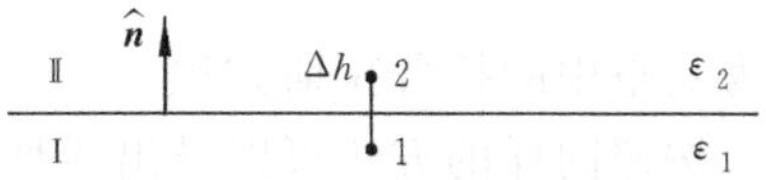

图 2-14 电位的边界条件

由于静电场的保守性，上式的积分值与积分路径无关，所以取积分路径为沿 $\hat{\boldsymbol{n}}$ 方向的路径，于是由上式可得

$$\varphi_1 - \varphi_2 = \int_1^2 \boldsymbol{E} \cdot \mathrm{d}\boldsymbol{r} = \bar{E}_n \Delta h$$

式中 $\bar{E}_n$ 为分界面两侧 E_n 的平均值。由于 $\Delta h \to 0$，而电场强度不可能为无穷大，所以由上式可知

$$\varphi_1 - \varphi_2 = 0$$

表明分界面处标量电位是连续的，即

$$\varphi_1 |_S = \varphi_2 |_S \tag{2-70}$$

式中 S 为介质Ⅰ，Ⅱ的分界面。

由于在两介质分界面处不存在自由面电荷，所以可以得出分界面 S 处电位满足的另一边界条件为

$$\varepsilon_1 \left.\frac{\partial \varphi_1}{\partial n}\right|_S = \varepsilon_2 \left.\frac{\partial \varphi_2}{\partial n}\right|_S \tag{2-71}$$

另外，根据式(2-68)、式(2-69)，我们很容易得到导体表面电位的边界条件为

$$\varphi |_S = \text{常数} \tag{2-72}$$

$$\left.\frac{\partial \varphi}{\partial n}\right|_S = -\frac{\rho_{Sf}}{\varepsilon} \tag{2-73}$$

其实，不同介质分界面上电位连续的边界条件很容易用电位的物理概念来解释，因为，分别将单位正电荷自无限远处移动到分界面 S 两侧相邻点时，外力所做的功必然相同。

2.7 泊松方程与拉普拉斯方程

由给定电荷分布求电位分布，原则上都可以从式(2-24)～式(2-27)计算，但是它要求必须给出全部空间中的电荷分布，这在很多情况下是难以做到的。即使给出了全部空间中的电荷分布，也不是很容易求出电位分布的解析解，因为还须完成不规则的积分运算。这就促使我们寻求解决问题的另一途径，即求解电位 φ 所满足的微分方程。

2.7.1 泊松方程与拉普拉斯方程的导出

真空中微分形式的高斯定律为

$$\nabla \cdot \boldsymbol{E} = \rho/\varepsilon_0$$

将 $\boldsymbol{E} = -\nabla\varphi$ 代入，得

$$\nabla \cdot (-\nabla\varphi) = -\nabla^2\varphi = \rho/\varepsilon_0$$

即

$$\nabla^2\varphi = -\rho/\varepsilon_0 \tag{2-74}$$

上式称为真空中的泊松方程。在 $\rho=0$ 的区域，上式简化为

$$\nabla^2\varphi = 0 \tag{2-75}$$

称为真空中的拉普拉斯方程。

按照同样的方法可以导出线性、各向同性、均匀介质中的泊松方程与拉普拉斯方程。将式(2-66)代入介质中的高斯定律得

$$\nabla\cdot\boldsymbol{D} = \nabla\cdot(\varepsilon\boldsymbol{E}) = \nabla\cdot(-\varepsilon\nabla\varphi) = \rho_f$$

当介质为线性、各向同性和均匀时，介电常数 ε 为一常数，上式简化为

$$\nabla\cdot\boldsymbol{D} = -\varepsilon\nabla^2\varphi = \rho_f$$

即

$$\nabla^2\varphi = -\rho_f/\varepsilon \tag{2-76}$$

式(2-76)称为线性、各向同性、均匀介质中的泊松方程，其形式与真空中的泊松方程完全相同，只是以介质的 ε 取代了真空的 ε_0。在 $\rho_f=0$ 的区域，可得到介质中的拉普拉斯方程为

$$\nabla^2\varphi = 0 \tag{2-77}$$

与式(2-75)完全相同。

上面我们推导出了电位 φ 所满足的微分方程，由于在数学中处理微分方程的方法比较多样，所以今后讨论的重点为泊松方程和拉普拉斯方程的求解。

2.7.2 一维泊松方程的解

泊松方程和拉普拉斯方程是二阶偏微分方程，在一般情况下不易求解。但是，如果场源电荷和边界形状具有某种对称性，那么，电位 φ 也将具有某种对称性，使得原为偏微分方程的泊松方程变为常微分方程，即一维泊松方程，因而可以用直接积分方法求解。下面介绍直接积分法。应当指出的是，这种方法要求首先对电位分布的对称性有正确的判断，即电位 φ 是否只是一个变量的函数；其次，这类用直接积分法可以解决的问题原则上也可以用高斯定律方法求解。

1. 平面对称场

当电荷呈平面对称分布，且导体表面、介质分界面与电荷对称平面平行时，空间电位分布的等位面也是一族相互平行的平面，这种场就称为平面对称场，电位只是一个变量的函数，可用直接积分法求解，下面举例说明。

例 2-5 有一厚度为 d，体密度为 ρ 的均匀带电无限大平板(图 2-15)，求空间 Ⅰ，Ⅱ，Ⅲ 区域内的 φ 与 $\boldsymbol{E}$ 分布。

解 三个区域的电位分别满足

$$\nabla^2\varphi_{\text{I}} = \frac{\mathrm{d}^2\varphi_{\text{I}}}{\mathrm{d}x^2} = 0 \quad (x < -d/2)$$

$$\nabla^2\varphi_{\text{II}} = \frac{\mathrm{d}^2\varphi_{\text{II}}}{\mathrm{d}x^2} = -\rho/\varepsilon_0 \quad (-d/2 \leqslant x \leqslant d/2)$$

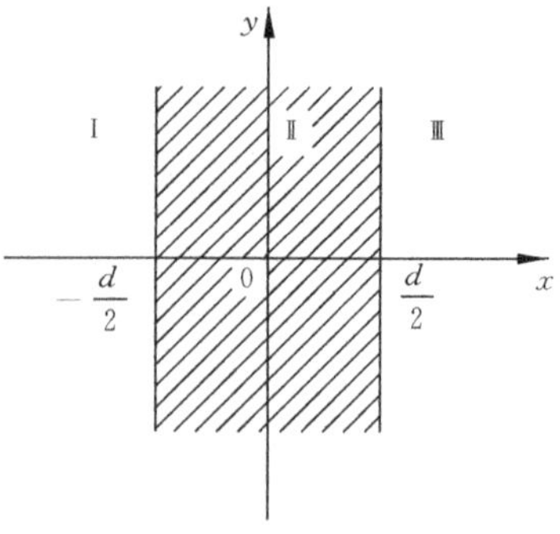

图 2-15 例 2-5 的示意图

$$\nabla^2 \varphi_{\mathrm{III}} = \frac{\mathrm{d}^2 \varphi_{\mathrm{III}}}{\mathrm{d}x^2} = 0 \quad (x > d/2)$$

以上三个方程的解分别为

$$\varphi_{\mathrm{I}} = A_1 x + B_1$$

$$\varphi_{\mathrm{II}} = -\frac{\rho}{2\varepsilon_0} x^2 + A_2 x + B_2$$

$$\varphi_{\mathrm{III}} = A_3 x + B_3$$

显然,每个解有 2 个积分常数需确定,下面根据边界条件来确定积分常数。

首先选电位参考点,令 $x=0$ 处,$\varphi_{\mathrm{II}}=0$,得 $B_2=0$。又由于 $x=0$ 的平面为对称平面,在此平面上电荷所产生的电场互相抵消,所以在 $x=0$ 处,

$$\boldsymbol{E}_{\mathrm{II}} = -\nabla \varphi_{\mathrm{II}} = -\frac{\mathrm{d}\varphi_{\mathrm{II}}}{\mathrm{d}x} = \left(\frac{\rho x}{\varepsilon_0} - A_2\right)\bigg|_{x=0} = 0$$

得 $A_2=0$。

在区域的分界面 $x=\pm\dfrac{d}{2}$处,应有电位和电位的法向导数连续,即在 $x=\dfrac{d}{2}$处有

$$\varphi_{\mathrm{II}} = \varphi_{\mathrm{III}}, \quad \varepsilon_0 \frac{\partial \varphi_{\mathrm{II}}}{\partial x} = \varepsilon_0 \frac{\partial \varphi_{\mathrm{III}}}{\partial x}$$

在 $x=-\dfrac{d}{2}$处有

$$\varphi_{\mathrm{I}} = \varphi_{\mathrm{II}}, \quad \varepsilon_0 \frac{\partial \varphi_{\mathrm{I}}}{\partial x} = \varepsilon_0 \frac{\partial \varphi_{\mathrm{II}}}{\partial x}$$

由以上 4 个边界条件得

$$-\frac{\rho}{8\varepsilon_0} d^2 = \frac{d}{2} A_3 + B_3, \quad A_3 = -\frac{\rho d}{2\varepsilon_0}$$

$$-\frac{\rho}{8\varepsilon_0} d^2 = -\frac{d}{2} A_1 + B_1, \quad A_1 = \frac{\rho d}{2\varepsilon_0}$$

联立解出

$$B_1 = \frac{\rho d^2}{8\varepsilon_0}, \quad B_3 = \frac{\rho d^2}{8\varepsilon_0}$$

至此,全部积分常数均已确定,将它们代入电位表达式中,得空间各区域的电位和电场分布为

$$\varphi_{\mathrm{I}} = \frac{\rho d}{2\varepsilon_0} x + \frac{\rho d^2}{8\varepsilon_0}, \qquad \boldsymbol{E}_{\mathrm{I}} = -\frac{\partial \varphi_{\mathrm{I}}}{\partial x}\hat{\boldsymbol{x}} = -\frac{\rho d}{2\varepsilon_0}\hat{\boldsymbol{x}}$$

$$\varphi_{\mathrm{II}} = -\frac{\rho}{2\varepsilon_0} x^2, \qquad \boldsymbol{E}_{\mathrm{II}} = -\frac{\partial \varphi_{\mathrm{II}}}{\partial x}\hat{\boldsymbol{x}} = \frac{\rho}{\varepsilon_0} x \hat{\boldsymbol{x}}$$

$$\varphi_{\mathrm{III}} = -\frac{\rho d}{2\varepsilon_0} x + \frac{\rho d^2}{8\varepsilon_0}, \qquad \boldsymbol{E}_{\mathrm{III}} = -\frac{\partial \varphi_{\mathrm{III}}}{\partial x}\hat{\boldsymbol{x}} = \frac{\rho d}{2\varepsilon_0}\hat{\boldsymbol{x}}$$

2. 柱面对称场

当电荷呈柱面对称分布,且导体表面、介质分界面都是共轴圆柱面时,空间电位分布的等位面是一族共轴的圆柱面,这种场就称为柱面对称场,若取圆柱坐标系,电位 φ 只是变量 ρ 的函数,也可以用直接积分法求解。

例 2-6 一半径为 a 的均匀带电圆柱体,其单位长度上的电量为 Q,此带电柱体在轴线

方向上延伸到无限远(见图 2-16),求柱内外的电位分布和电场强度。

解 柱内外电位 φ 所满足的方程分别为

$$\frac{1}{\rho}\frac{\mathrm{d}}{\mathrm{d}\rho}\left(\rho\frac{\mathrm{d}\varphi_{\mathrm{I}}}{\mathrm{d}\rho}\right)=-\frac{Q}{\pi\varepsilon_0 a^2}\quad(r\leqslant a)$$

$$\frac{1}{\rho}\frac{\mathrm{d}}{\mathrm{d}\rho}\left(\rho\frac{\mathrm{d}\varphi_{\mathrm{II}}}{\mathrm{d}\rho}\right)=0\quad(r>a)$$

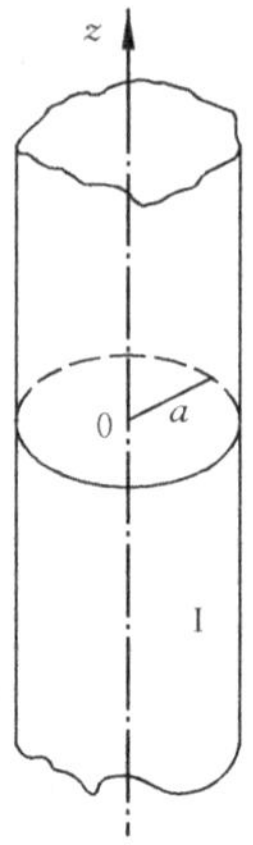

图 2-16 例 2-6 的示意图

它们的解分别是

$$\varphi_{\mathrm{I}}=-\frac{Q\rho^2}{4\pi\varepsilon_0 a^2}+A_1\ln\rho+B_1\quad(r\leqslant a)$$

$$\varphi_{\mathrm{II}}=A_2\ln\rho+B_2\quad(r>a)$$

对于 φ_{I},由于在 $\rho\to 0$ 时,φ_{I} 应取有限值,所以必有 $A_1=0$。再取电位参考点,此时由于电荷分布不为有限区域,所以不能选无限远处为电位参考点。现令 $\rho=0$ 处,$\varphi_{\mathrm{I}}=0$,从而得 $B_1=0$。在 $\rho=a$ 处,还应满足电位的边界条件,有

$$\varphi_{\mathrm{I}}=\varphi_{\mathrm{II}},\quad \varepsilon_0\frac{\partial\varphi_{\mathrm{I}}}{\partial\rho}=\varepsilon_0\frac{\partial\varphi_{\mathrm{II}}}{\partial\rho}$$

由此得

$$-\frac{Q}{4\pi\varepsilon_0}=A_2\ln a+B_2,\quad -\frac{Q}{2\pi a}=\varepsilon_0\frac{A_2}{a}$$

所以

$$A_2=-\frac{Q}{2\pi\varepsilon_0},\quad B_2=-\frac{Q}{4\pi\varepsilon_0}+\frac{Q}{2\pi\varepsilon_0}\ln a$$

代回 φ_{I},φ_{II} 的表达式,有

$$\varphi_{\mathrm{I}}=-\frac{Q\rho^2}{4\pi\varepsilon_0 a^2},\qquad \boldsymbol{E}_{\mathrm{I}}=-\nabla\varphi_{\mathrm{I}}=\frac{Q}{2\pi\varepsilon_0 a^2}\hat{\boldsymbol{\rho}}$$

$$\varphi_{\mathrm{II}}=\frac{Q}{2\pi\varepsilon_0}\ln\frac{a}{\rho}-\frac{Q}{4\pi\varepsilon_0},\quad \boldsymbol{E}_{\mathrm{II}}=-\nabla\varphi_{\mathrm{II}}=\frac{Q}{2\pi\varepsilon_0\rho^2}\hat{\boldsymbol{\rho}}$$

3. 球面对称场

当电荷呈球面对称分布,且导体表面、介质分界面都是同心球面时,空间电位分布呈球对称状,等位面为一族同心球面,这种场就称为球面对称场,电位 φ 只是变量 r 的函数,可用直接积分方法求解。

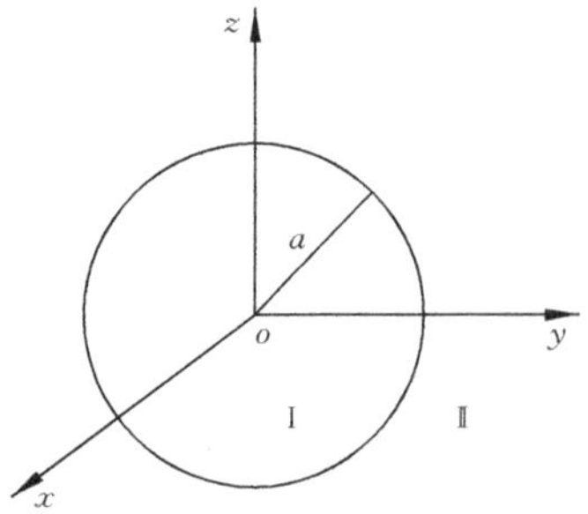

图 2-17 例 2-7 的示意图

例 2-7 一均匀带电球体(见图 2-17)半径为 a,电量为 Q,求球内外电位分布和电场强度。

解 由于是球面对称场,故取球坐标系。球内外电位 φ 所满足的方程分别为

$$\frac{1}{r^2}\frac{\mathrm{d}}{\mathrm{d}r}\left(r^2\frac{\mathrm{d}\varphi_{\mathrm{I}}}{\mathrm{d}r}\right)=-\frac{\rho}{\varepsilon_0}\quad(r\leqslant a)$$

$$\frac{1}{r^2}\frac{\mathrm{d}}{\mathrm{d}r}\left(r^2\frac{\mathrm{d}\varphi_{\mathrm{II}}}{\mathrm{d}r}\right)=0\qquad(r>a)$$

方程中的 ρ 为体电荷密度，$\rho=\frac{3Q}{4\pi a^3}$。以上两方程的解分别为

$$\varphi_{\mathrm{I}} = -\frac{Qr^2}{8\pi\varepsilon_0 a^3}+\frac{A_1}{r}+B_1$$

$$\varphi_{\mathrm{II}} = \frac{A_2}{r}+B_2$$

取电位参考点为无限远处，即 $r\to\infty$ 时，$\varphi_{\mathrm{II}}=0$，由此得 $B_2=0$。当 $r\to 0$ 时，电位 φ_{I} 应有限，所以由 φ_{I} 的表达式有

$$A_1 = 0$$

在 $r=a$ 处，应有连续条件

$$\varphi_{\mathrm{I}} = \varphi_{\mathrm{II}}, \quad \varepsilon_0\frac{\partial\varphi_{\mathrm{I}}}{\partial r} = \varepsilon_0\frac{\partial\varphi_{\mathrm{II}}}{\partial r}$$

即

$$-\frac{Q}{8\pi\varepsilon_0 a}+B_1 = \frac{A_2}{a}, \quad A_2 = \frac{Q}{4\pi\varepsilon_0}$$

由此得

$$B_1 = \frac{3Q}{8\pi\varepsilon_0 a}$$

所以球内外的电位为

$$\varphi_{\mathrm{I}} = -\frac{Qr^2}{8\pi\varepsilon_0 a^3}+\frac{3Q}{8\pi\varepsilon_0 a}$$

$$\varphi_{\mathrm{II}} = \frac{Q}{4\pi\varepsilon_0 r}$$

电场强度为

$$\boldsymbol{E}_{\mathrm{I}} = -\nabla\varphi_{\mathrm{I}} = \frac{Q}{4\pi\varepsilon_0 a^3}\boldsymbol{r}$$

$$\boldsymbol{E}_{\mathrm{II}} = -\nabla\varphi_{\mathrm{II}} = \frac{Q}{4\pi\varepsilon_0 r^3}\boldsymbol{r}$$

2.8 标量位的多极展开

在实际中经常需要计算集中在一个小区域内的电荷在远处所产生的电场。在处理这类问题时，作为初级近似，我们可以把原来的电荷系集中起来看成是一个点电荷。但是，当电荷系的总电荷量为零，或者需要更高的精确度时，就必须考虑电荷系的偶极矩，即把电荷系看成是一个点电荷与一个偶极子的叠加。同样，如果电荷系的偶极矩也为零，或是需要更高的精确度时，就要引入更高阶的电矩，这种方法在电动力学中就称为多极展开法。

为了便于理解多极子和多极矩的概念，首先扼要介绍电偶极子与偶极矩。

2.8.1 电偶极子

电偶极子由大小相等，符号相反的两个点电荷组成，它们之间的距离为 l，如图 2-18 所示。

现求在 $r \gg l$ 的 P 点处，由此电偶极子所产生的电位和电场。由点电荷的电位表达式可知

$$\varphi_P = \frac{q}{4\pi\varepsilon_0}\left(\frac{1}{r_b} - \frac{1}{r_a}\right) \tag{2-78}$$

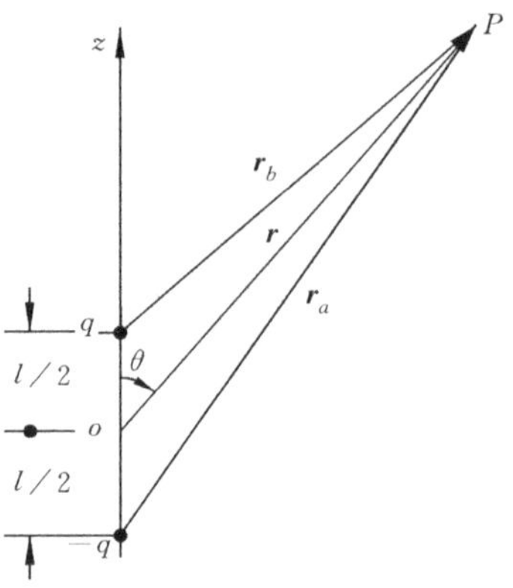

图 2-18　电偶极子

其中

$$r_a^2 = r^2 + \left(\frac{l}{2}\right)^2 + rl\cos\theta$$

所以

$$\frac{r}{r_a} = \left[1 + \left(\frac{l}{2r}\right)^2 + \frac{l}{r}\cos\theta\right]^{-1/2}$$

$$= 1 - \frac{1}{2}\left(\frac{l^2}{4r^2} + \frac{l}{r}\cos\theta\right) + \frac{3}{8}\left(\frac{l^2}{4r^2} + \frac{l}{r}\cos\theta\right)^2 + \cdots$$

因为 $r \gg l$，所以可以略去比 l^2/r^2 更高阶的项，余下得

$$\frac{r}{r_a} = 1 - \frac{l}{2r}\cos\theta + \frac{l^2}{4r^2}\left(\frac{3\cos^2\theta - 1}{2}\right)$$

同理

$$\frac{r}{r_b} = 1 + \frac{l}{2r}\cos\theta + \frac{l^2}{4r^2}\left(\frac{3\cos^2\theta - 1}{2}\right)$$

将它们代入式(2-78)，得

$$\varphi_P = \frac{ql}{4\pi\varepsilon_0 r^2}\cos\theta \tag{2-79}$$

定义一个矢量

$$\boldsymbol{p} = q\boldsymbol{l} \tag{2-80}$$

$\boldsymbol{l}$ 的正方向是由负电荷指向正电荷，称 $\boldsymbol{p}$ 为电偶极矩。式(2-79)可改写为

$$\varphi_P = \frac{\boldsymbol{p} \cdot \boldsymbol{r}}{4\pi\varepsilon_0 r^3} \tag{2-81}$$

为求电场，取球坐标系，根据

$$\boldsymbol{E} = -\nabla\varphi = -\left(\frac{\partial\varphi}{\partial r}\hat{\boldsymbol{r}} + \frac{1}{r}\frac{\partial\varphi}{\partial\theta}\hat{\boldsymbol{\theta}} + \frac{1}{r\sin\theta}\frac{\partial\varphi}{\partial\phi}\hat{\boldsymbol{\phi}}\right)$$

有

$$\left.\begin{aligned} E_r &= -\frac{\partial\varphi}{\partial r} = \frac{1}{4\pi\varepsilon_0}\frac{2p}{r^3}\cos\theta \\ E_\theta &= -\frac{1}{r}\frac{\partial\varphi}{\partial\theta} = \frac{p}{4\pi\varepsilon_0 r^3}\sin\theta \\ E_\phi &= 0 \end{aligned}\right\} \tag{2-82}$$

从式(2-81)、式(2-82)可以看出，电偶极子所产生的电位、电场与点电荷的电位、电场相比，随 r 的增加衰减得更快。

2.8.2　标量位的多极展开

设有 N 个点电荷 $q_1, q_2, \cdots, q_N$ 分布在一有限体积 V' 内(如图 2-19 所示)，选一坐标原

点 o 在此 V' 内或在其附近，各个电荷在此坐标系中的位置矢量分别为 $\boldsymbol{r}_1, \boldsymbol{r}_2, \cdots, \boldsymbol{r}_N$，待求电位点 P 的位置矢量为 $\boldsymbol{r}$。该点电荷系的电位已由式(2-24)求得，即

$$\varphi(\boldsymbol{r}) = \sum_{i=1}^{N} \frac{q_i}{4\pi\varepsilon_0 R_i}$$

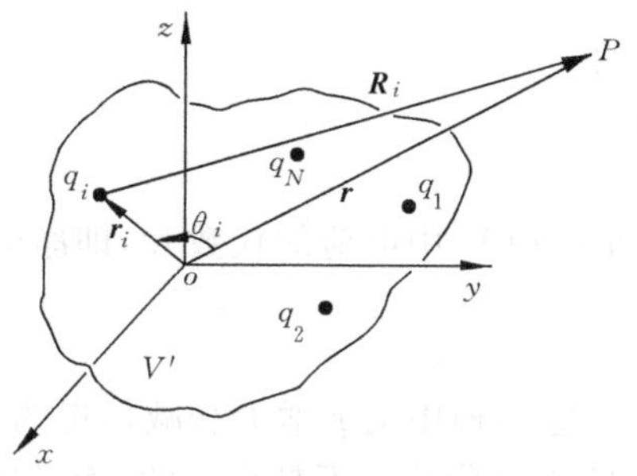

图 2-19　N 个点电荷组成的多极电荷系

式中 $R_i = |\boldsymbol{r} - \boldsymbol{r}_i|$。根据余弦定理

$$R_i = (r^2 + r_i^2 - 2rr_i\cos\theta_i)^{1/2} \tag{2-83}$$

设对所有的电荷都有 $r > r_i$，即 $r_i/r < 1$，并将式(2-83)改写为

$$\frac{1}{R_i} = \frac{1}{r\left[1 - 2\left(\dfrac{r_i}{r}\right)\cos\theta_i + \left(\dfrac{r_i}{r}\right)^2\right]^{1/2}} \tag{2-84}$$

再将上式中的分母按幂级数展开，并略去所有比 $\left(\dfrac{r_i}{r}\right)^2$ 更高阶次的项，可得

$$\begin{aligned}\frac{1}{R_i} &\approx \frac{1}{r}\left\{1 - \frac{1}{2}\left[-2\left(\frac{r_i}{r}\right)\cos\theta_i + \left(\frac{r_i}{r}\right)^2\right] + \frac{3}{8}\left[-2\left(\frac{r_i}{r}\right)\cos\theta_i + \left(\frac{r_i}{r}\right)^2\right]^2\right\} \\ &\approx \frac{1}{r}\left\{1 + \left(\frac{r_i}{r}\right)\cos\theta_i + \frac{1}{2}\left(\frac{r_i}{r}\right)^2(3\cos^2\theta_i - 1)\right\}\end{aligned} \tag{2-85}$$

将上式代入 $\varphi(\boldsymbol{r})$ 表示式(2-24)，得

$$\varphi(\boldsymbol{r}) = \frac{1}{4\pi\varepsilon_0 r}\sum_{i=1}^{N} q_i + \frac{1}{4\pi\varepsilon_0 r^2}\sum_{i=1}^{N} q_i r_i\cos\theta_i + \frac{1}{4\pi\varepsilon_0 r^3}\sum_{i=1}^{N}\frac{q_i r_i^2}{2}(3\cos^2\theta_i - 1) + \cdots \tag{2-86}$$

式(2-86)称作电位的多极展开式，式中的第一项与 $1/r$ 成正比，称为单极项，以 $\varphi_{\mathrm{M}}(\boldsymbol{r})$ 表示；第二项与 $1/r^2$ 成正比，称为偶极项，以 $\varphi_{\mathrm{D}}(\boldsymbol{r})$ 表示；第三项与 $1/r^3$ 成正比，称为四极项，以 $\varphi_{\mathrm{Q}}(\boldsymbol{r})$ 表示，以此类推。式(2-86)可改写为

$$\varphi(\boldsymbol{r}) = \varphi_{\mathrm{M}}(\boldsymbol{r}) + \varphi_{\mathrm{D}}(\boldsymbol{r}) + \varphi_{\mathrm{Q}}(\boldsymbol{r}) + \cdots \tag{2-87}$$

式(2-86)还可改写为

$$\varphi(\boldsymbol{r}) = \frac{1}{4\pi\varepsilon_0}\sum_{l=0}^{N}\frac{1}{r^{l+1}}\left[\sum_{i=1}^{N} q_i r_i^l \mathrm{P}_l(\cos\theta_i)\right] \tag{2-88}$$

式中 $\mathrm{P}_l(\cos\theta_i)$ 称为勒让德多项式，其中

$$\begin{aligned}\mathrm{P}_0(\cos\theta_i) &= 1 \\ \mathrm{P}_1(\cos\theta_i) &= \cos\theta_i \\ \mathrm{P}_2(\cos\theta_i) &= \frac{1}{2}(3\cos^2\theta_i - 1) \\ \mathrm{P}_3(\cos\theta_i) &= \frac{1}{2}(5\cos^3\theta_i - 3\cos\theta_i) \\ &\vdots\end{aligned}$$

由图 2-19 可知，式(2-86)中的 $\cos\theta_i$ 为

$$\cos\theta_i = \frac{\boldsymbol{r}\cdot\boldsymbol{r}_i}{rr_i} = \hat{\boldsymbol{r}}\cdot\left(\frac{\boldsymbol{r}_i}{r_i}\right) = \frac{lx_i + my_i + nz_i}{r_i} \tag{2-89}$$

式中的 (l,m,n) 是 P 点位置矢量的方向余弦，而 (x_i, y_i, z_i) 则是电荷 q_i 的坐标。

为了更清楚地说明展开式(2-86)的意义，下面对式中的各项分别加以分析。

(1) 单极项

$$\varphi_M(\boldsymbol{r}) = \frac{1}{4\pi\varepsilon_0 r}\sum_{i=1}^{N} q_i \tag{2-90}$$

显然

$$\sum_{i=1}^{N} q_i = Q$$

Q 是体积 V' 中电荷的代数和,即净电荷,它位于原点 o 处,且满足

$$\varphi_M(\boldsymbol{r}) = \frac{Q}{4\pi\varepsilon_0 r} \tag{2-91}$$

上式是 $\varphi(\boldsymbol{r})$ 中随 r 增大衰减最慢的主要项,也就是我们以前所介绍的点电荷的作用项。如果 V' 中电荷分布不是离散的,而是连续的,则

$$Q = \int_{V'} \rho(\boldsymbol{r}_i)\mathrm{d}V'$$

(2) 偶极项

$$\varphi_D(\boldsymbol{r}) = \frac{1}{4\pi\varepsilon_0 r^2}\sum_{i=1}^{N} q_i r_i \cos\theta_i \tag{2-92}$$

式中

$$\begin{aligned}\sum_{i=1}^{N} q_i r_i \cos\theta_i &= \sum_{i=1}^{N} q_i (l x_i + m y_i + n z_i) \\ &= l\sum q_i x_i + m\sum q_i y_i + n\sum q_i z_i = \hat{\boldsymbol{r}} \cdot \left(\sum_{i=1}^{N} q_i \boldsymbol{r}_i\right)\end{aligned} \tag{2-93}$$

上式中最后一个括弧内的量只与电荷分布有关,与场点坐标无关,定义它为电荷分布的偶极矩,即有

$$\boldsymbol{p} = \sum_{i=1}^{N} q_i \boldsymbol{r}_i \tag{2-94}$$

从而式(2-92)可写为

$$\varphi_D(\boldsymbol{r}) = \frac{\boldsymbol{p} \cdot \hat{\boldsymbol{r}}}{4\pi\varepsilon_0 r^2} = \frac{\boldsymbol{p} \cdot \boldsymbol{r}}{4\pi\varepsilon_0 r^3} \tag{2-95}$$

其形式与式(2-81)完全相同,在那里是 $N=2$ 的一个特例。当电荷系的净电荷为零时,偶极项 $\varphi_D(\boldsymbol{r})$ 就是起主要作用的主项。若电荷是连续分布的,则有

$$\boldsymbol{p} = \int_{V'} \rho(\boldsymbol{r}_i)\boldsymbol{r}_i \mathrm{d}V' \tag{2-96}$$

(3) 四极项

$$\varphi_Q(\boldsymbol{r}) = \frac{1}{4\pi\varepsilon_0 r^3}\sum_{i=1}^{N} \frac{q_i r_i^2}{2}(3\cos^2\theta_i - 1) \tag{2-97}$$

这项比较复杂,不易直接看出结果,需稍加推导。令此项中的

$$\begin{aligned} r_i^2(3\cos^2\theta_i - 1) &= 3(\boldsymbol{r} \cdot \boldsymbol{r}_i)^2 - r_i^2 \\ &= 3(l x_i + m y_i + n z_i)^2 - r_i^2(l^2 + m^2 + n^2)\end{aligned}$$

由于式中 $l^2 + m^2 + n^2 = 1$,所以

$$\begin{aligned} r_i^2(3\cos^2\theta_i - 1) = & l^2(3x_i^2 - r_i^2) + m^2(3y_i^2 - r_i^2) + n^2(3z_i^2 - r_i^2) \\ & + 6lm x_i y_i + 6mn y_i z_i + 6nl z_i x_i \end{aligned} \tag{2-98}$$

这样

$$\sum_i q_i r_i^2(3\cos^2\theta_i - 1) = l^2\sum_i q_i(3x_i^{\ 2} - r_i^{\ 2}) + lm\sum_i q_i 3x_i y_i + ln\sum_i q_i 3x_i z_i$$
$$+ ml\sum_i q_i 3y_i x_i + m^2\sum_i q_i(3y_i^2 - r_i^2) + mn\sum_i q_i 3y_i z_i$$
$$+ nl\sum_i q_i 3z_i x_i + mn\sum_i q_i 3z_i y_i + n^2\sum_i q_i(3z_i^2 - r_i^2) \quad (2\text{-}99)$$

式(2-99)共有 9 项，这 9 项中的每一项都可以看作是两项的乘积，其中一项即 l, m, n 等项，只与场点 P 的位置有关；另一项则只与电荷分布有关而与场点无关。我们可把所有只与电荷分布有关的 9 项表示为

$$Q_{jk} = \sum_{i=1}^{N} q_i(3j_i k_i - r_i^2\delta_{jk}) \quad (2\text{-}100)$$

式中 j, k 分别可为 x, y, z，并且有

$$\delta_{jk} = \begin{cases} 1 & (j = k) \\ 0 & (j \neq k) \end{cases}$$

例如

$$Q_{xx} = \sum_{i=1}^{N} q_i(3x_i^2 - r_i^2)$$
$$Q_{xy} = \sum_{i=1}^{N} q_i 3x_i y_i$$

其余各项以此类推。Q_{jk} 称为四极矩张量的分量，可以证明

$$Q_{jk} = Q_{kj} \quad (j \neq k) \quad (2\text{-}101)$$

式(2-101)说明，四极矩张量是对称张量，它只有 6 个而不是 9 个独立分量。所以

$$\varphi_Q(\boldsymbol{r}) = \frac{1}{8\pi\varepsilon_0 r^3}[l^2 Q_{xx} + 2lmQ_{xy} + 2lnQ_{xz} + 2mnQ_{yz} + m^2 Q_{yy} + n^2 Q_{zz}] \quad (2\text{-}102)$$

事实上，由于 $x_i^2 + y_i^2 + z_i^2 = r_i^2$，所以必有

$$Q_{xx} + Q_{yy} + Q_{zz} = 0 \quad (2\text{-}103)$$

这样四极矩的独立分量就只剩下 5 个了。

当电荷分布具有某种对称性时，其独立分量还可以进一步减少。现举一个称之为直线电四极子的例子，其电荷分布如图 2-20 所示。显然，由于这里所有电荷 q_i 的坐标 $x_i = y_i = 0$，所以根据式(2-100)有

$$Q_{jk} = Q_{kj} = 0 \quad (j \neq k)$$
$$Q_{xx} = -2qr_i^2 = -2qs^2$$
$$Q_{yy} = -2qr_i^2 = -2qs^2$$
$$Q_{zz} = -2q(3s^2 - r_i^2) = 4qs^2$$

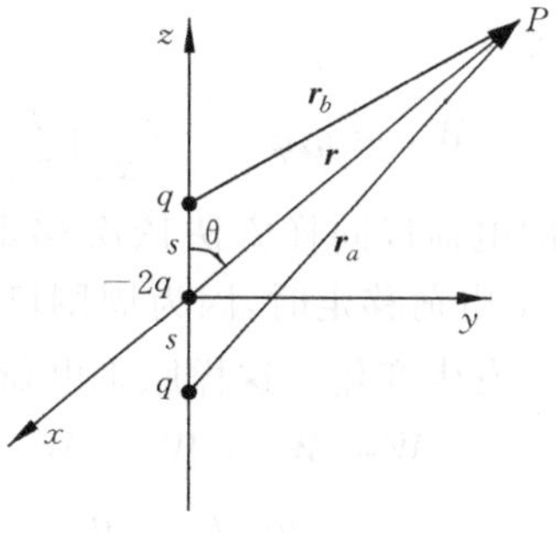

图 2-20　直线电四极子

代入式(2-102)，得

$$\varphi_Q(\boldsymbol{r}) = \frac{1}{8\pi\varepsilon_0 r^3}[-2qs^2 l^2 - 2qs^2 m^2 + 4qs^2 n^2]$$
$$= \frac{1}{4\pi\varepsilon_0 r^3}[-qs^2(1 - n^2) + 2qs^2 n^2]$$
$$= \frac{qs^2}{4\pi\varepsilon_0 r^3}(3n^2 - 1) = \frac{qs^2}{4\pi\varepsilon_0 r^3}(3\cos^2\theta - 1)$$

上式即为直线电四极子的电位表达式,此结果与直接从库仑定律出发计算是一致的。

通过以上分析可知,对于分布在小区域内的任意电荷在远处所产生的电位,在零级近似下,可以将它看作是电荷集中于原点的点电荷所产生的电位;而在一级的近似中则应增加一项也是置于原点的电偶极子的贡献;在二级近似中则还应增加一项四极子的贡献,以此类推。显然阶数越高,所增加的修正值越小。

应当指出的是,带电系统的多极矩(除单极矩外),不仅与电荷的分布有关,而且与展开的原点位置有关。在一般情况下,原点都选在电荷分布的对称中心。如果电荷系的 $\sum q_i = 0$,则它的偶极矩与原点的选择无关;如果电荷系的单极项与偶极项均为零,则它的四极项就与原点的选择无关。

2.9 静电场的能量与力

2.9.1 点电荷系的能量

从库仑定律得知,在静电场中电荷之间存在着作用力。因此,当移动其中某一电荷时,不是这种电场力本身要做功,就是外力要反抗电场力而做功。根据能量守恒定律,如果在电荷移动过程中没有其他形式的能量转化,那么所做的此部分功就一定反映为静电场势能的增加或减少。可见,在静电场中是储存能量的。

现在来研究一种最简单的情况,即有 N 个点电荷分布在一个有限的空间内,这个系统中的储能是多少呢?在这种系统中,每个电荷都具有确定的电位值,根据电位的物理意义,它代表移动单位正电荷由该点到无限远处电场力所做之功。现假想在保持静电力和机械力的平衡下,将电荷 q_1 缓慢地移到无限远处,而其他电荷保持不动。显然,移开这个电荷电场力所做之功应等于此电荷的电量 q_1 与它在原来位置时电位 φ_1 的乘积 $q_1\varphi_1$。根据能量守恒定律,电场力所做此功应等于此系统储能的减少 W_1,即

$$W_1 = q_1\varphi_1$$

根据叠加原理,参阅图 2-21,可得

$$W_1 = q_1\varphi_1 = \frac{q_1}{4\pi\varepsilon_0}\left(\frac{q_2}{r_{12}} + \frac{q_3}{r_{13}} + \cdots + \frac{q_N}{r_{1N}}\right)$$

q_1 移开后,以同样的方式移动 q_2 到无限远处,所引起的势能减少为

$$W_2 = q_2\varphi_2 = \frac{q_2}{4\pi\varepsilon_0}\left(\frac{q_3}{r_{23}} + \frac{q_4}{r_{24}} + \cdots + \frac{q_N}{r_{2N}}\right)$$

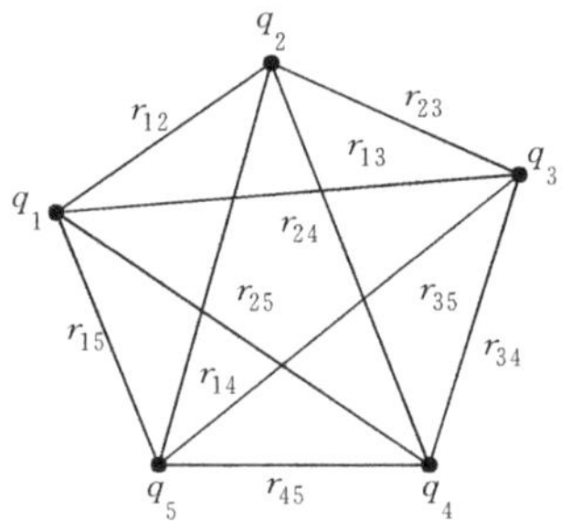

图 2-21 点电荷系统

余下的电荷以同样方法依次移走,势能随之减少。最后,当第 N 个电荷移走时,因为周围已没有其他电荷,所以能量也就不再发生变化。这样原来电荷系的总势能就应当是

$$\begin{aligned} W &= W_1 + W_2 + W_3 + \cdots + W_N \\ &= \frac{q_1}{4\pi\varepsilon_0}\left(0 + \frac{q_2}{r_{12}} + \frac{q_3}{r_{13}} + \cdots + \frac{q_N}{r_{1N}}\right) + \frac{q_2}{4\pi\varepsilon_0}\left(0 + 0 + \frac{q_3}{r_{23}} + \cdots + \frac{q_N}{r_{2N}}\right) \\ &\quad + \cdots + \frac{q_N}{4\pi\varepsilon_0}(0 + \cdots + 0) \end{aligned}$$

$$
\begin{aligned}
&= \frac{1}{2}\left\{\frac{q_1}{4\pi\varepsilon_0}\left(0+\frac{q_2}{r_{12}}+\frac{q_3}{r_{13}}+\cdots+\frac{q_N}{r_{1N}}\right)+\frac{q_2}{4\pi\varepsilon_0}\left(\frac{q_1}{r_{21}}+0+\frac{q_3}{r_{23}}+\cdots+\frac{q_N}{r_{2N}}\right)\right.\\
&\quad \left.+\frac{q_3}{4\pi\varepsilon_0}\left(\frac{q_1}{r_{31}}+\frac{q_2}{r_{32}}+0+\cdots+\frac{q_N}{r_{3N}}\right)+\cdots+\frac{q_N}{4\pi\varepsilon_0}\left(\frac{q_1}{r_{N1}}+\frac{q_2}{r_{N2}}+\frac{q_3}{r_{N3}}+\cdots+0\right)\right\}\\
&= \frac{1}{2}\{q_1\varphi_1+q_2\varphi_2+q_3\varphi_3+\cdots+q_N\varphi_N\}=\frac{1}{2}\sum_{i=1}^{N}q_i\varphi_i
\end{aligned}
\tag{2-104}
$$

式(2-104)是一个点电荷系的能量表示式。从它的推导过程中可以看出,它所表示的只是点电荷系的相互作用能,而未包括各个点电荷的固有能。这一局限是我们把电荷系中各个电荷都看作点电荷所无法避免的,因为无法计算把一定量的电荷 q 聚集为一点时所需要的能量。

为了克服这一缺陷,我们可把式(2-104)中的 q_i 换成 $\rho\mathrm{d}V$,其中 ρ 为体电荷密度,$\mathrm{d}V$ 为体积元,并将求和换成积分,得

$$
W = \frac{1}{2}\int_V \rho\varphi\,\mathrm{d}V \tag{2-105}
$$

这样我们就可以把各个宏观电荷聚集起来所需的能量都计算在内,从而使它们不仅包含了电荷之间的相互作用能,同时也包括了电荷系的固有能。

如果电荷系是由荷电的导体所构成,那么由于静电场中导体上只存在面电荷,且设第 i 个导体的面电荷密度为 ρ_{Si},则式(2-105)应改写为

$$
W = \frac{1}{2}\int_S \rho_{Si}\varphi_i\,\mathrm{d}S \tag{2-106}
$$

积分面积 S 应是全部荷电导体的表面,而每一个导体表面又都是等位面,所以对第 i 个导体,式(2-106)为

$$
\frac{1}{2}\int_{S_i}\rho_{Si}\varphi_i\,\mathrm{d}S_i = \frac{1}{2}\varphi_i\int_{Si}\rho_{Si}\,\mathrm{d}S_i = \frac{1}{2}q_i\varphi_i
$$

由 N 个导体所组成的电荷系储能就应是

$$
W = \frac{1}{2}\sum_{i=1}^{N}q_i\varphi_i \tag{2-107}
$$

上式在形式上与式(2-104)相同,但含义不同。式(2-104)代表的是点电荷系的能量,式中的 φ_i 是其他点电荷在 q_i 处所产生的电位,而未包括 q_i 自身所产生的电位,所以只代表了各电荷之间的相互作用能,而不包括固有能。式(2-107)中 φ_i 包括了第 i 个带电体自身电荷 q_i 所产生的电位,所以它不仅包括相互作用能,也包括了固有能。

如果研究的是一个带电的孤立导体,根据式(2-107)它的储能应当是

$$
W = \frac{1}{2}q\varphi
$$

式中 q 是导体所带的净电荷,φ 是它的电位。根据孤立导体电容量 C 的定义 $C=q/\varphi$,所以

$$
W = \frac{1}{2}q\varphi = \frac{1}{2}C\varphi^2 = \frac{1}{2}\frac{q^2}{C} \tag{2-108}
$$

2.9.2 能量的场强表示

不论是式(2-105)还是式(2-107),都容易使人产生一种误解,即能量只存在于电荷所在之处,这显然是应当加以避免的。为此,现设法将能量用电场强度来表示。将 $\rho=\varepsilon_0\nabla\cdot\boldsymbol{E}$ 代入

式(2-105),得

$$W=\frac{\varepsilon_0}{2}\int_V\varphi(\nabla\cdot\boldsymbol{E})\mathrm{d}V \tag{2-109}$$

根据矢量恒等式,有

$$\varphi(\nabla\cdot\boldsymbol{E})=-\boldsymbol{E}\cdot\nabla\varphi+\nabla\cdot(\varphi\boldsymbol{E})=E^2+\nabla\cdot(\varphi\boldsymbol{E})$$

代入式(2-109),得

$$W=\frac{\varepsilon_0}{2}\int_V E^2\mathrm{d}V+\frac{\varepsilon_0}{2}\int_V\nabla\cdot(\varphi\boldsymbol{E})\mathrm{d}V$$

根据散度定理,上式可改写为

$$W=\frac{\varepsilon_0}{2}\int_V E^2\mathrm{d}V+\frac{\varepsilon_0}{2}\oint_S\varphi\boldsymbol{E}\cdot\mathrm{d}\boldsymbol{S} \tag{2-110}$$

令积分空间趋向无限大,此时只要电荷分布在一个有限空间内,则根据位场的正则性可知

$$\oint_{S\to\infty}(\varphi\boldsymbol{E})\cdot\mathrm{d}\boldsymbol{S}=0$$

因此,式(2-110)变为

$$W=\frac{\varepsilon_0}{2}\int_V E^2\mathrm{d}V=\int_V\frac{\varepsilon_0E^2}{2}\mathrm{d}\boldsymbol{V} \tag{2-111}$$

式(2-111)说明,电场能量存在于 $E\neq0$ 的所有空间,而不是只存在于电荷所在的空间中。从简单的逻辑推理出发,可以称

$$w=\frac{1}{2}\varepsilon_0E^2 \tag{2-112}$$

为电场能量密度。

2.9.3 作用在导体上的电场力

在静电场中的电荷会受到电场的作用力,同样,带电的导体也会受到电场的作用力,这一作用力是系统中所有其他电荷所建立的电场对导体表面上面电荷元 $\rho_S\mathrm{d}S$ 的作用力。此力总是垂直于导体表面,否则电荷就会沿导体表面流动而和静电场的前提相违背。

计算这一作用力,要求先求出系统中其他电荷在面元 $\rho_S\mathrm{d}S$ 处所产生的电场。由高斯定律容易求出在面元 $\rho_S\mathrm{d}S$ 处紧靠导体表面外侧处的电场强度 $\boldsymbol{E}$ 是

$$\boldsymbol{E}=\frac{\rho_S}{\varepsilon_0}\hat{\boldsymbol{n}} \tag{2-113}$$

式中 $\hat{\boldsymbol{n}}$ 为导体表面外法线方向的单位矢量。但是,由式(2-113)求出的电场是系统内其他电荷和面电荷元 $\rho_S\mathrm{d}S$ 共同产生的总电场,而不是我们所要求的电场。我们所要求的电场应当是从式(2-113)中的电场减去面元 $\rho_S\mathrm{d}S$ 本身所产生的电场。

面电荷元 $\rho_S\mathrm{d}S$ 本身所产生的电场也可以同样用高斯定律求出。因为它产生的通量必定是一半流向导体外侧,一半流向导体内侧,其大小分别都是 $\rho_S\mathrm{d}S/(2\varepsilon_0)$,即面电荷元在导体外侧所产生的电场的大小为 $\rho_S/(2\varepsilon_0)$。这样,我们所要求的电场就是

$$\boldsymbol{E}=\frac{\rho_S}{\varepsilon_0}\hat{\boldsymbol{n}}-\frac{\rho_S}{2\varepsilon_0}\hat{\boldsymbol{n}}=\frac{\rho_S}{2\varepsilon_0}\hat{\boldsymbol{n}} \tag{2-114}$$

它对导体面元 $\mathrm{d}S$ 的作用力为

$$\mathrm{d}\boldsymbol{F}=\boldsymbol{E}\rho_S\mathrm{d}S=\frac{\rho_S^2}{2\varepsilon_0}\mathrm{d}S\,\hat{\boldsymbol{n}} \tag{2-115}$$

单位面积上受力的大小是

$$f=\frac{\mathrm{d}F}{\mathrm{d}S}=\frac{\rho_S^2}{2\varepsilon_0} \tag{2-116}$$

利用式(2-113)，将 f 以总电场 $\boldsymbol{E}$ 来表示，代入上式，得

$$f=\frac{\mathrm{d}F}{\mathrm{d}S}=\frac{\varepsilon_0}{2}E^2 \tag{2-117}$$

上式说明，单位面积上导体所受的静电场力大小恰好等于此处电场能量的密度，作用力的方向沿导体表面外法线 $\hat{\boldsymbol{n}}$ 的方向，也就是说，不论面电荷 ρ_S 的正负，电场的作用力总倾向于把导体拉向电场内部，即对导体施加负压力。

式(2-117)可以视为导出电场能量密度表示式的另一种方法。因为设想在电场作用力下导体表面 $\mathrm{d}S$ 沿外法线方向产生了一位移 $\mathrm{d}x$，如果电场的能量密度为 w，则整个电场的储能就减少了

$$\mathrm{d}W=w\mathrm{d}x\mathrm{d}S$$

设此导体已和外界电源断开，则上述的储能减少应完全消耗在电场力所做之功上，即

$$\mathrm{d}W=w\mathrm{d}x\mathrm{d}S=f\mathrm{d}S\mathrm{d}x$$

得

$$w=f$$

根据式(2-117)可知

$$w=\frac{\varepsilon_0}{2}E^2$$

这种证明方法避免了要将积分空间趋向无限大的附加要求。

2.9.4 作用在电介质上的力

我们的讨论限于线性、各向同性、均匀电介质。

当电介质位于静电场中时，它会受到电场的作用力和力矩，这是由于电场对电介质中的偶极子的作用而产生的。

在均匀电场内，一个电偶极子受到的作用力矩为

$$\boldsymbol{T}=\boldsymbol{p}\times\boldsymbol{E} \tag{2-118}$$

式中 $\boldsymbol{p}$ 为电偶极子的偶极矩，$\boldsymbol{p}=q\boldsymbol{l}$。显然，力矩 $\boldsymbol{T}$ 使电偶极子趋向于顺着电场的方向，但由于是均匀电场，电偶极子受到的净力等于零。

如果电场是不均匀的，电偶极子受到的净力就不为零，因为电偶极子的一端可能比它的另一端受到的力要大。

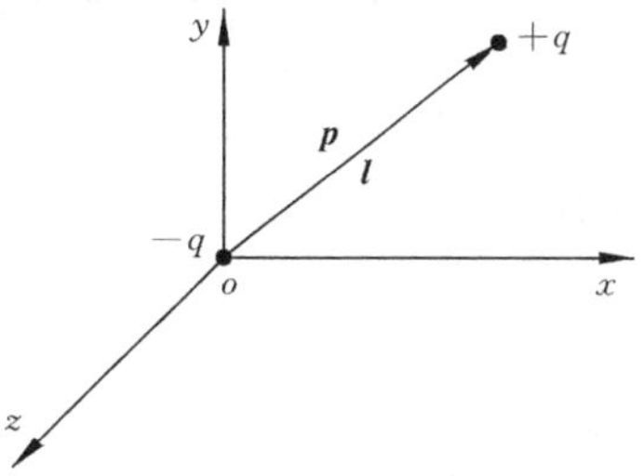

图 2-22 负电荷在原点的电偶极子

下面来讨论在非均匀电场内一个电偶极子所受到的力。如图 2-22 所示，令电偶极子负电荷位于坐标原点，正、负电荷间距为 l，偶极矩为 $\boldsymbol{p}=q\boldsymbol{l}$，且坐标原点处电场强度为 $\boldsymbol{E}$，则电偶极子所受到的 x 方向的力为

$$F_x = -qE_x + q\left(E_x + \frac{\partial E_x}{\partial x}\boldsymbol{l}\cdot\hat{\boldsymbol{x}} + \frac{\partial E_x}{\partial y}\boldsymbol{l}\cdot\hat{\boldsymbol{y}} + \frac{\partial E_x}{\partial z}\boldsymbol{l}\cdot\hat{\boldsymbol{z}}\right)$$

$$= \frac{\partial E_x}{\partial x}p_x + \frac{\partial E_x}{\partial y}p_y + \frac{\partial E_x}{\partial z}p_z \tag{2-119}$$

同理

$$F_y = \frac{\partial E_y}{\partial x}p_x + \frac{\partial E_y}{\partial y}p_y + \frac{\partial E_y}{\partial z}p_z \tag{2-120}$$

$$F_z = \frac{\partial E_z}{\partial x}p_x + \frac{\partial E_z}{\partial y}p_y + \frac{\partial E_z}{\partial z}p_z \tag{2-121}$$

所以,电偶极子所受到的电场力为

$$\boldsymbol{F} = F_x\hat{\boldsymbol{x}} + F_y\hat{\boldsymbol{y}} + F_z\hat{\boldsymbol{z}}$$

$$= \left(p_x\frac{\partial}{\partial x} + p_y\frac{\partial}{\partial y} + p_z\frac{\partial}{\partial z}\right)(E_x\hat{\boldsymbol{x}} + E_y\hat{\boldsymbol{y}} + E_z\hat{\boldsymbol{z}})$$

$$= (\boldsymbol{p}\cdot\nabla)\boldsymbol{E} \tag{2-122}$$

这是作用在单个电偶极子上的力,而作用在单位体积中的电偶极子上的电场力是单个电偶极子所受电场力的 N 倍(设单位体积中有 N 个电偶极子),即有

$$\boldsymbol{F} = (\boldsymbol{P}\cdot\nabla)\boldsymbol{E} \tag{2-123}$$

式中 $\boldsymbol{P}$ 为电介质的极化强度。由于介质为线性、各向同性、均匀,所以有

$$\boldsymbol{P} = \varepsilon_0\chi_e\boldsymbol{E} = (\varepsilon - \varepsilon_0)\boldsymbol{E}$$

式中 ε 为电介质的介电常数。式(2-123)可写为

$$\boldsymbol{F} = (\boldsymbol{P}\cdot\nabla)\boldsymbol{E}$$

$$= (\varepsilon - \varepsilon_0)(\boldsymbol{E}\cdot\nabla)\boldsymbol{E}$$

$$= (\varepsilon - \varepsilon_0)\left(E_x\frac{\partial}{\partial x} + E_y\frac{\partial}{\partial y} + E_z\frac{\partial}{\partial z}\right)(E_x\hat{\boldsymbol{x}} + E_y\hat{\boldsymbol{y}} + E_z\hat{\boldsymbol{z}})$$

其 x 分量是

$$F_x = (\varepsilon - \varepsilon_0)\left(E_x\frac{\partial E_x}{\partial x} + E_y\frac{\partial E_x}{\partial y} + E_z\frac{\partial E_x}{\partial z}\right) \tag{2-124}$$

由于在静电场内 $\nabla\times\boldsymbol{E}=0$,所以

$$\left.\begin{aligned}\frac{\partial E_x}{\partial y} &= \frac{\partial E_y}{\partial x}\\ \frac{\partial E_x}{\partial z} &= \frac{\partial E_z}{\partial x}\end{aligned}\right\} \tag{2-125}$$

将式(2-125)代入 F_x 的表达式,得

$$F_x = \frac{1}{2}(\varepsilon - \varepsilon_0)\frac{\partial}{\partial x}E^2$$

同理有

$$F_y = \frac{1}{2}(\varepsilon - \varepsilon_0)\frac{\partial}{\partial y}E^2$$

$$F_z = \frac{1}{2}(\varepsilon - \varepsilon_0)\frac{\partial}{\partial z}E^2$$

所以,作用在线性、各向同性、均匀电介质中单位体积上的力为

$$\boldsymbol{F} = \frac{1}{2}(\varepsilon - \varepsilon_0)\nabla E^2 = \frac{\varepsilon_r - 1}{\varepsilon_r}\nabla\left(\frac{1}{2}\varepsilon E^2\right) \tag{2-126}$$

上式中$\frac{1}{2}\varepsilon E^2$ 就是静电场的能量密度，$\boldsymbol{E}$ 是介质中的电场。显然，力的方向就是 E 的数值增加的方向，与电场的方向的改变无关。

2.9.5 虚位移法

上面讨论了作用在导体上的力和作用在电介质上的力，本质上仍是按照库仑定律或电场强度的定义来计算的。下面介绍一种从能量守恒原理出发，采用虚位移概念导出的简便的计算方法。通过讨论可以看到，用虚位移法同样也能计算出作用在导体上和介质上的力。这种方法概念清楚，计算简单，是计算静电场中力的一种常用方法。

设有一个与电源相连接的带电体系统，假设有某一个带电体在电场力的作用下产生了一个小的位移(此位移是假想的，故又称为虚位移)，那么电场力就要对它做功，根据能量守恒原理应有，电场力所做的功＋电场能量的增量＝与各带电体相连接的电源所提供的能量。写成式子为

$$\boldsymbol{f}\cdot \mathrm{d}\boldsymbol{g} + \mathrm{d}W_e = \mathrm{d}W \tag{2-127}$$

式中 $\boldsymbol{f}$ 为广义力，$\boldsymbol{g}$ 为广义位移。所谓广义位移包括了距离、面积、体积或角度的变化，而广义力则是根据广义力乘以广义位移应等于功的原则而确定的。因此，若广义位移是距离的变化，则广义力就是一般的力；若广义位移是角度的变化，则对应的广义力就是力矩；若广义位移是体积的变化，则对应的广义力就是压力；若广义位移是面积的变化，则对应的广义力就是表面张力等。

式(2-127)中的 $\mathrm{d}W$ 为外电源提供的能量，因为各带电体都和外电源连接，所以电位是不变的，即有

$$\mathrm{d}W = \sum_{i=1}^{N}\varphi_i \mathrm{d}q_i \tag{2-128}$$

式(2-127)中的 $\mathrm{d}W_e$ 为电场能量的增量，

$$\mathrm{d}W_e = \frac{1}{2}\sum_{i=1}^{N}\varphi_i \mathrm{d}q_i \tag{2-129}$$

这说明电场能量的增量是外电源提供能量的一半，显然另一半就转化为电场力所做之功，也就是说，电场力所做之功在数值上就等于电场能量的增量，亦即

$$\boldsymbol{f}\cdot \mathrm{d}\boldsymbol{g} = \mathrm{d}W_e \tag{2-130}$$

假如这里 $\mathrm{d}g$ 是距离的变化 $\mathrm{d}r$，则上式变为

$$\boldsymbol{f}\cdot \mathrm{d}\boldsymbol{r} = \mathrm{d}W_e$$

在直角坐标系中

$$\boldsymbol{f}\cdot \mathrm{d}\boldsymbol{r} = f_x \mathrm{d}x + f_y \mathrm{d}y + f_z \mathrm{d}z \tag{2-131}$$

分解得

$$f_x = \left.\frac{\partial W_e}{\partial x}\right|_{\varphi=常数},\quad f_y = \left.\frac{\partial W_e}{\partial y}\right|_{\varphi=常数},\quad f_z = \left.\frac{\partial W_e}{\partial z}\right|_{\varphi=常数} \tag{2-132}$$

以上的讨论是对于带电体与外电源相连接的系统。如果是对一个与外电源断开的隔离系

统，此时各带电体上的电荷量不变，外电源对系统不提供能量，即有 $\mathrm{d}q_i=0$ 和 $\mathrm{d}W=0$。在此情况下，式(2-127)变为

$$\boldsymbol{f}\cdot \mathrm{d}\boldsymbol{g}+\mathrm{d}W_{\mathrm{e}}=0$$

从而有

$$\boldsymbol{f}\cdot \mathrm{d}\boldsymbol{r}=-\mathrm{d}W_{\mathrm{e}}$$

分解为

$$f_x=-\left.\frac{\partial W_{\mathrm{e}}}{\partial x}\right|_{q=\text{常数}},\quad f_y=-\left.\frac{\partial W_{\mathrm{e}}}{\partial y}\right|_{q=\text{常数}},\quad f_z=-\left.\frac{\partial W_{\mathrm{e}}}{\partial z}\right|_{q=\text{常数}} \tag{2-133}$$

对于上述两种情况，带电体的位移都是假想的，实际上并没有移动，因此不管是属于上面哪一种假设，式(2-132)和式(2-133)应给出相同的结果。下面以平板电容器为例来说明虚位移法的应用。

例 2-8 如图 2-23 所示，一个平板电容器极板面积为 A，板间距离为 d，现要计算电容器极板受到的沿 x 方向的电场作用力。

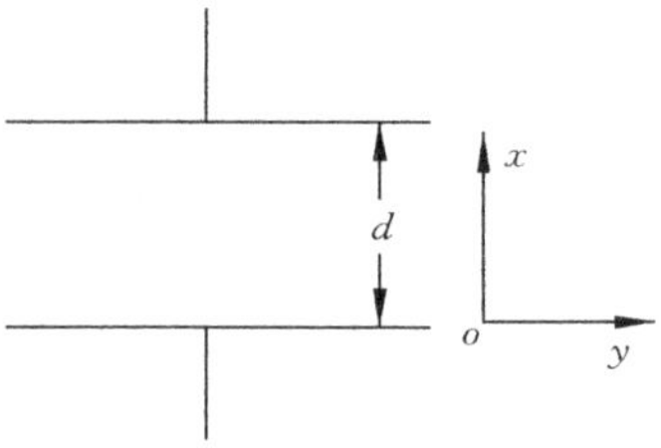

图 2-23 例 2-8 的示意图

解 已知电容器内的电场储能

$$W_{\mathrm{e}}=\frac{1}{2}CU^2=\frac{1}{2}\frac{q^2}{C}$$

式中 U 为电压，q 为所带电荷量，C 为电容量。首先假设此电容器与外电源相连，电压保持不变。根据式(2-132)有

$$f_x=\frac{\partial W_{\mathrm{e}}}{\partial x}=\frac{\partial}{\partial x}\left(\frac{1}{2}CU^2\right)=\frac{U^2}{2}\frac{\partial C}{\partial x}$$

将 $C=\dfrac{\varepsilon_0 A}{x}$ 代入上式，得

$$f_x=\frac{U^2}{2}\frac{\partial}{\partial x}\left(\frac{\varepsilon_0 A}{x}\right)=-\frac{U^2}{2}\frac{\varepsilon_0 A}{x^2}=-\frac{\varepsilon_0}{2}E^2A$$

再设此电容器与外电源断开，极板上所带电荷量 q 不变，根据式(2-133)有

$$\begin{aligned}f_x&=-\frac{\partial W_{\mathrm{e}}}{\partial x}=-\frac{\partial}{\partial x}\left(\frac{1}{2}\frac{q^2}{C}\right)=-\frac{q^2}{2}\frac{\partial}{\partial x}\left(\frac{1}{C}\right)\\&=-\frac{q^2}{2\varepsilon_0 A}=-\frac{C^2U^2}{2\varepsilon_0 A}=-\frac{U^2}{2}\frac{\varepsilon_0 A}{x^2}=-\frac{\varepsilon_0}{2}E^2A\end{aligned}$$

可见，两种假设给出相同的结果。单位极板受力为 $-\dfrac{\varepsilon_0}{2}E^2$，负号表示作用力与 x 增大的方向相反，即两板之间的作用力是吸力。这个结果与前面用库仑定律求出的单位面积上导体所受的静电场力的结果是一致的。

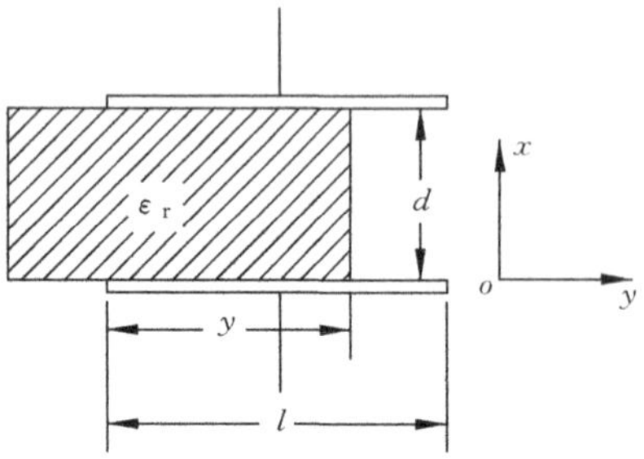

图 2-24 例 2-9 的示意图

例 2-9 一平板电容器的极板之间部分充填了 $\varepsilon_r>1$ 的介质(如图 2-24 所示)，极板上电压为 U，求此介质板沿 y 方向所受到的电场作用力 f_y。

解 设电容器极板沿 z 方向的长度为 1，则此电容器的电场储能为

$$W_{\mathrm{e}}=\frac{1}{2}\varepsilon_0\left(\frac{U^2}{d^2}\right)(l-y)d+\frac{1}{2}\varepsilon\left(\frac{U^2}{d^2}\right)yd$$

设极板上的电位不变，从而有

$$f_y = \frac{\partial W_e}{\partial y} = \frac{1}{2}\frac{U^2}{d}(\varepsilon - \varepsilon_0) = \frac{1}{2}(\varepsilon - \varepsilon_0)E^2 d$$

$f_y > 0$ 表示它与 y 的正方向一致，也就是说平板电容器中的介质板总是受到拉向电容器内的吸力。

以上例子说明，从能量守恒原理出发，用虚位移法计算电场力是一个比较简便的方法。

习　　题

2-1　如题图 2-1 所示，有两无限大的荷电平面，其面电荷密度分别为 ρ_S 和 $-\rho_S$，两平面间距为 d。求空间三个区域内的电场分布。

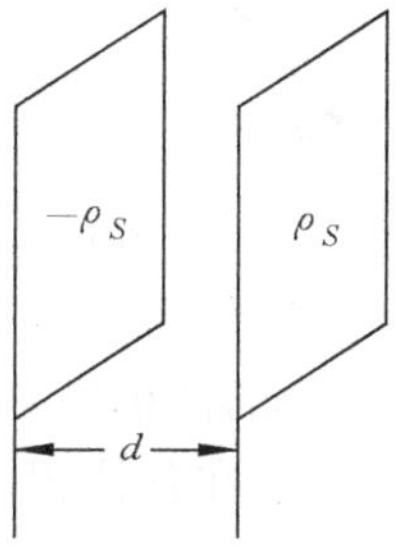

题图 2-1

2-2　一半径为 a 的圆环，环上均匀分布着线电荷，其线电荷密度为 ρ_l，求圆环轴线上任一点处的电场。

2-3　半径为 a 的均匀带电半球的体电荷密度为 ρ，试计算底面边缘上任一点的电位与电场。

2-4　设点电荷 q_1 与 $-q_2$ 相距为 d。试证明在此带电系统中，有一个半径有限的球形等位面，并求出它的半径、球心位置以及此等位面的电位值(电位参考点为无限远处)。

2-5　半径为 a 的带电圆盘，一半均匀分布着面电荷密度为 ρ_{S1} 的电荷，另一半均匀分布着面电荷密度为 ρ_{S2} 的电荷，求圆盘轴线上任一点的电位和电场，并讨论 $\rho_{S1} = -\rho_{S2}$ 和 $\rho_{S1} = \rho_{S2}$ 的情况。

2-6　在边长为 a 的正方形的四角顶点分别放置电量为 q 的点电荷，在正方形的几何中心处放置电量为 Q 的点电荷。问 Q 为何值时，每个电荷 q 所受的力都是零。

2-7　求半径为 a、电量为 Q 的均匀带电球面所产生的电位、电场强度和该系统的总储能。

2-8　有一半径为 a、介电常数为 ε_e 的均匀带电无限长圆柱体，其单位长度上的电量为 τ，求它所产生的电位和电场。

2-9　求厚度为 d、体电荷密度为 ρ 的均匀带电无限大平板在空间各区域所产生的电位和电场(用高斯定律求解)。

2-10　一个电量为 q_1 的点电荷与半径为 a、电量为 q_2 的均匀带电球体相距为 $d(d>a)$，试求它们的相互作用能。

2-11　证明:如果一个点电荷在一个半径为 a 的球面内(球外无电荷),则 q 在球面上所产生的电位平均值

$$\bar{\varphi}=\frac{q}{4\pi\varepsilon_0 a}$$

2-12　求题图 2-2 所示的电荷分布所产生的偶极矩 $\boldsymbol{p}$ 和四极矩 $\boldsymbol{Q}$(张量)。

2-13　证明中性电荷体系的偶极矩与原点的选择无关。

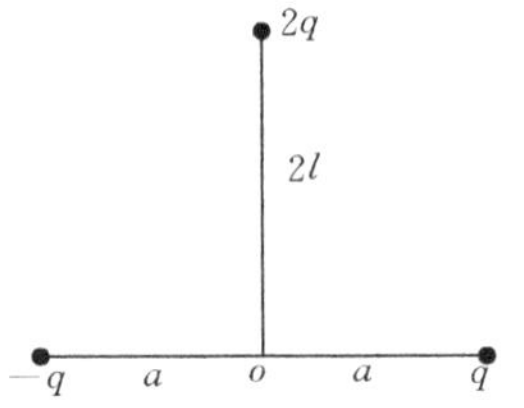

题图 2-2

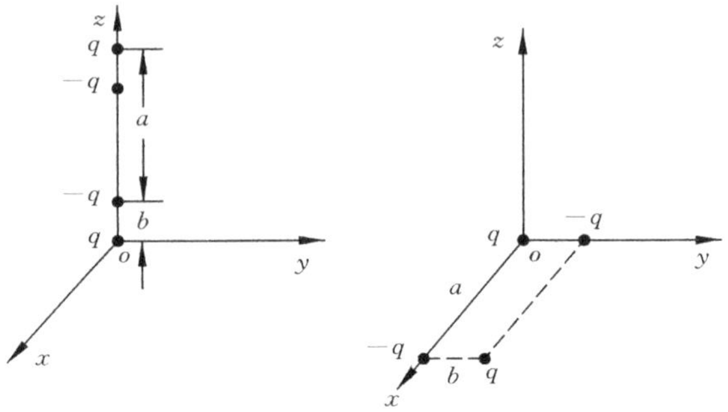

(a)　(b)

题图 2-3

2-14　写出如题图 2-3 所示的四极子的四极矩。

2-15　以下列出三种电场分布,求包含在各体积内的总电荷。

(1) 半径为 R 的球,$\boldsymbol{E}=Ar^2\hat{\boldsymbol{r}}$

(2) 半径为 a,长度为 L 的圆柱,$\boldsymbol{E}=A\rho^2\hat{\boldsymbol{\rho}}$

(3) 一顶点位于原点,边长为 a 的立方体,$\boldsymbol{E}=A(x\hat{\boldsymbol{x}}+y\hat{\boldsymbol{y}})$

其中 A 是常数。

2-16　半径为 a 的球形空间充满均匀分布的密度为 ρ 的体电荷,求球内外的电位和电场。

2-17　一个半径为 a,中心在原点的球形带电体,已知其电位分布为

$$\varphi=\begin{cases}\varphi_0 & (r\leqslant a)\\ \varphi_0\dfrac{a}{r} & (r>a)\end{cases}$$

求此位场的储能。

2-18　求由三个同心导体球构成的导体系的电位系数 p_{ij},其中内球半径为 a,中球内外半径为 b 和 c,外球内外半径为 d 和 e。

2-19　一个半径为 a 的导体球壳充满密度为 $\rho(r)$ 的电荷,已知电场分布为

$$E_r=\begin{cases}Ar^4 & (r\leqslant a)\\ Ar^{-2} & (r>a)\end{cases}$$

求球内的电荷密度 $\rho(r)$ 及球壳内外侧面上的面电荷密度 ρ_S。

2-20　一个球形电容器,内球半径为 a,外球半径为 b,内外球之间电位差为 U_0(外球接地),求两球间的电位分布及电容量 C。

2-21　已知某种形式分布的电荷在球坐标系中所产生的电位为 $\varphi(\boldsymbol{r})=\dfrac{q\mathrm{e}^{-br}}{r}$,其中 q,b 均为常数,求此电荷的分布。

2-22　给定一电荷分布为

$$\rho=\begin{cases}\rho_0\cos\dfrac{\pi}{a}x & (-a\leqslant x\leqslant a)\\ 0 & (|x|>a)\end{cases}$$

试求空间各区域的电位分布。

2-23　一个半径为 a、电荷均匀分布的无限长圆柱体电荷，密度为 ρ_0，其中有一圆柱孔，半径为 b，两圆柱中心的距离为 d（见题图 2-4），求孔中任意点处的电位及电场。

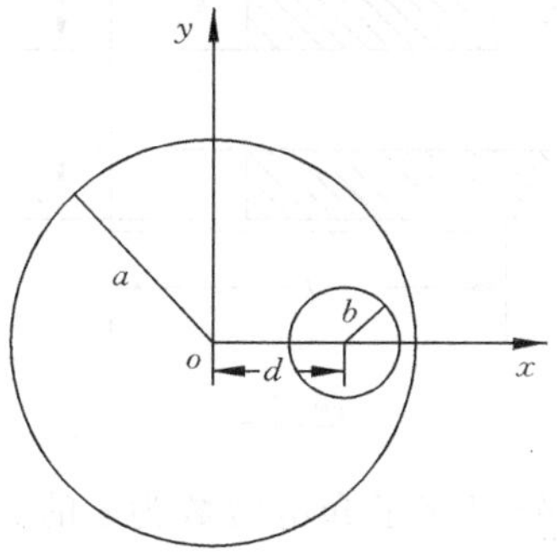

题图 2-4

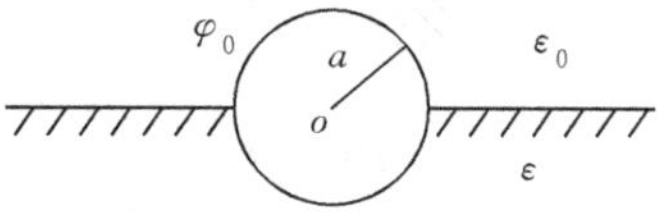

题图 2-5

2-24　一个金属球半径为 a，位于两种不同媒质的分界面上，导体球电位为 φ_0（见题图 2-5），求上、下半空间中任意点处的电位。

2-25　两个同心金属球，内外半径分别为 a 与 b，并分别带电荷 q，$-q$，试用虚位移法求球内外面单位面积上所受到的电场力。

2-26　一个球形电容器，内外半径分别为 a 与 b，内充非均匀介质 $\varepsilon(r)=\varepsilon_0 a^2/r^2$，试求其电容量 C。

2-27　一个平板电容器的长、宽为 a 与 b，极板间距离为 d，其中一半（$0\sim a/2$）用介电常数为 ε 的介质充填，另一半为空气。极板间加电压 U_0，求极板上自由电荷密度与介质表面上极化电荷密度。

2-28　两个同轴圆筒之间，$0<\theta<\theta_1$ 部分充填了介电常数为 ε 的介质，其余部分为空气（见题图 2-6），求它单位长度的电容量。

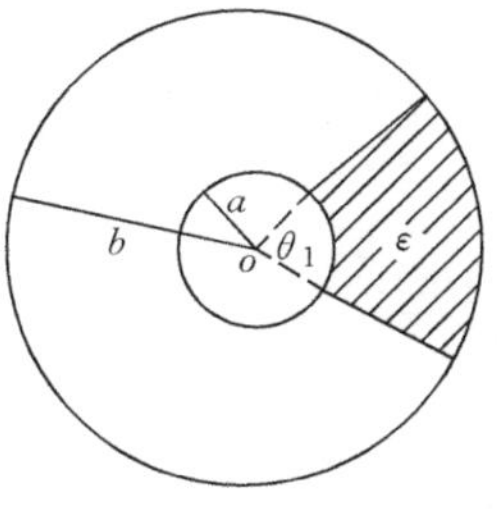

题图 2-6

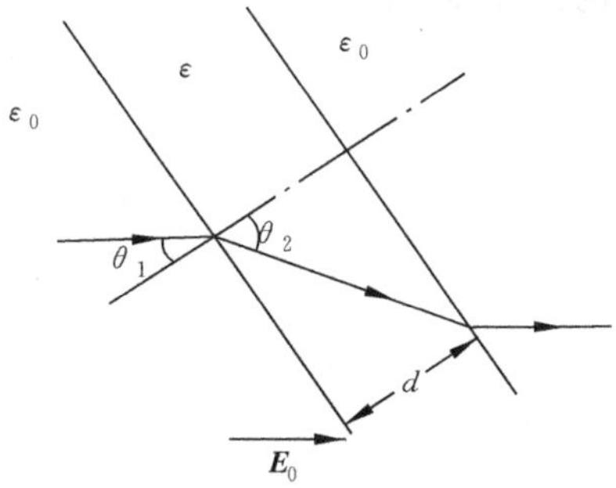

题图 2-7

2-29　厚度为 d、介电常数为 ε 的无限大介质板置于均匀外电场 $\boldsymbol{E}_0$ 中，板与 $\boldsymbol{E}_0$ 夹角为

θ_1（见题图 2-7），求使 $\theta_2=\pi/4$ 时的 θ_1 值及介质板两面上的极化电荷密度。

2-30　一对平行金属板，间距为 d（见题图 2-8），极板间加电压 U_0，插入一液体中（液体的密度为 g，介电常数为 ε），求极板间液面上升的高度 h。

2-31　一个半径为 a 的介质球沿径向被永久极化，极化强度 $\boldsymbol{p}=\alpha r^n \hat{\boldsymbol{r}}$，其中 α，n 是大于零的常数，求：(1) 极化体电荷和面电荷密度；(2) 球内外任一点的电场；(3) 球内外任一点的电位。

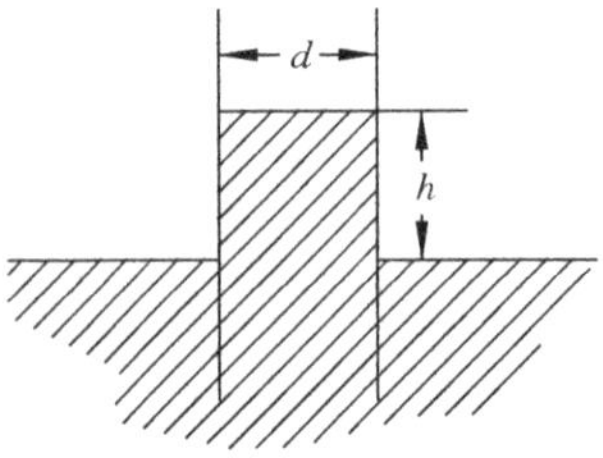

题图 2-8

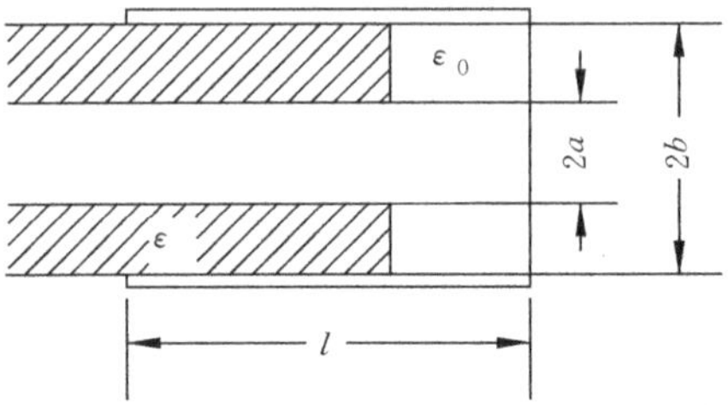

题图 2-9

2-32　两个同轴圆筒之间的电位差为 U_0，其中部分填充了介电常数为 ε 的介质（见题图 2-9），求作用在介质上的电场力。

2-33　试证在没有电荷存在的区域 V 内，如 V 的边界 S 上，电位 $\varphi_S=$常数，则区域 V 内也是等位的。

2-34　试证：偶极距为 $\boldsymbol{p}$ 的电偶极子所产生的电位 $\varphi\left(\varphi=\dfrac{1}{4\pi\varepsilon_0}\dfrac{\boldsymbol{p}\cdot\boldsymbol{r}}{r^3}\right)$，在 $r\neq 0$ 的区域内满足拉普拉斯方程。

2-35　一个球形电容器，半径为 a 的内导体上带电量为 q，半径为 b 的外导体接地，在内力作用下，外导体的半径从 b 缩小到 b_1，试证电场力所做的功为 $q^2(b-b_1)/(8\pi\varepsilon_0 bb_1)$。

2-36　若上题中条件改为内导体上电位 φ 保持不变，试证此时电场力所做的功为 $2\pi\varepsilon_0\varphi^2 a^2(b-b_1)/(b_1-a)(b-a)$，并求出外电源所供给的能量。

2-37　一个圆柱形电容器外半径为 a，其中充填的介质击穿场强为 E，若内导体的直径可任意选择，试求电容器两极板间能承受的最大电压。

2-38　证明内外半径为 a_1，a_2 的圆柱形电容器中所储存的能量有一半是在半径 $a=\sqrt{a_1 a_2}$ 的圆柱体内。

第 3 章　静电场边值问题的解析解

在第 2 章中，我们讨论了静电场的基本性质以及一些简单的静电场求解问题。我们讨论的求解问题仅限于电荷分布具有特定的对称性并且没有边界，或者是虽有边界，但边界也具有相似的对称性。然而，在工程实际中，所遇到的场可能要复杂得多，一般不能用直接积分或高斯定理求解，而需要寻找其他的求解方法。但是，不论这些位场问题如何复杂，从数学上讲，它们都是在给定的边界条件下求解泊松方程或拉普拉斯方程的问题，即所谓边值问题。

3.1　边值问题的分类和解的唯一性定理

3.1.1　边值问题的分类

根据问题所给的边界条件不同，边值问题分为以下三类：

第一类边值问题是指所给定的边界条件为整个边界上的电位值，又称为狄里赫利问题；

第二类边值问题是指所给定的边界条件为整个边界上的电位法向导数值，又称为纽曼问题；

第三类边值问题是指所给定的边界条件部分为电位值，部分为电位法向导数值，又称为混合边值问题。

我们的讨论以第一类边值问题为主。在本章中所要介绍的方法有镜象法、保角变换法、分离变量法和格林函数法，这些都可称为解析法。

应当指出的是，本章所介绍的这些方法不仅适合于静电场，同时也适用于恒定磁场以及交变电磁场中的某些问题。

3.1.2　静电场中解的唯一性定理

唯一性定理是说明泊松方程或拉普拉斯方程的解在什么条件下是唯一的。此定理的表述十分简单：满足泊松方程或拉普拉斯方程及所给的全部边界条件的解是唯一的。

也就是说，若要保证 φ 为问题的唯一正确解，φ 必须满足两个条件。第一，要满足方程 $\nabla^2\varphi=-\rho/\varepsilon$ 或 $\nabla^2\varphi=0$，这是必要条件；第二，在整个边界上满足所给定的边界条件。所谓边界条件包含了边值问题给出的三种情况。

解的唯一性定理证明用的是反证法，即假定在表面为 S 的空间 V 内有两组不同的解 φ 和 φ'，它们都满足同一个边界条件及方程，即有

$$\nabla^2\varphi=-\rho/\varepsilon \quad 和 \quad \nabla^2\varphi'=-\rho/\varepsilon$$

取两解之差 $\varphi^*=\varphi-\varphi'$，在 V 内 φ^* 一定满足拉普拉斯方程

$$\nabla^2\varphi^* = \nabla^2(\varphi-\varphi') = \nabla^2\varphi-\nabla^2\varphi' = 0$$

引用第 1 章格林第一定理式(1-85)，令式中的 $\psi=\varphi=\varphi^*$，得

$$\int_V [\varphi^* \nabla^2 \varphi^* + (\nabla \varphi^*)^2] \mathrm{d}V = \int_V (\nabla \varphi^*)^2 \mathrm{d}V$$

$$= \oint_S \varphi^* \frac{\partial \varphi^*}{\partial n} \boldsymbol{n} \cdot \mathrm{d}\boldsymbol{S} \qquad (3\text{-}1)$$

式中 S 为包围体积 V 的表面，$\boldsymbol{n}$ 为 S 面的外法线单位矢量。

在边界 S 面上，对于第一类边值问题，由于两个解 φ 和 φ' 都满足同样的边界条件，所以有 $\varphi^*|_S = \varphi|_S - \varphi'|_S = 0$，代入式(3-1)得到

$$\int_V (\nabla \varphi^*)^2 \mathrm{d}V = 0$$

因为被积函数 $(\nabla \varphi^*)^2$ 一定为正值，因此要使积分为零，必须有 $\nabla \varphi^* = 0$，即

$$\varphi^* = \varphi - \varphi' = \text{常数}$$

我们在引入电位函数时就曾指出，电位 φ 的绝对值无意义，因为 φ 和 $\varphi + C$ 代表的是同一电场，所以 φ 和 φ' 实际上是一个解，亦即解是唯一的。

在边界面 S 上，对于第二类边值问题有

$$\frac{\partial \varphi}{\partial n} = \frac{\partial \varphi'}{\partial n}$$

即 $\dfrac{\partial \varphi^*}{\partial n} = 0$。所以根据式(3-1)仍然有

$$\int_V (\nabla \varphi^*)^2 \mathrm{d}V = 0$$

同理，有 $\varphi^* = C$(常数)，φ 和 φ' 代表的是同一电场，所以解也是唯一的。

同理，对于第三类边值问题，在一部分边界 S_1 面上有 $\varphi^* = \varphi - \varphi' = 0$，而在另一部分边界 $S - S_1$ 面上有 $\dfrac{\partial \varphi^*}{\partial n} = \dfrac{\partial \varphi}{\partial n} - \dfrac{\partial \varphi'}{\partial n} = 0$，所以由式(3-1)仍然可得出

$$\int_V (\nabla \varphi^*)^2 \mathrm{d}V = 0$$

同理，有 $\varphi^* = C$(常数)，所以解也是唯一的。

唯一性定理得证，说明满足泊松方程或拉普拉斯方程及所给的全部边界条件的解是唯一的。

解的唯一性定理在求解静电场问题中具有重要的理论意义和实际价值。定理的成立意味着我们可以采用多种形式的求解方法，包括某些特殊、简便的方法，甚至是直接观察的方法。只要能找到一个既满足泊松方程(或拉普拉斯方程)，又满足给定的任何一类边界条件的解，那么此解必定是该问题的唯一正确的解，无须再做进一步的验证，如果由于方法的不同而得到了不同形式的解，那么也只是形式上的不同而已。下面讨论的镜象法就是唯一性定理的最直接的应用。

3.2 镜 象 法

镜象法是求解静电场的一种特殊方法。它特别适用于一平面(或球面、圆柱面)导体前面存在点源或线源情况下静电场的计算问题。例如当一导体位于某一电荷 q 附近，则在导体表面上产生感应电荷，此感应电荷也将产生电场叠加在 q 产生的电场上，合成电场使导体表面的边界条件得到满足。但是在一般情况下，在求出空间电场分布之前导体表面的电荷

分布是不知道的，而要求得空间的电场分布又要求知道导体表面的感应电荷分布，所以要直接求解是比较困难的。但是在一定的条件下，可以用一个或数个位于待求场空间以外的等效电荷(通常称为镜象电荷)来代替导体表面上感应电荷的作用，只要保证原有的全部边界条件仍然满足，则根据解的唯一性定理，导体以外区域内的电场分布可由原来的电荷 q 加上镜象电荷来求得。下面介绍几种具体情况下镜象电荷的求解。

3.2.1 点电荷对无限大接地导体平面的镜象

一个点电荷 q 位于一个无限大接地导体平面右方，与该平面垂直距离为 d 处。取直角坐标系，如图 3-1 所示。待求位场的区域为 $x>0$ 的半空间，其边界条件为在无限远处和导体表面上电位为零，即

$$\varphi(0,y,z)=0 \tag{3-2}$$

在 $x>0$ 的区域内电位所满足的方程为

$$\nabla^2\varphi=-\frac{1}{\varepsilon_0}q\delta(x-d,y,z) \tag{3-3}$$

式中 δ 定义见 3.5 节。

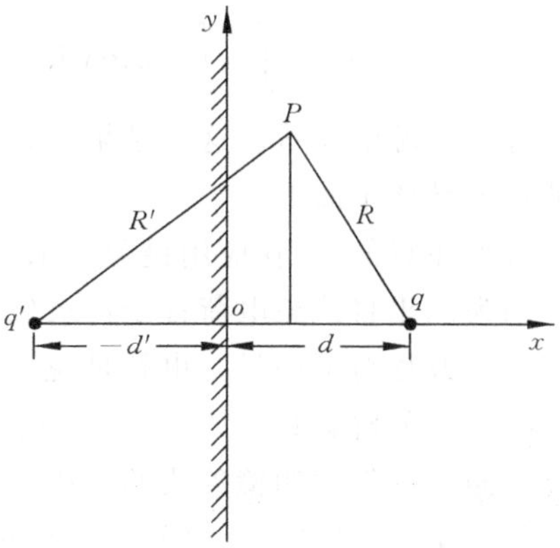

图 3-1 点电荷对无限大接地导体平面的镜象

现在设想在 $(-d',0,0)$ 处放一镜象电荷 q' 来代替导体表面上感应电荷的作用。判断能否代替的标准是看代替后在 $x>0$ 区域内所产生的位场是否仍满足方程式(3-3)和边界条件式(3-2)。q 与镜象电荷 q' 在 $x>0$ 域区内所产生的电位为

$$\begin{aligned}\varphi&=\frac{1}{4\pi\varepsilon_0}\left(\frac{q}{R}+\frac{q'}{R'}\right)\\&=\frac{1}{4\pi\varepsilon_0}\left\{\frac{q}{[(x-d)^2+y^2+z^2]^{1/2}}+\frac{q'}{[(x+d')^2+y^2+z^2]^{1/2}}\right\}\end{aligned} \tag{3-4}$$

要使上式满足式(3-2)的边界条件，可取

$$d'=d,\quad q'=-q \tag{3-5}$$

此时，在 $x>0$ 的区域内电位解为

$$\begin{aligned}\varphi&=\frac{q}{4\pi\varepsilon_0}\left(\frac{1}{R}-\frac{1}{R'}\right)\\&=\frac{q}{4\pi\varepsilon_0}\left\{\frac{1}{[(x-d)^2+y^2+z^2]^{1/2}}-\frac{1}{[(x+d)^2+y^2+z^2]^{1/2}}\right\}\end{aligned} \tag{3-6}$$

式(3-6)既满足方程式(3-3)，又满足边界条件式(3-2)，由解的唯一性定理可知，它就是 $x>0$ 的右半区域内待求的电位解，而式(3-5)给出了点电荷 q 对一接地导体平面的镜象电荷。

为了更好地理解镜象法的物理含意，我们对此例再稍加讨论。由式(3-6)可求出右半空间的电场为

$$E_x=-\frac{\partial\varphi}{\partial x}=\frac{q}{4\pi\varepsilon_0}\left\{\frac{(x-d)}{[(x-d)^2+y^2+z^2]^{3/2}}-\frac{(x+d)}{[(x+d)^2+y^2+z^2]^{3/2}}\right\}$$

$$E_y = -\frac{\partial\varphi}{\partial y} = \frac{qy}{4\pi\varepsilon_0}\left\{\frac{1}{[(x-d)^2+y^2+z^2]^{3/2}} - \frac{1}{[(x+d)^2+y^2+z^2]^{3/2}}\right\} \tag{3-7}$$

$$E_z = -\frac{\partial\varphi}{\partial z} = \frac{qz}{4\pi\varepsilon_0}\left\{\frac{1}{[(x-d)^2+y^2+z^2]^{3/2}} - \frac{1}{[(x+d)^2+y^2+z^2]^{3/2}}\right\}$$

在 $x=0$ 的平面上，$E_y=E_z=0$，只有 E_x 即法向电场分量 E_n 存在，亦即

$$E_n = E_x(0,y,z) = \frac{-qd}{2\pi\varepsilon_0(d^2+y^2+z^2)^{3/2}} \tag{3-8}$$

根据导体表面的边界条件，导体表面上感应电荷的面密度为

$$\rho_S = \varepsilon_0 E_n = \frac{-qd}{2\pi(d^2+y^2+z^2)^{3/2}} \tag{3-9}$$

上式表明，ρ_S 在导体表面上并不是均匀分布的，但它的总电荷量

$$q_S = \int_{-\infty}^{\infty}\int_{-\infty}^{\infty}\rho_S\,\mathrm{d}y\mathrm{d}z = \frac{-qd}{2\pi}\int_{-\infty}^{\infty}\int_{-\infty}^{\infty}\frac{\mathrm{d}y\mathrm{d}z}{(d^2+y^2+z^2)^{3/2}} = -q$$

恰好等于场源电荷量。这一结果是合理的，因为点电荷 q 所发出的电力线全部终止在无限大的接地导体平面上。

必须注意的是，在应用镜象法求解静电场问题时，镜象电荷不能出现在待求位场的区域内。因为如果将镜象电荷置于待求位场的区域内，则使待求区域内的场源发生变化，所以此区域的原方程将不满足。也就是说，必须注意用镜象法求出的解所适用的区域，比如在上例中，式(3-6)的解就只适用于 $x>0$ 的区域。

下面举一例说明镜象法的应用。

例 3-1 如图 3-2(a)所示，两个相交成直角的半无限大导体平面间有一点电荷 q，与两平面的距离分别为 d_1，d_2，求平面上的感应电荷作用在电荷 q 上的力。

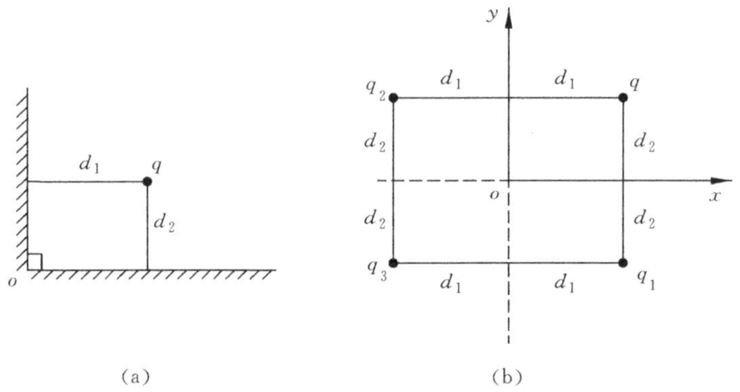

图 3-2 例 3-1 的示意图

解 因为要满足两个半无限大导体平面的电位为零的边界条件，所以如图 3-2(b)所示，在所求区域外放置镜象电荷 $q_1=-q$，$q_2=-q$，$q_3=q$。用镜象电荷替代导体平面后，就可求得所求区域的电位分布和电场强度分布。电荷 q 所受到的电场力为镜象电荷 q_1，q_2，q_3 对 q 的作用力的叠加，即有

$$\boldsymbol{F} = \boldsymbol{F}_1 + \boldsymbol{F}_2 + \boldsymbol{F}_3$$

其中

$$\boldsymbol{F}_1 = -\hat{\boldsymbol{y}} \frac{q^2}{4\pi\varepsilon_0 (2d_2)^2}$$

$$\boldsymbol{F}_2 = -\hat{\boldsymbol{x}} \frac{q^2}{4\pi\varepsilon_0 (2d_1)^2}$$

$$\boldsymbol{F}_3 = \frac{q^2}{4\pi\varepsilon_0 [(2d_1)^2 + (2d_2)^2]^{3/2}} (2d_1 \hat{\boldsymbol{x}} + 2d_2 \hat{\boldsymbol{y}})$$

3.2.2 点电荷对导体球面的镜象

一个点电荷 q 置于半径为 a 的接地导体球外，距球心距离为 d 处。取坐标原点为球心 o 点的球坐标系 (r,θ,ϕ)，如图 3-3 所示。待求位场区域为 $r>a$ 的区域，边界条件为无限远处及 $r=a$ 的球面上电位为零，即

$$\varphi(a,\theta,\phi) = 0 \tag{3-10}$$

设想有一镜象电荷 q' 位于距球心距离为 d' 处。根据镜象电荷不能置于待求场区域内的原则，应要求 $d'<a$。此时，球外任意点处的电位为

$$\varphi = \frac{1}{4\pi\varepsilon_0}\left(\frac{q}{R} + \frac{q'}{R'}\right) = \frac{1}{4\pi\varepsilon_0}\left[\frac{q}{(r^2 + d^2 - 2rd\cos\theta)^{1/2}} + \frac{q'}{(r^2 + d'^2 - 2rd'\cos\theta)^{1/2}}\right] \tag{3-11}$$

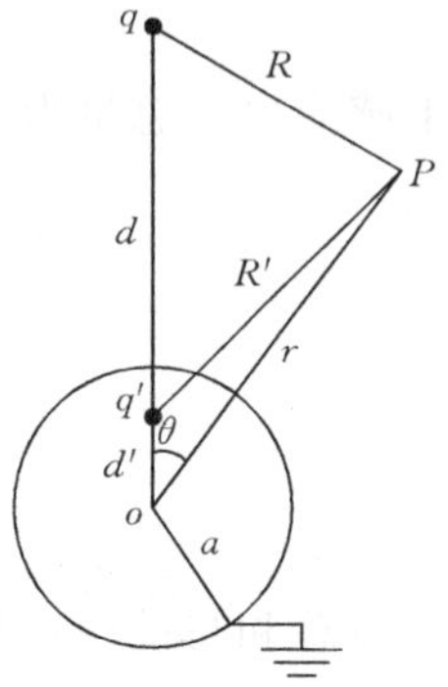

图 3-3 点电荷对接地导体球面的镜象

为满足式(3-10)的边界条件，应有

$$\frac{q}{(a^2 + d^2 - 2ad\cos\theta)^{1/2}} + \frac{q'}{(a^2 + d'^2 - 2ad'\cos\theta)^{1/2}} = 0$$

上式有两个未知数 q' 与 d'，因为上式对任意 θ 值都应成立，所以它应是关于 θ 的恒等式。为导出 q' 与 d'，将上式改写为

$$q^2 (a^2 + d'^2 - 2ad'\cos\theta) = q'^2 (a^2 + d^2 - 2ad\cos\theta)$$

比较此恒等式两边 θ 相应项的系数，可得

$$q^2 (a^2 + d'^2) = q'^2 (a^2 + d^2)$$

$$q^2 d' = q'^2 d$$

从上面两式可解得

$$d' = \frac{a^2}{d}, \quad q' = -\frac{a}{d} q \tag{3-12}$$

和

$$d' = d, \quad q' = -q \tag{3-13}$$

式(3-13)之解表示镜象电荷在球外，违背了 $d'<a$ 的条件，所以此解应舍去。正确的镜象解为式(3-12)。这里 $|q'|<|q|$，是因为 q 所发出的电力线并不全部终止在导体球上，有一部分将终止在无限远处。

将式(3-12)代入式(3-11)，即得球外任意点处的电位为

$$\varphi=\frac{q}{4\pi\varepsilon_0}\left\{\frac{1}{(r^2+d^2-2rd\cos\theta)^{1/2}}-\frac{a/d}{\left[r^2+\left(\frac{a^2}{d}\right)^2-2r\left(\frac{a^2}{d}\right)\cos\theta\right]^{1/2}}\right\} \tag{3-14}$$

电场 $\boldsymbol{E}=-\nabla\varphi$，所以

$$\boldsymbol{E}=\frac{q}{4\pi\varepsilon_0}\left\{\left[\frac{1}{R^3}(r-d\cos\theta)-\frac{(a/d)(r-d'\cos\theta)}{R'^3}\right]\hat{\boldsymbol{r}}+\left[\frac{d}{R^3}-\frac{(a/d)d'}{R'^3}\right]\sin\theta\hat{\boldsymbol{\theta}}\right\} \tag{3-15}$$

因为对球面上的点有 $R'=(a/d)R$，所以在 $r=a$ 的球面上 $E_\theta=0$，而

$$E_r=E_n=-\frac{q(d^2-a^2)}{4\pi\varepsilon_0 a(a^2+d^2-2ad\cos\theta)^{3/2}} \tag{3-16}$$

球面上感应电荷面密度为

$$\rho_S=\varepsilon_0 E_n=\varepsilon_0 E_r$$

球面上感应电荷总量为

$$\begin{aligned}q_S&=-\frac{q(d^2-a^2)}{4\pi a}\int_0^{2\pi}\int_0^{\pi}\frac{a^2\sin\theta\mathrm{d}\theta\mathrm{d}\phi}{(a^2+d^2-2ad\cos\theta)^{3/2}}\\&=-\frac{q(d^2-a^2)a}{2}\int_{-1}^{1}\frac{\mathrm{d}(\cos\theta)}{(a^2+d^2-2ad\cos\theta)^{3/2}}\\&=-\frac{q(d^2-a^2)a}{2}\frac{2}{d(d^2-a^2)}=-\frac{a}{d}q=q'\end{aligned} \tag{3-17}$$

感应电荷总和与镜象电荷 q' 相等，这与预期的结果一致。点电荷 q 所受到的导体球的作用力为

$$\boldsymbol{F}=-\frac{adq^2}{4\pi\varepsilon_0(d^2-a^2)^2}\hat{\boldsymbol{z}} \tag{3-18}$$

负号表示为吸力。

以上所讨论的是接地导体球的情况，如果导体球是隔离的未带电的，那么点电荷 q 在它上面所产生的感应电荷的代数和应为零，因为导体球原来未带电而又与外界隔离。在此情况下，为了保持导体球的电中性，就必须在原有的镜象电荷之外再附加上第二个镜象电荷 $q''=-q'=(a/d)q$。为了不破坏导体球面为等位面的条件，q'' 应放置在球心 o 处，如图 3-4 所示。此时球为一个等位体，其电位为

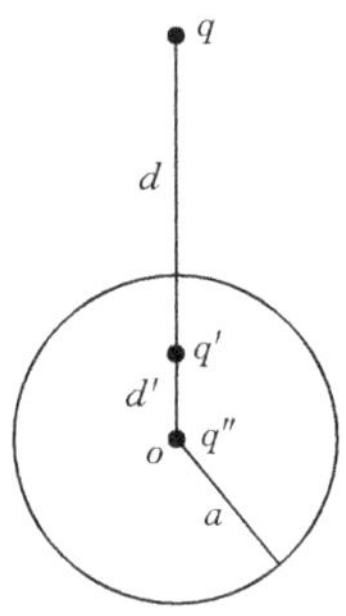

图 3-4　点电荷对不接地导体球面的镜象

$$\varphi=\frac{q''}{4\pi\varepsilon_0 a}=\frac{q}{4\pi\varepsilon_0 d} \tag{3-19}$$

它说明，球外一个点电荷 q 由于感应作用在隔离导体球上所产生的电位值恰好等于导体球不存在时，点电荷 q 在球心 o 处所产生的电位值。

3.2.3　线电荷对导体圆柱面的镜象

一个无限长的直线电荷置于一个半径为 a 的与之平行的无限长接地导体圆柱之外，线电荷 ρ_l 与导体柱轴线之间的距离为 d，如图 3-5 所示。由于线电荷均匀分布且为无限长，导

体圆柱也是无限长，所以场沿轴向方向不变，即是一个二维场。因此我们可以取一个垂直于柱轴的平面来讨论。取坐标原点为接地导体柱的轴心 o 点的极坐标系 (r,θ)，待求位场区域为 $r>a$ 的区域，边界条件为 $r=a$ 的柱面上电位为零，即

$$\varphi(a,\theta)=0 \tag{3-20}$$

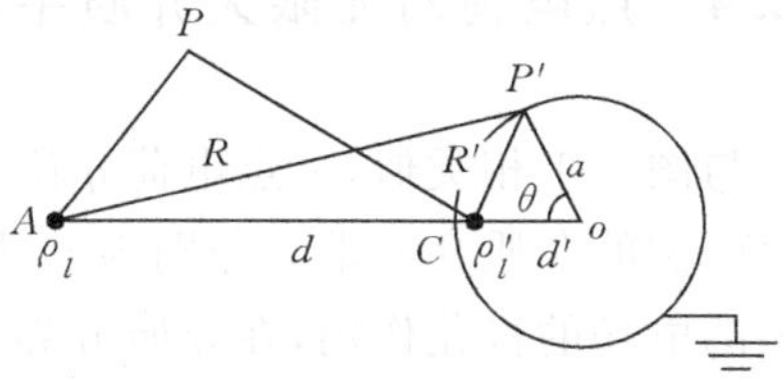

图 3-5　线电荷对导体柱面的镜象

考虑到柱面上的感应电荷应该是靠近带电直线一侧为多，且带电直线与导体轴线所决定的平面应为场分布的对称面，因此感应电荷的镜象应该是在对称面上，位于带电直线与导体柱轴线之间，并和它们平行的带电直线。设镜象线电荷 ρ_l' 距 o 点距离为 d'。若取 OA 连线与圆的交点 C 为电位参考点(见图 3-5)，则柱外任意点处的电位可表示为

$$\varphi=\frac{-\rho_l}{2\pi\varepsilon_0}\ln\frac{R}{d-a}-\frac{\rho_l'}{2\pi\varepsilon_0}\ln\frac{R'}{a-d'} \tag{3-21}$$

对于柱面上任意一点 P' 有

$$R^2=a^2+d^2-2ad\cos\theta,\quad R'^2=a^2+d'^2-2ad'\cos\theta$$

边界条件要求 $\varphi_{P'}=0$，所以应有

$$\rho_l\ln\left[\frac{(a^2+d^2-2ad\cos\theta)^{1/2}}{d-a}\right]=-\rho_l'\ln\left[\frac{(a^2+d'^2-2ad'\cos\theta)^{1/2}}{a-d'}\right]$$

不难检验

$$\rho_l'=-\rho_l,\quad d'=a^2/d \tag{3-22}$$

就是满足上式的一组最简单的解，也就是我们所要求的满足边界条件的镜象。将式(3-22)代入式(3-21)就得出柱外任一点的电位和电场，即有

$$\varphi=\frac{\rho_l}{2\pi\varepsilon_0}\ln\frac{dR'}{aR} \tag{3-23}$$

$$\boldsymbol{E}=-\nabla\varphi=\frac{\rho_l}{2\pi\varepsilon_0}\left(\frac{\boldsymbol{R}}{R^2}-\frac{\boldsymbol{R}'}{R'^2}\right) \tag{3-24}$$

由于在柱面上任一点处有 $R'^2=\frac{a^2}{d^2}R^2$，所以柱面上的感应电荷面密度为

$$\rho_S=\varepsilon_0(\hat{\boldsymbol{n}}\cdot\boldsymbol{E})=\frac{\rho_l}{2\pi}\left(\frac{\hat{\boldsymbol{n}}\cdot\hat{\boldsymbol{R}}}{R}-\frac{\hat{\boldsymbol{n}}\cdot\hat{\boldsymbol{R}}'}{R'}\right)$$

$$=-\frac{\rho_l}{2\pi aR^2}(d^2-a^2)$$

其中 $\hat{\boldsymbol{n}}$ 为柱面的外法线单位矢量。柱面上单位长度的总感应电荷应为

$$q_S=\iint\rho_S\mathrm{d}S=-\frac{\rho_l(d^2-a^2)}{2\pi a}\int_0^1\mathrm{d}z\int_0^{2\pi}\frac{a\mathrm{d}\theta}{R^2}$$

$$=-\frac{\rho_l(d^2-a^2)}{2\pi a}\int_0^{2\pi}\frac{a\mathrm{d}\theta}{(a^2+d^2-2ad\cos\theta)}$$

$$=-\rho_l=\rho_l' \tag{3-25}$$

由上述结果可见，柱面对线电荷镜象的结果好像是平面镜象与球面镜象的结合，即镜象电荷的大小与平面镜象的结果类似，而镜象电荷到柱轴的距离则和球面镜象类似。

以上所讨论的都是电荷对导体界面的镜象。实际上在某些情况下对介质分界面上的极

化电荷的作用也可以找出等效的镜象电荷，下面就简要介绍这一问题。

3.2.4 点电荷对无限大介质平面的镜象

与图3-1相类似，一点电荷 q 位于一无限大介质分界面的一侧距离为 d 的点上，介质分界面两侧的介质介电常数分别为 ε_1 和 ε_2，取直角坐标系如图3-6(a)所示。由于点电荷 q 所产生的电场的极化作用，在介质分界面两侧将出现极化电荷，空间任一点处的电位是点电荷 q 与介质分界面上极化电荷所共同产生的。虽然感应电荷与极化电荷产生的机制不同，但它们作为场源电荷的作用是相同的。既然导体表面的感应电荷可以用简单的镜象电荷来取代，介质界面上的极化电荷也是有可能找到简单的镜象电荷的。做法是设想一镜象电荷，使它与原有场源共同作用的结果仍满足问题的边界条件，如果能做到这一点，则根据解的唯一性定理，此镜象电荷就是正确的。当然为了保证原有场方程不变，同前面一样，镜象电荷不能出现在待求位场的区域中。

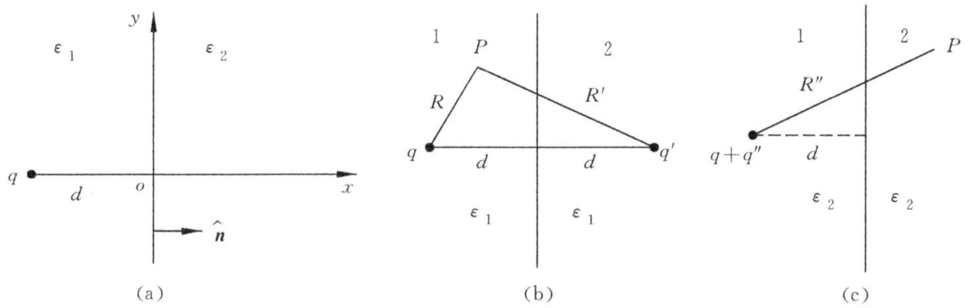

图3-6 点电荷对无限大介质平面的镜象

介质分界面与导体分界面有两点主要的不同。其一是介质分界面不再是等位面；其二是介质分界面两侧都有静电场存在，因此待求位场的区域是全空间，而不是部分空间。

由于介质分界面不再是等位面，所以分界面上的边界条件不再是 φ=常数，而是分界面上应有电位连续式(2-70)和电感应强度法向分量连续式(2-65)，即有

$$\varphi_1 = \varphi_2 \quad 和 \quad \hat{\boldsymbol{n}} \cdot \boldsymbol{D}_1 = \hat{\boldsymbol{n}} \cdot \boldsymbol{D}_2$$

式中 $\hat{\boldsymbol{n}}$ 为由区域1指向区域2的单位法向矢量。

由于分界面两侧都是待求位场的区域，所以应对两个区域分别讨论。

区域1：设想有一镜象电荷 q' 位于区域2内与 q 对称的位置上(如图3-6(b)所示)，并将区域2的介电常数也改为 ε_1。这样，在区域1内任一点处的电位就是

$$\varphi_1 = \frac{q}{4\pi\varepsilon_1 R} + \frac{q'}{4\pi\varepsilon_1 R'} \tag{3-26}$$

在区域1内任一点处的电感应强度为

$$\boldsymbol{D}_1 = \frac{q\hat{\boldsymbol{R}}}{4\pi R^2} + \frac{q'\hat{\boldsymbol{R}}'}{4\pi R'^2} \tag{3-27}$$

区域2：设想有一镜象电荷 q'' 位于区域1内(q'' 不能置于区域2内)与 q 重合的位置上，同时整个空间均为 $\varepsilon=\varepsilon_2$ 的介质(如图3-6(c)所示)。于是区域2内任一点处的电位和电感应强度分别为

$$\varphi_2 = \frac{q+q''}{4\pi\varepsilon_2 R''} \tag{3-28}$$

$$\boldsymbol{D}_2 = \frac{(q+q'')\hat{\boldsymbol{R}}''}{4\pi R''^2} \tag{3-29}$$

注意到在分界面上任一点都有

$$R = R' = R'' \tag{3-30}$$

将式(3-26)、式(3-28)代入电位的边界条件式(2-70)，并将式(3-30)代入式(2-70)可得

$$\frac{q+q'}{\varepsilon_1} = \frac{q+q''}{\varepsilon_2} \tag{3-31}$$

将式(3-27)、式(3-29)代入电感应强度的边界条件式(2-65)，并将式(3-30)代入式(2-65)可得

$$q - q' = q + q'' \tag{3-32}$$

由式(3-31)和式(3-32)联立可解出

$$q' = -q'' = q\left(\frac{\varepsilon_1-\varepsilon_2}{\varepsilon_1+\varepsilon_2}\right) \tag{3-33}$$

这样两区域内的位场解就分别是

$$\varphi_1 = \frac{q}{4\pi\varepsilon_1}\left(\frac{1}{R} + \frac{\varepsilon_1-\varepsilon_2}{(\varepsilon_1+\varepsilon_2)R'}\right) \tag{3-34}$$

$$\varphi_2 = \frac{q}{4\pi\varepsilon_2 R''}\left(\frac{2\varepsilon_2}{\varepsilon_1+\varepsilon_2}\right) \tag{3-35}$$

$$\boldsymbol{E}_1 = \frac{q}{4\pi\varepsilon_1}\left[\frac{\hat{\boldsymbol{R}}}{R^2} + \frac{(\varepsilon_1-\varepsilon_2)\hat{\boldsymbol{R}}'}{(\varepsilon_1+\varepsilon_2)\boldsymbol{R}'^2}\right] \tag{3-36}$$

$$\boldsymbol{E}_2 = \frac{q}{2\pi(\varepsilon_1+\varepsilon_2)}\frac{\hat{\boldsymbol{R}}''}{\boldsymbol{R}''^2} \tag{3-37}$$

由上几例可看出镜象法对于解决一些比较复杂的静电场问题提供了一种简便的方法，而且镜象法在后面的恒定磁场问题及交变电磁场问题中也具有实用价值。但是，在应用镜象法时必须注意以下两点：①为了保证待求场区域内原方程的成立，镜象电荷不能出现在待求场区域内。②镜象电荷的确定必须保证原有的边界条件全部满足。

3.3 复变函数法

除镜象法外，复变函数法是根据解的唯一性定理求解边界形状比较复杂的二维场的另一种方法，它是利用复变量函数中一类称之为解析函数的特有性质来求解二维静电场。它的具体应用方式有两种，一种是直接利用某一解析函数的实部或虚部作为待求位场的解，也就是通常所说的复位函数法。另一种是利用解析函数的保角变换性质将一个边界形状较为复杂的二维位场变换为新的坐标平面上边界形状较为简单的位场，求解后再反变换到原平面上，通常称之为保角变换法。从实用意义上讲，保角变换法更为重要，但是复位函数中的一些概念会有助于我们理解保角变换法，所以仍将适当介绍。

3.3.1 复位函数

在复变函数中有一类函数称为解析函数，解析函数的必要条件是它的实部和虚部必满足柯西-黎曼条件，或简写为 CR 条件。即一个解析函数 $W(z)=W(x+\mathrm{j}y)=u(x,y)+\mathrm{j}v(x,y)$ 必有

$$\left.\begin{aligned}\frac{\partial u}{\partial x}&=\frac{\partial v}{\partial y}\\ \frac{\partial u}{\partial y}&=-\frac{\partial v}{\partial x}\end{aligned}\right\}\tag{3-38}$$

由 CR 条件可以得出解析函数的一个重要特性，即它的实部和虚部都满足二维拉普拉斯方程，亦即

$$\left.\begin{aligned}\frac{\partial^2 u}{\partial x^2}+\frac{\partial^2 u}{\partial y^2}&=\frac{\partial^2 v}{\partial x\partial y}-\frac{\partial^2 v}{\partial y\partial x}=0\\ \frac{\partial^2 v}{\partial x^2}+\frac{\partial^2 v}{\partial y^2}&=-\frac{\partial^2 u}{\partial y\partial x}+\frac{\partial^2 u}{\partial x\partial y}=0\end{aligned}\right\}\tag{3-39}$$

上式说明，一个解析函数的实部和虚部都满足拉普拉斯方程，即都是拉普拉斯方程的解。我们已知，在一个电荷密度为零的空间内，静电场的标量位所满足的就是拉普拉斯方程。这就表明，一解析函数的实部 u 或虚部 v 都有可能作为待求位函数的解（当然，要真正成为待求位场的解，还必须满足问题的边界条件），这就是人们将一个解析函数称为复位（势）函数的起因。为了进一步了解复位函数的含义，需要分析实部 u 和虚部 v 之间的相互关系，因为在实际位场问题中我们只能选取 u,v 中的一个作为待求位函数，例如是 $v(x,y)$，那么此时 $u(x,y)$ 代表位场中的什么呢？它还有物理意义吗？由于有

$$\nabla u=\hat{x}\frac{\partial u}{\partial x}+\hat{y}\frac{\partial u}{\partial y}\quad 和 \quad \nabla v=\hat{x}\frac{\partial v}{\partial x}+\hat{y}\frac{\partial v}{\partial y}$$

所以可得

$$\nabla u\cdot\nabla v=\left(\frac{\partial u}{\partial x}\frac{\partial v}{\partial x}+\frac{\partial v}{\partial y}\frac{\partial u}{\partial y}\right)=\left(-\frac{\partial u}{\partial x}\frac{\partial u}{\partial y}+\frac{\partial u}{\partial x}\frac{\partial u}{\partial y}\right)=0\tag{3-40}$$

式(3-40)说明，$u=$常数的曲线与 $v=$常数的曲线必互相正交。如果 v 是待求的电位函数，$v=$常数的曲线就是等位线，与之相正交的曲线应是电力线，这就是说 $u=$常数的曲线是电力线。所以如果 v 为电位函数，那么 $u(x,y)$ 则为通量函数。为说明这一点，让我们来计算一个二维静电场的通量。如图3-7所示，设 z 轴垂直于纸面向外，则通过 z 方向为单位长度的，从 A 到 B 的任意曲面的通量是

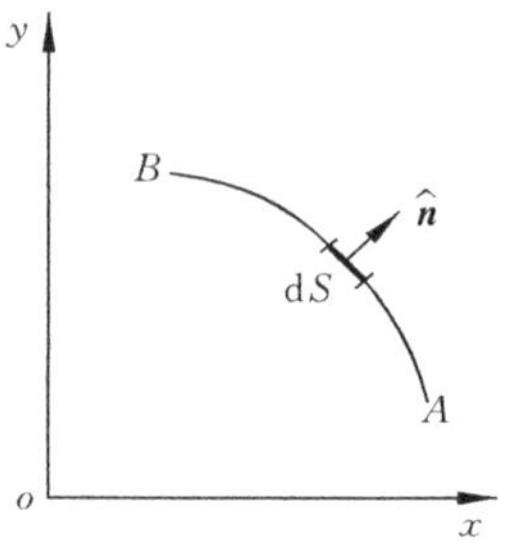

图 3-7 计算二维静电场通量的示意图

$$\begin{aligned}\psi&=\int_A^B \boldsymbol{D}\cdot\mathrm{d}\boldsymbol{S}=\int_A^B\boldsymbol{D}\cdot(\mathrm{d}\boldsymbol{l}\times\hat{z})\\ &=\int_A^B\boldsymbol{D}\cdot[(\mathrm{d}x\hat{x}+\mathrm{d}y\hat{y})\times\hat{z}]\\ &=\int_A^B\boldsymbol{D}\cdot(\mathrm{d}y\hat{x}-\mathrm{d}x\hat{y})\\ &=\int_A^B(D_x\mathrm{d}y-D_y\mathrm{d}x)\end{aligned}$$

而

$$D_x=\varepsilon E_x=-\varepsilon\frac{\partial v}{\partial x}=\varepsilon\frac{\partial u}{\partial y}$$

$$D_y=\varepsilon E_y=-\varepsilon\frac{\partial v}{\partial y}=-\varepsilon\frac{\partial u}{\partial x}$$

所以

$$\psi=\int_A^B\varepsilon\left(\frac{\partial u}{\partial y}\mathrm{d}y+\frac{\partial u}{\partial x}\mathrm{d}x\right)=\int_A^B\varepsilon\,\mathrm{d}u=\varepsilon[u(B)-u(A)] \tag{3-41}$$

上式说明，通过 z 方向为单位长度的任意曲面的电通量等于此曲面（在 xy 平面上为曲线）两端上的函数 u 值之差，这正说明，函数 u 确实为静电场中的通量函数。如同零电位面可以任意选择一样，通量函数的零值取在哪条电力线上也是任意的。若 AB 面是导体面，则它表面上沿 z 方向为单位长度的总面电荷是

$$Q=\int_A^B\rho_S\mathrm{d}S=\int_A^B\boldsymbol{D}\cdot\mathrm{d}\boldsymbol{S}=\varepsilon[u(B)-u(A)] \tag{3-42}$$

因此，由通量函数可以直接计算出导体表面上的电荷。

从上可知，作为复位函数的解析函数，它的实部和虚部都是具有一定的物理意义的，若虚部 v 代表电位函数，则实部 u 就代表通量函数，反之亦然。

解析函数所具有的上述性质给我们提供了一个求解位场的新方法。因为根据解的唯一性定理，如果已知某一解析函数 $W(z)$ 的实部或虚部等于常数的曲线和待求解的静电场中电位等于常数的边界重合，则此解析函数的实部或虚部就可以作为待求位函数的解，因为它既满足拉普拉斯方程，又满足边界条件。这就是静电场求解中的复位函数法。在一般的情况下，如何根据问题所给的边界形状去寻找相应的复位函数并没有一定的方法，因而限制了它的应用。通常是利用已有的解析函数知识去确定所要求的复位函数，下面举两例以说明。

1. 对数函数

$$W(z)=A\ln z+B_1+\mathrm{j}B_2 \tag{3-43}$$

令 $z=r\mathrm{e}^{\mathrm{j}\theta}$，则

$$W(z)=A\ln(r\mathrm{e}^{\mathrm{j}\theta})+B_1+\mathrm{j}B_2=A\ln r+B_1+\mathrm{j}(A\theta+B_2)=u+\mathrm{j}v \tag{3-44}$$

式中

$$u=A\ln r+B_1,\quad v=A\theta+B_2$$

可见在 Z 平面上 $u=$常数的曲线是 $r=$常数的圆，$v=$常数的曲线为径向辐射线族。它说明，如果取复位函数 $W(z)$ 的实部 u 作为电位函数，则它可代表线电荷所产生的电位或同轴圆筒电容器（如图 3-8 所示）中的电位。如果取 $W(z)$ 的虚部作为电位函数，则它可代表两块互成 θ 角的半无限大平面（如图 3-9 所示）所形成的电场，具体来讲，如果有一个圆筒电容器，内圆筒 $r=r_1$ 上，电位 $\varphi=\varphi_1$，外圆筒 $r=r_2$ 上，电位 $\varphi=\varphi_2=0$，欲求内外圆筒之间的电位分布，则可取式(3-44)的实部为电位函数解，即

$$\varphi=u=A\ln r+B_1 \tag{3-45}$$

此解必须满足电容器的边界条件，即

$$r=r_1\text{ 时}\quad u=\varphi_1=A\ln r_1+B_1$$

$$r=r_2\text{ 时}\quad u=\varphi_2=A\ln r_2+B_1=0$$

两式联立可解出

$$A=\frac{\varphi_1}{\ln(r_1/r_2)},\quad B_1=-\frac{\varphi_1\ln r_2}{\ln(r_1/r_2)}$$

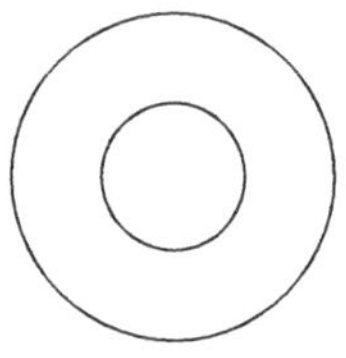

图 3-8　同轴圆筒电容器

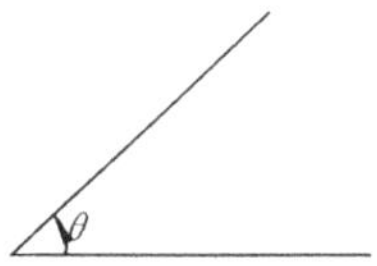

图 3-9　两块互成 θ 角的半无限大平面

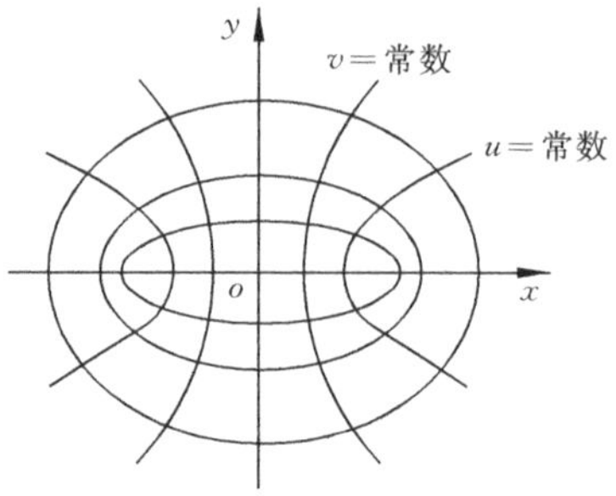

图 3-10　互相正交的两族曲线

代回式(3-45),得

$$\varphi = \frac{\varphi_1}{\ln(r_1/r_2)}(\ln r - \ln r_2) \tag{3-46}$$

此时式(3-44)的虚部就是通量函数,选 $\theta=0$ 时,$v=0$,则 $B_2=0$,再根据式(3-42),内导体上单位长度上所带的总电荷就是

$$Q = \varepsilon 2\pi A = \frac{2\pi\varepsilon\varphi_1}{\ln(r_1/r_2)} \tag{3-47}$$

此电容器单位长度上的电容是

$$C = \frac{Q}{\varphi_2 - \varphi_1} = \frac{2\pi\varepsilon}{\ln(r_2/r_1)} \tag{3-48}$$

不难证明,以上结果与直接求解拉普拉斯方程的结果一致。

2. 反三角函数

$$W(z) = \arccos z \tag{3-49}$$

因为　$z=\cos W=\cos(u+\mathrm{j}v)=\cos u\ \cos\mathrm{j}v-\sin u\ \sin\mathrm{j}v$

$=\cos u\ \mathrm{ch}v-\mathrm{j}\sin u\ \mathrm{sh}v=x+\mathrm{j}y$

得　$x=\cos u\ \mathrm{ch}v,\quad y=-\sin u\ \mathrm{sh}v$

或

$$\frac{x^2}{\mathrm{ch}^2 v}+\frac{y^2}{\mathrm{sh}^2 v}=\cos^2 u+\sin^2 u=1 \tag{3-50}$$

$$\frac{x^2}{\cos^2 u}-\frac{y^2}{\sin^2 u}=\mathrm{ch}^2 v-\mathrm{sh}^2 v=1 \tag{3-51}$$

上两式说明,当 v=常数时,式(3-50)在 Z 平面上代表一个椭圆族,当 u=常数时,式(3-51)在 Z 平面上代表一个共焦双曲线族,这两族曲线是互相正交的,如图 3-10 所示。显然,如果取式(3-49)的虚部作为电位函数,则它可以代表两导体椭圆柱面之间的电场;而如果取式(3-49)的实部作为电位函数,则它可以代表两共焦双曲柱面之间的电场。

3.3.2　保角变换

从复变函数的知识可知,一个解析函数 $W(z)$可以把 Z 平面上的每个点、线段或区域以对应的几何方式变换到 W 平面上,并已证明,只要函数 $W(z)$的导数 $\mathrm{d}W/\mathrm{d}z\neq 0$,则不论是

从 Z 到 W 平面，还是从 W 到 Z 平面，平面上的曲线微分元、相交曲线段以及坐标线族的变换都是保角的，即变换前后它们的夹角不变，但是线元的长度会有伸缩，导数的模 $|\mathrm{d}W/\mathrm{d}z|_{z_0}$ 就代表通过 z_0 点的无限小线元 $\mathrm{d}z$ 变换到 W 平面上成为无限小线元 $\mathrm{d}W$ 时长度的伸缩比。

前已说明，保角变换法就是选择合适的解析函数将 Z 平面上较为复杂的边界变换为 W 平面上较易求解的边界，在 W 平面上求解后再反变换到原平面上。在具体举例说明这一方法的应用之前，有几个问题必须加以说明。

第一个问题是：如果一函数 $f(x,y)$ 在 Z 平面上是拉普拉斯方程的解，通过保角变换后变成 u,v 的函数，此函数在 W 平面上是否仍满足拉氏方程。显然，这牵涉到保角变换方法的理论依据。答案是肯定的，其证明如下：

一个解析函数

$$W(z) = u + \mathrm{j}v = f(z) = f(x + \mathrm{j}y)$$

可以视为一种坐标变换，由 (x,y) 平面变到 (u,v) 平面。现在来看，在 (x,y) 坐标系中的二维拉氏算符 $\nabla^2 = \frac{\partial^2}{\partial x^2} + \frac{\partial^2}{\partial y^2}$，换到新的坐标系 (u,v) 中变成了什么。已知

$$\frac{\partial}{\partial x} = \frac{\partial u}{\partial x}\frac{\partial}{\partial u} + \frac{\partial v}{\partial x}\frac{\partial}{\partial v} \tag{3-52}$$

又有

$$\left.\begin{aligned}\frac{\partial^2}{\partial x^2} &= \frac{\partial^2 u}{\partial x^2}\frac{\partial}{\partial u} + \left(\frac{\partial u}{\partial x}\right)^2\frac{\partial^2}{\partial u^2} + \frac{\partial^2 v}{\partial x^2}\frac{\partial}{\partial v} + \left(\frac{\partial v}{\partial x}\right)^2\frac{\partial^2}{\partial v^2} + 2\frac{\partial u}{\partial x}\frac{\partial v}{\partial x}\frac{\partial^2}{\partial u\partial v}\\ \frac{\partial^2}{\partial y^2} &= \frac{\partial^2 u}{\partial y^2}\frac{\partial}{\partial u} + \left(\frac{\partial u}{\partial y}\right)^2\frac{\partial^2}{\partial u^2} + \frac{\partial^2 v}{\partial y^2}\frac{\partial}{\partial v} + \left(\frac{\partial v}{\partial y}\right)^2\frac{\partial^2}{\partial v^2} + 2\frac{\partial u}{\partial y}\frac{\partial v}{\partial y}\frac{\partial^2}{\partial u\partial v}\end{aligned}\right\} \tag{3-53}$$

因此

$$\begin{aligned}\nabla^2 = \frac{\partial^2}{\partial x^2} + \frac{\partial^2}{\partial y^2} &= \left[\left(\frac{\partial u}{\partial x}\right)^2 + \left(\frac{\partial v}{\partial y}\right)^2\right]\frac{\partial^2}{\partial u^2} + \left[\left(\frac{\partial v}{\partial x}\right)^2\right.\\ &\quad \left.+ \left(\frac{\partial v}{\partial y}\right)^2\right]\frac{\partial^2}{\partial v^2} + \left(\frac{\partial^2 u}{\partial x^2} + \frac{\partial^2 u}{\partial y^2}\right)\frac{\partial}{\partial u} + \left(\frac{\partial^2 v}{\partial x^2} + \frac{\partial^2 v}{\partial y^2}\right)\frac{\partial}{\partial v}\\ &\quad + 2\left(\frac{\partial u}{\partial x}\frac{\partial v}{\partial x} + \frac{\partial u}{\partial y}\frac{\partial v}{\partial y}\right)\frac{\partial^2}{\partial u\partial v}\end{aligned} \tag{3-54}$$

将解析函数的 CR 条件

$$\frac{\partial u}{\partial x} = \frac{\partial v}{\partial y}, \quad \frac{\partial u}{\partial y} = -\frac{\partial v}{\partial x}$$

以及

$$f'(z) = \frac{\partial u}{\partial x} + \mathrm{j}\frac{\partial v}{\partial x}$$

代入式(3-54)，得

$$\begin{aligned}\nabla^2 = \frac{\partial^2}{\partial x^2} + \frac{\partial^2}{\partial y^2} &= \left[\left(\frac{\partial u}{\partial x}\right)^2 + \left(\frac{\partial v}{\partial x}\right)^2\right]\left(\frac{\partial^2}{\partial u^2} + \frac{\partial^2}{\partial v^2}\right)\\ &= |f'(z)|^2\left(\frac{\partial^2}{\partial u^2} + \frac{\partial^2}{\partial v^2}\right)\end{aligned} \tag{3-55}$$

由上式可见，如果在所讨论的区域中 $f'(z) \neq 0$，则在原坐标 (x,y) 下的拉氏方程

$$\frac{\partial^2 \varphi}{\partial x^2}+\frac{\partial^2 \varphi}{\partial y^2}=0$$

在新坐标(u,v)下仍为拉氏方程

$$\frac{\partial^2 \varphi}{\partial u^2}+\frac{\partial^2 \varphi}{\partial v^2}=0$$

在原坐标(x,y)下的泊松方程

$$\frac{\partial^2 \varphi}{\partial x^2}+\frac{\partial^2 \varphi}{\partial y^2}=-\frac{\rho}{\varepsilon}$$

在新坐标(u,v)下仍为泊松方程

$$\frac{\partial^2 \varphi}{\partial u^2}+\frac{\partial^2 \varphi}{\partial v^2}=-\frac{\rho^*}{\varepsilon} \tag{3-56}$$

其中

$$\rho^*(u,v)=|f'(z)|^{-2}\rho(x,y) \tag{3-57}$$

这说明,含有电荷的二维平面场经保角变换后场源电荷密度发生了变化,但是总的电荷量不变。这是因为

$$\iint \rho^*(u,v)\mathrm{d}u\mathrm{d}v=\iint |f'(z)|^{-2}\rho(x,y)\left|\frac{\partial(u,v)}{\partial(x,y)}\right|\mathrm{d}x\mathrm{d}y$$

而

$$\frac{\partial(u,v)}{\partial(x,y)}=\frac{\partial u}{\partial x}\frac{\partial v}{\partial y}-\frac{\partial u}{\partial y}\frac{\partial v}{\partial x}=\left(\frac{\partial u}{\partial x}\right)^2+\left(\frac{\partial v}{\partial x}\right)^2=|f'(z)|^2$$

所以

$$\iint \rho^*(u,v)\mathrm{d}u\mathrm{d}v=\iint \rho(x,y)\mathrm{d}x\mathrm{d}y \tag{3-58}$$

这就证明了一个解析函数在 $f'(z)\neq 0$ 区域内,通过保角变换仍然满足拉氏方程,这是应用保角变换法求解二维平面场的理论依据。

第二个要说明的问题是,保角变换前后,Z 平面和 W 平面上对应点的电场强度要改变,它们之间的关系是

$$E^{(Z)}=|f'(z)|E^{(W)} \tag{3-59}$$

关于这一点我们不再做严格证明,因为理解它并不困难。前已指出,保角变换前后,线元的长度会有伸缩,导数的模$\left|\frac{\mathrm{d}W}{\mathrm{d}z}\right|=|f'(z)|$就是长度的伸缩比,因为线元从 Z 平面变到 W 平面要伸长$|f'(z)|$倍,相应的电场强度就要减小$|f'(z)|$倍。

第三个要说明的问题是,保角变换前后两导体之间的电容量不变,这是一个具有重要实用价值的性质。

按照两导体间的电容量定义,电容量 C 是导体上所带的电荷量与两导体间电位差的比值。保角变换前后两导体间的电位差不变是显然的,因此只要说明变换前后导体上的电荷量不变即可。取 S 为 Z 平面上的导体表面,S'为变换后 W 平面上对应的导体表面,现求沿轴线方向为单位长度的 S 面上总电荷,即

$$Q_S=\int_S D_n^{(Z)}\mathrm{d}S=\int_S \varepsilon E_n^{(Z)}\mathrm{d}S=\int_{S'}\varepsilon E_n^{(W)}\left|\frac{\mathrm{d}W}{\mathrm{d}z}\right|\frac{\mathrm{d}S'}{\left|\frac{\mathrm{d}W}{\mathrm{d}z}\right|}$$

$$= \int_{S'} D_n^{(W)} \mathrm{d}S' = Q_{S'} \tag{3-60}$$

下面举例说明保角变换法的应用。

例 3-2 试求一个由共焦椭圆柱面所构成的电容器的电容量 C,其外柱和内柱的长短轴分别为 a_2, b_2 和 a_1, b_1(见图 3-11(a)),此电容器沿轴线方向为单位长度。

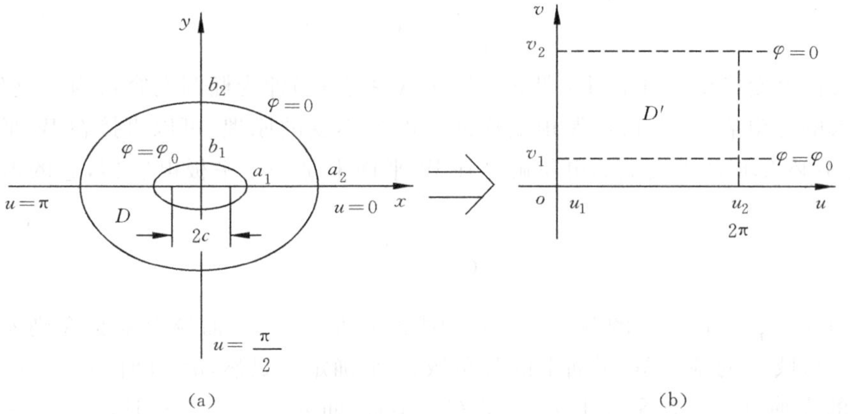

图 3-11 例 3-2 的示意图

解 设内导体电位为 φ_0,外导体接地 $\varphi=0$。因为是共焦椭圆柱,焦距 c 为

$$c^2 = a_1^2 - b_1^2 = a_2^2 - b_2^2 \tag{3-61}$$

取变换函数

$$W = \arccos z/k \quad 或 \quad z = k\cos W \tag{3-62}$$

令 $z=x+\mathrm{j}y, W=u+\mathrm{j}v$ 代入上式,并令等式两边虚实部分别相等,得

$$x = k\cos u\ \mathrm{ch}v, \quad y = -k\sin u\ \mathrm{sh}v \tag{3-63}$$

或

$$\frac{x^2}{k^2\mathrm{ch}^2 v} + \frac{y^2}{k^2\mathrm{sh}^2 v} = \cos^2 u + \sin^2 u = 1 \tag{3-64}$$

$$\frac{x^2}{k^2\cos^2 u} - \frac{y^2}{k^2\sin^2 u} = \mathrm{ch}^2 v - \mathrm{sh}^2 v = 1 \tag{3-65}$$

上两式表明,当 $v=$常数时,式(3-64)在 Z 平面上代表一椭圆族,当 $u=$常数时,式(3-65)在 Z 平面上代表共焦双曲线族。因此对于内椭圆柱的表面有

$$a_1^2 = k^2\mathrm{ch}^2 v_1, \quad b_1^2 = k^2\mathrm{sh}^2 v_1 \tag{3-66}$$

所以

$$a_1^2 - b_1^2 = k^2(\mathrm{ch}^2 v_1 - \mathrm{sh}^2 v_1) = k^2 = c^2 \tag{3-67}$$

式中

$$k = c$$

并且

$$\mathrm{ch}v_1 = \frac{a_1}{\sqrt{a_1^2 - b_1^2}}, \quad v_1 = \mathrm{arch}\frac{a_1}{\sqrt{a_1^2 - b_1^2}} \tag{3-68}$$

由此可求得外椭圆柱表面对应的 v_2 应满足

$$\mathrm{ch}v_2 = \frac{a_2}{\sqrt{a_2^2 - b_2^2}}, \quad v_2 = \mathrm{arch}\frac{a_2}{\sqrt{a_2^2 - b_2^2}} \tag{3-69}$$

所得的结果表明，利用变换函数 $z = k\cos W$，Z 平面上的两椭圆变成了 W 平面上 $v = v_1$ 和 $v = v_2$ 的两根直线(见图 3-11(b))，也就是说将 Z 平面上的椭圆电容器变成了 W 平面上的平板电容器。对于后者，它中间的电位分布是已知的，即

$$\varphi = \frac{\varphi_0}{v_2 - v_1}(v_2 - v) \tag{3-70}$$

只要将上式再反变换到 Z 平面上(即 u,v 以 x,y 来表示)即为椭圆电容器内的电位分布解。我们所要求的是电容量 C，根据保角变换前后电容不变的原理，可以直接在 W 平面上求此电容，故可不必去求 Z 平面上的电位解。在 W 平面上是一个平板电容器，它的电容量是已知的，即

$$C = \varepsilon\frac{A}{d} \tag{3-71}$$

在 W 平面上 $\varphi = \varphi_0$ 与 $\varphi = 0$ 的两电极之间的距离 d 是 $v_2 - v_1$，而极板宽度 A 则要根据 Z 平面上电场分布域 D 对应于 W 平面上的分布域 D' 来确定。显然，$u = 0$ 时，$x = c\ \mathrm{ch}v$，$y = 0$，即 W 平面上的虚轴对应于 Z 平面上 $x \geqslant c$ 的右实半轴，而 $u = \pi/2$，$v \geqslant 0$ 时，$x = 0$，$y = -c\ \mathrm{sh}v$，即 W 平面上 $u = \pi/2$，$v \geqslant 0$ 的直线对应于 Z 平面上负的虚半轴，同理 $u = 3\pi/2$，$v \geqslant 0$ 的直线对应于 Z 平面上正的虚半轴，$u = 2\pi$ 对应于 Z 平面上 $x \geqslant c$ 的右实半轴，即在 W 平面上 u 自 0 到 2π 时，对应于 Z 平面上环绕椭圆柱转了一周。所以 W 平面上极板宽度为 2π，代回式(3-71)，则

$$C = \frac{2\pi\varepsilon}{v_2 - v_1}$$

再将式(3-68)、式(3-69)的 v_2，v_1 表达式代入，得

$$C = \frac{2\pi\varepsilon}{\mathrm{arch}\dfrac{a_2}{\sqrt{a_2^2 - b_2^2}} - \mathrm{arch}\dfrac{a_1}{\sqrt{a_1^2 - b_1^2}}} = \frac{2\pi\varepsilon}{\ln\left[\dfrac{a_2 + b_2}{a_1 + b_1}\right]} \tag{3-72}$$

这一算例清楚地表明了通过适当的保角变换可把一个具有复杂边界的二维场求解问题变为一个易于求解的二维场问题，如果一次变换不行还可以通过多次变换来达到这一目的。

例 3-3 在两个成任意夹角 α 的半无限大金属平面之间置有一无限长的线电荷(见图 3-12(a))，线电荷与金属平面平行，其电荷密度为 ρ_l，求它在两金属平面之间所形成的电位分布。

解 因为夹角 α 是任意值，所以不能用镜象法求解。这是一个扇形角域的问题，根据初等变换中有理正幂变换可将一个扇形角域变换为半无限平面域的特性，可取变换函数为

$$W = z^{\pi/\alpha} \tag{3-73}$$

令 $z = re^{j\theta}$，$W = r'e^{j\theta'}$，代入式(3-73)可得

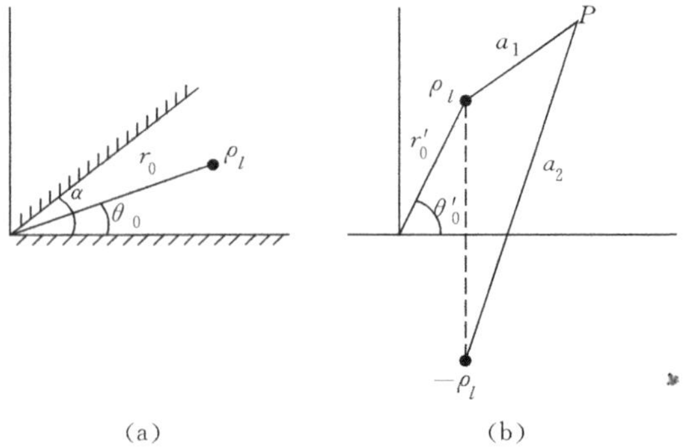

图 3-12 例 3-3 的示意图

$$W = r' e^{j\theta'} = (re^{j\theta})^{\pi/\alpha} \tag{3-74}$$

其中

$$r' = r^{\pi/\alpha}, \quad \theta' = \frac{\pi}{\alpha}\theta$$

在 Z 平面上 $\theta=0$ 和 $\theta=\alpha$ 的平面为等位面，在 W 平面上如果选 θ' 为电位函数，则 Z 平面上的角形等位面被式(3-74)变换为 W 平面上位于实轴的无限大平面等位面，原扇形角域被变换为上半空间。Z 平面上的场源电荷是一个线源 ρ_l，根据变换前后总电荷不变的性质，在 W 平面(见图 3-12(b))上的线源强度也不应改变，但它的空间坐标变为

$$r_0' = r_0^{\pi/\alpha}, \quad \theta_0' = \frac{\pi}{\alpha}\theta_0$$

这时在 W 平面上可以用镜象法求解。若取接地平面为零等位面，则有

$$\varphi_P = \frac{\rho_l}{2\pi\varepsilon}\ln a_2/a_1 \tag{3-75}$$

式中

$$a_1 = |r' e^{j\theta'} - r_0' e^{j\theta_0'}|, \quad a_2 = |r' e^{j\theta'} - r_0' e^{-j\theta_0'}|$$

将式(3-74)代入，反变换回 Z 平面上得

$$a_1 = |r^{\pi/\alpha} e^{j\pi/\alpha\theta} - r_0^{\pi/\alpha} e^{j\pi/\alpha\theta_0}|, \quad a_2 = |r^{\pi/\alpha} e^{j\pi/\alpha\theta} - r_0^{\pi/\alpha} e^{-j\pi/\alpha\theta_0}|$$

代入式(3-75)即得所要求的电位解。

从以上两个算例清楚地看出，运用保角变换法求解二维场问题的关键是正确选择合适的变换函数，这就取决于我们对常用变换函数性质的了解。常采用的变换函数有对数函数、反余弦函数、幂函数、指数函数、三角函数等。

3.4 分离变量法

如果所讨论的静电场问题的求解区域内没有体电荷分布，则该问题就简化为根据所给的边界条件求解拉普拉斯方程的问题。拉氏方程是齐次偏微分方程，在数学物理方法中求解此类方程的常用方法就是分离变量法。分离变量法的主要步骤是：① 在选定的坐标系下进行变量分离求出拉氏方程的通解，解中含有待定的本征值和积分常数；② 利用定解条件确定本征值以及与之对应的被称为本征函数的特解；③ 利用本征函数的正交性质确定积分常数，最后得出给定具体问题的特解。以上步骤中的第一步，在数学物理方法的教科书中已有详细讨论，这里着重通过若干实例来说明后两步。

目前，可以进行分离变量的正交坐标系共有 11 种，它们是直角、圆柱、圆球、椭圆柱、抛物柱、长球、扁球、回转抛物面、圆锥、椭球、抛物面系等。我们只介绍最常用的前 3 种坐标系，有关在其他正交坐标系中的分离变量可参阅参考书目[7]。

3.4.1 直角坐标系中的分离变量法

如果所讨论的静电场问题的边界面都是平面，而且这些平面或互相平行，或互相垂直，这时就应选用直角坐标系。在直角坐标系中，电位所满足的拉氏方程为

$$\nabla^2\varphi=\frac{\partial^2\varphi}{\partial x^2}+\frac{\partial^2\varphi}{\partial y^2}+\frac{\partial^2\varphi}{\partial z^2}=0 \tag{3-76}$$

令待求位函数

$$\varphi(x,y,z)=f(x)g(y)h(z) \tag{3-77}$$

将式(3-77)代入式(3-76)，再用 φ 除之，得

$$\frac{1}{f}\frac{\mathrm{d}^2 f}{\mathrm{d}x^2}+\frac{1}{g}\frac{\mathrm{d}^2 g}{\mathrm{d}y^2}+\frac{1}{h}\frac{\mathrm{d}^2 h}{\mathrm{d}z^2}=0 \tag{3-78}$$

式(3-78)中每一项都只是一个独立变量的函数，此式要成立就要求每一项必须分别等于一常数，即

$$\frac{1}{f}\frac{\mathrm{d}^2 f}{\mathrm{d}x^2}=-k_1^2 \tag{3-79}$$

$$\frac{1}{g}\frac{\mathrm{d}^2 g}{\mathrm{d}y^2}=-k_2^2 \tag{3-80}$$

$$\frac{1}{h}\frac{\mathrm{d}^2 h}{\mathrm{d}z^2}=-k_3^2 \tag{3-81}$$

并有等式

$$k_1^2+k_2^2+k_3^2=0 \tag{3-82}$$

这样偏微分方程(3-76)就分离为三个常微分方程(3-79)、(3-80)、(3-81)。方程(3-76)的求解问题就转变为对这三个常微分方程的求解问题。显然，求解问题大大简化。我们称方程(3-79)、(3-80)、(3-81)为本征方程，常数 k_1,k_2,k_3 为本征值，$f(x),g(y),h(z)$ 为本征函数。本征值和本征函数仅取决于问题的边界条件。

根据 k_1,k_2,k_3 的不同组合情况，三个常微分方程的解也不尽相同，因此解 $\varphi(x,y,z)$ 也将有不同的组合形式，为了便于今后根据所给的具体问题的边界条件选取所需的特解，表 3-1中给出了 $\varphi(x,y,z)$ 的典型组合。应当说明，直角坐标系中的 x,y,z 是人为选择的，它们之间没有特殊差异，因此表中所列的函数形式是可以互换的。表中 $\Gamma_{mn}^2=-k_l^2=k_m^2+k_n^2$ $(l,m,n=1,2,3;l\neq m\neq n)$。

表 3-1　直角坐标系中本征函数形式

$f(x)$			$g(y)$			$h(z)$		
$k_1^2>0$	$k_1^2=0$	$k_1^2<0$	$k_2^2>0$	$k_2^2=0$	$k_2^2<0$	$k_3^2>0$	$k_3^2=0$	$k_3^2<0$
$\cos k_1x$ $\sin k_1x$			$\cos k_2y$ $\sin k_2y$					$\mathrm{ch}\Gamma_{12}z$ $\mathrm{sh}\Gamma_{12}z$
$\cos k_1x$ $\sin k_1x$					$\mathrm{ch}\Gamma_{13}y$ $\mathrm{sh}\Gamma_{13}y$	$\cos k_3z$ $\sin k_3z$		
		$\mathrm{ch}\Gamma_{23}x$ $\mathrm{sh}\Gamma_{23}x$	$\cos k_2y$ $\sin k_2y$			$\cos k_3z$ $\sin k_3z$		
$\cos k_1x$ $\sin k_1x$					$\mathrm{ch}k_1y$ $\mathrm{sh}k_1y$		z 1	
		$\mathrm{ch}k_2x$ $\mathrm{sh}k_2x$	$\cos k_2y$ $\sin k_2y$				z 1	
	x 1			y 1			z 1	

下面我们通过实例来说明如何根据所给具体问题的边界条件来选择正确的解答形式，并确定本征值与积分常数。我们的讨论范围限于二维的待求位场。

例 3-4 一个矩形区域的边界条件如图 3-13 所示,求区域内的电位分布 $\varphi(x,y)$。

解 根据所选取的坐标系,此位场$\frac{\partial}{\partial z}=0$,边界条件为

$$x=0,\quad 0\leqslant y\leqslant b,\quad \varphi=U_0 \tag{3-83}$$

$$x=a,\quad 0\leqslant y\leqslant b,\quad \varphi=0 \tag{3-84}$$

$$y=0,\quad 0<x\leqslant a,\quad \varphi=0 \tag{3-85}$$

$$y=b,\quad 0<x\leqslant a,\quad \varphi=0 \tag{3-86}$$

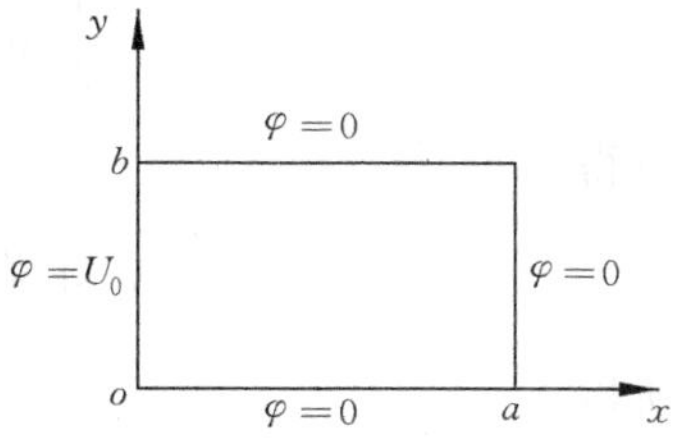

图 3-13 例 3-4 的边界条件

此时有

$$\frac{1}{f}\frac{\mathrm{d}^2 f}{\mathrm{d}x^2}=-k_1^2,\qquad \frac{1}{g}\frac{\mathrm{d}^2 g}{\mathrm{d}y^2}=-k_2^2 \tag{3-87}$$

式中

$$k_1^2+k_2^2=0\quad 或\quad k_1^2=-k_2^2$$

从表 3-1 可知,此时 $f(x)$和 $g(y)$有三种可能的解答形式。第一种对应于 $k_1^2=k_2^2=0$ 的情况,$f(x)$和 $g(y)$取常数或线性函数;第二种对应于 $k_1^2>0,k_2^2<0$ 的情况,$f(x)$取三角函数,$g(y)$取双曲函数形式;第三种对应于 $k_1^2<0,k_2^2>0$ 的情况,$f(x)$取双曲函数,$g(y)$取三角函数。在这里,问题所给的边界条件沿 y 方向要求有重复的零点,因此只能取第三种形式的组合,即

$$\varphi(x,y)=(C_1\mathrm{sh}k_2x+C_2\mathrm{ch}k_2x)(D_1\sin k_2y+D_2\cos k_2y) \tag{3-88}$$

下面根据边界条件来确定本征值与积分常数。

由式(3-85),得 $D_2=0$,$\varphi(x,y)$简化为

$$\varphi(x,y)=D_1\sin k_2y(C_1\mathrm{sh}k_2x+C_2\mathrm{ch}k_2x) \tag{3-89}$$

由式(3-86),得本征值

$$k_2=\frac{n\pi}{b}\quad(n=1,2,3,\cdots) \tag{3-90}$$

由式(3-84),得

$$\varphi(a,y)=\sum_{n=1}^{\infty}D_n\sin\frac{n\pi}{b}y\left(\mathrm{sh}\frac{n\pi}{b}a+C_n\mathrm{ch}\frac{n\pi}{b}a\right)=0$$

所以有

$$C_n=-\mathrm{th}\frac{n\pi a}{b} \tag{3-91}$$

即

$$\begin{aligned}\varphi(x,y)&=\sum_{n=1}^{\infty}D_n\sin\frac{n\pi}{b}y\left(\mathrm{sh}\frac{n\pi}{b}x-\mathrm{th}\frac{n\pi a}{b}\ \mathrm{ch}\frac{n\pi}{b}x\right)\\&=\sum_{n=1}^{\infty}D_n\sin\frac{n\pi}{b}y\left(\frac{\mathrm{sh}\frac{n\pi}{b}x\ \mathrm{ch}\frac{n\pi a}{b}-\mathrm{sh}\frac{n\pi a}{b}\ \mathrm{ch}\frac{n\pi}{b}x}{\mathrm{ch}\frac{n\pi a}{b}}\right)\\&=\sum_{n=1}^{\infty}A_n\sin\frac{n\pi}{b}y\ \mathrm{sh}\frac{n\pi(a-x)}{b}\end{aligned}$$

由式(3-83),得

$$\sum_{n=1}^{\infty}A_n\mathrm{sh}\frac{n\pi a}{b}\ \sin\frac{n\pi}{b}y=U_0 \tag{3-92}$$

为定出积分常数 A_n,可利用三角函数的正交性质,对上式两边同乘以 $\sin\frac{m\pi}{b}y$,再对 y 从 0

到 b 进行积分，根据

$$\int_0^b \sin\frac{n\pi}{b}y\ \sin\frac{m\pi}{b}y\ dy=\begin{cases}0 & (n\neq m)\\ b/2 & (n=m)\end{cases}$$

可得

$$\frac{b}{2}A_m \operatorname{sh}\frac{m\pi a}{b}=\int_0^b U_0\sin\frac{m\pi}{b}y\ dy=\frac{U_0 b(1-\cos m\pi)}{m\pi}$$

所以

$$A_m=\frac{4U_0}{m\pi \operatorname{sh}\dfrac{m\pi a}{b}}\quad (m=1,3,5,\cdots) \tag{3-93}$$

最后得此问题的解答为

$$\varphi(x,y)=\sum_{n=1,3,\cdots}^{\infty}\frac{4U_0}{n\pi}\sin\frac{n\pi}{b}y\frac{\operatorname{sh}\dfrac{n\pi(a-x)}{b}}{\operatorname{sh}\dfrac{n\pi a}{b}} \tag{3-94}$$

上面的算例虽然简单，但从中可以看出解题的主要步骤。为了更好地掌握这一方法，再以几个实例说明解题中的技巧。

例 3-5 图 3-14 给出三种不同情况下的边界条件，分别求其电位分布。

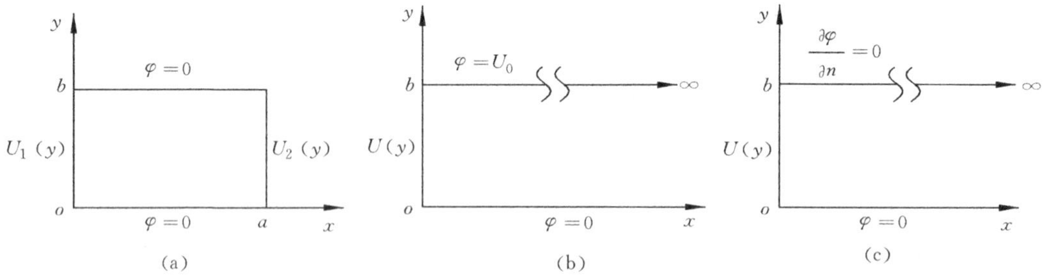

图 3-14 例 3-5 的边界条件

解 对图 3-14(a)，在 $x=0$，$x=a$ 的两个边界上出现了非零的边界条件，对于这类情况，常用的方法是根据拉氏方程的线性性质应用叠加原理来求解。即设所求之解为 φ，令 $\varphi=\varphi_a+\varphi_b$，而 φ_a 和 φ_b 分别是满足下列边界条件的解。

对 φ_a，边界条件为

$$\begin{aligned} &y=0,b, && 0<x\leqslant a, && \varphi_a=0\\ &x=a, && 0\leqslant y\leqslant b, && \varphi_a=0\\ &x=0, && 0\leqslant y\leqslant b, && \varphi_a=U_1(y)\end{aligned}$$

对 φ_b，边界条件为

$$\begin{aligned} &y=0,b, && 0\leqslant x<a, && \varphi_b=0\\ &x=0, && 0\leqslant y\leqslant b, && \varphi_b=0\\ &x=a, && 0\leqslant y\leqslant b, && \varphi_b=U_2(y)\end{aligned}$$

而 φ_a，φ_b 的求解与例 3-4 完全相同。

对图 3-14(b)，同样可以按叠加原理将问题分解。即令所求之解 $\varphi=\varphi_a+\varphi_b$，其中 φ_a 应

满足的边界条件为

$$y=b, \quad 0 \leqslant x \leqslant \infty, \quad \varphi_a = U_0$$
$$y=0, \quad 0 \leqslant x \leqslant \infty, \quad \varphi_a = 0$$
$$x=0, \quad 0 \leqslant y \leqslant b, \quad \varphi_a = \frac{U_0}{b}y$$
$$x \to \infty, \quad 0 \leqslant y \leqslant b, \quad \varphi_a = \frac{U_0}{b}y$$

φ_b 应满足的边界条件为

$$y=b, \quad 0 \leqslant x \leqslant \infty, \quad \varphi_b = 0$$
$$y=0, \quad 0 \leqslant x \leqslant \infty, \quad \varphi_b = 0$$
$$x=0, \quad 0 < y < b, \quad \varphi_b = U(y) - \frac{U_0}{b}y$$
$$x \to \infty, \quad 0 \leqslant y \leqslant b, \quad \varphi_b = 0$$

显然，φ_a 与 φ_b 应满足的边界条件的组合就构成了图 3-14(b)的边界条件。其中隐含了这样一个见解，即当 $x \to \infty$ 时，$x=0$ 处的边界情况不再影响 $x \to \infty$ 处的场分布，故将此处的边界条件 φ 写为 $\frac{U_0}{b}y$，这一见解在物理上无疑是正确的。

对于 φ_a，无需再求，可直接写出

$$\varphi_a = \frac{U_0}{b}y \tag{3-95}$$

对于 φ_b，与例 3-4 相比较可知，由于有一个边界趋向无限远，根据边界条件

$$x \to \infty, \quad 0 \leqslant y \leqslant b, \quad \varphi_b = 0$$

此时沿 x 方向的本征函数不应取为双曲函数(因为它们在无限远处都是发散的)，而应取指数函数形式 $e^{-n\pi x/b}$。沿 y 方向的本征函数由于要求有重复的零点，因此写为 $\sin \frac{n\pi}{b}y$，所以 φ_b 的表达式为

$$\varphi_b = \sum_{n=1}^{\infty} C_n \sin \frac{n\pi}{b} y e^{-n\pi x/b} \tag{3-96}$$

为了确定积分常数 C_n，将 $x=0$ 处的边界条件代入式(3-96)，得

$$U(y) - \frac{U_0}{b}y = \sum_{n=1}^{\infty} C_n \sin \frac{n\pi}{b} y$$

利用三角函数的正交性，可得

$$C_n = \frac{2}{b}\int_0^b \left[U(y) - \frac{U_0}{b}y \right] \sin \frac{n\pi}{b} y \, dy \tag{3-97}$$

如果 $U(y)$ 给定，则从上式即可定出 C_n。这样图 3-14(b)的解就是

$$\varphi = \varphi_a + \varphi_b = \frac{U_0}{b}y + \sum_{n=1}^{\infty} C_n \sin \frac{n\pi}{b} y e^{-n\pi x/b} \tag{3-98}$$

对图 3-14(c)，$y=b$ 处的边界条件由 $\varphi=0$ 变为 $\frac{\partial \varphi}{\partial n}=0$。在 $y=0$ 及 $y=b$，$\varphi=0$ 的情况下(如图 3-13)曾选 $\sin k_2 y$ 为解答函数，并根据 $y=b$ 处 $\varphi=0$ 处的条件定出 $k_2=\frac{n\pi}{b}$。现在，

$y=0$ 处 φ 仍为零，所以仍应选 $\sin k_2 y$ 为本征函数，但在 $y=b$ 处的边界条件是

$$\frac{\partial \varphi}{\partial n}=-\frac{\partial \varphi}{\partial y}=-\frac{\partial}{\partial y}(\sin k_2 y)=-k_2\cos k_2 y=0$$

所以

$$k_2=\frac{n\pi}{2b}\quad (n=1,3,5,\cdots) \tag{3-99}$$

因此图 3-14(c)的解应是

$$\varphi(x,y)=\sum_{n=1,3,\cdots}^{\infty} C_n \sin\frac{n\pi}{2b}y\,\mathrm{e}^{-n\pi x/2b} \tag{3-100}$$

以上所列的这三种情况基本上包括了在二维矩形域中求解拉氏方程的主要类型。对于三维问题，求解的方法、步骤与二维情况差别不大，这里就不再举例了。

3.4.2 圆柱坐标系中的分离变量法

当待求静电场的边界面与圆柱坐标系中某一坐标平面相一致时，这时就应该选用圆柱坐标系。在这一坐标系中拉氏方程的展开式为

$$\nabla^2\varphi=\frac{1}{\rho}\frac{\partial}{\partial \rho}\left(\rho\frac{\partial \varphi}{\partial \rho}\right)+\frac{1}{\rho^2}\frac{\partial^2\varphi}{\partial \phi^2}+\frac{\partial^2\varphi}{\partial z^2}=0 \tag{3-101}$$

令待求位函数

$$\varphi(\rho,\phi,z)=f(\rho)g(\phi)h(z) \tag{3-102}$$

代入式(3-101)并在两边同除以 φ，同乘以 ρ^2 可得

$$\frac{\rho}{f}\frac{\mathrm{d}}{\mathrm{d}\rho}\left(\rho\frac{\mathrm{d}f}{\mathrm{d}\rho}\right)+\frac{1}{g}\frac{\mathrm{d}^2 g}{\mathrm{d}\phi^2}+\rho^2\frac{1}{h}\frac{\mathrm{d}^2 h}{\mathrm{d}z^2}=0 \tag{3-103}$$

这就将与 ϕ 有关的项分离出来，得

$$\frac{1}{g}\frac{\mathrm{d}^2 g}{\mathrm{d}\phi^2}=-n^2\quad 或\quad \frac{\mathrm{d}^2 g}{\mathrm{d}\phi^2}+n^2 g=0 \tag{3-104}$$

再将式(3-104)代回式(3-103)，并同除以 ρ^2，得

$$\frac{1}{\rho f}\frac{\mathrm{d}}{\mathrm{d}\rho}\left(\rho\frac{\mathrm{d}f}{\mathrm{d}\rho}\right)-\frac{n^2}{\rho^2}+\frac{1}{h}\frac{\mathrm{d}^2 h}{\mathrm{d}z^2}=0$$

从而将与 ρ、与 z 有关的两项也分离出来，得两常微分方程

$$\frac{\mathrm{d}^2 h}{\mathrm{d}z^2}-k_z^2 h=0 \tag{3-105}$$

$$\frac{1}{\rho}\frac{\mathrm{d}}{\mathrm{d}\rho}\left(\rho\frac{\mathrm{d}f}{\mathrm{d}\rho}\right)+\left(k_z^2-\frac{n^2}{\rho^2}\right)f=0 \tag{3-106}$$

式(3-104)、式(3-105)、式(3-106)就构成了分离变量后的三个常微分方程。这三个常微分方程的通解情况比直角坐标系情况复杂，下面分别加以讨论。

式(3-104)的解答有两种情况：

$$n^2=0 \text{ 时，}\quad g(\phi)=A+B\phi$$

$$n^2>0 \text{ 时，}\quad g(\phi)=A\cos n\phi+B\sin n\phi$$

此时若方程的定义域对 ϕ 无限制，则由解的单值性(唯一性)条件 $g(\phi)=g(\phi\pm 2\pi)$，限定 n 只能取整数，否则 n 也可以取分数。

$n^2<0$ 的情况不存在。

式(3-105)的解答有三种情况：

$$k_z^2 = 0 \text{ 时}，\quad h(z) = A + Bz$$

$$k_z^2 < 0 \text{ 时}，\quad h(z) = A\cos k_z'z + B\sin k_z'z，\quad k_z'^2 = -k_z^2$$

$$k_z^2 > 0 \text{ 时}，\quad h(z) = A\mathrm{ch}k_z z + B\mathrm{sh}k_z z$$

式(3-106)可改写为

$$\rho^2\frac{\mathrm{d}^2 f}{\mathrm{d}\rho^2} + \rho\frac{\mathrm{d}f}{\mathrm{d}\rho} + [(k_z\rho)^2 - n^2]f = 0 \tag{3-107}$$

这是一个 n 阶的贝塞尔方程，常用到的解有以下几种情况：

(1) $n^2=0$ 时

$$\rho^2\frac{\mathrm{d}^2 f}{\mathrm{d}\rho^2} + \rho\frac{\mathrm{d}f}{\mathrm{d}\rho} + (k_z\rho)^2 f = 0 \quad \text{（零阶贝塞尔方程）}$$

上式解为

$$f(\rho) = A_0\mathrm{J}_0(k_z\rho) + B_0\mathrm{N}_0(k_z\rho)$$

式中 $\mathrm{J}_0(k_z\rho)$ 和 $\mathrm{N}_0(k_z\rho)$ 分别为第一类零阶贝塞尔函数和第二类零阶贝塞尔函数。

(2) $k_z^2=0$ 时

$$\rho^2\frac{\mathrm{d}^2 f}{\mathrm{d}\rho^2} + \rho\frac{\mathrm{d}f}{\mathrm{d}\rho} - n^2 f = 0 \quad \text{（欧拉方程）}$$

上式解为

$$f(\rho) = A_n\rho^n + B_n\rho^{-n}$$

(3) $n^2=k_z^2=0$ 时

$$f(\rho) = A + B\ln\rho$$

(4) $n^2>0$，$k_z^2>0$ 时

$$f(\rho) = A\mathrm{J}_n(k_z\rho) + B\mathrm{N}_n(k_z\rho)$$

式中 $\mathrm{J}_n(k_z\rho)$ 和 $\mathrm{N}_n(k_z\rho)$ 分别为第一类 n 阶贝塞尔函数和第二类 n 阶贝塞尔函数，函数图形如图 3-15 所示。

从图 3-15 中看出，$\mathrm{J}_n(k_z\rho)$ 和 $\mathrm{N}_n(k_z\rho)$ 都有无数多个零点，使 $\mathrm{J}_n(k_z\rho)$ 或 $\mathrm{N}_n(k_z\rho)$ 为零的 $k_z\rho$ 值为第一类贝塞尔函数或第二类贝塞尔函数的零根，以 $\alpha_i^{(n)}$ 表示。以第一类零阶贝塞尔函数为例，表 3-2 列出了 $\mathrm{J}_0(k_z\rho)$ 的零根值（以 $\alpha_i^{(0)}$ 表示）。

表 3-2　$\mathrm{J}_0(x)$ 的前 8 个零根值表

i	$\alpha_i^{(0)}$	i	$\alpha_i^{(0)}$
1	2.405	5	14.931
2	5.520	6	18.071
3	8.654	7	21.212
4	11.792	8	24.352

这样，根据 n^2，k_z^2 不同的取值情况构成了 $\varphi(\rho,\phi,z)=f(\rho)g(\phi)h(z)$ 的多种组合情况，具体选择哪种组合要根据问题的边界条件来定。在这里同样要根据本征函数的正交性质确定积分常数，在圆柱坐标系中本征函数是贝塞尔函数族、三角函数或双曲函数，下面给出贝

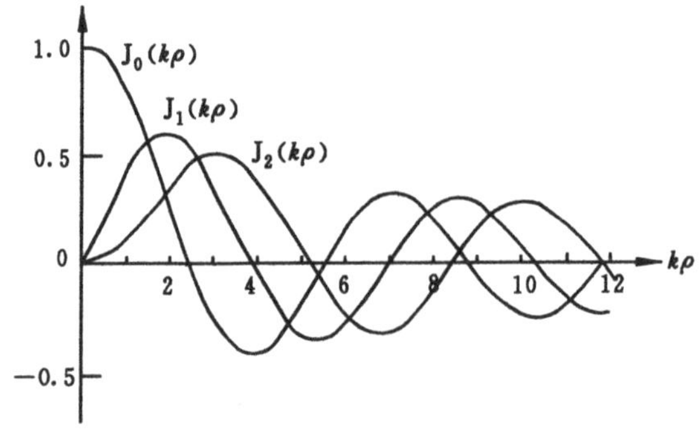

(a)

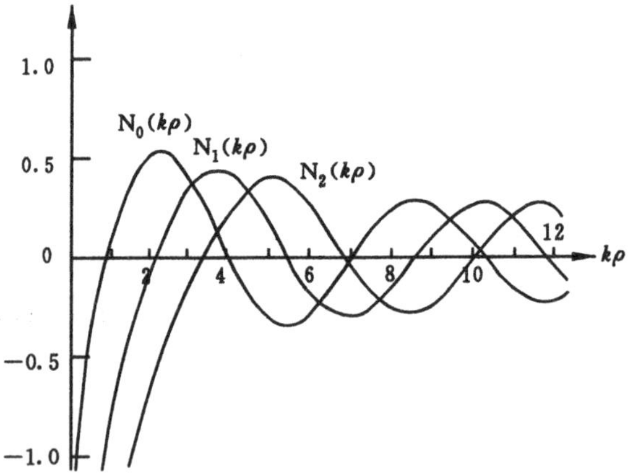

(b)

图 3-15　第一、二类贝塞尔函数图形

塞尔函数的正交性公式。正交性有两种不同形式，分别表述如下。

(1) 第一正交性公式

设函数 $J_n(k\rho)$ 在 $(0,\infty)$ 区间有无穷多个零点（不包括原点）为 α_{ni}，即 $J_n(\alpha_{ni})=0$，则 $n\geqslant -1$ 的函数系 $J_n(k\rho)$ 都是在区间 $[0,a]$ 上按权 ρ 的正交系，即有

$$\int_0^a \rho J_n(k_i\rho)J_n(k_j\rho)\mathrm{d}\rho = \begin{cases} 0 & (i\neq j) \\ \dfrac{a^2}{2}J_{n+1}^2(k_ia) & (i=j) \end{cases} \tag{3-108}$$

式中的 $k_ia=\alpha_{ni}$。

利用这一正交性可以将在 $[0,a]$ 区间具有连续导数的函数 $f(k\rho)$ 展开成由贝塞尔函数构成的无穷级数，称为傅里叶-贝塞尔级数，即有

$$f(k\rho) = \sum_{i=1}^{\infty} C_i J_n(k_i\rho) \tag{3-109}$$

而展开系数 C_i 可由式(3-108)求出，即

$$C_i = \frac{2}{a^2 J_{n+1}^2(k_ia)}\int_0^a \rho f(k\rho)J_n(k_i\rho)\mathrm{d}\rho \tag{3-110}$$

(2) 第二正交性公式

设函数 $J_n'(k\rho)$ 在 $(0,\infty)$ 区间有无穷多个零点(不包括原点)为 α_{ni}'，即 $J_n'(\alpha_{ni}')=0$，则 $n>-1$ 的函数系 $J_n(k\rho)$ 都是在区间 $[0,a]$ 按权 ρ 的正交系，即有

$$\int_0^a \rho J_n(k_i\rho)J_n(k_j\rho)\mathrm{d}\rho=\begin{cases}0 & (i\neq j)\\ \dfrac{a^2}{2}\left[1-\left(\dfrac{n}{k_i a}\right)^2\right]J_n^2(k_i a) & (i=j)\end{cases} \tag{3-111}$$

式中的 $k_i a=\alpha_{ni}'$ 。

利用这一正交性同样可以将在 $[0,a]$ 区间具有连续导数的函数 $f(k\rho)$ 展开成由贝塞尔函数构成的无穷级数，即有

$$f(k\rho)=\sum_{i=1}^{\infty}C_i'J_n(k_i\rho) \tag{3-112}$$

展开系数 C_i' 由式(3-111)求出，即

$$C_i'=\frac{2}{a^2\left[1-\left(\dfrac{n}{k_i a}\right)^2\right]J_n^2(k_i a)}\int_0^a \rho f(k\rho)J_n(k_i\rho)\mathrm{d}\rho \tag{3-113}$$

上述正交性对 $N_n(k\rho)$ 以及 $J_n(k\rho)$，$N_n(k\rho)$ 的线性组合都成立。这种正交性和傅里叶-贝塞尔展开是电磁场理论中模式分析的理论依据。

下面通过一些实例来具体说明解题过程及一些处理问题的技巧。

例 3-6 如图 3-16 所示，一个导体圆筒其高度为 b，半径为 a，所给边界条件为

$z=0$ 处，$\varphi=0$

$\rho=a$ 处，$\varphi=0$

$z=b$ 处，$\varphi=f(\rho)$

求圆筒内的电位分布函数 $\varphi(\rho,\phi,z)$。

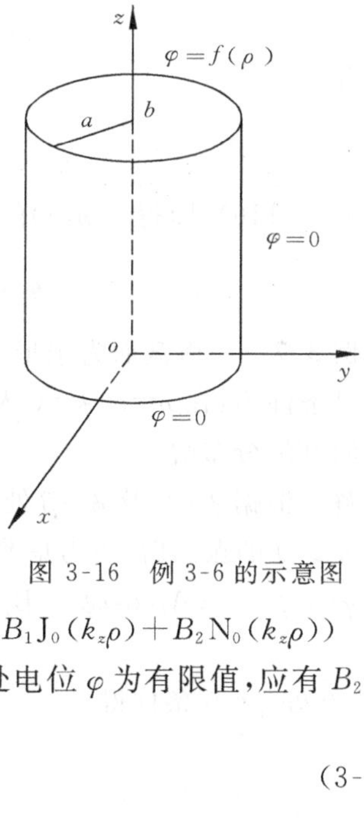

图 3-16 例 3-6 的示意图

解 由边界条件的对称性可知，此位场在 ϕ 方向具有对称性，即

$$\frac{\partial\varphi}{\partial\phi}=0$$

由此得 $n^2=0$

另外，由 $\rho=a$，$\varphi=0$ 的条件可知，$f(\rho)$ 应取有周期性零点的 $J_0(k_z\rho)$ 与 $N_0(k_z\rho)$。在 z 方向，与直角坐标类似，由 φ 在 $z=0$，$z=b$ 处的边界条件可知，$h(z)$ 的形式为双曲函数，所以有

$$\varphi(\rho,z)=f(\rho)h(z)=(A_1\mathrm{ch}(k_z z)+A_2\mathrm{sh}(k_z z))\ (B_1J_0(k_z\rho)+B_2N_0(k_z\rho))$$

考虑到 $z=0$ 处 $\varphi=0$ 的边界条件，有 $A_1=0$；又考虑到 $\rho=0$ 处电位 φ 为有限值，应有 $B_2=0$。所以

$$\varphi(\rho,z)=A\mathrm{sh}(k_z z)J_0(k_z\rho) \tag{3-114}$$

根据边界条件 $\rho=a$ 处 $\varphi=0$，代入上式得

$$\varphi(a,z)=A\mathrm{sh}(k_z z)J_0(k_z a)=0$$

$k_z a$ 应是零阶贝塞尔函数的第 i 个根 $\alpha_i^{(0)}$，由此得

$$k_{zi}=\frac{\alpha_i^{(0)}}{a} \tag{3-115}$$

代回式(3-114)有

$$\varphi(\rho,z) = \sum_{i=1}^{\infty} A_i \mathrm{sh}(k_{zi}z)\mathrm{J}_0(k_{zi}\rho) \tag{3-116}$$

最后,利用边界条件 $z=b$ 处 $\varphi=f(\rho)$,得

$$f(\rho) = \sum_{i=1}^{\infty} A_i \mathrm{sh}(k_{zi}b)\mathrm{J}_0(k_{zi}\rho)$$

为确定展开系数 A_i 可利用第一正交性公式。为此,上式两边同乘 $\rho\mathrm{J}_0(k_{zm}\rho)$,然后从 0 到 a 对 $\mathrm{d}\rho$ 积分得

$$\begin{aligned}\int_0^a f(\rho)\rho\mathrm{J}_0(k_{zm}\rho)\mathrm{d}\rho &= A_m \mathrm{sh}(k_{zm}b)\int_0^a \rho\mathrm{J}_0^2(k_{zm}\rho)\mathrm{d}\rho \\ &\quad + \sum_{i\neq m}\mathrm{sh}(k_{zi}b)\int_0^a \rho\mathrm{J}_0(k_{zi}\rho)\mathrm{J}_0(k_{zm}\rho)\mathrm{d}\rho \\ &= A_m \mathrm{sh}(k_{zm}b)\,\frac{a^2}{2}[\mathrm{J}_1^2(k_{zm}a)]\end{aligned}$$

所以

$$A_m = \frac{1}{\mathrm{sh}(k_{zm}b)\,\frac{a^2}{2}\mathrm{J}_1^2(k_{zm}a)}\int_0^a \rho f(\rho)\mathrm{J}_0(k_{zm}\rho)\mathrm{d}\rho \tag{3-117}$$

若 $f(\rho)=U_0$,则有

$$\int_0^a \rho U_0 \mathrm{J}_0(k_{zm}\rho)\mathrm{d}\rho = U_0 a\,\frac{\mathrm{J}_1(k_{zm}a)}{k_{zm}} \tag{3-118}$$

从而有

$$A_m = \frac{2U_0}{k_{zm}a\,\mathrm{sh}(k_{zm}b)\mathrm{J}_1(k_{zm}a)} \tag{3-119}$$

代回式(3-116),即得 $\varphi(\rho,z)$ 的最终解为

$$\varphi(\rho,z) = \sum_{m=1}^{\infty}\frac{2U_0\mathrm{sh}(k_{zm}z)\mathrm{J}_0(k_{zm}\rho)}{k_{zm}a\,\mathrm{sh}(k_{zm}b)\mathrm{J}_1(k_{zm}a)} \tag{3-120}$$

例 3-7 一横截面为扇形的柱形空间,场沿柱的轴线方向不变(即 $k_z=0$),在横截面上的边界条件为:在 $\rho=a$,$\phi=0$ 及 $\phi=\beta$ 处 $\varphi=0$;在 $\rho=b$ 处 $\varphi=U_0$,如图 3-17 所示。求此扇形域内的电位分布解。

解 根据 $\phi=0$ 及 $\phi=\beta$ 处 $\varphi=0$ 的边界条件,$g(\phi)$ 只能取 $n^2>0$ 的振荡解,再考虑到 $k_z=0$,所以有

$$\varphi(\rho,\phi) = (A_1\cos n\phi + B_1\sin n\phi)(A_2\rho^n + B_2\rho^{-n}) \tag{3-121}$$

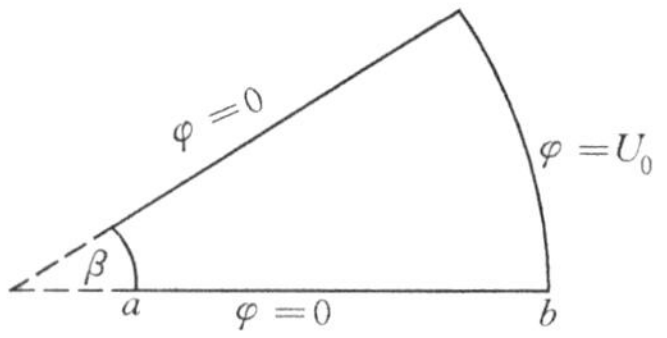

图 3-17 例 3-7 的边界条件

由 $\phi=0$ 处 $\varphi=0$ 条件得

$$A_1 = 0$$

由 $\phi=\beta$ 处 $\varphi=0$ 条件得

$$n = \frac{m\pi}{\beta}\quad (m=1,2,3,\cdots,\infty)$$

所以

$$\varphi(\rho,\phi)=\sum_{m=1}^{\infty}(A_m\rho^{m\pi/\beta}+B_m\rho^{-m\pi/\beta})\sin\frac{m\pi}{\beta}\phi$$

由 $\rho=a$ 处 $\varphi=0$，得

$$A_m a^{m\pi/\beta}+B_m a^{-m\pi/\beta}=0$$

由此得

$$B_m=-A_m a^{2m\pi/\beta}$$

所以

$$\varphi(\rho,\phi)=\sum_{m=1}^{\infty}A_m(\rho^{m\pi/\beta}-a^{2m\pi/\beta}\rho^{-m\pi/\beta})\sin\frac{m\pi}{\beta}\phi \tag{3-122}$$

最后，将 $\rho=b$ 处 $\varphi=U_0$ 代入上式，得

$$U_0=\sum_{m=1}^{\infty}A_m(b^{m\pi/\beta}-a^{2m\pi/\beta}b^{-m\pi/\beta})\sin\frac{m\pi}{\beta}\phi$$

再利用三角函数的正交性确定积分常数 A_n，即利用

$$\int_0^{\beta}U_0\sin\frac{n\pi}{\beta}\phi\,\mathrm{d}\phi=\int_0^{\beta}\sum_{m=1}^{\infty}A_m(b^{m\pi/\beta}-a^{2m\pi/\beta}b^{-m\pi/\beta})\sin\frac{m\pi}{\beta}\phi\ \sin\frac{n\pi}{\beta}\phi\,\mathrm{d}\phi$$

当 $m=n$ 时，得

$$\frac{U_0\beta}{n\pi}\frac{(1-\cos n\pi)}{2}=A_n(b^{n\pi/\beta}-a^{2n\pi/\beta}b^{-n\pi/\beta})\ \frac{\beta}{2}$$

由此得

$$A_n=\frac{4U_0}{n\pi}\frac{1}{(b^{n\pi/\beta}-a^{2n\pi/\beta}b^{-n\pi/\beta})}\quad(n=1,3,5,\cdots)$$

代入式(3-122)，得

$$\varphi=(\rho,\phi)=\sum_{n=1,3,\cdots}^{\infty}\frac{4U_0}{n\pi}\frac{(\rho^{n\pi/\beta}-a^{2n\pi/\beta}\rho^{-n\pi/\beta})}{(b^{n\pi/\beta}-a^{2n\pi/\beta}b^{-n\pi/\beta})}\sin\frac{n\pi}{\beta}\phi \tag{3-123}$$

这是一个 $m=\dfrac{n\pi}{\beta}$ 不为整数的算例。

例 3-8 在一个均匀外加电场 $\boldsymbol{E}_0=E_0\hat{\boldsymbol{x}}$ 中，放置一半径为 a、介电常数为 ε 的无限长介质圆柱体，圆柱的轴与 z 轴重合，如图 3-18。求介质圆柱内外的电位分布。

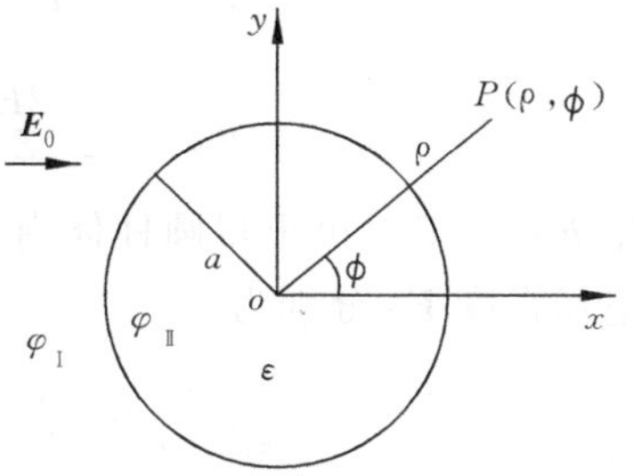

图 3-18 均匀电场中的介质圆柱体

解 介质圆柱为无限长，即$\dfrac{\partial\varphi}{\partial z}=0$，$k_z=0$。按照图 3-18 所取的坐标系，外加均匀电场 $\boldsymbol{E}_0$ 所产生的电位应为

$$\varphi_0=-E_0x=-E_0\rho\cos\phi \tag{3-124}$$

在此问题中电位沿 ϕ 方向的解应满足

$$g(\phi)=g(\phi\pm2n\pi)$$

所以应有 $n^2>0$。这样 φ 的通解表达式为

$$\varphi(\rho,\phi)=\sum_{n=1}^{\infty}(A_n\cos n\phi+B_n\sin n\phi)(C_n\rho^n+D_n\rho^{-n}) \tag{3-125}$$

当 $\rho\to\infty$ 时，圆柱体对原电场 $\boldsymbol{E}_0$ 的扰动可以忽略，所以式(3-125)应与式(3-124)统一。这样，在圆柱外的区域Ⅰ中，式(3-125)的系数应有 $B_n=0$，$C_n=0$，于是得

$$\varphi_{\mathrm{I}}(\rho,\phi) = -E_0\rho\cos\phi + \sum_{n=1}^{\infty}A_n\rho^{-n}\cos n\phi \tag{3-126}$$

在介质圆柱区域Ⅱ中，根据边界条件，当 $\rho=0$ 时，φ 为有限值，所以在区域Ⅱ中式(3-125)中系数 D_n 应为零，同时由于问题的对称性(对 x 轴对称)，$\sin n\phi$ 项不应存在。所以

$$\varphi_{\mathrm{II}}(\rho,\phi) = \sum_{n=1}^{\infty}B_n\rho^n\cos n\phi \tag{3-127}$$

下面根据边界条件确定待定系数 A_n，B_n。在 $\rho=a$ 处，介质分界面上的连续条件为

$$\varphi_{\mathrm{I}} = \varphi_{\mathrm{II}}, \quad \varepsilon_0\frac{\partial\varphi_{\mathrm{I}}}{\partial\rho} = \varepsilon_r\varepsilon_0\frac{\partial\varphi_{\mathrm{II}}}{\partial\rho}$$

将式(3-126)、式(3-127)代入可得

$$-E_0a\cos\phi + \sum_{n=1}^{\infty}A_na^{-n}\cos n\phi = \sum_{n=1}^{\infty}B_na^n\cos n\phi \tag{3-128}$$

和

$$-E_0\cos\phi - \sum_{n=1}^{\infty}nA_na^{-n-1}\cos n\phi = \sum_{n=1}^{\infty}\varepsilon_r nB_na^{n-1}\cos n\phi \tag{3-129}$$

可以证明，要使式(3-128)、式(3-129)同时成立，必须有 $n=1$。即 $n\neq1$ 时，$A_n=0$，$B_n=0$。所以有

$$-E_0a\cos\phi + A_1a^{-1}\cos\phi = B_1a\cos\phi \tag{3-130}$$

和

$$-E_0\cos\phi - A_1a^{-2}\cos\phi = \varepsilon_rB_1\cos\phi \tag{3-131}$$

联立上两式可解出

$$\left.\begin{aligned} A_1 &= \frac{E_0(\varepsilon_r-1)}{\varepsilon_r+1}a^2 \\ B_1 &= -\frac{2E_0}{\varepsilon_r+1} \end{aligned}\right\} \tag{3-132}$$

这样，得到圆柱内外的电位解分别为

$$\varphi_{\mathrm{I}} = -E_0\rho\cos\phi + \frac{\varepsilon_r-1}{\varepsilon_r+1}a^2E_0\frac{1}{\rho}\cos\phi \quad (\rho>a) \tag{3-133}$$

$$\varphi_{\mathrm{II}} = \frac{-2E_0}{\varepsilon_r+1}\rho\cos\phi \quad (\rho<a) \tag{3-134}$$

根据 $\boldsymbol{E}=-\nabla\varphi$，可求得圆柱体内外的电场，下面我们讨论一下圆柱体内的电场，其电位 φ_{II} 和电场强度 $\boldsymbol{E}_{\mathrm{II}}$ 分别为

$$\varphi_{\mathrm{II}} = -\frac{2E_0}{\varepsilon_r+1}\rho\cos\phi = -\frac{2E_0}{\varepsilon_r+1}x$$

$$\boldsymbol{E}_{\mathrm{II}} = -\nabla\varphi_{\mathrm{II}} = \frac{2E_0}{\varepsilon_r+1}\hat{\boldsymbol{x}} \tag{3-135}$$

可见，圆柱体内的电场大小与坐标无关，是一个均匀场。因为 $\varepsilon_r>1$，所以 $E_{\mathrm{II}}<E_0$，说明圆柱体内的电场小于外加场。圆柱体内电场的减弱，是由于介质表面上出现束缚电荷的缘故。$\boldsymbol{D}$ 的力线分布示于图 3-19 中。

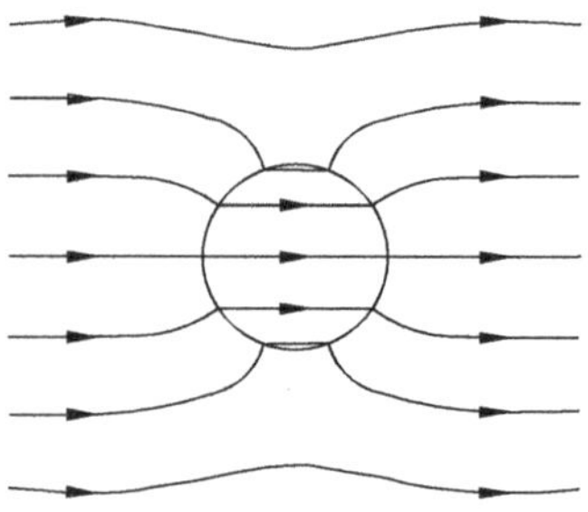

图 3-19　介质圆柱体内、外的 $\boldsymbol{D}$ 的力线分布

从以上算例可以了解在圆柱坐标系中用分离变量法

求解拉氏方程的主要步骤和方法。

3.4.3 圆球坐标系中的分离变量法

当待求静电场的边界面和圆球坐标系中某一坐标平面相一致时，就应选用圆球坐标系。在圆球坐标系中拉氏方程的展开式为

$$\nabla^2\varphi=\frac{1}{r^2}\frac{\partial}{\partial r}\left(r^2\frac{\partial\varphi}{\partial r}\right)+\frac{1}{r^2\sin\theta}\frac{\partial}{\partial\theta}\left(\sin\theta\frac{\partial\varphi}{\partial\theta}\right)+\frac{1}{r^2\sin^2\theta}\frac{\partial^2\varphi}{\partial\phi^2}=0 \tag{3-136}$$

令待求位函数

$$\varphi(r,\theta,\phi)=f(r)g(\theta)h(\phi) \tag{3-137}$$

代入上式，并用$\frac{fgh}{r^2\sin^2\theta}$同除等式中每一项，可得

$$\frac{\sin^2\theta}{f}\frac{\mathrm{d}}{\mathrm{d}r}\left(r^2\frac{\mathrm{d}f}{\mathrm{d}r}\right)+\frac{\sin\theta}{g}\frac{\mathrm{d}}{\mathrm{d}\theta}\left(\sin\theta\frac{\mathrm{d}g}{\mathrm{d}\theta}\right)+\frac{1}{h}\frac{\mathrm{d}^2h}{\mathrm{d}\phi^2}=0 \tag{3-138}$$

令

$$\frac{1}{h}\frac{\mathrm{d}^2h}{\mathrm{d}\phi^2}=-m^2 \quad 或 \quad \frac{\mathrm{d}^2h}{\mathrm{d}\phi^2}+m^2h=0 \tag{3-139}$$

将上式代入式(3-138)，并同除 $\sin^2\theta$，得

$$\frac{1}{f}\frac{\mathrm{d}}{\mathrm{d}r}\left(r^2\frac{\mathrm{d}f}{\mathrm{d}r}\right)+\frac{1}{g\sin\theta}\frac{\mathrm{d}}{\mathrm{d}\theta}\left(\sin\theta\frac{\mathrm{d}g}{\mathrm{d}\theta}\right)-\frac{m^2}{\sin^2\theta}=0 \tag{3-140}$$

上式可进一步分解为两常微分方程：

$$\frac{\mathrm{d}}{\mathrm{d}r}\left(r^2\frac{\mathrm{d}f}{\mathrm{d}r}\right)-n(n+1)f=0 \tag{3-141}$$

$$\frac{\mathrm{d}}{\mathrm{d}\theta}\left(\sin\theta\frac{\mathrm{d}g}{\mathrm{d}\theta}\right)+\left[n(n+1)\sin\theta-\frac{m^2}{\sin\theta}\right]g=0 \tag{3-142}$$

式(3-139)、式(3-141)、式(3-142)就是球坐标系下拉氏方程经分离变量后所得到的三个常微分方程。

我们只限于讨论电位 φ 与方位角 ϕ 无关的情况，即轴对称情况，亦即$\frac{\partial\varphi}{\partial\phi}=0$，$m=0$。这样，$m^2=0$ 时，式(3-139)的解为

$$h(\phi)=A+B\phi$$

由于 $h(\phi)=h(\phi+2\pi)$，所以 $h(\phi)=$常数。

式(3-141)的解有两种情况：

(1) $n^2=0$ 时，有

$$f(r)=A+Br^{-1}$$

(2) $n^2>0$ 时，有

$$f(r)=Ar^n+Br^{-(n+1)}$$

$n^2<0$ 的情况不存在。

式(3-142)可改写为

$$\frac{1}{\sin\theta}\frac{\mathrm{d}}{\mathrm{d}\theta}\left(\sin\theta\frac{\mathrm{d}g}{\mathrm{d}\theta}\right)+n(n+1)g-\frac{m^2}{\sin^2\theta}g=0$$

称为关联勒让德方程。在 $m^2=0$ 时，它的解有如下两种情况：

(1) $m^2=0, n^2>0$ 时，有

$$g(\theta) = AP_n(\cos\theta) + BQ_n(\cos\theta)$$

(2) $m^2=0, n^2=0$ 时，有

$$g(\theta) = AP_0(\cos\theta) + BQ_0(\cos\theta)$$

上面的解中 $P_n(\cos\theta)$，$Q_n(\cos\theta)$ 分别称作第一类和第二类勒让德函数，又称为勒让德多项式。当 n 为奇(偶)数时，$P_n(\cos\theta)$ 是奇(偶)函数，而 $Q_n(\cos\theta)$ 是偶(奇)函数。另外，在区间 $[-1,1]$ 的端点处 $|P_n(\pm1)|\equiv1$，而 $|Q_n(\pm1)|\to\infty$，即 Q_n 在 $\cos\theta=\pm1(\theta=0,\pi)$ 处是发散的。由于 Q_n 的发散特性，所以讨论的区域包括极轴时，φ 的解中 Q_n 不应存在。表 3-3 列出几个 n 值的勒让德多项式表达式。

表 3-3 几个 n 值的勒让德多项式

$P_0(\cos\theta)=1$
$P_1(\cos\theta)=\cos\theta$
$P_2(\cos\theta)=\frac{1}{2}(3\cos^2\theta-1)$
$P_3(\cos\theta)=\frac{1}{2}(5\cos^3\theta-3\cos\theta)$
$P_4(\cos\theta)=\frac{1}{8}(35\cos^4\theta-30\cos^2\theta+3)$

由上面的分析可知，对于轴对称的包括极轴在内的球面边值问题，电位 φ 的通解为

$$\varphi(r,\theta) = \sum_{n=0}^{\infty} A_n r^n P_n(\cos\theta) + \sum_{n=0}^{\infty} B_n r^{-(n+1)} P_n(\cos\theta) \tag{3-143}$$

在具体定解的过程中仍要利用球坐标系中的本征函数——勒让德函数——的正交性质来确定待定系数。对于 $m=0$ 的一般勒让德函数的正交性，当 $n=0,1,2,\cdots$ 时，函数系 $P_n(x)$ 是区间 $[-1,1]$ 上正交的完全系，其公式为

$$\int_{-1}^{1} P_n(x)P_m(x)\,dx = \begin{cases} 0 & (n\neq m) \\ \dfrac{2}{2n+1} & (n=m) \end{cases} \tag{3-144}$$

据此，在 $[-1,1]$ 区间内逐段连续的函数 $f(x)$ 可以在该区间展开成傅里叶-勒让德级数，即

$$f(x) = \sum_{n=0}^{\infty} C_n P_n(x) \quad (|x|\leqslant 1) \tag{3-145}$$

其展开系数 C_n 可由式(3-144)求出，即有

$$C_n = \frac{2n+1}{2}\int_{-1}^{1} f(x)P_n(x)\,dx \tag{3-146}$$

下面给出几个典型算例来说明解题过程。

例 3-9 计算在一个均匀电场 $\boldsymbol{E}_0$ 中置入一个孤立导体球后球外的电位分布。

解 因为边界面是球面，所以取球坐标。坐标原点取在球心处，极轴沿 $\boldsymbol{E}_0$ 方向，如图 3-20所示。根据电场 $\boldsymbol{E}_0$ 和球的对称性可知，此位场应对极轴对称，即有 $\frac{\partial\varphi}{\partial\phi}=0, m^2=0$，可知 $\varphi(r,\theta)$ 的解应取式(3-143)所给出的通解形式，即

$$\varphi(r,\theta) = \sum_{n=0}^{\infty} A_n r^n P_n(\cos\theta) + \sum_{n=0}^{\infty} B_n r^{-(n+1)} P_n(\cos\theta)$$

此问题的边界条件是

$r = a$ 时，$\qquad \varphi = 0$

$r \to \infty$ 时，$\qquad \varphi = -E_0 z = -E_0 r\cos\theta$

将第一个边界条件代入 φ 的解，得

$$\sum_{n=0}^{\infty} A_n a^n \mathrm{P}_n(\cos\theta) + \sum_{n=0}^{\infty} B_n a^{-(n+1)} \mathrm{P}_n(\cos\theta) = 0$$

为求出积分常数 A_n, B_n，利用正交性公式(3-144)将上式两边乘以 $\mathrm{P}_m(\cos\theta)$，并从 $\cos\theta = -1$ 到 $\cos\theta = 1$ 进行积分，得

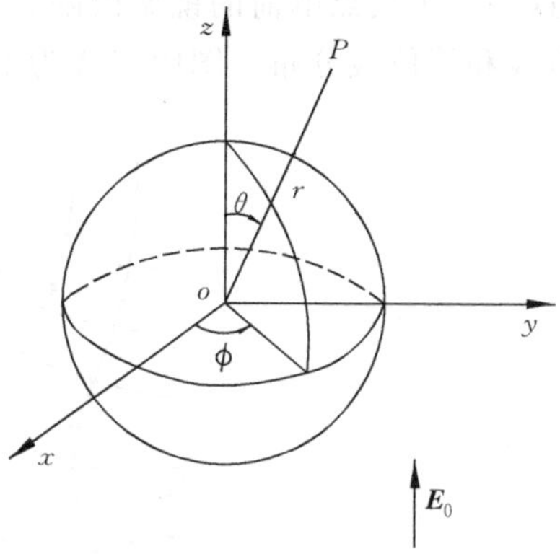

图 3-20　置于均匀电场中的导体球

$$\sum_{n=0}^{\infty}\int_{-1}^{1} A_n a^n \mathrm{P}_n(\cos\theta)\mathrm{P}_m(\cos\theta)\mathrm{d}(\cos\theta)$$

$$+ \sum_{n=0}^{\infty}\int_{-1}^{1} B_n a^{-(n+1)} \mathrm{P}_n(\cos\theta)\mathrm{P}_m(\cos\theta)\mathrm{d}(\cos\theta)$$

$$= A_n a^n \left(\frac{2}{2n+1}\right) + B_n a^{-(n+1)} \left(\frac{2}{2n+1}\right) = 0$$

由此得

$$B_n = -A_n a^{2n+1} \tag{3-147}$$

根据第二个边界条件，式(3-143)中所有含有 r 负幂的项都趋于零，并等于

$$\varphi(r,\theta) = \sum_{n=0}^{\infty} A_n r^n \mathrm{P}_n(\cos\theta) = -E_0 r\cos\theta = -E_0 r \mathrm{P}_1(\cos\theta)$$

等式成立要求等式两边同类项的系数应相等，即

$$\left.\begin{aligned} A_1 &= -E_0 \\ A_n &= 0 \quad (n \neq 1) \end{aligned}\right\} \tag{3-148}$$

代回式(3-147)，得

$$B_1 = -A_1 a^3 = E_0 a^3 \tag{3-149}$$

因此此位场的解为

$$\varphi(r,\theta) = -E_0 r\cos\theta + E_0 \frac{a^3\cos\theta}{r^2} \tag{3-150}$$

其电场强度是

$$E_r = -\frac{\partial\varphi}{\partial r} = E_0\left(1 + \frac{2a^3}{r^3}\right)\cos\theta \tag{3-151}$$

$$E_\theta = -\frac{1}{r}\frac{\partial\varphi}{\partial\theta} = -E_0\left(1 - \frac{a^3}{r^3}\right)\sin\theta \tag{3-152}$$

导体球表面上的感应电荷密度是

$$\sigma = \varepsilon_0 E_r = 3\varepsilon_0 E_0 \cos\theta \tag{3-153}$$

从式(3-150)可以看出，导体球外的电位为两部分构成。第一部分是均匀电场 $\boldsymbol{E}_0$ 所产生的电位，第二部分相当于一个偶极子所产生的电位，此偶极子的偶极矩为

$$p = 4\pi\varepsilon_0 E_0 a^3 \tag{3-154}$$

把它放在球心处来取代球体，则球面外的电位分布保持不变。这一结论同样可以用镜象法得出，即将均匀电场 $\boldsymbol{E}_0$ 看成是距球心很远很远，位于此球极轴两端的正负点电荷所产生

的，这一对正负点电荷的镜象极限就是位于球心的电偶极子。图3-21给出了导体球附近的电力线和等位线分布。图中实线为电力线，虚线为等位线。

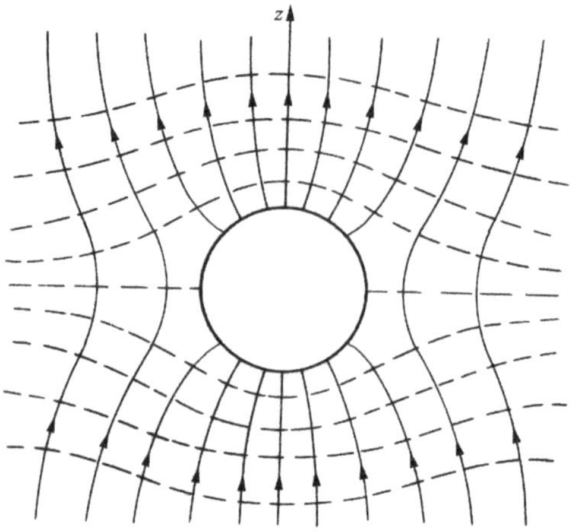

图 3-21 导体球附近的电力线和等位线分布

例 3-10 在一个半径为 a 的球面上给定的电位分布为 $U_0(\theta)$，求此球内、外的电位分布。

解 因为球面上的电位 $U_0(\theta)$ 只是 θ 的函数，与 ϕ 无关，所以这是一个二维场的问题，$\frac{\partial\varphi}{\partial\phi}=0, m=0$，同时解的区域包含了 $\theta=0,\pi$ 的极轴在内，因此在极轴处发散的第二类勒让德函数解 $Q_n(\cos\theta)$ 不存在。待求位场解形式与式(4-143)相同，即为

$$\varphi(r,\theta) = \sum_{n=0}^{\infty} A_n r^n P_n(\cos\theta) + \sum_{n=0}^{\infty} B_n r^{-(n+1)} P_n(\cos\theta)$$

对于 $r<a$ 的球内区域，在 $r=0$ 处，电位应为有限值，所以 $B_n=0$，上式变为

$$\varphi(r,\theta) = \sum_{n=0}^{\infty} A_n r^n P_n(\cos\theta) \tag{3-155}$$

在 $r=a$ 处

$$\varphi(a,\theta) = \sum_{n=0}^{\infty} A_n a^n P_n(\cos\theta) = U_0(\theta)$$

根据正交性公式(3-146)，有

$$\begin{aligned} A_n &= \frac{2n+1}{2a^n}\int_{-1}^{1} U_0(\theta) P_n(\cos\theta) \mathrm{d}(\cos\theta) \\ &= \frac{2n+1}{2a^n}\int_{0}^{\pi} U_0(\theta) P_n(\cos\theta) \sin\theta \mathrm{d}\theta \end{aligned}$$

设

$$\begin{aligned} U_0(\theta) &= C\sin^2\left(\frac{\theta}{2}\right) = \frac{C}{2}(1-\cos\theta) \\ &= \frac{C}{2}[P_0(\cos\theta) - P_1(\cos\theta)] \end{aligned} \tag{3-156}$$

代入上一积分式，可求得

$$A_0 = \frac{C}{2}, \quad A_1 = -\frac{C}{2a} \tag{3-157}$$

代入式(3-155),得

$$\varphi(r,\theta) = \frac{C}{2} - \frac{C}{2}\frac{r}{a}\cos\theta \quad (r < a) \tag{3-158}$$

对于 $r>a$ 的球外区域,在 $r\to\infty$ 处,电位亦应为有限值,所以 $A_n=0$,得

$$\varphi(r,\theta) = \sum_{n=0}^{\infty} B_n r^{-(n+1)} \mathrm{P}_n(\cos\theta) \tag{3-159}$$

代入 $r=a$ 处的边界条件,得

$$\begin{aligned}\varphi(a,\theta) &= \sum_{n=0}^{\infty} B_n a^{-(n+1)} \mathrm{P}_n(\cos\theta) = U_0(\theta) \\ &= \frac{C}{2}[\mathrm{P}_0(\cos\theta) - \mathrm{P}_1(\cos\theta)]\end{aligned}$$

利用正交性公式,得

$$B_n = \left(\frac{2n+1}{2}\right)a^{n+1}\int_0^{\pi} \frac{C}{2}[\mathrm{P}_0(\cos\theta) - \mathrm{P}_1(\cos\theta)]\mathrm{P}_n(\cos\theta)\sin\theta \mathrm{d}\theta$$

由此得

$$B_0 = \frac{a}{2}C \quad 和 \quad B_1 = -\frac{C}{2}a^2$$

所以

$$\varphi(r,\theta) = \frac{C}{2}\left(\frac{a}{r} - \frac{a^2}{r^2}\cos\theta\right) \quad (r > a) \tag{3-160}$$

以上两个算例都属于球坐标中轴对称场$\left(\frac{\partial\varphi}{\partial\phi}=0\right)$,这是球类型问题中的常见典型情况。

到此,我们已对三种最常用的正交坐标系中的分离变量法做了扼要的介绍和讨论。分离变量法是求解偏微分方程的经典方法之一,它不仅适合于静电场,而且也适用于恒定磁场和时变电磁场,所以它在电磁场理论中有着广泛的应用。它是将待求函数按所选坐标系中的本征函数系展开,成为级数和的形式,所以它又可称为本征函数法或广义傅氏分析法,由于其解题过程中的特点,在应用上有一定限制,但它仍不失为电磁场理论中的一种重要方法。

3.5 点电荷密度的δ函数表示

为了讨论如何用格林函数法求解泊松方程,在理论上要弄清一个点电荷的密度如何表示。显然,它不能用通常定义密度的方法来定义,因为它的体积是零,而电荷量却是一个有限值,即它为零的体积与密度的乘积是一个不为零的有限值。但是要找到点电荷密度的表示也并不困难,因为根据库仑定律,真空中点电荷电位的表达式为

$$\varphi = \frac{q}{4\pi\varepsilon_0 R}$$

将其代入真空中泊松方程 $\nabla^2\varphi = -\rho/\varepsilon_0$,可得

$$\nabla^2\left(\frac{q}{4\pi\varepsilon_0 R}\right) = \frac{q}{\varepsilon_0}\nabla^2\left(\frac{1}{4\pi R}\right) = -\rho/\varepsilon_0$$

如果能求出 $\nabla^2\left(\frac{1}{4\pi R}\right)$ 的表达式,就可以给点电荷的密度一个定义式。为此,下面先介绍广义 Dirac Delta 函数,简写为 δ 函数。

3.5.1 δ函数

δ函数的定义是

$$\delta(\boldsymbol{r}-\boldsymbol{r}')=\begin{cases}0 & (\boldsymbol{r}\neq\boldsymbol{r}')\\ \infty & (\boldsymbol{r}=\boldsymbol{r}')\end{cases} \tag{3-161}$$

$$\int_V \delta(\boldsymbol{r}-\boldsymbol{r}')\mathrm{d}V=\begin{cases}1 & (\boldsymbol{r}'\text{在}V\text{内})\\ 0 & (\boldsymbol{r}'\text{在}V\text{外})\end{cases} \tag{3-162}$$

δ函数是一个偶函数，即

$$\delta(\boldsymbol{r}-\boldsymbol{r}')=\delta(\boldsymbol{r}'-\boldsymbol{r}) \tag{3-163}$$

它具有一个重要性质，若 $f(\boldsymbol{r})$是一连续函数，则有

$$\int_V f(\boldsymbol{r})\delta(\boldsymbol{r}-\boldsymbol{r}')\mathrm{d}V=f(\boldsymbol{r}')\quad(\boldsymbol{r}'\text{在}V\text{内})$$

此性质说明δ函数具有抽样特性，可以把连续函数 $f(\boldsymbol{r})$在 $\boldsymbol{r}=\boldsymbol{r}'$点上的值 $f(\boldsymbol{r}')$抽选出来。

在式(3-161)中δ函数的空间坐标是用位置矢量来表示的，在常用的正交坐标系中，它的表示式如下：

直角坐标系 $$\delta(\boldsymbol{r}-\boldsymbol{r}')=\delta(x-x')\delta(y-y')\delta(z-z') \tag{3-164}$$

圆柱坐标系 $$\delta(\boldsymbol{r}-\boldsymbol{r}')=\frac{1}{\rho}\delta(\rho-\rho')\delta(\phi-\phi')\delta(z-z') \tag{3-165}$$

圆球坐标系 $$\delta(\boldsymbol{r}-\boldsymbol{r}')=\frac{1}{r^2\sin\theta}\delta(r-r')\delta(\theta-\theta')\delta(\phi-\phi') \tag{3-166}$$

3.5.2 点源的δ函数表示

上面已指出，为找出点电荷密度的定义式，可以从分析点电荷电位的 $\nabla^2\left(\frac{1}{4\pi R}\right)$入手。根据微分运算，可得

$$\nabla^2\left(\frac{1}{4\pi R}\right)=\begin{cases}0 & (R\neq 0,\boldsymbol{r}\neq\boldsymbol{r}')\\ \infty & (R=0,\boldsymbol{r}=\boldsymbol{r}')\end{cases} \tag{3-167}$$

若取积分，则有

$$\int_V \nabla^2\left(\frac{1}{4\pi R}\right)\mathrm{d}V=\int_V\frac{1}{4\pi}\left[\nabla\cdot\nabla\left(\frac{1}{R}\right)\right]\mathrm{d}V=-\frac{1}{4\pi}\int_V\nabla\cdot\left(\frac{\hat{\boldsymbol{R}}}{R^2}\right)\mathrm{d}V$$
$$=\frac{-1}{4\pi}\oint_S\frac{\hat{\boldsymbol{R}}\cdot\mathrm{d}\boldsymbol{S}}{R^2}$$

若 $\boldsymbol{R}$ 的原点在体积 V 内(即 $\boldsymbol{r}'$在体积 V 内)，则有

$$\oint_S\frac{\hat{\boldsymbol{R}}\cdot\mathrm{d}\boldsymbol{S}}{R^2}=4\pi$$

若 $\boldsymbol{R}$ 的原点在体积 V 外(即 $\boldsymbol{r}'$在体积 V 外)，则有

$$\oint_S\frac{\hat{\boldsymbol{R}}\cdot\mathrm{d}\boldsymbol{S}}{R^2}=0$$

所以

$$-\int_V \nabla^2\left(\frac{1}{4\pi R}\right)\mathrm{d}V = \begin{cases}1 & (\boldsymbol{r}' \text{ 在 } V \text{ 内}) \\ 0 & (\boldsymbol{r}' \text{ 在 } V \text{ 外})\end{cases} \tag{3-168}$$

将式(3-167)与式(3-161)对比,式(3-168)与式(3-162)对比,可知

$$\nabla^2\left(\frac{1}{4\pi R}\right) = -\delta(\boldsymbol{r}-\boldsymbol{r}') \tag{3-169}$$

将它代回点电荷电位的表达式中,即有

$$\nabla^2\left(\frac{q}{4\pi\varepsilon_0 R}\right) = \frac{q}{\varepsilon_0}\nabla^2\left(\frac{1}{4\pi R}\right) = -\frac{q\delta(\boldsymbol{r}-\boldsymbol{r}')}{\varepsilon_0} \tag{3-170}$$

泊松方程为

$$\nabla^2\varphi = -\rho/\varepsilon_0$$

两式对比,可知点电荷的电荷密度可定义为

$$\rho = q\delta(\boldsymbol{r}-\boldsymbol{r}') \tag{3-171}$$

对单位正电荷,其电荷密度就是

$$\rho = \delta(\boldsymbol{r}-\boldsymbol{r}') \tag{3-172}$$

以上所得到的点源的 δ 函数表示是一很重要结果,它在电磁场理论中有着广泛的应用。

3.6 格林函数法

格林函数法是数学物理方法中又一基本方法,它既可用来求解静电场中齐次的拉氏方程,也可用来求解非齐次的泊松方程以及时变场中的亥姆霍兹方程。它的含义是先求出与给定问题边界相同,但边界条件更为简单的点源的解——格林函数,然后通过格林公式来求出边界相同,但边界条件更为复杂、有任意电荷分布问题的解。这种解的形式与分离变量法不同,它不是以无穷级数和的形式给出,而是以积分解的形式给出。

为了说明这一方法,我们先从泊松方程的积分形式解开始讨论。

3.6.1 泊松方程的积分形式解

在这里我们将利用格林定理对泊松方程进行积分,求出它的积分解的形式,这对于我们进一步理解场源电荷、边界条件与待求场之间的联系是很有益处的。

1. 积分形式解

在第 1 章中给出了第二格林定理,即

$$\int_V (\psi\nabla^2\varphi - \varphi\nabla^2\psi)\mathrm{d}V = \oint_S \left(\psi\frac{\partial\varphi}{\partial n} - \varphi\frac{\partial\psi}{\partial n}\right)\mathrm{d}S$$

式中的 ψ 为具有二阶导数的任意标量函数。现令式中的 φ 就是待求的电位 φ,又有 $\psi = \frac{1}{4\pi R}$,代入格林定理,得

$$\int_V \left[\left(\frac{1}{4\pi R}\right)\nabla^2\varphi - \varphi\nabla^2\left(\frac{1}{4\pi R}\right)\right]\mathrm{d}V = \oint_S \left[\frac{1}{4\pi R}\frac{\partial\varphi}{\partial n} - \varphi\frac{\partial}{\partial n}\left(\frac{1}{4\pi R}\right)\right]\mathrm{d}S$$

现有

$$\nabla^2\varphi = -\rho/\varepsilon_0 \quad \text{和} \quad \nabla^2\left(\frac{1}{4\pi R}\right) = -\delta(\boldsymbol{r}-\boldsymbol{r}')$$

代入上一式，得

$$\int_V \left[\frac{-\rho(\boldsymbol{r}')}{4\pi\varepsilon_0 R} + \varphi(\boldsymbol{r}')\delta(\boldsymbol{r}-\boldsymbol{r}')\right]\mathrm{d}V = \oint_S \left[\frac{1}{4\pi R}\frac{\partial\varphi}{\partial n} - \varphi\frac{\partial}{\partial n}\left(\frac{1}{4\pi R}\right)\right]\mathrm{d}S$$

若 $\boldsymbol{r}$ 在 V 内，则有

$$\int_V \varphi(\boldsymbol{r}')\delta(\boldsymbol{r}-\boldsymbol{r}')\mathrm{d}V = \int_V \varphi(\boldsymbol{r}')\delta(\boldsymbol{r}'-\boldsymbol{r})\mathrm{d}V = \varphi(\boldsymbol{r})$$

代回上一式，可解得

$$\varphi(\boldsymbol{r}) = \int_V \frac{\rho(\boldsymbol{r}')}{4\pi\varepsilon_0 R}\mathrm{d}V + \frac{1}{4\pi}\oint_S \left[\frac{1}{R}\frac{\partial\varphi}{\partial n} - \varphi\frac{\partial}{\partial n}\left(\frac{1}{R}\right)\right]\mathrm{d}S \tag{3-173}$$

式(3-173)即称为泊松方程的积分形式解，这里 V 和 S 是任取的。此式清楚地表明：如果所取的 V 已包含了全部场源电荷，则式中面积分项的贡献应为零，因为此时可设想 $V\to\infty$，此时体积分项的贡献不变，面积分项则趋于零；如果所取的 V 只包含了部分场源电荷，则面积分项的贡献就不能忽略，它实际上是代表了体积 V 以外场源电荷对 V 内电位的贡献；如果所取的 V 内未包含任何场源电荷，则式(3-173)中体积分项的贡献为零，V 内电位全部由边界 S 上 φ 和 $\frac{\partial\varphi}{\partial n}$ 所决定，实际上也就是 V 以外场源电荷的贡献。在此情况下，V 内电位所服从的是拉普拉斯方程，因此

$$\varphi(\boldsymbol{r}) = \frac{1}{4\pi}\oint_S \left[\frac{1}{R}\frac{\partial\varphi}{\partial n} - \varphi\frac{\partial}{\partial n}\left(\frac{1}{R}\right)\right]\mathrm{d}S \tag{3-174}$$

上式可称为体积 V 内拉普拉斯方程的积分形式解。

现举一例说明式(3-173)的应用。

例 3-11 求证球外一点电荷 q（如图 3-22所示）在一球半径为 a 的球面上所产生的电位平均值等于此点电荷在球心 o 处所产生的电位值（球内无电荷），即

$$\frac{1}{4\pi a^2}\oint_S \varphi\ \mathrm{d}S = \frac{q}{4\pi\varepsilon_0 d}$$

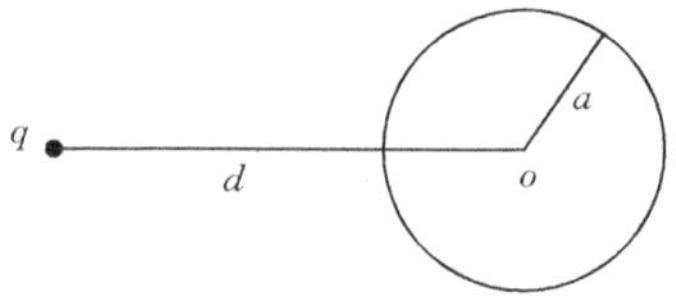

图 3-22 例 3-11 的示意图

证 q 在球心处所产生的电位

$$\varphi_0 = \frac{q}{4\pi\varepsilon_0 d}$$

根据式(3-173)，取 V 为半径为 a 的球面所包围的体积，球心 o 点的电位表达式为

$$\varphi_0 = \int_V \frac{\rho(\boldsymbol{r}')}{4\pi\varepsilon_0 R}\mathrm{d}V + \frac{1}{4\pi}\oint_S \left[\frac{1}{R}\frac{\partial\varphi}{\partial n} - \varphi\frac{\partial}{\partial n}\left(\frac{1}{R}\right)\right]\mathrm{d}S$$

因 $\rho(\boldsymbol{r}')=0$，上式可简化为

$$\varphi_0 = \frac{1}{4\pi}\oint_S \left(\frac{1}{R}\nabla\varphi\cdot\hat{\boldsymbol{n}} + \frac{\varphi}{R^2}\right)\mathrm{d}S$$

这里 $R=a$，所以

$$\begin{aligned}\varphi_0 &= \frac{1}{4\pi a}\oint_S \nabla\varphi\cdot\mathrm{d}\boldsymbol{S} + \frac{1}{4\pi a^2}\oint_S \varphi\ \mathrm{d}S \\ &= \frac{1}{4\pi a}\int_V \nabla\cdot\nabla\varphi\ \mathrm{d}V + \frac{1}{4\pi a^2}\oint_S \varphi\ \mathrm{d}S \\ &= \frac{1}{4\pi a}\int_V \nabla^2\varphi\ \mathrm{d}V + \frac{1}{4\pi a^2}\oint_S \varphi\ \mathrm{d}S\end{aligned}$$

因为$\nabla^2\varphi=0$,上式可简化为

$$\varphi_0=\frac{1}{4\pi a^2}\oint_S\varphi\ \mathrm{d}S$$

所以,球面上电位的平均值

$$\varphi_C=\frac{1}{4\pi a^2}\oint_S\varphi\ \mathrm{d}S=\varphi_0=\frac{q}{4\pi\varepsilon_0 d} \tag{3-175}$$

证毕。

既然对一点电荷 q 上式成立,那么根据叠加原理,对点电荷系,以至对连续分布的电荷都应有类似的关系式成立,这就是电位的均值定理。

在近似计算中,假如我们用球面上的若干离散点上的电位值之和来代替上式中的积分值$\oint_S\varphi\ \mathrm{d}S$,那么根据均值定理,球心处的电位 φ_0 为

$$\varphi_0\approx\frac{1}{n}\sum_{i=1}^{n}\varphi_i \tag{3-176}$$

式中 φ_i 为球面上离散点上的电位值。式(3-176)的计算显然要比式(3-175)简单得多,所以均值定理是数值法求解电磁场问题的理论基础。

另外由均值定理可以推论:在没有电荷的区域内(满足拉氏方程),电位不可能有极大值,也不可能有极小值。因为假如在 $\rho=0$ 的区域内的某一点 o 上电位为极大值,那么在以 o 点为中心的某一球面上的电位平均值一定会比 o 点电位小,这与上述结果矛盾(按上述结论,o 点上的电位应与球面上电位平均值相等)。这就是电位的极值定理。标量电位的性质可用均值定理、极值定理和唯一性定理这三个定理来概括。

用均值定理同样可以证明:如一点电荷在一球面内(球外无电荷),则 q 在球面上所产生的平均电位 $\varphi_C=\dfrac{q}{4\pi\varepsilon_0 a}$,$a$ 为球半径。

2. 解在无限远处的特性

如果场源是分布在一有限空间内,可以用一曲面 S 包围,原点 o 也在 S 面内,如图 3-23(a)所示,那么此时在 S 面之外任意点 $P(\boldsymbol{r})$处的电位是

$$\varphi(\boldsymbol{r})=\frac{1}{4\pi\varepsilon}\int_V\frac{\rho(\boldsymbol{r}')}{R}\mathrm{d}V \tag{3-177}$$

其中
$$R=(r^2+r'^2-2rr'\cos\theta)^{1/2}$$

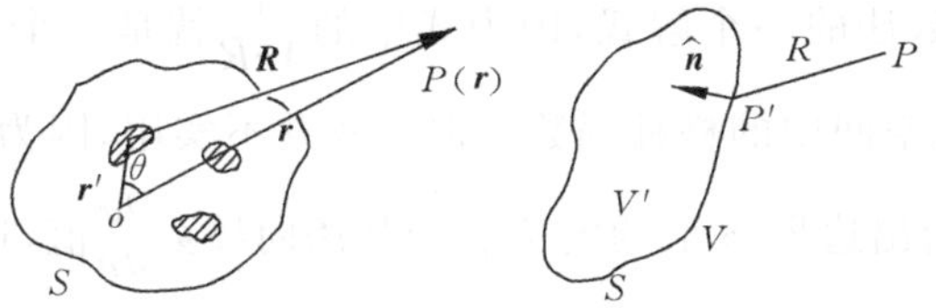

(a)　　(b)

图 3-23　研究解在无限远处特性的示意图

当 P 点移到无限远处时,R 的表示式中,与 r^2 项相比,r'^2 和 $2rr'\cos\theta$ 均可以忽略,式(3-177)可简化为

$$\lim_{r\to\infty}\varphi=\frac{1}{4\pi\varepsilon}\int_V\frac{\rho(\boldsymbol{r}')}{r}\mathrm{d}V$$

上式中的积分变量是 r'，与 r 无关，故 r 可提出积分号，得

$$\varphi = \frac{1}{4\pi\varepsilon r}\int_V \rho \mathrm{d}V = \frac{q}{4\pi\varepsilon r} \tag{3-178}$$

由此可知，当 $r\to\infty$ 时，r 与 φ 的乘积为有限值，我们称这样的位函数在无限远处是正则的。同时，当 $r\gg r'$ 时，电场强度 $\boldsymbol{E}$ 应当是径向的，即 $\nabla\varphi \propto \frac{\partial\varphi}{\partial r}$，$E\propto 1/r^2$，因此 E 与 r^2 的乘积也为有限值。就实际情况而言，所有实际的电荷系都分布在有限区域内。因此，它们的场在无限远处都是正则的。

有了场在无限远处的正则特性，我们还可以将泊松方程的积分形式解从闭区域推广到开放区域。所谓开放区域是指区域 V 是一闭曲面 S 以外一直延伸到无限远的区域(见图 3-23(b))。此时可假想在无限远处有一无限大的球面 S'。根据场的正则性，式(3-173)中，在 S' 面上的面积分应趋于零，式(3-173)对此开放域仍维持原形式，即有

$$\varphi(\boldsymbol{r}) = \int_V \frac{\rho(\boldsymbol{r}')}{4\pi\varepsilon_0 R}\mathrm{d}V + \frac{1}{4\pi}\oint_S \left[\frac{1}{R}\frac{\partial\varphi}{\partial n} - \varphi\frac{\partial}{\partial n}\left(\frac{1}{R}\right)\right]\mathrm{d}S \tag{3-179}$$

如果假设电荷全部集中在 S 和 S' 以外的区域 V' 内，而 V 中无电荷，则上式中的体积分项为零，所以

$$\varphi(\boldsymbol{r}) = \frac{1}{4\pi}\oint_S \left[\frac{1}{R}\frac{\partial\varphi}{\partial n} - \varphi\frac{\partial}{\partial n}\left(\frac{1}{R}\right)\right]\mathrm{d}S \tag{3-180}$$

从物理上看，如果上式的面积分不为零，则 $\varphi(\boldsymbol{r})$ 只能认为是由体积 V' 内的电荷所产生的，因此，也可以将 $\varphi(\boldsymbol{r})$ 写成

$$\varphi(\boldsymbol{r}) = \int_{V'} \frac{\rho(\boldsymbol{r}')}{4\pi\varepsilon_0 R}\mathrm{d}V' \tag{3-181}$$

的形式。显然，式(3-180)的面积分与式(3-181)的体积分应给出同样的结果。这再一次说明，边界面上边界值的贡献实质上是代表 S 面以外的场源电荷的贡献。

3.6.2 格林函数法

上面给出了泊松方程的积分形式解式(3-173)，即

$$\varphi(\boldsymbol{r}) = \int_V \frac{\rho(\boldsymbol{r}')}{4\pi\varepsilon_0 R}\mathrm{d}V + \oint_S \left[\frac{1}{4\pi R}\frac{\partial\varphi}{\partial n} - \varphi\frac{\partial}{\partial n}\left(\frac{1}{4\pi R}\right)\right]\mathrm{d}S$$

上式实质上就是格林函数法的一个解式，因为式中的 $\frac{1}{4\pi R}$ 就是一个单位正电荷在无限大自由空间中的响应，即自由空间中的格林函数。但上式并不实用，因为若要根据上式求出电位解 $\varphi(r)$，就必须要同时给出边界 S 上的电位 φ 和其法向导数 $\frac{\partial\varphi}{\partial n}$ 值，这是对边值的过分要求。

为得出便于实用的格林函数法解式，令待解的方程为

$$\nabla^2\varphi = -\rho/\varepsilon \tag{3-182}$$

一单位正电荷在一定边界条件下所产生的场为 G(格林函数)，它所满足的方程为

$$\nabla^2 G = -\delta(\boldsymbol{r}-\boldsymbol{r}') \tag{3-183}$$

取 G 乘式(3-182)，φ 乘式(3-183)，得

$$G\nabla^2\varphi = -\rho G/\varepsilon, \qquad \varphi\nabla^2 G = -\varphi\,\delta(\boldsymbol{r}-\boldsymbol{r}')$$

两式相减再积分得

$$\int_V (G\nabla^2\varphi - \varphi\nabla^2 G)\mathrm{d}V = -\int_V \frac{\rho G}{\varepsilon}\mathrm{d}V + \int_V \varphi(\boldsymbol{r}')\delta(\boldsymbol{r}-\boldsymbol{r}')\mathrm{d}V$$

代入格林第二定理式(1-86),得

$$\oint_S \left(G\frac{\partial\varphi}{\partial n} - \varphi\frac{\partial G}{\partial n}\right)\mathrm{d}S = -\int_V \frac{\rho G}{\varepsilon}\mathrm{d}V + \varphi(\boldsymbol{r})$$

重新整理上式,得

$$\varphi(\boldsymbol{r}) = \int_V \frac{\rho G(\boldsymbol{r},\boldsymbol{r}')}{\varepsilon}\mathrm{d}V + \oint_S \left(G\frac{\partial\varphi}{\partial n} - \varphi\frac{\partial G}{\partial n}\right)\mathrm{d}S \tag{3-184}$$

上式中 S 为围绕体积 V 的曲面,$\hat{\boldsymbol{n}}$ 为曲面 S 的外法线单位矢量。在静电场中,边界面多由导体构成,习惯于取导体的外法线的 $\hat{\boldsymbol{n}}'$ 作为正法线单位矢量,此时有 $\hat{\boldsymbol{n}}' = -\hat{\boldsymbol{n}}$,代入上式,得

$$\varphi(\boldsymbol{r}) = \int_V \frac{\rho G(\boldsymbol{r},\boldsymbol{r}')}{\varepsilon}\mathrm{d}V + \oint_S \left(\varphi\frac{\partial G}{\partial n'} - G\frac{\partial\varphi}{\partial n'}\right)\mathrm{d}S \tag{3-185}$$

为了减少对边界条件的要求,可以对满足式(3-183)的解 $G(\boldsymbol{r},\boldsymbol{r}')$ 附加边界条件。这里有以下三种情况:

(1) 待求位场给定的是全部边界 S 上的电位值,这称为第一类边值问题。对这类边值问题,我们可要求格林函数 G_1 在边界 S 上满足齐次边界条件

$$G_1|_S = 0 \tag{3-186}$$

在此条件下求方程(3-183)的解,然后代入式(3-185),得

$$\varphi(\boldsymbol{r}) = \int_V \frac{\rho G_1}{\varepsilon}\mathrm{d}V + \oint_S \varphi\frac{\partial G_1}{\partial n'}\mathrm{d}S \tag{3-187}$$

(2) 待求位场给定的是全部边界上的电位法向导数值,这称为第二类边值问题。对这类边值问题,可要求格林函数 G_2 在边界 S 上满足齐次边界条件

$$\left.\frac{\partial G_2}{\partial n}\right|_S = 0 \tag{3-188}$$

在此条件下求方程(3-183)的解,然后代入式(3-185),得

$$\varphi(\boldsymbol{r}) = \int_V \frac{\rho G_2}{\varepsilon}\mathrm{d}V - \oint_S G_2\frac{\partial\varphi}{\partial n'}\mathrm{d}S \tag{3-189}$$

(3) 待求位场给定的是全部边界上 φ 和$\frac{\partial\varphi}{\partial n}$之间的一个线性关系

$$\left.\left(\alpha\frac{\partial\varphi}{\partial n} + \beta\varphi\right)\right|_S = f \tag{3-190}$$

式中 α,β 为常数,f 为一函数,这称为第三类边值问题。对这类边值问题可要求格林函数 G_3 满足边界条件

$$\left.\left(\alpha\frac{\partial G_3}{\partial n} + \beta G_3\right)\right|_S = 0 \tag{3-191}$$

在此条件下求方程(3-183)的解 G_3,以 G_3 乘以式(3-190),得

$$\alpha G_3\frac{\partial\varphi}{\partial n} + \beta G_3\varphi = fG_3$$

再以 φ 乘以式(3-191),得

$$\alpha\varphi\frac{\partial G_3}{\partial n} + \beta G_3\varphi = 0$$

两式相减,得

$$\alpha\left(G_3\frac{\partial\varphi}{\partial n}-\varphi\frac{\partial G_3}{\partial n}\right)\bigg|_S=fG_3$$

将它代入式(3-185)即得出第三类边值条件下的电位解

$$\varphi(\boldsymbol{r})=\int_V\frac{\rho G_3}{\varepsilon}\mathrm{d}V-\oint_S\frac{fG_3}{\alpha}\mathrm{d}S \tag{3-192}$$

以上三式(3-187)、(3-189)、(3-192)就是用格林函数法求出的带边界条件的泊松方程的解的积分表达式。由它们的导出过程可以看出，格林函数法就是把泊松方程的求解转化为在特定边界条件下寻找点源的解——格林函数。尽管格林函数所满足的方程仍是非齐次的，但这非齐次项是具有特殊性质的 δ 函数；另外，格林函数的边界条件并不要求和待求位场一致，而是更为简单的齐次边界条件。这都可能使格林函数的求解较之直接求解泊松方程更为容易，因而成为电磁理论中的又一重要方法。

从上述可知，应用格林函数法求解问题中的关键一点是要求出与所给问题相应的格林函数。求格林函数并没有统一的方法，为了帮助读者初步掌握这一方法，下面首先给出在简单边界条件下的格林函数，它们大多是用熟知的镜象法求出的；其次介绍一种比较有代表性的求格林函数的方法——分离变量法或本征函数展开法。介绍仅限于第一类边值问题的格林函数。

1. 简单边界条件下的格林函数

(1) 无界空间的格林函数

在无界空间中格林函数为

$$G(\boldsymbol{r},\boldsymbol{r}')=\frac{1}{4\pi R} \tag{3-193}$$

式中 $R=[(x-x')^2+(y-y')^2+(z-z')^2]^{1/2}$

(2) 上半空间的格林函数

由镜象法可得

$$G(\boldsymbol{r},\boldsymbol{r}')=\frac{1}{4\pi}\left(\frac{1}{R_1}-\frac{1}{R_2}\right) \tag{3-194}$$

式中

$$R_1=[(x-x')^2+(y-y')^2+(z-z')^2]^{1/2}$$
$$R_2=[(x-x')^2+(y-y')^2+(z+z')^2]^{1/2}$$

(3) 球内、外空间的格林函数

同样由镜象法可求得，在球外空间

$$G(\boldsymbol{r},\boldsymbol{r}')=\frac{1}{4\pi}\left(\frac{1}{R_1}-\frac{a}{r'R_2}\right) \tag{3-195}$$

式中 a,R_1,R_2,r' 各量的具体含义如图 3-24(a)所示。

在球内空间

$$G(\boldsymbol{r},\boldsymbol{r}')=\frac{1}{4\pi}\left(\frac{1}{R_1}-\frac{a}{r'R_2}\right) \tag{3-196}$$

式中 a,R_1,R_2,r' 各量的具体含义如图 3-24(b)所示。

(4) 二维无界空间的格林函数

二维无界空间的格林函数为

$$G(\boldsymbol{r},\boldsymbol{r}')=\frac{1}{2\pi}\ln\frac{1}{r} \tag{3-197}$$

它代表在二维无界空间中单位线源的冲激响应。

(5) 二维半空间格林函数

由镜象法可得

$$G(\boldsymbol{r},\boldsymbol{r}')=\frac{1}{2\pi}\ln\frac{r_2}{r_1} \tag{3-198}$$

式中
$$r_1=[(x-x')^2+(y-y')^2]^{1/2}$$
$$r_2=[(x-x')^2+(y+y')^2]^{1/2}$$

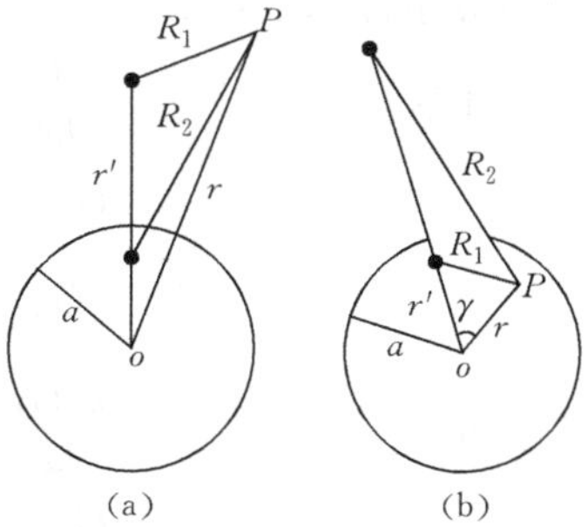

图 3-24 用镜象法求球内外空间的格林函数

(6) 圆形区域的格林函数

同样由镜象法求得

$$G(\boldsymbol{r},\boldsymbol{r}')=\frac{1}{2\pi}\ln\frac{r_2 r'}{r_1 a} \tag{3-199}$$

对圆外区域,上式中各量的含义如图 3-25(a)所示。对圆内区域,上式中各量的含义如图 3-25(b)所示。

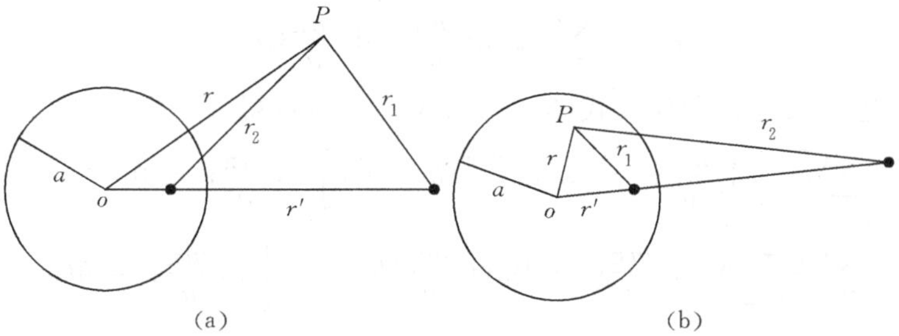

图 3-25 用镜象法求圆内外空间的格林函数

2. 求格林函数的本征函数展开法

例 3-12 求一矩形域内二维格林函数。

解 根据第一类边值问题的条件,矩形域的四个边界上皆满足 $G|_S=0$ 的条件(见图 3-26),即

$$x=0,\quad 0\leqslant y\leqslant b \text{ 时},\quad G=0$$
$$x=a,\quad 0\leqslant y\leqslant b \text{ 时},\quad G=0$$
$$y=0,\quad 0\leqslant x\leqslant a \text{ 时},\quad G=0$$
$$y=b,\quad 0\leqslant x\leqslant a \text{ 时},\quad G=0$$

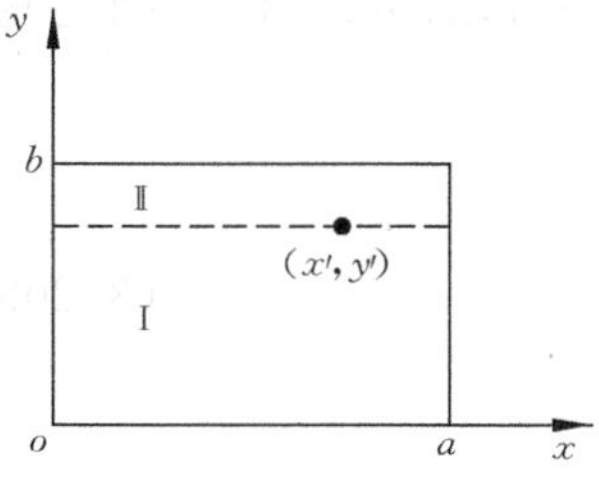

图 3-26 例 3-12 的示意图

本例题即是在上述边界条件下求解方程

$$\nabla^2 G=\frac{\partial^2 G}{\partial x^2}+\frac{\partial^2 G}{\partial y^2}=-\delta(x-x')\delta(y-y') \tag{3-200}$$

为了便于用本征函数展开法(分离变量法)求解,要设法将上式中的自由项转移到边界上,使非齐次方程变为齐次方程。为此,可人为地将场域划分为两个区域,使源点(x',y')恰好位于分区的公共边界上,见图 3-26。当然,为了使分区后,便于用分离变量法求解,分界面的形状应适合分离变量法的要求。

作 $y=y'$平面,将场域分为Ⅰ区$(y<y')$和Ⅱ区$(y>y')$。对Ⅰ,Ⅱ区 G 所应满足的方程

及边界条件如下：

Ⅰ区
$$\frac{\partial^2 G_{\mathrm{I}}}{\partial x^2}+\frac{\partial^2 G_{\mathrm{I}}}{\partial y^2}=0 \tag{3-201}$$
$$G_{\mathrm{I}}\big|_{x=0,a}=0,\qquad G_{\mathrm{I}}\big|_{y=0}=0$$
$$(G_{\mathrm{I}}-G_{\mathrm{II}})\big|_{y=y'}=0,\qquad \left(\frac{\partial G_{\mathrm{I}}}{\partial y}-\frac{\partial G_{\mathrm{II}}}{\partial y}\right)\bigg|_{y=y'}=\delta(x-x')$$

Ⅱ区
$$\frac{\partial^2 G_{\mathrm{II}}}{\partial x^2}+\frac{\partial^2 G_{\mathrm{II}}}{\partial y^2}=0 \tag{3-202}$$
$$G_{\mathrm{II}}\big|_{x=0,a}=0,\qquad G_{\mathrm{II}}\big|_{y=b}=0$$
$$(G_{\mathrm{I}}-G_{\mathrm{II}})\big|_{y=y'}=0,\qquad \left(\frac{\partial G_{\mathrm{I}}}{\partial y}-\frac{\partial G_{\mathrm{II}}}{\partial y}\right)\bigg|_{y=y'}=\delta(x-x')$$

根据分离变量法的知识，可以写出Ⅰ，Ⅱ两区域中的一般解

$$G_{\mathrm{I}}=\sum_{m=1}^{\infty}A_m\sin\frac{m\pi}{a}x\ \mathrm{sh}\frac{m\pi}{a}y \tag{3-203}$$
$$G_{\mathrm{II}}=\sum_{m=1}^{\infty}B_m\sin\frac{m\pi}{a}x\ \mathrm{sh}\frac{m\pi}{a}(b-y) \tag{3-204}$$

将 $y=y'$ 面上的边界条件分别代入式(3-203)、式(3-204)，得

$$\sum_{m=1}^{\infty}\left[A_m\mathrm{sh}\frac{m\pi}{a}y'-B_m\mathrm{sh}\frac{m\pi}{a}(b-y')\right]\sin\frac{m\pi}{a}x=0 \tag{3-205}$$
$$\sum_{m=1}^{\infty}\frac{m\pi}{a}\left[A_m\mathrm{ch}\frac{m\pi}{a}y'+B_m\mathrm{ch}\frac{m\pi}{a}(b-y')\right]\sin\frac{m\pi}{a}x=\delta(x-x') \tag{3-206}$$

由式(3-205)有

$$A_m\mathrm{sh}\frac{m\pi}{a}y'-B_m\mathrm{sh}\frac{m\pi}{a}(b-y')=0 \tag{3-207}$$

对式(3-206)，利用三角函数正交性质可得

$$\begin{aligned}A_m\mathrm{ch}\frac{m\pi}{a}y'+B_m\mathrm{ch}\frac{m\pi}{a}(b-y')&=\frac{2}{a}\int_0^a\frac{a}{m\pi}\delta(x-x')\sin\frac{m\pi}{a}x\,\mathrm{d}x\\&=\frac{2}{m\pi}\sin\frac{m\pi}{a}x'\quad(m=1,2,\cdots,\infty)\end{aligned} \tag{3-208}$$

式(3-207)与式(3-208)联立可解得

$$A_m=\frac{2}{m\pi}\frac{\sin\frac{m\pi}{a}x'\ \mathrm{sh}\frac{m\pi}{a}(b-y')}{\mathrm{sh}\frac{m\pi}{a}b} \tag{3-209}$$

$$B_m=A_m\frac{\mathrm{sh}\frac{m\pi}{a}y'}{\mathrm{sh}\frac{m\pi}{a}(b-y')} \tag{3-210}$$

将式(3-209)与式(3-210)分别代入式(3-203)与式(3-204)，得

$$G(\boldsymbol{r},\boldsymbol{r}')=\sum_{m=1}^{\infty}\frac{2}{m\pi}\frac{\sin\frac{m\pi}{a}x'\ \sin\frac{m\pi}{a}x}{\mathrm{sh}\frac{m\pi}{a}b}\begin{cases}\mathrm{sh}\frac{m\pi}{a}y\ \mathrm{sh}\frac{m\pi}{a}(b-y') & (y<y')\\ \mathrm{sh}\frac{m\pi}{a}(b-y)\ \mathrm{sh}\frac{m\pi}{a}y' & (y>y')\end{cases} \tag{3-211}$$

此例说明，在 3.4 节中所介绍的分离变量法原则上都可以用来求格林函数，这里就不再

重复举例了。

当求得格林函数后，就可以根据式(3-187)去求待求位场的解了。现举一例说明。

例 3-13 已知一半径为 a 的球面上电位为 $f(\theta',\phi')$，求此球内部的电位分布。

解 这是一个球内问题，它的格林函数已在式(3-196)给出，又由于球内无自由电荷，故解为

$$\varphi(r,\theta,\phi)=\oint_S f(\theta',\phi')\frac{\partial G}{\partial n'}\mathrm{d}S' \tag{3-212}$$

已知
$$G(\boldsymbol{r},\boldsymbol{r}')=\frac{1}{4\pi}\left(\frac{1}{R_1}-\frac{a}{r'R_2}\right)$$

参考图 3-24(b)，可知

$$R_1=(r^2+r'^2-2rr'\cos\gamma)^{1/2}$$

$$R_2=\left[r^2+\left(\frac{a^2}{r'}\right)^2-2r\frac{a^2}{r'}\cos\gamma\right]^{1/2}$$

式中 γ 是 $\boldsymbol{r}'$ 与 $\boldsymbol{r}$ 的夹角。将以上两式代入 G 的表达式，得

$$G(\boldsymbol{r},\boldsymbol{r}')=\frac{1}{4\pi(r^2+r'^2-2rr'\cos\gamma)^{1/2}}-\frac{1}{4\pi\left(\dfrac{r^2r'^2}{a^2}+a^2-2rr'\cos\gamma\right)^{1/2}} \tag{3-213}$$

由此得 $\dfrac{\partial G}{\partial n'}$ 的表达式为

$$\frac{\partial G}{\partial n'}=-\left.\frac{\partial G}{\partial r'}\right|_{r'=a}=\frac{a^2-r^2}{4\pi a(r^2+a^2-2ra\cos\gamma)^{3/2}} \tag{3-214}$$

将式(3-214)代入式(3-212)，得

$$\begin{aligned}\varphi(\boldsymbol{r})&=\oint_S f(\theta',\phi')\frac{a^2-r^2}{4\pi a(r^2+a^2-2ra\cos\gamma)^{3/2}}\mathrm{d}S'\\&=\frac{a}{4\pi}\int_0^{\pi}\int_0^{2\pi}f(\theta',\phi')\frac{(a^2-r^2)\sin\theta'\mathrm{d}\theta'\mathrm{d}\phi'}{(r^2+a^2-2ra\cos\gamma)^{3/2}}\end{aligned} \tag{3-215}$$

式中
$$\cos\gamma=\cos\theta\cos\theta'+\sin\theta\sin\theta'\cos(\phi-\phi')$$

式(3-215)即为用格林函数法求出的解，当 $f(\theta',\phi')$ 的具体函数形式给定后，上式在原则上是可以求出球内各点的电位解的，即使找不到解析解，也可以用数值积分的方法求出电位分布的数值。

以上几节所介绍的都是求解位场的主要解析方法，这些方法可以解决相当多类型的位场问题。但是实际问题的边界形状是多种多样的，仍有相当多的问题用解析方法难以解决。随着现代数字电子计算机的发展，电磁场的数值方法的应用日益广泛，本书第 9 章将介绍电磁场问题的数值解法。

习　　题

3-1 如题图 3-1 所示，一导体球半径为 R_1，其中有一球形空腔，球心为 o'，半径为 R_2，腔内有一点电荷置于距 o' 为 d 处，设导体球所带净电荷为零，求空间各个区域内的电位表示式。

3-2 在一接地的半球形空腔内有一点电荷 q，球的半径为 a(见题图 3-2)，求此腔内任

一点处的电位。

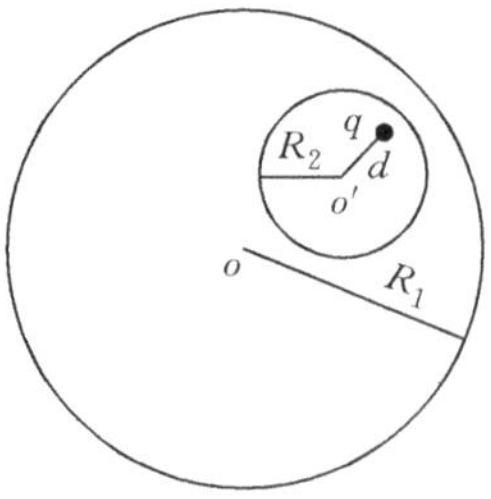

题图 3-1

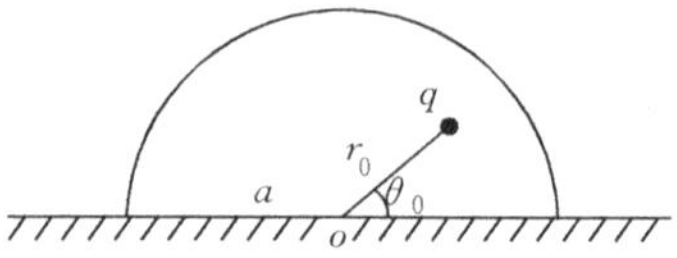

题图 3-2

3-3　两点电荷 q_1，q_2 分别置于两个半无限大的介质内，它们距分界面的距离都是 a（见题图 3-3），求它们各自所受到的作用力 $\boldsymbol{F}_1$，$\boldsymbol{F}_2$。

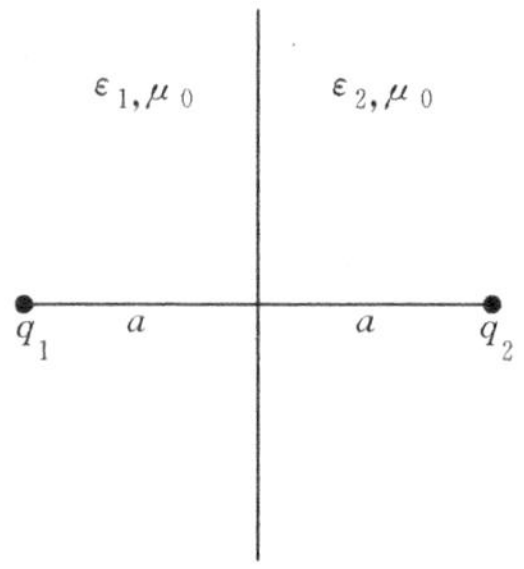

题图 3-3

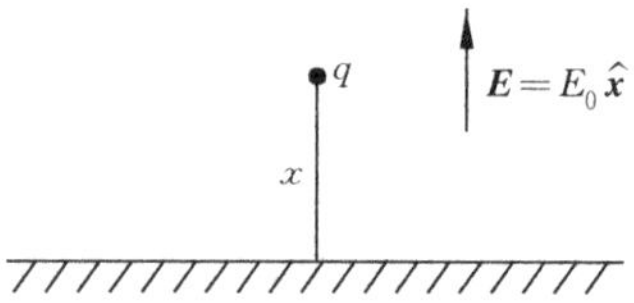

题图 3-4

3-4　一点电荷 $q(q>0)$ 置于一接地导体平面之上（见题图 3-4），在上半空间中存在一均匀电场 $\boldsymbol{E}=E_0\hat{\boldsymbol{x}}$，问点电荷在 x 为何值时所受的电场力为零。

3-5　导体球内有一点电荷 q（见题图 3-5），原来导体未带电，求此电荷所受到的静电力，并问此力大小与导体球接地与否是否有关。

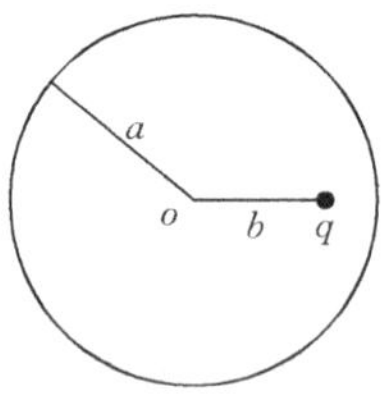

题图 3-5

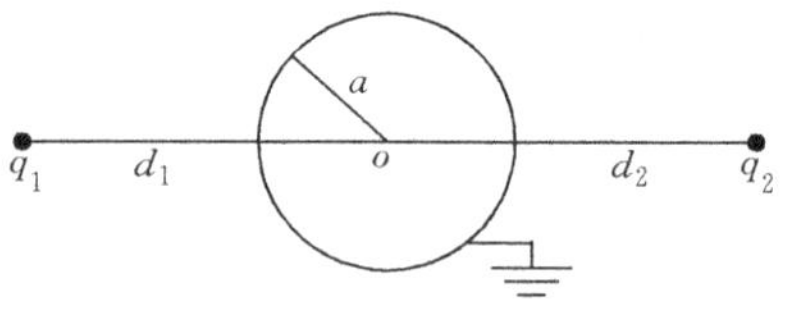

题图 3-6

3-6　一未接地导体球带电荷 q_0，现将一点电荷 q 引至导体球附近，求当作用于 q 上的力为零时点电荷 q 与球心的距离 R。

3-7　有一电荷系统如题图 3-6 所示，试求点电荷 q_1，q_2 所受的电场力。

3-8　一线电荷 ρ_l 放置在成直角的导体平面所夹区域内 $x=y=1$ 处，如题图 3-7 所示，试用保角变换法求电位解，并将此解与镜象法的结果相比较。

3-9　在半无限大导体平面附近 (x_0, y_0) 点有一线电荷 ρ_l（见题图 3-8），求它的电位解。

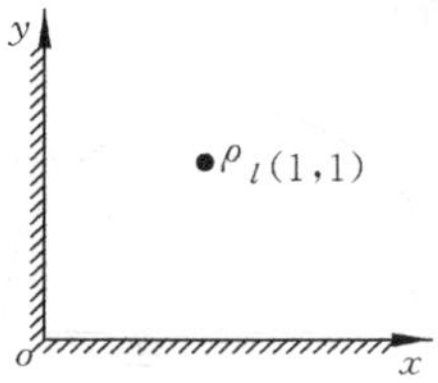

题图 3-7

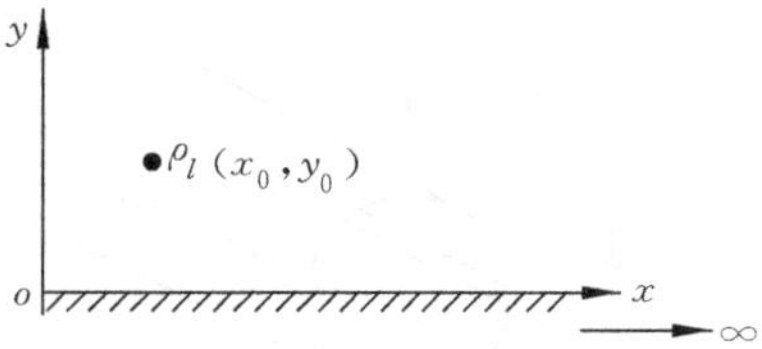

题图 3-8

3-10　在无限大接地导体平面外有一双曲柱面导体，如题图 3-9 所示。而平面到双曲柱面顶点的距离恰好等于实半轴 a，双曲柱面所加电位为 U_0，求此位场的电位分布。

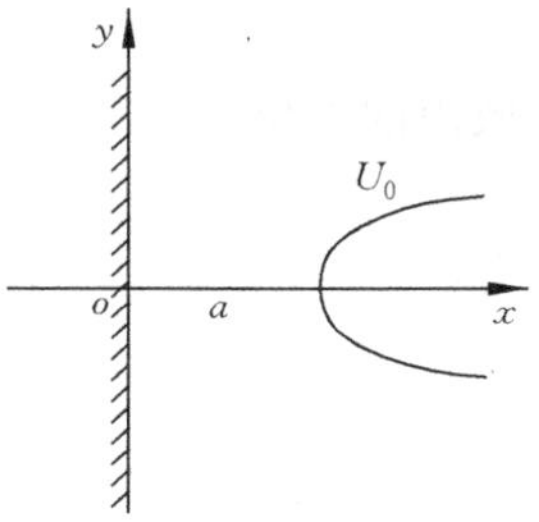

题图 3-9

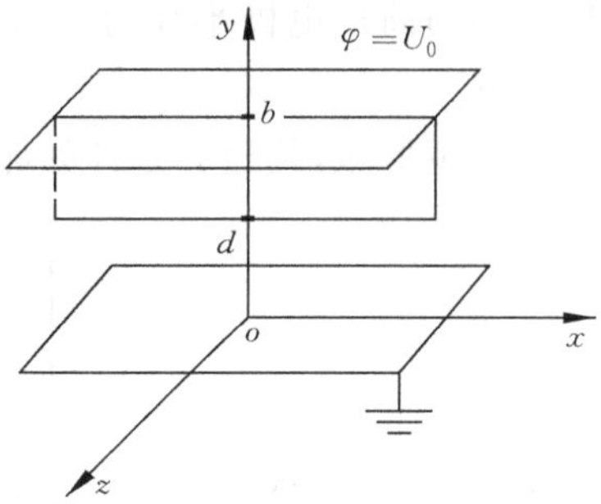

题图 3-10

3-11　在接地的两个无限大平行导体平面之间，有一线电荷 ρ_l，它到一板的距离为 b，两平面间的距离为 a，试求两平面间的电位分布、电场强度和两极板上的感应电荷面密度。

3-12　两平行的无限大导体，距离为 b，其间有一极薄的导体片由 $y=d$ 到 $y=b(-\infty\leqslant x\leqslant\infty)$，上板和薄片保持电位为 U_0，下板保持零电位(见题图 3-10)。设 $z=0$ 的平面上 y 从 0 变到 d 时，电位从 0 线性地变到 U_0，求极板间的电位。

3-13　一导体制成的矩形槽，在端面的中心($x=a/2$)有一小缝(见题图 3-11)。上板的电位为 U_0，下板电位为零，求 $0<x<a, z>0$ 的区间内电位解。

3-14　在无限大介质(介电常数为 ε)中有一球形空腔，外加一均匀电场 $E_0\hat{z}$，求空腔内外的电位。

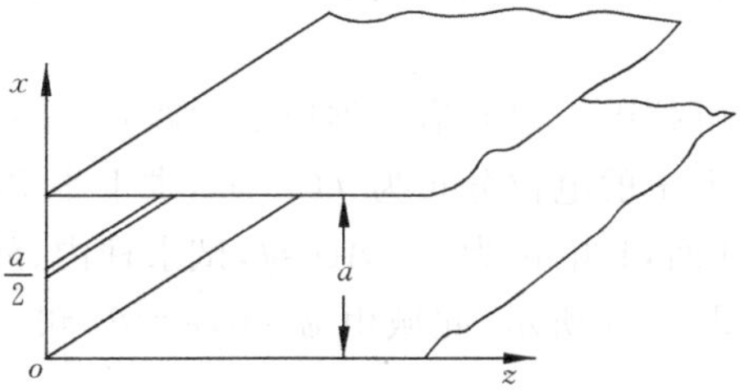

题图 3-11

3-15　在均匀外电场 $\boldsymbol{E}=E_0\hat{x}$ 中，垂直于电场方向有一半径为 a 的导体圆柱(无限长)，求圆柱外的电位解和圆柱表面的感应电荷分布。

3-16　试计算一被均匀极化($\boldsymbol{P}=P_0\hat{z}$)的介质球在球内外所产生的电位分布。

3-17　一圆柱形电容器，其半径为 a，上半部分加电压 U_0，下半部分加电压 $-U_0$(见题

图 3-12)，求此电容器内的电位分布(极板间的间隙影响忽略)。

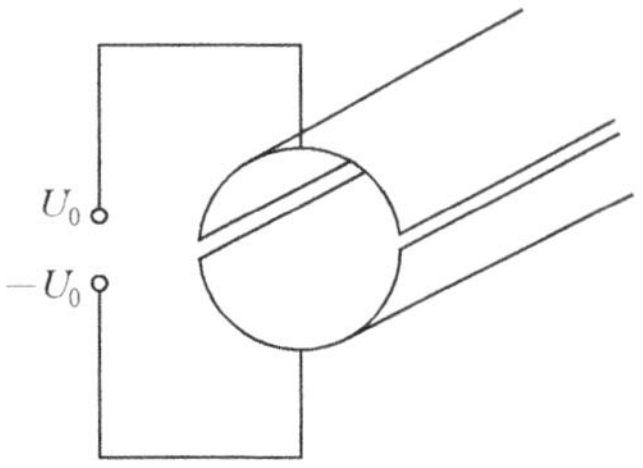

题图 3-12

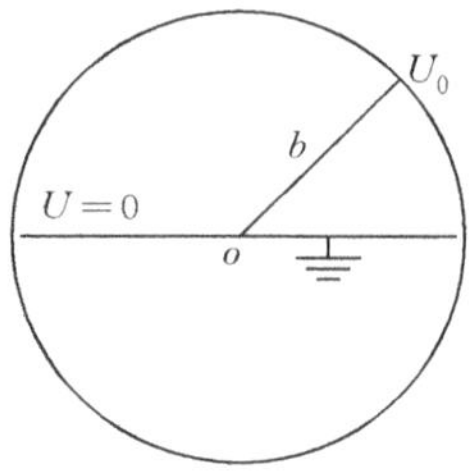

题图 3-13

3-18 一圆筒形电极半径为 b(见题图 3-13)，加电压 U_0，内有一平面电极 $U=0$，求圆筒内部电位解。

3-19 一矩形域，其边界条件如题图 3-14 所示，求此域内的电位解。

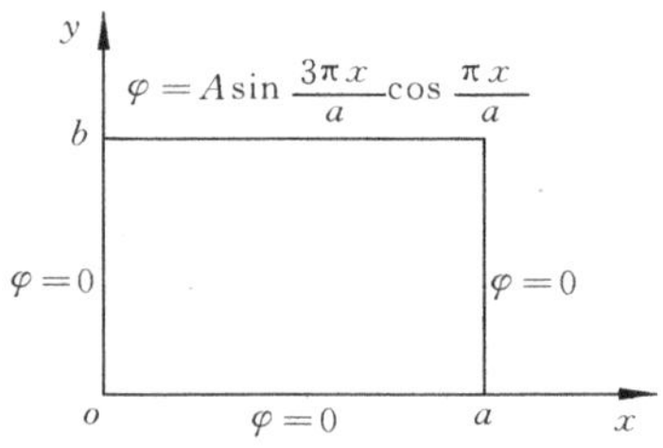

题图 3-14

3-20 有一偶极矩为 $\boldsymbol{p}$ 的电偶极子位于导体球形空腔的中心，如果空腔的半径为 a，试求空腔内的电位分布及腔内表面上的感应电荷分布。

3-21 有一半径为 a 的接地导体球，被一外半径为 b，内半径为 a，介电常数为 ϵ 的同心介质球壳包住。在离球心 d 处放一点电荷 q，$d>b>a$，试求空间的电位分布。

3-22 有一半径为 a 的中空圆柱体，其轴与 z 轴相合，其两底面各在 $z=0$ 和 $z=L$ 的平面上。上下底面分别加电位为 φ_1，φ_2，柱面的电位为零，求柱内的电位分布。

3-23 一圆柱形导体空腔其半径为 a，高度为 L，试求此域内第一类边值问题的格林函数。

3-24 在球 $r=a$ 外求解拉氏方程的第一类边值问题 $\varphi|_{r=a}=\varphi_0$。

3-25 已知在 $z=0$ 平面上的电位分布为 $f(x,y)$，求上半空间($z>0$)的电位分布。

3-26 一无限长直圆柱面，其电位为 $\varphi=A\cos\phi$，试求柱内、外空间的电位。

3-27 一扇形域如题图 3-15 所示，此域由 $\phi=0$，$\phi=\theta_0$ 和 $r=a$ 所围成，求此域内第一类边值问题的格林函数。

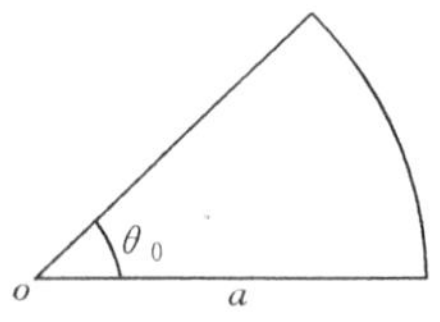

题图 3-15

第4章 稳恒磁场

第 2 章讨论了静电场的特性，本章将讨论恒定电流产生的磁场(稳恒磁场)的特性。

1820 年奥斯特(Oersted)发现通电导线周围存在磁场，不久之后，安培发现两个电流回路之间存在着相互作用力，并且通过实验建立了定量描述两个电流回路之间作用力的基本定律——安培定律。毕奥和萨伐尔根据实验建立了定量描述磁感应强度 **B**(描述磁场特性的一个物理量)与电流之间关系的基本定律——毕奥-萨伐尔定律。

本章将从安培定律出发来讨论磁场的特性，建立磁场的基本概念和基本方程，并引入磁位的概念，最后讨论磁介质中的磁场和磁场的边值问题。

4.1 安培定律和磁感应强度 B

4.1.1 安培定律

由实验发现，通有电流的两个回路之间存在着相互作用力，例如，两条无限长平行直导线分别通有电流 I_a 和 I_b，则它们之间存在着作用力，这个作用力与 I_aI_b/R 成正比，其中 R 是导线之间的距离。如果 I_a 和 I_b 的方向相同，则力是相吸的，如果 I_a 和 I_b 的方向相反，则力是相斥的。

下面来看一般情况。如图 4-1 所示，设在真空中有两个由细导线(半径可忽略)构成的闭合回路 C_1 和 C_2，分别流过电流 I_1 和 I_2，电流方向如图所示，两回路上的线电流元分别用 $I_1\mathrm{d}\boldsymbol{l}_1$ 和 $I_2\mathrm{d}\boldsymbol{l}_2$ 表示，$\boldsymbol{r}'$ 和 $\boldsymbol{r}$ 分别是 C_1、C_2 回路的电流元的位置矢量，$\boldsymbol{R}=\boldsymbol{r}-\boldsymbol{r}'$ 是它们的相对位置矢量，由实验发现回路 C_1 对回路 C_2 的作用力为

$$\boldsymbol{F}_{C_1\to C_2}=\frac{\mu_0}{4\pi}\oint_{C_2}\oint_{C_1}\frac{I_2\mathrm{d}\boldsymbol{l}_2\times(I_1\mathrm{d}\boldsymbol{l}_1\times\hat{\boldsymbol{R}})}{R^2} \tag{4-1}$$

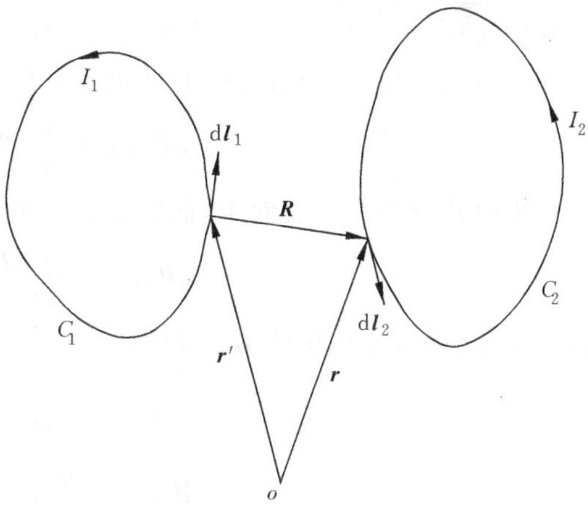

图 4-1 两电流回路间相对位置

式中常数 μ_0 称为真空中的磁导率，

$$\mu_0=4\pi\times10^{-7}\,\mathrm{H/m} \tag{4-2}$$

式(4-1)即为著名的安培定律。

很显然，两电流回路之间的作用力是相互的，即与此同时 C_2 对 C_1 也有一个作用力为

$$\boldsymbol{F}_{C_2\to C_1}=\frac{\mu_0}{4\pi}\oint_{C_1}\oint_{C_2}\frac{I_1\mathrm{d}\boldsymbol{l}_1\times(I_2\mathrm{d}\boldsymbol{l}_2\times\hat{\boldsymbol{R}}')}{R^2} \tag{4-3}$$

式中 $\boldsymbol{R}'=-\boldsymbol{R}$，可以证明 $\boldsymbol{F}_{C_1\to C_2}=-\boldsymbol{F}_{C_2\to C_1}$。

4.1.2 毕奥-萨伐尔定律

实际上，由式(4-1)表示的回路 C_1 对回路 C_2 的作用力是回路 C_1 的场对回路 C_2 的作用力。所以如果我们将式(4-1)改写为

$$\boldsymbol{F}_{C_1 \to C_2} = \oint_{C_2} I_2 \mathrm{d}\boldsymbol{l}_2 \times \left(\frac{\mu_0}{4\pi} \oint_{C_1} \frac{I_1 \mathrm{d}\boldsymbol{l}_1 \times \hat{\boldsymbol{R}}}{R^2} \right) \tag{4-4}$$

则可以引入描述磁场的物理量。定义式(4-4)括号内的量为回路 C_1 在 $\boldsymbol{r}$ 处产生的磁感应强度 $\boldsymbol{B}(\boldsymbol{r})$，即

$$\boldsymbol{B}(\boldsymbol{r}) = \frac{\mu_0}{4\pi} \oint_{C_1} \frac{I_1 \mathrm{d}\boldsymbol{l}_1 \times \hat{\boldsymbol{R}}}{R^2} \tag{4-5}$$

式(4-5)即为毕奥-萨伐尔定律。磁感应强度 $\boldsymbol{B}$ 又称为磁通密度，其单位是 T(特[斯拉])，$1\mathrm{T} = 1\mathrm{Wb/m^2}$。我们可直接应用式(4-5)计算 $\boldsymbol{B}$。从毕奥-萨伐尔定律可以看出，回路 C_1 在 $\boldsymbol{r}$ 处产生的磁场 $\boldsymbol{B}(\boldsymbol{r})$ 与 $\boldsymbol{r}$ 处的电流 I_2 无关，$\boldsymbol{B}(\boldsymbol{r})$ 只是相对于回路 C_2 的回路 C_1 上的电流元的大小与位置的函数。

由式(4-5)，线电流元 $I_1 \mathrm{d}\boldsymbol{l}_1$ 在 $\boldsymbol{r}$ 处产生的磁感应强度 $\mathrm{d}\boldsymbol{B}(\boldsymbol{r})$ 为

$$\mathrm{d}\boldsymbol{B}(\boldsymbol{r}) = \frac{\mu_0 I_1}{4\pi} \frac{\mathrm{d}\boldsymbol{l}_1 \times \hat{\boldsymbol{R}}}{R^2} = \frac{\mu_0 I_1}{4\pi} \frac{\mathrm{d}\boldsymbol{l}_1 \times \boldsymbol{R}}{R^3} \tag{4-6}$$

真空中线电流元 $I_2 \mathrm{d}\boldsymbol{l}_2$ 在回路 C_1 的磁场 $\boldsymbol{B}(\boldsymbol{r})$ 中受到的作用力为

$$\mathrm{d}\boldsymbol{F} = I_2 \mathrm{d}\boldsymbol{l}_2 \times \boldsymbol{B}(\boldsymbol{r}) \tag{4-7}$$

引入 $\boldsymbol{B}$ 的概念后，安培定律可写成更为一般的形式

$$\boldsymbol{F} = \oint_C I \mathrm{d}\boldsymbol{l} \times \boldsymbol{B} \tag{4-8}$$

式(4-8)表示电流回路 C 在磁场中所受到的作用力。

我们还可将线电流分布的情况推广到体电流和面电流分布的情况。

如果电流是在一体积内流动，体电流密度为 $\boldsymbol{J}$，则体电流元 $\boldsymbol{J}\mathrm{d}V$ 产生的 $\mathrm{d}\boldsymbol{B}$ 为

$$\mathrm{d}\boldsymbol{B}(\boldsymbol{r}) = \frac{\mu_0}{4\pi} \frac{\boldsymbol{J}(\boldsymbol{r}') \times \hat{\boldsymbol{R}}}{R^2} \mathrm{d}V' \tag{4-9}$$

如果电流分布在一表面上，面电流密度为 $\boldsymbol{J}_S$，则面电流元 $\boldsymbol{J}_S \mathrm{d}S$ 产生的 $\mathrm{d}\boldsymbol{B}$ 为

$$\mathrm{d}\boldsymbol{B}(\boldsymbol{r}) = \frac{\mu_0}{4\pi} \frac{\boldsymbol{J}_S(\boldsymbol{r}') \times \hat{\boldsymbol{R}}}{R^2} \mathrm{d}S' \tag{4-10}$$

则由体电流、面电流产生的 $\boldsymbol{B}$ 分别为

$$\boldsymbol{B}(\boldsymbol{r}) = \frac{\mu_0}{4\pi} \int_{V'} \frac{\boldsymbol{J}(\boldsymbol{r}') \times \hat{\boldsymbol{R}}}{R^2} \mathrm{d}V' \tag{4-11}$$

$$\boldsymbol{B}(\boldsymbol{r}) = \frac{\mu_0}{4\pi} \int_{S'} \frac{\boldsymbol{J}_S(\boldsymbol{r}') \times \hat{\boldsymbol{R}}}{R^2} \mathrm{d}S' \tag{4-12}$$

式(4-11)与式(4-12)在形式上与式(4-5)相似。

与式(4-8)类似，体电流、面电流在磁场 $\boldsymbol{B}$ 中受到的作用力分别为

$$\boldsymbol{F} = \int_V \boldsymbol{J} \times \boldsymbol{B} \mathrm{d}V \tag{4-13}$$

$$\boldsymbol{F} = \int_S \boldsymbol{J}_S \times \boldsymbol{B} \mathrm{d}S \tag{4-14}$$

下面举例说明毕奥-萨伐尔定律的应用。

例 4-1 求一无限长的直线恒定电流 I_1(参看图 4-2)产生的磁感应强度。

解 设电流沿 $\boldsymbol{z}$ 方向流动,则 z 点的电流元 $I_1\mathrm{d}z$ 至场点 P 的距离 R 满足

$$R^2 = \rho^2 + z^2 \tag{4-15}$$

单位矢量为

$$\hat{\boldsymbol{R}} = \hat{\boldsymbol{\rho}}\cos\theta - \hat{\boldsymbol{z}}\sin\theta = \frac{\rho}{R}\hat{\boldsymbol{\rho}} - \frac{z}{R}\hat{\boldsymbol{z}} \tag{4-16}$$

$I_1\mathrm{d}z$ 在 P 点产生的磁感应强度是

$$\mathrm{d}\boldsymbol{B} = \frac{\mu_0}{4\pi}\frac{I_1\mathrm{d}z(\hat{\boldsymbol{z}}\times\hat{\boldsymbol{R}})}{R^2} = \frac{\mu_0 I_1}{4\pi}\frac{\rho\mathrm{d}z}{(\rho^2+z^2)^{3/2}}\hat{\boldsymbol{\phi}} \tag{4-17}$$

对式(4-17)积分,求得无限长的线电流 I_1 在 P 点产生的总的磁感应强度为

$$\boldsymbol{B} = \frac{\mu_0 I_1}{2\pi\rho}\hat{\boldsymbol{\phi}} \tag{4-18}$$

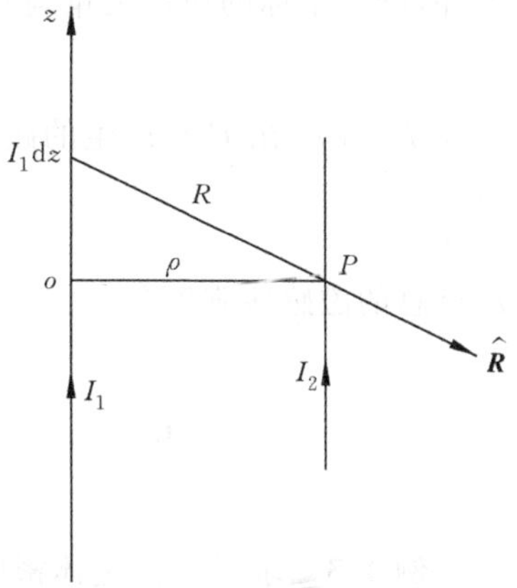

图 4-2 例 4-1 的示意图

如果长为 L 的另一根线电流 I_2 通过 P 点并且与 I_1 平行,则 I_2 受到的磁场力为

$$\boldsymbol{F} = \int_{-L/2}^{+L/2} I_2\hat{\boldsymbol{z}}\times\boldsymbol{B}\mathrm{d}z = -\frac{\mu_0 I_1 I_2 L}{2\pi\rho}\hat{\boldsymbol{\rho}} \tag{4-19}$$

式(4-19)表明,当两线电流方向相同时互相吸引,方向相反时($I_1I_2<0$)互相排斥。

例 4-2 求具有恒定面电流密度 $J_S\hat{\boldsymbol{z}}$ 的无限大平面面电流在空中任一点产生的磁感应强度。

解 设面电流所在平面与 $y=0$ 的平面重合,将面电流分成许多与 z 轴平行的线电流 $J_S\mathrm{d}x$(参看图 4-3),每一个线电流产生的磁感应强度由式(4-18)给出。显然,位于 P 点两边坐标分别为 x 和 $-x$ 的两根线电流 I_1 和 I_2 在 P 点产生的磁感应强度的 y 分量互相抵消,

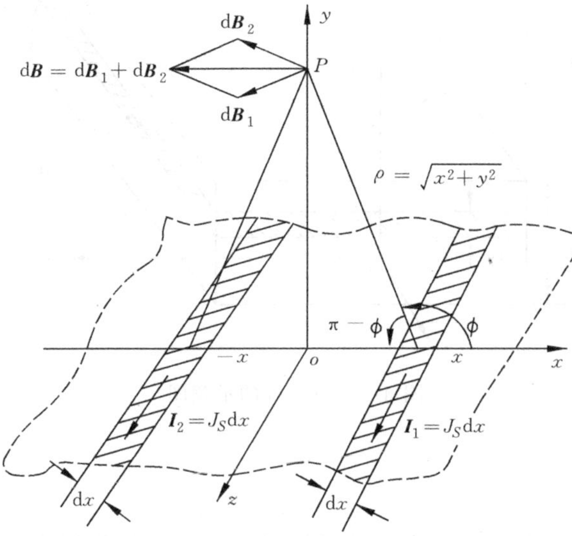

图 4-3 例 4-2 的示意图

合成的结果只有 x 分量，即

$$\mathrm{d}\boldsymbol{B}=-|\mathrm{d}\boldsymbol{B}_1+\mathrm{d}\boldsymbol{B}_2|\hat{\boldsymbol{x}} \tag{4-20}$$

另外，圆柱坐标的单位矢量与直角坐标的单位矢量之间的关系是

$$\hat{\boldsymbol{\phi}}=-\sin\phi\hat{\boldsymbol{x}}+\cos\phi\hat{\boldsymbol{y}} \tag{4-21}$$

因此 I_1 和 I_2 在 P 点产生的磁感应强度是

$$\mathrm{d}\boldsymbol{B}=-2\frac{\mu_0 J_S\sin\phi}{2\pi(x^2+y^2)^{1/2}}\mathrm{d}x\hat{\boldsymbol{x}} \tag{4-22}$$

P 点总的磁感应强度是

$$\boldsymbol{B}=-\int_0^{\infty}\frac{\mu_0 J_S\sin\phi}{\pi(x^2+y^2)^{1/2}}\mathrm{d}x\hat{\boldsymbol{x}}=\begin{cases}-\dfrac{\mu_0 J_S}{2}\hat{\boldsymbol{x}} & (y>0)\\ \dfrac{\mu_0 J_S}{2}\hat{\boldsymbol{x}} & (y<0)\end{cases} \tag{4-23}$$

例 4-3 求具有恒定体密度 $J_0\hat{\boldsymbol{z}}$，厚度为 d 的无限大平板体电流在空中任一点产生的磁感应强度。

解 如图 4-4 所示，将体电流分成许多厚为 $\mathrm{d}y'$ 的面电流，面密度为 $J_0\mathrm{d}y'$，它产生的磁感应强度由式(4-23)给出，将所有这些面电流产生的磁感应强度叠加起来，可求得空中任一点的 $\boldsymbol{B}$ 为

$$\boldsymbol{B}=\begin{cases}\displaystyle\int_{-d/2}^{+d/2}-\frac{1}{2}\mu_0 J_0\mathrm{d}y'\hat{\boldsymbol{x}}=-\frac{1}{2}\mu_0 J_0 d\hat{\boldsymbol{x}} & \left(y>\dfrac{d}{2}\right)\\ \displaystyle\int_{-d/2}^{d/2}\frac{1}{2}\mu_0 J_0\mathrm{d}y'\hat{\boldsymbol{x}}=\frac{1}{2}\mu_0 J_0 d\hat{\boldsymbol{x}} & \left(y<\dfrac{d}{2}\right)\\ \displaystyle\int_{-d/2}^{y}-\frac{1}{2}\mu_0 J_0\mathrm{d}y'\hat{\boldsymbol{x}}+\int_{y}^{d/2}\frac{1}{2}\mu_0 J_0\mathrm{d}\boldsymbol{y}'\hat{\boldsymbol{x}}=-\mu_0 J_0 y\hat{\boldsymbol{x}} & \left(-\dfrac{d}{2}\leqslant y\leqslant\dfrac{d}{2}\right)\end{cases} \tag{4-24}$$

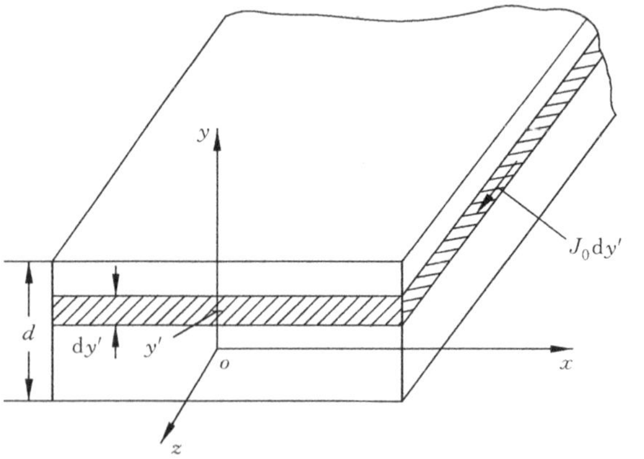

图 4-4 例 4-3 的示意图

4.1.3 洛伦兹力

式(4-8)、式(4-13)、式(4-14)均表示磁场对载流导体的作用力，下面讨论磁场对运动电荷的作用力。首先求在磁场 $\boldsymbol{B}$ 中，以速度 $\boldsymbol{v}$ 运动的带有电荷 q 的质点受到的作用力。为简单起见，将带电的质点视为一底面积为 ΔS，长为 Δl 的小圆柱，如图 4-5 所示，这样，带电

质点的体电荷密度为

$$\rho=\frac{q}{\Delta S\Delta l} \tag{4-25}$$

以速度$\boldsymbol{v}$运动的体电荷所形成的体电流的密度为

$$\boldsymbol{J}=\rho\boldsymbol{v} \tag{4-26}$$

根据安培定律,运动电荷受到的磁场的作用力为

$$\boldsymbol{F}_{\mathrm{m}}=I\Delta\boldsymbol{l}\times\boldsymbol{B}=\rho v\Delta S\Delta\boldsymbol{l}\times\boldsymbol{B}=q\boldsymbol{v}\times\boldsymbol{B} \tag{4-27}$$

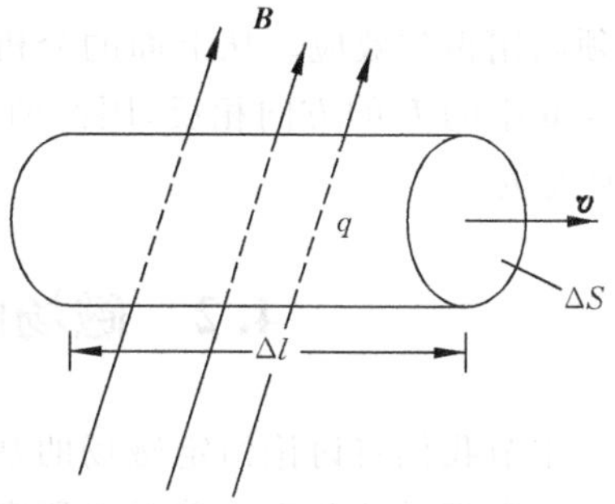

图 4-5　将带电质点视为一小圆柱的示意图

从上式可看出,磁场力$\boldsymbol{F}_{\mathrm{m}}$的方向总是与电荷$q$的运动速度$\boldsymbol{v}$的方向垂直,这说明磁场力不能改变运动电荷速度的大小,只能改变它的运动轨迹。如果除了磁场$\boldsymbol{B}$以外,空中还存在电场$\boldsymbol{E}$,则运动电荷q受到的总的作用力为

$$\boldsymbol{F}=\boldsymbol{F}_{\mathrm{m}}+\boldsymbol{F}_{\mathrm{e}}=q(\boldsymbol{v}\times\boldsymbol{B}+\boldsymbol{E}) \tag{4-28}$$

$\boldsymbol{F}$称为洛伦兹力。式(4-28)由洛伦兹(Lorentz)在1892年导出。

对于分布电荷,每一个运动的电荷元在磁场中受到的作用力为

$$\mathrm{d}\boldsymbol{F}_{\mathrm{m}}=\mathrm{d}q\,\boldsymbol{v}\times\boldsymbol{B} \tag{4-29}$$

当运动的电荷分别是体、面、线电荷时,其体、面、线电流元在磁场中受到的作用力分别为

$$\mathrm{d}\boldsymbol{F}_{\mathrm{m}}=\begin{cases}\rho_V\,\boldsymbol{v}\times\boldsymbol{B}\mathrm{d}V=\boldsymbol{J}\times\boldsymbol{B}\mathrm{d}V\\ \rho_S\,\boldsymbol{v}\times\boldsymbol{B}\mathrm{d}S=\boldsymbol{J}_S\times\boldsymbol{B}\mathrm{d}S\\ \rho_l\,\boldsymbol{v}\times\boldsymbol{B}\mathrm{d}l=I\mathrm{d}\boldsymbol{l}\times\boldsymbol{B}\end{cases} \tag{4-30}$$

洛伦兹力在工程上已得到广泛的应用,下面举例说明。

例 4-4　霍尔效应。如图4-6所示,一恒定电流I在金属块中流动,电流的方向沿y方

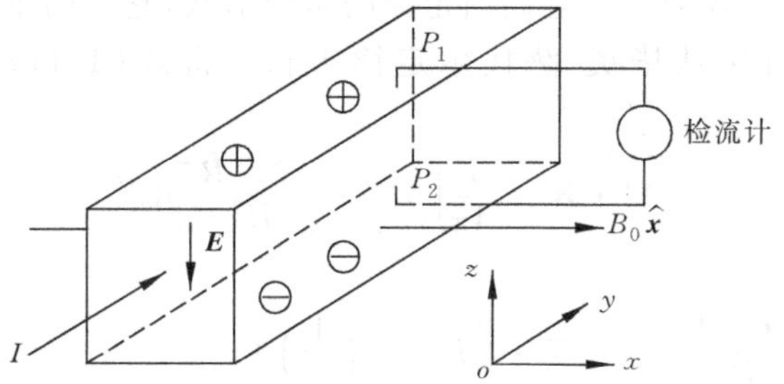

图 4-6　霍尔效应示意图

向(即电子移动的方向是$-y$方向),当沿$\hat{\boldsymbol{x}}$方向外加一磁场$\boldsymbol{B}=B_0\hat{\boldsymbol{x}}$时,电子受到磁场的作用力

$$\boldsymbol{F}_{\mathrm{m}}=-|e|\,\bar{v}B_0\hat{\boldsymbol{z}} \tag{4-31}$$

式中$\bar{v}$是电子的平均速度。因此电子将向下偏转在金属块的底面堆积起来,而多余的正电荷在顶面堆积起来,这样在金属块的上下两面之间形成了一电场$\boldsymbol{E}$,直到电子在此电场中受到的向上的作用力$\boldsymbol{F}_{\mathrm{e}}=-|e|\boldsymbol{E}$和受到的磁场的作用力$\boldsymbol{F}_{\mathrm{m}}$相平衡为止,电子又重新沿$\hat{\boldsymbol{y}}$方向运动。$\boldsymbol{E}$的存在可以由检流计直接测量出来。这一效应是1879年霍尔发现的。霍尔效

应对研究导电的机理是一个最有启发性的现象，在近代研究导电现象，特别是研究半导体，必须利用霍尔效应。从上面的分析可知，如果载流子是正电荷，则形成的 $\boldsymbol{E}$ 的方向正好与图 4-6 中的 $\boldsymbol{E}$ 的方向相反，因而两面（P_1 和 P_2）之间的霍尔电压的符号可以说明载流子是正的还是负的。

4.2 磁场的高斯定律和安培环路定律

本节我们将讨论恒定磁场的基本方程——高斯定律和安培环路定律。

通常都是从两方面着手来研究一个向量场，即计算它通过任何封闭曲面的通量和它沿任一封闭曲线的线积分。

4.2.1 磁场的高斯定律

所有的实验均表明磁感应强度线是闭合的，例如通电直导线周围的磁感应强度线是以导线为圆心的同心圆；通电螺线管的磁感应强度线无头无尾，也是闭合的；所以通过任一封闭曲面的磁通量必定为零（参看图 4-7），即

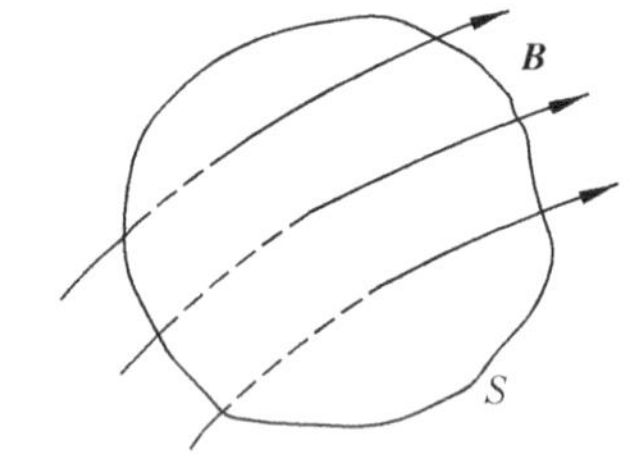

图 4-7 说明高斯定律的示意图

$$\oint_S \boldsymbol{B} \cdot d\boldsymbol{S} = 0 \tag{4-32}$$

式(4-32)是磁场的高斯定律的积分形式，利用散度定理，将面积分变成体积分，即

$$\oint_S \boldsymbol{B} \cdot d\boldsymbol{S} = \int_V \nabla \cdot \boldsymbol{B} dV = 0 \tag{4-33}$$

由于上式对任意闭合面都成立，所以

$$\nabla \cdot \boldsymbol{B} = 0 \tag{4-34}$$

式(4-34)是高斯定律的微分形式，它表明不存在类似于电荷的磁荷。

式(4-34)也可以直接从毕奥-萨伐尔定律求得。将式(4-11)两边对场点坐标取散度，即有

$$\nabla \cdot \boldsymbol{B} = \frac{\mu_0}{4\pi}\int_{V'} \nabla \cdot \left[\frac{\boldsymbol{J} \times \hat{\boldsymbol{R}}}{R^2}\right] dV' \tag{4-35}$$

因为

$$\begin{aligned}\nabla \cdot \left[\frac{\boldsymbol{J} \times \hat{\boldsymbol{R}}}{R^2}\right] &= -\nabla \cdot \left[\boldsymbol{J} \times \nabla\left(\frac{1}{R}\right)\right] \\ &= -\left[\nabla\left(\frac{1}{R}\right) \cdot (\nabla \times \boldsymbol{J}) - \boldsymbol{J} \cdot \nabla \times \left(\nabla \frac{1}{R}\right)\right]\end{aligned} \tag{4-36}$$

考虑到 $\boldsymbol{J}=\boldsymbol{J}(x', y', z')$（即 $\boldsymbol{J}$ 是源点坐标 x', y', z' 的函数），而 ∇ 是对场点坐标的微分运算，所以 $\nabla \times \boldsymbol{J}=0$，另外 $\nabla \times \left(\nabla \frac{1}{R}\right)=0$，所以式(4-36)右边等于零，即式(4-35)中的被积函数为零，因此任一点的磁感应强度的散度等于零。

4.2.2 安培环路定律

安培环路定律建立了磁感应强度 $\boldsymbol{B}$ 沿任一闭合路径 L 的线积分与通过 L 所包围的面

积 S 的总电流 I 间的关系，它们之间满足方程

$$\oint_L \boldsymbol{B} \cdot \mathrm{d}\boldsymbol{l} = \mu_0 I \tag{4-37}$$

现在我们来证明这一结论。为简单起见，我们先假定磁感应强度 $\boldsymbol{B}$ 是由沿回路 L' 流动的线电流 I 产生的，则积分环路 L 上任一点 P 处的 $\boldsymbol{B}$ 由式(4-5)确定，代入式(4-37)的左边后求得

$$\begin{aligned}\oint_L \boldsymbol{B} \cdot \mathrm{d}\boldsymbol{l} &= \frac{\mu_0 I}{4\pi} \oint_L \oint_{L'} \frac{\mathrm{d}\boldsymbol{l} \cdot (\mathrm{d}\boldsymbol{l}' \times \hat{\boldsymbol{R}})}{R^2} \\ &= -\frac{\mu_0 I}{4\pi} \oint_L \oint_{L'} \frac{(-\mathrm{d}\boldsymbol{l} \times \mathrm{d}\boldsymbol{l}') \cdot \hat{\boldsymbol{R}}}{R^2}\end{aligned} \tag{4-38}$$

如图 4-8 所示，设 L' 在 P 点所张的立体角为 Ω，当 P 沿 L 移动一距离 $\mathrm{d}\boldsymbol{l}$ 到达 P_1 点时，L' 在 P_1 点所张的立体角将为 $\Omega_1 = \Omega + \mathrm{d}\Omega$，其中 $\mathrm{d}\Omega$ 是 P 点移到 P_1 的位置时，L' 所张立体角的增量，但是这一增量我们可以从另一途径求得。假定 P 点不动，而使环路 L' 朝相反方向移动一段相同距离，即移动 $\mathrm{d}\boldsymbol{l}$，使环路 L' 处在新的位置 L_1'，此时环路 L' 移动前后在 P 点所张的立体角的变化也是 $\mathrm{d}\Omega$。从图 4-8 可以看出，阴影面积 $\mathrm{d}\boldsymbol{S} = -\mathrm{d}\boldsymbol{l} \times \mathrm{d}\boldsymbol{l}'$，在 P 点所张的立体角

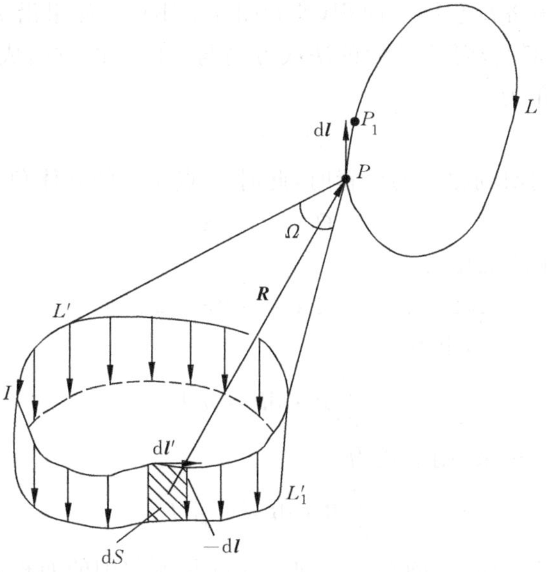

图 4-8　证明安培环路定律的示意图

是 $(-\mathrm{d}\boldsymbol{l} \times \mathrm{d}\boldsymbol{l}') \cdot \hat{\boldsymbol{R}} / R^2$，它是由于 $\mathrm{d}\boldsymbol{l}'$ 移动 $-\mathrm{d}\boldsymbol{l}$ 后，引起 P 点所张的立体角的变化，因此整个 L' 移动 $-\mathrm{d}\boldsymbol{l}$ 后，引起 P 点所张的立体角的变化为

$$\mathrm{d}\Omega = \oint_{L'} \frac{(-\mathrm{d}\boldsymbol{l} \times \mathrm{d}\boldsymbol{l}') \cdot \hat{\boldsymbol{R}}}{R^2} \tag{4-39}$$

将式(4-39)代入式(4-38)并沿 L 积分后求得

$$\oint_L \boldsymbol{B} \cdot \mathrm{d}\boldsymbol{l} = -\frac{\mu_0 I}{4\pi} \oint_L \mathrm{d}\Omega = -\frac{\mu_0 I}{4\pi} \Delta\Omega \tag{4-40}$$

其中 $\Delta\Omega$ 是 P 点沿环路移动一周时，环路 L' 所张的立体角的总的变化。下面分两种情况讨论：

(1) 环路 L'不穿过环路 L 包围的面积(参看图 4-9(a))。显然当 P 点沿环路 L 移动一周回到原位置时,所张立体角仍是 Ω,即 $\Delta\Omega=0$,所以

$$\oint_L \boldsymbol{B}\cdot \mathrm{d}\boldsymbol{l} = 0 \tag{4-41}$$

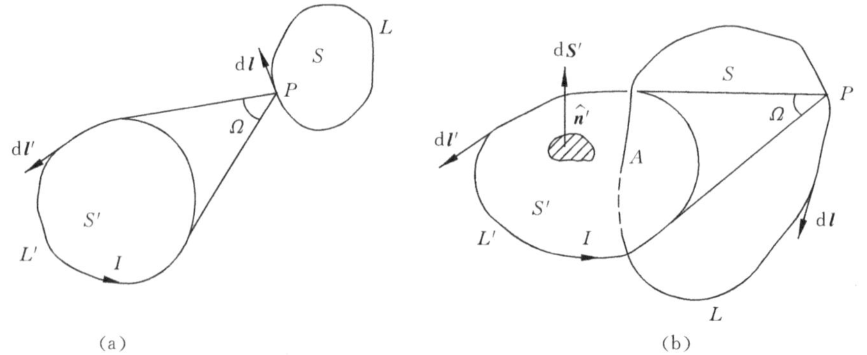

图 4-9 证明安培环路定律的示意图

(2) 环路 L'穿过环路 L 包围的面积(参看图 4-9(b))。如果沿 L 的积分的起点选在由 L'所包围的 S'面上的 A 点,而且 S'面的法线方向与 I 流动的方向成右手螺旋关系,则此时 L'在 A 点所张的立体角为

$$\Omega_{1A} = 2\pi \tag{4-42}$$

沿积分路径 L 移动一周回到原来的位置时,此时 A 点所张的立体角为

$$\Omega_{2A} = -2\pi \tag{4-43}$$

因此移动一周后立体角的变化为

$$\Delta\Omega = \Omega_{2A} - \Omega_{1A} = -2\pi - 2\pi = -4\pi \tag{4-44}$$

将式(4-44)代入式(4-40)后,求得

$$\oint_L \boldsymbol{B}\cdot \mathrm{d}\boldsymbol{l} = \mu_0 I \tag{4-45}$$

如果沿 L 的积分方向反过来,则上式为

$$\oint_L \boldsymbol{B}\cdot \mathrm{d}\boldsymbol{l} = -\mu_0 I \tag{4-46}$$

从上面的分析可以看出,当沿 L 的积分方向与穿过 L 所包围的面积 S 的电流 I 的方向成右手螺旋关系时(参看图 4-10(a)),电流对积分的贡献是 $\mu_0 I$,而电流沿相反的方向穿过 L 所

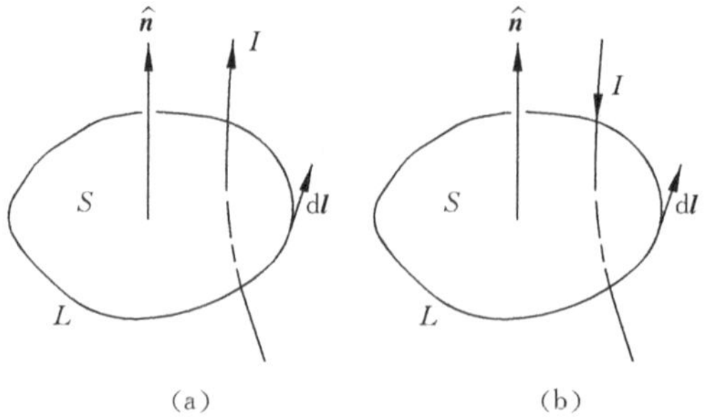

图 4-10 环路积分方向与所穿电流方向的关系

包围的面积 S 时(参看图 4-10(b)),电流对积分的贡献是 $-\mu_0 I$。如果有 i 个线电流穿过 L 所包围的面积 S,则 $\boldsymbol{B}$ 沿 L 的线积分应等于这 i 个电流的代数和与 μ_0 的乘积,即

$$\oint_L \boldsymbol{B}\cdot \mathrm{d}\boldsymbol{l} = \mu_0 \sum_i I_i = \mu_0 I \tag{4-47}$$

式(4-47)是安培环路定律的积分形式。它告诉我们 $\boldsymbol{B}$ 的环路积分只与通过环路所包围的面积 S 的电流的大小有关,而与电流在什么位置通过 S 以及环外的电流无关。但必须注意,环路上任一点处的磁感应强度 $\boldsymbol{B}$,一般说与环内外的电流及其位置都是有关的。

当密度为 $\boldsymbol{J}$ 的体电流通过 L 所包围的面积 S 时,式(4-47)可写成

$$\oint_L \boldsymbol{B}\cdot \mathrm{d}\boldsymbol{l} = \mu_0 \int_S \boldsymbol{J}\cdot \mathrm{d}\boldsymbol{S} \tag{4-48}$$

利用斯托克斯定律将式(4-48)左端的线积分变成面积分,则有

$$\int_S \nabla\times\boldsymbol{B}\cdot \mathrm{d}\boldsymbol{S} = \mu_0 \int_S \boldsymbol{J}\cdot \mathrm{d}\boldsymbol{S} \tag{4-49}$$

因为式(4-49)对任意选定的 S 面均成立,所以

$$\nabla\times\boldsymbol{B} = \mu_0 \boldsymbol{J} \tag{4-50}$$

式(4-50)是安培环路定律的微分形式。可以看出,与静电场不同,恒定磁场是一有旋场,并且恒定磁场的源是且仅仅是电流。必须注意式(4-47)、式(4-48)和式(4-50)只是在恒定磁场和周围空间不存在磁性材料的情况下才成立。

式(4-50)同样可以直接由毕奥-萨伐尔定律求得。将式(4-11)两边对场点坐标取旋度,即有

$$\nabla\times\boldsymbol{B} = \frac{\mu_0}{4\pi}\int_{V'} \nabla\times\left[\frac{\boldsymbol{J}\times\hat{\boldsymbol{R}}}{R^2}\right]\mathrm{d}V' \tag{4-51}$$

利用矢量恒等式将式(4-51)中的被积函数加以变化,同时考虑到电流密度 $\boldsymbol{J}$ 是源点坐标 x',y',z' 的函数,不难求得式(4-50)的结果。

积分形式的安培环路定律可以使某些情况下 $\boldsymbol{B}$ 的计算变得非常简单,欲利用它计算出某点的 $\boldsymbol{B}$,必须选择满足下列条件的积分路径:

① 所选闭合的积分路径 L 上每一点的 $\boldsymbol{B}$ 只有切线分量或法线分量;

② $\boldsymbol{B}$ 的切线分量的大小相等。

显然利用积分形式的安培环路定律重作例 4-1 至例 4-3 可得到完全相同的结果,但计算要简便多了。下面我们再举两例说明安培环路定律的应用。

例 4-5 一半径为 a 的无限长直圆柱形导体流过电流 I(参看图 4-11),求导体内外的磁感应强度 $\boldsymbol{B}$。

解 因为对称性,无限长直圆柱形电流产生的磁场的磁感应强度只有 $\hat{\boldsymbol{\phi}}$ 方向的分量,即

$$\boldsymbol{B} = B_\phi \hat{\boldsymbol{\phi}} \tag{4-52}$$

在导体外,取半径为 ρ 的圆周 L_1 作为积分路径,L_1 上任一点的磁感应强度满足

$$B_\phi \int_0^{2\pi} \rho \mathrm{d}\phi = \mu_0 I$$

由此求得磁感应强度为

$$B_\phi = \frac{\mu_0 I}{2\pi\rho} \quad (\rho \geqslant a) \tag{4-53}$$

在导体内，取半径为 ρ 的圆周 L_2 作为积分路径，由于导体中的体电流密度是 $J=\frac{I}{\pi a^2}$，所以

$$B_\phi \cdot 2\pi\rho = \mu_0 J \pi\rho^2 = \mu_0 I \frac{\rho^2}{a^2}$$

由此得

$$B_\phi = \frac{\mu_0 I\rho}{2\pi a^2} \quad (\rho \leqslant a) \tag{4-54}$$

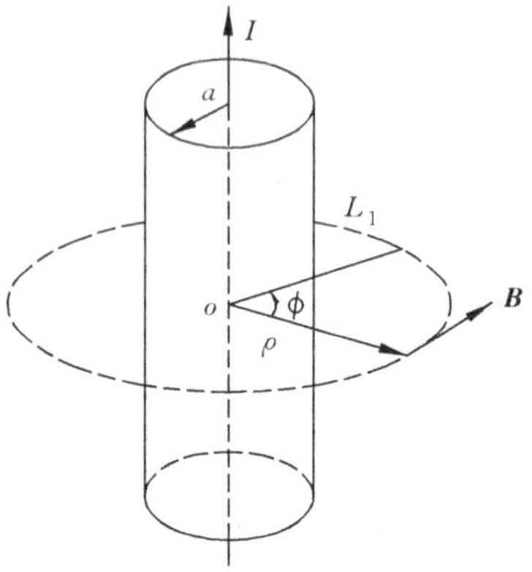

图 4-11　例 4-5 的示意图

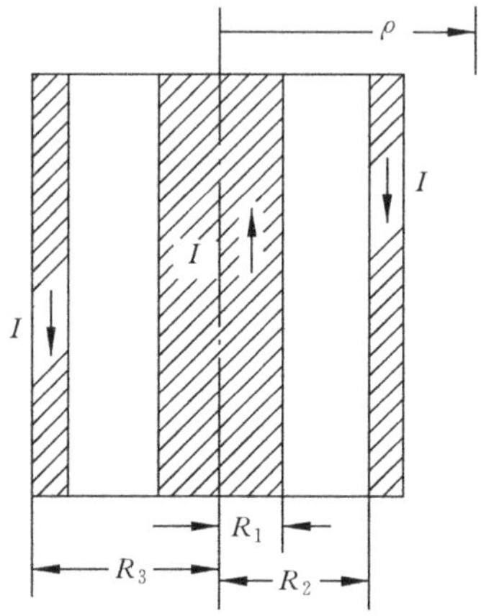

图 4-12　例 4-6 的示意图

综上所述可得

$$B_\phi = \begin{cases} \dfrac{\mu_0 I}{2\pi\rho} & (\rho \geqslant a) \\ \dfrac{\mu_0 I\rho}{2\pi a^2} & (\rho \leqslant a) \end{cases} \tag{4-55}$$

例 4-6　一内导体半径为 R_1，外导体内半径为 R_2，外半径为 R_3 的同轴线中流过电流 I（参看图 4-12），求空中任一点的磁感应强度 $\boldsymbol{B}$。

解　利用安培环路定律很容易求出各区的磁感应强度。

当 $\rho \leqslant R_1$ 时　　$2\pi\rho B_\phi = \frac{\mu_0 I}{\pi R_1^2}\pi\rho^2$，　$B_\phi = \frac{\mu_0 I\rho}{2\pi R_1^2}$

当 $R_1 \leqslant \rho \leqslant R_2$ 时　　$2\pi\rho B_\phi = \mu_0 I$，　$B_\phi = \frac{\mu_0 I}{2\pi\rho}$

当 $R_2 \leqslant \rho \leqslant R_3$ 时　　$2\pi\rho B_\phi = \mu_0\left[I - \frac{I}{\pi(R_3^2 - R_2^2)}\pi(\rho^2 - R_2^2)\right]$，　$B_\phi = \frac{\mu_0 I}{2\pi\rho}\left[1 - \frac{\rho^2 - R_2^2}{R_3^2 - R_2^2}\right]$

当 $\rho \geqslant R_3$ 时　　$B_\phi = 0$

综上所述，得

$$B_\phi = \begin{cases} \dfrac{\mu_0 I\rho}{2\pi R_1^2} & (\rho \leqslant R_1) & (4\text{-}56) \\ \dfrac{\mu_0 I}{2\pi\rho} & (R_1 \leqslant \rho \leqslant R_2) & (4\text{-}57) \\ \dfrac{\mu_0 I}{2\pi\rho}\left[1 - \dfrac{(\rho^2 - R_2^2)}{(R_3^2 - R_2^2)}\right] & (R_2 \leqslant \rho \leqslant R_3) & (4\text{-}58) \\ 0 & (\rho \geqslant R_3) & (4\text{-}59) \end{cases}$$

4.3 稳恒磁场的矢量磁位

4.3.1 矢量磁位 A 的引入

由于静电场是保守场，即$\nabla \times \boldsymbol{E}=0$，根据矢量分析，我们引入了标量电位 φ(简称电位 φ)，φ 的引入大大简化了静电场的计算。在计算稳恒磁场问题时，也希望类似地引入一个辅助位函数，以使磁场的计算得到简化。但稳恒磁场不是保守场，磁感应强度 $\boldsymbol{B}$ 的旋度不为零，因此 $\boldsymbol{B}$ 不能用一个标量函数的梯度来表示。但是 $\boldsymbol{B}$ 的散度为零，即 $\boldsymbol{B}$ 为无源场，根据矢量分析我们可以将 $\boldsymbol{B}$ 表示成另一个矢量 $\boldsymbol{A}$ 的旋度(因为$\nabla \cdot \nabla \times \boldsymbol{A}=0$)，即

$$\boldsymbol{B} = \nabla \times \boldsymbol{A} \tag{4-60}$$

式(4-60)中 $\boldsymbol{A}$ 称为矢量磁位，或称为磁矢位，单位是 Wb/m。由毕奥-萨伐尔定律可以求出矢量磁位 $\boldsymbol{A}$ 与电流源之间的关系。对于线电流的情况，毕奥-萨伐尔定律具有式(4-5)的形式，其右边积分号内的$\frac{\mathrm{d}\boldsymbol{l}'\times\hat{\boldsymbol{R}}}{R^2}$可展开为

$$\frac{\mathrm{d}\boldsymbol{l}' \times \hat{\boldsymbol{R}}}{R^2} = -\mathrm{d}\boldsymbol{l}' \times \nabla\left(\frac{1}{R}\right) = \nabla \times \left(\frac{\mathrm{d}\boldsymbol{l}'}{R}\right) - \frac{\nabla \times \mathrm{d}\boldsymbol{l}'}{R} \tag{4-61}$$

由于上式中 $\mathrm{d}\boldsymbol{l}'$是源点坐标的函数，所以有$\frac{\nabla \times \mathrm{d}\boldsymbol{l}'}{R}=0$，这样式(4-5)变成

$$\boldsymbol{B} = \frac{\mu_0 I}{4\pi}\oint_{L'} \nabla \times \left(\frac{\mathrm{d}\boldsymbol{l}'}{R}\right) = \nabla \times \left(\frac{\mu_0 I}{4\pi}\oint_{L'} \frac{\mathrm{d}\boldsymbol{l}'}{R}\right) \tag{4-62}$$

比较式(4-60)与式(4-62)可知

$$\boldsymbol{A} = \frac{\mu_0}{4\pi}\oint_{L'} \frac{I\,\mathrm{d}\boldsymbol{l}'}{R} \tag{4-63}$$

对于 i 个线电流 I_i 及密度为 $\boldsymbol{J}$ 的体电流和密度为 $\boldsymbol{J}_S$ 的面电流，它们产生的矢量磁位分别如下：

线电流
$$\boldsymbol{A} = \sum_i \frac{\mu_0}{4\pi}\oint_{L_i'} \frac{I_i \mathrm{d}\boldsymbol{l}_i'}{R} \tag{4-64a}$$

面电流
$$\boldsymbol{A} = \frac{\mu_0}{4\pi}\int_{S'} \frac{\boldsymbol{J}_S}{R}\mathrm{d}S' \tag{4-64b}$$

体电流
$$\boldsymbol{A} = \frac{\mu_0}{4\pi}\int_{V'} \frac{\boldsymbol{J}}{R}\mathrm{d}V' \tag{4-64c}$$

从式(4-64)可以看出，电流元产生的矢量磁位与电流元的方向是一致的，若电流只有 z 方向的分量，则它产生的矢量磁位也只有 z 方向的分量。矢量磁位的引入使磁场问题的计算也变得比较简单，要求磁感应强度 $\boldsymbol{B}$，只需按式(4-64)求出磁矢位 $\boldsymbol{A}$，然后取旋度即可。

$\boldsymbol{A}$ 是一矢量场，它在空间各点的大小和方向由式(4-64)确定，其旋度$\nabla \times \boldsymbol{A}$ 是对应点的磁感应强度 $\boldsymbol{B}$，那么它的散度$\nabla \cdot \boldsymbol{A}$ 等于多少呢？仍设空间的电流是一线电流，将式(4-63)两边对场点的坐标取散度，得

$$\nabla \cdot \boldsymbol{A} = \nabla \cdot \left(\frac{\mu_0}{4\pi}\oint_{L'} \frac{I\,\mathrm{d}\boldsymbol{l}'}{R}\right) = \frac{\mu_0 I}{4\pi}\oint_{L'} \nabla \cdot \left(\frac{\mathrm{d}\boldsymbol{l}'}{R}\right) \tag{4-65}$$

而

$$\nabla \cdot \left(\frac{\mathrm{d}\boldsymbol{l}'}{R}\right) = \mathrm{d}\boldsymbol{l}' \cdot \nabla\left(\frac{1}{R}\right) + \frac{1}{R}(\nabla \cdot \mathrm{d}\boldsymbol{l}') = -\nabla'\left(\frac{1}{R}\right) \cdot \mathrm{d}\boldsymbol{l}' \tag{4-66}$$

式中 $\mathrm{d}\boldsymbol{l}'$ 是源点坐标的函数，所以 $\nabla\cdot\mathrm{d}\boldsymbol{l}'=0$。将式(4-66)代入式(4-65)，利用斯托克斯定理后可求得

$$\nabla\cdot\boldsymbol{A}=-\frac{\mu_0 I}{4\pi}\oint_{L'}\nabla'\left(\frac{1}{R}\right)\cdot\mathrm{d}\boldsymbol{l}'=-\frac{\mu_0 I}{4\pi}\int_{S'}\left[\nabla'\times\nabla'\left(\frac{1}{R}\right)\right]\cdot\mathrm{d}\boldsymbol{S}' \tag{4-67}$$

式中 $\nabla'\times\nabla'\left(\frac{1}{R}\right)=0$，所以有

$$\nabla\cdot\boldsymbol{A}=0 \tag{4-68}$$

式(4-68)对于体电流和面电流产生的矢量磁位也是正确的。

4.3.2 矢量磁位 A 所满足的微分方程

由 4.3.1 节的讨论可知，在已知体电流分布的情况下可由式(4-64c)计算出矢量磁位 $\boldsymbol{A}$，但是在许多问题中直接计算这个积分会遇到一定的困难，因此希望导出 $\boldsymbol{A}$ 所满足的微分方程，使得我们有可能通过求解微分方程来求得 $\boldsymbol{A}$。这一想法类似于在静电场中为了避开直接积分求解电位 φ 的困难而推导出电位 φ 所满足的微分方程。下面我们来推导 $\boldsymbol{A}$ 所满足的微分方程。将式(4-60)两边取旋度，利用式(4-50)和矢量恒等式 $\nabla\times\nabla\times\boldsymbol{A}=\nabla(\nabla\cdot\boldsymbol{A})-\nabla^2\boldsymbol{A}$，并代入 $\nabla\cdot\boldsymbol{A}=0$，得

$$\nabla^2\boldsymbol{A}=-\mu_0\boldsymbol{J} \tag{4-69}$$

式(4-69)为矢量磁位 $\boldsymbol{A}$ 所满足的微分方程，它与静电场中标量电位 φ 所满足的泊松方程形式相同，是矢量磁位 $\boldsymbol{A}$ 的泊松方程。

在直角坐标系中 $\boldsymbol{A}=A_x\hat{\boldsymbol{x}}+A_y\hat{\boldsymbol{y}}+A_z\hat{\boldsymbol{z}}$，三个分量 A_x，A_y 和 A_z 分别满足泊松方程

$$\nabla^2 A_x=-\mu_0 J_x \tag{4-70a}$$

$$\nabla^2 A_y=-\mu_0 J_y \tag{4-70b}$$

$$\nabla^2 A_z=-\mu_0 J_z \tag{4-70c}$$

可以证明式(4-64c)是泊松方程(4-69)的一个特解。在无源区域，$\boldsymbol{J}=0$，方程(4-69)简化为拉普拉斯方程，即

$$\nabla^2\boldsymbol{A}=0 \tag{4-71}$$

另外，利用斯托克斯定理可以求得矢量磁位 $\boldsymbol{A}$ 沿任一封闭曲线 L 的线积分与通过 L 包围的某一面积 S 的磁通量之间的关系，此关系为

$$\int_S\boldsymbol{B}\cdot\mathrm{d}\boldsymbol{S}=\int_S(\nabla\times\boldsymbol{A})\cdot\mathrm{d}\boldsymbol{S}=\oint_L\boldsymbol{A}\cdot\mathrm{d}\boldsymbol{l} \tag{4-72}$$

从前面的分析可以看出，任一点的矢量磁位的绝对大小并不是唯一的，而是和参考点的选择有关，因为任一标量函数 f 的梯度 ∇f 的旋度恒等于零，即 $\nabla\times(\nabla f)=0$，因此根据式(4-60)，若 $\boldsymbol{A}(\boldsymbol{r})$ 对应于磁感应强度 $\boldsymbol{B}$，则 $\boldsymbol{A}_1=\boldsymbol{A}(\boldsymbol{r})+\nabla f$ 也对应同一个磁感应强度 $\boldsymbol{B}$，即

$$\boldsymbol{B}=\nabla\times\boldsymbol{A}=\nabla\times(\boldsymbol{A}+\nabla f)=\nabla\times\boldsymbol{A}_1 \tag{4-73}$$

也就是说对应于同一个 $\boldsymbol{B}$，有多个矢量磁位可供选择，这样使我们有可能对矢量磁位加一些限制条件，从而使问题大大简化。式(4-60)表示的矢量磁位 $\boldsymbol{A}$ 与磁感应强度 $\boldsymbol{B}$ 之间的这种变换关系称为规范变换。按式(4-64)计算的 $\boldsymbol{A}$ 满足条件 $\nabla\cdot\boldsymbol{A}=0$，并且满足泊松方程，我们希望恒定磁场中对应 $\boldsymbol{B}$ 的矢量磁位均满足泊松方程，因此对 $\boldsymbol{A}_1$ 也加以限制条件

$$\nabla\cdot\boldsymbol{A}_1=\nabla\cdot(\boldsymbol{A}+\nabla f)=0 \tag{4-74}$$

即要求标量函数 f 满足拉普拉斯方程

$$\nabla^2 f = 0 \tag{4-75}$$

条件(4-74)称为库仑规范。

例 4-7 求长度为 L 的线电流 I(参看图 4-13)产生的磁感应强度 $\boldsymbol{B}$。

解 作为电流必定是封闭的和连续的,即实际上单独的这么一段有限长度的电流并不存在,但是我们可以把它看成某一封闭的电流环的一部分。为计算它产生的磁感应强度 $\boldsymbol{B}$,先按式(4-63)计算矢量磁位 $\boldsymbol{A}$。因为在圆柱坐标系(ρ,ϕ,z)中,电流元 $I\mathrm{d}z'$ 到场点 P 的距离为

$$R = [(z-z')^2+\rho^2]^{1/2} \tag{4-76}$$

因此 P 点的矢量磁位为

$$\begin{aligned}\boldsymbol{A} = A_z\hat{\boldsymbol{z}} &= \frac{\mu_0 I}{4\pi}\int_{-L/2}^{+L/2}\frac{\mathrm{d}z'}{[(z-z')^2+\rho^2]^{1/2}}\hat{\boldsymbol{z}} \\ &= \frac{\mu_0 I}{4\pi}\ln\left\{\frac{-z+L/2+[(z-L/2)^2+\rho^2]^{1/2}}{-(z+L/2)+[(z+L/2)^2+\rho^2]^{1/2}}\right\}\hat{\boldsymbol{z}}\end{aligned} \tag{4-77}$$

P 点的磁感应强度为

$$\begin{aligned}\boldsymbol{B} = \nabla\times\boldsymbol{A} &= -\frac{\partial A_z}{\partial\rho}\hat{\boldsymbol{\phi}} \\ &= \frac{\mu_0 I}{4\pi\rho}\left\{\frac{-z+L/2}{[\rho^2+(z-L/2)^2]^{1/2}}+\frac{z+L/2}{[\rho^2+(z+L/2)^2]^{1/2}}\right\}\hat{\boldsymbol{\phi}}\end{aligned} \tag{4-78}$$

显然,当 L 趋向无穷长时,上式变成

$$\boldsymbol{B} = \frac{\mu_0 I}{2\pi\rho}\hat{\boldsymbol{\phi}} \tag{4-79}$$

与利用安培环路定律算出来的结果是一致的。

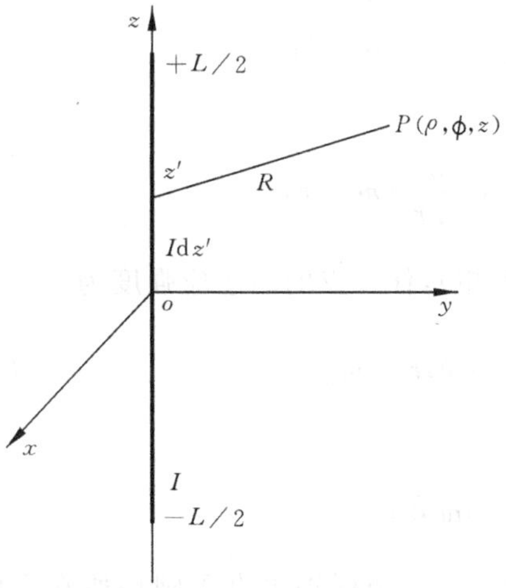

图 4-13 例 4-7 的示意图

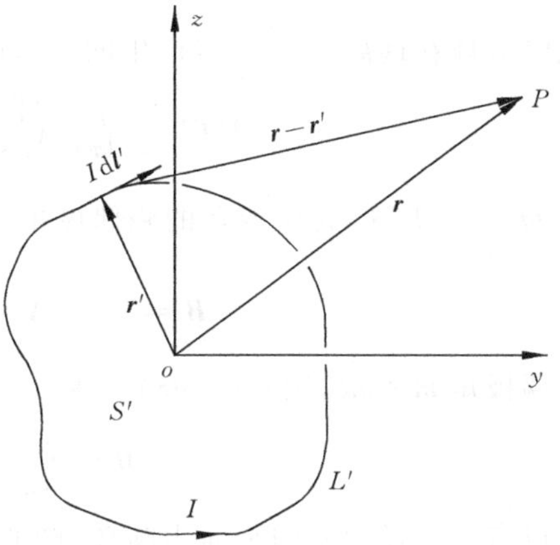

图 4-14 例 4-8 的示意图

例 4-8 求任一电流环 L' 在远离该环的任一点 P(参看图 4-14)产生的磁感应强度。

解 该电流环在 P 点产生的矢量磁位为

$$\boldsymbol{A} = \frac{\mu_0 I}{4\pi}\oint_{L'}\frac{\mathrm{d}\boldsymbol{l}'}{|\boldsymbol{r}-\boldsymbol{r}'|} \tag{4-80}$$

由余弦定理$|\boldsymbol{r}-\boldsymbol{r}'|=(r^2+r'^2-2\boldsymbol{r}\cdot\boldsymbol{r}')^{1/2}$,所以有

$$\frac{1}{|\boldsymbol{r}-\boldsymbol{r}'|}=\frac{1}{r\left[1+\left(\frac{r'}{r}\right)^2-2\frac{\boldsymbol{r}\cdot\boldsymbol{r}'}{r^2}\right]^{1/2}}=\frac{1}{r(1+\eta)^{1/2}} \tag{4-81}$$

其中$\eta=\left(\frac{r'}{r}\right)^2-2\frac{\boldsymbol{r}\cdot\boldsymbol{r}'}{r^2}$。因为$P$点远离电流环,即$r\gg r'$,所以可以将式(4-81)展成$\eta$的幂级数,因为

$$\frac{1}{(1+\eta)^{1/2}}=1-\frac{1}{2}\eta+\frac{3}{8}\eta^2+\cdots \tag{4-82}$$

因此

$$\begin{aligned}\frac{1}{|\boldsymbol{r}-\boldsymbol{r}'|}&=\frac{1}{r}\left\{1-\frac{1}{2}\left[-2\frac{\boldsymbol{r}\cdot\boldsymbol{r}'}{r^2}+\left(\frac{r'}{r}\right)^2\right]+\frac{3}{8}\left[-2\frac{\boldsymbol{r}\cdot\boldsymbol{r}'}{r^2}+\left(\frac{r'}{r}\right)^2\right]^2+\cdots\right\}\\&=\frac{1}{r}\left[1+\frac{\boldsymbol{r}\cdot\boldsymbol{r}'}{r^2}-\frac{1}{2}\left(\frac{r'}{r}\right)^2+\frac{3}{2}\left(\frac{\boldsymbol{r}\cdot\boldsymbol{r}'}{r^2}\right)^2+\cdots\right]\end{aligned} \tag{4-83}$$

将式(4-83)代入式(4-80)求得

$$\boldsymbol{A}(\boldsymbol{r})=\frac{\mu_0 I}{4\pi r}\oint_{L'}\mathrm{d}\boldsymbol{l}'+\frac{\mu_0 I}{4\pi r^3}\oint_{L'}(\boldsymbol{r}\cdot\boldsymbol{r}')\mathrm{d}\boldsymbol{l}'+\cdots \tag{4-84}$$

因为积分路径是闭合的,所以$\oint_{L'}\mathrm{d}\boldsymbol{l}'=0$,即式(4-84)等号右边的第一个积分是零。而右边的第二个积分可以变成沿L'包围的面积S'的面积分,即有

$$\oint_{L'}(\boldsymbol{r}\cdot\boldsymbol{r}')\mathrm{d}\boldsymbol{l}'=-\int_{S'}\nabla'(\boldsymbol{r}\cdot\boldsymbol{r}')\times\mathrm{d}\boldsymbol{S}' \tag{4-85}$$

因为

$$\nabla'(\boldsymbol{r}\cdot\boldsymbol{r}')=(\boldsymbol{r}\cdot\nabla')\boldsymbol{r}'+(\boldsymbol{r}'\cdot\nabla')\boldsymbol{r}+\boldsymbol{r}\times(\nabla'\times\boldsymbol{r}')+\boldsymbol{r}'\times(\nabla'\times\boldsymbol{r}) \tag{4-86}$$

而$\nabla'\times\boldsymbol{r}=0$,$\nabla'\times\boldsymbol{r}'=0$,$(\boldsymbol{r}'\cdot\nabla')\boldsymbol{r}=0$,$(\boldsymbol{r}\cdot\nabla')\boldsymbol{r}'=\boldsymbol{r}$,所以

$$\oint_{L'}(\boldsymbol{r}\cdot\boldsymbol{r}')\mathrm{d}\boldsymbol{l}'=-\int_{S'}\boldsymbol{r}\times\mathrm{d}\boldsymbol{S}'=\int_{S'}\mathrm{d}\boldsymbol{S}'\times\boldsymbol{r}$$

因此电流环在远离它的P点产生的矢量磁位为

$$\boldsymbol{A}(\boldsymbol{r})=\frac{\mu_0}{4\pi r^3}\left(\int_{S'}I\,\mathrm{d}\boldsymbol{S}'\right)\times\boldsymbol{r}=\frac{\mu_0}{4\pi r^3}(\boldsymbol{m}\times\boldsymbol{r}) \tag{4-87}$$

其中$\boldsymbol{m}=\int_{S'}I\,\mathrm{d}\boldsymbol{S}'$,是电流环的磁偶极矩(可简称为磁矩),任一点的磁感应强度为

$$\boldsymbol{B}=\nabla\times\boldsymbol{A}=\frac{\mu_0}{4\pi r^3}[3(\boldsymbol{m}\cdot\hat{\boldsymbol{r}})\hat{\boldsymbol{r}}-\boldsymbol{m}] \tag{4-88}$$

若磁偶极矩$\boldsymbol{m}=m\hat{\boldsymbol{z}}$,则式(4-88)变成

$$\boldsymbol{B}=\frac{\mu_0 m}{4\pi r^3}[2\cos\theta\,\hat{\boldsymbol{r}}+\sin\theta\,\hat{\boldsymbol{\theta}}] \tag{4-89}$$

设有一半径为a的平面小圆环,圆心位于坐标原点,z坐标轴垂直于圆环所在平面,圆环上电流I的方向与z轴成右手螺旋关系,则小圆环的磁偶极矩为$\boldsymbol{m}=\pi a^2 I\hat{\boldsymbol{z}}$。它在远离环的任一点产生的磁感应强度$\boldsymbol{B}$与电偶极子在远处产生的电场强度的表示式类似,因此将通有电流I的平面小圆环称为磁偶极子。磁偶极子在下面讨论磁介质时是一个很有用的模型。

由上面的讨论可知,我们可以通过矢量磁位$\boldsymbol{A}$来间接地求出磁场分布。$\boldsymbol{A}$不仅适用于自由电流$\boldsymbol{J}\neq 0$的区域,也适用于$\boldsymbol{J}=0$的区域。虽然对于简单的磁场问题,利用$\boldsymbol{A}$来求场

并不方便，但是在较复杂的问题中通过矢量磁位 **A** 可以使求解简化。在以后的讨论中可以看到，矢量磁位 **A** 在计算时变场中的辐射问题时是非常有用的。

4.4 物质的磁化和磁化强度

前面几节讨论的是自由空间中电流的磁场，与电介质在电场中要被极化相仿，当空间存在磁介质时，它在磁场中要被磁化，下面我们就来讨论空间存在磁介质时磁场的性质及其分析方法。

4.4.1 磁介质的分类和磁化强度

我们将磁介质的分子或原子视为一磁偶极子，即将磁介质看成是由许多小的磁偶极子组成的，这些磁偶极子的磁矩有三个来源，它们是：物质的原子或分子中的电子的自旋，电子绕核作轨道运动，原子核的自旋。

磁介质按其磁性可分为顺磁性物质、抗磁性物质和铁磁性物质三种。所谓顺磁性物质是指由上述三个原因造成的单个原子的磁偶极矩抵消不完全的一类物质，因此顺磁性物质的单个原子在外磁场等于零时磁矩不等于零，而从宏观的角度看，对于一块顺磁性物质而言，由于热运动，每个原子的磁矩排列是随机的，因此总的磁矩等于零，对外不显磁性。例如锰是顺磁性物质，这种物质放进外磁场中时，其原子要受到力矩的作用，该力矩力图使磁矩和外磁场取一致的方向，但分子的热运动阻止这种取向，因而出现了沿外磁场方向的磁矩分量，这种现象称为磁化。它与电介质中的极性分子在外电场的作用下的取向极化相似。抗磁性物质是指由上述三个原因造成的单个原子的磁偶极矩完全抵消的一类物质，当加入外磁场后，电子的轨道运动发生变化，而产生和外磁场方向相反的磁矩，使外磁场受到削弱，这种现象与电介质中非极性分子在外电场的作用下产生极化相似。铁磁性物质是指在无外加磁场作用下能显示自发磁化的一类物质，这一类物质的磁化强度比顺磁性和抗磁性物质的要大若干数量级，这是因为这种物质是由许多小区域组成的，每个小区域称为一个磁畴，在每一个磁畴中，每个原子的磁矩排列是一致的，在外场不存在时，每个磁畴的磁化强度的方向是随机的，当加入外场后，在外场的作用下，磁畴集体转向，形成巨大的磁化强度。

值得提出的是，磁性材料与电介质不同，绝大多数电介质都是线性的，而铁磁性物质则是非线性的，并且它们的特性与磁化历史有关。

物质的磁化程度可以用磁化强度 **M** 来描述。所谓磁化强度是指物质处在磁化状态中每单位体积内原子的平均磁偶极矩的矢量和，即

$$\boldsymbol{M}=\lim_{\Delta V\to 0}\frac{\sum_i \boldsymbol{m}}{\Delta V} \tag{4-90}$$

其中 $\sum_i \boldsymbol{m}$ 是体积 ΔV 内各磁偶极子磁矩的矢量和，如果所考虑的体积中，各个磁偶极矩都排列在同一方向，则磁化强度为

$$\boldsymbol{M}=N\boldsymbol{m} \tag{4-91}$$

其中 N 是单位体积内的原子数。磁化强度 **M** 的单位是 A/m。

4.4.2 空中存在磁介质时对任一点磁感应强度的影响

在第 2 章讨论空中存在电介质的静电场时，我们是通过找出介质极化后的极化体电荷和极化面电荷来考虑介质对空中电场分布的影响的。处理磁场中存在磁介质时对场分布的影响可以采用完全类似的方法，只是由于磁场的源是电流，因此要设法求出与磁介质的作用等效的体电流和面电流，这些等效的电流也是场源，然后按真空中的方法计算各点的磁感应强度。

在例 4-8 中已经求得了真空中的磁偶极子产生的矢量磁位是

$$\boldsymbol{A}=\frac{\mu_0}{4\pi}\frac{\boldsymbol{m}\times\hat{\boldsymbol{R}}}{R^2} \tag{4-92}$$

因为在磁介质中$P'(x',y',z')$点处的磁偶极矩元为 $\boldsymbol{M}\mathrm{d}V'$，它在点 $P(x,y,z)$处(参看图 4-15)产生的矢量磁位是

$$\mathrm{d}\boldsymbol{A}=\frac{\mu_0}{4\pi}\frac{\boldsymbol{M}\times\hat{\boldsymbol{R}}}{R^2}\mathrm{d}V' \tag{4-93}$$

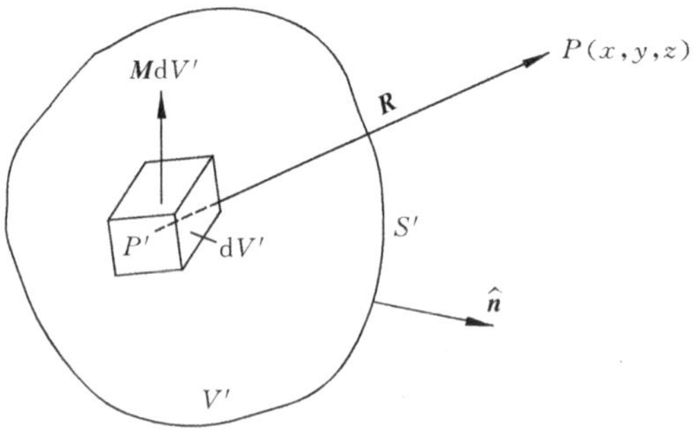

图 4-15 磁介质中磁偶极矩元

场点 P 处总的矢量磁位是所有磁偶极矩元产生的矢量磁位的矢量和，即

$$\boldsymbol{A}=\frac{\mu_0}{4\pi}\int_{V'}\frac{\boldsymbol{M}\times\hat{\boldsymbol{R}}}{R^2}\mathrm{d}V'=\frac{\mu_0}{4\pi}\int_{V'}\boldsymbol{M}\times\nabla'\left(\frac{1}{R}\right)\mathrm{d}V' \tag{4-94}$$

其中 V'是磁介质的体积，∇'表示对源点坐标进行的微分运算。利用矢量运算的恒等式(1-49)，表示式(4-94)中的被积函数可展成

$$\boldsymbol{M}\times\nabla'\left(\frac{1}{R}\right)=\frac{1}{R}\nabla'\times\boldsymbol{M}-\nabla'\times\left(\frac{\boldsymbol{M}}{R}\right) \tag{4-95}$$

代入式(4-94)后求得

$$\boldsymbol{A}=\frac{\mu_0}{4\pi}\int_{V'}\frac{1}{R}(\nabla'\times\boldsymbol{M})\mathrm{d}V'-\frac{\mu_0}{4\pi}\int_{V'}\nabla'\times\left(\frac{\boldsymbol{M}}{R}\right)\mathrm{d}V' \tag{4-96}$$

因为

$$\int_{V'}\nabla'\times\left(\frac{\boldsymbol{M}}{R}\right)\mathrm{d}V'=-\int_{S'}\frac{\boldsymbol{M}\times\hat{\boldsymbol{n}}}{R}\mathrm{d}S' \tag{4-97}$$

其中 S'是 V'的表面积，$\hat{\boldsymbol{n}}$ 是 S'的外法线的单位矢量，所以 P 点的矢量磁位为

$$\boldsymbol{A}=\frac{\mu_0}{4\pi}\int_{V'}\frac{\nabla'\times\boldsymbol{M}}{R}\mathrm{d}V'+\frac{\mu_0}{4\pi}\int_{S'}\frac{\boldsymbol{M}\times\hat{\boldsymbol{n}}}{R}\mathrm{d}S' \tag{4-98}$$

比较式(4-98)和(4-64b)及式(4-64c)可知，$\nabla' \times \boldsymbol{M}$ 对应一等效的体电流密度 $\boldsymbol{J}_{\mathrm{m}}$，而 $\boldsymbol{M}\times\hat{\boldsymbol{n}}$ 对应一等效的面电流密度 $\boldsymbol{J}_{\mathrm{Sm}}$，即

$$\boldsymbol{J}_{\mathrm{m}} = \nabla' \times \boldsymbol{M} \tag{4-99}$$

$$\boldsymbol{J}_{\mathrm{Sm}} = \boldsymbol{M}\times\hat{\boldsymbol{n}} \tag{4-100}$$

$\boldsymbol{J}_{\mathrm{m}}$ 和 $\boldsymbol{J}_{\mathrm{Sm}}$ 分别称为磁化体电流密度和磁化面电流密度。因此磁介质的作用可以用等效的磁化电流代替，等效的磁化电流作为二次源在场点 P 处要产生磁场，其计算方法与真空中的自由电流产生的磁场的计算方法相同，根据毕奥-萨伐尔定律，磁化电流在 P 点产生的磁感应强度是

$$\boldsymbol{B}_{\mathrm{m}} = \frac{\mu_0}{4\pi}\int_{S'}\frac{\boldsymbol{J}_{\mathrm{Sm}}\times\hat{\boldsymbol{R}}}{R^2}\mathrm{d}S' + \frac{\mu_0}{4\pi}\int_{V'}\frac{\boldsymbol{J}_{\mathrm{m}}\times\hat{\boldsymbol{R}}}{R^2}\mathrm{d}V' \tag{4-101}$$

任一点的磁感应强度应是自由电流 $\boldsymbol{J}_{\mathrm{f}}$ 和 $\boldsymbol{J}_{\mathrm{Sf}}$ 与磁化电流 $\boldsymbol{J}_{\mathrm{m}}$ 和 $\boldsymbol{J}_{\mathrm{Sm}}$ 所产生的磁感应强度的矢量和，即

$$\boldsymbol{B} = \frac{\mu_0}{4\pi}\int_{S'}\frac{(\boldsymbol{J}_{\mathrm{Sf}}+\boldsymbol{J}_{\mathrm{Sm}})}{R^2}\times\hat{\boldsymbol{R}}\mathrm{d}S' + \frac{\mu_0}{4\pi}\int_{V'}\frac{(\boldsymbol{J}_{\mathrm{f}}+\boldsymbol{J}_{\mathrm{m}})}{R^2}\times\hat{\boldsymbol{R}}\mathrm{d}V' \tag{4-102}$$

任一点的矢量磁位应是

$$\boldsymbol{A} = \frac{\mu_0}{4\pi}\left[\int_{S'}\frac{(\boldsymbol{J}_{\mathrm{Sf}}+\boldsymbol{J}_{\mathrm{Sm}})}{R}\mathrm{d}S' + \int_{V'}\frac{(\boldsymbol{J}_{\mathrm{f}}+\boldsymbol{J}_{\mathrm{m}})}{R}\mathrm{d}V'\right] \tag{4-103}$$

例 4-9 求均匀磁化的圆柱形磁性材料轴线上的磁通密度。见图 4-16，已知圆柱的半径为 b，长度为 l，轴向磁化强度为 $\boldsymbol{M}$，$\boldsymbol{M}=M\hat{\boldsymbol{z}}$。

解 由于是均匀磁化，在磁棒内部 $\boldsymbol{M}$ 为常量，由式(4-99)得到体磁化电流密度 $\boldsymbol{J}_{\mathrm{m}}=\nabla\times\boldsymbol{M}=0$。由式(4-100)可得面磁化电流密度。在磁棒上下表面有

$$\boldsymbol{J}_{\mathrm{Sm}} = \boldsymbol{M}\times\hat{\boldsymbol{n}} = 0$$

在磁棒侧面有

$$\boldsymbol{J}_{\mathrm{Sm}} = \boldsymbol{M}\times\hat{\boldsymbol{n}} = M\hat{\boldsymbol{z}}\times\hat{\boldsymbol{n}} = M\hat{\boldsymbol{\phi}}$$

磁介质棒等效为一个载有沿 $\hat{\boldsymbol{\phi}}$ 方向流动的面电流密度为 M 的圆柱形薄层，上、下顶面没有面电流。为了求轴线上任一点 P 的磁感应强度 $\boldsymbol{B}$，在圆柱侧面上取一段微分长度 $\mathrm{d}z'$，在 $\mathrm{d}z'$ 上流动的面电流为 $M\mathrm{d}z'\hat{\boldsymbol{\phi}}$，产生的 $\mathrm{d}\boldsymbol{B}$ 为

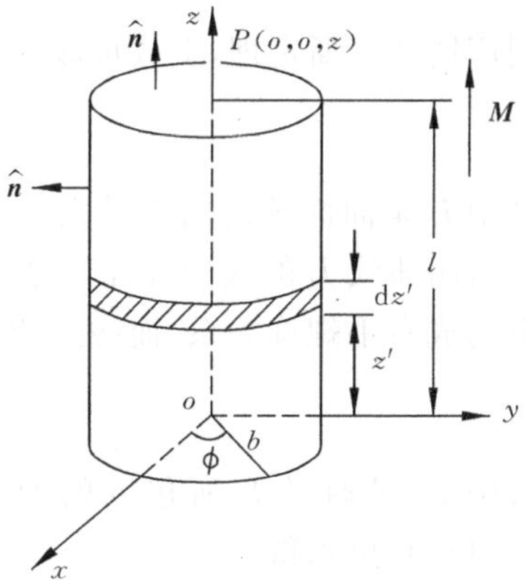

图 4-16 例 4-9 的示意图

$$\mathrm{d}\boldsymbol{B} = \hat{\boldsymbol{z}}\frac{\mu_0 M b^2\mathrm{d}z'}{2[(z-z')^2+b^2]^{3/2}}$$

所以磁介质棒轴线上任一点的磁感应强度为

$$\boldsymbol{B} = \int_0^l \mathrm{d}\boldsymbol{B} = \hat{\boldsymbol{z}}\frac{\mu_0 M}{2}\left[\frac{z}{\sqrt{z^2+b^2}} - \frac{z-l}{\sqrt{(z-l)^2+b^2}}\right] \tag{4-104}$$

4.4.3 磁场强度 $\boldsymbol{H}$，磁化率 χ_{m}，相对磁导率 μ_{r}

1. 磁场强度 $\boldsymbol{H}$ 和存在磁介质时磁场的基本方程

空中不存在磁介质时，恒定电流 $\boldsymbol{J}_{\mathrm{f}}$ 产生的磁感应强度 $\boldsymbol{B}$ 的旋度是 $\nabla\times\boldsymbol{B}=\mu_0\boldsymbol{J}_{\mathrm{f}}$，当空中

存在磁介质时，它要被磁化，且对周围磁场的影响可以用等效的磁化电流取代，因此当磁介质和恒定电流同时存在时，任一点(两磁介质的交界面处除外)的磁感应强度的旋度应为

$$\nabla\times\boldsymbol{B}=\mu_0(\boldsymbol{J}_{\mathrm{f}}+\boldsymbol{J}_{\mathrm{m}}) \tag{4-105}$$

磁化电流密度 $\boldsymbol{J}_{\mathrm{m}}$ 的计算通常是相当困难的，我们希望导出一个物理量，它的旋度只与自由电流有关，为此，将 $\boldsymbol{J}_{\mathrm{m}}=\nabla\times\boldsymbol{M}$ 代入式(4-105)，于是有

$$\nabla\times\boldsymbol{B}=\mu_0(\boldsymbol{J}_{\mathrm{f}}+\nabla\times\boldsymbol{M})=\mu_0\boldsymbol{J}_{\mathrm{f}}+\mu_0\nabla\times\boldsymbol{M}$$

上式移项后得

$$\nabla\times\left(\frac{\boldsymbol{B}}{\mu_0}-\boldsymbol{M}\right)=\boldsymbol{J}_{\mathrm{f}}=\nabla\times\boldsymbol{H} \tag{4-106}$$

其中

$$\boldsymbol{H}=\frac{\boldsymbol{B}}{\mu_0}-\boldsymbol{M} \tag{4-107}$$

$\boldsymbol{H}$ 称为磁场强度矢量，它的旋度只与自由电流有关，$\boldsymbol{H}$ 的单位与 $\boldsymbol{M}$ 相同，是 A/m。因此

$$\boldsymbol{B}=\mu_0(\boldsymbol{H}+\boldsymbol{M}) \tag{4-108}$$

式(4-108)是 $\boldsymbol{B}$ 和 $\boldsymbol{H}$ 之间的一般关系式，对于线性或非线性，均匀或非均匀，各向同性或各向异性的磁介质均正确。

式(4-106)即为在恒定电流的情况下，空间存在磁性材料时安培环路定律的微分形式，将该式两边对一任意曲面 S 进行积分，求得

$$\int_S(\nabla\times\boldsymbol{H})\cdot\mathrm{d}\boldsymbol{S}=\int_S\boldsymbol{J}_{\mathrm{f}}\cdot\mathrm{d}\boldsymbol{S} \tag{4-109}$$

利用斯托克斯定理，上式可改写为

$$\oint_L\boldsymbol{H}\cdot\mathrm{d}\boldsymbol{l}=I_{\mathrm{f}} \tag{4-110}$$

其中 L 是曲面 S 的周界。式(4-110)是安培环路定律的积分形式。它表明磁场强度 $\boldsymbol{H}$ 沿任一封闭曲线 L 的线积分等于穿过闭合曲线所包围的面积的自由电流，$\boldsymbol{H}$ 的方向与电流的正方向成右手螺旋关系，而磁感应强度 $\boldsymbol{B}$ 沿封闭曲线 L 的线积分是

$$\oint_L\boldsymbol{B}\cdot\mathrm{d}\boldsymbol{l}=\mu_0(I_{\mathrm{f}}+I_{\mathrm{m}}) \tag{4-111}$$

其中 I_{m} 是通过 L 所包围的面积的磁化电流，将 $\boldsymbol{B}=\mu_0(\boldsymbol{H}+\boldsymbol{M})$ 代入上式，并且应用式(4-110)，可求得

$$\oint_L\boldsymbol{M}\cdot\mathrm{d}\boldsymbol{l}=I_{\mathrm{m}} \tag{4-112}$$

即磁化强度 $\boldsymbol{M}$ 沿任一封闭曲线 L 的线积分等于穿过闭合曲线所包围的面积的磁化电流。

磁场的另一个基本方程 $\nabla\cdot\boldsymbol{B}=0$ 在有磁介质的情况下不变，因为磁化电流 $\boldsymbol{J}_{\mathrm{m}}$ 所产生的磁场的磁感应强度线仍然是闭合的。

2. 磁化率 χ_{m} 和相对磁导率 μ_{r}

与电介质材料一样，磁介质材料也有线性与非线性，各向同性与各向异性，均匀与非均匀之分。在线性、各向同性的磁介质中，$\boldsymbol{M}$ 和 $\boldsymbol{H}$ 之间存在着简单的线性关系，并且 $\boldsymbol{M}$ 和 $\boldsymbol{H}$ 方向相同，即

$$\boldsymbol{M}=\chi_{\mathrm{m}}\boldsymbol{H} \tag{4-113}$$

式中常数 χ_{m} 称为磁化率，它没有量纲。这样，在线性、各向同性的磁介质中磁感应强度 $\boldsymbol{B}$

可表示为

$$
\begin{aligned}
\boldsymbol{B} &= \mu_0(\boldsymbol{H}+\boldsymbol{M}) \\
&= \mu_0(1+\chi_m)\boldsymbol{H} = \mu\boldsymbol{H}
\end{aligned} \tag{4-114}
$$

其中

$$\mu=\mu_0(1+\chi_m)=\mu_0\mu_r \tag{4-115}$$

即

$$\mu_r=\frac{\mu}{\mu_0}=1+\chi_m \tag{4-116}$$

μ 是磁介质的磁导率,μ_r 是磁介质的相对磁导率。顺磁性和抗磁性物质的 χ_m 非常接近于零,顺磁性物质的 $\chi_m>0$,抗磁性物质的 $\chi_m<0$,真空中的 $\chi_m=0$。顺磁性和抗磁性物质的 μ_r 非常接近于1,所以工程上对于顺磁性和抗磁性物质都取其 $\mu=\mu_0$(误差在小数点后第三位)。铁磁性物质是非线性磁介质,所以式(4-113)不成立。对于铁磁性物质 $\mu_r\gg1$,并且不是常数。

若物质的磁导率与空间位置无关,则是均匀磁介质材料;反之称为非均匀磁介质材料。

若物质的磁导率与外加磁场的大小无关,则该物质是线性磁介质。在直角坐标系中,线性磁介质的 $\boldsymbol{B}$ 和 $\boldsymbol{H}$ 的关系可表示为

$$
\left.\begin{aligned}
B_x &= \mu_{11}H_x+\mu_{12}H_y+\mu_{13}H_z \\
B_y &= \mu_{21}H_x+\mu_{22}H_y+\mu_{23}H_z \\
B_z &= \mu_{31}H_x+\mu_{32}H_y+\mu_{33}H_z
\end{aligned}\right\} \tag{4-117}
$$

如果物质的磁导率不但与外加磁场的大小无关,而且还与磁场强度的方向无关,则该物质是各向同性、线性磁介质。这种磁介质的 $\boldsymbol{B}$ 和 $\boldsymbol{H}$ 的关系可简单地用式(4-114)来表示。

如果物质的磁导率与磁场强度的方向有关,则该物质是各向异性的磁介质。线性、各向异性的磁介质的 $\boldsymbol{B}$ 和 $\boldsymbol{H}$ 的关系可用下列矩阵表示:

$$
\boldsymbol{B} = \begin{bmatrix} \mu_{11} & \mu_{12} & \mu_{13} \\ \mu_{21} & \mu_{22} & \mu_{23} \\ \mu_{31} & \mu_{32} & \mu_{33} \end{bmatrix} \boldsymbol{H} \tag{4-118}
$$

需要说明的是,有关磁介质特性和物质的磁化现象是一个非常复杂的问题,要想透彻地理解微观磁现象,需要量子力学的知识,这已不属于本课程范围,我们在本节中只是定性地描述了磁介质的性质和磁化过程。

例 4-10 磁导率为 μ,半径为 a 的无限长的磁介质圆柱,其中心有一无限长的线电流 I_f(参看图 4-17),整个圆柱外面是空气。求各处的磁感应强度、磁场强度和磁化电流。

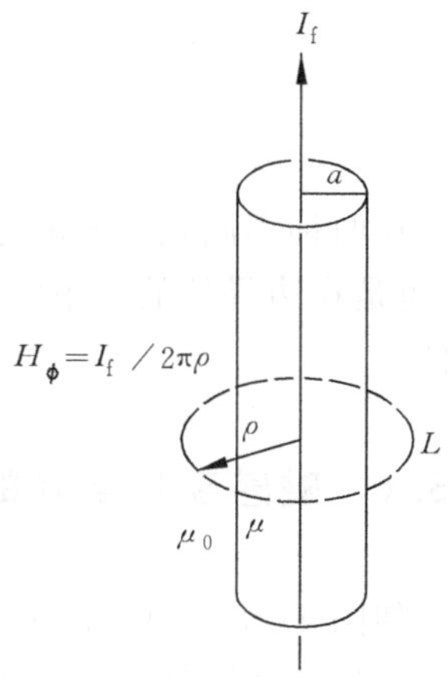

图 4-17 例 4-10 的示意图

解 (1) 利用安培环路定律求磁场强度 $\boldsymbol{H}$。以圆柱中心线上的点为圆心,且半径为 ρ 的圆周 L 取为安培环路,则有

$$\oint_L \boldsymbol{H}\cdot \mathrm{d}\boldsymbol{l} = H_\phi 2\pi\rho = I_f$$

由此得

$$\boldsymbol{H} = \frac{I_f}{2\pi\rho}\hat{\boldsymbol{\phi}} \quad (\rho>0) \tag{4-119}$$

(2) 求磁感应强度 $\boldsymbol{B}$。因为圆柱内外的磁导率不同,磁感应强度 $\boldsymbol{B}$ 在圆柱内外具有不同的形式,即

$$\boldsymbol{B} = \mu\boldsymbol{H} = \frac{\mu I_f}{2\pi\rho}\hat{\boldsymbol{\phi}} \quad (0 < \rho < a) \tag{4-120}$$

$$\boldsymbol{B} = \mu_0\boldsymbol{H} = \frac{\mu_0 I_f}{2\pi\rho}\hat{\boldsymbol{\phi}} \quad (\rho > a) \tag{4-121}$$

(3) 求磁化强度 $\boldsymbol{M}$。因为 $\boldsymbol{M}=\frac{1}{\mu_0}\boldsymbol{B}-\boldsymbol{H}$,所以圆柱内外的磁化强度分别是

$$\boldsymbol{M} = \frac{\mu}{\mu_0}\boldsymbol{H} - \boldsymbol{H} = \left(\frac{\mu}{\mu_0} - 1\right)\boldsymbol{H} = \left(\frac{\mu}{\mu_0} - 1\right)\frac{I_f}{2\pi\rho}\hat{\boldsymbol{\phi}} \quad (0 < \rho < a) \tag{4-122}$$

$$\boldsymbol{M} = 0 \quad (\rho > 0) \tag{4-123}$$

(4) 求磁化电流。磁化电流的体密度为

$$\boldsymbol{J}_m = \nabla \times \boldsymbol{M} = \begin{vmatrix} \frac{\hat{\boldsymbol{\rho}}}{\rho} & \hat{\boldsymbol{\phi}} & \frac{\hat{\boldsymbol{z}}}{\rho} \\ \frac{\partial}{\partial\rho} & \frac{\partial}{\partial\phi} & \frac{\partial}{\partial z} \\ 0 & \rho M_\phi & 0 \end{vmatrix} = 0 \tag{4-124}$$

但 $\rho<a$ 时,磁介质内的磁化电流为

$$\begin{aligned} I_m &= \oint_L \boldsymbol{M}\cdot \mathrm{d}\boldsymbol{l} = \oint_L \left(\frac{\mu}{\mu_0} - 1\right)\frac{I_f}{2\pi\rho}\hat{\boldsymbol{\phi}}\cdot \rho\mathrm{d}\phi\,\hat{\boldsymbol{\phi}} \\ &= \left(\frac{\mu}{\mu_0} - 1\right)I_f \end{aligned} \tag{4-125}$$

式(4-125)表明磁介质圆柱中的磁化电流与 ρ 无关,而圆柱内磁化电流的体密度又等于零,因此 I_m 一定是位于圆柱轴线($\rho=0$)处的线磁化电流,方向与 I_f 方向一致,所以介质中的磁感应强度比圆柱外空气中的大。

磁介质圆柱表面磁化电流的面密度为

$$\boldsymbol{J}_{Sm} = \boldsymbol{M}\times\hat{\boldsymbol{n}} = \left(\frac{\mu-\mu_0}{\mu_0}\right)\frac{I_f}{2\pi a}\hat{\boldsymbol{\phi}}\times\hat{\boldsymbol{\rho}} = -\frac{\mu-\mu_0}{\mu_0}\frac{I_f}{2\pi a}\hat{\boldsymbol{z}} \tag{4-126}$$

总的磁化面电流为

$$I_{Sm} = 2\pi a J_{Sm} = -\frac{\mu-\mu_0}{\mu_0}I_f = -I_m \tag{4-127}$$

4.5 磁场的边界条件

在两种不同磁介质的分界面处磁场应满足某些条件,和建立电场的边界条件的方法相似,也是在边界处的微小体积、面积和环路上利用磁场各定律的积分形式来导出磁场的边界条件。

4.5.1 磁感应强度 B 的法线分量

如图 4-18(a)所示,在磁介质的交界面处作一小圆柱,圆柱高度 $\Delta h\to 0$,上下底面积为 ΔS,上下底面分别位于分界面的两侧并且与分界面平行,则根据磁场的高斯定律有

$$\oint_S \boldsymbol{B}\cdot\mathrm{d}\boldsymbol{S} = (B_{2n} - B_{1n})\Delta S = 0 \tag{4-128}$$

由此得

$$\hat{\boldsymbol{n}} \cdot (\boldsymbol{B}_2 - \boldsymbol{B}_1) = 0 \tag{4-129}$$

即磁感应强度的法线分量在磁介质的分界面处是连续的。

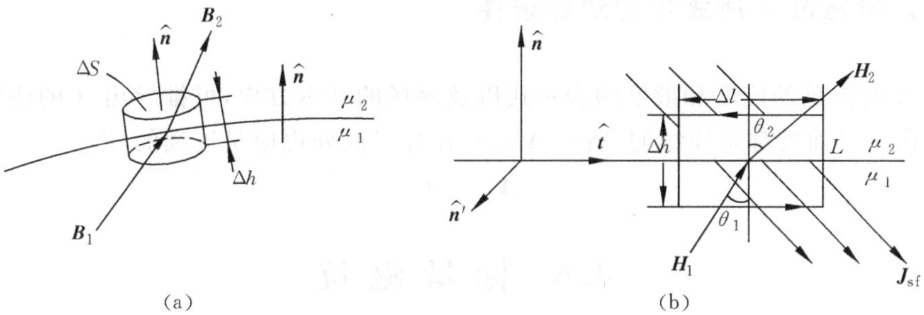

图 4-18　推导磁场边界条件的示意图

4.5.2　磁场强度 $\boldsymbol{H}$ 的切线分量

如图 4-18(b)所示，在磁介质的分界面处作一小矩形环路 L，环路侧边长度 $\Delta h \to 0$，上下两边分别位于磁介质分界面两侧并平行于磁介质分界面，长度为 Δl，L 围住的面积的正法线的单位矢量是 $\hat{\boldsymbol{n}}'$，$\boldsymbol{t}$ 是分界面的切线的单位矢量，如图所示 $\boldsymbol{t} \times \hat{\boldsymbol{n}} = \hat{\boldsymbol{n}}'$，则由安培环路定律有

$$\oint_L \boldsymbol{H} \cdot \mathrm{d}\boldsymbol{l} = (H_{1t} - H_{2t})\Delta l = (\boldsymbol{J}_{\mathrm{Sf}} \cdot \hat{\boldsymbol{n}}')\Delta l \tag{4-130}$$

由此得

$$(\boldsymbol{H}_1 - \boldsymbol{H}_2) \cdot \hat{\boldsymbol{t}} = \boldsymbol{J}_{\mathrm{Sf}} \cdot (\hat{\boldsymbol{t}} \times \hat{\boldsymbol{n}}) \tag{4-131}$$

即磁场强度的切线分量一般情况下不连续。上式中 $\boldsymbol{J}_{Sf}$ 是分界面处的自由面电流密度。如果分界面上不存在自由面电流，即 $\boldsymbol{J}_{\mathrm{Sf}} = 0$，则磁场强度的切线分量在磁介质分界面处连续，于是有

$$H_{1t} = H_{2t} \tag{4-132}$$

在恒定磁场的情况下，包括良导体在内的导体表面是不存在自由面电流(面传导电流)的，它只存在于时变电磁场中的良导体表面，这是因为在时变场中存在着趋肤效应。

若两种磁介质均为线性、各向同性磁介质，则由式(4-129)和式(4-132)可求得(参看图 4-18(b))

$$\frac{\tan\theta_1}{\tan\theta_2} = \frac{\mu_1}{\mu_2} \tag{4-133}$$

4.5.3　磁化强度 $\boldsymbol{M}$ 的切线分量

因为

$$\oint_L \boldsymbol{M} \cdot \mathrm{d}\boldsymbol{l} = I_{\mathrm{m}} \tag{4-134}$$

将式(4-134)应用于图 4-18(b)的矩形环路可得

$$(\boldsymbol{M}_1-\boldsymbol{M}_2)\cdot\hat{\boldsymbol{t}}=\boldsymbol{J}_{\mathrm{Sm}}\cdot(\hat{\boldsymbol{t}}\times\hat{\boldsymbol{n}})\tag{4-135}$$

其中 $\boldsymbol{J}_{\mathrm{Sm}}$是分界面处磁化电流的面密度。

4.5.4 矢量磁位 A 所满足的边界条件

根据 $\boldsymbol{A}$ 所满足的旋度和散度的表示式以及磁场的基本方程，可推导出 $\boldsymbol{A}$ 的法线分量和切线分量在边界面处都是连续的，所以 $\boldsymbol{A}$ 本身在分界面处也应是连续的，即

$$\boldsymbol{A}_1=\boldsymbol{A}_2\tag{4-136}$$

4.6 标量磁位

磁场是一有旋场，因而一般情况下不能用一标量函数来描述，但是在自由电流等于零的区域内，安培环路定律的积分和微分形式变成

$$\oint_L \boldsymbol{H}\cdot\mathrm{d}\boldsymbol{l}=0\tag{4-137}$$

$$\nabla\times\boldsymbol{H}=0\tag{4-138}$$

因此在没有自由电流的区域内可以引入一位函数 φ_{m}，它与磁场强度的关系是

$$\boldsymbol{H}=-\nabla\varphi_{\mathrm{m}}\tag{4-139}$$

φ_{m} 称为标量磁位，它的单位是 A。式(4-139)中的负号是为了与静电场中 $\boldsymbol{E}=-\nabla\varphi$ 相对应而引入的。引入标量磁位的概念完全是为了使某些情况下磁场的计算简化，它并无物理意义。而静电场中引入的电位概念则有明显的物理意义，它与电场力移动单位正电荷所作的功有关。但磁场力总是与磁感应强度垂直，因此标量磁位与磁场力的作功毫无关系。

标量磁位相等的各点形成的曲面称为等磁位面，其方程是 $\varphi_{\mathrm{m}}=$常数。等磁位面与磁场强度 $\boldsymbol{H}$ 线相互垂直。

在自由电流等于零的区域，磁场强度的散度 $\nabla\cdot\boldsymbol{H}$ 并不一定等于零，根据磁场的高斯定律式(4-34)以及表示 $\boldsymbol{B}$ 和 $\boldsymbol{H}$ 关系的式(4-108)，可求得

$$\nabla\cdot[\mu_0(\boldsymbol{H}+\boldsymbol{M})]=0\tag{4-140}$$

即

$$\nabla\cdot\boldsymbol{H}=-\nabla\cdot\boldsymbol{M}\tag{4-141}$$

设想有体密度为 ρ_{m} 的磁荷，并且

$$\rho_{\mathrm{m}}=-\nabla\cdot\boldsymbol{M}\tag{4-142}$$

磁荷体密度的单位为 $\mathrm{A/m^2}$。因此磁场强度的散度与磁荷的关系是

$$\nabla\cdot\boldsymbol{H}=\rho_{\mathrm{m}}\tag{4-143}$$

标量磁位满足的偏微分方程为

$$\nabla\cdot\boldsymbol{H}=\nabla\cdot(-\nabla\varphi_{\mathrm{m}})=-\nabla^2\varphi_{\mathrm{m}}=\rho_{\mathrm{m}}$$

即得

$$\nabla^2\varphi_{\mathrm{m}}=-\rho_{\mathrm{m}}\tag{4-144}$$

即标量磁位也满足泊松方程。均匀磁化时 $\rho_{\mathrm{m}}=0$，因此均匀磁化情况下 φ_{m} 满足拉普拉斯方程

$$\nabla^2\varphi_{\mathrm{m}}=0\tag{4-145}$$

目前自然界并未发现有磁荷存在，式(4-142)引入的磁荷完全是假想的和形式上的，它表示了磁化强度 $\boldsymbol{M}$ 随坐标的变化是磁场强度的源。除假想的体磁荷外，在两个磁介质的分界面上还可以引入面磁荷，因为在磁介质交界面处磁感应强度 $\boldsymbol{B}$ 的法线分量连续，所以

$$\mu_0(H_{1n}+M_{1n})=\mu_0(H_{2n}+M_{2n}) \tag{4-146}$$

即

$$H_{2n}-H_{1n}=M_{1n}-M_{2n} \tag{4-147}$$

设想有面磁荷，其面密度为 ρ_{Sm}，有

$$\rho_{Sm}=M_{1n}-M_{2n}=(\boldsymbol{M}_1-\boldsymbol{M}_2)\cdot\hat{\boldsymbol{n}} \tag{4-148}$$

标量磁位和电位一样满足泊松方程，体磁荷和面磁荷对任一点标量磁位的贡献，相当于静电场中束缚体电荷和面电荷对任一点电位的贡献，因此在已知体磁荷和面磁荷的情况下，任一点的标量磁位为

$$\varphi_m=\frac{1}{4\pi}\int_{V'}\frac{\rho_m}{R}dV'+\frac{1}{4\pi}\int_{S'}\frac{\rho_{Sm}}{R}dS' \tag{4-149}$$

为了利用标量磁位 φ_m 来计算磁场，除了知道它满足的偏微分方程(4-144)以外，还需要知道它在磁介质分界面处满足的边界条件。由于磁场强度的切线分量连续，即 $H_{1t}=H_{2t}$，所以

$$\varphi_{m1}|_S=\varphi_{m2}|_S \tag{4-150}$$

由于磁感应强度的法线分量连续，即 $B_{1n}=B_{2n}$，所以当两种磁介质均为线性、各向同性时，可得

$$\mu_1\frac{\partial\varphi_{m1}}{\partial n}\bigg|_S=\mu_2\frac{\partial\varphi_{m2}}{\partial n}\bigg|_S \tag{4-151}$$

应当指出的是，在4.3节中引入矢量磁位 $\boldsymbol{A}$ 来计算磁场时，我们是用磁化体电流 $\boldsymbol{J}_m$ 和磁化面电流 $\boldsymbol{J}_{Sm}$ 来代替磁介质对磁场的影响。而这一节引入标量磁位来计算磁场时，是把磁介质的影响用体磁荷 ρ_m 和面磁荷 ρ_{Sm} 来代替，但标量磁位的概念只在自由电流等于零的区域才能应用。这两种方法的不同仅在于所引用的辅助位函数不同，在用矢量磁位 $\boldsymbol{A}$ 作辅助计算磁场时只要考虑 $\boldsymbol{J}_m$ 和 $\boldsymbol{J}_{Sm}$ 的作用，不应再考虑 ρ_m 和 ρ_{Sm} 的影响；同样，在用标量磁位 φ_m 作辅助位计算磁场时只应考虑磁荷的贡献，不应再考虑磁化电流的作用。标量磁位的引入特别有利于永久磁铁所形成的磁场的计算，因为在这种情况下，处处的自由电流均等于零。

例 4-11 一半径为 a 的球形磁铁(参看图 4-19)，具有恒定的磁化强度 $\boldsymbol{M}=M_0\hat{\boldsymbol{z}}$，原点在球心。求 z 轴上任一点的 $\boldsymbol{B}$ 和 $\boldsymbol{H}$。

解 方法一：用等效的磁化电流来计算场。

因为 $\boldsymbol{M}=M_0\hat{\boldsymbol{z}}$ 是一常矢量，所以磁化电流的体密度为

$$\boldsymbol{J}_m=\nabla\times\boldsymbol{M}=0 \tag{4-152}$$

而磁化电流的面密度为

$$\boldsymbol{J}_{Sm}=M_0\hat{\boldsymbol{z}}'\times\hat{\boldsymbol{r}}=M_0\sin\theta'\hat{\boldsymbol{\phi}}' \tag{4-153}$$

即球面上的磁化面电流是沿着球上的纬线流动，在"两极"幅度是零，在"赤道"具有最大值(参看图 4-19(a))。所以任一点的磁感应强度可由毕奥-萨伐尔定律求得，即有

$$\boldsymbol{B}(\boldsymbol{r})=\frac{\mu_0}{4\pi}\int_{S'}\frac{\boldsymbol{J}_{Sm}\times\hat{\boldsymbol{R}}}{R^2}dS'=\frac{\mu_0}{4\pi}\int_{S'}\frac{M_0\sin\theta'\hat{\boldsymbol{\phi}}'\times\boldsymbol{R}}{R^3}dS' \tag{4-154}$$

球坐标中的面积元 dS' 为

$$dS' = a^2 \sin\theta' d\theta' d\hat{\boldsymbol{\phi}}' \tag{4-155}$$

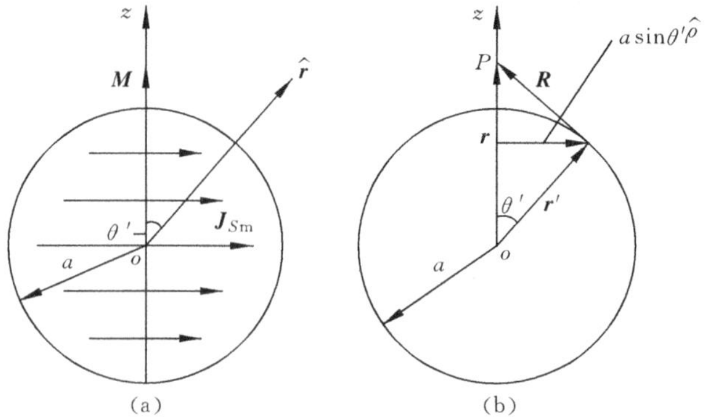

图 4-19　例 4-11 解法一的示意图

将式(4-155)代入式(4-154)后求得

$$\boldsymbol{B}(\boldsymbol{r}) = \frac{\mu_0 M_0 a^2}{4\pi}\int_0^{2\pi}\int_0^{\pi}\frac{\hat{\boldsymbol{\phi}}' \times \boldsymbol{R}}{R^3}\sin^2\theta' d\theta' d\phi' \tag{4-156}$$

因为欲求 z 轴上任一点 P 的场,先设它位于 z 的正半轴上,如图 4-19(b)所示,此时

$$\boldsymbol{r} = z\hat{\boldsymbol{z}}, \quad \boldsymbol{r}' = a\hat{\boldsymbol{r}}' \tag{4-157}$$

所以

$$\boldsymbol{R} = z\hat{\boldsymbol{z}} - a\hat{\boldsymbol{r}}' = (z - a\cos\theta')\hat{\boldsymbol{z}} - a\sin\theta'\hat{\boldsymbol{\rho}} \tag{4-158}$$

由此得

$$R = (z^2 + a^2 - 2za\cos\theta')^{1/2} \tag{4-159}$$

ϕ 方向单位矢量$\hat{\boldsymbol{\phi}}$与式(4-158)作叉积运算,得

$$\begin{aligned}\hat{\boldsymbol{\phi}}' \times \boldsymbol{R} &= \hat{\boldsymbol{\phi}}' \times (z - a\cos\theta')\hat{\boldsymbol{z}} - a\sin\theta'\,\hat{\boldsymbol{\phi}}' \times \hat{\boldsymbol{\rho}} \\ &= (z - a\cos\theta')(\cos\phi'\hat{\boldsymbol{x}} + \sin\phi'\hat{\boldsymbol{y}}) + a\sin\theta'\hat{\boldsymbol{z}}\end{aligned} \tag{4-160}$$

将式(4-159)和式(4-160)代入式(4-156),考虑到

$$\int_0^{2\pi}\cos\phi' d\phi' = \int_0^{2\pi}\sin\phi' d\phi' = 0 \tag{4-161}$$

求得

$$\begin{aligned}\boldsymbol{B} &= \frac{\mu_0 M_0 a^3}{4\pi}\int_0^{2\pi}\int_0^{\pi}\frac{\sin^3\theta' d\theta' d\phi'}{(z^2 + a^2 - 2az\cos\theta')^{3/2}}\hat{\boldsymbol{z}} \\ &= \begin{cases}\dfrac{2\mu_0 M_0 a^3}{3z^3}\hat{\boldsymbol{z}} & (z > a) \\[2ex] \dfrac{2}{3}\mu_0 M_0\hat{\boldsymbol{z}} & (0 < z < a)\end{cases}\end{aligned} \tag{4-162}$$

同理可求得 $z<0$ 时,z 轴上各点的磁感应强度为

$$\boldsymbol{B} = \begin{cases}-\dfrac{2\mu_0 M_0 a^3}{3z^3}\hat{\boldsymbol{z}} & (z < -a) \\[2ex] \dfrac{2}{3}\mu_0 M_0\hat{\boldsymbol{z}} & (-a < z < 0)\end{cases} \tag{4-163}$$

即球内 z 轴上的磁感应强度 $\boldsymbol{B}$ 是一常矢量,并且与 $\boldsymbol{M}$ 的方向相同,而球外 z 轴上的 $\boldsymbol{B}$ 均取

$\hat{z}$ 的方向(因 $z<0$ 时 $z^3<0$)。

因为 $\boldsymbol{H}=\dfrac{\boldsymbol{B}}{\mu_0}-\boldsymbol{M}$,所以 z 轴上任一点的磁场强度 $\boldsymbol{H}$ 为

$$\boldsymbol{H}=\begin{cases}\dfrac{2M_0a^3}{3\,|\,z\,|^3}\hat{z} & (|\,z\,|>a)\\ \dfrac{2}{3}M_0\hat{z}-M_0\hat{z}=-\dfrac{1}{3}M_0\hat{z} & (|\,z\,|<a)\end{cases}\tag{4-164}$$

式(4-164)表明球内轴线上任一点的磁场强度 $\boldsymbol{H}$ 与磁化强度 $\boldsymbol{M}$ 的方向相反。

方法二:用标量磁位法解此题。

因为磁化强度 $\boldsymbol{M}$ 是一常矢量,所以磁荷体密度是

$$\rho_{\rm m}=-\nabla\cdot\boldsymbol{M}=0\tag{4-165}$$

磁荷面密度是(参看图 4-20)

$$\rho_{\rm Sm}=M_0\hat{z}\cdot\hat{r}'=M_0\cos\theta'\tag{4-166}$$

因此,位于 z 的正半轴上任一点的标量磁位为

$$\begin{aligned}\varphi_{\rm m}&=\frac{1}{4\pi}\int_0^{2\pi}\int_0^{\pi}\frac{M_0\cos\theta' a^2\sin\theta'}{(z^2+a^2-2az\cos\theta')^{1/2}}{\rm d}\theta'{\rm d}\phi'\\&=\begin{cases}\dfrac{M_0a^3}{3z^2} & (z>a)\\ \dfrac{M_0z}{3} & (0<z<a)\end{cases}\end{aligned}\tag{4-167}$$

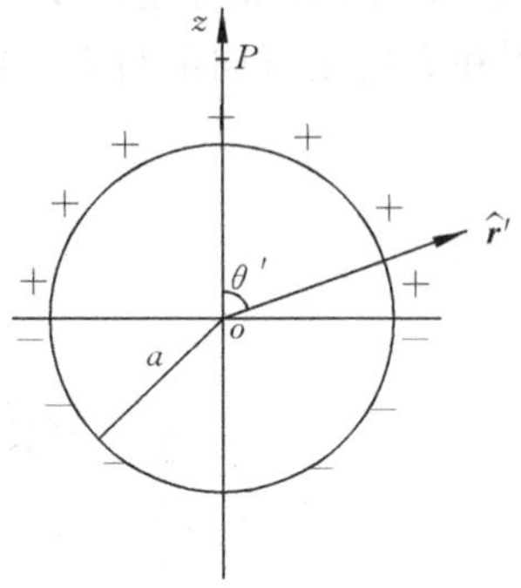

图 4-20 例 4-11 解法二的示意图

该点的磁场强度为

$$\boldsymbol{H}=-\nabla\varphi_{\rm m}=\begin{cases}\dfrac{2M_0a^3}{3z^3}\hat{z} & (z>a)\\ -\dfrac{1}{3}M_0\hat{z} & (0<z<a)\end{cases}\tag{4-168}$$

类似可求出 $z<0$ 的负 z 半轴上任一点的磁场强度 $\boldsymbol{H}$ 为

$$\boldsymbol{H}=-\nabla\varphi_{\rm m}=\begin{cases}-\dfrac{2M_0a^3}{3z^3}\hat{z} & (z<-a)\\ -\dfrac{1}{3}M_0\hat{z} & (-a<z<0)\end{cases}\tag{4-169}$$

z 轴上任一点的磁感应强度 $\boldsymbol{B}$ 为

$$\boldsymbol{B}=\mu_0(\boldsymbol{H}+\boldsymbol{M})=\begin{cases}\mu_0\dfrac{2M_0a^3}{3\,|\,z\,|^3}\hat{z} & (|\,z\,|>a)\\ \mu_0\left(-\dfrac{M_0}{3}\hat{z}+M_0\hat{z}\right)=\dfrac{2}{3}\mu_0M_0\hat{z} & (|\,z\,|<a)\end{cases}\tag{4-170}$$

可见,两种方法计算所得结果是一样的。

4.7 磁场的边值问题

由前几节的分析可知,磁矢位 **A** 和标量磁位 $\varphi_{\rm m}$ 均分别满足泊松方程或拉普拉斯方程,因此求解静电场的边值问题的许多方法,诸如镜象法、分离变量法、格林函数法等都可用来求解磁场的边值问题,这里不再重复。下面通过几个具体的例子加以说明。

例 4-12　设磁导率为 μ_1 和 μ_2 的两种磁介质的分界面是一无限大平面，在 μ_1 的介质中距分界面为 d 处置有一与分界面平行的无限长线电流 I（参看图4-21），求各处的磁感应强度 $\boldsymbol{B}$。

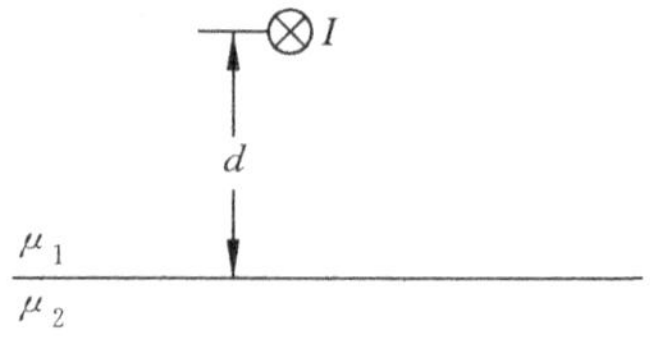

图 4-21　例 4-12 的示意图

解　可利用镜象法求空间任一点的磁感应强度。求上半空间的磁场时，认为整个空间都充满磁导率为 μ_1 的磁介质，并且场是由 I 和 I' 产生的，I' 是镜象电流，它位于下半空间与 I 关于分界面对称的地方（参看图 4-22(a)）。求下半空间的场时，则认为整个空间都充满磁导率为 μ_2 的磁介质，而场是由镜象电流 I'' 产生的，I'' 位于上半空间原来 I 所在的位置（参看图 4-22(b)）。设 I' 和 I'' 的正方向都与 I 一致，根据边界条件 $H_{1t}=H_{2t}$ 和 $B_{1n}=B_{2n}$，可求得

$$I' = \frac{\mu_2 - \mu_1}{\mu_2 + \mu_1} I \tag{4-171}$$

$$I'' = \frac{2\mu_1}{\mu_2 + \mu_1} I \tag{4-172}$$

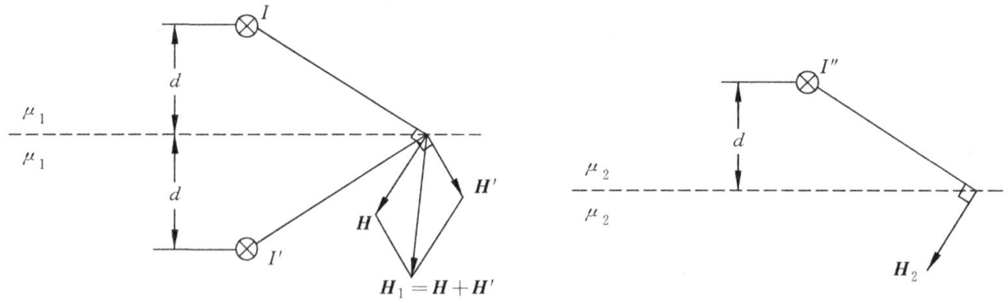

(a)　　(b)

图 4-22　用镜象法解例 4-12 的示意图

在一均匀磁介质中知道了电流 I，I' 和 I''，不难求出空间任一点的磁感应强度。与建立电力线方程相仿，也可以求出磁力线方程，图 4-23(a)和(b)分别画出了 $\mu_1=\mu_0$，$\mu_2=9\mu_0$ 和 $\mu_1=9\mu_0$，$\mu_2=\mu_0$ 时的磁感应强度 $\boldsymbol{B}$ 线。以下介绍两种特殊的情况。

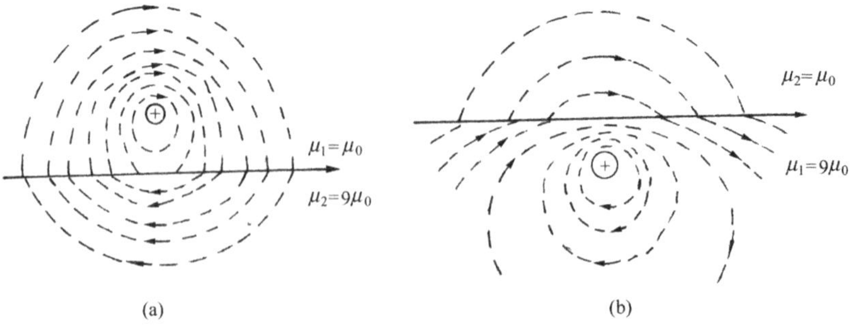

(a)　　(b)

图 4-23　例 4-12 两种情况 **B** 的分布图

(1) 第一种媒质是空气，即 $\mu_1=\mu_0$；第二种媒质是铁磁物质，即 $\mu_2\to\infty$；则由式(4-171)和式(4-172)求得

$$I'=I,\quad I''\approx 0 \tag{4-173}$$

这时铁磁物质内各处的磁场强度 $\boldsymbol{H}_2$ 为零，而磁感应强度的大小则为

$$B_2=\lim_{\mu_2\to\infty}\mu_2 H_2=\lim_{\mu_2\to\infty}\mu_2\frac{I''}{2\pi\rho}=\lim_{\mu_2\to\infty}\left[\mu_2\frac{2\mu_0 I}{\mu_2+\mu_0}\frac{1}{2\pi\rho}\right]=\frac{\mu_0 I}{\pi\rho} \tag{4-174}$$

(2) $\mu_1\to\infty$，$\mu_2=\mu_0$，即载流导线位于铁磁材料中，则由式(4-171)和式(4-172)求得

$$I'=-I,\quad I''\approx 2I \tag{4-175}$$

上式表明，在电流相同的情况下，当载流导线位于充满铁磁材料的上半空间中时，下半空间空气中的磁感应强度比电流位于整个空间都是空气时产生的磁感应强度几乎增加了一倍。

例 4-13 空间有一电流分布为

$$\boldsymbol{J}=J_0\rho\hat{\boldsymbol{z}}\quad(\rho\leqslant a) \tag{4-176}$$

求空间任一点的磁感应强度。

解 先求出磁矢位 $\boldsymbol{A}$，然后求磁感应强度 $\boldsymbol{B}$。因为 $\boldsymbol{J}$ 只是 $\hat{\boldsymbol{z}}$ 方向的分量，所以 $\boldsymbol{A}$ 也只有 $\hat{\boldsymbol{z}}$ 方向的分量。由于电流分布的圆柱对称性，$\boldsymbol{A}$ 只与坐标 ρ 有关，而与其他两个坐标 ϕ 和 z 无关。设电流所在的区域($\rho<a$)内磁矢位为 $\boldsymbol{A}_1$，电流以外的区域内($\rho>a$)的磁矢位为 $\boldsymbol{A}_2$，则磁矢位分别满足一维的泊松方程和拉普拉斯方程，即有

$$\nabla^2 A_{1z}=\frac{1}{\rho}\frac{\partial}{\partial\rho}\left(\rho\frac{\partial A_{1z}}{\partial\rho}\right)=-\mu_0 J_0\rho\quad(\rho<a) \tag{4-177}$$

$$\nabla^2 A_{2z}=\frac{1}{\rho}\frac{\partial}{\partial\rho}\left(\rho\frac{\partial A_{2z}}{\partial\rho}\right)=0\quad(\rho>a) \tag{4-178}$$

对 $\rho<a$ 的区域，求解方程(4-177)，得

$$\rho\frac{\partial A_{1z}}{\partial\rho}=-\frac{1}{3}\mu_0 J_0\rho^3+C_1 \tag{4-179}$$

即

$$\frac{\partial A_{1z}}{\partial\rho}=-\frac{1}{3}\mu_0 J_0\rho^2+\frac{C_1}{\rho} \tag{4-180}$$

因此磁感应强度 $\boldsymbol{B}_1$ 为

$$\boldsymbol{B}_1=\nabla\times\boldsymbol{A}_1=-\frac{\partial A_{1z}}{\partial\rho}\hat{\boldsymbol{\phi}}=\left(\frac{1}{3}\mu_0 J_0\rho^2-\frac{C_1}{\rho}\right)\hat{\boldsymbol{\phi}}$$

因为 $\rho=0$ 时，磁感应强度 $\boldsymbol{B}$ 的数值是有限的，所以常数 C_1 应等于零，即

$$\boldsymbol{B}_1=-\frac{\partial A_{1z}}{\partial\rho}\hat{\boldsymbol{\phi}}=\frac{1}{3}\mu_0 J_0\rho^2\hat{\boldsymbol{\phi}}\quad(\rho<a) \tag{4-181}$$

当 $\rho>a$ 时，求解方程(4-178)，得

$$\frac{\partial A_{2z}}{\partial\rho}=\frac{C_2}{\rho} \tag{4-182}$$

磁感应强度 $\boldsymbol{B}_2$ 为

$$\boldsymbol{B}_2=\nabla\times\boldsymbol{A}_2=-\frac{\partial A_{2z}}{\partial\rho}\hat{\boldsymbol{\phi}}=-\frac{C_2}{\rho}\hat{\boldsymbol{\phi}} \tag{4-183}$$

在 $\rho=a$ 处，磁场强度 $\boldsymbol{H}$ 的切向分量应连续，即

$$\left.\frac{\partial A_{1z}}{\partial \rho}\right|_{\rho=a} = \left.\frac{\partial A_{2z}}{\partial \rho}\right|_{\rho=a} \tag{4-184}$$

得

$$C_2 = -\frac{1}{3}\mu_0 J_0 a^3 \tag{4-185}$$

所以 $\rho > a$ 的区域中磁感应强度为

$$\boldsymbol{B}_2 = \frac{\mu_0 J_0}{3}\frac{a^3}{\rho}\hat{\boldsymbol{\phi}} \quad (\rho > a) \tag{4-186}$$

图 4-24(a),(b)画出了电流 $\boldsymbol{J}$ 和磁感应强度 $\boldsymbol{B}$ 的分布。

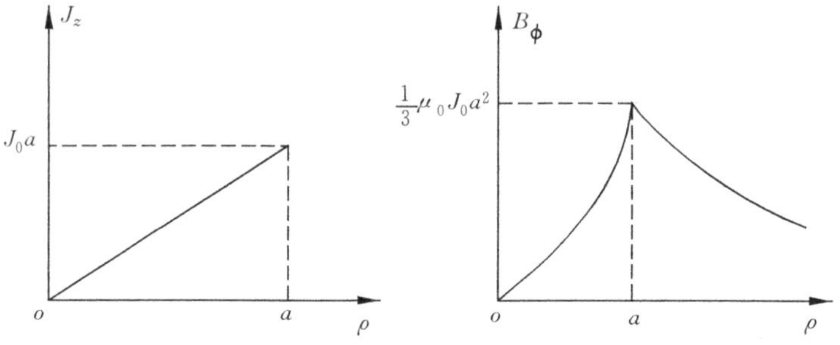

(a) (b)

图 4-24 例 4-13 J_z 和 B_ϕ 随 ρ 的变化规律

例 4-14 有一半径为 a 的球状的永久磁铁,具有恒定的磁化强度 $\boldsymbol{M}=M_0\hat{\boldsymbol{z}}$,球外为真空,求球内外任一点的磁场强度。

解 取球坐标,原点为球心 o,如图 4-25 所示。由于各处均不存在自由电流,因此用标量磁位的方法来求解较方便。因为 $\boldsymbol{M}=M_0\hat{\boldsymbol{z}}$,磁荷的体密度为 $\rho_m = -\nabla \cdot \boldsymbol{M} = 0$,因此标量磁位应满足拉普拉斯方程。由于球的轴对称性,标量磁位与方位角 ϕ 无关,因此待求磁位 φ_m 满足球坐标系中二维拉普拉斯方程

$$\frac{\partial}{\partial r}\left(r^2\frac{\partial \varphi_m}{\partial r}\right) + \frac{1}{\sin^2\theta}\frac{\partial}{\partial \theta}\left(\sin\theta\frac{\partial \varphi_m}{\partial \theta}\right) = 0 \tag{4-187}$$

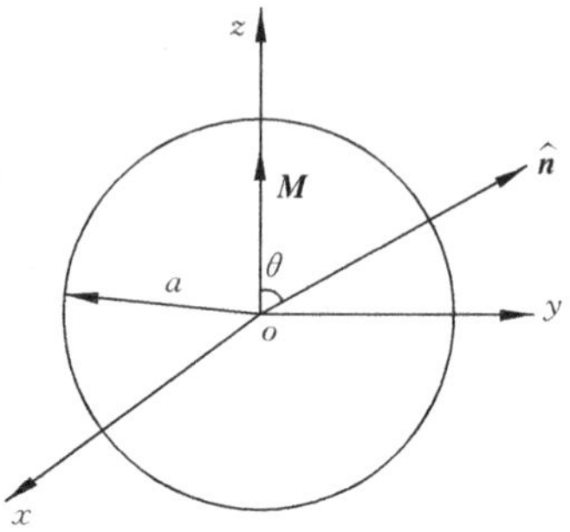

图 4-25 例 4-14 的示意图

从 3.4.3 节可知,方程(4-187)的通解是

$$\varphi_m(r,\theta) = \sum_{n=0}^{\infty} A_n r^n \mathrm{P}_n(\cos\theta) + \sum_{n=0}^{\infty} B_n r^{-(n+1)} \mathrm{P}_n(\cos\theta) \tag{4-188}$$

在 $r < a$ 的球内,设标量磁位为 φ_{m1},因为 $r=0$ 时 φ_{m1} 应为有限值,所以式(4-188)中的系数 B_n 应为零,即

$$\varphi_{m1}(r,\theta) = \sum_{n=0}^{\infty} A_n r^n \mathrm{P}_n(\cos\theta) \quad (r < a) \tag{4-189}$$

对于 $r > a$ 的球外区域,设标量磁位为 φ_{m2},因为 $r \to \infty$ 时 φ_{m2} 应趋向于零,因此式(4-188)中的系数 A_n 应等于零,即

$$\varphi_{m2} = \sum_{n=0}^{\infty} B_n r^{-(n+1)} \mathrm{P}_n(\cos\theta) \quad (r > a) \tag{4-190}$$

在 $r=a$ 的分界面上标量磁位应满足边界条件

$$\varphi_{m1}|_{r=a}=\varphi_{m2}|_{r=a} \tag{4-191}$$

$$\left.\frac{\partial\varphi_{m2}}{\partial r}\right|_{r=a}-\left.\frac{\partial\varphi_{m1}}{\partial r}\right|_{r=a}=-(\boldsymbol{M}_1-\boldsymbol{M}_2)\cdot\hat{\boldsymbol{r}}=-\rho_{Sm} \tag{4-192}$$

因为 $\boldsymbol{M}_1=M_0\hat{\boldsymbol{z}}, \boldsymbol{M}_2=0$，所以交界面处的面磁荷为 $\rho_{Sm}=M_0\cos\theta=M_0\mathrm{P}_1(\cos\theta)$。将边界条件式(4-191)和式(4-192)应用于表示式(4-189)和式(4-190)，并且比较各阶勒让德多项式的系数可求得

$$A_n=B_n=0\quad(n\neq 1)$$

$$A_1=\frac{1}{3}M_0,\quad B_1=\frac{1}{3}M_0a^3$$

因此球内外任一点的标量磁位为

$$\varphi_{m1}=\frac{1}{3}M_0r\cos\theta\quad(r\leqslant a) \tag{4-193}$$

$$\varphi_{m2}=\frac{1}{3}M_0\frac{a^3}{r^2}\cos\theta=\frac{1}{4\pi}\frac{\boldsymbol{m}\cdot\hat{\boldsymbol{r}}}{r^2}\quad(r\geqslant a) \tag{4-194}$$

其中 $\boldsymbol{m}=\frac{4}{3}\pi a^3\boldsymbol{M}$。任一点的磁场强度为

$$\boldsymbol{H}_1=-\nabla\varphi_{m1}=-\frac{1}{3}M_0(\cos\theta\hat{\boldsymbol{r}}-\sin\theta\hat{\boldsymbol{\theta}})=-\frac{1}{3}M_0\hat{\boldsymbol{z}}\quad(r<a) \tag{4-195}$$

$$\begin{aligned}\boldsymbol{H}_2&=-\nabla\varphi_{m2}=-\frac{1}{3}M_0a^3\left(-2\frac{\cos\theta}{r^3}\hat{\boldsymbol{r}}-\frac{\sin\theta}{r^3}\hat{\boldsymbol{\theta}}\right)\\&=\frac{1}{4\pi}\left[\frac{3(\boldsymbol{m}\cdot\hat{\boldsymbol{r}})}{r^3}\hat{\boldsymbol{r}}-\frac{\boldsymbol{m}}{r^3}\right]\quad(r>a)\end{aligned} \tag{4-196}$$

任一点的磁感应强度 $\boldsymbol{B}=\mu_0(\boldsymbol{H}+\boldsymbol{M})$，所以

$$\boldsymbol{B}_1=\mu_0\left(-\frac{1}{3}M_0\hat{\boldsymbol{z}}+M_0\hat{\boldsymbol{z}}\right)=\frac{2}{3}\mu_0M_0\hat{\boldsymbol{z}}\quad(r<a) \tag{4-197}$$

$$\boldsymbol{B}_2=\frac{\mu_0}{4\pi}\left[\frac{3(\boldsymbol{m}\cdot\hat{\boldsymbol{r}})}{r^3}\hat{\boldsymbol{r}}-\frac{\boldsymbol{m}}{r^3}\right]\quad(r>a) \tag{4-198}$$

从式(4-195)和式(4-197)可知，球内的磁场是均匀的，但 $\boldsymbol{H}_1$ 与磁化强度 $M=M_0\hat{\boldsymbol{z}}$ 反向，而 $\boldsymbol{B}_1$ 与 $\boldsymbol{M}$ 同向。从式(4-196)和式(4-198)可知，球外的磁场和一位于球心、磁矩为 $\boldsymbol{m}$ 的磁偶极子所产生的磁场相同。

习　　题

4-1　一宽度为 b 的无限长薄带线(参看题图 4-1)通有电流 I，求中心线上空与带距离为 a 的 P 点的磁感应强度 $\boldsymbol{B}$。

4-2　一边长为 a 的方框形线圈通有电流 I，求该线圈中心点处的磁感应强度 $\boldsymbol{B}$。

4-3　一正多边形线圈其边数为 K。该线圈通有电流 I，证明线圈中心处的磁感应强度$\boldsymbol{B}$ 为

$$|\boldsymbol{B}|=\frac{\mu_0KI}{2\pi d}\tan\frac{\pi}{K}$$

其中 d 是多边形的外接圆的半径。证明当 K 很大时，$|\boldsymbol{B}|$ 与一个圆线圈在其中心处产生的磁感应强度相同。

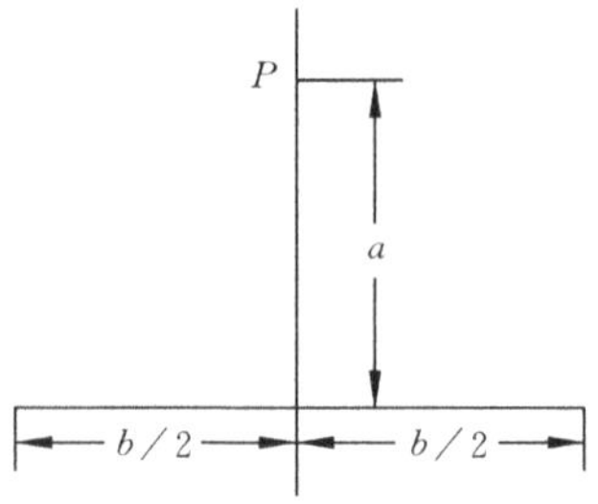

题图 4-1

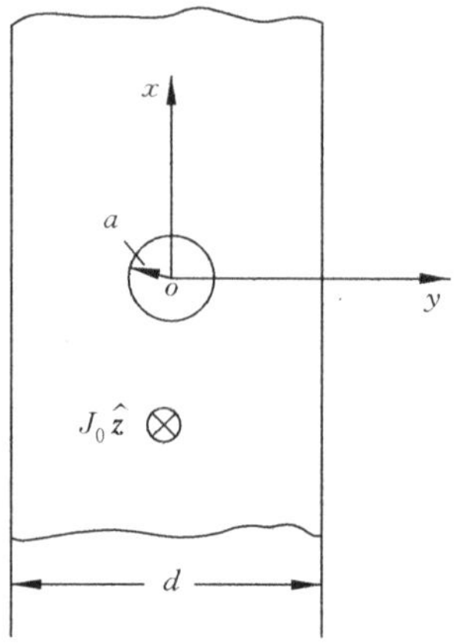

题图 4-2

4-4　一个通有电流 I_1 的圆环和一通有电流 I_2 的长直导线放在同一平面上，证明其相互作用力正比于 $I_1I_2(\sec\alpha/2-1)$，其中 α 是圆环在直线上最接近圆环的点所张的角。

4-5　一厚度为 d 的无限大的平板，除位于其中心的半径为 a 的圆柱孔(参看题图 4-2)外，整个板中电流的体密度是均匀的，且为 $\boldsymbol{J}=J_0\hat{\boldsymbol{z}}$，求各处的磁感应强度 $\boldsymbol{B}$。

4-6　一半径为 a 的无限长的圆柱(参看题图 4-3)通有均匀电流，密度为 $\boldsymbol{J}=J_0\hat{\boldsymbol{z}}$，其中开有一半径为 b，中心离圆柱的轴线为 d 的无限长小圆柱孔，求孔中心 P 点的磁感应强度。

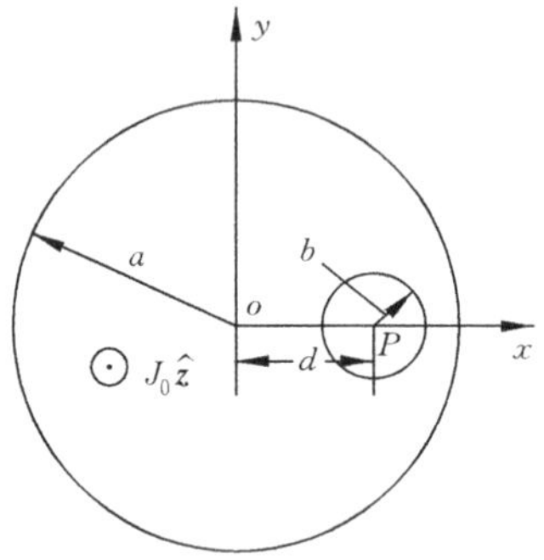

题图 4-3

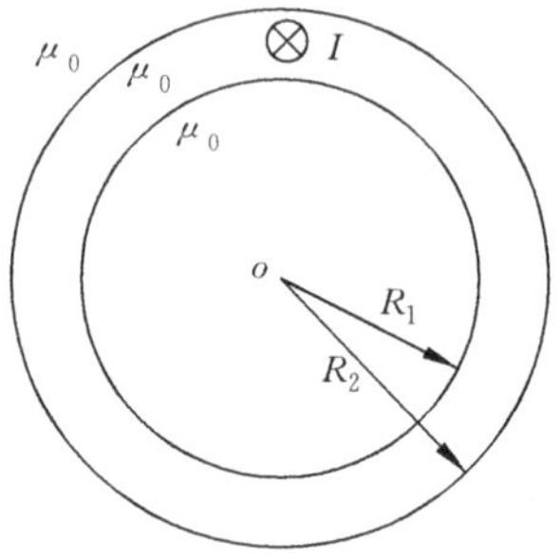

题图 4-4

4-7　空心长直导线内半径 $R_1=6\text{mm}$，外半径 $R_2=7\text{mm}$(参看题图 4-4)，导线中通有电流 $I=200\text{A}$，求各处的磁感应强度。

4-8　两根平行长直导线截面半径均为 R，轴线距离为 D，通有方向相反的电流 I。在两导线的轴线的平面上放置一长方形线框(参看题图 4-5)，求穿过线框的磁通。

4-9　一个 z 方向分布的电流为

$$J_z = r^2 + 4r \quad (r \leqslant a)$$

利用安培环路定律求 $\boldsymbol{B}$。

4-10　某电流分布为

$$\boldsymbol{J} = J_0 r \hat{\boldsymbol{z}} \quad (r \leqslant a)$$

求矢量磁位 **A** 和场强 **B**，再用安培环路定律求 **B**。

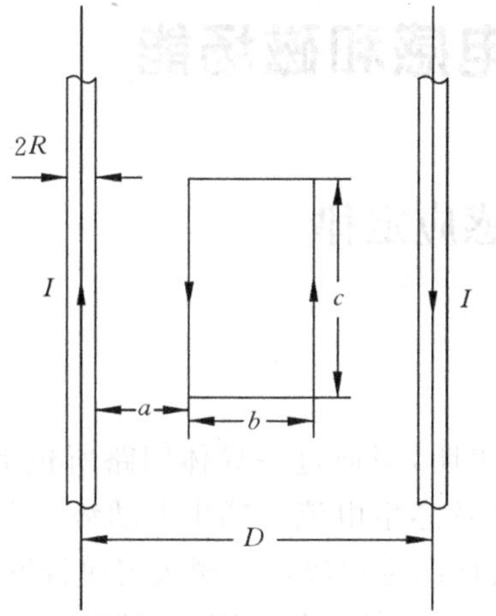

题图 4-5

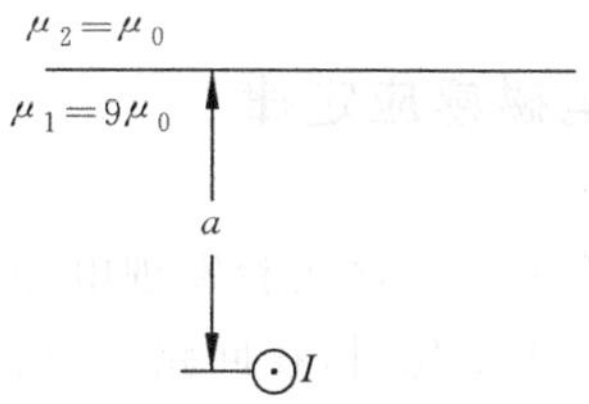

题图 4-6

4-11　证明

$$\mathbf{A}=\frac{\mu_0}{4\pi}\int_V \frac{\boldsymbol{J}}{R}\mathrm{d}V$$

是方程 $\nabla^2\mathbf{A}=-\mu_0\boldsymbol{J}$ 的解。

4-12　一半径为 a 的导体球带净电量为 q，以角速度 ω 绕它的直径旋转，求磁矩。

4-13　两无限大平行平面上均匀分布有面电流 $\boldsymbol{J}_1$ 和 $\boldsymbol{J}_2$，分别求 $\boldsymbol{J}_1=\boldsymbol{J}_2$ 和 $\boldsymbol{J}_1=-\boldsymbol{J}_2$ 时各处的磁感应强度 **B**。

4-14　半径为 a 的磁介质球，中心在坐标原点，磁化到 $\boldsymbol{M}=(Az^2+B)\hat{\boldsymbol{z}}$，其中 A,B 为常数。求等效磁化电流和磁荷。

4-15　在磁导率为 μ_1 的媒质中，有载流直导线与两媒质分界面平行，该导线与界面的垂直距离为 a，设 $\mu_2=\mu_0$，$\mu_1=9\mu_0$（参看题图 4-6）。求两种媒质中磁场强度及载流导线每单位长度所受之力。

4-16　画出题图 4-7 各图中的镜象电流，并注明电流的方向、大小及计算的有效区域。

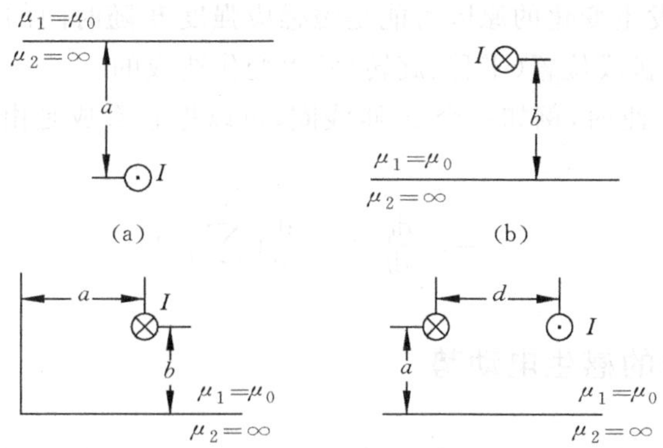

题图 4-7

第 5 章　准静态场、电感和磁场能

5.1　法拉第电磁感应定律

5.1.1　电磁感应定律

法拉第最早通过实验发现电磁感应现象。实验表明，当通过一导体回路所包围的面积的磁通量发生变化时，在回路中就将产生感生电动势及感生电流。感生电动势 e_{i} 的大小正比于与回路交链的磁通 ψ 随时间的变化率，其方向由楞次定律决定。楞次定律告诉我们：感生电动势及其所产生的感生电流总是力图阻止回路中磁通的变化。因此回路中感生电动势的大小和方向可表示成

$$e_{\mathrm{i}}=-\frac{\mathrm{d}\psi}{\mathrm{d}t}=-\frac{\mathrm{d}}{\mathrm{d}t}\int_S \boldsymbol{B}\cdot\hat{\boldsymbol{n}}\mathrm{d}S \tag{5-1}$$

其中磁通 ψ 的正方向与感生电动势 e_{i} 的正方向成右手螺旋关系(如图 5-1 所示)。表示式(5-1)称为法拉第电磁感应定律。

回路中出现感生电动势是因为在回路中出现了感生电场 $\boldsymbol{E}$，回路中感生电场 $\boldsymbol{E}$ 与感生电动势 e_{i} 之间的关系定义为

$$e_{\mathrm{i}}=\oint_C \boldsymbol{E}\cdot\mathrm{d}\boldsymbol{l} \tag{5-2}$$

所以

$$e_{\mathrm{i}}=-\frac{\mathrm{d}\psi}{\mathrm{d}t}=\oint_C \boldsymbol{E}\cdot\mathrm{d}\boldsymbol{l}=-\frac{\mathrm{d}}{\mathrm{d}t}\int_S \boldsymbol{B}\cdot\mathrm{d}\boldsymbol{S} \tag{5-3}$$

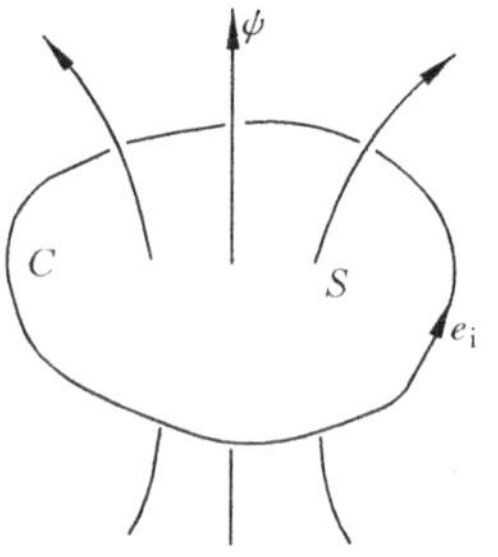

图 5-1　磁通 ψ 与感生电动势 e_{i} 间的关系

应当指出的是式(5-3)中的回路 C 并不一定要求是一实际的闭合线圈，对于空间的任一闭合曲线 C 该式仍然成立。环路 C 耦合的磁通 ψ 发生变化的原因可能是磁感应强度 $\boldsymbol{B}$ 随时间的变化引起的，也可能是闭合回路 C 的大小、形状或位置(平移、旋转)发生变化造成的。

当回路线圈不止一匝时，例如一个 N 匝线圈，可以把它看成是由 N 个一匝线圈串联而成的，其感生电动势为

$$e_{\mathrm{i}}=-\frac{\mathrm{d}\psi}{\mathrm{d}t}=-\frac{\mathrm{d}}{\mathrm{d}t}\left(\sum_{i=1}^{N}\psi_i\right) \tag{5-4}$$

5.1.2　静止系统中的感生电动势

所谓静止系统是指回路相对于磁场没有机械运动，磁场只是随时间 t 发生变化，因此可以将式(5-3)中的全导数写成偏导数，并将微分和积分的秩序交换，于是得

$$e_{\mathrm{i}}=\oint_C \boldsymbol{E}\cdot \mathrm{d}\boldsymbol{l}=-\int_S \frac{\partial \boldsymbol{B}}{\partial t}\cdot \hat{\boldsymbol{n}}\mathrm{d}S \tag{5-5}$$

利用斯托克斯定理将式(5-5)中的线积分变成面积分后求得

$$\int_S \nabla\times\boldsymbol{E}\cdot\hat{\boldsymbol{n}}\mathrm{d}S=-\int_S \frac{\partial \boldsymbol{B}}{\partial t}\cdot \hat{\boldsymbol{n}}\mathrm{d}S \tag{5-6}$$

上式对任一面积均成立,所以

$$\nabla\times\boldsymbol{E}=-\frac{\partial \boldsymbol{B}}{\partial t} \tag{5-7}$$

式(5-7)是电磁感应定律的微分形式,它表明时变场和静电场的性质已完全不同,时变的电场是一有旋场,随时间变化的磁场是电场的源,即随时间变化的磁场将伴随有感生电场。因为随时间变化的磁感应强度 $\boldsymbol{B}$ 的力线仍然是闭合的,即 $\nabla\cdot\boldsymbol{B}=0$ 仍成立,所以 $\boldsymbol{B}$ 可以表示成磁矢位 $\boldsymbol{A}$ 的旋度 $\boldsymbol{B}=\nabla\times\boldsymbol{A}$,代入式(5-7)后得

$$\nabla\times\boldsymbol{E}=-\frac{\partial}{\partial t}(\nabla\times\boldsymbol{A})$$

即

$$\nabla\times\left(\boldsymbol{E}+\frac{\partial \boldsymbol{A}}{\partial t}\right)=0 \tag{5-8}$$

矢量 $\boldsymbol{E}+\frac{\partial \boldsymbol{A}}{\partial t}$ 的旋度等于零,因此它一定是某一标量函数 φ 的梯度,即有

$$\boldsymbol{E}+\frac{\partial \boldsymbol{A}}{\partial t}=-\nabla\varphi$$

亦即

$$\boldsymbol{E}=-\frac{\partial \boldsymbol{A}}{\partial t}-\nabla\varphi \tag{5-9}$$

对于恒定场,矢量 $\boldsymbol{A}$ 不随时间变化,$\frac{\partial \boldsymbol{A}}{\partial t}=0$,所以

$$\boldsymbol{E}=-\nabla\varphi \tag{5-10}$$

这一结果我们在研究恒定场时已经得到过。方程(5-9)表明一般情况下产生电场的原因有两方面:一是由聚集的电荷产生的,表现为 $-\nabla\varphi$;另一则是随时间变化的磁场产生的,表现为 $-\frac{\partial \boldsymbol{A}}{\partial t}$。

5.1.3 运动系统中的感生电动势

所谓运动系统是指回路相对于磁场有机械运动,且磁感应强度 $\boldsymbol{B}$ 也随时间变化。设回路 C 以速度 $\boldsymbol{v}$ 在 Δt 时间内从 C_a 的位置移到了 C_b 的位置(参看图 5-2),移动可以包含平移、转动和变形。穿过该回路的磁通量的变化率是

$$\frac{\mathrm{d}\psi}{\mathrm{d}t}=\lim_{\Delta t\to 0}\frac{\Delta\psi}{\Delta t}=\lim_{\Delta t\to 0}\frac{1}{\Delta t}\left[\int_{S_b}\boldsymbol{B}(t+\Delta t)\cdot\mathrm{d}\boldsymbol{S}-\int_{S_a}\boldsymbol{B}(t)\cdot\mathrm{d}\boldsymbol{S}\right] \tag{5-11}$$

其中 $\boldsymbol{B}(t+\Delta t)$ 是在时间 $t+\Delta t$ 时刻由 C_b 围住的某一个曲面 S_b 上的磁感应强度,$\boldsymbol{B}(t)$ 是在 t 时刻由 C_a 围住的某个曲面 S_a 上的磁感应强度。C 由 C_a 的位置运动到 C_b 的位置时扫过的体积 V 的侧面积是 S',在瞬间 $t+\Delta t$ 时刻通过封闭面 $S(S=S_a+S_b+S')$ 的磁通量应是

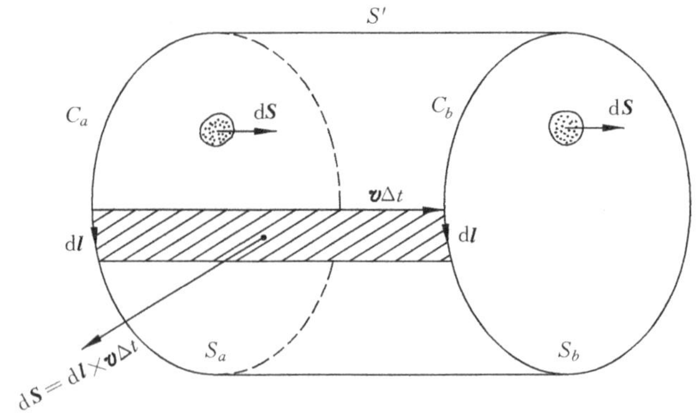

图 5-2 回路运动时穿过回路磁通量的变化率

零，即

$$\oint_S \boldsymbol{B}(t+\Delta t)\cdot \mathrm{d}\boldsymbol{S}=\int_{S_b}\boldsymbol{B}(t+\Delta t)\cdot \mathrm{d}\boldsymbol{S}$$

$$-\int_{S_a}\boldsymbol{B}(t+\Delta t)\cdot \mathrm{d}\boldsymbol{S}+\int_{S'}\boldsymbol{B}(t+\Delta t)\cdot \mathrm{d}\boldsymbol{S}=0 \tag{5-12}$$

其中沿 S_a 的积分前面取负号是因为 S_a 的面积元的方向指向封闭面内部。由于最后要取 $\Delta t\to 0$ 时的极限，我们将 $\boldsymbol{B}(t+\Delta t)$展成台劳级数，即有

$$\boldsymbol{B}(t+\Delta t)=\boldsymbol{B}(t)+\frac{\partial \boldsymbol{B}}{\partial t}\Delta t+\cdots \tag{5-13}$$

将式(5-13)代入式(5-12)中等号右边的第二和第三个积分后求得

$$\int_{S_a}\boldsymbol{B}(t+\Delta t)\cdot \mathrm{d}\boldsymbol{S}=\int_{S_a}\boldsymbol{B}(t)\cdot \mathrm{d}\boldsymbol{S}+\Delta t\int_{S_a}\frac{\partial \boldsymbol{B}(t)}{\partial t}\cdot \mathrm{d}\boldsymbol{S}+\cdots \tag{5-14}$$

与

$$\int_{S'}\boldsymbol{B}(t+\Delta t)\cdot \mathrm{d}\boldsymbol{S}=\int_{S'}\boldsymbol{B}(t)\cdot \mathrm{d}\boldsymbol{S}+\Delta t\int_{S'}\frac{\partial \boldsymbol{B}(t)}{\partial t}\cdot \mathrm{d}\boldsymbol{S}+\cdots \tag{5-15}$$

而侧面积 S'上的面积元 $\mathrm{d}\boldsymbol{S}=\mathrm{d}\boldsymbol{l}\times\boldsymbol{v}\Delta t$，因此式(5-15)变成

$$\int_{S'}\boldsymbol{B}(t+\Delta t)\cdot \mathrm{d}\boldsymbol{S}=\Delta t\int_{C_a}\boldsymbol{B}(t)\cdot(\mathrm{d}\boldsymbol{l}\times\boldsymbol{v})+(\Delta t)^2\int_{C_a}\frac{\partial \boldsymbol{B}(t)}{\partial t}\cdot(\mathrm{d}\boldsymbol{l}\times\boldsymbol{v})+\cdots \tag{5-16}$$

将式(5-14)和式(5-16)代入式(5-12)后求得

$$\int_{S_b}\boldsymbol{B}(t+\Delta t)\cdot \mathrm{d}\boldsymbol{S}-\int_{S_a}\boldsymbol{B}(t)\cdot \mathrm{d}\boldsymbol{S}=\Delta t\left[\int_{S_a}\frac{\partial \boldsymbol{B}(t)}{\partial t}\cdot \mathrm{d}\boldsymbol{S}+\int_{C_a}(\boldsymbol{B}(t)\times\boldsymbol{v})\cdot \mathrm{d}\boldsymbol{l}\right]$$

$$+\Delta t\text{ 的高次项} \tag{5-17}$$

因此，将式(5-17)代入式(5-11)后，求得当回路 C 从位置 C_a 移到 C_b 时，穿过该回路的磁通量的变化率是

$$\frac{\mathrm{d}\psi}{\mathrm{d}t}=\int_S\frac{\partial \boldsymbol{B}}{\partial t}\cdot \mathrm{d}\boldsymbol{S}+\int_C(\boldsymbol{B}\times\boldsymbol{v})\cdot \mathrm{d}\boldsymbol{l}$$

$$=\int_S\frac{\partial \boldsymbol{B}}{\partial t}\cdot \mathrm{d}\boldsymbol{S}+\int_S\nabla\times(\boldsymbol{B}\times\boldsymbol{v})\cdot \mathrm{d}\boldsymbol{S} \tag{5-18}$$

式(5-18)中第二个等号右边第一项是由于磁感应强度 $\boldsymbol{B}$ 随时间变化而引起的穿过 S 面的磁通量的变化率，而第二项是由于回路相对于磁场的运动引起的，因此回路 C 中的感生电

动势为

$$\oint_C \boldsymbol{E}\cdot \mathrm{d}\boldsymbol{l}=-\left[\int_S \frac{\partial \boldsymbol{B}}{\partial t}\cdot \mathrm{d}\boldsymbol{S}+\int_S \nabla\times[\boldsymbol{B}\times\boldsymbol{v}]\cdot \mathrm{d}\boldsymbol{S}\right] \tag{5-19}$$

上式是运动系统中电磁感应定律的积分形式。利用斯托克斯定理，将式(5-19)中左边的线积分变成面积分，则

$$\int_S \nabla\times\boldsymbol{E}\cdot \mathrm{d}\boldsymbol{S}=\int_S\left[\nabla\times(\boldsymbol{v}\times\boldsymbol{B})-\frac{\partial \boldsymbol{B}}{\partial t}\right]\cdot \mathrm{d}\boldsymbol{S} \tag{5-20}$$

由于式(5-20)对于任何曲线 C 所包围的任一曲面 S 均成立，因此等式两边被积函数必定相等，即

$$\nabla\times\boldsymbol{E}=-\frac{\partial \boldsymbol{B}}{\partial t}+\nabla\times(\boldsymbol{v}\times\boldsymbol{B}) \tag{5-21}$$

式(5-21)是运动系统中电磁感应定律的微分形式，当环路运动的速度 $\boldsymbol{v}=0$ 时，式(5-21)变成式(5-7)的形式，当$\dfrac{\partial \boldsymbol{B}}{\partial t}=0$，即磁感应强度 $\boldsymbol{B}$ 不随时间变化时，式(5-21)变成

$$\nabla\times\boldsymbol{E}=\nabla\times(\boldsymbol{v}\times\boldsymbol{B}) \tag{5-22}$$

以后除加以说明外，我们都在静止系中来讨论问题。下面举例说明电磁感应定律的应用。

例 5-1 一长为 h、宽为 w 的固定线圈(参看图 5-3)，位于一随时间变化的均匀磁场中，且 $\boldsymbol{B}=B_0\sin(\omega t)\hat{\boldsymbol{z}}$，设线圈面的法线方向与 $\hat{\boldsymbol{z}}$ 轴成 θ 角，求线圈中的感生电动势 e_i。

解 因为

$$e_i=\oint_C \boldsymbol{E}\cdot \mathrm{d}\boldsymbol{l}=\int_S \nabla\times\boldsymbol{E}\cdot \mathrm{d}\boldsymbol{S}=-\int_S \frac{\partial \boldsymbol{B}}{\partial t}\cdot \mathrm{d}\boldsymbol{S}$$

而

$$\frac{\partial \boldsymbol{B}}{\partial t}=B_0\omega\cos(\omega t)\hat{\boldsymbol{z}}$$

所以

$$e_i=-\int_S B_0\omega\cos(\omega t)\hat{\boldsymbol{z}}\cdot\hat{\boldsymbol{n}}\mathrm{d}S=-B_0\omega S\cos\theta\cos(\omega t)$$

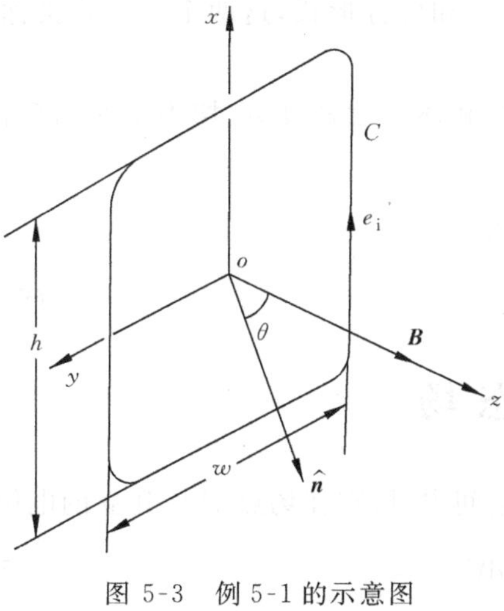

图 5-3 例 5-1 的示意图

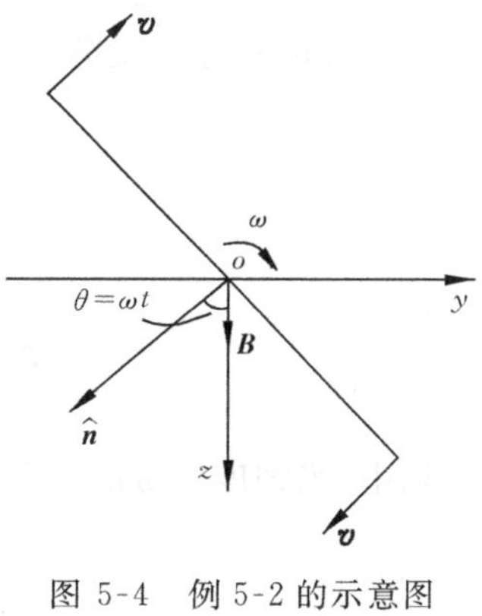

图 5-4 例 5-2 的示意图

其中 $S=hw$ 是线圈的面积。

例 5-2 如果上例中的线圈以角速度 ω 绕 x 轴旋转(参看图 5-4),而磁场不随时间变化,即 $\boldsymbol{B}=B_0\hat{\boldsymbol{z}}$,求线圈中的感生电动势。

解 回路中的感生电动势

$$e_i=\oint_C \boldsymbol{E}\cdot d\boldsymbol{l}=\int_S \nabla\times(\boldsymbol{v}\times\boldsymbol{B})\cdot d\boldsymbol{S}=\oint_C(\boldsymbol{v}\times\boldsymbol{B})\cdot d\boldsymbol{l}=B_0\omega S\sin(\omega t)$$

其中 $S=hw$ 是线圈的面积。

5.2 电荷守恒定律

所有的实验均表明自然界电荷是守恒的,下面利用电流密度 $\boldsymbol{J}_f$ 导出电荷守恒定律的解析表示式。如图 5-5 所示,设 S 是一封闭曲面,它的大小和形状均不随时间 t 变化,S 包围的体积为 V,因为电荷是守恒的,通过 S 面单位时间流出的电荷(即电流)应等于体积 V 内单位时间减少的电荷,即

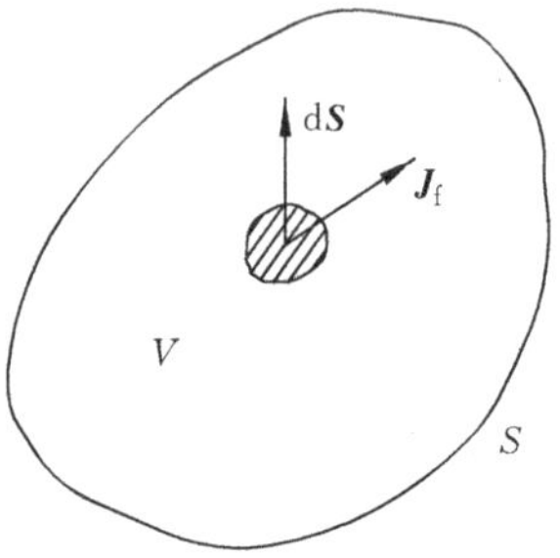

图 5-5 电荷守恒定律

$$\oint_S \boldsymbol{J}_f\cdot d\boldsymbol{S}=-\frac{\partial q}{\partial t}=-\frac{\partial}{\partial t}\int_V \rho_V dV \tag{5-23}$$

其中 q 是体积 V 中的总电荷,ρ_V 是 V 中的体电荷密度。在式(5-23)中左端利用散度定理将面积分变成体积分,并将右端的微分和积分秩序交换(因为体积 V 不随时间变化),求得

$$\int_V\left(\nabla\cdot\boldsymbol{J}_f+\frac{\partial\rho_V}{\partial t}\right)dV=0 \tag{5-24}$$

因为式(5-24)对任何曲面包围的体积均成立,因此

$$\nabla\cdot\boldsymbol{J}_f+\frac{\partial\rho_V}{\partial t}=0 \tag{5-25}$$

式(5-23)和式(5-25)分别是电荷守恒定律的积分形式和微分形式,这两个方程式又称为电流连续性方程。

在恒定电流的情况下,电场强度 $\boldsymbol{E}$、电流密度 $\boldsymbol{J}_f$ 和体电荷密度 ρ_V 均不随时间变化,因此电流连续性方程的积分和微分形式变成

$$\oint_S \boldsymbol{J}_f\cdot d\boldsymbol{S}=0 \tag{5-26a}$$

$$\nabla\cdot\boldsymbol{J}_f=0 \tag{5-26b}$$

5.3 准 静 态 场

在静电场中,当密度为 ρ 的电荷分布在有限的空间内时,它在场点 P 所建立的电位为

$$\varphi=\frac{1}{4\pi\varepsilon_0}\int_V\frac{\rho}{R}dV' \tag{5-27}$$

其中 R 是由源点到场点的距离,φ 满足泊松方程。

在恒定磁场中，密度为 $\boldsymbol{J}$ 的电流在场点 P 产生的磁矢位是

$$\boldsymbol{A}=\frac{\mu_0}{4\pi}\int_V \frac{\boldsymbol{J}}{R}\mathrm{d}V' \tag{5-28}$$

其中 R 是由源点到场点的距离，$\boldsymbol{A}$ 满足泊松方程。

对于时变场，电荷 ρ 和电流 $\boldsymbol{J}$ 都是时间的函数，$\rho=\rho(t)$，$\boldsymbol{J}=\boldsymbol{J}(t)$，那么，当 ρ 和 $\boldsymbol{J}$ 随时间变化时是否同时影响到 P 点的电磁场的大小呢？也就是说 P 点 t 时刻的 $\boldsymbol{A}$ 和 φ 是否是由 t 时刻的电流和电荷分布决定呢？式(5-27)和式(5-28)是否还能成立？理论和实验均证明，当场源 ρ 和 $\boldsymbol{J}$ 随时间变化时，不能利用式(5-27)和式(5-28)来计算场点 P 的电位 φ 和磁矢位 $\boldsymbol{A}$，这是因为源点和场点之间有一定的距离 R，而电磁场的传播速度是有限的，即 t 时刻场点 P 处的电位 φ 和磁矢位 $\boldsymbol{A}$ 并不与该时刻位于距离 R 以外的源 ρ 和 $\boldsymbol{J}$ 的分布相对应，而是与前一时刻 $t-R/c$ 的源的分布相对应(其中 c 是光速)。换言之，t 时刻的电荷和电流分布要经过时间 R/c 后才影响到 P 点的 φ 和 $\boldsymbol{A}$，即存在滞后现象。因此通常把随时间变化的源 ρ 和 $\boldsymbol{J}$ 产生的 φ 和 $\boldsymbol{A}$ 称为推迟位。我们以后将看到，在描述宏观电磁现象所遵循的规律的麦克斯韦(Maxwell)方程组中引入位移电流密度 $\boldsymbol{J}_{\mathrm{d}}$，实际上是将有限的速度(光速)赋予电磁扰动。推迟位留待第 6 章中讨论。这一节我们讨论一种近似情况，即认为空中任一点的瞬时电场和磁场由同一瞬间的电荷和电流分布决定，因此从瞬时关系看，P 点的电位 φ 及磁矢位 $\boldsymbol{A}$ 与源 ρ 及 $\boldsymbol{J}$ 的关系和静态场中这些量之间的关系完全一样，这种情况称为准静态。随时间变化的电磁场在什么情况下能视为准静态场呢？只有当场存在的区域的尺寸远小于波长 λ 时，即频率很低，场源随时间变化很缓慢时(在 R/c 的时间内，场源变化很小)，准静态场的条件才能得到满足。亦即当场源变化的时间间隔比电磁扰动跨过所考虑的物理系统所花的时间大很多时，可以忽略位移电流 $\boldsymbol{J}_{\mathrm{d}}$ 的影响。所以当场源随时间按周期变化，频率为 f 时，准静态条件可以表示成

$$L\times f\ll c$$

式中，L 为物理系统的尺寸。

例如工频变压器，尺寸 $L\approx 30\mathrm{cm}$，频率 $f=50\mathrm{Hz}$，几何尺寸 L 与频率 f 的乘积

$$L\times f=30\times 50=1500(\mathrm{cm/s})\ll c$$

即工频变压器中的电磁场可视为准静态场。

又如 3cm 波导，尺寸 $L\approx 2.3\mathrm{cm}$，频率 $f=9375\mathrm{MHz}$，几何尺寸与频率的乘积 $L\times f=2.3\times 10^{10}\,\mathrm{cm/s}\approx c$，所以在波导中不满足准静态条件。

在准静态的情况下，任一点的 φ 和 $\boldsymbol{A}$ 仍可按式(5-27)和式(5-28)计算，且 $\nabla\cdot\boldsymbol{J}_{\mathrm{f}}=0$。

例 5-3 一对平行导线，通有大小相等而方向相反的电流 I(参看图 5-6)，I 随时间变化，在同一平面内有一封闭矩形线圈，求矩形线圈中的感生电动势。

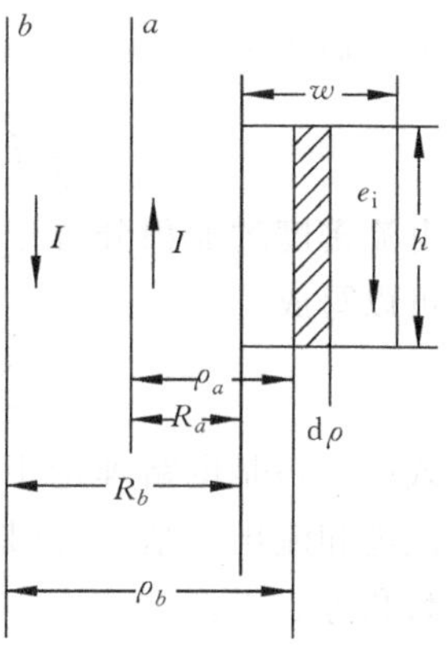

图 5-6 例 5-3 的示意图

解 按准静态场考虑，因此安培环路定律仍为

$$\oint_l \boldsymbol{H}\cdot\mathrm{d}\boldsymbol{l}=I$$

导线 a 里的电流 I 产生的磁感应强度为

$$\boldsymbol{B}_a = \frac{\mu_0 I}{2\pi\rho_a}\hat{\boldsymbol{\phi}}$$

导线 b 里的电流 I 产生的磁感应强度为

$$\boldsymbol{B}_b = -\frac{\mu_0 I}{2\pi\rho_b}\hat{\boldsymbol{\phi}}$$

所以空间任一点的磁感应强度为

$$\boldsymbol{B} = \boldsymbol{B}_a + \boldsymbol{B}_b = \frac{\mu_0 I}{2\pi}\left(\frac{1}{\rho_a} - \frac{1}{\rho_b}\right)\hat{\boldsymbol{\phi}}$$

通过矩形线圈的磁通量是

$$\begin{aligned}\psi &= \int_S \boldsymbol{B}\cdot \mathrm{d}\boldsymbol{S} = \frac{\mu_0 I}{2\pi}\left[\int_{R_a}^{R_a+w}\frac{h}{\rho_a}\mathrm{d}\rho_a - \int_{R_b}^{R_b+w}\frac{h}{\rho_b}\mathrm{d}\rho_b\right]\\ &= \frac{\mu_0 hI}{2\pi}\ln\left[\frac{(R_a+w)R_b}{(R_b+w)R_a}\right]\end{aligned}$$

矩形线圈中的感生电动势

$$e_{\mathrm{i}} = -\frac{\mathrm{d}\psi}{\mathrm{d}t} = -\frac{\mu_0 h}{2\pi}\frac{\mathrm{d}I}{\mathrm{d}t}\ln\left[\frac{(R_a+w)R_b}{(R_b+w)R_a}\right]$$

若 $\mathrm{d}I/\mathrm{d}t>0$，则 $e_{\mathrm{i}}<0$，说明矩形线圈中的感生电动势的方向与图 5-6 中规定的方向相反。当 R_b 趋向无穷大时，可求得单独一根导线 a 的电流在线圈中产生的感生电动势

$$e_{\mathrm{i}} = -\frac{\mu_0 h}{2\pi}\frac{\mathrm{d}I}{\mathrm{d}t}\ln\left[\frac{(R_a+w)}{R_a}\right] = \frac{\mu_0 h}{2\pi}\frac{\mathrm{d}I}{\mathrm{d}t}\ln\left[\frac{R_a}{(R_a+w)}\right]$$

5.4 作为准静态近似的电路理论

电路理论的基本定理可以在电磁场理论的准静态近似条件下导出来，电路理论假定电场和磁场是高度集中地位于电路元件内部。位移电流在电容器内、外均存在，但电容器内的位移电流是主要的，在准静态条件下，电容器外的位移电流可以忽略，所以在多根导线的结点处(参看图 5-7)，可忽略位移电流的影响(准静态)，电流的散度为零，即

$$\nabla\cdot\boldsymbol{J}_{\mathrm{f}} = 0 \tag{5-29}$$

积分形式为

$$\oint_S \boldsymbol{J}_{\mathrm{f}}\cdot\mathrm{d}\boldsymbol{S} = 0 \tag{5-30}$$

电流密度的面积分等于通过该面积的电流，式(5-30)可以写成

$$\sum_k i_k = 0 \tag{5-31}$$

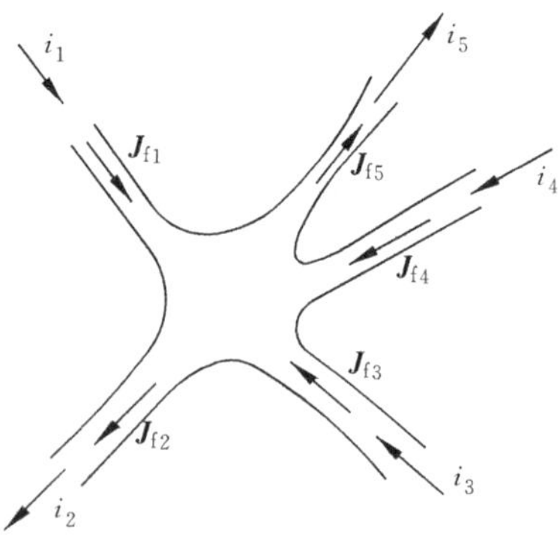

图 5-7　结点电流定理

式(5-31)是电路理论中的克希霍夫结点电流定理，即流进和流出一结点(设其有 k 条支线)的所有电流的代数和等于零。

完全类似，时变的磁通量在电感和变压器内、外均存在，但内部占优势，在准静态条件下，假定电感和变压器外边的时变的磁通量可以忽略，所以电场强度的旋度等于零，即

$$\nabla \times \boldsymbol{E} = 0 \tag{5-32}$$

由此可得

$$\boldsymbol{E} = -\nabla \varphi \tag{5-33}$$

和

$$\oint_l \boldsymbol{E} \cdot \mathrm{d}\boldsymbol{l} = 0 \tag{5-34}$$

因此对任何闭合环路有

$$\sum_k U_k = 0 \tag{5-35}$$

式(5-35)是电路理论中的克希霍夫环路电压定理,即电路中任何闭合环路的电压降的代数和为零。

例 5-4 图 5-8 所示为一 N 端口网络,端口的电压和电流分别为 U_i 和 $I_i(i=1,2,\cdots,N)$,利用准静态条件证明输入网络的功率

$$P_{\text{in}} = \sum_{i=1}^{N} U_i I_i$$

证 按准静态条件

$$\nabla \times \boldsymbol{E} = 0 \quad (\boldsymbol{E} = -\nabla \varphi)$$

$$\nabla \times \boldsymbol{H} = \boldsymbol{J}_{\text{f}} \quad (\nabla \cdot \boldsymbol{J}_{\text{f}} = 0)$$

可得输入表面 S 的功率为

$$\begin{aligned} P_{\text{in}} &= -\oint_S (\boldsymbol{E} \times \boldsymbol{H}) \cdot \mathrm{d}\boldsymbol{S} = -\int_V \nabla \cdot (\boldsymbol{E} \times \boldsymbol{H}) \mathrm{d}V \\ &= \int_V \nabla \cdot (\nabla \varphi \times \boldsymbol{H}) \mathrm{d}V \end{aligned} \tag{5-36}$$

式(5-36)中的负号是因为计算的是流进 S 面内的功率。

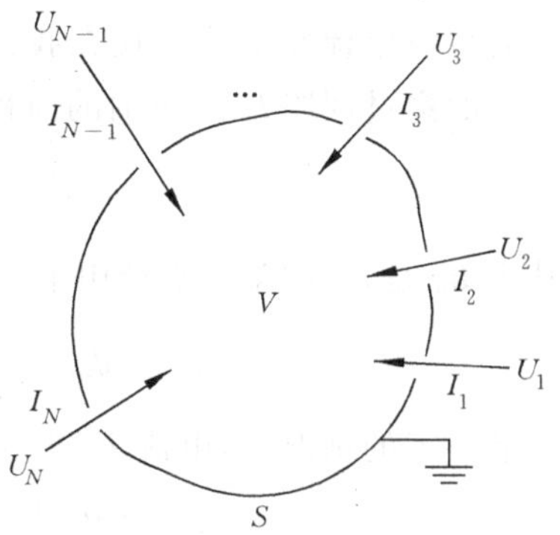

图 5-8 例 5-4 的示意图

利用恒等式

$$\begin{aligned} \nabla \cdot (\nabla \varphi \times \boldsymbol{H}) &= \boldsymbol{H} \cdot (\nabla \times \nabla \varphi) - \nabla \varphi \cdot (\nabla \times \boldsymbol{H}) \\ &= -\boldsymbol{J}_{\text{f}} \cdot \nabla \varphi = -\nabla \cdot (\varphi \boldsymbol{J}_{\text{f}}) \end{aligned}$$

式(5-36)可以改写为

$$P_{\text{in}} = -\int_V \nabla \cdot (\varphi \boldsymbol{J}_{\text{f}}) \mathrm{d}V = -\oint_S \varphi \boldsymbol{J}_{\text{f}} \cdot \mathrm{d}\boldsymbol{S}$$

表面 S 上 i 端口处对地的电位正好是端口线上的电压 U_i,而除各端口线上的电流外其他各处的电流密度为零,所以

$$P_{\text{in}} = -\oint_S \varphi \boldsymbol{J}_{\text{f}} \cdot \mathrm{d}\boldsymbol{S} = \sum_{i=1}^{N} \left(-U_i \int_{S_i} \boldsymbol{J}_{\text{f}} \cdot \mathrm{d}\boldsymbol{S}\right) = \sum_{i=1}^{N} U_i I_i$$

5.5 电　　感

在稳恒或准静态的情况下我们可以定义两回路之间的互感和回路的自感,使回路中的感生电动势的计算变得更加简单。若空中存在两个回路 l_a 和 l_b(参看图 5-9),回路 l_a 中的电流 I_a 将产生磁场,因而回路 l_b 耦合着磁通 ψ_{ba}(它是由回路 l_a 中的电流产生的),ψ_{ba} 可表示成回路 a 中的电流 I_a 与一个常数 M_{ba} 的乘积,即

$$\psi_{ba} = M_{ba} I_a \tag{5-37}$$

式中因子 M_{ba} 只与回路 l_a 和 l_b 的几何参数和相对位置有关，它称为两回路之间的互感系数。同样对于单个回路，流过它的电流 I 与穿过它包围的面积的磁通量 ψ 之间有关系

$$\psi = LI \tag{5-38}$$

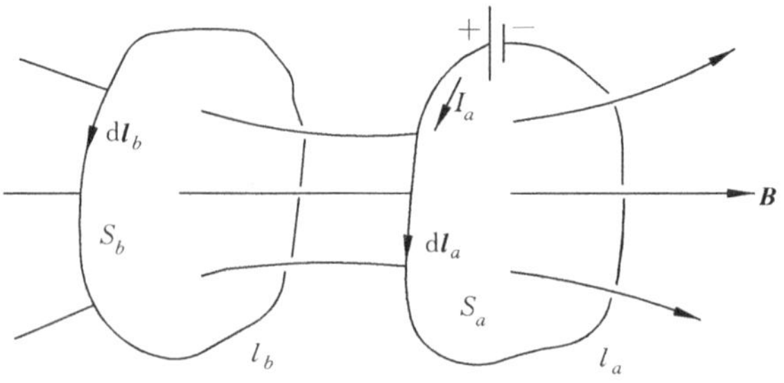

图 5-9　两回路间的互感

其中 L 只和回路的几何参数有关，通常称 L 为回路的自感系数。显然只有在稳恒或准静态的情况下式(5-37)和式(5-38)才有意义，即 t 时刻通过回路 l_b 的磁通量与同一时刻回路 l_a 中的瞬时电流相对应。现在我们来求回路间的互感系数和自感系数。回路 l_a 中的电流 I_a 产生的穿过回路 l_b 所包围的面积 S_b 的磁通量 ψ_{ba} 为

$$\psi_{ba} = \int_{S_b} \boldsymbol{B}_{ba} \cdot \mathrm{d}\boldsymbol{S}_b \tag{5-39}$$

其中 $\boldsymbol{B}_{ba}$ 是 S_b 的某一点处由电流 I_a 产生的磁感应强度，因为 $\boldsymbol{B}_{ba} = \nabla \times \boldsymbol{A}_{ba}$，所以

$$\psi_{ba} = \int_{S_b} (\nabla \times \boldsymbol{A}_{ba}) \cdot \mathrm{d}\boldsymbol{S}_b = \oint_{l_b} \boldsymbol{A}_{ba} \cdot \mathrm{d}\boldsymbol{l}_b \tag{5-40}$$

在准静态的情况下，电流 I_a 产生的矢量磁位 $\boldsymbol{A}_{ba}$ 可按式(5-28)计算，即

$$\psi_{ba} = \oint_{l_b} \left[\frac{\mu_0}{4\pi} \oint_{l_a} \frac{I_a \mathrm{d}\boldsymbol{l}_a}{R} \right] \cdot \mathrm{d}\boldsymbol{l}_b = \frac{\mu_0 I_a}{4\pi} \oint_{l_b} \oint_{l_a} \frac{\mathrm{d}\boldsymbol{l}_a \cdot \mathrm{d}\boldsymbol{l}_b}{R} = M_{ba} I_a \tag{5-41}$$

其中

$$M_{ba} = \frac{\mu_0}{4\pi} \oint_{l_b} \oint_{l_a} \frac{\mathrm{d}\boldsymbol{l}_a \cdot \mathrm{d}\boldsymbol{l}_b}{R} \tag{5-42}$$

称为两回路之间的互感系数，从式(5-42)可以看出，它只与回路的几何参数和相对位置有关。两回路间的互感系数乘以一个回路中的电流就得出与另一个回路相耦合的磁通量，式(5-42)称为诺曼公式。类似可求得由 b 回路中的电流产生的 a 回路耦合的磁通量

$$\psi_{ab} = \int_{S_a} \boldsymbol{B}_{ab} \cdot \mathrm{d}\boldsymbol{S}_a = M_{ab} I_a \tag{5-43}$$

并且 $M_{ab} = M_{ba}$，所以通常省略下标，将两回路之间的互感系数记为 M，它的单位是 H(亨)或 Wb/A。引入互感系数后，当回路 a 中的电流 I_a 发生变化时，在回路 b 中感生的电动势是

$$e_{\mathrm{i}} = \oint_{l_b} \boldsymbol{E} \cdot \mathrm{d}\boldsymbol{l} = -\frac{\mathrm{d}\psi}{\mathrm{d}t} = -M \frac{\mathrm{d}I_a}{\mathrm{d}t} \tag{5-44}$$

式(5-44)可以用来定义互感的单位 H。当两回路中一个回路的电流以 1A/s 的速率变化，而在另一个回路中感应出 1V 的电动势时，两回路之间的互感是 1H。互感的符号可正可负。

一个单独的回路电流(参看图 5-10)，必定产生和它自己耦合的磁通量 ψ，类似于互感系数的推导可以求得

$$L=\frac{\mu_0}{4\pi}\oint_l\oint_l\frac{\mathrm{d}\boldsymbol{l}\cdot\mathrm{d}\boldsymbol{l}'}{R} \tag{5-45}$$

即计算自感也可以采用诺曼公式。此时 $\mathrm{d}\boldsymbol{l}$ 和 $\mathrm{d}\boldsymbol{l}'$ 是同一回路 l 上相距为 R 的两个线元，显然当 $\mathrm{d}\boldsymbol{l}$ 和 $\mathrm{d}\boldsymbol{l}'$ 重合时 $R=0$，式(5-45)中的积分是发散的，之所以出现这种情况，是因为假定构成回路的导线的横截面等于零。因此，利用式(5-45)计算自感时，为了保证收敛，必须考虑导线的横截面，将线元 $\mathrm{d}\boldsymbol{l}$ 和 $\mathrm{d}\boldsymbol{l}'$ 取在不同的位置。当电流 I 发生变化时，在回路自身中产生的感生电动势可表示为

$$e_{\mathrm{i}}=\oint_l\boldsymbol{E}\cdot\mathrm{d}\boldsymbol{l}=-\frac{\mathrm{d}\psi}{\mathrm{d}t}=-L\frac{\mathrm{d}I}{\mathrm{d}t} \tag{5-46}$$

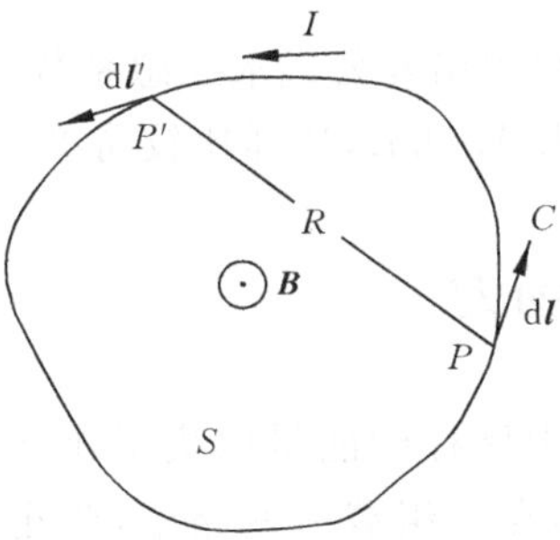

图 5-10　单回路的自感

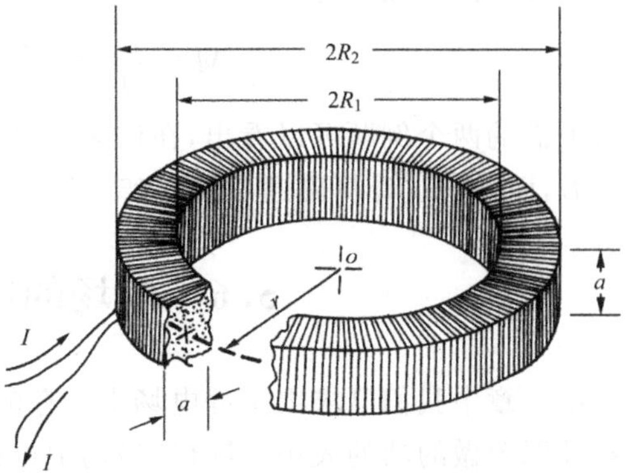

图 5-11　例 5-5 的示意图

当回路中的电流增加，即 $\mathrm{d}I/\mathrm{d}t>0$ 时，回路中的感生电动势 $e_{\mathrm{i}}<0$，即感生电动势反抗电流增加。自感的单位也是 H，当回路中电流的变化速率为 1A/s 时，若在该回路上感生的电动势为 1V，则该回路的自感是 1H。

例 5-5　磁导率为 μ_0，截面为正方形的圆环上密绕有 N 匝线圈(参看图 5-11)，求其电感。

解　根据安培环路定律

$$2\pi rB=\mu_0 NI$$

得线圈内的磁感应强度 B 为

$$B=\frac{\mu_0 NI}{2\pi r}$$

所以线圈交链的磁通是

$$\psi=N\int_{R_1}^{R_2}\frac{\mu_0 NI}{2\pi r}a\,\mathrm{d}r=\frac{\mu_0 N^2 aI}{2\pi}\ln\frac{R_2}{R_1}$$

N 匝线圈的自感系数是

$$L=\frac{\psi}{I}=\frac{\mu_0 N^2 a}{2\pi}\ln\frac{R_2}{R_1}$$

例 5-6　求图 5-12 中所示的同轴线间的互感系数。

解　当同轴线 1 的内导体上通有电流 I_1 时，同轴线 2 的内导体形成的环路(带阴影的部分)交链有磁通 ψ_{21}，忽略导体中的磁通量，则

$$\psi_{21}=\int_{r_1}^{b}\int_{z_1}^{z_2}\frac{\mu_0 I_1}{2\pi r}\mathrm{d}r\mathrm{d}z=\frac{\mu_0 I_1}{2\pi}(z_2-z_1)\ln\frac{b}{r_1}$$

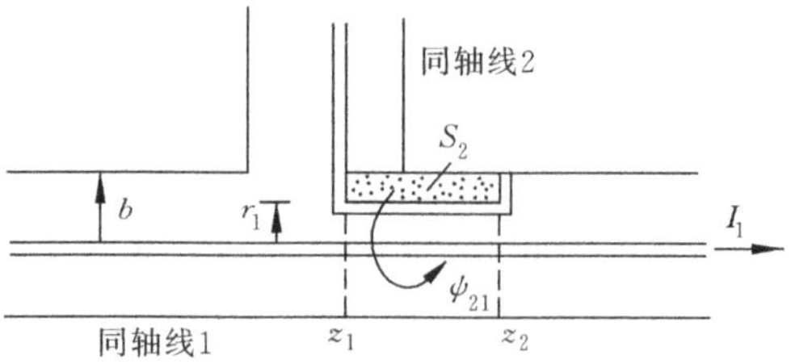

图 5-12　例 5-6 的示意图

因此两同轴线间的互感为

$$M=\frac{\psi_{21}}{I_1}=\frac{\mu_0}{2\pi}(z_2-z_1)\ln\frac{b}{r_1}$$

从上面的两个例题可以看出，在许多情况下并不直接利用诺曼公式求互感系数 M 和自感系数 L，而是通过计算磁通量和式(5-37)与式(5-38)来求 M 和 L，这样比较简单。

5.6　磁场的能量与磁场力

在第 2 章中我们已求出了静电场中储存的能量，电场中储存的能量取决于建立一个电荷分布外源要做的功的大小。同样，磁场中也储存有能量，在一组载流回路中，要建立所希望的电流，外源也要作功，这功转变成系统磁场的储能，下面来推导磁场储能的计算公式。

5.6.1　磁场中储存的能量

为简单起见，先来计算两个电流分别为 I_1 和 I_2 的回路产生的磁场所储存的能量。设 l_1 和 l_2 为真空中的两个刚性回路(参看图 5-13)，即它们的形状、相对位置都不变化，同时忽略焦耳热损耗。在整个磁场的建立过程中，起初流过它们的电流 $i_1=i_2=0$，最终 $i_1=I_1$，$i_2=I_2$。要使 l_1 回路中的电流由零增加到 I_1，l_2 中的电流由零增加到 I_2，外源必须做功，这功转变成系统磁场的储能。因为系统的总能量只与系统最后所处的状态有关，而与建立这个状态的方式无关，因此我们按下面的步骤来计算磁场的储能。首先，让 l_2 回路中的电流 i_2 恒等于零，求出使回路 l_1 中的电流 i_1 从零增加到 I_1 时外源作的功 W_1。其次，让 l_1 回路中的电流恒等于 I_1，求出使 l_2 中的电流 i_2 从零增加到 I_2 时外源作的功 W_2，这样，两个载流回路所产生的磁场的储能 W_m 为

$$W_m=W_1+W_2 \tag{5-47}$$

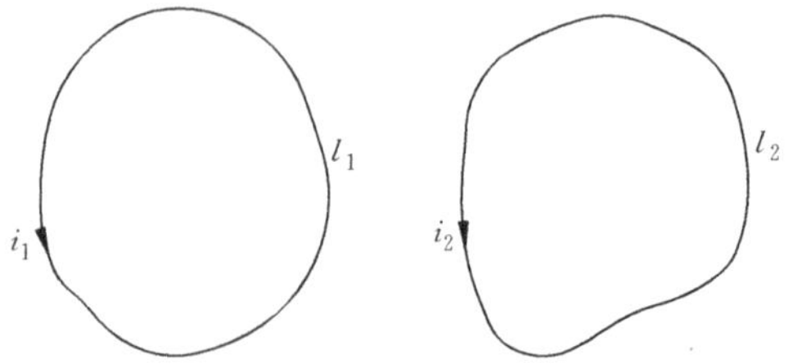

图 5-13　计算通有电流的双回路产生的磁场的储能

先来计算 W_1。当回路 l_1 中的电流 i_1 在 $\mathrm{d}t$ 时间内有增量 $\mathrm{d}i_1$ 时，周围空间的磁场将发生变化，因而通过回路 l_1 和 l_2 的磁通分别有增量 $\mathrm{d}\psi_{11}$ 和 $\mathrm{d}\psi_{21}$，按法拉第电磁感应定律，两回路中的感生电动势分别为

$$e_1 = -\frac{\mathrm{d}\psi_{11}}{\mathrm{d}t} \tag{5-48}$$

$$e_2 = -\frac{\mathrm{d}\psi_{21}}{\mathrm{d}t} \tag{5-49}$$

根据楞次定律，e_1 的方向是阻止 i_1 增加的，因此为使 l_1 中的电流取得增量 $\mathrm{d}i_1$，必须在 l_1 中外加电压 $-e_1$，同样在回路 l_2 中也必须外加电压 $-e_2$，以保持 $i_2=0$。所以在 $\mathrm{d}t$ 时间内，外源所作的功是

$$\mathrm{d}W_1 = -e_1 i_1 \mathrm{d}t + (-e_2) i_2 \mathrm{d}t = -e_1 i_1 \mathrm{d}t = i_1 \mathrm{d}\psi_{11} = L_1 i_1 \mathrm{d}i_1 \tag{5-50}$$

从零至 I_1 积分式(5-50)，求得在 $i_2=0$ 的情况下，使 l_1 中的电流由零增加到 I_1 时外源所作的总功为

$$W_1 = \int_0^{I_1} L_1 i_1 \mathrm{d}i_1 = \frac{1}{2} L_1 I_1^2 \tag{5-51}$$

W_2 的计算与 W_1 的计算过程完全类似，当 l_2 中的电流 i_2 在 $\mathrm{d}t$ 时间内有增量 $\mathrm{d}i_2$ 时，在两回路中分别有感生电动势

$$e_1 = -\frac{\mathrm{d}\psi_{12}}{\mathrm{d}t} \tag{5-52}$$

$$e_2 = -\frac{\mathrm{d}\psi_{22}}{\mathrm{d}t} \tag{5-53}$$

因此在 $\mathrm{d}t$ 时间内外源所要作的功是

$$\mathrm{d}W_2 = -e_1 i_1 \mathrm{d}t + (-e_2) i_2 \mathrm{d}t = i_1 \mathrm{d}\psi_{12} + i_2 \mathrm{d}\psi_{22} = I_1 M \mathrm{d}i_2 + L_2 i_2 \mathrm{d}i_2 \tag{5-54}$$

所以在保持 $i_1=I_1$ 的情况下，使 l_2 中的电流由零增加到 I_2 时外源所作的总功是

$$W_2 = \int_0^{I_2} I_1 M \mathrm{d}i_2 + \int_0^{I_2} L_2 i_2 \mathrm{d}i_2 = M I_1 I_2 + \frac{1}{2} L_2 I_2^2 \tag{5-55}$$

建立整个电流系统外源所需作的功，即磁场的储能是

$$W_{\mathrm{m}} = W_1 + W_2 = \frac{1}{2} L_1 I_1^2 + M I_1 I_2 + \frac{1}{2} L_2 I_2^2 \tag{5-56}$$

其中 $L_1 I_1^2/2$ 和 $L_2 I_2^2/2$ 分别称为回路 l_1 和 l_2 的固有能，$M I_1 I_2$ 称为回路 l_1 和 l_2 之间的相互作用能。将式(5-56)改写成

$$\begin{aligned} W_{\mathrm{m}} &= W_1 + W_2 = \frac{1}{2}(L_1 I_1 + M I_2) I_1 + \frac{1}{2}(L_2 I_2 + M I_1) I_2 \\ &= \frac{1}{2}\psi_1 I_1 + \frac{1}{2}\psi_2 I_2 = \frac{1}{2}\sum_{i=1}^{2} I_i \psi_i \end{aligned} \tag{5-57}$$

其中 ψ_1 是回路 l_1 交链的总的磁通(包括其自身的电流 I_1 产生的和 l_2 的电流 I_2 产生的)，ψ_2 是回路 l_2 交链的总的磁通。

对于 n 个载流回路组成的系统，类似地可求得其磁场储存的能量

$$W_{\mathrm{m}} = \frac{1}{2}\sum_{i=1}^{n} I_i \psi_i \tag{5-58}$$

其中 I_i 是第 i 个回路中最终的电流，ψ_i 是第 i 个回路最终交链的磁通。磁场的储能并不是只

存在于 $I_i \neq 0$ 的电流回路内，而是分布在磁感应强度 $\boldsymbol{B} \neq 0$ 的整个空间中。为了更清楚地表明这一点，我们来建立磁场储能 W_m 与磁感应强度 $\boldsymbol{B}$ 之间的关系，从而求出磁场的储能密度。

由 n 个电流回路(设它们都是单匝的)组成的系统的磁场中，第 k 个回路交链的磁通是

$$\psi_k = \int_{S_k} \boldsymbol{B}_k \cdot \mathrm{d}\boldsymbol{S}_k = \int_{S_k} (\nabla \times \boldsymbol{A}_k) \cdot \mathrm{d}\boldsymbol{S}_k = \oint_{l_k} \boldsymbol{A}_k \cdot \mathrm{d}\boldsymbol{l}_k \tag{5-59}$$

其中 S_k 是第 k 个回路 l_k 包围的面积，将式(5-59)代入式(5-58)，求得 n 个电流回路的磁场储存的能量为

$$W_m = \frac{1}{2}\sum_{k=1}^{n} I_k \oint_{l_k} \boldsymbol{A}_k \cdot \mathrm{d}\boldsymbol{l}_k = \frac{1}{2}\sum_{k=1}^{n}\oint_{l_k} I_k \boldsymbol{A}_k \cdot \mathrm{d}\boldsymbol{l}_k \tag{5-60}$$

当电流不是线电流，而是分布在某一体积 V 中，且电流密度为 $\boldsymbol{J}$ 时，则只需用 $\boldsymbol{J}\mathrm{d}V$ 代替式(5-60)中的 $I_k \mathrm{d}\boldsymbol{l}_k$，用体积分 $\int_V$ 代替线积分 $\sum_{k=1}^{n}\oint_{l_k}$，即可求得其磁场的储能

$$W_m = \frac{1}{2}\int_V \boldsymbol{A} \cdot \boldsymbol{J}\mathrm{d}V \tag{5-61}$$

因为体积 V 外电流密度 $\boldsymbol{J}=0$，因此可以将式(5-61)中的积分区间扩充到整个空间，即

$$W_m = \frac{1}{2}\int_{\infty} \boldsymbol{A} \cdot \boldsymbol{J}\mathrm{d}V \tag{5-62}$$

设满足准静态的条件，则根据安培环路定律 $\nabla \times \boldsymbol{H} = \boldsymbol{J}$，式(5-62)变成

$$W_m = \frac{1}{2}\int_{\infty} \boldsymbol{A} \cdot (\nabla \times \boldsymbol{H})\mathrm{d}V \tag{5-63}$$

利用矢量恒等式(1-45)，式(5-63)的被积函数可表示成

$$\boldsymbol{A} \cdot (\nabla \times \boldsymbol{H}) = \nabla \cdot (\boldsymbol{H} \times \boldsymbol{A}) + \boldsymbol{H} \cdot \nabla \times \boldsymbol{A} \tag{5-64}$$

因此

$$W_m = \frac{1}{2}\int_{\infty} [\nabla \cdot (\boldsymbol{H} \times \boldsymbol{A})]\mathrm{d}V + \frac{1}{2}\int_{\infty} \boldsymbol{H} \cdot (\nabla \times \boldsymbol{A})\mathrm{d}V \tag{5-65}$$

利用 1.5.1 节中的散度定理，将式(5-65)中等号右边的第一个体积分变成面积分，考虑到在远离源的 S_∞ 面上，$H \propto 1/r^3$，$A \propto 1/r^2$，而 $S_\infty \propto r^2$，因此

$$\int_{S_\infty} (\boldsymbol{H} \times \boldsymbol{A}) \cdot \mathrm{d}\boldsymbol{S} = 0$$

即分布在体积 V 中，且电流密度为 $\boldsymbol{J}$ 时，其磁场中储存的能量为

$$W_m = \frac{1}{2}\int_{\infty} (\boldsymbol{H} \cdot \nabla \times \boldsymbol{A})\mathrm{d}V = \frac{1}{2}\int_{\infty} (\boldsymbol{H} \cdot \boldsymbol{B})\mathrm{d}V \tag{5-66}$$

式(5-66)表明磁场的能量是储存在磁感应强度 $\boldsymbol{B} \neq 0$ 的整个空间中，并且磁场的能量密度是

$$w_m = \frac{1}{2}\boldsymbol{H} \cdot \boldsymbol{B} = \frac{1}{2}\mu H^2 = \frac{1}{2}\frac{B^2}{\mu} \tag{5-67}$$

式(5-67)中最后两个等式在磁介质为线性、各向同性时成立。

5.6.2 磁场力

安培发现一电流元 $I_1 \mathrm{d}\boldsymbol{l}_1$ 在磁场 $\boldsymbol{B}$ 中受到的作用力为

$$\mathrm{d}\boldsymbol{F} = I_1 \mathrm{d}\boldsymbol{l}_1 \times \boldsymbol{B}$$

所以整个电流回路受到的作用力是

$$\boldsymbol{F} = -\oint_{l_1} \boldsymbol{B} \times I_1 \mathrm{d}\boldsymbol{l}_1 \tag{5-68}$$

而矢量积分计算起来是相当困难的，因此通常也采用虚位移法来计算磁场力。下面讨论虚位移法的原理。

假设载流系由 n 个回路组成，流过每个回路的电流分别是 $I_1, I_2, \cdots, I_n$，假想第 k 个回路沿 $\hat{\boldsymbol{r}}$ 方向很慢地移动一小距离 $\mathrm{d}r$，其他回路不动，则整个系统内的储能将发生变化，这个变化应满足能量守恒关系

$$\mathrm{d}W_s = \mathrm{d}W_m + \boldsymbol{F} \cdot \mathrm{d}\boldsymbol{r} \tag{5-69}$$

其中 $\mathrm{d}W_s$ 是与各回路相连的电流提供的能量，$\mathrm{d}W_m$ 是磁场储能的增量，$\boldsymbol{F} \cdot \mathrm{d}\boldsymbol{r}$ 是磁场力作的机械功。先研究两个线圈的情形，即 l_1 和 l_2 分别通有电流 I_1 和 I_2，线圈 l_1 不动，l_2 沿 $\hat{\boldsymbol{r}}$ 方向发生一平动 $\mathrm{d}r$。以下分两种情况加以讨论。

1. 假定各回路中的电流不随时间改变

因为各回路中的电流不随时间改变，所以 l_2 移动时，只有两个回路的相互作用能发生变化，由式(5-56)可知，此时磁场储能的增量为

$$\mathrm{d}W_m = I_1 I_2 \mathrm{d}M = I_1 \mathrm{d}\psi_{12} = I_2 \mathrm{d}\psi_{21} \tag{5-70}$$

其中 $\mathrm{d}\psi_{12} = I_2 \mathrm{d}M$ 是回路 l_2 中的电流 I_2 产生的与回路 l_1 交链的磁通的增量，$\mathrm{d}\psi_{21} = I_1 \mathrm{d}M$ 是回路 l_1 中的电流 I_1 产生的与回路 l_2 交链的磁通的增量。由于回路交链的磁通发生了变化，所以在回路 l_1 和 l_2 中产生了感生电动势 e_1 和 e_2，即有

$$e_1 = -\frac{\mathrm{d}\psi_{12}}{\mathrm{d}t} = -I_2 \frac{\mathrm{d}M}{\mathrm{d}t} \tag{5-71}$$

$$e_2 = -\frac{\mathrm{d}\psi_{21}}{\mathrm{d}t} = -I_1 \frac{\mathrm{d}M}{\mathrm{d}t} \tag{5-72}$$

所以外源应作的功是

$$\mathrm{d}W_s = -e_1 I_1 \mathrm{d}t - e_2 I_2 \mathrm{d}t = 2 I_1 I_2 \mathrm{d}M = 2\mathrm{d}W_m \tag{5-73}$$

式(5-73)表明，外源作的功正好是磁场储能增量的两倍，即外源作的功一半用来使磁场的储能增加，一半用来作机械功，因此，回路中的电流保持不变时($I_i = \mathrm{const}$)，外源作的机械功为

$$\boldsymbol{F} \cdot \mathrm{d}\boldsymbol{r} = \mathrm{d}W_s - \mathrm{d}W_m = I_1 I_2 \mathrm{d}M \Big|_{I_i=\mathrm{const}} = \mathrm{d}W_m \Big|_{I_i=\mathrm{const}} \tag{5-74}$$

即

$$\boldsymbol{F} = \nabla W_m \Big|_{I_i=\mathrm{const}} \tag{5-75}$$

回路 l_2 受到的磁场力沿 $\hat{\boldsymbol{x}}$ 方向的分量是

$$F_x = I_1 I_2 \frac{\partial M}{\partial x}\bigg|_{I_i=\mathrm{const}} = \frac{\partial W_m}{\partial x}\bigg|_{I_i=\mathrm{const}} \tag{5-76}$$

类似可求得 n 个回路中，第 k 个回路受到的磁场力沿 $\hat{\boldsymbol{x}}$ 方向的分量是

$$F_{kx} = \frac{\partial W_m}{\partial x}\bigg|_{I_i=\mathrm{const}} = \sum_{\substack{i=1 \\ i\neq k}} I_k I_i \frac{\partial M_{ki}}{\partial x}\bigg|_{I_i=\mathrm{const}} \tag{5-77}$$

其中 M_{ki} 是第 i 个和第 k 个回路之间的互感。

2. 假定与各电流回路交链的磁通不随时间改变

因为与各电流回路交链的磁通 ψ_k 不随时间改变，即 $\mathrm{d}\psi_k/\mathrm{d}t = 0$，因此各回路中的感生电

动势等于零，电源对系统不作功，所以

$$\boldsymbol{F}\cdot\mathrm{d}\boldsymbol{r}=-\mathrm{d}W_{\mathrm{m}}\Big|_{\psi_k=\mathrm{const}} \tag{5-78}$$

即

$$\boldsymbol{F}=-\nabla W_{\mathrm{m}}\Big|_{\psi_i\,\mathrm{const}} \tag{5-79}$$

第 k 个回路受到的磁场力沿 x 方向的分量是

$$F_{kx}=-\frac{\partial W_{\mathrm{m}}}{\partial x}\Bigg|_{\psi_i=\mathrm{const}} \tag{5-80}$$

即在这种情况下，磁场力作功只能靠系统内磁场能量的减少来完成。

回路的位移是假想的，实际上电流回路并没有动，磁场分布也没有改变，作用在固定回路间的作用力显然只有一个确定的数值，无论用什么方法计算都应该是一样的，所以

$$F_{kx}=\frac{\partial W_{\mathrm{m}}}{\partial x}\Bigg|_{I_i=\mathrm{const}}=-\frac{\partial W_{\mathrm{m}}}{\partial x}\Bigg|_{\psi_i=\mathrm{const}} \tag{5-81}$$

同理，按安培定律式(5-68)计算的磁场力与按虚位移法式(5-75)所得结果也应是一致的。实际上，根据毕奥-萨伐尔定律，式(5-68)可表示成(参看图 5-14)

$$\begin{aligned}\boldsymbol{F}&=-\oint_{l_1}\boldsymbol{B}\times I_1\mathrm{d}\boldsymbol{l}_1=-\oint_{l_1}\left[\oint_{l_2}\frac{\mu_0}{4\pi}\frac{I_2\mathrm{d}\boldsymbol{l}_2\times\hat{\boldsymbol{R}}}{R^2}\right]\times I_1\mathrm{d}\boldsymbol{l}_1\\&=\frac{\mu_0 I_1 I_2}{4\pi}\oint_{l_1}\oint_{l_2}\frac{\mathrm{d}\boldsymbol{l}_1\times(\mathrm{d}\boldsymbol{l}_2\times\hat{\boldsymbol{R}})}{R^2}\end{aligned} \tag{5-82}$$

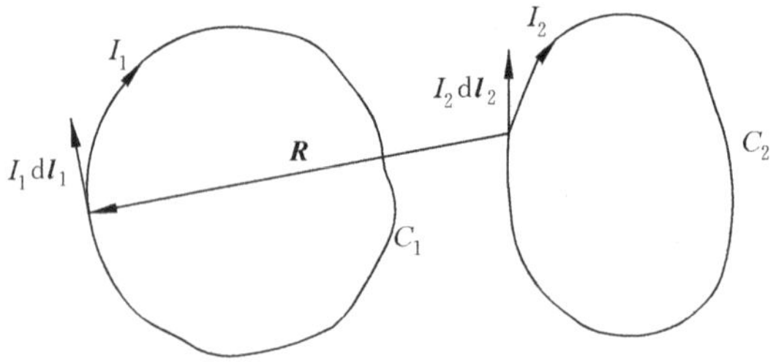

图 5-14 计算通有电流的双回路间的作用力

式(5-82)中的被积函数可表示成

$$\frac{\mathrm{d}\boldsymbol{l}_1\times(\mathrm{d}\boldsymbol{l}_2\times\hat{\boldsymbol{R}})}{R^2}=\frac{\mathrm{d}\boldsymbol{l}_2(\mathrm{d}\boldsymbol{l}_1\cdot\hat{\boldsymbol{R}})}{R^2}-\frac{\hat{\boldsymbol{R}}(\mathrm{d}\boldsymbol{l}_1\cdot\mathrm{d}\boldsymbol{l}_2)}{R^2} \tag{5-83}$$

并且

$$\oint_{l_1}\oint_{l_2}\frac{(\mathrm{d}\boldsymbol{l}_1\cdot\hat{\boldsymbol{R}})}{R^2}\mathrm{d}\boldsymbol{l}_2=\oint_{l_2}\left(\oint_{l_1}\frac{\mathrm{d}\boldsymbol{l}_1\cdot\hat{\boldsymbol{R}}}{R^2}\right)\mathrm{d}\boldsymbol{l}_2=\oint_{l_2}\left(\oint_{l_1}\frac{\mathrm{d}R}{R^2}\right)\mathrm{d}\boldsymbol{l}_2$$

而

$$\oint_{l_1}\frac{\mathrm{d}R}{R^2}=0$$

即式(5-83)中等号右边的第一项积分后等于零，所以两回路间的作用力为

$$\boldsymbol{F}=-\frac{\mu_0 I_1 I_2}{4\pi}\oint_{l_1}\oint_{l_2}\frac{\mathrm{d}\boldsymbol{l}_1\cdot\mathrm{d}\boldsymbol{l}_2}{R^2}\hat{\boldsymbol{R}} \tag{5-84}$$

当按虚位移方法算时，两回路间的作用力

$$\boldsymbol{F}=\nabla W_{\mathrm{m}}\Big|_{I_i=\mathrm{const}}=I_1 I_2\nabla M \tag{5-85}$$

将计算互感系数的诺曼公式(5-42)代入式(5-85)后，求得

$$\boldsymbol{F}=\frac{\mu_0 I_1 I_2}{4\pi}\nabla\left[\oint_{l_1}\oint_{l_2}\frac{\mathrm{d}\boldsymbol{l}_1\cdot\mathrm{d}\boldsymbol{l}_2}{R}\right] \tag{5-86}$$

因为回路 l_2 平移过程中 $\mathrm{d}\boldsymbol{l}_1$ 和 $\mathrm{d}\boldsymbol{l}_2$ 保持不变，只是它们间的距离发生变化，所以式(5-86)变成

$$\boldsymbol{F}=\frac{\mu_0 I_1 I_2}{4\pi}\oint_{l_1}\oint_{l_2}\left[\nabla\left(\frac{1}{R}\right)\right]\mathrm{d}\boldsymbol{l}_1\cdot\mathrm{d}\boldsymbol{l}_2=-\frac{\mu_0 I_1 I_2}{4\pi}\oint_{l_1}\oint_{l_2}\frac{\mathrm{d}\boldsymbol{l}_1\cdot\mathrm{d}\boldsymbol{l}_2}{R^2}\hat{\boldsymbol{R}} \tag{5-87}$$

比较式(5-84)和式(5-87)可知，按两种方法计算的磁场力是一致的。

例 5-7 设 l_1 和 l_2 是两个相距为 x 的同轴圆环，它们的半径分别为 R_1 和 R_2，且 $R_2\ll R_1$(参看题图 5-15)，流过它们的电流分别是 I_1 和 I_2。求它们之间的作用力。

解 因为 $R_2\ll R_1$，因此可近似认为圆环 l_1 中的电流 I_1 在圆环 l_2 所在位置产生的磁场是均匀的，l_1 在距离它为 x 的轴上的 P 点产生的磁感应强度为

$$B_x=\frac{\mu_0 I_1 R_1^2}{2\sqrt{(R_1^2+x^2)^3}}$$

互感系数为

$$M=\frac{\psi_{21}}{I_1}=\frac{\mu_0\pi R_1^2 R_2^2}{2\sqrt{(R_1^2+x^2)^3}}$$

因此两圆环之间的作用力

$$F_x=I_1 I_2\frac{\partial M}{\partial x}=-\frac{3}{2}\frac{\mu_0}{\pi}\frac{(\pi R_1^2 I_1)(\pi R_2^2 I_2)x}{\sqrt{(R_1^2+x^2)^5}}$$

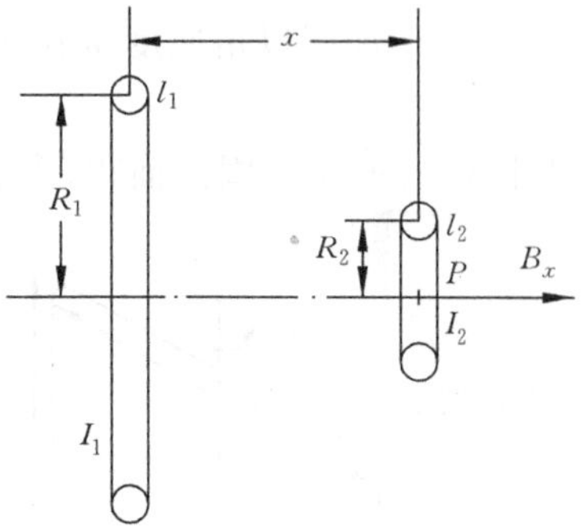

图 5-15 计算两同轴圆环间的作用力

当 $R_1\ll x$ 时上式变成

$$F_x=-\frac{3}{2}\frac{\mu_0}{\pi}\frac{(\pi R_1^2 I_1)(\pi R_2^2 I_2)}{x^4}$$

负号表明是吸引力。

习 题

5-1 一个通有电流 I_1 的圆环和一通有电流 I_2 的长直导线放在同一平面上，证明其相互作用力正比于 $I_1 I_2(0.5\sec\alpha-1)$，其中 α 是圆环在直线上最接近圆环的点所张的角。

5-2 在磁导率为 μ_1 的媒质中，有载流直导线与两媒质分界面平行，垂直距离为 a，设 $\mu_2=\mu_0$，$\mu_1=9\mu_0$(参看题图 5-1)。求两种媒质中磁场强度及载流导线每单位长度所受之力。

5-3 在磁导率为 μ_0 的媒质中长直导线中的电流为 i，右边有一导线框(参看题图 5-2)。分别求下列情况下导线框中的感生电动势。

(1) 导线框静止，$i=I_0\cos\omega t$。

(2) 导线框以速度 $\boldsymbol{v}$ 运动，$i=I_0$。

(3) 导线框以速度 $\boldsymbol{v}$ 运动，$i=I_0\cos\omega t$。

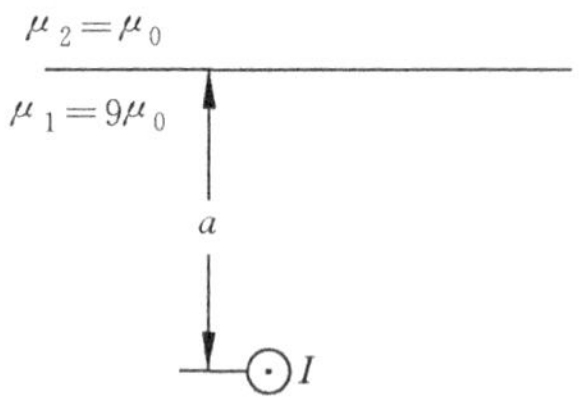

题图 5-1

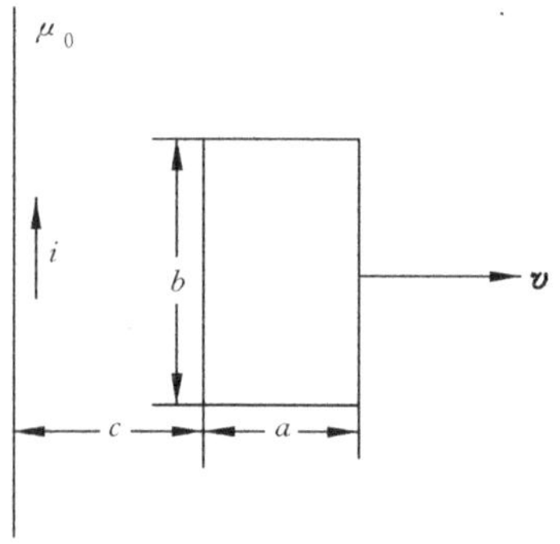

题图 5-2

5-4 证明以角速度 ω 在磁场 $B_0\sin(\omega t)\boldsymbol{z}$ 中转动的线圈中的感生电动势是

$$e_i=-B_0 S\omega\cos(2\omega t)$$

其中 $S=wh$ 是线圈的面积(参看题图 5-3)。

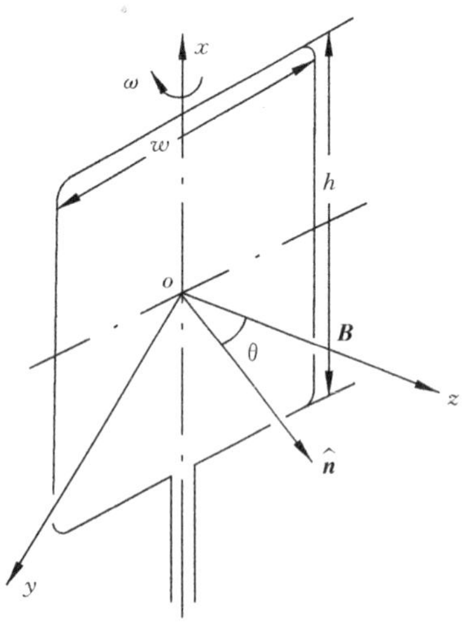

题图 5-3

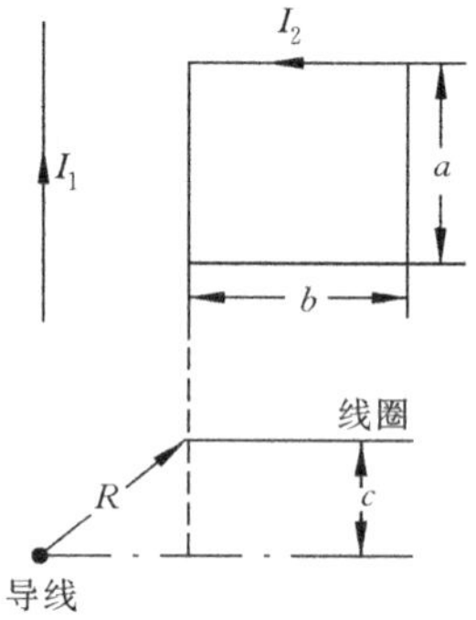

题图 5-4

5-5 在空气媒质中的无限长细导线附近有一矩形($a\times b$)回路,导线与矩形回路面的空间关系见题图 5-4,证明它们之间的互感为

$$M=-\frac{\mu_0 a}{2\pi}\ln\frac{R}{\sqrt{2b\sqrt{R^2-c^2}+b^2+R^2}}$$

5-6 在圆形横截面(半径为 a)的导线上密绕 N 匝,构成平均半径为 b 的环形螺旋管,且 $b\gg a$,证明其自感为

$$L=\frac{\mu_0 N^2 a^2}{2b}$$

如果磁感应强度 $\boldsymbol{B}$ 沿横截面的变化必须考虑,证明

$$L=\mu_0 N^2\left(b-\sqrt{b^2-a^2}\right)$$

5-7 如题图 5-5 所示,两同轴圆柱导体的内导体半径为 a,外导体内半径为 b,外半径为 c,两导体间是真空,求单位长度的电感。

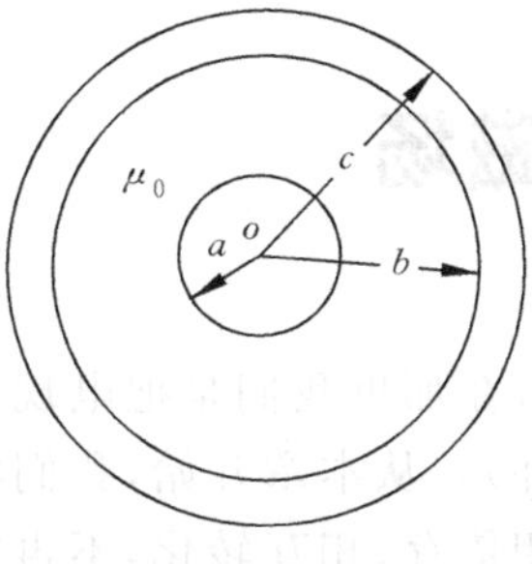

题图 5-5

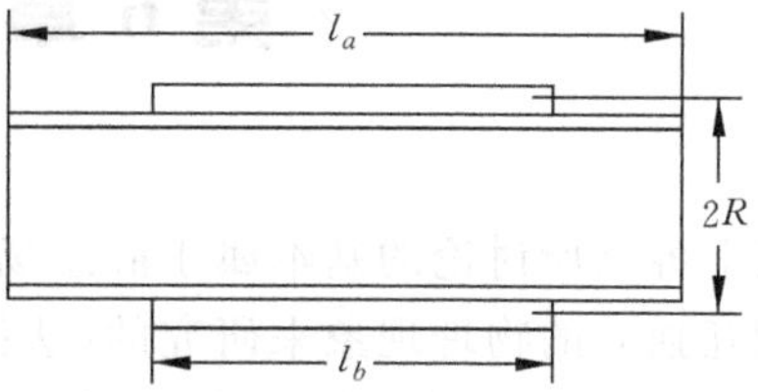

题图 5-6

5-8　两同轴螺线管一个长度为 l_a，其上绕有 N_a 匝线圈，另一个长度为 l_b($l_a>l_b$)，其上绕有 N_b 匝线圈，它们的半径近似相等，且等于 R(参看题图 5-6)。设两个绕组的长度都比半径大很多($l_a\gg R, l_b\gg R$)，因此端部效应可忽略不计，求它们之间的互感。

5-9　两共轴的螺线管，其中一个伸进另一个里面的长度为 l，里面一个螺线管单位长度上绕有 N_a 匝线圈，外面一个单位长度上绕有 N_b 匝线圈，两线圈分别通有方向相同的电流 I_a 和 I_b(参看题图 5-7)。忽略端部效应，并设两线圈的直径近似相等，即为 $2R$，求它们之间的相互作用力。

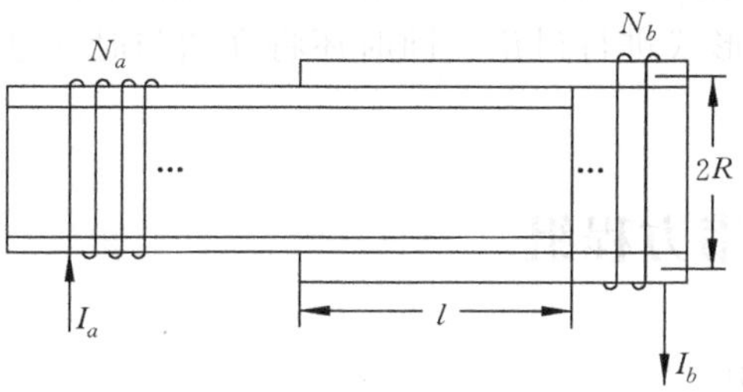

题图 5-7

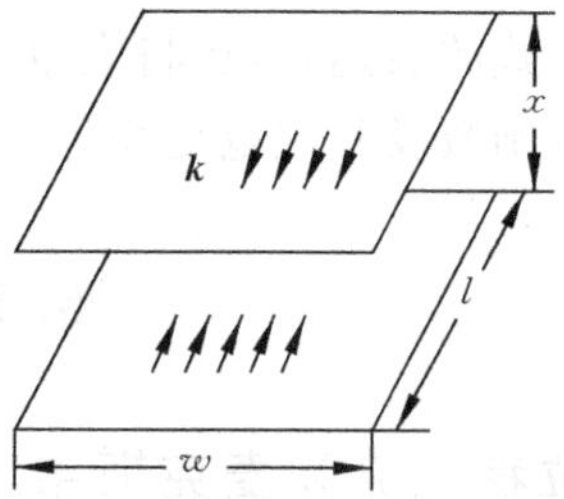

题图 5-8

5-10　设有两个相距 x，长为 l，宽为 w 的面电流，它们的面密度为 $\boldsymbol{k}$，但两者方向相反，一个指向纸外，另一个指向纸内(参看题图 5-8)。设 $w\gg x, l\gg x$，因而可不计边缘效应。求它们之间的相互作用力。

5-11　一对长直导线中间放一平面线圈，它们位于同一平面内，有关的几何尺寸见题图 5-9，直导线和线圈中分别通有电流 I_1 和 I_2，流向如图所示。求两载流回路间的相互作用力。

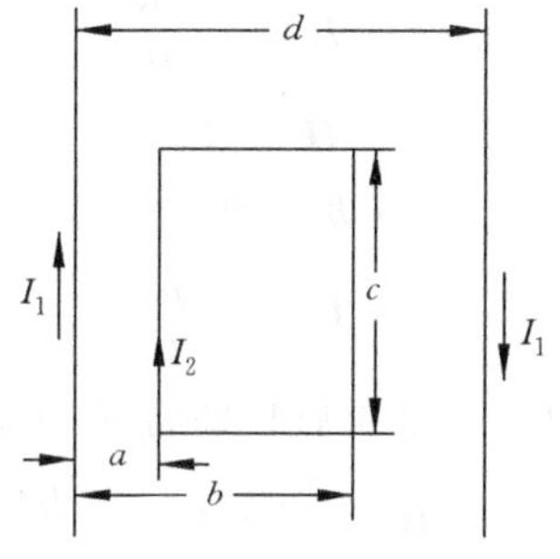

题图 5-9

第6章　时变电磁场

以上各章所讨论的基本属于静态场和准静态场问题，在那里我们是把电现象与磁现象当作相互独立的物理现象来研究的(法拉第感应定律除外)。从本章开始，我们将讨论随时间变化的电磁场问题。在时变电磁场中，电场与磁场互相依存、相互转化，不再能单独加以讨论。人类将电磁现象当作一种统一的物质形态来研究，认识到它们之间互相依存、转化的关系，这是科学史上的一个飞跃，它预示了电磁波的存在，形成了电磁理论这一重要学科。它的研究成果已经对人类社会的进步做出了多方面的重要贡献。与此同时，科学技术的进展又不断对电磁理论提出了各种各样的新课题，从而推动着这一学科的前进。

时变电磁场是电磁理论中的核心部分内容，也是学习后续课程(微波技术、天线原理等)的理论基础。时变电磁场理论的依据是麦克斯韦等人总结出的宏观电磁场方程组。从这个基本方程组出发，我们将讨论电场和磁场的波动方程及其解法，我们还将讨论表示电磁场中能量流动和转换关系的坡印亭定理。在时变电磁场中，一种简单而又具普遍性的时变形式是正弦(或余弦)简谐时变电磁场，我们将主要讨论这种简谐的时变电磁场(时谐场)并给出其复矢量形式的表达式，还将大量利用这种表达形式进行讨论。同时还将介绍与时变电磁场相应的位函数及其规范变换等。

6.1　麦克斯韦方程组

6.1.1　位移电流和麦克斯韦方程组的提出

作为电磁理论的基础的麦克斯韦方程组是麦克斯韦在总结前人研究成果的基础上提出来的。然而，必须特别指出的是，麦克斯韦所作的总结绝不仅是简单地归并和汇总，而是一种创造性的发展，其创造性突出表现在“位移电流”这一天才的假设。

首先，我们来归纳一下在麦克斯韦之前已经得出的有关电磁场及电荷守恒的基本规律，即

$$\nabla \cdot \boldsymbol{D} = \rho \tag{6-1}$$

$$\nabla \times \boldsymbol{E} = -\frac{\partial \boldsymbol{B}}{\partial t} \tag{6-2}$$

$$\nabla \times \boldsymbol{H} = \boldsymbol{J} \tag{6-3}$$

$$\nabla \cdot \boldsymbol{B} = 0 \tag{6-4}$$

$$\nabla \cdot \boldsymbol{J} = -\frac{\partial \rho}{\partial t} \tag{6-5}$$

麦克斯韦在研究这些方程时，发现了一个矛盾！即将式(6-3)代入式(6-5)时，有

$$\nabla \cdot \nabla \times \boldsymbol{H} = \nabla \cdot \boldsymbol{J} = -\frac{\partial \rho}{\partial t} \neq 0$$

这种旋度场为有源场的怪现象在数学上是不可能成立的。麦克斯韦发现并指出了这一矛

盾，他认为电荷守恒定律是被大量实验证实了的普遍定律，而安培环路定律仅是在稳恒电流下得出的实验定律，因而他提出静态场中的安培环路定律式(6-3)用于时变场中应当加以修正。根据式(6-5)和式(6-1)，应有

$$\nabla \cdot \boldsymbol{J}+\frac{\partial \rho}{\partial t}=\nabla \cdot\left(\boldsymbol{J}+\frac{\partial \boldsymbol{D}}{\partial t}\right)=0$$

于是，用 $\boldsymbol{J}+\frac{\partial \boldsymbol{D}}{\partial t}$取代式(6-3)中的 $\boldsymbol{J}$，即

$$\nabla \times \boldsymbol{H}=\boldsymbol{J}+\frac{\partial \boldsymbol{D}}{\partial t} \tag{6-6}$$

这样，它就不再与电荷守恒定律矛盾。式(6-6)又被称为“推广的安培环路定律”。麦克斯韦称$\frac{\partial \boldsymbol{D}}{\partial t}$为“位移电流密度”，它与传导电流具有相同的量纲，且具有相同的磁效应。“位移电流”的重大意义就在于它揭示了“变化的电场是磁场的源”。麦克斯韦这一天才的假设，使古老的电磁学说完全改观，并预见了电磁波的存在，创造了光的电磁学说。可惜的是，麦克斯韦直到他 48 岁逝世(1879 年)时，也未能亲眼见到他的预言被实验证实，直到 1888 年赫兹才用实验验证了麦克斯韦的学说。

由于

$$\boldsymbol{D}=\varepsilon_0 \boldsymbol{E}+\boldsymbol{P}$$

所以位移电流

$$\frac{\partial \boldsymbol{D}}{\partial t}=\varepsilon_0 \frac{\partial \boldsymbol{E}}{\partial t}+\frac{\partial \boldsymbol{P}}{\partial t}$$

上式说明，在一般介质中位移电流由两部分构成，一部分是由电场随时间的变化所引起，它即使在真空中也同样存在，它并不代表任何形式的电荷运动，只是在产生磁效应方面和一般意义下的电流等效。另一部分是由于极化强度 $\boldsymbol{P}$ 的变化所引起，可称为极化电流，它代表束缚于原子中的电荷的运动。

$\varepsilon_0 \frac{\partial \boldsymbol{E}}{\partial t}$这一项是非常有意义的：① 它揭示了磁场可以由脱离于电荷(电介质)以外的电场的变化来激发；② 它和法拉第定律式(6-2)一起，揭示了电磁场可以相互激发和转化，从而预示了电磁波的存在。正是在这个意义上，我们说麦克斯韦把人类对电磁现象的认识推进到了一个新的境界。这里，我们附带指出：科学的创造性就在于发现矛盾和解决矛盾。

6.1.2 麦克斯韦方程组的微分形式和场结构关系

将位移电流引入之后，完整的麦克斯韦方程组为

$$\nabla \times \boldsymbol{E}=-\frac{\partial \boldsymbol{B}}{\partial t} \tag{6-7}$$

$$\nabla \times \boldsymbol{H}=\boldsymbol{J}+\frac{\partial \boldsymbol{D}}{\partial t} \tag{6-8}$$

$$\nabla \cdot \boldsymbol{D}=\rho \tag{6-9}$$

$$\nabla \cdot \boldsymbol{B}=0 \tag{6-10}$$

有的学者将连续性方程式(6-5)也包括在内，共同构成麦克斯韦方程组。这五个方程中实际独立的是式(6-7)、式(6-8)、式(6-5)三个方程，而两个散度方程式(6-9)、式(6-10)可以在

一定的条件下由旋度方程导出，因此可以认为它们不是独立的。

上述方程中共有5个未知矢量($\boldsymbol{E},\boldsymbol{D},\boldsymbol{B},\boldsymbol{H},\boldsymbol{J}$)和一个未知标量$\rho$，因此实际上为16个未知标量，而独立的标量方程仅7个，所以还必须补充另外9个独立的标量方程。这9个标量方程就是媒质的场结构关系(constitutive relation)，又称为状态方程，它描述了媒质的存在对电磁场量的影响。

对自由空间，场结构关系为

$$\boldsymbol{D}=\varepsilon_0\boldsymbol{E},\quad \boldsymbol{B}=\mu_0\boldsymbol{H},\quad \boldsymbol{J}=0,\quad \rho=0$$

对静止的各向同性媒质，其结构关系为

$$\boldsymbol{D}=\varepsilon\boldsymbol{E},\quad \boldsymbol{B}=\mu\boldsymbol{H},\quad \boldsymbol{J}=\sigma\boldsymbol{E}$$

对静止的各向异性媒质，其结构关系为

$$\boldsymbol{D}=\vec{\boldsymbol{\varepsilon}}\boldsymbol{E},\quad \boldsymbol{B}=\vec{\boldsymbol{\mu}}\boldsymbol{H},\quad \boldsymbol{J}=\vec{\boldsymbol{\sigma}}\boldsymbol{E}$$

式中$\vec{\boldsymbol{\varepsilon}},\vec{\boldsymbol{\mu}},\vec{\boldsymbol{\sigma}}$代表二阶张量或并矢。

6.1.3 麦克斯韦方程组的积分形式

根据矢量分析中的斯托克斯定理和高斯散度定理，可以将微分形式的麦克斯韦方程组变为积分形式，它们分别为

$$\oint_l \boldsymbol{E}\cdot \mathrm{d}\boldsymbol{l}=-\int_S \frac{\partial \boldsymbol{B}}{\partial t}\cdot \mathrm{d}\boldsymbol{S} \tag{6-11}$$

$$\oint_l \boldsymbol{H}\cdot \mathrm{d}\boldsymbol{l}=\int_S\left(\boldsymbol{J}+\frac{\partial \boldsymbol{D}}{\partial t}\right)\cdot \mathrm{d}\boldsymbol{S} \tag{6-12}$$

$$\oint_S \boldsymbol{D}\cdot \mathrm{d}\boldsymbol{S}=\int_V \rho\,\mathrm{d}V=Q \tag{6-13}$$

$$\oint_S \boldsymbol{B}\cdot \mathrm{d}\boldsymbol{S}=0 \tag{6-14}$$

$$\oint_S \boldsymbol{J}\cdot \mathrm{d}\boldsymbol{S}=-\frac{\partial}{\partial t}\int_V \rho\,\mathrm{d}V \tag{6-15}$$

麦克斯韦方程组的积分形式是重要的，它可以在媒质不连续处成立，而不像其微分形式那样要求媒质的连续性；另外，从积分形式可以直观地解释各个方程的物理意义，对此，请读者自行叙述。

根据第1章中的积分定理式(1-90)，即

$$\int_V \nabla\times\boldsymbol{B}\mathrm{d}V=\oint_S(\hat{\boldsymbol{n}}\times\boldsymbol{B})\mathrm{d}S=\oint_S \mathrm{d}\boldsymbol{S}\times\boldsymbol{B}$$

我们还可以导出麦克斯韦方程组的另一种积分形式，即

$$\oint_S \hat{\boldsymbol{n}}\times\boldsymbol{E}\mathrm{d}S=-\int_V \frac{\partial \boldsymbol{B}}{\partial t}\mathrm{d}V \tag{6-16}$$

$$\oint_S \hat{\boldsymbol{n}}\times\boldsymbol{H}\mathrm{d}S=\int_V\left(\boldsymbol{J}+\frac{\partial \boldsymbol{D}}{\partial t}\right)\mathrm{d}V \tag{6-17}$$

$$\oint_S \hat{\boldsymbol{n}}\cdot\boldsymbol{D}\mathrm{d}S=\int_V \rho\,\mathrm{d}V \tag{6-18}$$

$$\oint_S \hat{\boldsymbol{n}}\cdot\boldsymbol{B}\mathrm{d}S=0 \tag{6-19}$$

$$\oint_S \hat{n}\cdot \boldsymbol{J}\mathrm{d}S = -\int_V \frac{\partial \rho}{\partial t}\mathrm{d}V \tag{6-20}$$

事实上，灵活地运用不同的积分定理和各种场矢量与相关量（如 $\boldsymbol{P}$，$\boldsymbol{M}$ 等）之间的关系，可以从麦克斯韦方程的基本形式式(6-7)～式(6-10)以及式(6-11)～式(6-14)导出各种不同的表达形式，它们在某些特定的情况下应用时会显得较为简便。

6.1.4 时谐电磁场和麦克斯韦方程组的复数形式

根据信号变换的理论，我们知道任何一种复杂的时变关系都可以用傅里叶级数（积分）来表达。因而，时变电磁场的基本形式是随时间成简谐变化的电磁场，即空间中任意点处的电场和磁场的每一个分量都是时间的简谐函数。为了简化这类场的数学运算，借鉴交流电路中的复数符号法，在此人为地引入复矢量的概念，进而导出复数形式的麦克斯韦方程组。

一个三维空间中的复矢量定义为以一定顺序给出的三个复数，用 $\boldsymbol{A}=(\dot{A}_x,\dot{A}_y,\dot{A}_z)$ 表示。其中 $\dot{A}_x$ 是复矢量 $\dot{\boldsymbol{A}}$ 在 x 轴上的投影，为复数。同样，$\dot{A}_y$，$\dot{A}_z$ 也有相应的含义。因此，复矢量 $\dot{\boldsymbol{A}}$ 也可以写成 $\dot{\boldsymbol{A}}=\hat{x}\dot{A}_x+\hat{y}\dot{A}_y+\hat{z}\dot{A}_z$，只是式中 $\dot{A}_x$，$\dot{A}_y$，$\dot{A}_z$ 均为复数。从运算的角度来看，它的运算规则与实矢量相同，但是复矢量一般没有类似实矢量及其运算的几何意义。在电磁场中，从实用的需要出发，人为定义复矢量的方向为其实数部分的方向。为了简化简谐变化电磁场的微积分运算，以电场强度 $\boldsymbol{E}$ 为例，做如下推导及定义。

$$\boldsymbol{E} = \hat{x}E_{xm}\cos(\omega t+\phi_x)+\hat{y}E_{ym}\cos(\omega t+\phi_y)+\hat{z}E_{zm}\cos(\omega t+\phi_z)$$

对上式中每一分量引入一复数振幅，即有

$$\dot{E}_{xm}=E_{xm}\mathrm{e}^{\mathrm{j}\phi_x},\quad \dot{E}_{ym}=E_{ym}\mathrm{e}^{\mathrm{j}\phi_y},\quad \dot{E}_{zm}=E_{zm}\mathrm{e}^{\mathrm{j}\phi_z}$$

从而，上式可表示成

$$\boldsymbol{E}=\mathrm{Re}[(\hat{x}\dot{E}_{xm}+\hat{y}\dot{E}_{ym}+\hat{z}\dot{E}_{zm})\mathrm{e}^{\mathrm{j}\omega t}]$$

现令

$$\dot{\boldsymbol{E}}_m=\hat{x}\dot{E}_{xm}+\hat{y}\dot{E}_{ym}+\hat{z}\dot{E}_{zm} \tag{6-21}$$

这样

$$\boldsymbol{E}=\mathrm{Re}[\dot{\boldsymbol{E}}_{\mathrm{m}}\mathrm{e}^{\mathrm{j}\omega t}] \tag{6-22}$$

应当注意的是，式(6-21)所表示的复矢量 $\dot{\boldsymbol{E}}_{\mathrm{m}}$ 只有形式上的意义，并不代表一个真正随时间成简谐变化的矢量，除非 $\dot{E}_{xm}$，$\dot{E}_{ym}$，$\dot{E}_{zm}$ 具有相同的初相角。

类似地，可写出

$$\boldsymbol{H}=\mathrm{Re}[\dot{\boldsymbol{H}}_{\mathrm{m}}\mathrm{e}^{\mathrm{j}\omega t}]$$

代入微分形式的麦克斯韦方程组，并将公因子 $\mathrm{e}^{\mathrm{j}\omega t}$ 及取实部的“Re”略去，则得

$$\nabla\times\dot{\boldsymbol{E}}=-\mathrm{j}\omega\mu\dot{\boldsymbol{H}} \tag{6-23}$$

$$\nabla\times\dot{\boldsymbol{H}}=\dot{\boldsymbol{J}}+\mathrm{j}\omega\varepsilon\dot{\boldsymbol{E}} \tag{6-24}$$

$$\nabla\cdot\dot{\boldsymbol{D}}=\dot{\rho} \tag{6-25}$$

$$\nabla\cdot\dot{\boldsymbol{B}}=0 \tag{6-26}$$

$$\nabla \cdot \dot{\boldsymbol{J}} = -\mathrm{j}\omega\dot{\rho} \tag{6-27}$$

这就是时谐场的复数形式的麦克斯韦方程组，其方便之处在于用 $\mathrm{j}\omega$ 因子代替了偏微分运算 $\frac{\partial}{\partial t}$。本章为了书写方便，将各复数量上面的点号省去，但只要使用 $\mathrm{j}\omega$ 形式的因子 $\boldsymbol{E}$，$\boldsymbol{H}$，$\boldsymbol{B}$，$\boldsymbol{D}$，$\boldsymbol{J}$，ρ 等仍应理解为复函数。

6.1.5 边界条件

在不同媒质的分界面处，由于媒质参数 ε，μ 或 σ 的突变，麦克斯韦方程的微分形式失去意义，代替它的是以积分形式场方程导出的分界面处电磁场各分量的连续条件（通常简称为边界条件）。采用与静态场边界条件的类似推导方法（读者可自行推导），可以得到

$$\hat{\boldsymbol{n}} \times (\boldsymbol{E}_2 - \boldsymbol{E}_1) = 0 \tag{6-28}$$

$$\hat{\boldsymbol{n}} \times (\boldsymbol{H}_2 - \boldsymbol{H}_1) = \boldsymbol{J}_S \tag{6-29}$$

$$\hat{\boldsymbol{n}} \cdot (\boldsymbol{D}_2 - \boldsymbol{D}_1) = \rho_S \tag{6-30}$$

$$\hat{\boldsymbol{n}} \cdot (\boldsymbol{B}_2 - \boldsymbol{B}_1) = 0 \tag{6-31}$$

上述各式表明，在媒质的边界两侧，切向电场 $\boldsymbol{E}$ 和法向磁场 $\boldsymbol{B}$ 总是连续的；法向电感应强度 $\boldsymbol{D}$ 的不连续量为边界面电荷密度，切向磁场强度 $\boldsymbol{H}$ 的不连续量为边界面电流密度。

为了更清楚地看出不同媒质情况下的边界条件，下面给出几种常用的边界条件形式。

（1）媒质Ⅰ是理想导体，Ⅱ是一般介质，此时有

$$\hat{\boldsymbol{n}} \times \boldsymbol{E}_2 = 0 \tag{6-32}$$

$$\hat{\boldsymbol{n}} \times \boldsymbol{H}_2 = \boldsymbol{J}_S \tag{6-33}$$

$$\hat{\boldsymbol{n}} \cdot \boldsymbol{D}_2 = \rho_S \tag{6-34}$$

$$\hat{\boldsymbol{n}} \cdot \boldsymbol{B}_2 = 0 \tag{6-35}$$

（2）媒质Ⅰ，Ⅱ都是一般介质，此时有

$$\hat{\boldsymbol{n}} \times (\boldsymbol{E}_2 - \boldsymbol{E}_1) = 0 \tag{6-36}$$

$$\hat{\boldsymbol{n}} \times (\boldsymbol{H}_2 - \boldsymbol{H}_1) = 0 \tag{6-37}$$

$$\hat{\boldsymbol{n}} \cdot (\boldsymbol{D}_2 - \boldsymbol{D}_1) = \rho_S \tag{6-38}$$

$$\hat{\boldsymbol{n}} \cdot (\boldsymbol{B}_2 - \boldsymbol{B}_1) = 0 \tag{6-39}$$

（3）若媒质Ⅰ，Ⅱ均为理想的电介质，则有

$$\hat{\boldsymbol{n}} \times (\boldsymbol{E}_2 - \boldsymbol{E}_1) = 0$$

$$\hat{\boldsymbol{n}} \times (\boldsymbol{H}_2 - \boldsymbol{H}_1) = 0$$

$$\hat{\boldsymbol{n}} \cdot (\boldsymbol{D}_2 - \boldsymbol{D}_1) = 0$$

$$\hat{\boldsymbol{n}} \cdot (\boldsymbol{B}_2 - \boldsymbol{B}_1) = 0$$

6.1.6 磁流、磁荷和麦克斯韦方程组的广义形式

在近代很多有关天线原理、微波理论的文献、书刊中广泛地应用了磁流、磁荷的概念。从物理上说，客观世界中是否存在类似于电荷并能产生磁场的磁荷粒子这一问题还没有解决。但是，这里所说的磁流与磁荷的概念是数学上的概念，并不考虑客观上是否存在这一物

质。人们发现，当在麦克斯韦方程组中加入两个被称为磁流密度和磁荷密度的函数后，会得到一种形式上更加对称的广义麦克斯韦方程组。

1. 磁流麦克斯韦方程组

在一般麦克斯韦方程组中，引入两个类似于 $\boldsymbol{J}$ 和 ρ 的新的函数 $\boldsymbol{J}_{\mathrm{m}}$，$\rho_{\mathrm{m}}$（它们分别称为磁流密度和磁荷密度）后，就得到

$$\left.\begin{aligned}
\nabla\times\boldsymbol{H} &= \boldsymbol{J}+\frac{\partial\boldsymbol{D}}{\partial t}\\
\nabla\times\boldsymbol{E} &= -\boldsymbol{J}_{\mathrm{m}}-\frac{\partial\boldsymbol{B}}{\partial t}\\
\nabla\cdot\boldsymbol{D} &= \rho\\
\nabla\cdot\boldsymbol{B} &= \rho_{\mathrm{m}}\\
\boldsymbol{D} &= \varepsilon\boldsymbol{E}\\
\boldsymbol{B} &= \mu\boldsymbol{H}
\end{aligned}\right\}\tag{6-40}$$

它通常称为广义麦克斯韦方程组，式中的 $\boldsymbol{J}_{\mathrm{m}}$，$\rho_{\mathrm{m}}$ 也满足连续性方程

$$\nabla\cdot\boldsymbol{J}_{\mathrm{m}}=-\frac{\partial\rho_{\mathrm{m}}}{\partial t}\tag{6-41}$$

式(6-40)可以视为下列两方程组之和：

$$\left.\begin{aligned}
\nabla\times\boldsymbol{H}_{\mathrm{e}} &= \boldsymbol{J}+\frac{\partial\boldsymbol{D}_{\mathrm{e}}}{\partial t}\\
\nabla\times\boldsymbol{E}_{\mathrm{e}} &= -\frac{\partial\boldsymbol{B}_{\mathrm{e}}}{\partial t}\\
\nabla\cdot\boldsymbol{D}_{\mathrm{e}} &= \rho\\
\nabla\cdot\boldsymbol{B}_{\mathrm{e}} &= 0\\
\boldsymbol{D}_{\mathrm{e}} &= \varepsilon\boldsymbol{E}_{\mathrm{e}}\\
\boldsymbol{B}_{\mathrm{e}} &= \mu\boldsymbol{H}_{\mathrm{e}}
\end{aligned}\right\}\tag{6-42}$$

$$\left.\begin{aligned}
\nabla\times\boldsymbol{H}_{\mathrm{m}} &= \frac{\partial\boldsymbol{D}_{\mathrm{m}}}{\partial t}\\
\nabla\times\boldsymbol{E}_{\mathrm{m}} &= -\boldsymbol{J}_{\mathrm{m}}-\frac{\partial\boldsymbol{B}_{\mathrm{m}}}{\partial t}\\
\nabla\cdot\boldsymbol{D}_{\mathrm{m}} &= 0\\
\nabla\cdot\boldsymbol{B}_{\mathrm{m}} &= \rho_{\mathrm{m}}\\
\boldsymbol{D}_{\mathrm{m}} &= \varepsilon\boldsymbol{E}_{\mathrm{m}}\\
\boldsymbol{B}_{\mathrm{m}} &= \mu\boldsymbol{H}_{\mathrm{m}}
\end{aligned}\right\}\tag{6-43}$$

式(6-43)称为磁流麦克斯韦方程组，而式(6-42)就是前面所介绍的通常的麦克斯韦方程组，通常将下标 e 省略。

2. 磁流麦克斯韦方程组的解法

比较式(6-42)、式(6-43)可以发现，它们之间具有相似性。假定我们已经在给定 $\boldsymbol{J}$ 和 ρ 的条件下求解出 $\boldsymbol{E}$，$\boldsymbol{H}$，$\boldsymbol{B}$，$\boldsymbol{D}$，那么可以证明，式(6-43)的解可以从式(6-42)的解直接写出。具体的做法是在式(6-42)中取 $\boldsymbol{J}=\boldsymbol{J}_{\mathrm{m}}$，$\rho=\rho_{\mathrm{m}}$，$\varepsilon=\mu$，$\mu=\varepsilon$，求出 $\boldsymbol{E}$，$\boldsymbol{H}$，$\boldsymbol{B}$，$\boldsymbol{D}$ 后，方程(6-43)的解就是

$$\boldsymbol{E}_m = -\boldsymbol{H},\quad \boldsymbol{H}_m = \boldsymbol{E},\quad \boldsymbol{B}_m = \boldsymbol{D},\quad \boldsymbol{D}_m = -\boldsymbol{B}$$

欲证明这一对应关系只需将其代入式(6-42)，即可导出式(6-43)，从而说明了由此对应关系给出的解可使方程(6-43)得到满足。这种解的对应关系或规则在电磁场理论中称为对偶原理。正是由于电源场和磁源场之间这种简单的对偶关系使得磁流、磁荷概念以及由它导出的等效定理得到了广泛应用。为便于查阅，现将对偶量的对应关系整理如下：

$$\begin{aligned} &\boldsymbol{E} \leftrightarrow \boldsymbol{H}_m, \qquad && \boldsymbol{J} \leftrightarrow \boldsymbol{J}_m \\ &\boldsymbol{H} \leftrightarrow -\boldsymbol{E}_m, && \rho \leftrightarrow \rho_m \\ &\boldsymbol{D} \leftrightarrow \boldsymbol{B}_m, && \varepsilon \leftrightarrow \mu \\ &\boldsymbol{B} \leftrightarrow -\boldsymbol{D}_m, && \mu \leftrightarrow \varepsilon \end{aligned}$$

3. 磁流麦克斯韦方程组解的物理意义

到这里读者很自然地会提出一个问题：既然客观上并不存在磁流、磁荷，那么磁流场方程组的解有什么物理意义呢？而且方程组(6-42)作为描述宏观电磁场已是一个完整的方程组，它已包含了有关电磁场的全部信息，为什么还要人为地引入磁流场方程组并去求解它呢？

为了回答这一问题，先介绍关于等效电磁场或电磁场方程组的等效解概念。假定有两组函数 $\boldsymbol{E}_1,\boldsymbol{D}_1,\boldsymbol{B}_1,\boldsymbol{H}_1$ 和 $\boldsymbol{E}_2,\boldsymbol{D}_2,\boldsymbol{B}_2,\boldsymbol{H}_2$，它们在某一局部空间 V（不是全部）都满足麦克斯韦方程组，而且相等，但在此空间以外的其他部分则不一定相同；我们就称这两个电磁场在空间 V 中是等效的，或它们是两组在空间 V 中的等效解。根据这一定义，不仅磁流麦克斯韦方程组的解，而且广义麦克斯韦方程组的解在一定的条件下都可以在某一局部空间 V 中与通常的麦克斯韦方程组解等效。这一条件就是在空间 V 中不包含有磁流与磁荷，此时磁流麦克斯韦方程组和广义麦克斯韦方程组退化为麦克斯韦方程组。

举一个最能说明这种等效解的实例。由本书第 10 章式(10-30)可知一个位于坐标原点处的电偶极子的辐射场为

$$\dot{E}_r = \frac{\dot{p}}{2\pi\varepsilon_0}\left(\frac{1}{r^3}+\frac{\mathrm{j}k}{r^2}\right)\cos\theta\cdot \mathrm{e}^{\mathrm{j}(\omega t-kr)}$$

$$\dot{E}_\theta = \frac{\dot{p}}{4\pi\varepsilon_0}\left(\frac{1}{r^3}+\frac{\mathrm{j}k}{r^2}-\frac{k^2}{r}\right)\sin\theta\cdot \mathrm{e}^{\mathrm{j}(\omega t-kr)}$$

$$H_\phi = \frac{\mathrm{j}\omega p}{4\pi}\left(\frac{1}{r^2}+\frac{\mathrm{j}k}{r}\right)\sin\theta\cdot \mathrm{e}^{\mathrm{j}(\omega t-kr)}$$

式中的 p 为电偶极矩，偶极矩的方向如图 6-1 所示。

根据对偶原理，假设在同一地点有一偶极矩为 $\boldsymbol{m}$ 的磁偶极子，它所产生的辐射场可以直接由对偶关系得出，即有

$$\left.\begin{aligned} H_r &= \frac{m}{2\pi\mu_0}\left(\frac{1}{r^3}+\frac{\mathrm{j}k}{r^2}\right)\cos\theta\ \mathrm{e}^{\mathrm{j}(\omega t-kr)} \\ H_\theta &= \frac{m}{4\pi\mu_0}\left(\frac{1}{r^3}+\frac{\mathrm{j}k}{r^2}-\frac{k^2}{r}\right)\sin\theta\ \mathrm{e}^{\mathrm{j}(\omega t-kr)} \\ E_\phi &= \frac{-\mathrm{j}\omega m}{4\pi}\left(\frac{1}{r^2}+\frac{\mathrm{j}k}{r}\right)\sin\theta\ \mathrm{e}^{\mathrm{j}(\omega t-kr)} \end{aligned}\right\}\qquad(6\text{-}44)$$

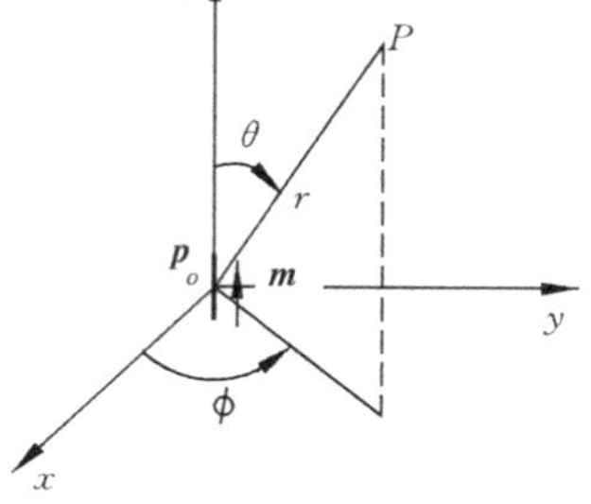

图 6-1　位于坐标原点的电偶极子

上面的解答有什么物理意义呢？现在来考虑一个位于坐标原点的小电流环，环内流过的电流为 i，环的面积为 s，s 的法

线方向与电流方向成右手关系，并与图 6-1 中的 $\boldsymbol{m}$ 方向一致。用解电偶极子辐射场相同的方法可求出此小电流环的辐射场为

$$\left.\begin{aligned} H_r &= \frac{\mathrm{i}s}{2\pi}\left(\frac{1}{r^3}+\frac{\mathrm{j}k}{r^2}\right)\cos\theta\ \mathrm{e}^{\mathrm{j}(\omega t-kr)} \\ H_\theta &= \frac{\mathrm{i}s}{4\pi}\left(\frac{1}{r^3}+\frac{\mathrm{j}k}{r^2}-\frac{k^2}{r}\right)\sin\theta\ \mathrm{e}^{\mathrm{j}(\omega t-kr)} \\ E_\phi &= \frac{k^2\,\mathrm{i}s\mu_0}{4\pi\sqrt{\varepsilon_0\mu_0}}\left(\frac{1}{r}-\frac{\mathrm{j}}{kr^2}\right)\sin\theta\ \mathrm{e}^{\mathrm{j}(\omega t-kr)} \end{aligned}\right\} \tag{6-45}$$

比较式(6-44)、式(6-45)可以发现，如果取小电流环的

$$\mathrm{i}s = m/\mu_0 \tag{6-46}$$

则这两者所产生的场是完全相同的。它说明，在不包含磁偶极子或电流环的空间中，两者的场是等效的，这也就是人们常把一小电流环称作磁偶极子的起因。但小电流环场与磁偶极子场在本质上是有区别的，前者在全空间满足麦克斯韦方程组，物理上可以通过小电流环实现，而后者不能在全空间满足麦克斯韦方程组，只满足磁流麦克斯韦方程组，在物理上无法实现。由于在场源之外小电流环场与磁偶极子场在数学上完全等效，因此从研究场结构的观点来看，这两种场可不加区分，互相取代。而磁流场方程组的解可以通过对偶原理直接写出，这就提供了一种利用等效原理求解电磁边值问题的方法，磁流麦克斯韦方程组解的意义就在于此。关于具体利用磁荷、磁流概念及等效原理求解电磁边值问题的方法留待后续课程讨论。

6.2 时变电磁场的位函数

麦克斯韦方程组给出了各个场量($\boldsymbol{E},\boldsymbol{H},\boldsymbol{D},\boldsymbol{B}$)与场源量($\boldsymbol{J},\rho$ 等)之间的关系，即矢量偏微分方程。一般地讲，其求解是比较困难的。

为便于求解，类似于静态场中引入辅助位函数(如标量电位、标量磁位、矢量磁位等)，在这里也设法引入一些辅助位函数。但必须指出的是与静态场不同：(1) 时变场的辅助位函数本身不具有任何物理意义而仅是数学运算上的辅助量；(2) 由于电磁场的不可分割性，辅助电位函数与辅助磁位函数之间也是互相关连的。由于辅助位函数有其内在的任意性，它们的定义及附加条件均以力求能简化求解过程为准则。目前，电磁理论中常用的辅助位函数有三种。第一种是矢量磁位 $\boldsymbol{A}$ 与标量电位 φ，第二种是矢量电位 $\boldsymbol{A}_{\mathrm{m}}$ 与标量磁位 φ_{m}，第三种是赫兹电位 $\boldsymbol{\Pi}_{\mathrm{e}}$ 与赫兹磁位 $\boldsymbol{\Pi}_{\mathrm{m}}$。

6.2.1 矢量磁位 $\boldsymbol{A}$、标量电位 φ 与规范不变性

对于只有电流、电荷源而无磁流、磁荷源的情况，由磁场 $\boldsymbol{B}$ 的散度方程，可定义一矢量磁位 $\boldsymbol{A}$，令

$$\boldsymbol{B} = \nabla\times\boldsymbol{A} \tag{6-47}$$

注意：$\boldsymbol{A}$ 的定义在形式上虽与静态场一样，但它已是时变量。将上式代入 $\boldsymbol{E}$ 的旋度方程

$$\nabla\times\boldsymbol{E} = -\frac{\partial\boldsymbol{B}}{\partial t} = -\frac{\partial}{\partial t}(\nabla\times\boldsymbol{A})$$

移项后得

$$\nabla \times \left(\boldsymbol{E}+\frac{\partial \boldsymbol{A}}{\partial t}\right)=0$$

因而可令

$$\boldsymbol{E}+\frac{\partial \boldsymbol{A}}{\partial t}=-\nabla \varphi$$

即

$$\boldsymbol{E}=-\nabla \varphi-\frac{\partial \boldsymbol{A}}{\partial t} \tag{6-48}$$

这里，式(6-48)虽在形式上与似稳场相同，但此时 φ 已是时变量且不再具有其在静态场中的物理意义。

将式(6-47)和式(6-48)分别代入 $\boldsymbol{E}$ 的散度方程和 $\boldsymbol{H}$ 的旋度方程，得

$$\nabla \cdot \boldsymbol{E}=\nabla \cdot\left(-\nabla \varphi-\frac{\partial \boldsymbol{A}}{\partial t}\right)=-\nabla^{2} \varphi-\frac{\partial}{\partial t}(\nabla \cdot \boldsymbol{A})=\frac{\rho}{\varepsilon}$$

$$\begin{aligned}
\nabla \times \boldsymbol{H} &= \nabla \times\left(\frac{1}{\mu} \nabla \times \boldsymbol{A}\right)=\frac{1}{\mu} \nabla \times \nabla \times \boldsymbol{A} \\
&=\boldsymbol{J}+\frac{\partial}{\partial t}\left[\varepsilon \cdot\left(-\nabla \varphi-\frac{\partial \boldsymbol{A}}{\partial t}\right)\right]
\end{aligned}$$

经整理得

$$\left\{\begin{array}{ll}
\nabla^{2} \varphi+\dfrac{\partial}{\partial t} \nabla \cdot \boldsymbol{A}=-\dfrac{\rho}{\varepsilon} & (6\text{-}49) \\
\nabla^{2} \boldsymbol{A}-\mu \varepsilon \dfrac{\partial^{2} \boldsymbol{A}}{\partial t^{2}}-\nabla\left(\nabla \cdot \boldsymbol{A}+\mu \varepsilon \dfrac{\partial \varphi}{\partial t}\right)=-\mu \boldsymbol{J} & (6\text{-}50)
\end{array}\right.$$

上述联立方程称为达朗贝尔(D'Alembert)方程组。这个非齐次的联立方程组仍然不便求解，因此再人为地引入一个附加条件，称为洛伦兹规范，即

$$\nabla \cdot \boldsymbol{A}+\varepsilon \mu \frac{\partial \varphi}{\partial t}=0 \tag{6-51}$$

将式(6-51)代入达朗贝尔方程组，可得

$$\nabla^{2} \varphi-\varepsilon \mu \frac{\partial^{2} \varphi}{\partial t^{2}}=-\frac{\rho}{\varepsilon} \tag{6-52}$$

$$\nabla^{2} \boldsymbol{A}-\varepsilon \mu \frac{\partial^{2} \boldsymbol{A}}{\partial t^{2}}=-\mu \boldsymbol{J} \tag{6-53}$$

此时，式(6-52)和式(6-53)已不再是联立方程，方程本身也得到了简化。当 $\frac{\partial}{\partial t}=0$ 时，它们即退化为以前得到过的静态场的辅助位方程，即

$$\nabla^{2} \varphi=-\rho / \varepsilon$$

和

$$\nabla^{2} \boldsymbol{A}=-\mu \boldsymbol{J}$$

在时谐场的条件下，我们可以用 jω 代替 $\frac{\partial}{\partial t}$，因此达朗贝尔方程变为

$$\nabla^{2} \varphi+\omega^{2} \mu \varepsilon \varphi=-\rho / \varepsilon \tag{6-54}$$

$$\nabla^{2} \boldsymbol{A}+\omega^{2} \mu \varepsilon \boldsymbol{A}=-\mu \boldsymbol{J} \tag{6-55}$$

而洛伦兹规范条件则为

$$\nabla \cdot \boldsymbol{A} = -\mathrm{j}\omega\mu\varepsilon\varphi \tag{6-56}$$

显然，在洛伦兹规范条件下，对于时谐场无须从达朗贝尔方程分别求解 $\boldsymbol{A}$ 和 φ，而只需求出 $\boldsymbol{A}$ 即可。此时，

$$\boldsymbol{B} = \nabla \times \boldsymbol{A}$$

$$\boldsymbol{E} = -\mathrm{j}\omega\boldsymbol{A} - \nabla\varphi = -\mathrm{j}\omega\boldsymbol{A} - \mathrm{j}\frac{\nabla\nabla \cdot \boldsymbol{A}}{\omega\mu\varepsilon} \tag{6-57}$$

或由

$$\nabla \times \boldsymbol{H} = \frac{1}{\mu}\nabla \times \nabla \times \boldsymbol{A} = \boldsymbol{J} + \mathrm{j}\omega\varepsilon\boldsymbol{E}$$

得

$$\boldsymbol{E} = \frac{\nabla \times \nabla \times \boldsymbol{A}}{\mathrm{j}\omega\mu\varepsilon} - \frac{\boldsymbol{J}}{\mathrm{j}\omega\varepsilon} \tag{6-58}$$

最后，我们还必须回答一个问题，即为什么我们可以"人为"地引入洛伦兹条件。这是因为辅助位函数本身具有一定程度上的任意性。所谓任意性就是 $\boldsymbol{E}$ 和 $\boldsymbol{B}$ 不能唯一地确定 $\boldsymbol{A}$ 和 φ，而不同的 $\boldsymbol{A}$ 和 φ 却可以唯一地确定 $\boldsymbol{E}$ 和 $\boldsymbol{B}$。比如，令 $\boldsymbol{A}' = \boldsymbol{A} + \nabla\psi$（$\psi$ 为任意标量函数），则有

$$\nabla \times \boldsymbol{A}' = \nabla \times (\boldsymbol{A} + \nabla\psi) = \nabla \times \boldsymbol{A} = \boldsymbol{B}$$

可见，$\boldsymbol{A}'$ 虽然不同于 $\boldsymbol{A}$，但它们所确定的 $\boldsymbol{B}$ 是一样的。对 φ 亦有类似的情况，令 $\varphi' = \varphi - \mathrm{j}\omega\psi$（$\psi$ 仍为任意标量函数），此时有

$$\begin{aligned} -\nabla\varphi' - \mathrm{j}\omega\boldsymbol{A}' &= -\nabla\varphi + \mathrm{j}\omega\nabla\psi - \mathrm{j}\omega\boldsymbol{A} - \mathrm{j}\omega\nabla\psi \\ &= -\nabla\varphi - \mathrm{j}\omega\boldsymbol{A} = \boldsymbol{E} \end{aligned}$$

可见，由 φ' 和 $\boldsymbol{A}'$ 所确定的 $\boldsymbol{E}$ 与采取 φ 和 $\boldsymbol{A}$ 是一样的。这种改变辅助位函数而维持场函数不变的情况，就叫做"规范不变性"。规范不变性说明可以有很多组 $\boldsymbol{A}$，φ 可供选择，我们可以对 $\boldsymbol{A}$，φ 加一些附加规范条件，以选出一组符合特定规范的 $\boldsymbol{A}$，φ 使方程简化。洛伦兹规范条件就是这样一种条件。事实上，根据不同的情况，还可以选取不同的规范，如在静态场中，我们曾取 $\nabla \cdot \boldsymbol{A} = 0$，这就是所谓的库仑规范条件。

6.2.2 矢量电位 $\boldsymbol{A}_\mathrm{m}$ 与标量磁位 $\boldsymbol{\varphi}_\mathrm{m}$

$\boldsymbol{A}_\mathrm{m}$ 与 φ_m 用于求解磁流麦克斯韦方程组(6-43)，其定义分别为

$$\boldsymbol{E}_\mathrm{m} = -\nabla \times \boldsymbol{A}_\mathrm{m} \tag{6-59}$$

$$\boldsymbol{H}_\mathrm{m} = -\nabla\varphi_\mathrm{m} - \varepsilon\frac{\partial \boldsymbol{A}_\mathrm{m}}{\partial t} \tag{6-60}$$

相应的洛伦兹条件为

$$\nabla \cdot \boldsymbol{A}_\mathrm{m} + \mu\frac{\partial \varphi_\mathrm{m}}{\partial t} = 0 \tag{6-61}$$

将它们代入 $\boldsymbol{H}_\mathrm{m}$ 的散度方程和 $\boldsymbol{E}_\mathrm{m}$ 的旋度方程，可得

$$\nabla^2\varphi_\mathrm{m} - \varepsilon\mu\frac{\partial^2\varphi_\mathrm{m}}{\partial t^2} = -\frac{\rho_\mathrm{m}}{\mu} \tag{6-62}$$

$$\nabla^2\boldsymbol{A}_\mathrm{m} - \varepsilon\mu\frac{\partial^2\boldsymbol{A}_\mathrm{m}}{\partial t^2} = -\boldsymbol{J}_\mathrm{m} \tag{6-63}$$

此时

$$\boldsymbol{E}_{\mathrm{m}} = -\nabla \times \boldsymbol{A}_{\mathrm{m}}$$

$$\boldsymbol{H}_{\mathrm{m}} = \frac{\nabla \times \nabla \times \boldsymbol{A}_{\mathrm{m}} - \boldsymbol{J}_{\mathrm{m}}}{\mathrm{j}\omega\mu} \tag{6-64}$$

读者可以自行比较它们与 $\boldsymbol{E}_{\mathrm{e}}$ 及 $\boldsymbol{H}_{\mathrm{e}}$ 的对偶关系，这里 $\boldsymbol{E}_{\mathrm{e}}$，$\boldsymbol{H}_{\mathrm{e}}$ 代表由电流和电荷源产生的场和位函数。

*6.2.3 赫兹位 $\boldsymbol{\Pi}_{\mathrm{e}}$ 和 $\boldsymbol{\Pi}_{\mathrm{m}}$

既然辅助位函数是“人为”地为了计算上的方便而引入的，显然可以从不同角度针对不同的需要引入不同的辅助位函数，赫兹位（又称赫兹矢量）就是其中的一种。

1. 赫兹电位 $\boldsymbol{\Pi}_{\mathrm{e}}$

它用于不存在磁流、磁荷的空间内，由 $\nabla \cdot \boldsymbol{H}_{\mathrm{e}}=0$，又由式(6-47)可知 $\boldsymbol{A}_{\mathrm{e}}=\dfrac{\boldsymbol{A}}{\mu}$，有

$$\boldsymbol{H}_{\mathrm{e}} = \nabla \times \boldsymbol{A}_{\mathrm{e}}$$

定义

$$\frac{\partial \boldsymbol{\Pi}_{\mathrm{e}}}{\partial t} = \frac{1}{\varepsilon}\boldsymbol{A}_{\mathrm{e}} \tag{6-65}$$

对于时谐场

$$\boldsymbol{\Pi}_{\mathrm{e}} = \frac{\boldsymbol{A}_{\mathrm{e}}}{\mathrm{j}\omega\varepsilon} \tag{6-66}$$

将式(6-65)代入 $\boldsymbol{A}_{\mathrm{e}}$ 的方程式(6-53)及 $\boldsymbol{A}_{\mathrm{e}}$ 与 $\boldsymbol{E}_{\mathrm{e}}$ 的关系式(6-57)中，并注意到 $\boldsymbol{A}_{\mathrm{e}}=\dfrac{\boldsymbol{A}}{\mu}$，可得

$$\frac{\partial}{\partial t}\left(\nabla^2 \boldsymbol{\Pi}_{\mathrm{e}} - \varepsilon\mu\frac{\partial^2 \boldsymbol{\Pi}_{\mathrm{e}}}{\partial t^2}\right) = -\frac{\boldsymbol{J}}{\varepsilon} \tag{6-67}$$

$$\boldsymbol{E}_{\mathrm{e}} = \nabla\nabla \cdot \boldsymbol{\Pi}_{\mathrm{e}} - \varepsilon\mu\frac{\partial^2 \boldsymbol{\Pi}_{\mathrm{e}}}{\partial t^2} \tag{6-68}$$

令

$$\frac{\partial \boldsymbol{P}}{\partial t} = \boldsymbol{J}$$

得

$$\nabla^2 \boldsymbol{\Pi}_{\mathrm{e}} - \varepsilon\mu\frac{\partial^2 \boldsymbol{\Pi}_{\mathrm{e}}}{\partial t^2} = -\frac{\boldsymbol{P}}{\varepsilon} \tag{6-69}$$

2. 赫兹磁位 $\boldsymbol{\Pi}_{\mathrm{m}}$

它用于不存在电流、电荷的空间内，由 $\nabla \cdot \boldsymbol{E}=0$，有

$$\boldsymbol{E}_{\mathrm{m}} = -\nabla \times \boldsymbol{A}_{\mathrm{m}}$$

定义

$$\frac{\partial \boldsymbol{\Pi}_{\mathrm{m}}}{\partial t} = \frac{\boldsymbol{A}_{\mathrm{m}}}{\mu} \tag{6-70}$$

对于时谐场，

$$\boldsymbol{\Pi}_{\mathrm{m}} = \frac{\boldsymbol{A}_{\mathrm{m}}}{\mathrm{j}\omega\mu} \tag{6-71}$$

代入 $\boldsymbol{A}_{\mathrm{m}}$ 的方程及 $\boldsymbol{A}_{\mathrm{m}}$ 与 $\boldsymbol{E}_{\mathrm{m}}$ 的关系式中，可得

$$\frac{\partial}{\partial t}\left(\nabla^2 \boldsymbol{\Pi}_{\mathrm{m}} - \varepsilon\mu\frac{\partial^2 \boldsymbol{\Pi}_{\mathrm{m}}}{\partial t^2}\right) = -\frac{\boldsymbol{J}_{\mathrm{m}}}{\mu} \tag{6-72}$$

$$\boldsymbol{E}_{\mathrm{m}} = \nabla\nabla\cdot\boldsymbol{\Pi}_{\mathrm{m}} - \varepsilon\mu\frac{\partial^2\boldsymbol{\Pi}_{\mathrm{m}}}{\partial t^2} \tag{6-73}$$

令

$$\frac{\partial\boldsymbol{M}}{\partial t} = \frac{\boldsymbol{J}_{\mathrm{m}}}{\mu}$$

得

$$\nabla^2\boldsymbol{\Pi}_{\mathrm{m}} - \varepsilon\mu\frac{\partial^2\boldsymbol{\Pi}_{\mathrm{m}}}{\partial t^2} = -\boldsymbol{M} \tag{6-74}$$

显然,对于时谐场有

$$\nabla^2\boldsymbol{\Pi}_{\mathrm{e}} + \omega^2\mu\varepsilon\boldsymbol{\Pi}_{\mathrm{e}} = -\frac{\boldsymbol{P}}{\varepsilon} \tag{6-75}$$

$$\nabla^2\boldsymbol{\Pi}_{\mathrm{m}} + \omega^2\mu\varepsilon\boldsymbol{\Pi}_{\mathrm{m}} = -\boldsymbol{M} \tag{6-76}$$

以及

$$\boldsymbol{E}_{\mathrm{e}} = \nabla\nabla\cdot\boldsymbol{\Pi}_{\mathrm{e}} + \omega^2\mu\varepsilon\boldsymbol{\Pi}_{\mathrm{e}} \tag{6-77}$$

$$\boldsymbol{E}_{\mathrm{m}} = \nabla\nabla\cdot\boldsymbol{\Pi}_{\mathrm{m}} + \omega^2\mu\varepsilon\boldsymbol{\Pi}_{\mathrm{m}} \tag{6-78}$$

式中的 $\boldsymbol{P}$ 和 $\boldsymbol{M}$ 分别称为电极化矢量和磁极化矢量。

6.3 时变电磁场的波动性和波动方程

6.3.1 波动方程的导出

我们曾多次指出,麦克斯韦方程组预示了电磁波的存在,麦克斯韦方程的基本形式反映了一个场量的空间变化与另一个场量的时间变化的关系,那么,同一场量的时空变化之间有什么关系呢?

对 $\nabla\times\boldsymbol{E} = -\dfrac{\partial\boldsymbol{B}}{\partial t}$ 再取一次旋度,得

$$\nabla\times(\nabla\times\boldsymbol{E}) = -\mu\frac{\partial}{\partial t}(\nabla\times\boldsymbol{H}) = -\mu\frac{\partial\boldsymbol{J}}{\partial t} - \mu\varepsilon\frac{\partial^2\boldsymbol{E}}{\partial t^2}$$

即

$$\nabla\times\nabla\times\boldsymbol{E} + \mu\varepsilon\frac{\partial^2\boldsymbol{E}}{\partial t^2} = -\mu\frac{\partial\boldsymbol{J}}{\partial t} \tag{6-79}$$

对 $\nabla\times\boldsymbol{H} = \boldsymbol{J} + \dfrac{\partial\boldsymbol{D}}{\partial t}$ 再取一次旋度,得

$$\nabla\times(\nabla\times\boldsymbol{H}) = \nabla\times\boldsymbol{J} + \varepsilon\frac{\partial}{\partial t}(\nabla\times\boldsymbol{E}) = \nabla\times\boldsymbol{J} - \mu\varepsilon\frac{\partial^2\boldsymbol{H}}{\partial t^2}$$

即

$$\nabla\times\nabla\times\boldsymbol{H} + \mu\varepsilon\frac{\partial^2\boldsymbol{H}}{\partial t^2} = \nabla\times\boldsymbol{J} \tag{6-80}$$

进一步地,利用 $\nabla\times\nabla\times\boldsymbol{H} = \nabla(\nabla\cdot\boldsymbol{H}) - \nabla^2\boldsymbol{H}$,以及 $\nabla\cdot\boldsymbol{H} = 0$,可得

$$\nabla^2\boldsymbol{H} - \mu\varepsilon\frac{\partial^2\boldsymbol{H}}{\partial t^2} = -\nabla\times\boldsymbol{J} \tag{6-81}$$

同理,利用 $\nabla\times\nabla\times\boldsymbol{E} = \nabla(\nabla\cdot\boldsymbol{E}) - \nabla^2\boldsymbol{E}$,以及 $\nabla\cdot\boldsymbol{E} = \rho/\varepsilon$,可得

$$\nabla^2 \boldsymbol{E} - \mu\varepsilon \frac{\partial^2 E}{\partial t^2} = \mu \frac{\partial J}{\partial t} + \nabla\left(\frac{\rho}{\varepsilon}\right) \tag{6-82}$$

式(6-79)至式(6-82)均为单场量的偏微分方程，它表明场量($\boldsymbol{E}$,$\boldsymbol{H}$)在随时间变化的同时，也随空间位置变化。这就是说，时变电磁场是以波动的形式存在的，即其状态是随时间在空间中传播的。这是一个很重要的概念，它告诉我们，电磁波是电磁场的存在形式，所以，这些方程被称为电磁场的波动方程。事实上，6.2节导出的关于时变场的辅助位函数方程(6-52)和(6-53)，(6-62)和(6-63)以及(6-69)和(6-74)也都是波动方程，它们也反映了电磁场的波动性质。在这些方程中，除关于标量位 φ 和 φ_m 的方程是标量波动方程外，其余都是“矢量波动方程”。波动方程的一般形式为

$$\nabla^2 u(\boldsymbol{r},t) - \frac{\partial^2 u(\boldsymbol{r},t)}{v^2 \partial t^2} = - f(\boldsymbol{r},t) \tag{6-83}$$

式中，u 代表待求变量，它可以是标量位函数，或是矢量场、位函数的分量；f 称为自由项；$\boldsymbol{r}$ 是位置矢量；v 是 u 的状态随时间在空间中传播的速度，称为波速。波动方程的特点是对变量的二阶时间微分与二阶空间微分(以 ∇^2 表示)的组合，当 $f=0$ 时，称为齐次波动方程；当所涉及的空间为一维空间时，称为一维波动方程；当涉及的是二维或三维空间时，称为二维或三维波动方程。

对于时谐场，可以用 $\mathrm{j}\omega$ 代替$\frac{\partial}{\partial t}$，于是有

$$\nabla^2 \boldsymbol{E} + \omega^2 \mu\varepsilon \boldsymbol{E} = \mathrm{j}\omega\mu \boldsymbol{J} + \nabla\left(\frac{\rho}{\varepsilon}\right) \tag{6-84}$$

$$\nabla^2 \boldsymbol{H} + \omega^2 \mu\varepsilon \boldsymbol{H} = - \nabla \times \boldsymbol{J} \tag{6-85}$$

在无源区域中，有

$$\nabla^2 \boldsymbol{E} + \omega^2 \mu\varepsilon \boldsymbol{E} = 0 \tag{6-86}$$

$$\nabla^2 \boldsymbol{H} + \omega^2 \mu\varepsilon \boldsymbol{H} = 0 \tag{6-87}$$

相应的辅助位函数 ψ 则满足

$$\nabla^2 \psi + \omega^2 \mu\varepsilon \psi = 0 \tag{6-88}$$

式(6-86)和式(6-87)均为齐次矢量波动方程。

对于这类矢量波动方程的求解通常有两种方法，一种是设法把矢量波动方程分解为标量波动方程，此标量是矢量在所选坐标系中的分量，通过求解标量波动方程再求得待解的矢量函数；另一种是直接寻求满足矢量波动方程的解。在数学上讲，这两种方法是等价的。通常的习惯做法是第一种，它相对简单、直观。但是，这种方法的前提是矢量波动方程中的二阶微分算子 $\nabla^2 \mathbf{A}$ 在所选的坐标系中分解后所得到的标量方程仍应是标准的波动方程形式。

这一前提只有在直角坐标系中能满足，此时

$$\nabla^2 \mathbf{A} = \hat{\boldsymbol{x}}(\nabla^2 \mathbf{A})_x + \hat{\boldsymbol{y}}(\nabla^2 \mathbf{A})_y + \hat{\boldsymbol{z}}(\nabla^2 \mathbf{A})_z = \hat{\boldsymbol{x}} \nabla^2 \mathbf{A}_x + \hat{\boldsymbol{y}} \nabla^2 \mathbf{A}_y + \hat{\boldsymbol{z}} \nabla^2 \mathbf{A}_z$$

即有

$$(\nabla^2 \mathbf{A})_x = \nabla^2 \mathbf{A}_x, \quad (\nabla^2 \mathbf{A})_y = \nabla^2 \mathbf{A}_y, \quad (\nabla^2 \mathbf{A})_z = \nabla^2 \mathbf{A}_z$$

对圆柱坐标系，只有轴线方向的直线坐标分量才有

$$(\nabla^2 \mathbf{A})_z = \nabla^2 \mathbf{A}_z$$

对非直线坐标分量的 $\hat{\boldsymbol{\rho}}$，$\hat{\boldsymbol{\phi}}$分量波动方程不成立。对于圆球坐标系，因为 $\hat{\boldsymbol{r}}$，$\hat{\boldsymbol{\theta}}$，$\hat{\boldsymbol{\phi}}$三个方向分量都不是直线坐标分量，所以没有一个分量满足标量波动方程。

这就说明，用求解标量波动方程的解（即标量波函数）的方法对直角坐标系完全有效。对圆柱坐标系，只对轴线坐标 z 分量有效，对 $\hat{\boldsymbol{\rho}}$，$\hat{\boldsymbol{\phi}}$分量无效。但是我们可以直接从场方程找到 $\hat{\boldsymbol{\rho}}$，$\hat{\boldsymbol{\phi}}$方向分量与轴线坐标 z 分量之间的关系（在电磁理论中称之为纵分量法），而无需去求解不满足标量波动方程的 $\hat{\boldsymbol{\rho}}$，$\hat{\boldsymbol{\phi}}$分量，因此标量波函数法对圆柱坐标系仍可认为是适用的。对球坐标系来说，标量波函数不代表任何场分量。

直接求解矢量波动方程，即所谓矢量波函数法则没有上述的限制，它可以用于上述三种常用的正交坐标系。

6.3.2 标量波动方程的解和标量波函数

令 ψ 代表待求矢量波动方程解的直线坐标分量，它满足标量波动方程（又称为亥姆霍兹方程）

$$\nabla^2\psi + \omega^2\mu\varepsilon\psi = \nabla^2\psi + k^2\psi = 0 \tag{6-89}$$

式中 $k^2=\omega^2\mu\varepsilon$。

现求方程(6-89)分别在直角、圆柱、圆球坐标系中的解。

1. 直角坐标系中的标量波函数

在直角坐标系中，式(6-89)展开为

$$\frac{\partial^2\psi}{\partial x^2} + \frac{\partial^2\psi}{\partial y^2} + \frac{\partial^2\psi}{\partial z^2} + k^2\psi = 0 \tag{6-90}$$

用分离变量法，令

$$\psi = f(x)g(y)h(z) \tag{6-91}$$

代入式(6-90)，并分离变量，可得

$$\frac{\mathrm{d}^2 f}{\mathrm{d}x^2} + k_1^2 f = 0,\quad \frac{\mathrm{d}^2 g}{\mathrm{d}y^2} + k_2^2 g = 0,\quad \frac{\mathrm{d}^2 h}{\mathrm{d}z^2} + k_3^2 h = 0$$

相应的特征值方程为

$$k_1^2 + k_2^2 + k_3^2 = k^2 > 0 \tag{6-92}$$

根据 k_1，k_2，k_3 的不同组合，标量波函数 ψ 也将有不同的组合，在表 6-1 中给出了 ψ 的典型组合，表中 $\Gamma_{12}^2=k_1^2+k_2^2$。

表 6-1 直角坐标系中标量波函数的典型组合

$f(x)$			$g(y)$			$h(z)$		
$k_1^2>0$	$k_1^2=0$	$k_1^2<0$	$k_2^2>0$	$k_2^2=0$	$k_2^2<0$	$k_3^2>0$	$k_3^2=0$	$k_3^2<0$
$\cos k_1 x$ $\sin k_1 x$			$\cos k_2 y$ $\sin k_2 y$					$\exp[\pm(\Gamma_{12}^2-k^2)^{1/2}z]$
$\cos k_1 x$ $\sin k_1 x$			$\cos k_2 y$ $\sin k_2 y$			$\cos k_3 z$ $\sin k_3 z$		
	x 1		$\cos k_2 y$ $\sin k_2 y$			$\exp[\pm(k^2-k_2^2)^{1/2}z]$		
	x 1		$\cos k_2 y$ $\sin k_2 y$					$\exp[\pm(k_2^2-k^2)^{1/2}z]$
	x 1			y 1		$e^{\pm jkz}$		
$\cos k_1 x$ $\sin k_1 x$			$\cos k_2 y$ $\sin k_2 y$					

2. 圆柱坐标系中的标量波函数

在圆柱坐标系中，式(6-89)的展开式为

$$\frac{1}{\rho}\frac{\partial}{\partial\rho}\left(\rho\frac{\partial\psi}{\partial\rho}\right)+\frac{1}{\rho^2}\frac{\partial^2\psi}{\partial\phi^2}+\frac{\partial^2\psi}{\partial z^2}+k^2\psi=0 \tag{6-93}$$

令

$$\psi=f(\rho)g(\phi)h(z) \tag{6-94}$$

代入式(6-93)，并进行变量分离，可得

$$\frac{1}{\rho}\frac{\mathrm{d}}{\mathrm{d}\rho}\left(\rho\frac{\mathrm{d}f}{\mathrm{d}\rho}\right)+\left(k_\rho^2-\frac{n^2}{\rho^2}\right)f=0$$

和

$$\frac{\mathrm{d}^2g}{\mathrm{d}\varphi^2}+n^2g=0$$

$$\frac{\mathrm{d}^2h}{\mathrm{d}z^2}+k_z^2h=0$$

相应的特征方程为

$$k_\rho^2+k_z^2=k^2>0 \tag{6-95}$$

用特征函数展开法可以解出式(6-94)的各种可能组合解，见表6-2。表中 $\mathrm{B}_n(k\rho)$ 代表 $\mathrm{J}_n(k\rho)$，$\mathrm{N}_n(k\rho)$，$\mathrm{H}_n^{(1)}(k\rho)$，$\mathrm{H}_n^{(2)}(k\rho)$ 的线性组合，$\Gamma=-\mathrm{j}k_\rho$。

对以上两种坐标系，可取 ψ 代表 $\boldsymbol{E}_z$ 和 $\boldsymbol{H}_z$，然后根据电磁场方程找出四个横分量与纵分量 $\boldsymbol{E}_z$，$\boldsymbol{H}_z$ 的关系式，就可以通过 $\boldsymbol{E}_z$，$\boldsymbol{H}_z$ 求出全部场分量。这一方法称为纵分量法，这是微波技术中分析金属波导的典型方法。

表6-2　圆柱坐标系中标量波函数的典型组合

$f(\rho)$			$g(\phi)$		$h(z)$		
$k_\rho^2>0$	$k_\rho^2=0$	$k_\rho^2<0$	$n^2>0$	$n^2=0$	$k_z^2>0$	$k_z^2=0$	$k_z^2<0$
$\mathrm{B}_n(k_\rho\rho)$			$\cos n\phi$ $\sin n\phi$		$\cos[(k^2-k_\rho^2)^{1/2}z]$ $\sin[(k^2-k_\rho^2)^{1/2}z]$		
$\mathrm{B}_0(k_\rho\rho)$				ϕ 1	$\cos[(k^2-k_\rho^2)^{1/2}z]$ $\sin[(k^2-k_\rho^2)^{1/2}z]$		
$\mathrm{B}_0(k_\rho\rho)$				ϕ 1		z 1	
	$\rho^{\pm n}$		$\cos n\phi$ $\sin n\phi$		$\cos kz$ $\sin kz$		
	$\ln\rho$ 1			ϕ 1	$\cos kz$ $\sin kz$		
		$\mathrm{I}_n(\Gamma\rho)$ $\mathrm{K}_n(\Gamma\rho)$	$\cos n\phi$ $\sin n\phi$		$\cos[(k^2-k_\rho^2)^{1/2}z]$ $\sin[(k^2-k_\rho^2)^{1/2}z]$		
		$\mathrm{I}_0(\Gamma\rho)$ $\mathrm{K}_0(\Gamma\rho)$		ϕ 1	$\cos[(k^2-k_\rho^2)^{1/2}z]$ $\sin[(k^2-k_\rho^2)^{1/2}z]$		
$\mathrm{B}_n(k_\rho\rho)$			$\cos n\phi$ $\sin n\phi$			z 1	
$\mathrm{B}_n(k_\rho\rho)$			$\cos n\phi$ $\sin n\phi$				$\mathrm{ch}[(k_\rho^2-k^2)^{1/2}z]$ $\mathrm{sh}[(k_\rho^2-k^2)^{1/2}z]$
$\mathrm{B}_0(k_\rho\rho)$				ϕ 1			$\mathrm{ch}[(k_\rho^2-k^2)^{1/2}z]$ $\mathrm{sh}[(k_\rho^2-k^2)^{1/2}z]$

3. 圆球坐标系中的标量波函数

前已指出,球坐标系中任何一分量都不满足标量波动方程,所以式(6-89)中的 ψ 不代表待求场的任何分量。但是在下面将要介绍的矢量波函数中可以发现,球坐标系中的矢量波函数是由球坐标系中的标量波函数构成的,所以这里仍有必要讨论它。

式(6-89)在球坐标系中的展开式为

$$\frac{1}{r^2}\frac{\partial}{\partial r}\left(r^2\frac{\partial\psi}{\partial r}\right)+\frac{1}{r^2\sin\theta}\frac{\partial}{\partial\theta}\sin\theta\frac{\partial\psi}{\partial\theta}+\frac{1}{r^2\sin^2\theta}\frac{\partial^2\psi}{\partial\phi^2}+k^2\psi=0 \tag{6-96}$$

令

$$\psi=f(r)g(\theta)h(\phi) \tag{6-97}$$

代入式(6-96)进行变量分离可得

$$\frac{\mathrm{d}}{\mathrm{d}r}\left(r^2\frac{\mathrm{d}f}{\mathrm{d}r}\right)+[(kr)^2-n(n+1)]f=0 \tag{6-98}$$

$$\frac{1}{\sin\theta}\frac{\mathrm{d}}{\mathrm{d}\theta}\left(\sin\theta\frac{\mathrm{d}g}{\mathrm{d}\theta}\right)+\left[n(n+1)-\frac{m^2}{\sin^2\theta}\right]g=0 \tag{6-99}$$

$$\frac{\mathrm{d}^2h}{\mathrm{d}\phi^2}+m^2h=0 \tag{6-100}$$

将上面 3 个式与第 3 章中式(3-141)、式(3-142)、式(3-139)相比较发现,式(6-98)与式(3-141)不同,不再是欧拉方程,而式(6-99)、式(6-100)与式(3-142)、式(3-139)相同,其通解形式也应相同,这里不再重复,只讨论式(6-98)的通解。

式(6-98)在数学上称为球贝塞尔方程。为求解,令 $\xi=kr$ 和 $f=z\sqrt{\frac{\pi}{2\xi}}$ 进行变量置换,代入式(6-98),得

$$\xi^2\frac{\mathrm{d}^2z}{\mathrm{d}\xi^2}+\xi\frac{\mathrm{d}z}{\mathrm{d}\xi}+\left[\xi^2-\left(n+\frac{1}{2}\right)\right]z=0$$

上式为 $\left(n+\frac{1}{2}\right)$ 阶的球贝塞尔方程,所以它的解为

$$z=A\mathrm{J}_{n+1/2}(kr)+B\mathrm{N}_{n+1/2}(kr)$$

由此得

$$\begin{aligned}f&=z\sqrt{\frac{\pi}{2kr}}=A\sqrt{\frac{\pi}{2kr}}\mathrm{J}_{n+1/2}(kr)+B\sqrt{\frac{\pi}{2kr}}\mathrm{N}_{n+1/2}(kr)\\&=A\mathrm{j}_n(kr)+B\mathrm{n}_n(kr)\end{aligned} \tag{6-101}$$

上式中 $\mathrm{j}_n(kr)$ 称为球贝塞尔函数,$\mathrm{n}_n(kr)$ 称为球诺依曼函数,它们的线性组合

$$\left.\begin{aligned}\mathrm{h}_n^{(1)}(kr)&=\mathrm{j}_n(kr)+\mathrm{j}\mathrm{n}_n(kr)\\\mathrm{h}_n^{(2)}(kr)&=\mathrm{j}_n(kr)-\mathrm{j}\mathrm{n}_n(kr)\end{aligned}\right\} \tag{6-102}$$

称为球汉开尔函数。$\mathrm{j}_n(kr)$,$\mathrm{n}_n(kr)$,$\mathrm{h}_n^{(1)}(kr)$ 和 $\mathrm{h}_n^{(2)}(kr)$ 都是球贝塞尔方程的解。

当 n 为整数时,这些球函数具有初等函数的形式,如

$$\mathrm{j}_0(x)=\frac{\sin x}{x} \qquad \mathrm{n}_0(x)=-\frac{\cos x}{x}$$

$$\mathrm{h}_0^{(1)}(x)=-\mathrm{j}\frac{\mathrm{e}^{\mathrm{j}x}}{x} \qquad \mathrm{h}_0^{(2)}(x)=\mathrm{j}\frac{\mathrm{e}^{-\mathrm{j}x}}{x}$$

$$\mathrm{j}_1(x)=\frac{\sin x}{x^2}-\frac{\cos x}{x} \qquad \mathrm{n}_1(x)=\frac{-\cos x}{x^2}-\frac{\sin x}{x}$$

$$h_1^{(1)}(x) = \frac{-1}{x}\left(1+\frac{j}{x}\right)e^{jx} \qquad h_1^{(2)}(x) = \frac{-1}{x}\left(1-\frac{j}{x}\right)e^{-jx}$$

最后，方程(6-97)的通解可能的组合方式在表 6-3 中给出。表中 $b_n(kr)$ 代表 $j_n(kr)$，$n_n(kr)$，$h_n^{(1)}(kr)$，$h_n^{(2)}(kr)$ 的线性组合，而 $P_n^m(\cos\theta)$ 为第一类关联勒让德函数，$Q_n^m(\cos\theta)$ 为第二类关联勒让德函数。

表 6-3　圆球坐标系中标量波函数的典型组合

$f(r)$		$g(\theta)$		$h(\phi)$	
$n^2>0$	$n^2=0$	$m^2>0$	$m^2=0$	$m^2>0$	$m^2=0$
$b_n(kr)$		$P_n^m(\cos\theta)$ $Q_n^m(\cos\theta)$		$\cos m\phi$ $\sin m\phi$	
$b_n(kr)$			$P_n(\cos\theta)$ $Q_n(\cos\theta)$		ϕ 1
	$b_0(kr)$	$\tan^m(\theta/2)$ $\cot^m(\theta/2)$		$\cos m\phi$ $\sin m\phi$	
	$b_0(kr)$		$P_0(\cos\theta)$ $Q_0(\cos\theta)$		ϕ 1

*6.3.3　矢量波动方程的解和矢量波函数

标量波函数不能解决非直角坐标分量的问题。由此，汉森(W. Hanson)在 1935 年引入了矢量波函数，它既可以用于直角坐标，也可用于球坐标系中矢量波动方程的求解。

1. 圆柱坐标的矢量波函数

由式(6-79)和式(6-80)以及 $\boldsymbol{J}=0$，可得时谐电磁场的矢量波动方程为

$$\nabla\times\nabla\times\boldsymbol{E}-k^2\boldsymbol{E}=0$$

$$\nabla\times\nabla\times\boldsymbol{H}-k^2\boldsymbol{H}=0$$

可合写为

$$\nabla\times\nabla\times\boldsymbol{F}-k^2\boldsymbol{F}=0 \tag{6-103}$$

设 ψ 为标量波动方程的解，即 ψ 满足方程

$$\nabla^2\psi+k^2\psi=0 \tag{6-104}$$

利用标量波函数 ψ 可以构造一个矢量波函数 $\boldsymbol{M}$，令

$$\nabla\times(\boldsymbol{C}\psi)=\boldsymbol{M} \tag{6-105}$$

再利用矢量波函数 $\boldsymbol{M}$ 构造另一个矢量波函数 $\boldsymbol{N}$，即

$$\frac{1}{k}\nabla\times\boldsymbol{M}=\frac{1}{k}\nabla\times\nabla\times(\boldsymbol{C}\psi)=\boldsymbol{N} \tag{6-106}$$

式中的 $\boldsymbol{C}$ 为常矢量。

下面我们证明 $\boldsymbol{M}$ 与 $\boldsymbol{N}$ 是矢量波动方程(6-103)的解。

先证 $\boldsymbol{M}$ 是式(6-103)的解。将 $\boldsymbol{M}$ 代入式(6-103)得

$$\begin{aligned}\nabla\times\nabla\times\boldsymbol{M}-k^2\boldsymbol{M} &= \nabla\times[\nabla\times\nabla\times(\boldsymbol{C}\psi)-k^2(\boldsymbol{C}\psi)]\\ &= \nabla\times[\nabla\nabla\cdot(\boldsymbol{C}\psi)-\nabla^2(\boldsymbol{C}\psi)-k^2(\boldsymbol{C}\psi)]\end{aligned}$$

上式中$\nabla\times[\nabla\nabla\cdot(\boldsymbol{C}\psi)]$一项由于是标量的梯度再取旋度，所以等于零。整理上式并利用ψ是标量齐次波动方程(6-104)的解，可得

$$\nabla\times\nabla\times\boldsymbol{M}-k^2\boldsymbol{M}=\nabla\times[-\nabla^2(\boldsymbol{C}\psi)-k^2(\boldsymbol{C}\psi)]$$
$$=-\nabla\times[\boldsymbol{C}(\nabla^2\psi+k^2\psi)]=0$$

证毕。

再证$\boldsymbol{N}$是式(6-103)的解。将$\boldsymbol{N}$代入式(6-103)得

$$\nabla\times\nabla\times\boldsymbol{N}-k^2\boldsymbol{N}=\frac{1}{k}\nabla\times[\nabla\times\nabla\times\boldsymbol{M}-k^2\boldsymbol{M}]=0$$

可见$\boldsymbol{M}$和$\boldsymbol{N}$都是矢量波动方程的解。

这两类矢量波函数具有对称的关系，由式(6-106)有

$$\boldsymbol{N}=\frac{1}{k}\nabla\times\boldsymbol{M}$$

若上式两边再取旋度，得

$$\nabla\times\boldsymbol{N}=\frac{1}{k}\nabla\times\nabla\times\boldsymbol{M}=\frac{1}{k}(k^2\boldsymbol{M})=k\boldsymbol{M}$$

即

$$\boldsymbol{M}=\frac{1}{k}\nabla\times\boldsymbol{N}\tag{6-107}$$

$\boldsymbol{M}$与$\boldsymbol{N}$的这种对称关系反映了时变场$\boldsymbol{E}$和$\boldsymbol{H}$的对称关系。

由$\boldsymbol{M}$与$\boldsymbol{N}$的定义式可知，它们的具体函数形式是由常矢量$\boldsymbol{C}$与标量波函数ψ来确定的。例如，在直角坐标系中如取$\boldsymbol{C}=\hat{\boldsymbol{z}}$，而标量波函数取表6-1中第一种组合，即

$$\psi=\begin{matrix}(\cos k_1x)(\cos k_2y)\\(\sin k_1x)(\sin k_2y)\end{matrix}\,\mathrm{e}^{\mathrm{j}hz}\tag{6-108}$$

式中

$$h^2=k^2-k_1^2-k_2^2$$

则矢量波函数为

$$\boldsymbol{M}=\nabla\times(\psi\hat{\boldsymbol{z}})=\left[\mp k_2\begin{matrix}(\cos k_1x)(\sin k_2y)\\(\sin k_1x)(\cos k_2y)\end{matrix}\hat{\boldsymbol{x}}\pm k_1\begin{matrix}(\sin k_1x)(\cos k_2y)\\(\cos k_1x)(\sin k_2y)\end{matrix}\hat{\boldsymbol{y}}\right]\mathrm{e}^{\mathrm{j}hz}\tag{6-109}$$

$$\boldsymbol{N}=\frac{1}{k}\nabla\times\nabla\times(\psi\hat{\boldsymbol{z}})=\frac{1}{k}\left[\mp\mathrm{j}hk_1\begin{matrix}(\sin k_1x)(\cos k_2y)\\(\cos k_1x)(\sin k_2y)\end{matrix}\hat{\boldsymbol{x}}\right.$$
$$\left.\mp\mathrm{j}hk_2\begin{matrix}(\cos k_1x)(\sin k_2y)\\(\sin k_1x)(\cos k_2y)\end{matrix}\hat{\boldsymbol{y}}+(k_1^2+k_2^2)\begin{matrix}(\cos k_1x)(\cos k_2y)\\(\sin k_1x)(\sin k_2y)\end{matrix}\hat{\boldsymbol{z}}\right]\mathrm{e}^{\mathrm{j}hz}\tag{6-110}$$

事实上，式(6-109)、式(6-110)就代表了直角坐标系中满足矢量波动方程的电场、磁场解。式中本征值k_1,k_2,h以及究竟选cos还是选sin作为解则要根据具体问题的边界条件来定。

如取$\boldsymbol{C}=\hat{\boldsymbol{z}}$，$\hat{\boldsymbol{z}}$是圆柱坐标系中的轴线分量，而取$\psi$为圆柱坐标系中标量波动方程的解，则可得圆柱坐标系中的矢量波函数。例如，取

$$\psi=\mathrm{J}_n(k_\rho\rho)\begin{matrix}\cos n\phi\ \mathrm{e}^{\mathrm{j}hz}\\\sin n\phi\ \mathrm{e}^{\mathrm{j}hz}\end{matrix}\tag{6-111}$$

式中

$$h^2=k^2-k_\rho^2$$

则矢量波函数为

$$\boldsymbol{M}=\nabla\times(\psi\hat{\boldsymbol{z}})$$
$$=\left[\mp\frac{n\mathrm{J}_n(k_\rho\rho)}{\rho}\begin{matrix}\cos(n\phi\hat{\boldsymbol{\rho}})\\\sin(n\phi\hat{\boldsymbol{\rho}})\end{matrix}-\frac{\partial\mathrm{J}_n(k_\rho\rho)}{\partial\rho}\begin{matrix}\cos(n\phi\hat{\boldsymbol{\phi}})\\\sin(n\phi\hat{\boldsymbol{\phi}})\end{matrix}\right]\mathrm{e}^{\mathrm{j}hz}\tag{6-112}$$

$$N=\frac{1}{k}\nabla\times\nabla\times(\psi\hat{z})=\frac{1}{k}\Big[\mathrm{j}h\frac{\partial \mathrm{J}_n(k_\rho\rho)}{\partial\rho}\begin{matrix}\cos(n\phi\hat{\boldsymbol{\rho}})\\ \sin(n\phi\hat{\boldsymbol{\rho}})\end{matrix}$$

$$\mp\frac{\mathrm{j}hn}{\rho}\mathrm{J}_n(k_\rho\rho)\begin{matrix}\sin(n\phi\hat{\boldsymbol{\phi}})\\ \cos(n\phi\hat{\boldsymbol{\phi}})\end{matrix}+k_\rho^2\mathrm{J}_n(k_\rho\rho)\begin{matrix}\cos(n\phi\hat{z})\\ \sin(n\phi\hat{z})\end{matrix}\Big]\mathrm{e}^{\mathrm{j}hz} \tag{6-113}$$

2. 球坐标系中的矢量波函数

因 $\boldsymbol{C}$ 是常矢量，在球坐标中 $\hat{\boldsymbol{r}},\hat{\boldsymbol{\theta}},\hat{\boldsymbol{\phi}}$都不是常矢量，因此需要另外构造矢量波函数 $\boldsymbol{M}$ 与 $\boldsymbol{N}$。可以证明，球坐标中矢量波函数为

$$\boldsymbol{M}=\nabla\times(\psi\boldsymbol{r}) \tag{6-114}$$

$$\boldsymbol{N}=\frac{1}{k}\nabla\times\nabla\times(\psi\boldsymbol{r}) \tag{6-115}$$

式中 $\boldsymbol{r}$ 为球坐标中的径向矢量，ψ 为球坐标中的标量波函数。读者可自行将 $\boldsymbol{M}$ 和 $\boldsymbol{N}$ 代入式(6-103)证明它们满足矢量波动方程。

已知球坐标中的标量波函数的一种组合为

$$\psi=\mathrm{j}_n(kr)\mathrm{P}_n^m(\cos\theta)\begin{matrix}\cos(m\phi)\\ \sin(m\phi)\end{matrix} \tag{6-116}$$

则矢量波函数为

$$\boldsymbol{M}=\nabla\times(\psi\boldsymbol{r})$$

$$=\mathrm{j}_n(kr)\Big[\mp\frac{m}{\sin\theta}\mathrm{P}_n^m(\cos\theta)\begin{matrix}\sin(m\phi\hat{\boldsymbol{\theta}})\\ \cos(m\phi\hat{\boldsymbol{\theta}})\end{matrix}-\frac{\partial\mathrm{P}_n^m(\cos\theta)}{\partial\theta}\begin{matrix}\cos(m\phi\hat{\boldsymbol{\phi}})\\ \sin(m\phi\hat{\boldsymbol{\phi}})\end{matrix}\Big] \tag{6-117}$$

$$\boldsymbol{N}=\frac{1}{k}\nabla\times\nabla\times(\psi\boldsymbol{r})=\frac{n(n+1)}{r}\mathrm{j}_n(kr)\mathrm{P}_n^m(\cos\theta)\begin{matrix}\cos(m\phi\hat{\boldsymbol{r}})\\ \sin(m\phi\hat{\boldsymbol{r}})\end{matrix}$$

$$+\frac{1}{kr}\frac{\partial}{\partial r}[r\mathrm{j}_n(kr)]\Big[\frac{\partial\mathrm{P}_n^m(\cos\theta)}{\partial\theta}\begin{matrix}\cos(m\phi\hat{\boldsymbol{\theta}})\\ \sin(m\phi\hat{\boldsymbol{\theta}})\end{matrix}$$

$$\mp\frac{m}{\sin\theta}\mathrm{P}_n^m(\cos\theta)\begin{matrix}\sin(m\phi\hat{\boldsymbol{\phi}})\\ \cos(m\phi\hat{\boldsymbol{\phi}})\end{matrix}\Big] \tag{6-118}$$

6.4 非齐次波动方程的解和时变场的格林函数

6.3 节讨论了齐次波动方程的求解方法，这一节将讨论非齐次波动方程的求解问题。从物理上讲，求解非齐次波动方程就是根据给定的场源分布求出它们在空间中所产生的电磁场。从静态场的知识可知，解决这类问题的常用方法是格林函数法。在本节中，我们将讨论时变场中的格林函数法，然后讨论时变场中的标量和矢量(并矢)格林函数。

6.4.1 非齐次波动方程的格林函数解法

将波动方程一般形式的式(6-83)改写成对源点坐标(带"′")的形式

$$\nabla'^2u(\boldsymbol{r}',t')-\frac{1}{\boldsymbol{v}^2}\frac{\partial^2}{\partial t'^2}u(\boldsymbol{r}',t')=-f(\boldsymbol{r}',t') \tag{6-119}$$

相应地，有格林函数满足

$$\nabla'^2G(\boldsymbol{r}',t',\boldsymbol{r},t)-\frac{1}{\boldsymbol{v}^2}\frac{\partial}{\partial t'^2}G(\boldsymbol{r}',t',\boldsymbol{r},t)=-\delta(\boldsymbol{r}'-\boldsymbol{r})\delta(t'-t) \tag{6-120}$$

将上面两式分别乘以 G 和 u 再相减，得

$$G(\boldsymbol{r}',t',\boldsymbol{r},t)\nabla'^2 u(\boldsymbol{r}',t')-u(\boldsymbol{r}',t')\nabla'^2 G(\boldsymbol{r}',t',\boldsymbol{r},t)-\left[\frac{G(\boldsymbol{r}',t',\boldsymbol{r},t)}{\boldsymbol{v}^2}\frac{\partial^2 u(\boldsymbol{r}',t')}{\partial t'^2}-\frac{u(\boldsymbol{r}',t')}{\boldsymbol{v}^2}\frac{\partial^2 G(\boldsymbol{r}',t',\boldsymbol{r},t)}{\partial t'^2}\right]$$
$$=-G(\boldsymbol{r}',t',\boldsymbol{r},t)f(\boldsymbol{r}',t')+u(\boldsymbol{r}',t')\delta(\boldsymbol{r}'-\boldsymbol{r})\delta(t'-t) \tag{6-121}$$

再对体积 V' 积分，得

$$\int_{V'}[G(\boldsymbol{r}',t',\boldsymbol{r},t)\nabla'^2 u(\boldsymbol{r}',t')-u(\boldsymbol{r}',t')\nabla'^2 G(\boldsymbol{r}',t',\boldsymbol{r},t)]\mathrm{d}V'$$
$$-\frac{1}{\boldsymbol{v}^2}\int_{V'}\left[G(\boldsymbol{r}',t',\boldsymbol{r},t)\frac{\partial^2 u(\boldsymbol{r}',t')}{\partial t'^2}-u(\boldsymbol{r}',t')\frac{\partial^2 G(\boldsymbol{r}',t',\boldsymbol{r},t)}{\partial t'^2}\right]\mathrm{d}V'$$
$$=\int_{V'}u(\boldsymbol{r}',t')\delta(\boldsymbol{r}'-\boldsymbol{r})\delta(t'-t)\mathrm{d}V'-\int_{V'}G(\boldsymbol{r}',t',\boldsymbol{r},t)f(\boldsymbol{r}',t')\mathrm{d}V'$$
$$=u(\boldsymbol{r},t')\delta(t'-t)-\int_{V'}G(\boldsymbol{r}',t',\boldsymbol{r},t)f(\boldsymbol{r}',t')\mathrm{d}V'$$

即

$$u(\boldsymbol{r},t')\delta(t'-t)=\int_{V'}[G(\boldsymbol{r}',t',\boldsymbol{r},t)\nabla'^2 u(\boldsymbol{r}',t')-u(\boldsymbol{r}',t')\nabla'^2 G(\boldsymbol{r}',t',\boldsymbol{r},t)]\mathrm{d}V'$$
$$-\frac{1}{\boldsymbol{v}^2}\int_{V'}\left[G(\boldsymbol{r}',t',\boldsymbol{r},t)\frac{\partial^2 u(\boldsymbol{r}',t')}{\partial t'^2}-u(\boldsymbol{r}',t')\frac{\partial^2 G(\boldsymbol{r}',t',\boldsymbol{r},t)}{\partial t'^2}\right]\mathrm{d}V'$$
$$+\int_{V'}G(\boldsymbol{r}',t',\boldsymbol{r},t)f(\boldsymbol{r}',t')\mathrm{d}V' \tag{6-122}$$

利用第二格林定理的公式，上式等号右边第一项变为

$$\int_{V'}[G(\boldsymbol{r}',t',\boldsymbol{r},t)\nabla'^2 u(\boldsymbol{r}',t')-u(\boldsymbol{r}',t')\nabla'^2 G(\boldsymbol{r}',t',\boldsymbol{r},t)]\mathrm{d}V'$$
$$=\oint_{S'}\left[G(\boldsymbol{r}',t',\boldsymbol{r},t)\frac{\partial u(\boldsymbol{r}',t')}{\partial n}-u(\boldsymbol{r}',t')\frac{\partial G(\boldsymbol{r}',t',\boldsymbol{r},t)}{\partial n}\right]\mathrm{d}S'$$

利用

$$G\frac{\partial^2 u}{\partial t'^2}-u\frac{\partial^2 G}{\partial t'^2}=\frac{\partial}{\partial t'}\left[G\frac{\partial u}{\partial t'}-u\frac{\partial G}{\partial t'}\right]$$

式(6-122)右边第二项变为

$$\int_{V'}\left[G\frac{\partial^2 u}{\partial t'^2}-u\frac{\partial^2 G}{\partial t'^2}\right]\mathrm{d}V'=\int_{V'}\frac{\partial}{\partial t'}\left[G(\boldsymbol{r}',t',\boldsymbol{r},t)\frac{\partial u(\boldsymbol{r}',t')}{\partial t'}-u(\boldsymbol{r}',t')\frac{\partial G(\boldsymbol{r}',t',\boldsymbol{r},t)}{\partial t'}\right]\mathrm{d}V$$

分别代回式(6-122)，有

$$u(\boldsymbol{r},t')\delta(t'-t)=\oint_{S'}\left[G(\boldsymbol{r}',t',\boldsymbol{r},t)\frac{\partial u(\boldsymbol{r}',t')}{\partial n}-u(\boldsymbol{r}',t')\frac{\partial G(\boldsymbol{r}',t',\boldsymbol{r},t)}{\partial n}\right]\mathrm{d}S'$$
$$-\frac{1}{\boldsymbol{v}^2}\int_{V'}\frac{\partial}{\partial t'}\left[G(\boldsymbol{r}',t',\boldsymbol{r},t)\frac{\partial u(\boldsymbol{r}',t')}{\partial t'}-u(\boldsymbol{r}',t')\frac{\partial G(\boldsymbol{r}',t',\boldsymbol{r},t)}{\partial t'}\right]\mathrm{d}V'$$
$$+\int_{V'}G(\boldsymbol{r}',t',\boldsymbol{r},t)f(\boldsymbol{r}',t')\mathrm{d}V' \tag{6-123}$$

我们可以证明

$$\int_{V'}\left[G(\boldsymbol{r}',t',\boldsymbol{r},t)\frac{\partial u(\boldsymbol{r}',t)}{\partial t'}-u(\boldsymbol{r}',t')\frac{\partial G(\boldsymbol{r}',t',\boldsymbol{r},t)}{\partial t'}\right]\mathrm{d}V'=0$$

由傅里叶积分有

$$u(\boldsymbol{r}',t')=\int_{-\infty}^{\infty}u(\boldsymbol{r}',\omega)\mathrm{e}^{\mathrm{j}\omega t'}\mathrm{d}\omega,\qquad \frac{\partial u(\boldsymbol{r}',t')}{\partial t'}=\mathrm{j}\omega u$$

$$G(\boldsymbol{r}',t',\boldsymbol{r},t)=\int_{-\infty}^{\infty}G(\boldsymbol{r}',\omega,\boldsymbol{r},t)\mathrm{e}^{\mathrm{j}\omega t'}\mathrm{d}\omega,\quad \frac{\partial G(\boldsymbol{r}',t',\boldsymbol{r},t)}{\partial t'}=\mathrm{j}\omega G$$

所以

$$G\frac{\partial u}{\partial t'}-u\frac{\partial G}{\partial t'}=\mathrm{j}\omega uG-\mathrm{j}\omega uG=0$$

即

$$\int_{V'}\left[G\frac{\partial u}{\partial t'}-u\frac{\partial G}{\partial t'}\right]\mathrm{d}V'=0$$

再将式(6-122)对 t' 积分，并考虑到右边第二项为零，可得

$$u(\boldsymbol{r},t)=\int_{t'}\int_{S'}\left[G(\boldsymbol{r}',t',\boldsymbol{r},t)\frac{\partial u(\boldsymbol{r}',t')}{\partial n}-u(\boldsymbol{r}',t')\frac{\partial G(\boldsymbol{r}',t',\boldsymbol{r},t)}{\partial n}\right]\mathrm{d}S'\mathrm{d}t'$$
$$+\int_{t'}\int_{V'}G(\boldsymbol{r}',t',\boldsymbol{r},t)f(\boldsymbol{r}',t')\mathrm{d}V'\mathrm{d}t' \qquad (6\text{-}124)$$

至此，只要根据相应的边界条件恰当地选取格林函数，则格林函数 G 满足相应的齐次边界条件（对第一类边值问题，取 $G_S=0$；对第二类边值问题，取 $\frac{\partial G_S}{\partial n}=0$），就可以从式(6-124)中解出波函数 u。

对于无限大空间，S 趋于无限远，只要 u 满足无限远处的辐射条件（见 6.6.2 节），就可保证式(6-124)中的面积分为零，于是

$$u(\boldsymbol{r},t)=\int_{t'}\int_{V'}G(\boldsymbol{r}',t',\boldsymbol{r},t)f(\boldsymbol{r}',t')\mathrm{d}V'\mathrm{d}t' \qquad (6\text{-}125)$$

*6.4.2 时变场的标量格林函数和推迟位

与 6.4.1 节类似，仍从标量波动方程的一般形式

$$\nabla^2u-\frac{1}{\boldsymbol{v}^2}\frac{\partial^2u}{\partial t^2}=-f(\boldsymbol{r},t)$$

出发，设有一单位点源在 $t=t'$ 时刻位于坐标原点 o 处（$\boldsymbol{r}'=0$），它所产生的位函数满足方程

$$\nabla^2G-\frac{1}{\boldsymbol{v}^2}\frac{\partial^2G}{\partial t^2}=-\delta(\boldsymbol{r})\delta(t-t') \qquad (6\text{-}126)$$

取球坐标系，由对称性有 $\frac{\partial}{\partial\theta}=\frac{\partial}{\partial\phi}=0$，于是有 $\nabla^2=\frac{1}{r^2}\frac{\partial}{\partial r}\left(r^2\frac{\partial}{\partial r}\right)$，所以式(6-126)变为

$$\frac{1}{r^2}\frac{\partial}{\partial r}\left(r^2\frac{\partial G}{\partial r}\right)-\frac{1}{\boldsymbol{v}^2}\frac{\partial^2G}{\partial t^2}=-\delta(\boldsymbol{r})\delta(t-t')$$

对于 $\boldsymbol{r}\neq0$ 及 $t\neq t'$ 的空间和时间，有

$$\frac{1}{r^2}\frac{\partial}{\partial r}\left(r^2\frac{\partial G}{\partial r}\right)-\frac{1}{\boldsymbol{v}^2}\frac{\partial^2G}{\partial t^2}=0$$

其一般解的形式为

$$G(r,t-t')=\frac{g\left(t-t'-\frac{r}{\boldsymbol{v}}\right)}{r}+\frac{h\left(t-t'+\frac{r}{\boldsymbol{v}}\right)}{r} \qquad (6\text{-}127)$$

从物理上可以判断 $h=0$，因为它代表时间领先的超前位，因而有

$$G(r,t-t')=\frac{g\left(t-t'-\frac{r}{\boldsymbol{v}}\right)}{r} \tag{6-128}$$

其中 g 是任意函数。

在 $r=0$ 处，做一半径为 r_0，体积为 V_0 的小球将 $r=0$ 点包围住，将式(6-128)代回式(6-126)再对小球体作积分，所得方程之左侧为

$$\begin{aligned}\text{左侧}&=\int_{V_0}\left[\nabla^2\left[\frac{g\left(t-t'-\frac{r}{\boldsymbol{v}}\right)}{r}\right]-\frac{1}{\boldsymbol{v}^2 r}\frac{\partial^2 g\left(t-t'-\frac{r}{\boldsymbol{v}}\right)}{\partial t^2}\right]\mathrm{d}V\\&=\int_{V_0}\nabla^2\left[\frac{g\left(t-t'-\frac{r}{\boldsymbol{v}}\right)}{r}\right]\mathrm{d}V-\int_0^{r_0}\frac{4\pi r}{\boldsymbol{v}^2}\frac{\partial^2 g\left(t-t'-\frac{r}{\boldsymbol{v}}\right)}{\partial t^2}\mathrm{d}r\end{aligned}$$

因为 $r_0\to 0$ 时，上式第 2 个等号右侧的第二项趋于 0，所以得

$$\text{左侧}=\int_{V_0}\nabla^2\left[\frac{g\left(t-t'-\frac{r}{\boldsymbol{v}}\right)}{r}\right]\mathrm{d}V$$

当 $r_0\to 0$ 时，$g\left(t-t'-\frac{r}{\boldsymbol{v}}\right)$的极限为 $g(t-t')$，即

$$\text{左侧}=\int_{V_0}g(t-t')\nabla^2\left(\frac{1}{r}\right)\mathrm{d}V$$

上式中 $\nabla^2\left(\frac{1}{r}\right)=-4\pi\delta(r)$，则有

$$\text{左侧}=-\int_{V_0}4\pi g(t-t')\delta(r)\mathrm{d}V=-4\pi g(t-t') \tag{6-129}$$

所得方程之右侧为

$$\text{右侧}=-\int_{V_0}\delta(t-t')\delta(r)\mathrm{d}V=-\delta(t-t') \tag{6-130}$$

综合式(6-129)和式(6-130)，最后得到

$$g(t-t')=\frac{\delta(t-t')}{4\pi} \tag{6-131}$$

把上式代回式(6-127)有

$$G=\frac{g\left(t-t'-\frac{r}{\boldsymbol{v}}\right)}{r}=\frac{\delta\left(t-t'-\frac{r}{\boldsymbol{v}}\right)}{4\pi r} \tag{6-132}$$

一般地，当点源的空间位置不是在原点 o 处而是位于 $\boldsymbol{r}'$ 处时，只需用$(\boldsymbol{r}-\boldsymbol{r}')$来替换式(6-132)中的 r，于是得到

$$G=\frac{\delta\left(t-t'-\frac{|\boldsymbol{r}-\boldsymbol{r}'|}{\boldsymbol{v}}\right)}{4\pi|\boldsymbol{r}-\boldsymbol{r}'|} \tag{6-133}$$

此即无限大空间中的标量格林函数。将其代入式(6-125)，就可得到无限大空间中 $f(\boldsymbol{r}',t')$ 源所产生的位函数(或场分量)，即

$$u(\boldsymbol{r},t)=\int_{t'}\int_{V'}Gf\mathrm{d}V'\mathrm{d}t'$$

$$= \int_{t'}\int_{V'} \frac{\delta\left(t - t' - \frac{|\boldsymbol{r} - \boldsymbol{r}'|}{\boldsymbol{v}}\right)}{4\pi|\boldsymbol{r} - \boldsymbol{r}'|} f(\boldsymbol{r}', t')\,\mathrm{d}V'\mathrm{d}t'$$

$$= \int_{V'} \frac{f\left(\boldsymbol{r}', t - \frac{|\boldsymbol{r} - \boldsymbol{r}'|}{\boldsymbol{v}}\right)}{4\pi|\boldsymbol{r} - \boldsymbol{r}'|}\mathrm{d}V'$$

$$= \int_{V'} \frac{f\left(\boldsymbol{r}', t - \frac{R}{\boldsymbol{v}}\right)}{4\pi R}\mathrm{d}V' \tag{6-134}$$

式中 $R = |\boldsymbol{r} - \boldsymbol{r}'|$。

显然，$u(\boldsymbol{r}, t)$是一种推迟位，也就是说，t 时刻的 u 是由稍前时刻 $t - \frac{|\boldsymbol{r} - \boldsymbol{r}'|}{\boldsymbol{v}}$ 的源分布所决定的。换句话说，u 的状态相对于源 f 的变化而言是推迟了$\frac{|\boldsymbol{r} - \boldsymbol{r}'|}{\boldsymbol{v}}$时间的。

如果 f 代表ρ/ε，则 u 对应标量电位 φ，于是有

$$\varphi(\boldsymbol{r}, t) = \int_{V'} \frac{\rho\left(\boldsymbol{r}', t - \frac{R}{\boldsymbol{v}}\right)}{4\pi\varepsilon R}\mathrm{d}V' \tag{6-135}$$

对于时谐场，ρ 关于时间的变化是简谐的，即

$$\rho\left(\boldsymbol{r}', t - \frac{R}{\boldsymbol{v}}\right) = \rho(\boldsymbol{r}')\mathrm{e}^{\mathrm{j}\omega\left(t - \frac{R}{\boldsymbol{v}}\right)}$$

所以

$$\varphi(\boldsymbol{r}, t) = \int_{V'} \frac{\rho(\boldsymbol{r}')}{4\pi\varepsilon R}\mathrm{e}^{\mathrm{j}\omega\left(t - \frac{R}{\boldsymbol{v}}\right)}\mathrm{d}V'$$

令 $k = \frac{\omega}{\boldsymbol{v}}$，于是

$$\varphi(\boldsymbol{r}, t) = \int_{V'} \frac{\rho(\boldsymbol{r}')\mathrm{e}^{-\mathrm{j}kR}}{4\pi\varepsilon R}\mathrm{e}^{\mathrm{j}\omega t}\mathrm{d}V'$$

显然，

$$\varphi(\boldsymbol{r}) = \int_{V'} \frac{\rho(\boldsymbol{r}')}{4\pi R}\mathrm{e}^{-\mathrm{j}kR}\mathrm{d}V' \tag{6-136}$$

若 f 代表电流密度$\boldsymbol{J}$ 的场分量 μJ_x，则 u 对应于矢量磁位 $\boldsymbol{A}$ 的场分量，于是可得

$$A_x = \int_{V'} \frac{\mu J_x\left(\boldsymbol{r}', t - \frac{R}{\boldsymbol{v}}\right)}{4\pi R}\mathrm{d}V'$$

类似地可得 A_y, A_z。将 A_x, A_y, A_z 组合起来，有

$$\boldsymbol{A}(\boldsymbol{r}, t) = \int_{V'} \frac{\mu\boldsymbol{J}\left(\boldsymbol{r}', t - \frac{R}{\boldsymbol{v}}\right)}{4\pi R}\mathrm{d}V' \tag{6-137}$$

对于时谐场，有

$$\boldsymbol{A}(r) = \int_{V'} \frac{\mu\boldsymbol{J}(\boldsymbol{r}')}{4\pi R}\mathrm{e}^{-\mathrm{j}kR}\mathrm{d}V' \tag{6-138}$$

在静态场中，$k = \frac{\omega}{\boldsymbol{v}} = 0$，于是式(6-136)和式(6-138)退化为静态场中标量电位 φ 和矢量磁位 $\boldsymbol{A}$ 的位源关系式。

若 $f=\delta(\boldsymbol{r}-\boldsymbol{r}')\mathrm{e}^{\mathrm{j}\omega\left(t-\frac{R}{v}\right)}$，此时 f 代表位于 $\boldsymbol{r}'$ 处的时谐的点源，则相应于时谐的点源产生的位函数为 $u(\boldsymbol{r},t)$，于是有

$$u(\boldsymbol{r},t)=\int_{V'}\frac{\delta(\boldsymbol{r}-\boldsymbol{r}')}{4\pi R}\mathrm{e}^{\mathrm{j}\omega\left(t-\frac{R}{v}\right)}\mathrm{d}V'$$

即

$$u(\boldsymbol{r},t)=\frac{\mathrm{e}^{\mathrm{j}\omega t}}{4\pi R}\mathrm{e}^{-\mathrm{j}kR} \tag{6-139}$$

显然

$$u(\boldsymbol{r})=\frac{1}{4\pi R}\mathrm{e}^{-\mathrm{j}kR}$$

因为 $u(\boldsymbol{r})$ 是由时谐的点源所激发的，我们可称之为时谐场的格林函数，记为 $G(\boldsymbol{r},\boldsymbol{r}')$，即

$$G(\boldsymbol{r},\boldsymbol{r}')=\frac{1}{4\pi R}\mathrm{e}^{-\mathrm{j}kR} \tag{6-140}$$

6.4.3 时谐场的并矢格林函数

当 $\varphi,\boldsymbol{A},\varphi_{\mathrm{m}},\boldsymbol{A}_{\mathrm{m}}$ 用上面方法求得后，就可以设法求出电场与磁场。根据前面得到的结果

$$\boldsymbol{E}=\boldsymbol{E}_{\mathrm{m}}+\boldsymbol{E}_{\mathrm{e}}=-\nabla\times\boldsymbol{A}_{\mathrm{m}}-\mathrm{j}\omega\mu\boldsymbol{A}-\mathrm{j}\frac{\nabla\nabla\cdot\boldsymbol{A}}{\omega\varepsilon}$$

$$\boldsymbol{H}=\boldsymbol{H}_{\mathrm{e}}+\boldsymbol{H}_{\mathrm{m}}=\nabla\times\boldsymbol{A}-\mathrm{j}\omega\varepsilon\boldsymbol{A}_{\mathrm{m}}-\mathrm{j}\frac{\nabla\nabla\cdot\boldsymbol{A}_{\mathrm{m}}}{\omega\mu}$$

考虑到 $\vec{\boldsymbol{I}}\cdot\boldsymbol{A}=\boldsymbol{A}$，可将以上二式重新整理为

$$\boldsymbol{E}(\boldsymbol{r})=-\nabla\times\boldsymbol{A}_{\mathrm{m}}-\mathrm{j}\omega\mu\left(\vec{\boldsymbol{I}}+\frac{1}{k^2}\nabla\nabla\right)\cdot\boldsymbol{A}$$

$$\boldsymbol{H}(\boldsymbol{r})=-\nabla\times\boldsymbol{A}-\mathrm{j}\omega\varepsilon\left(\vec{\boldsymbol{I}}+\frac{1}{k^2}\nabla\nabla\right)\cdot\boldsymbol{A}_{\mathrm{m}}$$

将前面得出的

$$\boldsymbol{A}(\boldsymbol{r})=\int_V\frac{\boldsymbol{J}(\boldsymbol{r}')}{4\pi R}\mathrm{e}^{-\mathrm{j}kR}\mathrm{d}V$$

$$\boldsymbol{A}_{\mathrm{m}}(\boldsymbol{r})=\int_V\frac{\boldsymbol{J}_{\mathrm{m}}(\boldsymbol{r}')}{4\pi R}\mathrm{e}^{-\mathrm{j}kR}\mathrm{d}V$$

代入，得

$$\left.\begin{aligned}\boldsymbol{E}(\boldsymbol{r})&=-\int_V\nabla\times\left(\frac{\boldsymbol{J}_{\mathrm{m}}}{4\pi R}\mathrm{e}^{-\mathrm{j}kR}\right)\mathrm{d}V-\mathrm{j}\omega\mu\int_V\left(\vec{\boldsymbol{I}}+\frac{1}{k^2}\nabla\nabla\right)\cdot\left(\frac{\boldsymbol{J}}{4\pi R}\mathrm{e}^{-\mathrm{j}kR}\right)\mathrm{d}V\\\boldsymbol{H}(\boldsymbol{r})&=-\int_V\nabla\times\left(\frac{\boldsymbol{J}}{4\pi R}\mathrm{e}^{-\mathrm{j}kR}\right)\mathrm{d}V-\mathrm{j}\omega\varepsilon\int_V\left(\vec{\boldsymbol{I}}+\frac{1}{k^2}\nabla\nabla\right)\cdot\left(\frac{\boldsymbol{J}_{\mathrm{m}}}{4\pi R}\mathrm{e}^{-\mathrm{j}kR}\right)\mathrm{d}V\end{aligned}\right\} \tag{6-141}$$

在上式中被进行微分运算的是一矢量函数和一标量函数的积，但前者只是源点坐标函数，后者则是源点及场点坐标的函数，而微分算子则是对场点的。根据 1.3.2 节中含有▽算子的算式的性质二，令 $\frac{\mathrm{e}^{-\mathrm{j}kR}}{4\pi R}=f$，则有

$$\nabla\times(f\boldsymbol{J})=f\nabla\times\boldsymbol{J}+\nabla f\times\boldsymbol{J}=\nabla f\times\boldsymbol{J}$$

$$\nabla\cdot(f\boldsymbol{J})=f\nabla\cdot\boldsymbol{J}+\nabla f\cdot\boldsymbol{J}=\nabla f\cdot\boldsymbol{J}$$

把以上二式代入(6-141),得

$$\left.\begin{aligned}\boldsymbol{E}(\boldsymbol{r}) &= -\int_V\left(\nabla\ \frac{e^{-jkR}}{4\pi R}\right)\times\boldsymbol{J}_m dV - j\omega\mu\int_V\left(\vec{\boldsymbol{I}}+\frac{1}{k^2}\nabla\nabla\right)\left(\frac{e^{-jkR}}{4\pi R}\right)\cdot\boldsymbol{J}dV\\ \boldsymbol{H}(\boldsymbol{r}) &= \int_V\left(\nabla\ \frac{e^{-jkR}}{4\pi R}\right)\times\boldsymbol{J}dV - j\omega\varepsilon\int_V\left(\vec{\boldsymbol{I}}+\frac{1}{k^2}\nabla\nabla\right)\left(\frac{e^{-jkR}}{4\pi R}\right)\cdot\boldsymbol{J}_m dV\end{aligned}\right\}\tag{6-142}$$

无界空间中时谐场的标量格林函数为

$$G(\boldsymbol{r},\boldsymbol{r}') = \frac{1}{4\pi R}e^{-jkR}$$

与上式相比,定义无界空间中时谐场的并矢格林函数为

$$\vec{\boldsymbol{G}}(\boldsymbol{r},\boldsymbol{r}') = \left(\vec{\boldsymbol{I}}+\frac{1}{k^2}\nabla\nabla\right)\frac{e^{-jkR}}{4\pi R} = \left(\vec{\boldsymbol{I}}+\frac{1}{k^2}\nabla\nabla\right)G(\boldsymbol{r},\boldsymbol{r}')\tag{6-143}$$

把上式代入式(6-142),得

$$\left.\begin{aligned}\boldsymbol{E}(\boldsymbol{r}) &= -\int_V\nabla G(\boldsymbol{r},\boldsymbol{r}')\times\boldsymbol{J}_m(\boldsymbol{r}')dV - j\omega\mu\int_V\vec{\boldsymbol{G}}(\boldsymbol{r},\boldsymbol{r}')\cdot\boldsymbol{J}(\boldsymbol{r}')dV\\ \boldsymbol{H}(\boldsymbol{r}) &= \int_V\nabla G(\boldsymbol{r},\boldsymbol{r}')\times\boldsymbol{J}(\boldsymbol{r}')dV - j\omega\varepsilon\int_V\vec{\boldsymbol{G}}(\boldsymbol{r},\boldsymbol{r}')\cdot\boldsymbol{J}_m(\boldsymbol{r}')dV\end{aligned}\right\}\tag{6-144}$$

这样式(6-143)所定义的并矢格林函数是方程

$$\nabla\times\nabla\times\vec{\boldsymbol{G}}(\boldsymbol{r},\boldsymbol{r}') - k^2\vec{\boldsymbol{G}}(\boldsymbol{r},\boldsymbol{r}') = \vec{I}\delta(\boldsymbol{r}-\boldsymbol{r}')\tag{6-145}$$

的解。

6.5 时变场的坡印亭定理

电磁场作为一种物质形式是具有能量的。时变电磁场既然是以波动的形式在空间中运动,那么伴随电磁场运动的同时也必然有能量在空间中运动和转移,坡印亭定理就是定量地描述这种能量的运动和转移。在恒定场中,我们曾导出电场的能量密度

$$w_e = \frac{1}{2}\varepsilon E^2$$

和磁场的能量密度

$$w_e = \frac{1}{2}\mu H^2$$

在时变场中我们假定它们仍然成立,但所代表的是瞬时能量密度值。

6.5.1 一般时变场的坡印亭定理

假定电磁场是在一有损的导电性媒质中运动,其电导率为 σ,电场 $\boldsymbol{E}$ 会在此媒质中引起电流

$$\boldsymbol{J} = \sigma\boldsymbol{E}$$

同时产生能量损失。根据焦耳定律,这一部分转化为热能的能量损失为

$$\int_V\boldsymbol{J}\cdot\boldsymbol{E}dV\tag{6-146}$$

根据能量守恒,此时体积 V 内电磁能量必须有相应的减少,或外界应有相应的能量补

充来与之平衡。为定量地描述这一能量平衡关系，将式(6-146)中的 $\boldsymbol{J}$ 以场强表示，即根据式(6-6)有

$$\boldsymbol{J}=\nabla\times\boldsymbol{H}-\frac{\partial\boldsymbol{D}}{\partial t}$$

把上式代入式(6-146)，得

$$\int_V\boldsymbol{J}\cdot\boldsymbol{E}\mathrm{d}V=\int_V\boldsymbol{E}\cdot(\nabla\times\boldsymbol{H})\mathrm{d}V-\int_V\boldsymbol{E}\cdot\left(\frac{\partial\boldsymbol{D}}{\partial t}\right)\mathrm{d}V \tag{6-147}$$

根据恒等式

$$\nabla\cdot(\boldsymbol{E}\times\boldsymbol{H})=(\nabla\times\boldsymbol{E})\cdot\boldsymbol{H}-\boldsymbol{E}\cdot(\nabla\times\boldsymbol{H})$$

有

$$\boldsymbol{E}\cdot(\nabla\times\boldsymbol{H})=\boldsymbol{H}\cdot(\nabla\times\boldsymbol{E})-\nabla\cdot(\boldsymbol{E}\times\boldsymbol{H})=-\boldsymbol{H}\cdot\frac{\partial\boldsymbol{B}}{\partial t}-\nabla\cdot(\boldsymbol{E}\times\boldsymbol{H})$$

把上式代入式(6-147)，得

$$\int_V\boldsymbol{J}\cdot\boldsymbol{E}\mathrm{d}V=-\int_V\left[\boldsymbol{H}\cdot\frac{\partial\boldsymbol{B}}{\partial t}+\boldsymbol{E}\cdot\frac{\partial\boldsymbol{D}}{\partial t}+\nabla\cdot(\boldsymbol{E}\times\boldsymbol{H})\right]\mathrm{d}V \tag{6-148}$$

如果媒质是均匀、线性、各向同性的，则有

$$\boldsymbol{E}\cdot\frac{\partial\boldsymbol{D}}{\partial t}=\varepsilon\boldsymbol{E}\cdot\frac{\partial\boldsymbol{E}}{\partial t}=\frac{\partial\left(\frac{1}{2}\varepsilon E^2\right)}{\partial t}$$

$$\boldsymbol{H}\cdot\frac{\partial\boldsymbol{B}}{\partial t}=\mu\boldsymbol{H}\cdot\frac{\partial\boldsymbol{H}}{\partial t}=\frac{\partial\left(\frac{1}{2}\mu H^2\right)}{\partial t}$$

将它们代入式(6-148)，并设 V 的边界对时间不变，可将微分与积分次序交换，同时引入高斯散度定理得

$$-\int_V\boldsymbol{J}\cdot\boldsymbol{E}\mathrm{d}V=\frac{\partial}{\partial t}\int_V\left(\frac{1}{2}\varepsilon E^2+\frac{1}{2}\mu H^2\right)\mathrm{d}V+\oint_S(\boldsymbol{E}\times\boldsymbol{H})\cdot\hat{\boldsymbol{n}}\mathrm{d}S$$

或

$$-\frac{\partial}{\partial t}\int_V\left(\frac{1}{2}\varepsilon E^2+\frac{1}{2}\mu H^2\right)\mathrm{d}V=\int_V\boldsymbol{J}\cdot\boldsymbol{E}\mathrm{d}V+\oint_S(\boldsymbol{E}\times\boldsymbol{H})\cdot\hat{\boldsymbol{n}}\mathrm{d}S \tag{6-149}$$

上式左方代表体积 V 内电磁储能的减少率，这一减少的能量到哪里去了呢？等式右方的第一项代表电磁能转化为热能的部分。但是仅此一部分消耗还不是能量减少的全部，余下的部分从能量守恒观点来看只能是穿过 S 面向外逸散了。因此定义矢量

$$\boldsymbol{S}=\boldsymbol{E}\times\boldsymbol{H} \tag{6-150}$$

称之为能流密度矢量，或坡印亭矢量，它的大小代表在单位时间内穿过一与它垂直的单位面积的能量，单位是 $\mathrm{W/m^2}$，而它的方向与 $\boldsymbol{E}$,$\boldsymbol{H}$ 成右手定则，代表能流的方向。将式(6-150)代入式(6-149)得

$$-\oint_S\boldsymbol{S}\cdot\hat{\boldsymbol{n}}\mathrm{d}S=\int_V\boldsymbol{J}\cdot\boldsymbol{E}\mathrm{d}V+\frac{\partial}{\partial t}\int_V\left(\frac{1}{2}\varepsilon E^2+\frac{1}{2}\mu H^2\right)\mathrm{d}V \tag{6-151}$$

式(6-151)称为坡印亭定理，它清楚地说明了电磁场是能量的储存者和传递者。下面举例具体说明。

例 6-1 一个同轴线的内外半径分别为 a 和 b(如图 6-2 所示)，两导体间为空气，内外导体之间电压为 U，流过电流为 I，求此同轴线的传输功率(设内、外导体为理想导体)。

解 根据安培定律，内外导体之间的磁场为 $H_\phi=I/2\pi r$，电场可根据高斯定律求出，

即有

$$E_r = \frac{U}{r\ln\frac{b}{a}}$$

因此坡印亭矢量为

$$\boldsymbol{S} = \boldsymbol{E}\times\boldsymbol{H} = \frac{UI}{2\pi r^2\ln\frac{b}{a}}\hat{\boldsymbol{z}}$$

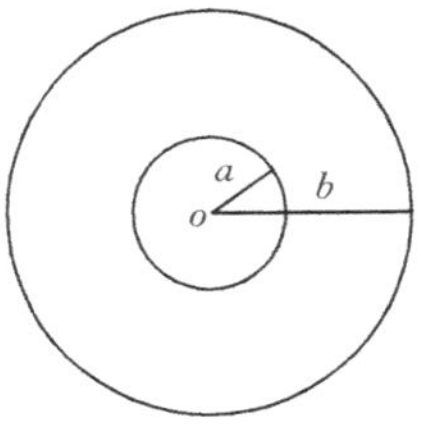

图 6-2 同轴线的横截面

沿同轴线所传输的功率为

$$P = \int_S \boldsymbol{S}\cdot\hat{\boldsymbol{n}}\mathrm{d}S = \int_a^b \frac{UI}{2\pi r^2\ln\frac{b}{a}}2\pi r\mathrm{d}r = UI$$

这一结果是预料之中的,但它不是从电路的理论而是从电磁场理论得出的。值得指出的是,在求解的过程中积分只在内外导体之间的截面上进行,并不包括导体内部。这说明,能量并不是在导体内部传输,而是在内、外导体间的空间中传输。若导体不是理想导体($\sigma\neq\infty$),从电路的知识可知,此时导体要耗散一部分功率 I^2R(R 为导体线的电阻)。从电磁场的角度看,当同轴线内外导体不是理想导体时,沿同轴线轴线方向导体表面的电场不为零,此分量为

$$E_z = \frac{I}{\pi a^2\sigma}$$

内导体表面处坡印亭矢量为

$$\boldsymbol{S} = \boldsymbol{E}\times\boldsymbol{H} = (E_r\hat{\boldsymbol{r}} + E_z\hat{\boldsymbol{z}})\times H_\phi\hat{\boldsymbol{\phi}} = E_rH_\phi\hat{\boldsymbol{z}} - E_zH_\phi\hat{\boldsymbol{r}}$$

出现了沿 $-\hat{\boldsymbol{r}}$ 方向进入内导体的能流分量

$$S_{-r} = E_zH_\phi = \frac{I^2}{2\pi^2a^3\sigma}$$

流进长度为 l 的内导体段内部的功率为

$$P = \frac{I^2}{2\pi^2a^3\sigma}2\pi al = \frac{I^2l}{\pi a^2\sigma} = I^2R$$

可见能进入导体的能量并不是传输能量,而是导体耗散的能量。以上的结果都说明,能量的储存者和传递者是电磁场,导体在此起的作用只是引导电磁波沿指定方向传播,故通常称它为导波系统。各种结构形式的传输线就是各种不同的导波系统,后续的微波技术课程将重点分析它们。

6.5.2 时谐场的坡印亭定理

对于随时间成简谐变化的电磁场,可以用复矢量表示:

$$\boldsymbol{E}(\boldsymbol{r},t) = \mathrm{Re}[\boldsymbol{E}(\boldsymbol{r})\mathrm{e}^{\mathrm{j}\omega t}] = \frac{1}{2}(\boldsymbol{E}(\boldsymbol{r})\mathrm{e}^{\mathrm{j}\omega t} + \boldsymbol{E}^*(\boldsymbol{r})\mathrm{e}^{-\mathrm{j}\omega t})$$

$$\boldsymbol{H}(\boldsymbol{r},t) = \mathrm{Re}[\boldsymbol{E}(\boldsymbol{r})\mathrm{e}^{\mathrm{j}\omega t}] = \frac{1}{2}(\boldsymbol{H}(\boldsymbol{r})\mathrm{e}^{\mathrm{j}\omega t} + \boldsymbol{H}^*(\boldsymbol{r})\mathrm{e}^{-\mathrm{j}\omega t})$$

式中 * 号代表取复数共轭值。根据式(6-150)可知瞬时能流密度为

$$\boldsymbol{S}(\boldsymbol{r},t) = \boldsymbol{E}(\boldsymbol{r},t)\times\boldsymbol{H}(\boldsymbol{r},t) = \frac{1}{4}[\boldsymbol{E}(\boldsymbol{r})\mathrm{e}^{\mathrm{j}\omega t} + \boldsymbol{E}^*(\boldsymbol{r})\mathrm{e}^{-\mathrm{j}\omega t}]\times[\boldsymbol{H}(\boldsymbol{r})\mathrm{e}^{\mathrm{j}\omega t} + \boldsymbol{H}^*(\boldsymbol{r})\mathrm{e}^{-\mathrm{j}\omega t}]$$

$$= \frac{1}{4}[\boldsymbol{E}(\boldsymbol{r}) \times \boldsymbol{H}(\boldsymbol{r})\mathrm{e}^{2\mathrm{j}\omega t} + \boldsymbol{E}^*(\boldsymbol{r}) \times \boldsymbol{H}(\boldsymbol{r}) + \boldsymbol{E}(\boldsymbol{r}) \times \boldsymbol{H}^*(\boldsymbol{r}) + \boldsymbol{E}^*(\boldsymbol{r}) \times \boldsymbol{H}^*(\boldsymbol{r})\mathrm{e}^{-2\mathrm{j}\omega t}]$$

若将上式在一个周期内对时间取平均值，则所有带 $\mathrm{e}^{\pm 2\mathrm{j}\omega t}$ 项的平均值为零，上式的平均值，即平均能流密度 $\bar{\boldsymbol{S}}$ 为

$$\bar{\boldsymbol{S}} = \frac{1}{4}[\boldsymbol{E}^*(\boldsymbol{r}) \times \boldsymbol{H}(\boldsymbol{r}) + \boldsymbol{E}(\boldsymbol{r}) \times \boldsymbol{H}^*(\boldsymbol{r})] = \frac{1}{2}\mathrm{Re}[\boldsymbol{E}(\boldsymbol{r}) \times \boldsymbol{H}^*(\boldsymbol{r})]$$

从上式可见，若定义一复数坡印亭矢量：

$$\boldsymbol{S} = \frac{1}{2}\boldsymbol{E}(\boldsymbol{r}) \times \boldsymbol{H}^*(\boldsymbol{r}) \tag{6-152}$$

那它的实部就等于平均能流密度 $\bar{\boldsymbol{S}}$。在计算时谐场的平均传输功率中用平均能流密度显然更简便。

下面从复数坡印亭矢量出发导出复数坡印亭定理。

根据复数形式麦克斯韦方程

$$\nabla \times \boldsymbol{E}(\boldsymbol{r}) = -\mathrm{j}\omega\mu \boldsymbol{H}(\boldsymbol{r})$$
$$\nabla \times \boldsymbol{H}(\boldsymbol{r}) = \boldsymbol{J} + \mathrm{j}\omega\varepsilon \boldsymbol{E}(\boldsymbol{r})$$

对复数坡印亭矢量取散度并展开，得

$$\nabla \cdot \boldsymbol{S} = \nabla \cdot \left[\frac{1}{2}\boldsymbol{E}(\boldsymbol{r}) \times \boldsymbol{H}^*(\boldsymbol{r})\right]$$
$$= \frac{1}{2}[\boldsymbol{H}^*(\boldsymbol{r}) \cdot \nabla \times \boldsymbol{E}(\boldsymbol{r}) - \boldsymbol{E}(\boldsymbol{r}) \cdot \nabla \times \boldsymbol{H}^*(\boldsymbol{r})] \tag{6-153}$$

若令时间平均磁能、电能密度为

$$\bar{w}_{\mathrm{m}} = \frac{1}{4}\mu \mid \boldsymbol{H}(\boldsymbol{r}) \mid^2 \tag{6-154}$$

和

$$\bar{w}_{\mathrm{e}} = \frac{1}{4}\varepsilon \mid \boldsymbol{E}(\boldsymbol{r}) \mid^2 \tag{6-155}$$

其中 ε,μ 为实数，再令

$$p = \frac{1}{2}\boldsymbol{E}(\boldsymbol{r}) \cdot \boldsymbol{J}^*(\boldsymbol{r}) \tag{6-156}$$

把式(6-154)、式(6-155)和式(6-156)代入式(6-153)，得

$$\nabla \cdot \boldsymbol{S} + 2\mathrm{j}\omega(\bar{w}_{\mathrm{m}} - \bar{w}_{\mathrm{e}}) = -p \tag{6-157}$$

上式即称为微分形式的复数坡印亭定理。类似地，式(6-149)也可以写成微分形式

$$\nabla \cdot (\boldsymbol{E} \times \boldsymbol{H}) + \frac{\partial}{\partial t}\left(\frac{1}{2}\varepsilon E^2 + \frac{1}{2}\mu H^2\right) = -\boldsymbol{E} \cdot \boldsymbol{J} \tag{6-158}$$

注意，式(6-157)中复数坡印亭定理是与时间平均磁能与电能密度之差有关，而一般坡印亭定理(6-158)则是和瞬时磁能与电能密度之和有关。

式(6-157)是一复数方程，可以将其虚、实部分开，并写成积分形式。其实部为

$$-\mathrm{Re}\oint_S \boldsymbol{S} \cdot \hat{\boldsymbol{n}}\mathrm{d}S = 2\omega\mathrm{Im}\int_V (\bar{w}_{\mathrm{m}} - \bar{w}_{\mathrm{e}})\mathrm{d}V + \frac{1}{2}\mathrm{Re}\int_V \boldsymbol{E} \cdot \boldsymbol{J}^*\mathrm{d}V$$
$$= \frac{1}{2}\int_V \sigma \mid \boldsymbol{E} \mid^2 \mathrm{d}V \tag{6-159}$$

它说明通过界面 S 进入 V 内的平均功率等于体积 V 内媒质所耗散的功率。其虚部为

$$-\mathrm{Im}\oint_S \boldsymbol{S}\cdot\hat{\boldsymbol{n}}\mathrm{d}S = 2\omega\int_V(\overline{w}_\mathrm{m}-\overline{w}_\mathrm{e})\mathrm{d}V+\frac{1}{2}\mathrm{Im}\int_V \boldsymbol{E}\cdot\boldsymbol{J}^*\mathrm{d}V$$

$$= 2\omega\int_V(\overline{w}_\mathrm{m}-\overline{w}_\mathrm{e})\mathrm{d}V \tag{6-160}$$

它说明通过界面 S 进入 V 内的平均无功功率等于体积 V 内时间平均磁能与电能之差的 2ω 倍。若用网络阻抗的概念来描述，则式(6-159)代表了网络的输入电阻，式(6-160)代表了网络的输入电抗部分。

6.6 解的唯一性定理与辐射条件

6.6.1 解的唯一性定理

对于时变场解的唯一性定理可表述如下：对 $t>0$ 的所有时刻，由曲面 $S+S_0$ 所围成的闭合域 V 内的电磁场是由 V 内 $\boldsymbol{E},\boldsymbol{H}$，在 $t=0$ 时的初始值以及 $t\geqslant 0$ 时边界 $S+S_0$ 上的切向电场或切向磁场所唯一确定的。

证明此结论的方法同静态场中一样仍用反证法。即设有 $\boldsymbol{E}_1,\boldsymbol{H}_1$ 与 $\boldsymbol{E}_2,\boldsymbol{H}_2$ 两组解，它们在 $t=0$ 时刻在 V 域内所有点上都相等，但 $t>0$ 后不等。根据麦克斯韦方程组的线性性质，这两组解的差 $\boldsymbol{E}=\boldsymbol{E}_2-\boldsymbol{E}_1,\boldsymbol{H}=\boldsymbol{H}_2-\boldsymbol{H}_1$ 也是场方程的解。对于这组差值解，根据坡印亭定理应有

$$-\oint_{S+S_0}(\boldsymbol{E}\times\boldsymbol{H})\cdot\hat{\boldsymbol{n}}\mathrm{d}S=\frac{\partial}{\partial t}\int_V\left(\frac{1}{2}\varepsilon E^2+\frac{1}{2}\mu H^2\right)\mathrm{d}V+\int_V\sigma E^2\mathrm{d}V$$

因为在边界 $S+S_0$ 上，$\boldsymbol{E}$ 的切向分量或 $\boldsymbol{H}$ 的切向分量必为零，所以 $\boldsymbol{E}\times\boldsymbol{H}$ 在 $S+S_0$ 边界上的法向分量为零，即上式左端的积分为零。由此得

$$\frac{\partial}{\partial t}\int_V\left(\frac{1}{2}\varepsilon E^2+\frac{1}{2}\mu H^2\right)\mathrm{d}V=-\int_V\sigma E^2\mathrm{d}V$$

上式的右端项总是等于或小于零的，而左边代表能量的积分在 $t=0$ 时已为零，所以它只能大于或等于零。这样上等式要成立只能是两边都为零，也就是差值解在 $t\geqslant 0$ 时恒为零，即不可能有两组不同的解，定理得证。

*6.6.2 辐射条件

当所讨论的场域从有限变为无限时，即在一个由曲面 S 从内部，曲面 S_0 从外部包围的区域，当 $S_0\to\infty$ 时，如何保证解的唯一性呢？分析发现，此时应给待求场附加以“辐射条件”。为了说明这一问题，让我们以标量波动方程

$$\nabla^2\psi+k^2\psi=-g$$

为例。式中的 ψ 可以是标量位 φ，也可以代表矢量位的直角坐标分量。应用格林定理可写出它的积分形式解，即

$$\psi=\int_V\frac{g}{4\pi R}\mathrm{e}^{-\mathrm{j}kR}\mathrm{d}V+\frac{1}{4\pi}\int_S\left[\frac{\partial\psi}{\partial n}\left(\frac{\mathrm{e}^{-\mathrm{j}kR}}{R}\right)-\psi\frac{\partial}{\partial n}\left(\frac{\mathrm{e}^{-\mathrm{j}kR}}{R}\right)\right]\mathrm{d}S$$
$$+\frac{1}{4\pi}\int_{S_0}\left[\frac{\partial\psi}{\partial n}\left(\frac{\mathrm{e}^{-\mathrm{j}kR}}{R}\right)-\psi\frac{\partial}{\partial n}\left(\frac{\mathrm{e}^{-\mathrm{j}kR}}{R}\right)\right]\mathrm{d}S$$

上式的前两项在物理上代表从源发散的行波，而第三项则代表 S_0 上面元向内传播的波的和。当 $S_0\to\infty$ 时，它必须为零，否则就不能保证解的唯一性，即

$$\lim_{S_0\to\infty}\int_{S_0}\left[\frac{\partial\psi}{\partial n}\left(\frac{\mathrm{e}^{-\mathrm{j}kR}}{R}\right)-\psi\frac{\partial}{\partial n}\left(\frac{\mathrm{e}^{-\mathrm{j}kR}}{R}\right)\right]\mathrm{d}S=0 \tag{6-161}$$

在静态场中，由于格林函数形式的不同，保证式(6-161)成立的是场在无限远处的正则性，即 $R\to\infty$ 时 $\lim\limits_{R\to\infty}R\varphi$ 有界或 $\lim\limits_{R\to\infty}R^2E$ 有界。在时变场中仅有正则性条件是不够的，还必须附加辐射条件

$$\lim_{R\to\infty}R\left(\frac{\partial\psi}{\partial R}+\mathrm{j}k\psi\right)=0 \tag{6-162}$$

下面我们来证明只有辐射条件式(6-162)成立，才能保证式(6-161)成立，即保证解的唯一性。式(6-161)等号左边积分为

$$\begin{aligned}\int_{S_0}\left[\frac{\partial\psi}{\partial n}\left(\frac{\mathrm{e}^{-\mathrm{j}kR}}{R}\right)-\psi\frac{\partial}{\partial n}\left(\frac{\mathrm{e}^{-\mathrm{j}kR}}{R}\right)\right]\mathrm{d}S&=\int_{S_0}\left[\frac{\partial\psi}{\partial n}\left(\frac{\mathrm{e}^{-\mathrm{j}kR}}{R}\right)+\psi\frac{\mathrm{j}k}{R}\mathrm{e}^{-\mathrm{j}kR}\frac{\partial R}{\partial n}+\frac{\psi}{R^2}\mathrm{e}^{-\mathrm{j}kR}\frac{\partial R}{\partial n}\right]\mathrm{d}S\\&=\int_{S_0}\left(\frac{\partial\psi}{\partial n}+\mathrm{j}k\psi\frac{\partial R}{\partial n}\right)\frac{\mathrm{e}^{-\mathrm{j}kR}}{R}\mathrm{d}S+\int_{S_0}\frac{\psi}{R^2}\mathrm{e}^{-\mathrm{j}kR}\frac{\partial R}{\partial n}\mathrm{d}S\end{aligned}$$

因为当 $S_0\to\infty$ 时，$\hat{\boldsymbol{n}}\to\hat{\boldsymbol{R}}$，$\dfrac{\partial R}{\partial n}=1$，$\dfrac{\mathrm{d}S}{R^2}=\mathrm{d}\Omega$（$\mathrm{d}\Omega$ 为立体角元），所以上式为

$$\begin{aligned}\lim_{S_0\to\infty}\int_{S_0}\left[\frac{\partial\psi}{\partial n}\left(\frac{\mathrm{e}^{-\mathrm{j}kR}}{R}\right)-\psi\frac{\partial}{\partial n}\left(\frac{\mathrm{e}^{-\mathrm{j}kR}}{R}\right)\right]\mathrm{d}S&=\lim_{S_0\to\infty}\int_{S_0}\left(\frac{\partial\psi}{\partial n}+\mathrm{j}k\psi\frac{\partial R}{\partial n}\right)\frac{\mathrm{e}^{-\mathrm{j}kR}}{R}\mathrm{d}S\\&\quad+\lim_{S_0\to\infty}\int_{S_0}\psi\mathrm{e}^{-\mathrm{j}kR}\,\mathrm{d}\Omega\end{aligned}$$

上式等号右边第二项积分的域为 4π，而 ψ 在无限远处正则，所以此项积分在 $S_0\to\infty$ 时为零。于是，保证上式第一项为零，即保证式(6-161)成立的条件就是式(6-162)的辐射条件。

习　　题

6-1　在定义辅助位函数时，若对 $\boldsymbol{A}$，φ 的附加条件不是 $\nabla\cdot\boldsymbol{A}=-\mathrm{j}\omega\varepsilon\varphi$，而是 $\nabla\cdot\boldsymbol{A}=0$（常称之为库仑规范条件），试求此时 $\boldsymbol{A}$，φ 所满足的方程。

6-2　求直角坐标系中横分量 E_x，E_y，H_x，H_y 与纵分量 E_z，H_z 之间的关系式（在推导中设所有分量对 z 的偏微分为 $\dfrac{\partial}{\partial z}=\mathrm{j}k_z$）。

6-3　求圆柱坐标系中横分量 E_ρ，E_ϕ，H_ρ，H_ϕ 与纵分量 E_z，H_z 的联系（与上题同样有 $\dfrac{\partial}{\partial z}=\mathrm{j}k_z$）。

6-4　证明 φ 与 $\boldsymbol{A}$ 的非齐次波动方程与电荷守恒原理是相容的。

6-5　对线性、均匀媒质，写出以矢量磁位 $\boldsymbol{A}$ 和标量电位 φ 所表示的麦克斯韦方程组。

6-6　用直角坐标系中矢量波函数写出矩形波导管中可能存在的齐次矢量波动方程的解。

6-7　一平行圆盘电容器，设放电时场的变化足够慢，波动现象可忽略。在圆盘的中心部分，假定电荷均匀分布，已知盘上面电荷密度是 $\pm\sigma(t)$，求圆盘电容器中心部分半径为 a

(见题图 6-1)的圆筒上流出的能流，并证明在$\frac{d^2\sigma}{dt^2}=0$的假设下，圆筒上流出的能流恰好等于筒内场能的减少率，同时也等于UI。

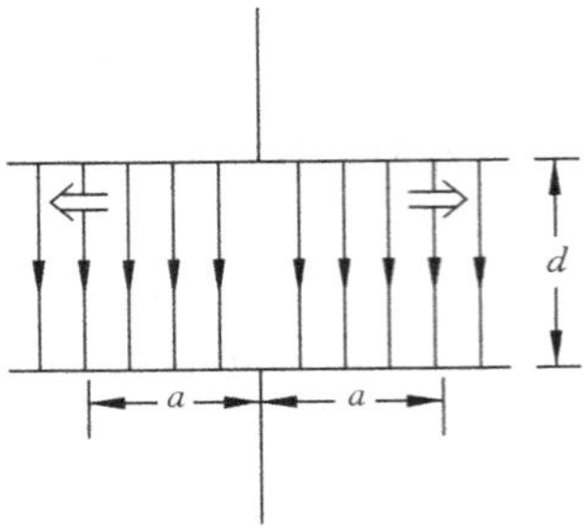

题图 6-1

6-8　在同一空间中存在静止电荷的静电场和永久磁铁的磁场，证明此时对任一闭合曲面 S 有

$$\oint_S \boldsymbol{E}\times\boldsymbol{H}\cdot\hat{\boldsymbol{n}}\mathrm{d}S=0$$

6-9　试用第二矢量格林定理与并矢格林函数写出 $\boldsymbol{E},\boldsymbol{H}$ 非齐次波动方程解的一般积分形式。

6-10　已知球标量波函数为

$$\psi=A\mathrm{h}_0^{(2)}(kr)=A\frac{\mathrm{j}}{kr}\mathrm{e}^{-\mathrm{j}kr}$$

求由它构成的球矢量波函数 $\boldsymbol{M},\boldsymbol{N}$。

6-11　已知球标量波函数为

$$\psi=\frac{-1}{kr}\left(1-\frac{\mathrm{j}}{kr}\right)\mathrm{e}^{-\mathrm{j}kr}\mathrm{P}_1^0(\cos\theta)$$

求由它构成的球矢量波函数 $\boldsymbol{M},\boldsymbol{N}$。

第 7 章 平面电磁波

我们已经知道随时间变化的磁场的周围伴随有随时间变化的电场，随时间变化的电场的周围也伴随有随时间变化的磁场，电磁场具有波动性质。从麦克斯韦方程组出发，在线性各向同性和均匀的介质中只有传导电流和位移电流的情况下，可以求得电场强度 $\boldsymbol{E}$ 和磁场强度 $\boldsymbol{H}$ 满足的方程为

$$\nabla^2\boldsymbol{E}-\varepsilon\mu\frac{\partial^2\boldsymbol{E}}{\partial t^2}-\mu\sigma\frac{\partial\boldsymbol{E}}{\partial t}=0 \tag{7-1}$$

$$\nabla^2\boldsymbol{H}-\varepsilon\mu\frac{\partial^2\boldsymbol{H}}{\partial t^2}-\mu\sigma\frac{\partial\boldsymbol{H}}{\partial t}=0 \tag{7-2}$$

这两个方程具有相同的形式，它们在直角坐标中的各分量(用 u 表示)均满足标量方程

$$\nabla^2 u-\mu\varepsilon\frac{\partial^2 u}{\partial t^2}-\mu\sigma\frac{\partial u}{\partial t}=0 \tag{7-3}$$

这一章我们介绍电磁波的一种简单但却有普遍意义的形式——平面波，研究平面电磁波在无界的各种媒质中的传播特性及其在介质交界面处的反射和折射。

7.1 无限大无损媒质中的均匀平面波

7.1.1 无损媒质中均匀平面波的传播特点

无损媒质的电导率 $\sigma=0$，并且介质常数 ε 和 μ 为实数，在这种情况下式(7-3)变成

$$\nabla^2 u-\varepsilon\mu\frac{\partial^2\mu}{\partial t^2}=0 \tag{7-4}$$

方程(7-4)是三维的波动方程，为简单起见，先研究一个最简单的情况，即在任何时刻 t，u 只与坐标 z 有关，而与 x,y 无关，亦即 $u=u(t,z)$。这时方程(7-4)变成一维波动方程

$$\frac{\partial^2 u}{\partial z^2}-\varepsilon\mu\frac{\partial^2 u}{\partial t^2}=0 \tag{7-5}$$

不难证明方程(7-5)的一般解是

$$u=f\left(t-\frac{z}{\boldsymbol{v}}\right)+g\left(t+\frac{z}{\boldsymbol{v}}\right) \tag{7-6}$$

其中 $v=\dfrac{1}{\sqrt{\mu\varepsilon}}$，$f$ 和 g 是任意函数，其具体形式由起始条件和边界条件确定。$f\left(t-\dfrac{z}{\boldsymbol{v}}\right)$表示一个以速度 v 沿正 z 方向传播的波，这一点可用图形(见图 7-1)形象地说明：$t=0$，$z=0$，$u=f(0)$这一状态，经过时间 $t_1=\dfrac{z_1}{v}$后在 $z=z_1$ 处出现，因为这时 $f\left(t_1-\dfrac{z_1}{\boldsymbol{v}}\right)=f\left(\dfrac{z_1}{v}-\dfrac{z_1}{v}\right)=f(0)$，即 $f(0)$这一状态以速度 v 沿正 z 方向传播。

上面介绍的这种最简单的波称为均匀平面波。所谓“平面波”是指其“波前”(即等相位面)是一个平面，所谓“均匀”是指其波前面上的各点场强是相同的。归纳起来，所谓均匀平

面波是指沿某方面(例如正 z 方向)传播的电磁波的场量 $\boldsymbol{E}$ 和 $\boldsymbol{H}$ 除随时间变化外,只与波传播方向的坐标(例如 z 坐标)有关,而与其他坐标(例如 x,y 坐标)无关。写成数学表示式为

$$\boldsymbol{E}=\boldsymbol{E}(t,z),\qquad \boldsymbol{H}=\boldsymbol{H}(t,z) \tag{7-7}$$

因此,在均匀平面波的情况下,对于任一固定的瞬间 t,垂直于传播方向的平面(例如 $z=$ 常数的平面)上各点的电场强度 $\boldsymbol{E}$ 的大小和方向相同,磁场强度 $\boldsymbol{H}$ 的大小和方向也相同,即有

$$\boldsymbol{E}(t,z_1)\big|_{P_1}=\boldsymbol{E}(t,z_1)\big|_{P_2}=\boldsymbol{E}(t,z_1)\big|_{P}$$

$$\boldsymbol{H}(t,z_1)\big|_{P_1}=\boldsymbol{H}(t,z_1)\big|_{P_2}=\boldsymbol{H}(t,z_1)\big|_{P}$$

其中 P_1,P_2 和 P 是 $z=z_1$ 平面上的任意三点(见图 7-2)。

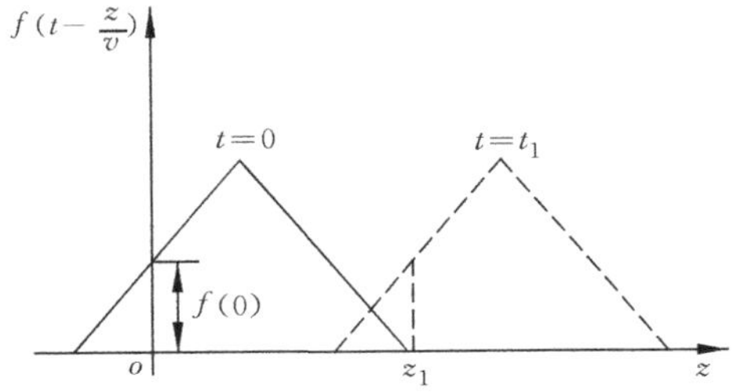

图 7-1 一维波动

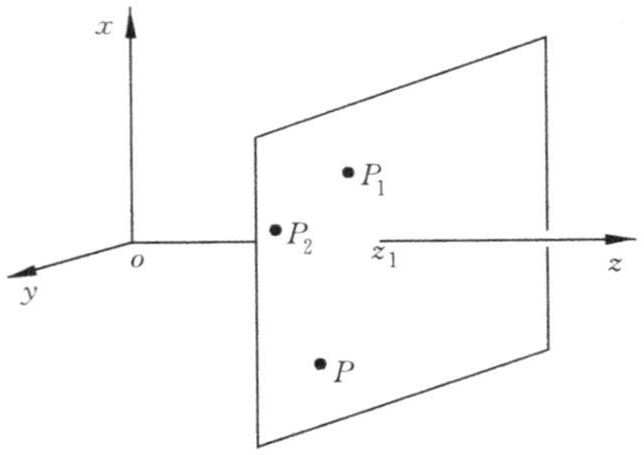

图 7-2 向 $+z$ 方向传播的 $z=z_1$ 平面

均匀平面波是最简单的一种波动形式,但研究它是有实用价值的,因为远离天线的无线电波可以近似地看成均匀平面波,且实际存在的各种电磁场(球面波、柱面波等)均可以分解成许多均匀平面波。下面着重讨论简谐波,即随时间作正弦变化的均匀平面波在无界的无损媒质中的传播规律。

在无损媒质中且无局外源的情况下,随时间作正弦变化的电磁场方程为

$$\nabla\times\dot{\boldsymbol{H}}_{\mathrm{m}}=\mathrm{j}\omega\varepsilon\dot{\boldsymbol{E}}_{\mathrm{m}} \tag{7-8}$$

$$\nabla\times\dot{\boldsymbol{E}}_{\mathrm{m}}=-\mathrm{j}\omega\mu\dot{\boldsymbol{H}}_{\mathrm{m}} \tag{7-9}$$

$$\nabla\cdot\dot{\boldsymbol{H}}_{\mathrm{m}}=0 \tag{7-10}$$

$$\nabla\cdot\dot{\boldsymbol{E}}_{\mathrm{m}}=0 \tag{7-11}$$

展开式(7-8),令对应的分量相等,求得

$$\frac{\partial\dot{H}_{z\mathrm{m}}}{\partial y}-\frac{\partial\dot{H}_{y\mathrm{m}}}{\partial z}=\mathrm{j}\omega\varepsilon\dot{E}_{x\mathrm{m}} \tag{7-12}$$

$$\frac{\partial\dot{H}_{x\mathrm{m}}}{\partial z}-\frac{\partial\dot{H}_{z\mathrm{m}}}{\partial x}=\mathrm{j}\omega\varepsilon\dot{E}_{y\mathrm{m}} \tag{7-13}$$

$$\frac{\partial\dot{H}_{y\mathrm{m}}}{\partial x}-\frac{\partial\dot{H}_{x\mathrm{m}}}{\partial y}=\mathrm{j}\omega\varepsilon\dot{E}_{z\mathrm{m}} \tag{7-14}$$

本章为书写方便,各复数量上面的点号省去,但在时谐场情况下必须理解为复数振幅。

设均匀平面波沿 z 方向传播,即场量 $\boldsymbol{E}_{\mathrm{m}},\boldsymbol{H}_{\mathrm{m}}$ 与坐标 x,y 无关,亦即 $\frac{\partial}{\partial x}=\frac{\partial}{\partial y}=0$,则式(7-12)至式(7-14)变成

$$-\frac{\partial H_{y\mathrm{m}}}{\partial z}=\mathrm{j}\omega\varepsilon E_{x\mathrm{m}} \tag{7-15}$$

$$\frac{\partial H_{xm}}{\partial z}=\mathrm{j}\omega\varepsilon E_{ym} \tag{7-16}$$

$$E_{zm}=0 \tag{7-17}$$

完全类似，展开方程(7-9)并令对应的分量相等，同时考虑到$\frac{\partial}{\partial x}=\frac{\partial}{\partial y}=0$，则有

$$\frac{\partial E_{xm}}{\partial z}=-\mathrm{j}\omega\mu H_{ym} \tag{7-18}$$

$$\frac{\partial E_{ym}}{\partial z}=\mathrm{j}\omega\mu H_{xm} \tag{7-19}$$

$$H_{zm}=0 \tag{7-20}$$

随时间作正弦变化，沿正 z 方向传播的均匀平面波的电场和磁场满足式(7-15)至式(7-20)。方程(7-17)和(7-20)表明：均匀平面波的电场和磁场没有传播方向的分量，电场和磁场强度均和传播方向垂直。即对传播方向而言，电、磁场强度只有横向分量，没有纵向分量。均匀平面波是横电磁波，这是无损媒质中均匀平面波的第一个特点。横电磁波简称为 TEM 波(transverse electromagnetic waves)。

方程(7-15)和(7-18)形成一组方程，建立了 E_{xm} 和 H_{ym} 之间的关系；方程(7-16)和(7-19)形成另一组方程，建立了 E_{ym} 和 H_{xm} 之间的关系。这两组方程形式上是一样的，因此只须讨论其中一组，另一组的讨论完全类似。下面讨论 E_{xm} 和 H_{ym} 满足的一组微分方程，由式(7-15)和式(7-18)，可求得 E_{xm} 和 H_{ym} 满足一维波动方程

$$\frac{\partial^2 E_{xm}}{\partial z^2}+k^2 E_{xm}=0 \tag{7-21}$$

$$\frac{\partial^2 H_{ym}}{\partial z^2}+k^2 H_{ym}=0 \tag{7-22}$$

其中 $k^2=\omega^2\varepsilon\mu$，它们的通解是

$$E_{xm}=E_{xm}^{+}\mathrm{e}^{-\mathrm{j}kz}+E_{xm}^{-}\mathrm{e}^{\mathrm{j}kz} \tag{7-23}$$

$$H_{ym}=H_{ym}^{+}\mathrm{e}^{-\mathrm{j}kz}+H_{ym}^{-}\mathrm{e}^{\mathrm{j}kz} \tag{7-24}$$

其中 $\mathrm{e}^{-\mathrm{j}kz}$ 项表示沿正 z 方向传播的一个波动，这是因为取瞬时值后电场和磁场的对应分量为

$$E_x^{+}(t,z)=\mathrm{Re}[E_{xm}^{+}\mathrm{e}^{\mathrm{j}\phi_1}\mathrm{e}^{-\mathrm{j}kz}\mathrm{e}^{\mathrm{j}\omega t}]=E_{xm}^{+}\cos(\omega t-kz+\phi_1) \tag{7-25}$$

$$H_y^{+}(t,z)=\mathrm{Re}[H_{ym}^{+}\mathrm{e}^{\mathrm{j}\phi_2}\mathrm{e}^{-\mathrm{j}kz}\mathrm{e}^{\mathrm{j}\omega t}]=H_{ym}^{+}\cos(\omega t-kz+\phi_2) \tag{7-26}$$

在 z 等于常数的平面内，场的分量随时间做简谐振动，随着 z 的增大，相角逐点落后，每米落后 k 弧度，k 称为相位常数(又称传播常数)，而相角

$$\phi=\omega t-kz+\phi_1 \tag{7-27}$$

称为振相。在 $z=z_0$ 的平面上 t 时刻出现的振相为

$$\phi(t,z_0)=\omega t-kz_0+\phi_1$$

当经过 Δt 时间后出现在 $z=z_0+\Delta z$ 的平面上的相角和 $z=z_0$ 平面上的相角相等，即

$$\phi(t+\Delta t,z_0+\Delta z)=\phi(t,z_0)$$

则过 Δt 时间后出现在 $z=z_0+\Delta z$ 的平面上的振相和 $z=z_0$ 平面上的振相也相等，即

$$\omega(t+\Delta t)-k(z_0+\Delta z)+\phi_1=\omega t-kz_0+\phi_1$$

上式化简后得到

$$\omega\Delta t-k\Delta z=0 \tag{7-28}$$

于是，振相沿正 z 方向传播的速度即波的传播相速度(参看图 7-3)是

$$v = \frac{\Delta z}{\Delta t} = \frac{\omega}{k} = \frac{1}{\sqrt{\mu\varepsilon}} \tag{7-29}$$

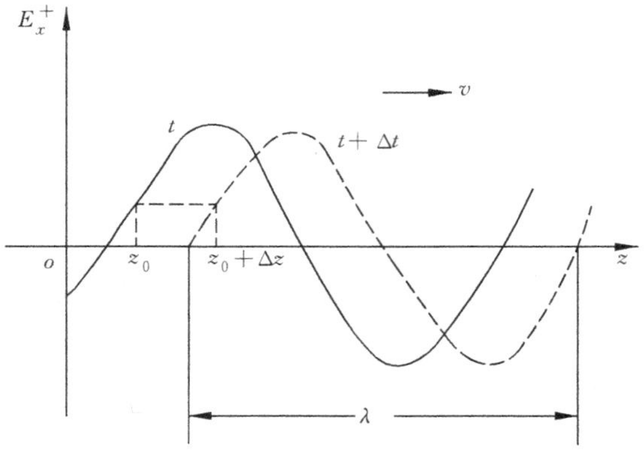

图 7-3 简谐波的传播

电磁波在一个周期 $T=\dfrac{1}{f}=\dfrac{2\pi}{\omega}$($f$ 是电磁波的频率)内传播的距离称为波长，记为 λ，

$$\lambda = vT = \frac{v}{f} = \frac{\omega}{kf} = \frac{2\pi}{k} \tag{7-30}$$

所以波长是相位相差 2π 的两点间的距离。

类似可以说明 $E_{xm}^- e^{jkz}$，$H_{ym}^- e^{jkz}$ 是沿负 z 方向传播的一个波动，相速度也是$\dfrac{1}{\sqrt{\varepsilon\mu}}$。

由上面的讨论可知，均匀平面波在无损媒质中传播时的第二个特点是：可能存在沿正 z 和负 z 方向传播的两个均匀平面波，沿正 z 方向传播的波(有时称为入射波)是 $E_{xm}^+ e^{-jkz}$，$H_{ym}^+ e^{-jkz}$；沿负 z 方向传播的波(有时称为反射波)是 $E_{xm}^- e^{jkz}$，$H_{ym}^- e^{jkz}$，这两个波中的每一个均称为行波，两行波传播的相速度都是 $v=\dfrac{1}{\sqrt{\mu\varepsilon}}$，相移常数 $k=\omega\sqrt{\mu\varepsilon}$，真空中电磁波的相速 $v=c$，c是真空中的光速。

对于沿正 z 方向传播的行波，由方程式(7-8)和(7-9)可求得

$$\nabla \times \boldsymbol{H}_m^+ = -\frac{\partial H_{ym}^+}{\partial z}\hat{\boldsymbol{x}} + \frac{\partial H_{xm}^+}{\partial z}\hat{\boldsymbol{y}} = -jk(-H_{ym}^+\hat{\boldsymbol{x}} + H_{xm}^+\hat{\boldsymbol{y}}) = j\omega\varepsilon\boldsymbol{E}_m^+ \tag{7-31}$$

$$\nabla \times \boldsymbol{E}_m^+ = -\frac{\partial E_{ym}^+}{\partial z}\hat{\boldsymbol{x}} + \frac{\partial E_{xm}^+}{\partial z}\hat{\boldsymbol{y}} = -jk(-E_{ym}^+\hat{\boldsymbol{x}} + E_{xm}^+\hat{\boldsymbol{y}}) = -j\omega\mu\boldsymbol{H}_m^+ \tag{7-32}$$

即

$$k(H_{ym}^+\hat{\boldsymbol{x}} - H_{xm}^+\hat{\boldsymbol{y}}) = \omega\varepsilon\boldsymbol{E}_m^+ \tag{7-33}$$

$$k(E_{ym}^+\hat{\boldsymbol{x}} - E_{xm}^+\hat{\boldsymbol{y}}) = -\omega\mu\boldsymbol{H}_m^+ \tag{7-34}$$

因为

$$H_{ym}^+\hat{\boldsymbol{x}} - H_{xm}^+\hat{\boldsymbol{y}} = \boldsymbol{H}_m^+ \times \hat{\boldsymbol{z}}$$

$$E_{ym}^+\hat{\boldsymbol{x}} - E_{xm}^+\hat{\boldsymbol{y}} = \boldsymbol{E}_m^+ \times \hat{\boldsymbol{z}}$$

把以上二式代入式(7-33)和式(7-34)后求得

$$\boldsymbol{E}_m^+ = \frac{k}{\omega\varepsilon}\boldsymbol{H}_m^+ \times \hat{\boldsymbol{z}} \tag{7-35}$$

$$\boldsymbol{H}_{\mathrm{m}}^{+}=\frac{k}{\omega\mu}\boldsymbol{z}\times\boldsymbol{E}_{\mathrm{m}}^{+} \tag{7-36}$$

式(7-35)和式(7-36)表明：沿正 z 方向传播的行波其电场强度 $\boldsymbol{E}^{+}(t,z)$ 及磁场强度 $\boldsymbol{H}^{+}(t,z)$ 和传播方向是两两互相垂直的，并且满足右手螺旋规则，同样可以说明沿负 z 方向传播的行波具有相同的特性，这是均匀平面波在无损媒质中传播时的第三个特点。

方程(7-33)两边对应的分量应相等，即

$$\frac{E_{x\mathrm{m}}^{+}}{H_{y\mathrm{m}}^{+}}=\frac{k}{\omega\varepsilon}=\sqrt{\frac{\mu}{\varepsilon}} \tag{7-37}$$

$$\frac{E_{y\mathrm{m}}^{+}}{H_{x\mathrm{m}}^{+}}=-\frac{k}{\omega\varepsilon}=-\sqrt{\frac{\mu}{\varepsilon}} \tag{7-38}$$

完全类似，可以求出沿负 z 方向传播的行波的电场和磁场的正交分量的复数幅度的比值是

$$\frac{E_{x\mathrm{m}}^{-}}{H_{y\mathrm{m}}^{-}}=-\frac{\omega\mu}{k}=-\sqrt{\frac{\mu}{\varepsilon}} \tag{7-39}$$

$$\frac{E_{y\mathrm{m}}^{-}}{H_{x\mathrm{m}}^{-}}=\frac{\omega\mu}{k}=\sqrt{\frac{\mu}{\varepsilon}} \tag{7-40}$$

在无损媒质中，式(7-37)至式(7-40)这 4 个关系式对瞬时值也成立，即

$$\frac{E_{x}^{+}(t,z)}{H_{y}^{+}(t,z)}=\sqrt{\frac{\mu}{\varepsilon}} \tag{7-41}$$

$$\frac{E_{y}^{+}(t,z)}{H_{x}^{+}(t,z)}=-\sqrt{\frac{\mu}{\varepsilon}} \tag{7-42}$$

$$\frac{E_{x}^{-}(t,z)}{H_{y}^{-}(t,z)}=-\sqrt{\frac{\mu}{\varepsilon}} \tag{7-43}$$

$$\frac{E_{y}^{-}(t,z)}{H_{x}^{-}(t,z)}=\sqrt{\frac{\mu}{\varepsilon}} \tag{7-44}$$

其中 $\sqrt{\frac{\mu}{\varepsilon}}$ 具有阻抗的量纲，其单位是 Ω，因此沿正 z 或负 z 方向传播的每一个行波，其电场强度和磁场强度的正交分量的复数幅度的比值是一个常数，这个常数只与媒质的参量有关，称为媒质的波阻抗，用 Z_{c} 表示。在真空中 $\mu=\mu_0=4\pi\times10^{-7}\,\mathrm{H/m}$，$\varepsilon=\varepsilon_0=\frac{10^{-9}}{36\pi}\mathrm{F/m}$，所以真空中的波阻抗为

$$Z_{\mathrm{c}}=\sqrt{\frac{\mu_0}{\varepsilon_0}}=\sqrt{\frac{4\pi\times10^{-7}}{\frac{1}{36\pi}\times10^{-9}}}=120\pi\Omega\approx377\Omega$$

式(7-42)和式(7-43)中波阻抗前面的负号表明若电场的分量 $E_{y}^{+}(t,z)$（或 $E_{x}^{-}(t,z)$）取正值，即电场的方向为正 $\boldsymbol{y}$（或正 $\boldsymbol{x}$）方向时，则磁场与其正交的分量 $H_{x}^{+}(t,z)$（或 $H_{y}^{-}(t,z)$）取负值，即磁场实际的方向是负 $\boldsymbol{x}$（或负 $\boldsymbol{y}$）方向。波阻抗 $\pm\sqrt{\frac{\mu}{\varepsilon}}$ 前面的正负号可按右手规则来定，当电场强度分量的方向与磁场强度分量的方向和波的传播方向满足右手螺旋规则时，波阻抗前面取“＋”号，否则取“－”号。如 $E_{x}^{+}(t,z)$，$H_{y}^{+}(t,z)$ 和传播方向 $+\boldsymbol{z}$ 三者满足右手

规则，所以 $\boldsymbol{E}_{xm}^{+}/H_{ym}^{+}=\sqrt{\frac{\mu}{\varepsilon}}$ 取正号，而 $E_x^-(t,z)$，$H_y^-(t,z)$ 和 $-z$ 方向三者满足左手规则，故 $E_{xm}^-/H_{ym}^-=-\sqrt{\frac{\mu}{\varepsilon}}$ 取负号。

由于无损媒质的波阻抗 $\sqrt{\frac{\mu}{\varepsilon}}$ 是实数，所以空中任一点电场和磁场是同相的（参见图 7-4），例如 $E_x^+(t,z)$ 和 $H_y^+(t,z)$ 的表示式是

$$E_x^+(t,z)=E_{xm}^+\cos(\omega t+\phi_x-kz) \tag{7-45}$$

$$H_y^+(t,z)=\frac{E_{xm}^+}{Z_c}\cos(\omega t+\phi_x-kz) \tag{7-46}$$

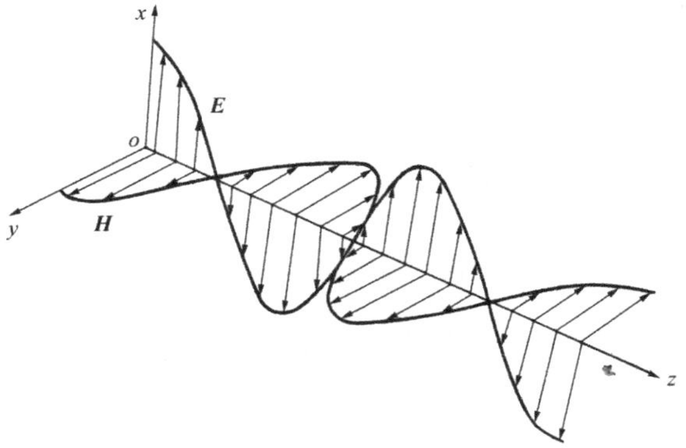

图 7-4　无损媒质中均匀平面波的电场、磁场强度

综上所述，无损媒质中均匀平面波传播的第四个特点是：对于每一个行波，电场强度和磁场强度的正交分量的比值等于波阻抗 $\sqrt{\frac{\mu}{\varepsilon}}$，真空中的波阻抗等于 $120\pi\Omega$（近似等于 377Ω），由于波阻抗是实数，所以任一点电场和磁场是同相的。

在无损媒质中，均匀平面波传播的第五个特点是：在任何时刻任何场点上，每一个行波的电场储能密度等于磁场的储能密度。实际上，单位体积中电场储能的瞬时值是

$$w_e^+=\frac{1}{2}\varepsilon[E^+(t,z)]^2=\frac{1}{2}\varepsilon\{[E_x^+(t,z)]^2+[E_y^+(t,z)]^2\}$$

单位体积中磁场储能的瞬时值是

$$\begin{aligned}w_m^+&=\frac{1}{2}\mu[H^+(t,z)]^2=\frac{1}{2}\mu\{[H_x^+(t,z)]^2+[H_y^+(t,z)]^2\}\\&=\frac{1}{2}\mu\left\{\left[-\frac{E_y^+(t,z)}{Z_c}\right]^2+\left[\frac{E_x^+(t,z)}{Z_c}\right]^2\right\}\\&=\frac{1}{2}\varepsilon\{[E_x^+(t,z)]^2+[E_y^+(t,z)]^2\}\end{aligned}$$

所以

$$w_e^+=w_m^+ \tag{7-47}$$

类似可证明

$$w_e^-=w_m^- \tag{7-48}$$

例 7-1 在无界的无损媒质中，给定电场和磁场强度为

$$E_m = 30\pi e^{-j4y/3}\hat{z}, \quad H_m = 1.0e^{-j4y/3}\hat{x}$$

设介质的 $\mu_r=1$，求 ε_r 和 v,ω。

解 因为

$$\frac{\omega}{k} = \frac{1}{\sqrt{\mu\varepsilon}} = \frac{3\times10^8}{\sqrt{\varepsilon_r\mu_r}}$$

$$Z_c = \frac{E_{zm}}{H_{xm}} = \sqrt{\frac{\mu}{\varepsilon}} = 120\pi\sqrt{\frac{\mu_r}{\varepsilon_r}}$$

考虑到 $\mu_r=1, k=\frac{4}{3}, Z_c=30\pi$，所以

$$\frac{\omega}{4/3} = \frac{3\times10^8}{\sqrt{\varepsilon_r}}, \quad 30\pi = 120\pi\sqrt{\frac{1}{\varepsilon_r}}$$

因此

$$\varepsilon_r = 16, \quad \omega = 10^8\,\text{rad/s}, \quad v = \frac{1}{4}c$$

7.1.2 沿任意方向传播的平面波

上面我们所讨论的是沿坐标 z 方向传播的均匀平面波。在许多情况下，将一均匀平面波表示成与坐标量无关的形式更为方便。为此，设一均匀平面波的等相位面为 $\xi=$常数的平面，其法线 $\hat{n}$ 的方向为波的传播方向(见图 7-5)，等相位面上任一点的坐标由位置向量 $\boldsymbol{r}$ 给出，显然

$$\xi = \hat{n}\cdot\boldsymbol{r}$$

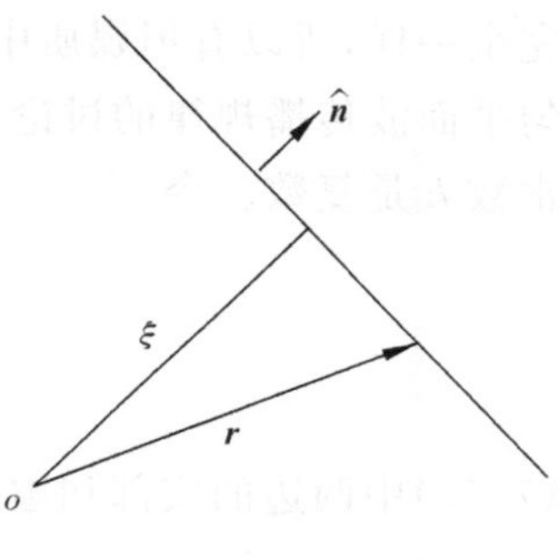

图 7-5 $\hat{n}$ 方向为波的传播方向

由于波的传播特性与具体坐标系选择无关，所以如果令 ψ 代表均匀平面波的任一场强分量，则 $\psi(\xi,t)$ 的函数形式应与式(7-23)相同，即有

$$\psi = \psi_0 e^{-jk\xi} = \psi_0 e^{-jk\hat{n}\cdot\boldsymbol{r}} = \psi_0 e^{-j\boldsymbol{k}\cdot\boldsymbol{r}} \tag{7-49}$$

其中 $\boldsymbol{k}=\hat{n}k$ 称为传播矢量。上式即为沿传播方向 $\boldsymbol{k}$(或 $\hat{n}$)传播的均匀平面波的表达式，在直角坐标系中

$$\boldsymbol{k} = k_x\hat{x} + k_y\hat{y} + k_z\hat{z}, \quad k^2 = k_x^2 + k_y^2 + k_z^2 \tag{7-50}$$

式(7-23)可以认为是 $k_x=k_y=0$ 时式(7-49)的一特例。

同理有

$$\left.\begin{aligned}\boldsymbol{E} &= \boldsymbol{E}_m e^{-j\boldsymbol{k}\cdot\boldsymbol{r}}\\ \boldsymbol{H} &= \boldsymbol{H}_m e^{-j\boldsymbol{k}\cdot\boldsymbol{r}}\end{aligned}\right\} \tag{7-51}$$

式(7-49)在直角坐标系中可以写成

$$\psi = \psi_0 e^{-j(k_x x + k_y y + k_z z)} \tag{7-52}$$

此时有

$$\frac{\partial\psi}{\partial x} = -jk_x\psi, \quad \frac{\partial\psi}{\partial y} = -jk_y\psi, \quad \frac{\partial\psi}{\partial z} = -jk_z\psi$$

因而

$$\nabla\psi=\frac{\partial\psi}{\partial x}\hat{x}+\frac{\partial\psi}{\partial y}\hat{y}+\frac{\partial\psi}{\partial z}\hat{z}=-\mathrm{j}(k_x\hat{x}+k_y\hat{y}+k_z\hat{z})\psi=-\mathrm{j}\boldsymbol{k}\psi$$

它说明，在此特定情况下，微分算子∇可以用矢量$-\mathrm{j}\boldsymbol{k}$来代表，因而对时谐电磁场有

$$\left.\begin{aligned}
&\nabla\cdot\boldsymbol{E}_{\mathrm{m}}=-\mathrm{j}\boldsymbol{k}\cdot\boldsymbol{E}_{\mathrm{m}}=0 && \text{或}\quad \boldsymbol{k}\cdot\boldsymbol{E}_{\mathrm{m}}=0\\
&\nabla\cdot\boldsymbol{H}_{\mathrm{m}}=-\mathrm{j}\boldsymbol{k}\cdot\boldsymbol{H}_{\mathrm{m}}=0 && \text{或}\quad \boldsymbol{k}\cdot\boldsymbol{H}_{\mathrm{m}}=0\\
&\nabla\times\boldsymbol{E}_{\mathrm{m}}=-\mathrm{j}\boldsymbol{k}\times\boldsymbol{E}_{\mathrm{m}}=-\mathrm{j}\omega\boldsymbol{B}_{\mathrm{m}} && \text{或}\quad \boldsymbol{k}\times\boldsymbol{E}_{\mathrm{m}}=\omega\boldsymbol{B}_{\mathrm{m}}=\omega\mu\boldsymbol{H}_{\mathrm{m}}\\
&\nabla\times\boldsymbol{H}_{\mathrm{m}}=-\mathrm{j}\boldsymbol{k}\times\boldsymbol{H}_{\mathrm{m}}=\mathrm{j}\omega\varepsilon\boldsymbol{E}_{\mathrm{m}} && \text{或}\quad \boldsymbol{k}\times\boldsymbol{H}_{\mathrm{m}}=-\omega\varepsilon\boldsymbol{E}_{\mathrm{m}}
\end{aligned}\right\}\tag{7-53}$$

由式(7-53)可以导出沿任意方向传播的均匀平面波的一系列性质，这些性质与沿z方向传播的均匀平面波应完全一致。这是必然的，因为电磁场的属性由电磁场方程所决定，而坐标系的选择则完全是人为的。

7.2 有损媒质中均匀平面波的传播特性

在有损媒质中，传导电流$\boldsymbol{J}_{\mathrm{c}}=\sigma\boldsymbol{E}$不等于零，另外导电媒质中体电荷密度$\rho_{\mathrm{f}}=0$，在介质为均匀、线性、各向同性且无局外电流的情况下，场方程为

$$\nabla\times\boldsymbol{E}_{\mathrm{m}}=-\mathrm{j}\omega\mu\boldsymbol{H}_{\mathrm{m}}\tag{7-54}$$

$$\nabla\times\boldsymbol{H}_{\mathrm{m}}=\mathrm{j}\omega\varepsilon\boldsymbol{E}_{\mathrm{m}}+\sigma\boldsymbol{E}_{\mathrm{m}}=\mathrm{j}\omega\varepsilon_{\mathrm{k}}\boldsymbol{E}_{\mathrm{m}}\tag{7-55}$$

其中$\varepsilon_{\mathrm{k}}=\varepsilon+\frac{\sigma}{\mathrm{j}\omega}$称为复介电常数，式(7-54)、式(7-55)与前一节中的式(7-9)和式(7-8)形式上完全一样，所以有损媒质中均匀平面波的传播特性的讨论，完全可以仿照无损媒质中关于均匀平面波传播规律的讨论进行，只需用复介电常数ε_{k}取代介电常数ε。在这种情况下，传播常数k是复数。令

$$k=\beta-\mathrm{j}\alpha\tag{7-56}$$

则

$$k^2=\omega^2\varepsilon\mu-\mathrm{j}\omega\mu\sigma=\beta^2-\alpha^2-\mathrm{j}2\alpha\beta\tag{7-57}$$

式(7-57)中两边的实部和虚部应分别相等，于是有

$$\beta^2-\alpha^2=\omega^2\varepsilon\mu\tag{7-58}$$

$$2\alpha\beta=\omega\mu\sigma\tag{7-59}$$

联立求解式(7-58)和式(7-59)得

$$\beta=\sqrt{\frac{\omega^2\varepsilon\mu+\sqrt{\omega^4\varepsilon^2\mu^2+\omega^2\mu^2\sigma^2}}{2}}=\omega\sqrt{\varepsilon_0\mu}\sqrt{\frac{\varepsilon_{\mathrm{r}}+\sqrt{\varepsilon_{\mathrm{r}}^2+(60\lambda_0\sigma)^2}}{2}}\tag{7-60}$$

$$\alpha=\sqrt{\frac{-\omega^2\varepsilon\mu+\sqrt{\omega^4\varepsilon^2\mu^2+\omega^2\mu^2\sigma^2}}{2}}=\omega\sqrt{\varepsilon_0\mu}\sqrt{\frac{-\varepsilon_{\mathrm{r}}+\sqrt{\varepsilon_{\mathrm{r}}^2+(60\lambda_0\sigma)^2}}{2}}\tag{7-61}$$

其中λ_0是真空中的波长，$\lambda_0=c/f=2\pi c/\omega$，其中$c$是真空中的光速。

在有损媒质中，沿正z方向传播的均匀平面波的电场和磁场强度的复值和瞬时值是

$$A_{\mathrm{m}}^{+}\mathrm{e}^{-\mathrm{j}kz}=A_{\mathrm{m}}^{+}\mathrm{e}^{-\alpha z}\mathrm{e}^{-\mathrm{j}\beta z}=A_{\mathrm{m}}^{+}\mathrm{e}^{\mathrm{j}\phi_A}\mathrm{e}^{-\alpha z}\mathrm{e}^{-\mathrm{j}\beta z}\tag{7-62}$$

$$A^{+}(t,z)=A_{\mathrm{m}}^{+}\mathrm{e}^{-\alpha z}\cos(\omega t+\phi_A-\beta z)\tag{7-63}$$

其中A_{m}^{+}表示沿正z方向传播的电磁波的$\boldsymbol{E}$和$\boldsymbol{H}$的各个分量的复数幅度。因为均匀平面电磁波在有损媒质中传播时，其场量的振幅$A_{\mathrm{m}}^{+}\mathrm{e}^{-\alpha z}$随距离$z$的增加按指数规律衰减，这是

电磁波在有损媒质中传播的重要特点。传播单位距离(1m)衰减到原来的 $e^{-\alpha}$ 倍,α 称为衰减常数,单位是 Np/m。幅度衰减到原来的 e^{-1} 倍时的距离称为衰减长度,记为 δ,显然

$$\delta=\frac{1}{\alpha} \tag{7-64}$$

β 是沿 z 方向的相移常数,它表示单位长度上相移的变化,单位是 rad/m。波传播的相速度是

$$v=\frac{\omega}{\beta}=\frac{1}{\sqrt{\varepsilon_0\mu}}\left\{\frac{2}{\varepsilon_r+[\varepsilon_r^2+(60\lambda_0\sigma)^2]^{1/2}}\right\}^{1/2} \tag{7-65}$$

从上式可以看出 $v<\dfrac{1}{\sqrt{\varepsilon\mu}}=v_{无损}$,即在相同的 ε 和 μ 的情况下,介质的损耗使波的传播速度变慢。电磁波的波长为

$$\lambda=\frac{2\pi}{\beta}=\frac{2\pi v}{\omega}=\frac{2\pi}{\omega\sqrt{\varepsilon_0\mu}}\left\{\frac{2}{\varepsilon_r+[\varepsilon_r^2+(60\lambda_0\sigma)^2]^{1/2}}\right\}^{1/2} \tag{7-66}$$

在相同的频率 ω 和相同的 ε 与 μ 的情况下,$\lambda<\lambda_{无损}$,即有损媒质中波长变短。

有损媒质中波的传播速度不再是常数,它与频率有关,$v=v(\omega,\sigma,\varepsilon,\mu)$,这种现象称为色散现象,所以有损媒质是色散媒质。

有损媒质的波阻抗是

$$Z_c=\sqrt{\frac{\mu}{\varepsilon_k}}=\sqrt{\frac{\mu}{\varepsilon_0(\varepsilon_r-j60\lambda_0\sigma)}}=|Z_c|e^{j\phi_c} \tag{7-67}$$

综上所述,在无界、均匀、线性、各向同性、有损的媒质中传播的均匀平面波具有如下特点:

(1) 仍是 TEM 波($E_{zm}=0,H_{zm}=0$)。

(2) 可能存在沿正 z 方向和负 z 方向传播的各一个行波(e^{-jkz},e^{jkz}),它们的传播常数是复数 $k=\beta-j\alpha$,沿传播方向波的相移常数是 β,衰减常数是 α,衰减距离 $\delta=\dfrac{1}{\alpha}$。与衰减特性相联系的是,有损媒质中的传播速度变慢,且与频率有关,称为“色散”。

(3) 每一个行波的电场强度,磁场强度和传播方向互相垂直,例如沿正 z 方向传播的行波,它的 $\boldsymbol{E}^+(t,z)$,$\boldsymbol{H}^+(t,z)$ 和 $\boldsymbol{k}$ 互相垂直。

(4) 每一个行波的电场强度和磁场强度的每一组正交分量的复数幅度之比等于波阻抗 Z_c,即有

$$\frac{E_{xm}^+}{H_{ym}^+}=Z_c,\quad \frac{E_{ym}^+}{H_{xm}^+}=-Z_c \tag{7-68}$$

$$\frac{E_{xm}^-}{H_{ym}^-}=-Z_c,\quad \frac{E_{ym}^-}{H_{xm}^-}=Z_c \tag{7-69}$$

当电场和磁场强度的正交分量与传播方向满足右手规则时 Z_c 前面取“+”号,否则取“-”号。波阻抗是一复数,均匀平面波在有损媒质中传播时,电场和磁场强度在任何时刻、任何地方不再同相,所以它们每一组正交分量的瞬时值之比不再等于波阻抗,即

$$\frac{E_x^+(t,z)}{H_y^+(t,z)}\neq Z_c$$

图 7-6 中给出了时间 $t=t_1$ 时,空中电场和磁场强度随 z 的变化。

(5) 对每一个行波，电场储能和磁场储能密度不再相等。它们最大值的比值是

$$\frac{w^+_{e,\max}}{w^+_{m,\max}} = \frac{1}{\left[1+\left(\frac{60\lambda_0\sigma}{\varepsilon_r}\right)^2\right]^{1/2}} \tag{7-70}$$

在某些特殊情况下，α 和 β 的表示式(7-60)和式(7-61)可以简化，简述如下：

(1) 无损媒质($\sigma=0$)，这时衰减常数 α 和相位常数 β 变成

$$\alpha = 0, \quad \beta = \omega\sqrt{\varepsilon\mu} \tag{7-71}$$

与前一节的结果完全一致。

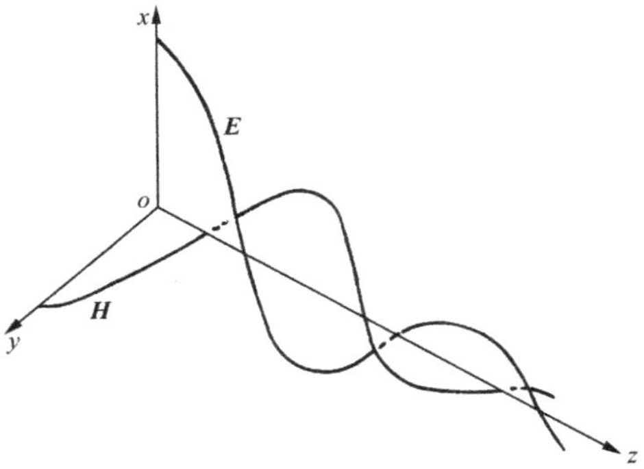

图 7-6 有损媒质中均匀平面波的电场、磁场强度

(2) 弱损耗媒质($\varepsilon_r \gg 60\lambda_0\sigma$)，这时

$$[\varepsilon_r^2 + (60\lambda_0\sigma)^2]^{1/2} \approx \varepsilon_r\left[1+\frac{1}{2}\left(\frac{60\lambda_0\sigma}{\varepsilon_r}\right)^2\right]$$

因此式(7-60)和式(7-61)简化成

$$\beta \approx \omega\sqrt{\mu\varepsilon}\left[1+\left(\frac{30\lambda_0\sigma}{\varepsilon_r}\right)^2\right]^{1/2} \tag{7-72}$$

$$\alpha \approx \omega\sqrt{\mu\varepsilon}\left[\frac{30\lambda_0\sigma}{\varepsilon_r}\right]^{1/2} \tag{7-73}$$

(3) 强损耗媒质($\varepsilon_r \ll 60\lambda_0\sigma$)。良导体是强损耗媒质，通常将

$$\frac{\omega\varepsilon}{\sigma} = \frac{\varepsilon_r}{60\lambda_0\sigma} \leqslant \frac{1}{50} \tag{7-74}$$

作为良导体的定义，因为

$$\frac{\omega\varepsilon}{\sigma} = \frac{\left|\frac{\partial \boldsymbol{D}}{\partial t}\right|_{\max}}{|\boldsymbol{J}_c|_{\max}} = \frac{|\boldsymbol{J}_d|_{\max}}{|\boldsymbol{J}_c|_{\max}} \tag{7-75}$$

所以良导体是指其中传导电流密度的幅度 $|\sigma E|_{\max}$ 至少比位移电流密度的幅度 $\left|\frac{\partial \boldsymbol{D}}{\partial t}\right|_{\max}$ 大 50 倍的媒质。这时

$$\alpha \approx \beta \approx \omega\sqrt{\varepsilon_0\mu}\sqrt{30\lambda_0\sigma} \tag{7-76}$$

波阻抗为

$$Z_c = \sqrt{\frac{\mu}{\varepsilon_k}} \approx \sqrt{\frac{\mu}{-\mathrm{j}\frac{\sigma}{\omega}}} = \left(\frac{\omega\mu}{\sigma}\right)^{1/2} \mathrm{e}^{\mathrm{j}\frac{\pi}{4}} \tag{7-77}$$

衰减距离为

$$\delta = \frac{1}{\alpha} \approx \frac{1}{\omega\sqrt{\varepsilon_0\mu}\sqrt{30\lambda_0\sigma}} = \sqrt{\frac{2}{\omega\mu\sigma}} = \sqrt{\frac{1}{\pi f\mu\sigma}} \tag{7-78}$$

在良导体中电磁波衰减很快，例如 $f=3\text{GHz}$ 时铜的衰减距离 $\delta=1.2\mu\text{m}$，金的 $\delta=1.4\mu\text{m}$，而银的 $\delta=1.2\mu\text{m}$。在良导体的情况下，称 δ 为趋肤深度。从上面给出的数据看，电磁波根本不能深入导体内部，这种情况称为趋肤效应。

7.3 电磁波的极化

电磁波的极化是一个很重要的概念。波的极化是由波的电场强度的方向决定的。在一般情况下，沿正 z 方向传播的波的电场 $\boldsymbol{E}^+$ 既有 $\hat{\boldsymbol{x}}$ 方向的分量，又有 $\hat{\boldsymbol{y}}$ 方向的分量，即

$$E^+ = E_x^+ \hat{\boldsymbol{x}} + E_y^+ \hat{\boldsymbol{y}} \tag{7-79}$$

而 E_x^+ 和 E_y^+ 的幅度和相位通常不相等，它们的复数幅度分别是

$$E_{xm}^+ = E_{xm}^+ e^{j\phi_1}, \quad E_{ym}^+ = E_{ym}^+ e^{j\phi_2} \tag{7-80}$$

因而在 z 等于常数的平面上，沿正 z 方向传播的波的总电场 $\boldsymbol{E}^+(t,z)$ 在不同时刻可能有不同的取向。通常用总的电场矢量的顶点，在垂直于传播方向的平面上一个周期内所画出的轨迹的形状表示该波的极化。应该指出，这里所说的波的极化与以前讨论过的介质的极化是完全不同的两回事。

从式(7-80)可知，电场强度的 $\hat{\boldsymbol{x}}$ 分量和 $\hat{\boldsymbol{y}}$ 分量的瞬时值是

$$E_x^+(t,z) = E_{xm}^+ \cos(\omega t - kz + \phi_1) \tag{7-81}$$

$$E_y^+(t,z) = E_{ym}^+ \cos(\omega t - kz + \phi_2) \tag{7-82}$$

式(7-81)和式(7-82)是椭圆的参数方程，消去参数 t 求得

$$\left[\frac{E_x^+(t,z)}{E_{xm}^+}\right]^2 - 2\,\frac{E_x^+(t,z)}{E_{xm}}\,\frac{E_y^+(t,z)}{E_{ym}}\cos(\phi_1 - \phi_2) + \left[\frac{E_y^+(t,z)}{E_{ym}^+}\right]^2 = \sin^2(\phi_1 - \phi_2) \tag{7-83}$$

式(7-83)是一椭圆方程，它表明总的电场矢量 $\boldsymbol{E}^+(t,z)$ 的端点在 z 等于常数的平面上一个周期内所画出的轨迹是一椭圆(参看图 7-7)，这种情况称为椭圆极化波。该椭圆的长轴与 x 轴的夹角 θ 满足

$$\tan 2\theta = \frac{2E_{xm}^+ E_{ym}^+}{E_{xm}^{+2} - E_{ym}^{+2}}\cos(\phi_1 - \phi_2) \tag{7-84}$$

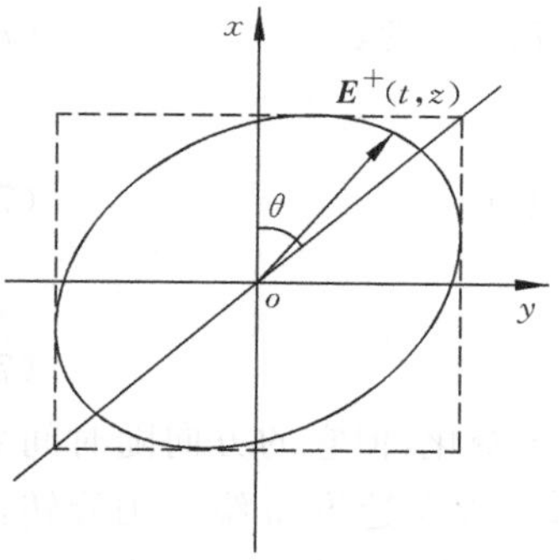

图 7-7 椭圆极化波

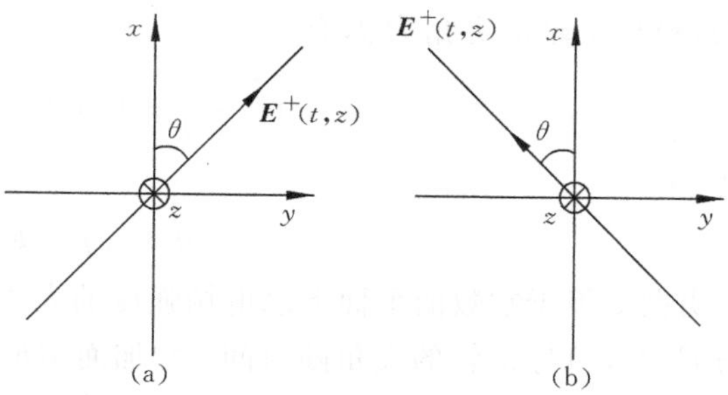

图 7-8 线极化波

下面讨论几种特殊情况：

(1) $\phi_1 - \phi_2 = 0$，这种情况对应于电场强度的 x 分量和 y 分量同相，此时式(7-83)简化为

$$\left[\frac{E_x^+(t,z)}{E_{xm}^+} - \frac{E_y^+(t,z)}{E_{ym}^+}\right]^2 = 0$$

即

$$\frac{E_x^+(t,z)}{E_{xm}^+} = \frac{E_y^+(t,z)}{E_{ym}^+} \tag{7-85}$$

式(7-85)是一直线方程，此直线与 x 轴的夹角为 θ，且

$$\tan\theta = \frac{E_y^+(t,z)}{E_x^+(t,z)} = \frac{E_{ym}^+}{E_{xm}^+} \tag{7-86}$$

即在 z 等于常数的平面上，总电场矢量 $\boldsymbol{E}^+(t,z)$ 随时间 t 按正弦变化，但它的端点轨迹是一直线(参看图 7-8(a))，因此当 $\phi_1=\phi_2$，即 E_x^+ 和 E_y^+ 同相时是线极化波。

(2) $\phi_1-\phi_2=\pi$，这对应于 E_x^+ 和 E_y^+ 反相的情况。此时式(7-83)变成

$$\frac{E^+(t,z)}{E_{xm}^+} = -\frac{E_y^+(t,z)}{E_{ym}^+} \tag{7-87}$$

式(7-87)也是一直线方程，但它与 x 轴的夹角 θ 为负值，有

$$\tan\theta = \frac{E_y^+(t,z)}{E_x^+(t,z)} = -\frac{E_{ym}^+}{E_{xm}^+} \tag{7-88}$$

因此 $\phi_1-\phi_2=\pi$ 时也是线极化波(参看图 7-8(b))。

(3) $\phi_1-\phi_2=\pm\frac{\pi}{2}$，$E_{xm}^+=E_{ym}^+=E_0^+$，这是 E_x^+ 和 E_y^+ 相位差 $\pm\frac{\pi}{2}$、振幅相等的情况。在这种情况下，在 z 等于常数的平面上，一个周期内总电场矢量 $E^+(t,z)$ 的顶点轨迹是一个圆，这种波称为圆极化波。实际上，这时方程(7-83)变成为一圆的方程

$$\left[\frac{E_x^+(t,z)}{E_0^+}\right]^2 + \left[\frac{E_y^+(t,z)}{E_0^+}\right]^2 = 1 \tag{7-89}$$

当 $\phi_1-\phi_2=\frac{\pi}{2}$，即 E_x^+ 的相位领先 E_y^+ 的相位 $\frac{\pi}{2}$ 时，它们的瞬时表示式是

$$E_x^+ = E_0^+\cos(\omega t - kz + \phi_1) \tag{7-90}$$

$$E_y^+ = E_0^+\sin(\omega t - kz + \phi_2) \tag{7-91}$$

总电场

$$|E^+(t,z)| = \sqrt{[E_x^+]^2 + [E_y^+]^2} = E_0^+ = \text{常数} \tag{7-92}$$

$E^+(t,z)$ 与 x 轴的夹角为 θ，有

$$\tan\theta = \frac{E_y^+}{E_x^+} = \tan(\omega t - kz + \phi_1) \tag{7-93}$$

即得

$$\theta = \omega t - kz + \phi_1 \tag{7-94}$$

这表明在 z 等于常数的平面上总电场强度的大小不随时间 t 变化，但它的方向随时间变化，电场 $E^+(t,z)$ 与 x 轴的夹角随时间 t 增加而增加，即 $E^+(t,z)$ 以角速度 ω 绕 z 轴旋转，并且是从 E_x^+ 向 E_y^+ 方向旋转(参看图 7-9(a))，如果顺着传播方向(正 z 方向)看过去，电场矢量的旋转方向与传播方向满足右手螺旋规则，所以这种极化波又称为右旋圆极化波。通常，电场强度的旋转方向是从相位领先的分量向相位落后的分量旋转。

类似可讨论 $\phi_1-\phi_2=-\frac{\pi}{2}$ 的情况，这时 E_x^+ 的相位落后 E_y^+ 的相位 $\frac{\pi}{2}$，合成电场 E^+ 以角速度 ω 绕 z 轴旋转(参看图 7-9(b))，旋转的方向与传播方向(正 z 方向)成左手关系，端点的轨迹是一圆，因此这种情况下是一左旋圆极化波。

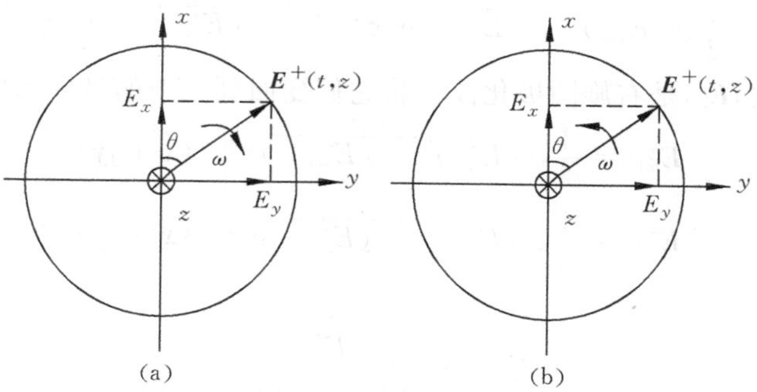

图 7-9 圆极化波

从上面的分析可知，圆极化波是由 z 等于常数的平面内空间上差 90°（E_x^+ 和 E_y^+ 分量），相位也差 90°，并且幅度相等频率相同的两个线极波合成的。

若用复矢量表示圆极化波，则有

$$\boldsymbol{E}_{\mathrm{m}} = E_{x\mathrm{m}}^+ \hat{\boldsymbol{x}} + E_{y\mathrm{m}}^+ \hat{\boldsymbol{y}} = [E_0 \mathrm{e}^{\mathrm{j}\phi} \hat{\boldsymbol{x}} + E_0^+ \mathrm{e}^{\mathrm{j}\left(\phi \pm \frac{\pi}{2}\right)} \hat{\boldsymbol{y}}] = E_0^+ \mathrm{e}^{\mathrm{j}\phi} \hat{\boldsymbol{x}} \pm \mathrm{j} E_0^+ \mathrm{e}^{\mathrm{j}\phi} \hat{\boldsymbol{y}}$$

即

$$E_{x\mathrm{m}}^+ = \pm \mathrm{j} E_{y\mathrm{m}}^+ \tag{7-95}$$

式(7-95)中等式右边取“+”号时，表明 E_x^+ 领先 E_y^+ $\frac{\pi}{2}$相位，因此对应着右旋圆极化波；取“－”时对应着左旋圆极化波。综上可知，一般地讲，电磁波的极化是椭圆极化（斜椭圆极化），在特殊情况下，它呈现圆极化或线极化，这两种极化有着广泛的应用。至此，我们所研究的是波的极化的特点，也就是其电场矢量的端点随时间的变化轨迹。进一步地，还可以研究极化的分解。

例 7-2 证明任一线极化波（设沿正 z 方向传播）

$$\boldsymbol{E}_{\mathrm{m}}^+ = E_{x\mathrm{m}}^+ \mathrm{e}^{\mathrm{j}\phi} \hat{\boldsymbol{x}} + E_{y\mathrm{m}}^+ \mathrm{e}^{\mathrm{j}\phi} \hat{\boldsymbol{y}}$$

可以分解成两个幅度相等，向相反方向旋转的圆极化波之和。

解 先将坐标轴旋转，使 x 轴与电场强度 $\boldsymbol{E}^+$ 重合，则在新坐标系 $xo'y'$ 中（参看图 7-10），电场的复矢量为

$$\boldsymbol{E}_{\mathrm{m}}^+ = \boldsymbol{E}_{x'\mathrm{m}}^+ \mathrm{e}^{\mathrm{j}\phi'} \hat{\boldsymbol{x}}' \tag{7-96}$$

显然

$$E_{x'\mathrm{m}}^+ = \sqrt{(E_{x\mathrm{m}}^+)^2 + (E_{y\mathrm{m}}^+)^2}$$

$$\phi' = \phi$$

代入式(7-96)后求得新坐标系中电场的复矢量

$$\boldsymbol{E}_{\mathrm{m}}^+ = \sqrt{(E_{x\mathrm{m}}^+)^2 + (E_{y\mathrm{m}}^+)^2}\, \mathrm{e}^{\mathrm{j}\phi} \hat{\boldsymbol{x}}' \tag{7-97}$$

式(7-97)可分解成两个向相反方向旋转的圆极化波之和，即

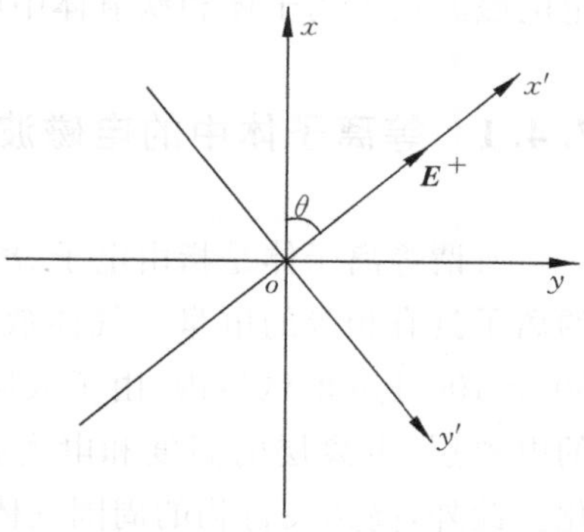

图 7-10 例 7-2 的示意图

$$\boldsymbol{E}_{\mathrm{m}}^+ = \boldsymbol{E}_{\mathrm{m}1}^+ + \boldsymbol{E}_{\mathrm{m}2}^+$$

其中

$$\boldsymbol{E}_{\mathrm{m}1}^+ = \frac{1}{2}\sqrt{(E_{x\mathrm{m}}^+)^2 + (E_{y\mathrm{m}}^+)^2}\, \mathrm{e}^{\mathrm{j}\phi} \hat{\boldsymbol{x}} + \mathrm{j}\, \frac{1}{2}\sqrt{(E_{x\mathrm{m}}^+)^2 + (E_{y\mathrm{m}}^+)^2}\, \mathrm{e}^{\mathrm{j}\phi} \hat{\boldsymbol{y}}' \tag{7-98}$$

$$\boldsymbol{E}_{m2}^{+}=\frac{1}{2}\sqrt{(E_{xm}^{+})^{2}+(E_{ym}^{+})^{2}}\,e^{j\phi}\hat{\boldsymbol{x}}-j\,\frac{1}{2}\sqrt{(E_{xm}^{+})^{2}+(E_{ym}^{+})^{2}}\,e^{j\phi}\hat{\boldsymbol{y}}' \tag{7-99}$$

$\boldsymbol{E}_{m1}$是左旋圆极化波，$\boldsymbol{E}_{m2}$是右旋圆极化波。将它们变回到原来的坐标系中则有

$$\boldsymbol{E}_{m1}^{+}=\frac{1}{2}\sqrt{(E_{xm}^{+})^{2}+(E_{ym}^{+})^{2}}\,e^{j(\phi-\theta)}(\hat{\boldsymbol{x}}+j\hat{\boldsymbol{y}}) \tag{7-100}$$

$$\boldsymbol{E}_{m2}^{+}=\frac{1}{2}\sqrt{(E_{xm}^{+})^{2}+(E_{ym}^{+})^{2}}\,e^{j(\phi+\theta)}(\hat{\boldsymbol{x}}-j\hat{\boldsymbol{y}}) \tag{7-101}$$

其中 θ 满足

$$\cos\theta=\frac{E_{xm}^{+}}{\sqrt{(E_{xm}^{+})^{2}+(E_{ym}^{+})^{2}}}$$

所以任一线极化波可分解成向相反方向旋转的两个圆极化波之和。

更为一般地讲，任何形式的极化都可以分解为两个互相正交的线极化，也可以分解为两个旋转方向相反的圆极化。换言之，用两个互相正交的线极化波或两个旋向相反的圆极化波之和可以构成任意形式的极化波，其表达式分别为

$$\boldsymbol{E}^{+}=E_{x}^{+}e^{j\phi_{x}}\hat{\boldsymbol{x}}+E_{y}^{+}e^{j\phi_{y}}\hat{\boldsymbol{y}} \tag{7-102}$$

（其实此式就是式(7-79)）和

$$\boldsymbol{E}^{+}=E_{rm}e^{j\phi_{r}}(\hat{\boldsymbol{x}}-j\hat{\boldsymbol{y}})+E_{lm}e^{j\phi_{l}}(\hat{\boldsymbol{x}}+j\hat{\boldsymbol{y}}) \tag{7-103}$$

其中，两个圆极化波的初相差为

$$\Delta\phi=\phi_{r}-\phi_{l} \tag{7-104}$$

7.4 电磁波在各向异性媒质中的传播

媒质中除了前面所讨论的各向同性媒质（其参量 ε，μ 和 σ 均为标量）外，还存在另一类称为各向异性的媒质，如等离子体、铁氧体磁性材料及其他类型的各向异性晶体，它们的参量不再是标量，而是张量。电磁波在各向异性媒质中传播时具有许多独特的规律，运用这些规律可以实现各种特殊的功能，因此掌握和应用这些规律是很有实际意义的。这一节将讨论电磁波在等离子体和铁氧体中的传播特性。

7.4.1 等离子体中的电磁波

所谓等离子体是指由电子、离子和中性粒子组成的电离气体，且带负电的电子和带正电的离子具有相等的电量。气体放电管内的气体可视为等离子体。大气层上部距地球表面50至1000km的区域内，由于太阳的紫外线辐射使气体发生电离，形成了可视为等离子体的电离层，电离层的高度和电离强度随一天中的不同时间、季节和太阳黑子周期等因素变化。此外，高速飞行物的周围气体也会被电离形成等离子体。

等离子体的存在，一定会影响电磁波的传播特性。为考虑这一影响，我们采用如下的方法：因为等离子体是由一些带电的粒子组成的，在高频外场的作用下，离子和电子都将运动而形成电流，这个运流电流也是场源，即用运流电流来取代等离子体对电磁波传播的影响。

1. 等离子体的等效介电常数

等离子体中，由于离子的质量比电子的要大得多，因此在高频外场的作用下，较之电子

的运动，离子的运动可以忽略。为简单起见，近似认为离子是不动的。所以在外场作用下，电子运动形成的运流电流密度是

$$\boldsymbol{J}_v = -N|e|\boldsymbol{v} \tag{7-105}$$

其中 e 是电子电荷，N 是等离子体中每单位体积中的电子数目，$\boldsymbol{v}$ 是电子在外场作用下运动的平均速度。$\boldsymbol{J}_v$ 也是场源，因此，当场量随时间正弦变化时，安培环路定律的微分形式（写成矩阵形式）应是

$$\begin{bmatrix} \nabla\times\boldsymbol{H}_{\mathrm{m}}|_x \\ \nabla\times\boldsymbol{H}_{\mathrm{m}}|_y \\ \nabla\times\boldsymbol{H}_{\mathrm{m}}|_z \end{bmatrix} = \begin{bmatrix} J_{vx\mathrm{m}} \\ J_{vy\mathrm{m}} \\ J_{vz\mathrm{m}} \end{bmatrix} + \mathrm{j}\omega\varepsilon_0 \begin{bmatrix} E_{x\mathrm{m}} \\ E_{y\mathrm{m}} \\ E_{z\mathrm{m}} \end{bmatrix} = -N\,|\,e\,|\begin{bmatrix} v_{x\mathrm{m}} \\ v_{y\mathrm{m}} \\ v_{z\mathrm{m}} \end{bmatrix} + \mathrm{j}\omega\varepsilon_0 \begin{bmatrix} E_{x\mathrm{m}} \\ E_{y\mathrm{m}} \\ E_{z\mathrm{m}} \end{bmatrix}$$

$$= \mathrm{j}\omega[\varepsilon]\begin{bmatrix} E_{x\mathrm{m}} \\ E_{y\mathrm{m}} \\ E_{z\mathrm{m}} \end{bmatrix} \tag{7-106}$$

其中 $\nabla\times\boldsymbol{H}_{\mathrm{m}}|_x$，$\nabla\times\boldsymbol{H}_{\mathrm{m}}|_y$，$\nabla\times\boldsymbol{H}_{\mathrm{m}}|_z$ 分别表示 $\nabla\times\boldsymbol{H}_{\mathrm{m}}$ 的 x，y 和 z 方向的分量；$[\varepsilon]$是等离子体的等效介电常数，它是一个二阶张量，可表示成一方阵：

$$[\varepsilon] = \begin{bmatrix} \varepsilon_{11} & \varepsilon_{12} & \varepsilon_{13} \\ \varepsilon_{21} & \varepsilon_{22} & \varepsilon_{23} \\ \varepsilon_{31} & \varepsilon_{32} & \varepsilon_{33} \end{bmatrix} \tag{7-107}$$

因此又称为等离子体的张量介电常数。从式(7-106)可以看出，欲求$[\varepsilon]$中的各元素，必须先求出电子运动的平均速度 $\boldsymbol{v}$ 与高频场 $\boldsymbol{E}$ 之间的关系。为了使讨论的结果具有一般性，设沿电磁波的传播方向（正 $\hat{z}$ 方向）加了一恒定磁场，则作用在电子上的洛伦兹力是

$$\boldsymbol{F} = -|\,e\,|\,[\boldsymbol{E} + \boldsymbol{v}\times(\boldsymbol{B} + \boldsymbol{B}_0)] \tag{7-108}$$

按牛顿第二定律有

$$\boldsymbol{F} = m\frac{\mathrm{d}v}{\mathrm{d}t} = -|\,e\,|\,[\boldsymbol{E} + \boldsymbol{v}\times(\boldsymbol{B} + \boldsymbol{B}_0)] \tag{7-109}$$

考虑到相对于高频电场而言，高频磁场对电子的运动影响很小，因此忽略高频磁场的影响，当场量随时间作正弦变化时，式(7-109)变成

$$\mathrm{j}\omega m\boldsymbol{v}_{\mathrm{m}} = -|\,e\,|\,[\boldsymbol{E}_{\mathrm{m}} + B_0 v_{y\mathrm{m}}\hat{\boldsymbol{x}} - B_0 v_{x\mathrm{m}}\hat{\boldsymbol{y}}] \tag{7-110}$$

令式(7-110)中两边对应的分量相等，求得

$$\mathrm{j}\omega v_{x\mathrm{m}} = -\frac{|\,e\,|}{m}E_{x\mathrm{m}} - \omega_{\mathrm{c}} v_{y\mathrm{m}} \tag{7-111}$$

$$\mathrm{j}\omega v_{y\mathrm{m}} = -\frac{|\,e\,|}{m}E_{y\mathrm{m}} + \omega_{\mathrm{c}} v_{x\mathrm{m}} \tag{7-112}$$

$$\mathrm{j}\omega v_{z\mathrm{m}} = -\frac{|\,e\,|}{m}E_{z\mathrm{m}} \tag{7-113}$$

其中 $\omega_{\mathrm{c}} = \frac{|e|}{m}B_0$ 称为电子的回旋角频率，m 是电子的质量。式(7-111)至式(7-113)联立求解可得电子运动的平均速度的各个分量为

$$v_{x\mathrm{m}} = \frac{|\,e\,|}{m}\,\frac{-\mathrm{j}\omega E_{x\mathrm{m}} + \omega_{\mathrm{c}} E_{y\mathrm{m}}}{\omega_{\mathrm{c}}^2 - \omega^2} \tag{7-114}$$

$$v_{y\mathrm{m}} = \frac{|\,e\,|}{m}\,\frac{-\mathrm{j}\omega E_{y\mathrm{m}} - \omega_{\mathrm{c}} E_{x\mathrm{m}}}{\omega_{\mathrm{c}}^2 - \omega^2} \tag{7-115}$$

$$v_{zm}=-\frac{|e|E_{zm}}{\mathrm{j}\omega m} \tag{7-116}$$

当 $\omega=\omega_c$ 时，v_x 和 v_y 有极点，说明当频率 ω 接近 ω_c 时，电子速度增长很快，因而电子与周围中性分子或离子的碰撞次数明显增加，电磁波的能量损耗大大增加。将 v_{xm}，v_{ym} 和 v_{zm} 的表示式代入式(7-106)，并比较等式两边矩阵各行元素中 E_{xm}，E_{ym} 和 E_{zm} 的系数，求得

$$[\varepsilon]=\begin{bmatrix}\varepsilon_1 & \mathrm{j}\varepsilon_2 & 0\\ -\mathrm{j}\varepsilon_2 & \varepsilon_1 & 0\\ 0 & 0 & \varepsilon_3\end{bmatrix} \tag{7-117}$$

其中

$$\varepsilon_1=\varepsilon_0\left(1+\frac{\omega_p^2}{\omega_c^{\ 2}-\omega^2}\right),\qquad \varepsilon_2=\frac{\omega_p^2\left(\dfrac{\omega_c}{\omega}\right)\varepsilon_0}{\omega_c^{\ 2}-\omega^2}$$

$$\varepsilon_3=\varepsilon_0\left(1-\frac{\omega_p^2}{\omega^2}\right),\qquad \omega_p^2=\frac{Ne^2}{m\varepsilon_0}$$

ω_p 称为等离子体的角频率。在这种情况下，电位移矢量 $\boldsymbol{D}$ 与电场强度矢量 $\boldsymbol{E}$ 之间的关系为

$$\begin{bmatrix}D_{xm}\\ D_{ym}\\ D_{zm}\end{bmatrix}=\begin{bmatrix}\varepsilon_1 & \mathrm{j}\varepsilon_2 & 0\\ -\mathrm{j}\varepsilon_2 & \varepsilon_1 & 0\\ 0 & 0 & \varepsilon_3\end{bmatrix}\begin{bmatrix}E_{xm}\\ E_{ym}\\ E_{zm}\end{bmatrix} \tag{7-118}$$

式(7-118)表明 $\boldsymbol{D}$ 和 $\boldsymbol{E}$ 的方向不再相同，D_x 分量不仅与 E_x 有关，而且与 E_y 有关。因此沿波的传播方向加有恒定磁场 $\boldsymbol{B}_0$ 的等离子体对电磁波呈各向异性的特性。

当外加恒定磁场 $B_0=0$ 时，电子的回旋角频率 $\omega_c=0$，而

$$\varepsilon_1=\varepsilon_3=\varepsilon_0\left(1-\frac{\omega_p^2}{\omega^2}\right)=\varepsilon$$

$$\varepsilon_2=0$$

即等离子体的等效介电常数变成一标量，这时等离子体是各向同性的。所以等离子体对电磁波呈各向异性是因为外加了一恒定磁场 $\boldsymbol{B}_0$ 引起的。

2. 等离子体内均匀平面电磁波的传播特性

设电磁波沿正 z 方向传播，同时沿传播方向外加了一恒定磁场 $\boldsymbol{B}_0=B_0\boldsymbol{z}$，则在等离子体内传播的均匀平面电磁波有如下特点。

(1) 等离子体内传播的均匀平面波仍是横电磁波(TEM 波)。

由于等离子体中的电场和磁场满足场方程

$$\nabla\times\boldsymbol{E}_m=-\mathrm{j}\omega\mu_0\boldsymbol{H}_m \tag{7-119}$$

即

$$\begin{bmatrix}\nabla\times\boldsymbol{H}_m|_x\\ \nabla\times\boldsymbol{H}_m|_y\\ \nabla\times\boldsymbol{H}_m|_z\end{bmatrix}=\mathrm{j}\omega\begin{bmatrix}\varepsilon_1 & \mathrm{j}\varepsilon_2 & 0\\ -\mathrm{j}\varepsilon_2 & \varepsilon_1 & 0\\ 0 & 0 & \varepsilon_3\end{bmatrix}\begin{bmatrix}E_{xm}\\ E_{ym}\\ E_{zm}\end{bmatrix} \tag{7-120}$$

又因为均匀平面波的等幅、等相面是垂直于传播方向的平面，即 $\dfrac{\partial}{\partial x}=\dfrac{\partial}{\partial y}=0$，所以比较式(7-119)和式(7-120)两边的 z 分量求得

$$E_{zm}=0,\quad H_{zm}=0 \tag{7-121}$$

式(7-121)表明沿 z 方向传播的电磁波没有纵向分量,即等离子体中传播的均匀平面波仍是 TEM 波。

(2) 等离子体中可以传播右旋和左旋的圆极化均匀平面波,但传播常数不一样。

将式(7-119)两边取旋度并考虑到式(7-120)求得

$$\nabla \times \nabla \times \boldsymbol{E}_{\mathrm{m}} = \nabla(\nabla \cdot \boldsymbol{E}_{\mathrm{m}}) - \nabla^2 \boldsymbol{E}_{\mathrm{m}} = -\mathrm{j}\omega\mu_0 \nabla \times \boldsymbol{H}_{\mathrm{m}}$$

即

$$\begin{bmatrix} \{\nabla(\nabla \cdot \boldsymbol{E}_{\mathrm{m}}) - \nabla^2 \boldsymbol{E}_{\mathrm{m}}\}x \\ \{\nabla(\nabla \cdot \boldsymbol{E}_{\mathrm{m}}) - \nabla^2 \boldsymbol{E}_{\mathrm{m}}\}y \\ \{\nabla(\nabla \cdot \boldsymbol{E}_{\mathrm{m}}) - \nabla^2 \boldsymbol{E}_{\mathrm{m}}\}z \end{bmatrix} = \omega^2\mu_0 \begin{bmatrix} \varepsilon_1 & \mathrm{j}\varepsilon_2 & 0 \\ -\mathrm{j}\varepsilon_2 & \varepsilon_1 & 0 \\ 0 & 0 & \varepsilon_3 \end{bmatrix} \begin{bmatrix} E_{x\mathrm{m}} \\ E_{y\mathrm{m}} \\ E_{z\mathrm{m}} \end{bmatrix} \tag{7-122}$$

式(7-122)中,等号两边矩阵中对应的元素应相等,即有

$$\nabla^2 E_{x\mathrm{m}} - \frac{\partial}{\partial x}(\nabla \cdot \boldsymbol{E}_{\mathrm{m}}) + \omega^2\mu_0[\varepsilon_1 E_{x\mathrm{m}} + \mathrm{j}\varepsilon_2 E_{y\mathrm{m}}] = 0 \tag{7-123}$$

$$\nabla^2 E_{y\mathrm{m}} - \frac{\partial}{\partial y}(\nabla \cdot \boldsymbol{E}_{\mathrm{m}}) + \omega^2\mu_0[-\mathrm{j}\varepsilon_2 E_{x\mathrm{m}} + \varepsilon_1 E_{y\mathrm{m}}] = 0 \tag{7-124}$$

因为$\frac{\partial}{\partial x}=\frac{\partial}{\partial y}=0$,所以式(7-123)和式(7-124)可以进一步简化成

$$\frac{\partial^2 E_{x\mathrm{m}}}{\partial z^2} + \omega^2\mu_0(\varepsilon_1 E_{x\mathrm{m}} + \mathrm{j}\varepsilon_2 E_{y\mathrm{m}}) = 0 \tag{7-125}$$

$$\frac{\partial^2 E_{y\mathrm{m}}}{\partial z^2} + \omega^2\mu_0(-\mathrm{j}\varepsilon_2 E_{x\mathrm{m}} + \varepsilon_1 E_{y\mathrm{m}}) = 0 \tag{7-126}$$

设式(7-125)和式(7-126)的解为

$$E_{x\mathrm{m}} = E_{x\mathrm{m}} \mathrm{e}^{\mathrm{j}\phi_x} \mathrm{e}^{-\mathrm{j}kz} \tag{7-127}$$

$$E_{y\mathrm{m}} = E_{y\mathrm{m}} \mathrm{e}^{\mathrm{j}\phi_y} \mathrm{e}^{-\mathrm{j}kz} \tag{7-128}$$

代入式(7-125)和式(7-126)后有

$$(-k^2 + \omega^2\mu_0\varepsilon_1)E_{x\mathrm{m}} + \mathrm{j}\omega^2\mu_0\varepsilon_2 E_{y\mathrm{m}} = 0 \tag{7-129}$$

$$-\mathrm{j}\omega^2\mu_0\varepsilon_2 E_{x\mathrm{m}} + (-k^2 + \omega^2\mu_0\varepsilon_1)E_{y\mathrm{m}} = 0 \tag{7-130}$$

式(7-129)和式(7-130)是关于 $E_{x\mathrm{m}}$ 和 $E_{y\mathrm{m}}$ 的一组联立方程,欲使 $E_{x\mathrm{m}}$ 和 $E_{y\mathrm{m}}$ 具有非零解,则它们的系数行列式必须等于零,即

$$\begin{vmatrix} -k^2 + \omega^2\mu_0\varepsilon_1 & \mathrm{j}\omega^2\mu_0\varepsilon_2 \\ -\mathrm{j}\omega^2\mu_0\varepsilon_2 & -k^2 + \omega^2\mu_0\varepsilon_1 \end{vmatrix} = 0 \tag{7-131}$$

亦即

$$k^2 - \omega^2\mu_0\varepsilon_1 = \pm\,\omega^2\mu_0\varepsilon_2 \tag{7-132}$$

式(7-132)说明式(7-129)和式(7-130)的联立方程存在两组解,第一组为 $E_{x\mathrm{m}}=\mathrm{j}E_{y\mathrm{m}}$,表示右旋圆极化波,它的传播常数为

$$k_{\mathrm{r}} = \omega\sqrt{\mu_0(\varepsilon_1 + \varepsilon_2)} \tag{7-133}$$

相速度为

$$v_{\mathrm{r}} = \frac{\omega}{k_{\mathrm{r}}} = \frac{1}{\sqrt{\mu_0(\varepsilon_1 + \varepsilon_2)}} = \frac{c}{\sqrt{1 + \frac{\omega_{\mathrm{p}}^2}{\omega(\omega_{\mathrm{c}} - \omega)}}} \tag{7-134}$$

$c=\frac{1}{\sqrt{\varepsilon_0\mu_0}}$,是真空中的光速。第二组解为 $E_{x\mathrm{m}}=-\mathrm{j}E_{y\mathrm{m}}$,表示左旋圆极化波,它的传播常数为

$$k_1 = \omega\sqrt{\mu_0(\varepsilon_1 - \varepsilon_2)} \tag{7-135}$$

相速度为

$$v_1 = \frac{\omega}{k_1} = \frac{1}{\sqrt{\mu_0(\varepsilon_1 - \varepsilon_2)}} = \frac{c}{\sqrt{1 - \dfrac{\omega_p^2}{\omega(\omega_c + \omega)}}} \tag{7-136}$$

因此,在沿传播方向加有恒定磁场 $\boldsymbol{B}_0$ 的等离子体中,有两组圆极化均匀平面波可以传播,一组是右旋圆极化波,一组是左旋圆极化波,它们的传播常数不一样,因而相速度也不一样。

(3) 圆极化均匀平面电磁波的传播频率有一定范围。

当频率为 ω 的电磁波的相速度变成虚数时,表明该频率的电磁波不能在等离子体中传播。对于右旋圆极化波,只有当

$$1 + \frac{\omega_p^2}{\omega(\omega_c - \omega)} > 0 \tag{7-137}$$

时,相速度 v_r 才为实数,电磁波能传播。解不等式(7-137)求得

$$\frac{(\omega - \omega_1)(\omega - \omega_2)}{\omega(\omega - \omega_c)} > 0 \tag{7-138}$$

$$\omega_{1,2} = \frac{\omega_c \mp \sqrt{\omega_c^2 + 4\omega_p^2}}{2} \tag{7-139}$$

因为 $\omega_1 < 0$,所以 $\omega > \omega_2$ 或 $0 < \omega < \omega_c$ 时不等式(7-138)成立,v_r 为实数,即角频率 $\omega > \omega_2$ 或 $0 < \omega < \omega_c$ 的右旋圆极化均匀平面波才能在等离子体中传播。完全类似的分析可知,只有当 $\omega > \omega_4$ 时,左旋圆极化均匀平面波才能在等离子体中传播,其中

$$\omega_4 = \frac{-\omega_c + \sqrt{\omega_c^2 + 4\omega_p^2}}{2} \tag{7-140}$$

(4) 存在法拉第旋转效应。

一个直线极化波可以分解成两个等幅的向相反方向旋转的圆极化波。设线极化波为

$$\boldsymbol{E}_m = E_0 e^{j\phi} \hat{\boldsymbol{x}}$$

则它可分解成两个圆极化波之和,即

$$\boldsymbol{E}_m = \boldsymbol{E}_{m1} + \boldsymbol{E}_{m2}$$

式中

$$\boldsymbol{E}_{m1} = \frac{E_0}{2} e^{j\phi} (\hat{\boldsymbol{x}} + j\hat{\boldsymbol{y}})$$

$$\boldsymbol{E}_{m2} = \frac{E_0}{2} e^{j\phi} (\hat{\boldsymbol{x}} - j\hat{\boldsymbol{y}})$$

其中 E_{m1} 是左旋圆极化波,E_{m2} 是右旋圆极化波。在各向同性的媒质中,左旋和右旋圆极化波的传播常数是一样的,因此在 z 等于常数任一平面上,合成波的极化方向仍沿 x 方向,即仍是一沿 x 方向的线极化波。但在各向异性媒质中,右旋和左旋圆极化波的传播常数不一样,因而它们的相速度也不一样,因此随着波的向前传播,线极化波的极化面(电场强度和传播方向决定的平面)发生旋转,即电磁波的极化方向在沿传播方向加有恒定磁场的等离子体中,绕前进方向 z 轴不断旋转,这种效应称为法拉第旋转效应(如图 7-11 所示),法拉第旋转是不同旋向的圆极化波以不同相速传播的必然结果。

例 7-3 在 $z=0$ 的平面上投进一个线极化均匀平面波,设它沿 z 方向传播,电场矢量

$\boldsymbol{E}$ 取 $\hat{\boldsymbol{x}}$ 方向。证明该波在等离子体(等离子体中电子密度较小,外加一个沿 z 轴方向的恒定磁场)中传播时仍是一个线极化均匀平面波,并求其传播常数,说明极化平面如何改变。

解 设在 $z=0$ 的平面上,投进的线极化均匀平面波为

$$\boldsymbol{E}_m\big|_{z=0} = E_0 e^{j\phi_0}\hat{\boldsymbol{x}} \tag{7-141}$$

将 $\boldsymbol{E}_m$ 分解成左旋和右旋圆极化均匀平面波之和,即有

$$\boldsymbol{E}_m\big|_{z=0} = E_0 e^{j\phi_0}\hat{\boldsymbol{x}} = \boldsymbol{E}_{m1}\big|_{z=0} + \boldsymbol{E}_{m2}\big|_{z=0} \tag{7-142}$$

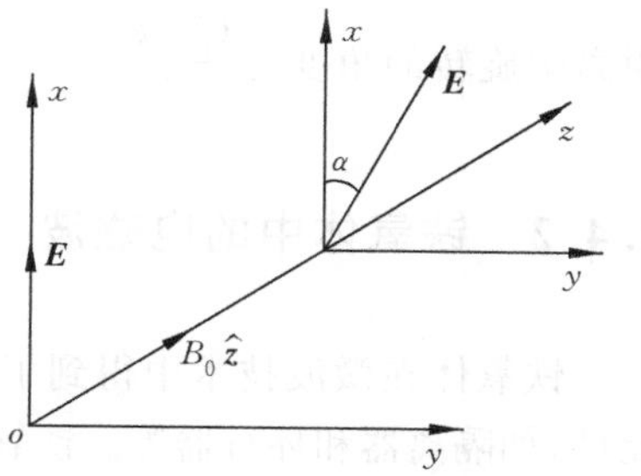

图 7-11 法拉第旋转效应

其中

$$\boldsymbol{E}_{m1}\big|_{z=0} = \frac{E_0}{2}e^{j\phi_0}(\hat{\boldsymbol{x}}+j\hat{\boldsymbol{y}})$$

$$\boldsymbol{E}_{m2}\big|_{z=0} = \frac{E_0}{2}e^{j\phi_0}(\hat{\boldsymbol{x}}-j\hat{\boldsymbol{y}})$$

$\boldsymbol{E}_{m1}\big|_{z=0}$ 是左旋圆极化波,$\boldsymbol{E}_{m2}\big|_{z=0}$ 是右旋圆极化波。因为外加有磁场 $\boldsymbol{B}_0=B_0\hat{\boldsymbol{z}}$,因此左旋和右旋圆极化均匀平面波的传播常数不一样,在 $z=z_1$ 的平面上,左旋和右旋圆极化波分别为

$$\boldsymbol{E}_{m1} = \frac{E_0}{2}e^{j\phi_0}e^{-jk_l z_1}(\hat{\boldsymbol{x}}+j\hat{\boldsymbol{y}}) \tag{7-143}$$

$$\boldsymbol{E}_{m2} = \frac{E_0}{2}e^{j\phi_0}e^{-jk_r z_1}(\hat{\boldsymbol{x}}-j\hat{\boldsymbol{y}}) \tag{7-144}$$

在 $z=z_1$ 的平面上,两个圆极化波合成的结果为

$$\boldsymbol{E}_m = \frac{E_0}{2}e^{j\phi_0}\left[(e^{-jk_l z_1}+e^{-jk_r z_1})\hat{\boldsymbol{x}} + j(e^{-jk_l z_1}-e^{-jk_r z_1})\hat{\boldsymbol{y}}\right] \tag{7-145}$$

合成波的瞬时值为

$$\begin{aligned}\boldsymbol{E}(t,z) =& E_0\cos\left(\frac{k_l-k_r}{2}\right)z_1\cos\left(\omega t-\frac{k_l+k_r}{2}z_1+\phi_0\right)\hat{\boldsymbol{x}}\\ &+E_0\sin\left(\frac{k_l-k_r}{2}\right)z_1\cos\left(\omega t-\frac{k_l+k_r}{2}z_1+\phi_0\right)\hat{\boldsymbol{y}}\end{aligned} \tag{7-146}$$

合成波的模为

$$|\boldsymbol{E}(t,z)| = E_0\cos\left[\omega t-\frac{k_l+k_r}{2}z_1+\phi_0\right] \tag{7-147}$$

极化平面与 x 轴的夹角为 α,且

$$\tan\alpha = \frac{E_y(t,z_1)}{E_x(t,z_1)} = \tan\left(\frac{k_l-k_r}{2}z_1\right) \tag{7-148}$$

所以

$$\alpha = \frac{k_l-k_r}{2}z_1 \tag{7-149}$$

当恒定磁场很弱,等离子体的电子密度较小,而电磁波的频率较高时,即 $\omega\gg\omega_c$ 和 $\omega\gg\omega_p$ 时,左旋圆极化波的传播常数 k_l 大于右旋圆极化波的传播常数 k_r,因此 $\alpha>0$。所以该线极化波在等离子体中传播时仍是一线极化波,因为 z 等于常数时 $\boldsymbol{E}(t,z)$ 随时间作简谐振荡(参看式(7-147)),但 $\boldsymbol{E}$ 与 x 轴的夹角不随时间变化,一周期内电场矢量端点的轨迹是一直线。

这个波的传播常数是$\frac{k_l+k_r}{2}$，随传播距离的增加，极化平面与 x 轴的夹角 α 越来越大，单位距离中旋转的角度为$\frac{k_l-k_r}{2}$。

7.4.2 铁氧体中的电磁波

铁氧体在微波技术中得到了广泛的应用，利用它的各向异性的特性可做成许多非互易元件，如隔离器和环行器等。铁氧体是一种铁磁材料，由于它的电阻率很高($10^3\sim10^7\,\Omega\cdot\text{m}$)，即电导率 σ 很低，因此高频电磁场在其中传播时损耗很小。

1. 铁氧体的各向异性的特性

铁氧体是一种铁磁材料，它是由磁畴组成的。所谓磁畴是指电子自旋磁矩的方向互相平行的一块区域。虽然物质的原子中，电子有自旋，也有绕核的轨道运动，两者都将产生磁矩，但是电子作轨道运动所产生的磁矩方向总是不一致而互相抵消，所以可以认为磁畴的磁化强度只是由电子的自旋磁矩构成的。但相邻磁畴的磁化强度的方向是随机的，因此无外场时，它不显磁性，当有外场时，整个磁畴集体取向，因而具有很强的磁性。

由于铁氧体具有各向异性的特性，因此它的导磁率不再是一标量，而是一张量$[\mu]$，现在我们来导出$[\mu]$的各元素。

(1) 自旋电子在恒定外场 $\boldsymbol{B}_0$ 中作进动

首先我们来研究自旋电子在恒定外场作用下的运动规律。为简单起见，先讨论一下电子自旋的情况。

将电子的自旋看成一小电流环，它具有磁矩 $\boldsymbol{m}$，另一方面，电子具有质量 m_e，自旋时就有动量矩 $\boldsymbol{J}$，$\boldsymbol{J}$ 与 $\boldsymbol{m}$ 的关系是

$$\boldsymbol{m}=\gamma\boldsymbol{J} \tag{7-150}$$

其中 $\gamma=-\frac{|e|}{m_e}$。假定这一自旋电子还处在一恒定的外磁场 $\boldsymbol{B}_0$ 中，则外场 $\boldsymbol{B}_0$ 对自旋磁矩 $\boldsymbol{m}$ 的作用力矩是

$$\boldsymbol{T}=\boldsymbol{m}\times\boldsymbol{B}_0 \tag{7-151}$$

根据理论力学中的拉莫尔定理，有

$$\frac{\mathrm{d}\boldsymbol{J}}{\mathrm{d}t}=\boldsymbol{m}\times\boldsymbol{B}_0 \tag{7-152}$$

将式(7-150)代入式(7-152)后求得

$$\frac{\mathrm{d}\boldsymbol{m}}{\mathrm{d}t}=\gamma(\boldsymbol{m}\times\boldsymbol{B}_0)=\gamma\mu_0(\boldsymbol{m}\times\boldsymbol{H}_0) \tag{7-153}$$

我们研究宏观的情况，取单位体积中的平均磁矩即磁化强度 $\boldsymbol{M}$ 代替单个电子的磁矩 $\boldsymbol{m}$，则

$$\frac{\mathrm{d}\boldsymbol{M}}{\mathrm{d}t}=\gamma\mu_0(\boldsymbol{M}\times\boldsymbol{H}_0) \tag{7-154}$$

将式(7-154)写成三个标量方程，并设外加磁场 $\boldsymbol{B}_0$ 与 z 轴方向一致，即 $\boldsymbol{B}_0=B_0\boldsymbol{z}$，则有

$$\frac{\mathrm{d}M_x}{\mathrm{d}t}=-|\gamma|\mu_0H_0M_y \tag{7-155}$$

$$\frac{\mathrm{d}M_y}{\mathrm{d}t} = |\gamma| \mu_0 H_0 M_x \tag{7-156}$$

$$\frac{\mathrm{d}M_z}{\mathrm{d}t} = 0 \tag{7-157}$$

微分方程(7-155)至式(7-157)的解是

$$M_x = M_1 \sin\omega_c t \tag{7-158}$$

$$M_y = -M_1 \cos\omega_c t \tag{7-159}$$

$$M_z = 常数 \tag{7-160}$$

其中 $\omega_c = |\gamma|\mu_0 H_0$，式(7-158)至式(7-160)表明自旋电子的平均磁矩 $\boldsymbol{M}$ 以角速度 ω_c 绕 $\boldsymbol{B}_0$ 旋转，并且 $\boldsymbol{M}$ 与 $\boldsymbol{B}_0$ 的夹角保持不变(M_z=常数)，力学上称这种运动为进动。因为 M_x 领先 M_y，所以 $\boldsymbol{M}$ 绕 $\boldsymbol{B}_0$ 作右旋进动，如图 7-12 所示。

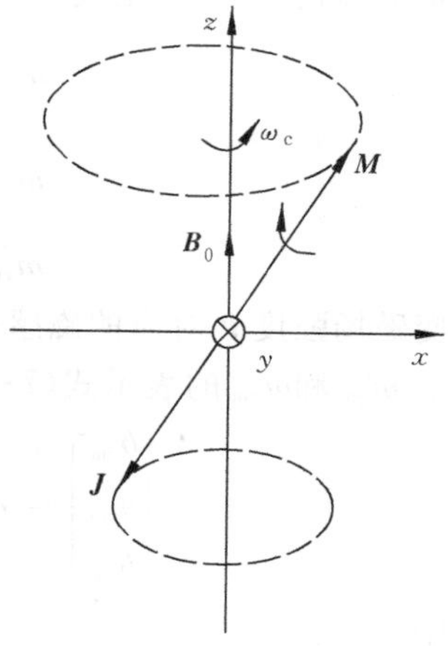

图 7-12 $\boldsymbol{M}$ 绕 $\boldsymbol{B}_0$ 作右旋进动

上面的分析没有考虑铁氧体中的各种损耗，但实际上存在各种损耗，磁矩 $\boldsymbol{M}$ 的进动将受到衰减逐渐停止，最后 $\boldsymbol{M}$ 与 $\boldsymbol{B}_0$ 取一致的方向，这种情况称铁氧体达到了饱合磁化，以 $\boldsymbol{M}_0$ 表示饱合磁化时的磁化强度。

(2) 铁氧体的张量导磁率[μ]

在线性、各向同性的媒质中，磁感应强度 $\boldsymbol{B}$ 与磁场强度 $\boldsymbol{H}$ 的关系是

$$\boldsymbol{B} = \mu_0(\boldsymbol{H} + \boldsymbol{M}) = \mu\boldsymbol{H} \tag{7-161}$$

其中 μ 是一标量。在各向异性的铁氧体中，对高频场有

$$\begin{bmatrix} b_x \\ b_y \\ b_z \end{bmatrix} = \mu_0 \begin{bmatrix} h_x + m_x' \\ h_y + m_y' \\ h_z + m_z' \end{bmatrix} = [\mu] \begin{bmatrix} h_x \\ h_y \\ h_z \end{bmatrix} \tag{7-162}$$

其中 $\boldsymbol{b} = b_x\hat{\boldsymbol{x}} + b_y\hat{\boldsymbol{y}} + b_z\hat{\boldsymbol{z}}$ 是高频的磁感应强度；而 $\boldsymbol{h} = h_x\hat{\boldsymbol{x}} + h_y\hat{\boldsymbol{y}} + h_z\hat{\boldsymbol{z}}$ 是高频的磁场强度；$\boldsymbol{m}' = m_x'\hat{\boldsymbol{x}} + m_y'\hat{\boldsymbol{y}} + m_z'\hat{\boldsymbol{z}}$ 是高频的磁化强度；[μ]是铁氧体的张量导磁率，它可表示成一方阵。从式(7-162)可知，要求出[μ]的各元素，必须求出 $\boldsymbol{m}'$ 与 $\boldsymbol{h}$ 的关系。

设铁氧体中除了使其达到饱和磁化的恒定磁场强度 $\boldsymbol{H}_0$ 以外，还有一微小的(相对于 $\boldsymbol{H}_0$ 而言)频率为 ω 的交变磁场 $\boldsymbol{h}$，则铁氧体中的总磁场为

$$\boldsymbol{H} = \boldsymbol{H}_0 + \boldsymbol{h}(t) = h_x\hat{\boldsymbol{x}} + h_y\hat{\boldsymbol{y}} + (H_0 + h)\hat{\boldsymbol{z}} \tag{7-163}$$

对应的磁化强度

$$\boldsymbol{M} = \boldsymbol{M}_0 + \boldsymbol{m}' = m_x'\hat{\boldsymbol{x}} + m_y'\hat{\boldsymbol{y}} + (m' + M_0)\hat{\boldsymbol{z}} \tag{7-164}$$

其中 $\boldsymbol{m}'$ 是交变场 $\boldsymbol{h}$ 产生的磁化强度，$\boldsymbol{M}_0$ 是恒定磁场 $\boldsymbol{H}_0$ 产生的磁化强度，据拉莫尔定理，有

$$\frac{\mathrm{d}\boldsymbol{M}}{\mathrm{d}t} = \gamma\mu_0(\boldsymbol{M} \times \boldsymbol{H}) \tag{7-165}$$

设 $|\boldsymbol{h}| \ll |\boldsymbol{H}_0|$，$|\boldsymbol{m}'| \ll |\boldsymbol{M}_0|$，即仅限于讨论小信号工作状态，则当高频场随时间按正弦变化并且忽略二阶小量后，式(7-165)可以写成三个标量方程，即

$$\mathrm{j}\omega m_{xm}' = \gamma\mu_0[H_0 m_{ym}' - M_0 h_{ym}] \tag{7-166}$$

$$\mathrm{j}\omega m_{ym}' = \gamma\mu_0[M_0 h_{xm} - H_0 m_{xm}'] \tag{7-167}$$

$$\mathrm{j}\omega m_{zm}' = 0 \tag{7-168}$$

联立求解式(7-166)至式(7-168)得

$$m'_{xm}=\frac{(\mu_0^2\gamma^2M_0H_0)h_{xm}-(j\omega\mu_0\gamma M_0)h_{ym}}{\mu_0^2\gamma^2H_0^2-\omega^2} \tag{7-169}$$

$$m'_{ym}=\frac{(\mu_0^2\gamma^2M_0H_0)h_{ym}+(j\omega\mu_0\gamma M_0)h_{xm}}{\mu_0^2\gamma^2H_0^2-\omega^2} \tag{7-170}$$

$$m'_{zm}=0 \tag{7-171}$$

交变磁场强度 $\boldsymbol{h}$ 对应的磁感应强度为 $\boldsymbol{b}$，将式(7-162)中的各量写成复数幅度的形式，并将 m'_{xm}，m'_{ym} 和m'_{zm} 的表示式(7-169)或式(7-171)代入，可求得

$$\begin{bmatrix}b_{xm}\\b_{ym}\\b_{zm}\end{bmatrix}=\mu_0\begin{bmatrix}h_{xm}+m'_{xm}\\h_{ym}+m'_{ym}\\h_{zm}+m'_{zm}\end{bmatrix}=\begin{bmatrix}\mu_1 & +j\mu_2 & 0\\-j\mu_2 & \mu_1 & 0\\0 & 0 & \mu_3\end{bmatrix}\begin{bmatrix}h_{xm}\\h_{ym}\\h_{zm}\end{bmatrix} \tag{7-172}$$

其中

$$[\mu]=\begin{bmatrix}\mu_1 & +j\mu_2 & 0\\-j\mu_2 & \mu_1 & 0\\0 & 0 & \mu_3\end{bmatrix} \tag{7-173}$$

是铁氧体的张量导磁率，它的各元素是

$$\mu_1=\mu_0\left[1+\frac{\omega_c\omega_m}{\omega_c^2-\omega^2}\right],\quad \mu_2=\mu_0\frac{\omega\,\omega_m}{\omega_c^2-\omega^2},\quad \mu_3=\mu_0$$

其中

$$\omega_m=\frac{|e|}{m_e}\mu_0M_0,\quad \omega_c=\frac{|e|}{m_e}B_0$$

式(7-173)表明在恒定磁场作用下的铁氧体对高频磁场的导磁率是一个张量，即在恒定磁场作用下的铁氧体对高频磁场呈现各向异性的特性，x 方向的磁感应强度 b_x 不仅与 h_x 有关，而且与 h_y 有关。

2. 铁氧体内均匀平面波的传播特性

类似于分析电磁波在等离子体中的传播特性，可以研究电磁波在铁氧体内传播特性，这里不再重复，归纳起来其特点如下。

(1) 铁氧体内传播的均匀平面波仍是 TEM 波。

(2) 铁氧体内可以传播右旋和左旋的圆极化均匀平面波，但传播常数不一样，因而相速度不一样。左旋圆极化均匀平面波的传播常数和相速度是 k_l 和 v_l，而右旋的为 k_r 和 v_r，它们与铁氧体的参数之间的关系是

$$k_l=\omega\sqrt{\varepsilon\mu_0}\sqrt{1+\frac{\omega_m}{\omega_c+\omega}} \tag{7-174}$$

$$v_l=\frac{\omega}{k_l}=\frac{1}{\sqrt{\varepsilon\mu_0}\sqrt{1+\frac{\omega_m}{\omega_c+\omega}}} \tag{7-175}$$

$$k_r=\omega\sqrt{\varepsilon\mu_0}\sqrt{1+\frac{\omega_m}{\omega_c-\omega}} \tag{7-176}$$

$$v_r=\frac{\omega}{k_r}=\frac{1}{\sqrt{\varepsilon\mu_0}\sqrt{1+\frac{\omega_m}{\omega_c-\omega}}} \tag{7-177}$$

(3) 右旋圆极化均匀平面电磁波的传播频率有一定的范围。只有 $\omega<\omega_c$ 或 $\omega>\omega_c+\omega_m$ 时，右旋圆极化均匀平面波才能在铁氧体中传播。

(4) 存在法拉第旋转效应。

7.5 媒质的色散与波的色散、相速、群速

所谓“媒质的色散”是指媒质的参数与频率有关，而“波的色散”则是指波的相速与频率有关。从信号分析的理论可知，一个任意波形的信号总可以看成是由许多时谐波叠加而成的。对每一个时谐波分量而言，其传播的相速度是由媒质参数 ε，μ 和 σ 决定的。若媒质的 ε，μ 和 σ 与频率有关，则是色散媒质，在其中传播的电磁波必然要发生色散。要深入研究媒质的色散特性，必须深入研究媒质的原子理论和极化的微观过程，这里我们介绍由洛伦兹给出的简单的色散介质模型和由此导出的色散关系式。

7.5.1 介质的色散

根据洛伦兹所给出的色散介质模型，一个分子是由若干重粒子(如原子核)和围绕它们旋转的一些轻粒子(电子)组成的。在非极性分子中，电子的电荷和原子核的电荷不仅总量相等，而且正电荷中心与负电荷中心也相重合，因而不呈现电偶极矩。但是，在外电场的作用下，非极性分子的电子和核都将产生位移，正负电荷中心不再重合，形成一电偶极矩。而且，由于原子核的质量远大于电子的质量，因此相对于电子的位移而言，原子核可视为不动。由前面的分析可知，每一个电子当对平衡位置产生一位移后，就贡献一个电偶极矩 $\boldsymbol{p}=e\boldsymbol{r}$，其中 e 是电子的电荷，$\boldsymbol{r}$ 是电子在外场作用下离开它平衡位置的位移。因此，我们先来求电子的位移 $\boldsymbol{r}$ 与频率的关系。每个电子在外场的作用下所受到的作用力为

$$\boldsymbol{F}=e(\boldsymbol{E}+\boldsymbol{v}\times\boldsymbol{B}) \tag{7-178}$$

其中 $\boldsymbol{v}$ 是电子运动的速度，因为时变场中，电场强度 $\boldsymbol{E}$ 与磁感应强度 $\boldsymbol{B}$ 的大小之间存在关系 $|\boldsymbol{B}|\propto\frac{1}{c}|\boldsymbol{E}|$，其中 c 为光速，所以洛伦兹力中磁场的贡献可以忽略。要严格地算出电子在电场力作用下所产生的位移是一复杂的量子力学问题。现在我们作如下的近似处理，即假定电子是被一个弹性恢复力

$$\boldsymbol{F}_1=-m\omega_0^2\boldsymbol{r} \tag{7-179}$$

束缚在它的平衡位置上，其中 m 是电子的质量，ω_0 是绕平衡点振动的振动频率。另外，还存在阻尼力

$$\boldsymbol{F}_2=-m\gamma\frac{\mathrm{d}\boldsymbol{r}}{\mathrm{d}t} \tag{7-180}$$

其中 γ 为阻尼常数。因此，电子在外电场作用下的运动规律满足方程

$$m\left(\frac{\mathrm{d}^2\boldsymbol{r}}{\mathrm{d}t^2}+\gamma\frac{\mathrm{d}\boldsymbol{r}}{\mathrm{d}t}+\omega_0^2\boldsymbol{r}\right)=e\boldsymbol{E} \tag{7-181}$$

设电场为时谐场，即 $\boldsymbol{E}=\mathrm{Re}[\boldsymbol{E}_m e^{j\omega t}]$，假定方程(7-181)的解的形式为

$$\boldsymbol{r}=\mathrm{Re}[\boldsymbol{r}_m e^{j\omega t}] \tag{7-182}$$

将式(7-182)代入式(7-181)后，可求得

$$\boldsymbol{r}_{\mathrm{m}} = \frac{e}{m} \frac{\boldsymbol{E}_{\mathrm{m}}}{(\omega_0^2 - \omega^2) + \mathrm{j}\omega\gamma} \tag{7-183}$$

因而极化强度

$$\boldsymbol{P}_{\mathrm{m}} = Ne\boldsymbol{r}_{\mathrm{m}} = \frac{Ne^2}{m} \frac{\boldsymbol{E}_{\mathrm{m}}}{(\omega_0^2 - \omega^2) + \mathrm{j}\omega\gamma} \tag{7-184}$$

其中 N 为单位体积中的电子数。由于 $\boldsymbol{P}_{\mathrm{m}}=\varepsilon_0\chi_{\mathrm{e}}\boldsymbol{E}_{\mathrm{m}}$，所以极化率 χ_{e} 为

$$\chi_{\mathrm{e}} = \frac{Ne^2}{m\varepsilon_0} \frac{1}{(\omega_0^2 - \omega^2) + \mathrm{j}\omega\gamma} \tag{7-185}$$

相对介电常数

$$\varepsilon_{\mathrm{r}} = 1 + \chi_{\mathrm{e}} = 1 + \frac{Ne^2}{m\varepsilon_0} \frac{1}{(\omega_0^2 - \omega^2) + \mathrm{j}\omega\gamma} \tag{7-186}$$

将其分解成实部和虚部得

$$\varepsilon_{\mathrm{r}}' = 1 + \frac{Ne^2}{m\varepsilon_0} \frac{\omega_0^2 - \omega^2}{(\omega_0^2 - \omega^2)^2 + \omega^2\gamma^2} \tag{7-187}$$

$$\varepsilon_{\mathrm{r}}'' = -\frac{Ne^2}{m\varepsilon_0} \frac{\omega\gamma}{(\omega_0^2 - \omega^2)^2 + \omega^2\gamma^2} \tag{7-188}$$

从复介电常数的概念可知，其实部决定了波的传播相速度，而虚部决定了波的衰减特性。从式(7-187)可以看出，$\varepsilon_{\mathrm{r}}'$ 与频率 ω 有关，即媒质具有色散特性。在图 7-13 中画出了 $\varepsilon_{\mathrm{r}}'$ 随 ω 的变化曲线，从图中可以看出，除去在 ω_0 附近很窄的一段区域内 $\varepsilon_{\mathrm{r}}'$ 随频率升高而减小外，在其他区域 $\varepsilon_{\mathrm{r}}'$ 都随频率升高而加大。$\varepsilon_{\mathrm{r}}'$ 随频率升高而加大称为正常色散，$\varepsilon_{\mathrm{r}}'$ 随频率升高而减小称为反常色散。因为自由原子的吸收频率 ω_0 几乎全部落在紫外光谱区，所以从无线电的射频波谱直到可见光谱域内，一般媒质的折射率 $\sqrt{\varepsilon_{\mathrm{r}}'}$ 总是大于 1 的。在图 7-13 中还给出了介电常数的虚部 $\varepsilon_{\mathrm{r}}''$ 随频率的变化曲线，从图中可见，在反常色散区介电常数的虚部很大，它表示能量被带电粒子吸收很多，损耗很大，因此称为介质的吸收曲线。

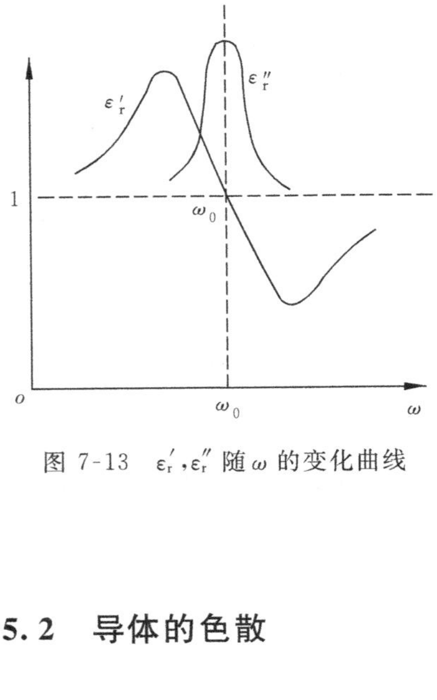

图 7-13　$\varepsilon_{\mathrm{r}}'$，$\varepsilon_{\mathrm{r}}''$ 随 ω 的变化曲线

7.5.2　导体的色散

导体的色散分析可基于下述的粗糙模型。在导体的晶格上有固定的正离子，而在其周围则有运动的自由电子，它们处于平衡状态中。当有外电场作用时，引起自由电子向外电场方向的漂移，但这种漂移受到晶格上正离子的反复碰撞和阻挡，使漂移电子的动量转移到晶格点上变成了正离子的热振动，同时电子的运动也受到了阻尼。这个阻尼作用与电子的速度成正比，用 $-mq\dfrac{\mathrm{d}\boldsymbol{r}}{\mathrm{d}t}$ 表示（q 为阻尼系数）。因此，电子的平均运动满足方程

$$m\frac{d^2\boldsymbol{r}}{dt^2}+mq\frac{d\boldsymbol{r}}{dt}=e\boldsymbol{E} \tag{7-189}$$

对于简谐场 $\boldsymbol{E}=\mathrm{Re}[\boldsymbol{E}_m e^{j\omega t}]$，上式的两个稳态解为

$$\boldsymbol{r}_m'=\frac{e}{m}\frac{\boldsymbol{E}_m}{q+j\omega} \tag{7-190}$$

$$\boldsymbol{r}_m=\frac{-je}{m\omega}\frac{\boldsymbol{E}_m}{q+j\omega} \tag{7-191}$$

设单位体积内自由电子的总数为 N，则电流密度 $\boldsymbol{J}_m$ 为

$$\boldsymbol{J}_m=Ne\boldsymbol{r}_m'=\frac{Ne^2}{m}\frac{\boldsymbol{E}_m}{(q+j\omega)} \tag{7-192}$$

根据电导率 σ 的定义 $\sigma=\boldsymbol{J}_m/\boldsymbol{E}_m$，所以

$$\sigma=\frac{Ne^2/m}{q+j\omega} \tag{7-193}$$

由于金属原子的电子的谐振频率远落在紫外光谱以外，所以导体的介电常数可认为是 ε_0，即导体复介电常数为

$$\varepsilon_k=\varepsilon_0-j\frac{\sigma}{\omega}=\varepsilon_0-j\frac{Ne^2}{m\omega(q+j\omega)} \tag{7-194}$$

通过分析可知，金属导体的自由电子的惯性一直到接近红外波段都可以忽略，即式(7-189)中的 $m\frac{d^2r}{dt^2}$ 可以忽略，这时

$$\sigma=\frac{Ne^2}{mq} \tag{7-195}$$

即电导率变成实数并且与频率无关。当频率高于红外波段(波长短于 25×10^{-3}cm)，电导率必须按式(7-193)计算。

7.5.3 相速与群速

波的相速度只取决于媒质的参数 ε 和 μ(若 $\sigma=0$)，在 7.1.1 节中我们已经导出了它的表达式(7-29)。它是等相位面的传播速度，对于一个沿 z 方向传播，频率为 ω 的单色正弦波，它的电场和磁场的某一分量的表示式均可以写成

$$\psi(z,t)=\mathrm{Re}[Ae^{j(\omega t-kz)}] \tag{7-196}$$

它的等相位面方程为

$$\omega t-kz=\text{常数} \tag{7-197}$$

它的相速为

$$v_p=\frac{dz}{dt}=\frac{\omega}{k} \tag{7-198}$$

但是一个单色的正弦波不能传递任何信息，一个实际的电磁波信号总是存在于有限的时间间隔内，它可以看成是若干不同频率的单色波的叠加。由于媒质的色散特性，这些不同频率的单色波在媒质中的相速度是不一样的。那么由不同频率的单色波叠加而成的电磁波的信号在媒质中是以什么速度传播呢？为此，我们先讨论一简单的情况，即假定信号是由两个幅度相同、频率稍有差别的正弦波构成，它们的幅度为 A，频率分别为 $\omega_0+\Delta\omega$ 和 $\omega_0-\Delta\omega$，传

播常数分别为 $k+\Delta k$ 和 $k-\Delta k$，两个波均沿 z 方向传播，因此它们电磁场强度的分量的表示式分别可以写成

$$\psi_1 = A\cos[(\omega_0+\Delta\omega)t-(k+\Delta k)z] \tag{7-199}$$

$$\psi_2 = A\cos[(\omega_0-\Delta\omega)t-(k-\Delta k)z] \tag{7-200}$$

合成波为

$$\psi = \psi_1+\psi_2 = 2A\cos(\Delta\omega\, t-\Delta kz)\cos(\omega_0 t-kz) \tag{7-201}$$

从式(7-201)可以看出，合成波的振幅随时间按余弦变化，是一调幅波，调制的频率是 $\Delta\omega$，这个按余弦变化的调制波称为包络，它移动的相速度称为群速度 v_g，显然

$$v_g = \frac{dz}{dt} = \frac{\Delta\omega}{\Delta k} \tag{7-202}$$

在一般情况下，信号是由任意形状的波包（或脉冲）构成的，则根据傅氏分析可知 $\psi(t)$ 可表示成

$$\psi(t) = \frac{1}{2\pi}\int_{-\infty}^{+\infty}\psi_0(\omega)e^{j\omega t}\,d\omega \tag{7-203}$$

其中

$$\psi_0(\omega) = \int_{-\infty}^{+\infty}\psi(t)e^{-j\omega t}\,dt \tag{7-204}$$

若每一频率分量的相速是不同的，其相移常数 $k(\omega)$ 也是不同的（这种波称为色散波），这样信号在传播过程中就可能发生畸变。但在窄频带的情况下，这个畸变可以忽略不计，所以只有在信号为一窄频谱时群速的概念才有意义。设信号的带宽足够窄，中心频率为 ω_0，即

$$\psi(t) = \frac{1}{2\pi}\int_{\omega_0-\Delta\omega}^{\omega_0+\Delta\omega}\psi_0(\omega)e^{j\omega t}\,d\omega \tag{7-205}$$

沿 z 方向传播一段距离 z 后，象函数 $\psi_0(\omega)$ 变成了 $\psi_z(\omega)$，且

$$\psi_z(\omega) = \psi_0(\omega)e^{-jk(\omega)z} \tag{7-206}$$

将 $k(\omega)$ 在 $\omega=\omega_0$ 附近展成台劳级数并只取前两项，得

$$k(\omega) \approx k(\omega_0) + \left.\frac{dk}{d\omega}\right|_{\omega=\omega_0}(\omega-\omega_0) \tag{7-207}$$

设 $k(\omega_0)=k_0$，$\omega-\omega_0=\omega'$，$\left.\frac{dk}{d\omega}\right|_{\omega=\omega_0}=\frac{t_z}{z}$，将式(7-207)代入式(7-206)，并取傅里叶逆变换，可求得 z 处的信号为

$$\begin{aligned}\psi(z,t) &= \frac{1}{2\pi}\int_{\omega_0-\Delta\omega}^{\omega_0+\Delta\omega}\psi_0(\omega)e^{-j(k_0z+\omega' t_z)}e^{j\omega t}\,d\omega \\ &= e^{j(\omega_0 t-k_0 z)}\frac{1}{2\pi}\int_{\omega_0-\Delta\omega}^{\omega_0+\Delta\omega}\psi_0(\omega'+\omega_0)e^{j\omega'(t-t_z)}\,d\omega \\ &= e^{j(\omega_0 t-k_0 z)}\frac{1}{2\pi}\int_{-\Delta\omega}^{+\Delta\omega}\psi_0(\omega'+\omega_0)e^{j\omega'(t-t_z)}\,d\omega'\end{aligned} \tag{7-208}$$

包络的等相位面方程为

$$\omega'(t-t_z) = 常数 = \omega\left(t-\left.\frac{dk}{d\omega}\right|_{\omega=\omega_0} z\right)$$

因此群速度

$$v_g = \frac{dz}{dt} = \left.\frac{d\omega}{dk}\right|_{\omega=\omega_0} \tag{7-209}$$

对于非色散波，在媒质无色散的情况下 $k=\omega\sqrt{\varepsilon\mu}$，而 ε，μ 与频率无关，因此

$$v_g = \left.\frac{d\omega}{dk}\right|_{\omega=\omega_0} = \frac{1}{\sqrt{\varepsilon\mu}} = \frac{\omega}{k} = v_p \tag{7-210}$$

即群速与相速相等。在色散媒质中

$$v_g = \left.\frac{d\omega}{dk}\right|_{\omega=\omega_0} = \left.\frac{d(v_p k)}{dk}\right|_{\omega=\omega_0} = \left.\left(v_p + k\frac{dv_p}{dk}\right)\right|_{\omega=\omega_0} = v_p + v_g\frac{\omega_0}{v_p}\left.\frac{dv_p}{d\omega}\right|_{\omega=\omega_0}$$

所以

$$v_g = \frac{v_p}{1 - \dfrac{\omega_0}{v_p}\left.\dfrac{dv_p}{d\omega}\right|_{\omega=\omega_0}} \tag{7-211}$$

当媒质无色散时 $dv_p/d\omega=0$，因此 $v_g=v_p$，当媒质为正常色散时$\dfrac{dv_p}{d\omega}<0$，所以 $v_g<v_p$，即群速度小于相速度，这对于常用的电磁波频率都是正确的。

为了加深理解群速与相速之间的不同，在图 7-14 中绘出了式(7-201)的合成波的图形，且 $f_0=1\text{MHz}$，$\Delta f=100\text{kHz}$，这是一按余弦调制的调幅波，载波频率为 1MHz，调制的频率为 100kHz，设该平面波是在一正常色散的无损媒质中传播，且相速度与频率 ω 的关系为

$$v_p = \frac{a}{\omega} \tag{7-212}$$

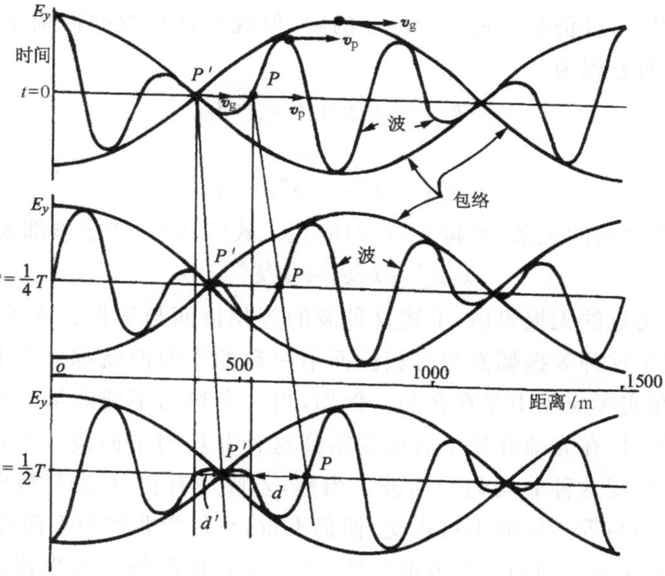

图 7-14 式(7-201)的合成波的图形

其中 a 是比例常数，则根据式(7-211)可知，该波的群速度是

$$v_g = \frac{v_p}{1 - \dfrac{\omega_0}{v_p}\left(-\dfrac{v_p}{\omega_0}\right)} = \frac{v_p}{2}$$

即群速度是相速度的一半，图 7-14 中给出了 $t=0$，$t=\dfrac{1}{4}T$ 和 $t=\dfrac{1}{2}T\left(T=\dfrac{1}{f_0}\right)$时的瞬时波形，电磁波的恒定相位点 P 以相速度 v_p 向前传播，在半个周期内它移动了距离 d，而包络上的 P'点以群速度 v_g 向前传播，在半个周期内它移动了距离 d'，正好是 P 点移动的距离 d 的

一半，即 $d'=\frac{d}{2}$。在无损的媒质中，能量是以群速向前传播的。

7.6 非均匀平面波

在 7.1 节中给出了沿任意方向传播的均匀平面波表示式

$$\psi=\psi_0 e^{-j\boldsymbol{k}\cdot\boldsymbol{r}}$$

式中 $\boldsymbol{k}$ 为传播向量，在直角坐标系中它可以分解为

$$\boldsymbol{k}=k_x\hat{\boldsymbol{x}}+k_y\hat{\boldsymbol{y}}+k\hat{\boldsymbol{z}}$$

并有

$$k_x^2+k_y^2+k_z^2=k^2$$

在无损媒质中，传播常数 k 是实数，在一般情况下满足上式的 k_x, k_y, k_z 也是实数。但是也有这样的可能性，满足式(7-50)的三个分量不是实数而是一组复数，即

$$k_x=k_x'-jk_x'',\quad k_y=k_y'-jk_y'',\quad k_z=k_z'-jk_z'' \tag{7-213}$$

此时

$$\psi=\psi_0 e^{-j(k_x'x+k_y'y+k_z'z)-(k_x''x+k_y''y+k_z''z)} \tag{7-214}$$

它仍满足波动方程，所以仍是一种可能存在的解，但现在这种波的振幅不再是常数，而是变化的，它的等相位面方程为

$$k_x'x+k_y'y+k_z'z=C_1 \tag{7-215}$$

而等振幅面方程为

$$k_x''x+k_y''y+k_z''z=C_2 \tag{7-216}$$

为了解这两者之间的关系，可将式(7-213)代入式(7-50)，并令虚部为零，得

$$k_x'k_x''+k_y'k_y''+k_z'k_z''=0 \tag{7-217}$$

这说明，对于 k 为实数的无损媒质，上述这种波的等相位面与等振幅面不仅不再重合，而且是相互正交的，对于这种等振幅面与等相位面不一致的平面波就称之为非均匀平面波。这种非均匀平面波在实际应用中是存在的。例如，当一个均匀平面波从光密介质向光疏介质投射并发生全反射时，在光疏介质中就能观察到这种非均匀平面波。当将一个球面波分解为平面波时，也会发现这种非均匀平面波。当然，若媒质有损，k 为复数时，式(7-217)不再成立，此时等振幅面与等相位面不再正交，但仍不重合，仍为非均匀平面波。

为了具体说明这种非均匀平面波的特性，举一个具体的例子加以说明。适当选择坐标系的方向，使 $k_y'=k_y''=0$(即令 y 轴与 k 垂直)，并令

$$k_x=k\sin\theta,\quad k_z=k\cos\theta \tag{7-218}$$

由于 k_x, k_z 是复数，所以角 θ 也应是复数。假如令 $\theta=\frac{\pi}{2}+j\alpha$，$\alpha$ 为实数，则有

$$k_x=k\mathrm{ch}\alpha,\quad k_z=-jk\mathrm{sh}\alpha$$

代入式(7-214)，得

$$\psi=\psi_0 e^{-jk\mathrm{ch}\alpha x-k\mathrm{sh}\alpha z} \tag{7-219}$$

上式表明，这是一个向 x 方向传播，而沿 z 方向呈指数衰减的波，等相位面与等振幅面不再重合，所以是一非均匀平面波。此波的传播速度

$$v_x = \frac{\omega}{k_x} = \frac{v}{\text{ch}\,\alpha} \tag{7-220}$$

式中

$$v = \omega/k = 1/\sqrt{\varepsilon\mu}$$

为同一媒质中的光速。由于 $\text{ch}\alpha > 1$，所以此非均匀平面波是一种相速小于同一媒质中光速的慢波。

7.7 平面电磁波的反射与折射

到目前为止，所讨论的都是在一个无界均匀媒质中电磁波的传播特性，实际上，波经常是在有界空间中传播，这种空间是由不同特性的媒质构成。当在一种媒质中传播的波投射到另一种媒质上时，就会产生波的反射与折射现象，分析这种波的反射与折射现象，不仅具有理论上的意义，也具有实用价值。当然，这里所要分析讨论的是一种最基本的情况，即投射波是平面电磁波，不同媒质的分界面是无限大的平面界面。对于非平面波的投射、非平面界面的反射与折射的分析超出了本课程的范围，有关这类问题的分析可在一些专著中找到。

7.7.1 反射定律和折射定律

为今后讨论方便，我们以下标"i"(incident)表示入射波，以下标"r"(reflected)表示反射波，以下标"t"(transmitted)表示折射波。

设以任意方向投射到分界面上的入射波电场为

$$\boldsymbol{E}_\text{i} = \boldsymbol{E}_{0\text{i}} \text{e}^{\text{j}(\omega_\text{i} t - \boldsymbol{k}_\text{i} \cdot \boldsymbol{r})} \tag{7-221}$$

与其相应的磁场 $\boldsymbol{H}_\text{i}$ 通过媒质的波阻抗 Z_c 与 $\boldsymbol{E}_\text{i}$ 相联系，故无需单独列出。

入射波在边界上发生反射和折射现象，产生相应的反射波和折射波，分别记为

$$\boldsymbol{E}_\text{r} = \boldsymbol{E}_{0\text{r}} \text{e}^{\text{j}(\omega_\text{r} t - \boldsymbol{k}_\text{r} \cdot \boldsymbol{r})} \tag{7-222}$$

$$\boldsymbol{E}_\text{t} = \boldsymbol{E}_{0\text{t}} \text{e}^{\text{j}(\omega_\text{t} t - \boldsymbol{k}_\text{t} \cdot \boldsymbol{r})} \tag{7-223}$$

显然，上述三个波是通过分界面处的边界条件相互联系的。

为便于分析，定义入射波传播矢量 $\boldsymbol{k}_\text{i}$ 与分界面法线的夹角为入射角 θ_i，反射波的 $\boldsymbol{k}_\text{r}$ 与分界面法线的夹角为反射角 θ_r，折射波的 $\boldsymbol{k}_\text{t}$ 与分界面法线的夹角为折射角 θ_t。

根据电磁场的边界条件，在分界面上每一点处的 $\boldsymbol{E}$ 和 $\boldsymbol{H}$ 的切向分量都应连续（设媒质1，2都是线性、各向同性的电介质），这一条件对所有时间都成立。于是，必然有下述结论。

(1) $\boldsymbol{E}_\text{i}$，$\boldsymbol{E}_\text{r}$，$\boldsymbol{E}_\text{t}$ 对时间的函数关系相同，即

$$\omega_\text{i} = \omega_\text{r} = \omega_\text{t} \tag{7-224}$$

(2) 三者在分界面上对位置 $\boldsymbol{r}$ 的函数关系相同，即

$$\boldsymbol{k}_\text{i} \cdot \boldsymbol{r} = \boldsymbol{k}_\text{r} \cdot \boldsymbol{r} = \boldsymbol{k}_\text{t} \cdot \boldsymbol{r} \tag{7-225}$$

(3) 三者的复振幅 $\boldsymbol{E}_{0\text{i}}$，$\boldsymbol{E}_{0\text{r}}$，$\boldsymbol{E}_{0\text{t}}$ 之间有确定的对应关系，这一关系被称为费涅耳定律，将在7.7.2节讨论。

对于式(7-224)，读者容易理解，它表示了入、反、折射波的同频性质。

对于式(7-225)，可以分解为

$$\boldsymbol{k}_i \cdot \boldsymbol{r} = \boldsymbol{k}_r \cdot \boldsymbol{r}$$

和

$$\boldsymbol{k}_i \cdot \boldsymbol{r} = \boldsymbol{k}_t \cdot \boldsymbol{r}$$

即

$$(\boldsymbol{k}_i - \boldsymbol{k}_r) \cdot \boldsymbol{r} = 0 \tag{7-226}$$

$$(\boldsymbol{k}_i - \boldsymbol{k}_t) \cdot \boldsymbol{r} = 0 \tag{7-227}$$

以上二式分别称为反射定律和折射定律，下面进行讨论。

1. 反射定律

要使式(7-226)成立，必有$(\boldsymbol{k}_i - \boldsymbol{k}_r)$与 $\boldsymbol{r}$ 垂直。因为 $\boldsymbol{r}$ 是分界面上的任意位置矢量，它不可能恒为零；而 $\boldsymbol{k}_i$ 与 $\boldsymbol{k}_r$ 方向不同，也不可能总能互相完全抵消。对于矢量 $\boldsymbol{r}$，可以将其原点取在分界面上，这样 $\boldsymbol{r}$ 也就位于分界面上。由于$(\boldsymbol{k}_i - \boldsymbol{k}_r)$与 $\boldsymbol{r}$ 垂直，即与分界面垂直。此时，$\boldsymbol{k}_i$ 和 $\boldsymbol{k}_r$ 的切向分量必定相等以相互抵消，以下标“τ”表示切向分量，于是

$$k_{i\tau} = k_i \sin\theta_i$$

$$k_{r\tau} = k_r \sin\theta_r$$

因为媒质相同，则 $k_i = k_r$(这一点可以从同频性质导出)，所以

$$\theta_i = \theta_r \tag{7-228}$$

即入射角必等于反射角。

2. 折射定律

要使式(7-227)成立，必有$(\boldsymbol{k}_i - \boldsymbol{k}_t)$与分界面垂直(当 $\boldsymbol{r}$ 位于分界面上时)，也就是说，$\boldsymbol{k}_i$ 和 $\boldsymbol{k}_t$ 的切向分量也必须相等，即

$$k_i \sin\theta_i = k_t \sin\theta_t$$

$$\frac{\sin\theta_i}{\sin\theta_t} = \frac{k_t}{k_i} = \frac{\omega_t / v_t}{\omega_i / v_i} = \frac{\sqrt{\varepsilon_2 \mu}}{\sqrt{\varepsilon_1 \mu}} = \sqrt{\frac{\varepsilon_2}{\varepsilon_1}} = \frac{n_2}{n_1}$$

或

$$n_1 \sin\theta_i = n_2 \sin\theta_t \tag{7-229}$$

上式即为斯涅耳折射定律。从反射和折射定律中，我们还可以引出入、反、折射波的“共面”性质，即 $\boldsymbol{k}_i$，$\boldsymbol{k}_r$ 与 $\boldsymbol{k}_t$ 三者共处于一个平面内，这个面即为由 $\boldsymbol{k}_i$ 与分界面法线方向 $\hat{\boldsymbol{n}}$ 决定的入射面，如图 7-15 所示(读者可自行证明此共面性)。

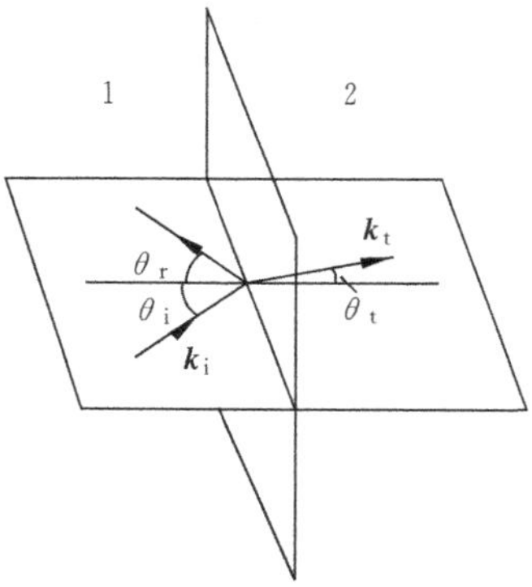

图 7-15　入、反、折射波传播矢量的共面性

综上可知，式(7-226)和式(7-227)是反射与折射定理的一般形式，它们给出了入、反、折射三个波的传播矢量之间的关系，而式(7-228)和式(7-229)则具体给出了入、反、折射波与分界面法向 $\hat{\boldsymbol{n}}$ 之间的夹角的关系。

7.7.2　反射系数与折射系数

前述的反射定律与折射定律分别给出入射角与反射角、折射角的关系，通过它们可以确定反射波与折射波的方向。而反射波与折射波的幅度则是通过反射系数、折射系数与入射

波的幅度互相联系的。下面我们就推导入、反、折射三个波的幅度之间的关系。

由平面波的横波性质，有

$$\boldsymbol{E}_i \cdot \boldsymbol{k}_i = 0,\quad \boldsymbol{E}_r \cdot \boldsymbol{k}_r = 0,\quad \boldsymbol{E}_t \cdot \boldsymbol{k}_t = 0$$

也即 $\boldsymbol{E}$ 和 $\boldsymbol{H}$ 均垂直于其相应的 $\boldsymbol{k}$，但并不一定在入射面上。为讨论方便，我们将 $\boldsymbol{E}$ 分解为垂直于入射面的垂直极化波 $\boldsymbol{E}_\perp$ 和平行于入射面的平行极化波 $\boldsymbol{E}_{/\!/}$。注意，这里的所谓"垂直"与"平行"均是相对"入射面"而言，而不是相对于"分界面"而言的。下面分别对两种极化波加以讨论。

1. 垂直极化波的投射

如图 7-16 所示，对于横电磁波(TEM 波)而言，当 $\boldsymbol{E}$ 与入射面垂直时(垂直极化波)，$\boldsymbol{H}$ 的方向可由相应的传播矢量 $\boldsymbol{k}$ 根据右手定则给出。因为在电介质分界面两侧 $\boldsymbol{E}$ 和 $\boldsymbol{H}$ 的切向分量连续，所以有

$$(E_i + E_r)_\perp = E_{t\perp}$$

$$(H_i\cos\theta_i - H_r\cos\theta_r)_\perp = (H_t\cos\theta_t)_\perp$$

考虑到 $\theta_i=\theta_r$，$H_i=E_i/Z_{c1}$，$H_r=E_r/Z_{c1}$，$H_t=E_t/Z_{c2}$，$\dfrac{Z_{c1}}{Z_{c2}}=\dfrac{n_2}{n_1}$，并代入以上二式，再分别消去 E_t 和 E_r，便可得到 E_i 与 E_r 及 E_i 与 E_t 的关系式分别为

$$\left(\frac{E_r}{E_i}\right)_\perp = \frac{n_1\cos\theta_i - n_2\cos\theta_t}{n_1\cos\theta_i + n_2\cos\theta_t} \tag{7-230}$$

$$\left(\frac{E_t}{E_i}\right)_\perp = \frac{2n_1\cos\theta_i}{n_1\cos\theta_i + n_2\cos\theta_t} \tag{7-231}$$

上两式就是垂直极化波投射的费涅耳公式，它给出了垂直极化波投射时场强(电压)反射系数和折射系数。

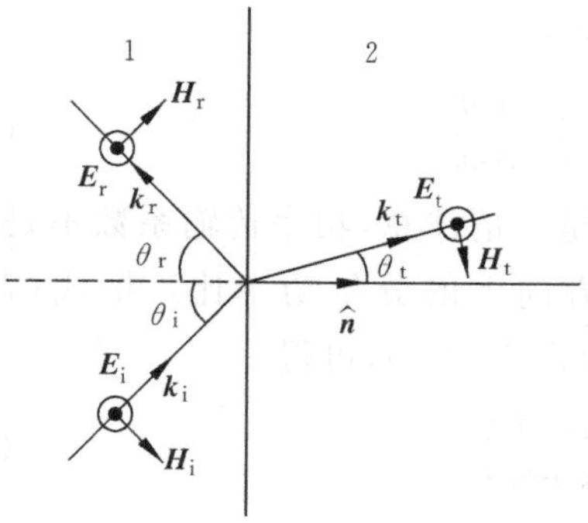

图 7-16　垂直极化波的投射

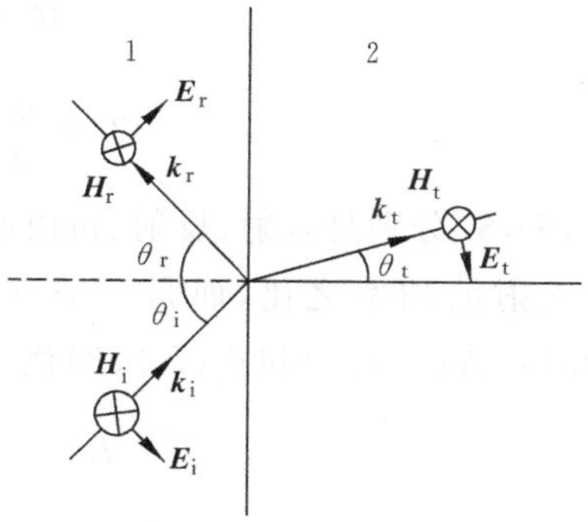

图 7-17　平行极化波的投射

对于垂直极化波投射的费涅耳公式，我们可以做进一步的讨论。首先，我们注意到，该式给出的反射、折射系数是由分界面两侧的媒质参数 n_1 和 n_2 以及入射和折射角 θ_i，θ_t 确定的。其次，我们发现，当媒质参数一定时，反射与折射波的场强是随入射角的改变而变化的。我们以垂直投射为例(即 $\theta_i=0$)，此时有

$$\left(\frac{E_r}{E_i}\right)_\perp = \frac{n_1 - n_2}{n_1 + n_2} = \frac{Z_{c2} - Z_{c1}}{Z_{c2} + Z_{c1}} \tag{7-232}$$

$$\left(\frac{E_t}{E_i}\right)_\perp=\frac{2n_1}{n_1+n_2}=\frac{2Z_{c2}}{Z_{c2}+Z_{c1}} \tag{7-233}$$

显然,当波从光疏(高阻)向光密(低阻)媒质入射时,即 $n_1<n_2$ 时,反射波的电场 $\boldsymbol{E}_r$ 与入射波 $\boldsymbol{E}_i$ 之间有 180°相差。反之,当波从光密向光疏媒质入射时,$\boldsymbol{E}_r$ 和 $\boldsymbol{E}_i$ 是同相的。但是,在上述两种入射状态下 $\boldsymbol{E}_t$ 和 $\boldsymbol{E}_i$ 总是同相的。

2. 平行极化波的投射

如图 7-17 所示,根据边界条件,即切向电场 E_t 和切向磁场 H_t 在电介质分界面上连续,可得

$$\left(\frac{E_r}{E_i}\right)_{/\!/}=\frac{n_2\cos\theta_i-n_1\cos\theta_t}{n_1\cos\theta_t+n_2\cos\theta_i} \tag{7-234}$$

$$\left(\frac{E_t}{E_i}\right)_{/\!/}=\frac{2n_1\cos\theta_i}{n_1\cos\theta_t+n_2\cos\theta_i} \tag{7-235}$$

此即平行极化波投射的费涅耳公式,当垂直投射时($\theta_i=0$,θ_t 亦为 0),其表达式与式(7-232)、式(7-233)相同。这是显而易见的,因为在垂直投射时,入射面是不确定的,因而“垂直极化”与“平行极化”已经没有意义,也不再区分彼此。

前面我们曾经指出,反射波、折射波的场强与入射波场强的关系是由媒质参数比 n_1/n_2 和入射角 θ_i 或由 θ_i 和 θ_t 确定的。这一结论不论对垂直极化波投射还是对平行极化波投射都是成立的。

将斯涅耳折射定律代入费涅耳公式,可以得到用 n_1/n_2 与 θ_i,或 θ_i 与 θ_t,抑或 n_1/n_2 与 θ_t 表示的反射、折射波与入射波之间的场强关系(读者可自行练习)。

在许多情况下,我们所关心的不只是场强的反射与折射,而且要了解功率的反射与折射关系。为此,定义功率反射系数 R 与功率传输系数 T 分别为

$$R=\frac{\hat{\boldsymbol{n}}\cdot\boldsymbol{S}_r}{\hat{\boldsymbol{n}}\cdot\boldsymbol{S}_i}=\left|\frac{E_r}{E_i}\right|^2 \tag{7-236}$$

$$T=\frac{\hat{\boldsymbol{n}}\cdot\boldsymbol{S}_t}{\hat{\boldsymbol{n}}\cdot\boldsymbol{S}_i}=\left|\frac{E_t}{E_i}\right|^2\frac{n_2\cos\theta_t}{n_1\cos\theta_i} \tag{7-237}$$

式中 $\boldsymbol{S}_i$,$\boldsymbol{S}_r$,$\boldsymbol{S}_t$ 分别是入射、反射、折射波的坡印亭矢量。请注意,功率传输系数不是折射波功率与入射波功率之比,而是两波在分界面法线方向上的分量功率比。把式(7-230)、式(7-231)、式(7-232)和式(7-233)代入式(7-236)和式(7-237),可得

$$R_\perp=\left(\frac{n_1\cos\theta_i-n_2\cos\theta_t}{n_1\cos\theta_i+n_2\cos\theta_t}\right)^2 \tag{7-238}$$

$$R_{/\!/}=\left(\frac{n_1\cos\theta_t-n_2\cos\theta_i}{n_1\cos\theta_t+n_2\cos\theta_i}\right)^2 \tag{7-239}$$

$$T_\perp=\frac{4n_1n_2\cos\theta_i\cos\theta_t}{(n_1\cos\theta_i+n_2\cos\theta_t)^2} \tag{7-240}$$

$$T_{/\!/}=\frac{4n_1n_2\cos\theta_i\cos\theta_t}{(n_1\cos\theta_t+n_2\cos\theta_i)^2} \tag{7-241}$$

显然有

$$R_\perp+T_\perp=1$$
$$R_{/\!/}+T_{/\!/}=1$$

这与能量守恒定律是一致的。

7.7.3 无反射与全反射

下面我们来讨论两种有实际价值的特殊情况:无反射(全折射)与全反射(无折射)。

1. 无反射与布儒斯特角

在什么条件下反射波可能为零呢?为讨论方便,我们将费涅耳反射公式改写为

$$\left(\frac{E_r}{E_i}\right)_\perp = \frac{\sin(\theta_t - \theta_i)}{\sin(\theta_t + \theta_i)} \tag{7-242}$$

$$\left(\frac{E_r}{E_i}\right)_{/\!/} = \frac{\tan(\theta_i - \theta_t)}{\tan(\theta_i + \theta_t)} \tag{7-243}$$

不难看出,若有 $\theta_t=\theta_i$,则反射为零,但此时必有 $n_1=n_2$(折射定律),即两种媒质是一样的,因而此种情况没有实际意义。另一种可能是,当 $\theta_i+\theta_t=\frac{\pi}{2}$时,$\tan(\theta_i+\theta_t)\to\infty$,此时平行极化波的反射为零。在这种情况下,将条件 $\theta_t=\frac{\pi}{2}-\theta_i$ 代入折射定律,有

$$n_1\sin\theta_i = n_2\sin\left(\frac{\pi}{2}-\theta_i\right) = n_2\cos\theta_i$$

或

$$\tan\theta_i = n_2/n_1$$

满足上式的入射角就是布儒斯特角,以 θ_B 表示,于是有

$$\theta_B = \arctan\frac{n_2}{n_1} \tag{7-244}$$

注意,这一无反射条件仅对平行极化波成立,在两种媒质分界面上垂直极化波的反射总是存在的。这样,如果有一未偏振的波以 θ_B 投射到界面上,那么 $R_{/\!/}=0$,$R_\perp\neq0$,于是反射波的电场将变为垂直极化的偏振波,故布儒斯特角又称做偏振角。

2. 全反射与临界角

由折射定律,有

$$n_1\sin\theta_i = n_2\sin\theta_t$$

或

$$\cos^2\theta_t = 1-\left(\frac{n_1}{n_2}\right)^2\sin^2\theta_i \tag{7-245}$$

当 $n_1<n_2$,有 $\theta_t<\theta_i$。当 θ_i 为$(0\sim\pi/2)$任一实数角时,θ_t 为小于 θ_i 的一个实角。

当 $n_1>n_2$,有 $\theta_t>\theta_i$。此时,当 θ_i 达到某一角度时,$\theta_t=\pi/2$,这表明折射波已不能深入媒质 2,即能量不再向媒质 2 传输,这种情况即为“全反射”。这里所谓的“某一角度”即为临界角 θ_c,其值为

$$\theta_c = \arcsin\frac{n_2}{n_1} \tag{7-246}$$

当 $\theta_i=\theta_c$ 时,$\theta_t=\pi/2$,折射波方向与界面平行。若 $\theta_i>\theta_c$,则有 $\sin\theta_i>1$,此时 θ_t 不再是实数角,而变为复数角,其形式为

$$\theta_t = \frac{\pi}{2}+j\alpha$$

此时有

$$\sin\theta_t = \frac{1}{2j}(e^{j\theta_t} - e^{-j\theta_t}) = \frac{1}{2j}(e^{j\frac{\pi}{2}-\alpha} - e^{-j\frac{\pi}{2}+\alpha})$$

$$= \frac{e^{j\frac{\pi}{2}}}{2j}(e^{-\alpha} - e^{-j\pi+\alpha})$$

$$= \frac{1}{2}(e^{-\alpha} + e^{\alpha})$$

$$= \mathrm{ch}\alpha \geqslant 1$$

同理 $$\cos\theta_t = -j\mathrm{sh}\alpha$$

这时，沿与界面平行方向的传播常数为

$$k_{/\!/} = k_t \sin\theta_t = k_t \mathrm{ch}\alpha$$

沿与界面垂直方向的传播常数为

$$k_{\perp} = k_t \cos\theta_t = -jk_t \mathrm{sh}\alpha$$

这表明，在全反射情况下，折射波沿界面以行波传播，而透入界面的是衰减的消失波(evanescent wave)。这是一个非均匀波，其等相位面与界面垂直，但其等相位面上的振幅是沿界面法向衰减的(在媒质 2 一侧)。

将 $\cos\theta_t = -j\mathrm{sh}\alpha$ 代入费涅耳反射公式，有

$$\left(\frac{E_r}{E_i}\right)_{\perp} = \frac{n_1\cos\theta_i + jn_2\mathrm{sh}\alpha}{n_1\cos\theta_i - jn_2\mathrm{sh}\alpha} = e^{2j\phi_{\perp}} \tag{7-247}$$

$$\left(\frac{E_t}{E_i}\right)_{/\!/} = \frac{-jn_1\mathrm{sh}\alpha - n_2\cos\theta_i}{-jn_1\mathrm{sh}\alpha + n_2\cos\theta_i}$$

$$= -\frac{n_2\cos\theta_i + jn_1\mathrm{sh}\alpha}{n_2\cos\theta_i - jn_1\mathrm{sh}\alpha} = -e^{2j\phi_{/\!/}} \tag{7-248}$$

可见此时反射系数的模为 1，这与全反射的含义是一致的。式中 2ϕ 表示反射波电场关于入射波电场的相移。可以证明，$\phi_{/\!/} > \phi_{\perp}$(当全反射时)，这就使得一个沿任意方向的线极化波在全反射后成为椭圆极化波。

全反射现象具有重要的实用价值，近年来发展迅速的光导纤维与介质波导就与全反射密切相关。

7.8 分层媒质中的波

7.7 节讨论的是平面电磁波从一种媒质向另一种媒质投射的情况，那里涉及的两种媒质都是半无限大的。实际应用中经常会遇到电磁波穿过薄板或多层介质的情况，本节介绍平面电磁波在多层平面分层媒质中传播的分析方法。

7.8.1 法向波阻抗

以前我们曾引入媒质阻抗 Z_c 的概念，它的定义是相对于波传播方向成右手定则的行波电场与磁场的正交分量的比值。这里所谓法向波阻抗与之相似，定义为相对于媒质界面的法线方向($\boldsymbol{n}$)成右手定则的一对行波电场与磁场的正交分量的比值。按照这一定义，对于

平行极化波，法向波阻抗为

$$Z_j=\frac{E_j\cos\theta_j}{H_j}=\frac{E_j\cos\theta_j}{E_j/Z_{cj}}=Z_{cj}\cos\theta_j \tag{7-249}$$

对于垂直极化波，法向波阻抗为

$$Z_j=\frac{E_j}{H_j\cos\theta_j}=\frac{E_j}{(E_j/Z_{cj})\cos\theta_j}=\frac{Z_{cj}}{\cos\theta_j} \tag{7-250}$$

式中下标"j"表示电磁波所在的媒质层的标号，E_j 和 H_j 代表第 j 层媒质中的电场和磁场，Z_{cj}是第 j 层媒质的波阻抗，即

$$Z_{cj}=\sqrt{\frac{\mu_j}{\varepsilon_j}}$$

下面我们就利用法向波阻抗对分层媒质中的波的传播进行分析。

7.8.2 单层介质的反射与折射

假设有一平面波以任意入射角投射到一个厚度为 d 的介质板上(如图 7-18)，用标号 3，2，1 分别表示入射媒质、介质板和出射媒质，入射面为 xoz 平面，θ_3，θ_2，θ_1 分别表示各层媒质中波的传播方向与分界面法线方向之间的夹角。

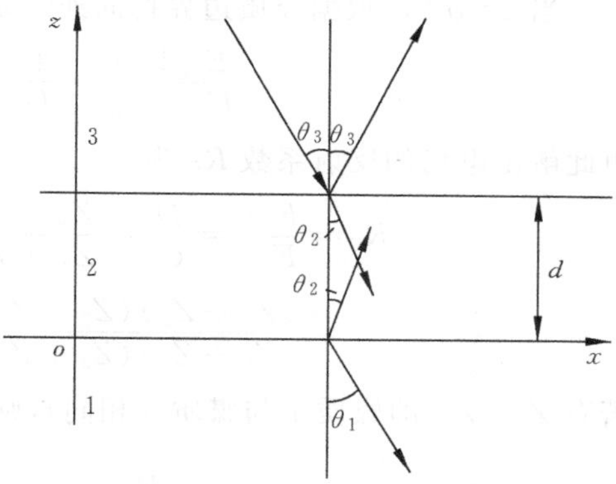

图 7-18 单层介质的反射与折射

现以垂直极化波($\boldsymbol{E}=E\hat{\boldsymbol{y}}$)为例进行分析。当投射波进入介质板后，在此层的上下两个分界面之间会产生多次反射，结果在层内形成两个方向的合成波，可表示为

$$E_2=E_{2y}=(A\mathrm{e}^{\mathrm{j}k_2\cos\theta_2 z}+B\mathrm{e}^{-\mathrm{j}k_2\cos\theta_2 z})\times\mathrm{e}^{-\mathrm{j}k_2\sin\theta_2 x} \tag{7-251}$$

式中 A，B 为待定常数，$\boldsymbol{k}_2$ 为介质板的传播矢量，$k_2\cos\theta_2$ 是 $\boldsymbol{k}_2$ 关于 z 方向(即法线方向)的分量，$k_2\sin\theta_2$ 是 $\boldsymbol{k}_2$ 关于 x 方向的分量。

利用上面给出的法向波阻抗，相应的磁场切向分量可写为

$$H_{2x}=\frac{1}{Z_2}(A\mathrm{e}^{\mathrm{j}k_2\cos\theta_2 z}-B\mathrm{e}^{-\mathrm{j}k_2\cos\theta_2 z})\mathrm{e}^{-\mathrm{j}k_2\sin\theta_2 x} \tag{7-252}$$

在 $z=0$ 的分界面上，比值$\dfrac{E_{2y}}{H_{2x}}$应当等于媒质 1 的法向波阻抗 Z_1(因为根据边界上切向连续条件，当 $z=0$ 时，有 $E_{2y}=E_{1y}$，$H_{2x}=H_{1x}$)，即有

$$\left.\frac{E_{2y}}{H_{2x}}\right|_{z=0}=Z_2\frac{A+B}{A-B}=Z_1$$

或

$$\frac{B}{A}=\frac{Z_1-Z_2}{Z_1+Z_2} \tag{7-253}$$

联系法向波阻抗的定义可知，此式与费涅耳反射公式是完全一致的。

在 $z=d$ 的分界面上，有

$$\left.\frac{E_{2y}}{H_{2x}}\right|_{z=d}=\frac{A\mathrm{e}^{\mathrm{j}k_2\cos\theta_2 d}+B\mathrm{e}^{-\mathrm{j}k_2\cos\theta_2 d}}{A\mathrm{e}^{\mathrm{j}k_2\cos\theta_2 d}-B\mathrm{e}^{-\mathrm{j}k_2\cos\theta_2 d}}$$

把上式代入式(7-253)求出 B/A,并定义输入阻抗 Z_{in}(即在入射界面上向射入层看去的法向波阻抗)

$$Z_{\text{in}}=\left.\frac{E_{2y}}{H_{2x}}\right|_{z=d}=\frac{Z_1-\mathrm{j}Z_2\tan(k_2\cos\theta_2\ d)}{Z_2-\mathrm{j}Z_1\tan(k_2\cos\theta_2\ d)}Z_2 \tag{7-254}$$

为简化书写,令

$$\beta_2=k_2\cos\theta_2=k_{2z}$$

其中 k_{2z} 为传播矢量的法向分量,则有

$$Z_{\text{in}}=\frac{Z_1-\mathrm{j}Z_2\tan\beta_2 d}{Z_2-\mathrm{j}Z_1\tan\beta_2 d}Z_2 \tag{7-255}$$

在媒质 3 中,入射波与反射波的合成场是

$$E_{3y}=(C\mathrm{e}^{\mathrm{j}\beta_3(z-d)}+D\mathrm{e}^{-\mathrm{j}\beta_3(z-d)})\mathrm{e}^{-\mathrm{j}k_3\sin\theta_3 x}$$

$$H_{3x}=\frac{1}{Z_3}(C\mathrm{e}^{\mathrm{j}\beta_3(z-d)}-D\mathrm{e}^{-\mathrm{j}\beta_3(z-d)})\mathrm{e}^{-\mathrm{j}k_3\sin\theta_3 x}$$

式中 $\beta_3=k_3\cos\theta_3$,代表法向传播常数。

当 $z=d$ 时,根据介质边界切向连续条件应有

$$\left.\frac{E_{3y}}{H_{3x}}\right|_{z=d}=\left.\frac{E_{2y}}{H_{2x}}\right|_{z=d}=Z_3\frac{C+D}{C-D}=Z_{\text{in}}$$

由此解出电场的反射系数 R_{E} 为

$$\begin{aligned}R_{\text{E}}&=\frac{E_{\text{r},3}}{E_{\text{i},3}}=\frac{D}{C}=\frac{Z_{\text{in}}-Z_3}{Z_{\text{in}}+Z_3}\\&=\frac{(Z_1+Z_2)(Z_2-Z_3)\mathrm{e}^{-\mathrm{j}\beta_2 d}+(Z_1-Z_2)(Z_2+Z_3)\mathrm{e}^{\mathrm{j}\beta_2 d}}{(Z_1+Z_2)(Z_2+Z_3)\mathrm{e}^{-\mathrm{j}\beta_2 d}+(Z_1-Z_2)(Z_2-Z_3)\mathrm{e}^{\mathrm{j}\beta_2 d}}\end{aligned} \tag{7-256}$$

若有 $Z_1=Z_3$(即媒质 1 与媒质 3 相同),则

$$R_{\text{E}}=\frac{Z_2^2-Z_1^2}{Z_1^2+Z_2^2+\mathrm{j}2Z_1Z_2\cot\beta_2 d} \tag{7-257}$$

下面来求电场的透射系数 W_{E}。W_{E} 定义(仍参阅图 7-18)为

$$W_{\text{E}}=\frac{\text{透过介质板从媒质 1 射出的电场幅度}}{\text{从媒质 3 向介质板入射的电场幅度}}$$

先将媒质 1 中的透射波电场写为

$$E_{1y}=F\mathrm{e}^{\mathrm{j}\beta_1 z-\mathrm{j}k_1\sin\theta_1 x}$$

由界面上的边界条件,在 $z=0$ 处有

$$F\mathrm{e}^{-\mathrm{j}k_1\sin\theta_1 x}=(A+B)\mathrm{e}^{-\mathrm{j}k_2\sin\theta_2 x} \tag{7-258}$$

在 $z=d$ 处有

$$\begin{aligned}E_{3y}\big|_{z=d}&=(C+D)\mathrm{e}^{-\mathrm{j}k_3\sin\theta_3 x}\\&=C(1+R_{\text{E}})\mathrm{e}^{-\mathrm{j}k_3\sin\theta_3 x}\\&=(A\mathrm{e}^{\mathrm{j}\beta_2 d}+B\mathrm{e}^{-\mathrm{j}\beta_2 d})\mathrm{e}^{-\mathrm{j}k_2\sin\theta_2 x}\\&=E_{2y}\big|_{z=d}\end{aligned} \tag{7-259}$$

用式(7-259)去除式(7-258),可得

$$\frac{F}{C(1+R_E)}=\frac{A+B}{A e^{j\beta_2 d}+B e^{-j\beta_2 d}}$$

或

$$\frac{F}{C}=\frac{A+B}{A e^{j\beta_2 d}+B e^{-j\beta_2 d}}(1+R_E)$$

把式(7-253)代入上式，整理后得

$$W_E=\frac{F}{C}=\frac{1+R_E}{\left[\cos\beta_2 d-j\left(\frac{Z_2}{Z_1}\right)\sin\beta_2 d\right]^{1/2}} \tag{7-260}$$

以上得到的反射系数 R_E（式(7-256)）和透射系数 W_E（式(7-260)）虽然都是从垂直极化波投射的情况下得出的，但其推导方法对平行极化波投射同样成立，读者可以自行推导之。

应当指出，上面得出的反射系数和透射系数还可以从多次反射迭加求和的方法求出，所得到的形式为

$$R_E=\frac{R_{23}+R_{12}e^{-j2\beta_2 d}}{1+R_{23}R_{12}e^{-j2\beta_2 d}} \tag{7-261}$$

$$W_E=\frac{4Z_1Z_2}{(Z_1+Z_2)(Z_2+Z_3)}\frac{1}{e^{j\beta_2 d}+R_{12}R_{23}e^{-j\beta_2 d}} \tag{7-262}$$

式中

$$R_{12}=\frac{Z_1-Z_2}{Z_1+Z_2},\quad R_{23}=\frac{Z_2-Z_3}{Z_2+Z_3}$$

显而易见，式(7-261)与式(7-256)是等价的，式(7-262)与式(7-260)是等价的。式(7-261)和式(7-262)的推导留给读者自己练习。

下面来看两种特殊情况：

(1) 介质板的厚度 d 为半波长的整数倍时，有

$$2\beta_2 d=2k_2\cos\theta_2\, d=2n\pi\quad(n=1,2,3,\cdots)$$

把上式代入式(7-261)，得

$$R_E=\frac{R_{23}+R_{12}}{1+R_{23}R_{12}}=\frac{Z_1-Z_3}{Z_1+Z_3}=R_{13} \tag{7-263}$$

这时，相当于介质板不存在($d=0$)，如果媒质1与媒质3相同，则反射为零($R_E=0$)，这种情况是很有实用意义的。

(2) 介质板的厚度 d 为四分之一波长奇数倍时，有

$$2\beta_2 d=2k_2\cos\theta_2\, d=m\pi\quad(m\text{ 为奇数})$$

把上式代入式(7-261)，得

$$R_E=\frac{R_{23}-R_{12}}{1-R_{23}R_{12}}=\frac{Z_2^2-Z_1Z_3}{Z_2^2+Z_1Z_3}$$

此时，如有

$$Z_2=\sqrt{Z_1Z_3} \tag{7-264}$$

则有 $R_E=0$，式(7-264)称为 $\lambda/4$ 介质板的无反射条件。这种情况很有实用意义，它说明，只要在两种媒质之间适当插入四分之一波长奇数倍厚度的介质板，即可以消除原分界面上的反射，条件是插入介质板的波阻抗为两种媒质波阻抗的几何平均值。

*7.8.3 任意多层介质的反射与折射

假设有两个半无限介质，分别标记为媒质 1 和媒质 $n+1$，在它们之间夹有 $n-1$ 层介质板，分别标以 $2,3,\cdots,n$，如图 7-19。设有一平面波以任意入射角 θ_{n+1} 投射，现在要设法确定媒质 $n+1$ 中的反射波与媒质 1 中的透射波。

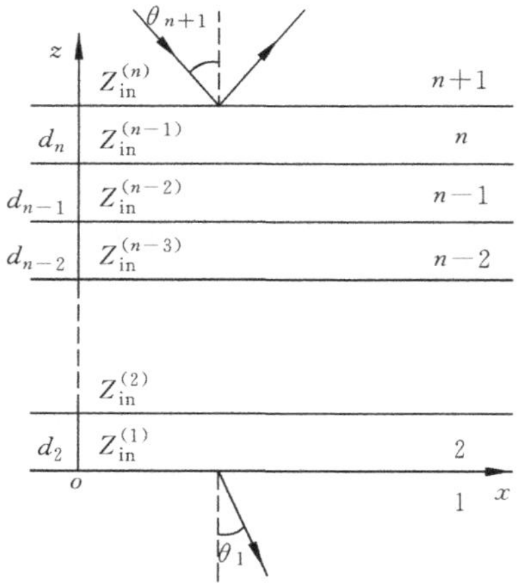

图 7-19 多层介质的反射与折射

现令 $\beta_j=k_j\cos\theta_j$ 代表第 j 层中的法向传播常数，z_j 代表第 j 层与第 $j+1$ 层分界面的纵坐标，$d_j=z_j-z_{j-1}$ 代表第 j 层的厚度，$\phi_j=\beta_j d_j$ 代表波在第 j 层中的相移，Z_j 代表第 j 层的法向波阻抗。

对第 j 层中的电磁场，有

$$E_{jy}=A_j e^{j\beta_j(z-z_{j-1})}+B_j e^{-j\beta_j(z-z_{j-1})}$$

$$H_{jx}=\frac{1}{Z_j}\left[A_j e^{j\beta_j(z-z_{j-1})}+B_j e^{-j\beta_j(z-z_{j-1})}\right]$$

这里假定是垂直极化投射，并略去了关于 x 的因子 $e^{-jk_j\sin\theta_j\cdot x}$。对于媒质 1，有

$$E_{1y}=A_1 e^{j\beta_1 z}$$

$$H_{1x}=\frac{A_1}{Z_1}e^{j\beta_1 z}$$

一般来讲，投射波的振幅 A_{n+1} 是已知的，z_j 和 d_j 也假定已知，此时共有 $2n$ 个量（$A_1,A_2,\cdots,A_n$ 和 $B_2,B_3,\cdots,B_{n+1}$）为待定的未知量，应有 $2n$ 个方程来确定，这些方程可以利用界面 1 到$n+1$共 n 个界面上电场和磁场的边界条件来建立，因而在理论上是有确定解的。但现在我们采用另一种更简捷的方法来求第 $n+1$ 个界面上的反射系数和媒质 1 中透射波的振幅，这就是上面所用的阻抗方法。

首先假定，介质 2 向 $+z$ 方向无限延伸，从前面的分析可知，此时的反射系数为

$$R_E^{(1)}=\frac{B_2}{A_2}=\frac{Z_1-Z_2}{Z_1+Z_2}$$

这里 Z_1 也可以看做是界面 1 处的输入阻抗 $Z_{in}^{(1)}$，即

$$R_E^{(1)}=\frac{Z_{in}^{(1)}-Z_2}{Z_{in}^{(1)}+Z_2}$$

同理，对于界面 2 处的反射（假定媒质 3 向 $+z$ 方向无限延伸），有

$$R_E^{(2)}=\frac{Z_{in}^{(2)}-Z_3}{Z_{in}^{(2)}+Z_3}$$

式中

$$Z_{in}^{(2)}=\frac{Z_{in}^{(1)}-jZ_2\tan\phi_2}{Z_2-jZ_{in}^{(1)}\tan\phi_2} \tag{7-265}$$

显然，界面 j 处的输入阻抗可按上面的递推关系写为

$$Z_{in}^{(j)}=\frac{Z_{in}^{(j-1)}-jZ_j\tan\phi_j}{Z_j-jZ_{in}^{(j-1)}\tan\phi_j} \tag{7-266}$$

而反射系数亦有递推关系，即

$$R_E^{(j)} = \frac{Z_{in}^{(j)} - Z_{j+1}}{Z_{in}^{(j)} + Z_{j+1}} \tag{7-267}$$

对于界面 n，有

$$R_E^{(n)} = \frac{Z_{in}^{(n)} - Z_{n+1}}{Z_{in}^{(n)} + Z_{n+1}} \tag{7-268}$$

现在来求透射系数 $W=A_1/A_{n+1}$。为此，先写出第 j 层和第 $j+1$ 层的分界面（$z=z_j$）上的场的边界条件：

$$E_y \text{ 连续} \qquad A_j e^{j\phi_j} + B_j e^{-j\phi_j} = A_{j+1} + B_{j+1}$$

$$H_x \text{ 连续} \qquad \frac{A_j e^{j\phi_j} - B_j e^{-j\phi_j}}{Z_j} = \frac{A_{j+1} - B_{j+1}}{Z_{j+1}}$$

且有此界面上的输入阻抗为

$$Z_{in}^{(j)} = \frac{E_{y,j+1}}{H_{x,j+1}}\bigg|_{z=z_j} = \frac{A_{j+1} + B_{j+1}}{A_{j+1} - B_{j+1}} Z_{j+1}$$

从上述三式中消去$\frac{B_{j+1}}{A_{j+1}}$和$\frac{B_j}{A_{j+1}}$，得

$$\frac{A_j}{A_{j+1}} = \frac{Z_j + Z_{in}^{(j)}}{Z_{j+1} + Z_{in}^{(j)}} e^{-j\phi_j}$$

它代表透入到第 j 层中的透射波幅度与第 $j+1$ 层中的透射波幅度的比值。由此递推，

$$\frac{A_j}{A_{j+2}} = \frac{A_j}{A_{j+1}} \frac{A_{j+1}}{A_{j+2}}$$

于是，

$$\frac{A_1}{A_{n+1}} = \frac{A_1}{A_2}\frac{A_2}{A_3}\cdots\frac{A_n}{A_{n+1}}$$

$$= \prod_{j=1}^{n} \frac{Z_{in}^{(j)} + Z_j}{Z_{in}^{(j)} + Z_{j+1}} e^{-j\phi_j} \tag{7-269}$$

此即平面波关于 $n-1$ 层介质板的透射系数。

读者可以自行证明，当 $n=1$ 时，式(7-268)和式(7-269)即还原为费涅耳公式。读者还可以自行推导出平行极化波入射情况的反射与透射系数的表达式。

7.9 平面电磁波对导体平面的投射

以上讨论的都是平面波对于媒质分界面的投射，本节我们将讨论平面波对导体平面的投射。

7.9.1 对理想导体平面的投射

所谓理想导体是指电导率 $\sigma\to\infty$ 的导体，在这种导体内部不存在时变电磁场，因此，在理想导体界面上，场强的边界条件是

$$\hat{\boldsymbol{n}} \times \boldsymbol{E} = 0 \quad \text{和} \quad \hat{\boldsymbol{n}} \times \boldsymbol{H} = \boldsymbol{J}$$

这里 $\hat{\boldsymbol{n}}$ 是导体界面的法向单位矢量。

1. 垂直极化波投射

各传播矢量及所取的坐标系如图 7-20。由边界条件，有

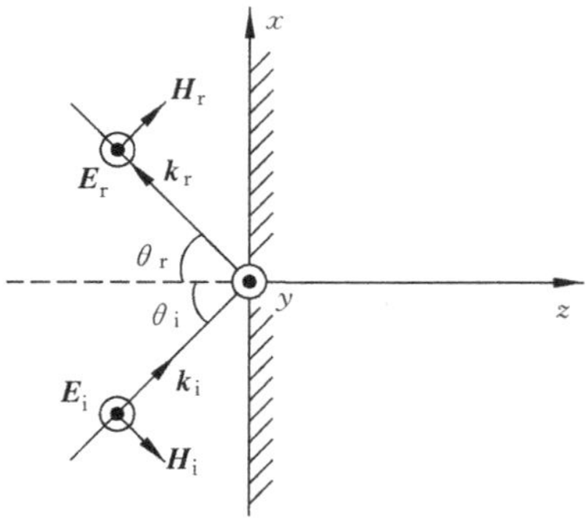

图 7-20 垂直极化波对导体平面的投射

$$\boldsymbol{E}_i + \boldsymbol{E}_r = 0 \quad (z = 0)$$

此时反射系数 $R_{E\perp} = -1$。

在 $z<0$ 的空间内总的电场为

$$\boldsymbol{E} = \boldsymbol{E}_i + \boldsymbol{E}_r = \hat{\boldsymbol{y}} E_{0i} e^{-j\boldsymbol{k}_i \cdot \boldsymbol{r}} + \hat{\boldsymbol{y}} E_{0r} e^{-j\boldsymbol{k}_r \cdot \boldsymbol{r}}$$

式中

$$\boldsymbol{k}_i = k_1 (\sin\theta_i \, \hat{\boldsymbol{x}} + \cos\theta_i \, \hat{\boldsymbol{z}})$$

$$\boldsymbol{k}_r = k_1 (\sin\theta_i \, \hat{\boldsymbol{x}} - \cos\theta_i \, \hat{\boldsymbol{z}})$$

显然由边界条件有 $E_{0r} = -E_{0i}$，所以

$$\boldsymbol{E} = \hat{\boldsymbol{y}} E_{0i} [e^{-jk_1(x\sin\theta_i + z\cos\theta_i)} - e^{-jk_1(x\sin\theta_i - z\cos\theta_i)}]$$
$$= -\hat{\boldsymbol{y}} j2E_{0i} \sin(k_1 z\cos\theta_i) e^{-jk_1 x\sin\theta} \qquad (7\text{-}270)$$

对于磁场，由法拉第定律

$$\nabla \times \boldsymbol{E} = -\mu \frac{\partial \boldsymbol{H}}{\partial t}$$

以及对于简谐平面波有 $\nabla \times = -j\boldsymbol{k} \times$，$\frac{\partial}{\partial t} = j\omega$，可得

$$\boldsymbol{H}_i = \frac{1}{\omega\mu}(\boldsymbol{k}_i \times \boldsymbol{E}_i) = \frac{k_1}{\omega\mu}(-\cos\theta_i \, \hat{\boldsymbol{x}} + \sin\theta_i \, \hat{\boldsymbol{z}}) E_{0i} e^{-jk_1(x\sin\theta_i + z\cos\theta_i)}$$

$$\boldsymbol{H}_r = \frac{1}{\omega\mu}(\boldsymbol{k}_r \times \boldsymbol{E}_r) = -\frac{k_1}{\omega\mu}(\cos\theta_i \, \hat{\boldsymbol{x}} + \sin\theta_i \, \hat{\boldsymbol{z}}) E_{0i} e^{-jk_1(x\sin\theta_i - z\cos\theta_i)}$$

在 $z<0$ 空间中，总磁场为

$$\boldsymbol{H} = \boldsymbol{H}_i + \boldsymbol{H}_r = -\frac{2k_1 E_{0i}}{\omega\mu} [\hat{\boldsymbol{x}} \cos\theta_i \cos(k_1 z\cos\theta_i)$$
$$+ \hat{\boldsymbol{z}} j\sin\theta_i \sin(k_1 z\cos\theta_i)] e^{-jk_1 x\sin\theta} \qquad (7\text{-}271)$$

分析以理想导体平面为界面的半无限大空间中的电场和磁场（式(7-270)和式(7-271)），我们发现有 3 个重要特性。

（1）法向驻波特性

在 $\hat{\boldsymbol{z}}$（界面的法向）方向上，电场 $\boldsymbol{E}$ 和磁场 $\boldsymbol{H}$ 的振幅按正弦分布，且有固定的波节与波腹点，各点的振相不沿 $\hat{\boldsymbol{z}}$ 方向传递，故称为“驻波”(standing wave)。另外，沿 $\hat{\boldsymbol{z}}$ 向成右手关系的 E_y 和 H_x 之间有 90°相差，所以在 $\hat{\boldsymbol{z}}$ 方向上无平均功率传输。

（2）切向快波特性

在 $\hat{\boldsymbol{x}}$（界面的切向）方向上，$\boldsymbol{E}$ 和 $\boldsymbol{H}$ 的各分量均以行波形式向前传播，其相速为

$$v_x = \frac{\omega}{k_1 \sin\theta_i} = \frac{v_1}{\sin\theta_i}$$

式中 v_1 为媒质的光速，因为 $\sin\theta_i \leqslant 1$，所以

$$v_x \geqslant v_1$$

通常称之为快波。注意，这个切向的快波是非均匀的（在等相位面 x=常数的面上，振幅随 z 变化）。

（3）横电波（TE 波）特性

对于传输方向 $\hat{\boldsymbol{x}}$ 而言，电场是横向的，即 $\boldsymbol{E}$ 是 $\hat{\boldsymbol{y}}$ 方向，而磁场 $\boldsymbol{H}$ 中则含有纵向分量（H_x），这种波称为横电波（TE 波）。

由法向驻波特性，我们可以推知，若在波节面上插入理想导体板，将不破坏场的分布。此时电磁波在两个导体平面之间来回反射，曲折地向 $\hat{x}$ 方向传播，由此可构成一种平行板波导。

2. 平行极化波投射

各传播矢量及所取的坐标系如图 7-21 所示。仍然根据理想导体界面切向电场为零的边界条件，有

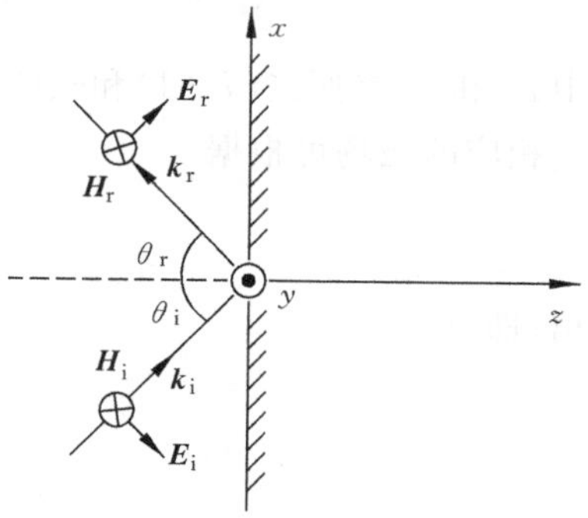

图 7-21　平行极化波对导体平面的投射

$$\boldsymbol{E}_i = \boldsymbol{E}_{0i}(-\hat{x}\cos\theta_i + \hat{z}\sin\theta_i)e^{-jk_1(x\sin\theta_i + z\cos\theta_i)}$$

$$\boldsymbol{H}_i = \frac{k_1 E_{0i}}{\omega\mu}(-\hat{y})e^{-jk_1(x\sin\theta_i + z\cos\theta_i)}$$

$$\boldsymbol{E}_r = E_{0r}(\hat{x}\cos\theta_i + \hat{z}\sin\theta_i)e^{-jk_1(x\sin\theta_i - z\cos\theta_i)}$$

$$\boldsymbol{H}_r = \frac{k_1 E_{0r}}{\omega\mu}(-\hat{y})e^{-jk_1(x\sin\theta_i - z\cos\theta_i)}$$

显然应有　$E_{0r} = E_{0i}$

亦即　$R_{E/\!/} = 1$

在 $z<0$ 的空间内总电磁场为

$$\boldsymbol{E} = \boldsymbol{E}_i + \boldsymbol{E}_r = 2E_{0i}[\hat{x}j\cos\theta_i\sin(k_1 z\cos\theta_i) + \hat{z}\sin\theta_i\cos(k_1 z\cos\theta_i)]e^{-jk_1 x\sin\theta_i x} \tag{7-272}$$

$$\boldsymbol{H} = \boldsymbol{H}_i + \boldsymbol{H}_r = -\hat{y}\frac{2E_{0i}k_1}{\omega\mu}\cos(k_1 z\cos\theta_i)e^{-jk_1\sin\theta_i x} \tag{7-273}$$

分析上两式，其性质与垂直极化波投射情况相类似，只是此时沿 x 方向传播的行波是横磁波（TM 波），因为 $H_x=0$，而 $E_x\neq 0$。

7.9.2　对非理想导体平面的投射

对于非理想导体，电导率 σ 是有限值，我们可以引入复介电常数的概念来简化分析。复介电常数的定义是

$$\varepsilon_k = \varepsilon + \frac{\sigma}{j\omega} = \left(\varepsilon_r - j\frac{\sigma}{\omega\varepsilon_0}\right)\varepsilon_0 = \varepsilon_{rk}\varepsilon_0$$

进而可以人为地引入复折射率

$$n_k = \sqrt{\varepsilon_{rk}}$$

以导出复数形式的折射定律与复费涅耳系数。

1. 垂直投射情况

此时已无必要区分极化的方式。设各传播矢量及坐标系如图 7-22 所示，由图可见，

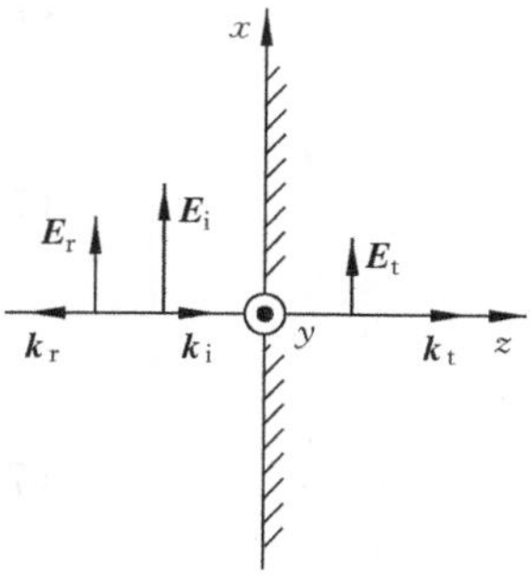

图 7-22　对非理想导体平面垂直投射

$$\hat{k}_i = -\hat{k}_r = \hat{k}_t = \hat{z}$$

相应地有

$$\boldsymbol{E}_i = \hat{x}E_{0i}e^{-jk_1 z}$$

$$\boldsymbol{E}_r = \hat{x}E_{0r}e^{jk_1 z}$$

$$\boldsymbol{E}_t = \hat{x}E_{0t}e^{-jk_2 z}$$

式中

$$k_1=\frac{n_1\omega}{c},\quad k_2=\frac{n_k\omega}{c}=\beta_2-\mathrm{j}\alpha_2,\quad n_k=n_2-\mathrm{j}\frac{c\alpha_2}{\omega}$$

其中 α_2 和 β_2 参照式(7-61)和式(7-60)。

相应的磁场可根据

$$\boldsymbol{H}=\frac{1}{\omega\mu}\boldsymbol{k}\times\boldsymbol{E}$$

写出，即有

$$\boldsymbol{H}_i=\hat{\boldsymbol{y}}\frac{k_1}{\omega\mu_1}E_{0i}\mathrm{e}^{-\mathrm{j}k_1z}$$

$$\boldsymbol{H}_r=-\hat{\boldsymbol{y}}\frac{k_1}{\omega\mu_1}E_{0r}\mathrm{e}^{\mathrm{j}k_1z}$$

$$\boldsymbol{H}_t=\hat{\boldsymbol{y}}\frac{k_2}{\omega\mu_2}E_{0t}\mathrm{e}^{-\mathrm{j}k_2z}$$

在 $z=0$ 的边界上，根据 $\boldsymbol{E},\boldsymbol{H}$ 切向分量连续的边界条件，有

$$E_{0i}+E_{0r}=E_{0t}$$

$$\frac{k_1}{\omega\mu_1}(E_{0i}-E_{0r})=\frac{k_2}{\omega\mu_2}E_{0t}$$

设 $\mu_1=\mu_2=\mu_0$，于是

$$\frac{E_{0r}}{E_{0i}}=\frac{1-k_2/k_1}{1+k_2/k_1}=\frac{1-\dfrac{c}{n_1\omega}(\beta_2-\mathrm{j}\alpha_2)}{1+\dfrac{c}{n_1\omega}(\beta_2-\mathrm{j}\alpha_2)}\tag{7-274}$$

$$\frac{E_{0t}}{E_{0i}}=\frac{2}{1+k_2/k_1}=\frac{2}{1+\dfrac{c}{n_1\omega}(\beta_2-\mathrm{j}\alpha_2)}\tag{7-275}$$

或写为

$$\frac{E_{0r}}{E_{0i}}=\frac{(n_1-n_2)+\mathrm{j}\dfrac{c\alpha_2}{\omega}}{(n_1+n_2)-\mathrm{j}\dfrac{c\alpha_2}{\omega}}\tag{7-276}$$

$$\frac{E_{0t}}{E_{0i}}=\frac{2n_1}{(n_1+n_2)-\mathrm{j}\dfrac{c\alpha_2}{\omega}}\tag{7-277}$$

式中

$$n_2=\frac{c\beta_2}{\omega}\tag{7-278}$$

功率反射系数

$$R=\frac{(n_1-n_2)^2+\left(\dfrac{c\alpha_2}{\omega}\right)^2}{(n_1+n_2)^2+\left(\dfrac{c\alpha_2}{\omega}\right)^2}\tag{7-279}$$

对于一导电性良好的良导体，有 $\alpha_2\approx\beta_2\approx\left(\dfrac{1}{2}\omega\mu_0\sigma\right)^{1/2}$。因此，

$$n_2 = \frac{c\beta_2}{\omega} \approx \frac{c\alpha_2}{\omega} \approx c\left(\frac{\mu_0 \sigma}{2\omega}\right)^{1/2} \gg 1$$

从而

$$R = \frac{(n_1 - n_2)^2 + n_2^2}{(n_1 + n_2)^2 + n_2^2} = \frac{1 + \left(1 - \frac{n_1}{n_2}\right)^2}{1 + \left(1 + \frac{n_1}{n_2}\right)^2}$$

若$\frac{n_1}{n_2} \ll 1$,则上式还可以进一步化简为

$$R \approx \frac{\left[2 - 2\left(\frac{n_1}{n_2}\right)\right]}{\left[2 + 2\left(\frac{n_1}{n_2}\right)\right]} = \frac{1 - \frac{n_1}{n_2}}{1 + \frac{n_1}{n_2}} \approx \left(1 - \frac{n_1}{n_2}\right)\left(1 - \frac{n_1}{n_2}\right)$$

$$\approx 1 - 2\left(\frac{n_1}{n_2}\right) \tag{7-280}$$

这一结果说明,对一良导体而言,其反射系数与 1 之间只差一小量,即几乎全部能量都被反射,只有很少一部分进入导体内部,因此在工程上常认为良导体的反射系数就是 1。

2. 斜投射情况

当一均匀平面波以 $\theta_i > 0$ 的角度斜投射到一导体平面上时,由于导体非理想,在它当中应有折射波存在。由于导体的折射率为复数,可以想象此时的折射角也应为一复数,复数折射角是无法在几何上将它表示出来的,可是折射波在客观上是有确定的传播方向的,这就需要对复数形式的折射定律

$$n_1 \sin\theta_i = n_k \sin\tilde{\theta}_t \tag{7-281}$$

做进一步分析,上式中的 $\tilde{\theta}_t$ 表示复数折射角。

在前面,曾根据分界面上场强连续条件导出

$$\boldsymbol{k}_i \cdot \boldsymbol{r} = \boldsymbol{k}_r \cdot \boldsymbol{r} = \boldsymbol{k}_t \cdot \boldsymbol{r}$$

这里 $\boldsymbol{r}$ 是位于分界面上的位置矢量,若取 $\hat{\boldsymbol{n}}$ 代表分界面法线方向的单位矢量,则有

$$\hat{\boldsymbol{n}} \cdot \boldsymbol{r} = 0$$

考虑到矢量恒等式

$$\hat{\boldsymbol{n}} \times (\hat{\boldsymbol{n}} \times \boldsymbol{r}) = (\hat{\boldsymbol{n}} \cdot \boldsymbol{r})\hat{\boldsymbol{n}} - (\hat{\boldsymbol{n}} \cdot \hat{\boldsymbol{n}})\boldsymbol{r} = (\hat{\boldsymbol{n}} \cdot \boldsymbol{r})\hat{\boldsymbol{n}} - \boldsymbol{r}$$

所以

$$\boldsymbol{r} = -\hat{\boldsymbol{n}} \times (\hat{\boldsymbol{n}} \times \boldsymbol{r})$$

将它代入式(7-225),得

$$\boldsymbol{k}_i \cdot \boldsymbol{r} = -\boldsymbol{k}_i \cdot \hat{\boldsymbol{n}} \times (\hat{\boldsymbol{n}} \times \boldsymbol{r}) = -(\boldsymbol{k}_i \times \hat{\boldsymbol{n}}) \cdot (\hat{\boldsymbol{n}} \times \boldsymbol{r})$$

对 $\boldsymbol{k}_r \cdot \boldsymbol{r}$, $\boldsymbol{k}_t \cdot \boldsymbol{r}$ 也有相同的等式,因此式(7-225)可改写为

$$\boldsymbol{k}_i \times \hat{\boldsymbol{n}} = \boldsymbol{k}_r \times \hat{\boldsymbol{n}} = \boldsymbol{k}_t \times \hat{\boldsymbol{n}} \tag{7-282}$$

需要注意的是,这里 $\boldsymbol{k}_t$ 是一复传播矢量。

设复传播矢量

$$\boldsymbol{k}_t = \boldsymbol{k}' + \mathrm{j}\boldsymbol{k}'' \tag{7-283}$$

式中 $\boldsymbol{k}'$,$\boldsymbol{k}''$分别代表 $\boldsymbol{k}_t$ 的实数、虚数部分。另外,位于 xz 平面上的矢量 $\boldsymbol{k}_t$ 可以分解为两个

分量，即

$$\boldsymbol{k}_t = k_t \sin\tilde{\theta}_t \hat{\boldsymbol{x}} + k_t \cos\tilde{\theta}_t \hat{\boldsymbol{z}} \tag{7-284}$$

根据式(7-282)，它是一复数等式，等式两边虚部、实部应分别相等，于是得

$$\boldsymbol{k}' \times \hat{\boldsymbol{n}} = \boldsymbol{k}_i \times \hat{\boldsymbol{n}} \tag{7-285}$$

$$\boldsymbol{k}'' \times \hat{\boldsymbol{n}} = 0 \tag{7-286}$$

式(7-286)说明 $\boldsymbol{k}''$与 $\hat{\boldsymbol{n}}=\hat{\boldsymbol{z}}$ 平行，而式(7-285)则说明

$$k' \sin\psi = k_i \sin\theta_i \tag{7-287}$$

这里 ψ 是矢量 $\boldsymbol{k}'$与 $\hat{\boldsymbol{n}}$ 的实数夹角(见图 7-23)，它可称为实折射角，也就是折射波等相位平面与分界面的夹角。决定折射波衰减特性的虚数部分 $\boldsymbol{k}''$与 $\hat{\boldsymbol{n}}$ 平行则表示等振幅面与分界面平行，这两者不重合说明它也是非均匀平面波。

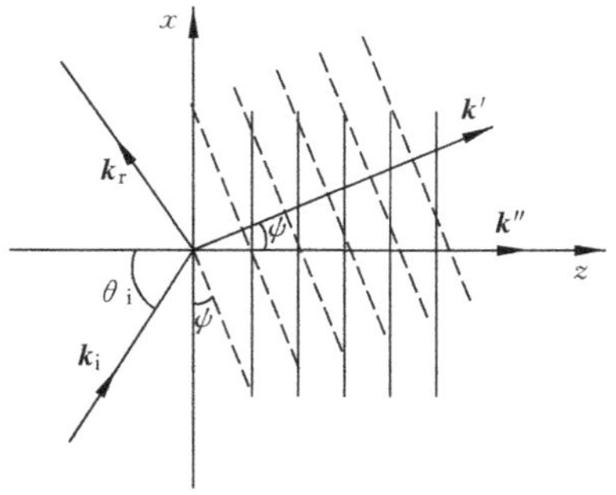

图 7-23　对非理想导体表面斜投射

根据图 7-23，式(7-283)可以写为

$$\begin{aligned}\boldsymbol{k}_t &= k' \sin\psi \hat{\boldsymbol{x}} + k' \cos\psi \hat{\boldsymbol{z}} + \mathrm{j}k'' \hat{\boldsymbol{z}} \\ &= k_i \sin\theta_i \hat{\boldsymbol{x}} + (k' \cos\psi + \mathrm{j}k'') \hat{\boldsymbol{z}}\end{aligned} \tag{7-288}$$

与式(7-284)相比较，可得

$$k_i \sin\theta_i = k_t \sin\tilde{\theta}_t \tag{7-289}$$

$$k' \cos\psi + \mathrm{j}k'' = k_t \cos\tilde{\theta}_t \tag{7-290}$$

式(7-289)与式(7-281)等价，而它和式(7-290)、式(7-287)一起给出了 k'，k''，ψ 与已知量 n_k，k_i，θ_i 之间的关系。这里不再给出进一步的推导，只是说明一点，即对于大多数良导体而言，不论入射波的投射角 θ_i 是多少，实数折射角 ψ 都是接近于零的。

习　　题

7-1　在同一介质中同时传播两个均匀平面波，它们的电场强度分别为

$$\boldsymbol{E}_{1\mathrm{m}} = E_1 \mathrm{e}^{-\mathrm{j}\omega_1 z/c} \hat{\boldsymbol{x}}$$

$$\boldsymbol{E}_{2\mathrm{m}} = E_2 \mathrm{e}^{-\mathrm{j}\omega_2 z/c} \hat{\boldsymbol{x}}$$

并且 $\omega_1 \neq \omega_2$，证明总的平均能流密度等于波的平均能流密度之和。

7-2　自由空间中给定

$$\boldsymbol{E}(z,t) = 30\pi \cos(10^8 t - kz) \hat{\boldsymbol{x}}$$

$$\boldsymbol{H}(z,t) = H_m \cos(10^8 t - kz) \hat{\boldsymbol{y}}$$

求磁场强度的幅度 H_m 和传播常数 k。

7-3　海水的 $\sigma=4\mathrm{S/m}$，$\varepsilon_r=81$，求 $f=10\mathrm{kHz}$，$100\mathrm{kHz}$，$1\mathrm{MHz}$，$10\mathrm{MHz}$ 和 $1000\mathrm{MHz}$ 的电磁波在海水中的波长、衰减常数和波阻抗。

7-4　证明电磁波在导电媒质内传播时场量的衰减约为每波长 55dB。

7-5　电场为

$$\boldsymbol{E}(t,z) = \mathrm{Re}[E_{x0} \hat{\boldsymbol{x}} + E_{y0} \mathrm{e}^{\mathrm{j}\phi} \hat{\boldsymbol{y}}] \mathrm{e}^{\mathrm{j}(\omega t - kz)}$$

的椭圆极化均匀平面波，在波阻抗为 Z_c 的介质中传播，其中 E_{x0} 和 E_{y0} 是实数。

(1) 求该波的磁场强度；

（2）求该波的坡印亭矢量的瞬时值和平均值。

7-6　证明任何椭圆极化波均可分解为两个向相反方向旋转的圆极化波之和。

7-7　当电磁波沿 $+z$ 方向传播，但恒定磁场为 $+x$ 方向时，求无限大等离子体的等效介电常数。

7-8　设有一均匀平面电磁波在自由空间传播，且 $\boldsymbol{k}$ 位于 xoy 平面内，沿 y 轴的相速度为 $2\sqrt{3}\times10^8\,\mathrm{m/s}$，求波的传播方向及其沿 x 轴的相速度。

7-9　一圆极化均匀平面波垂直投射于一介质板上，入射电场为

$$\boldsymbol{E}_{\mathrm{m}} = E_{\mathrm{m}}(\hat{\boldsymbol{x}} + \mathrm{j}\hat{\boldsymbol{y}})\mathrm{e}^{\mathrm{j}\beta z}$$

求反射波与折射波的电场强度，并分析它们的极化如何？

7-10　一均匀平面波

$$\boldsymbol{E}^{+} = E_0\cos(\omega t - k_x x - k_z z)\hat{\boldsymbol{y}}$$

斜投射到两半无限大理想导体形成的直角域的直角边上（参看题图 7-1），设对 $z=0$ 的一面的投射角为 θ_{i}，求该域中任一点 (x,y) 处的电场强度。

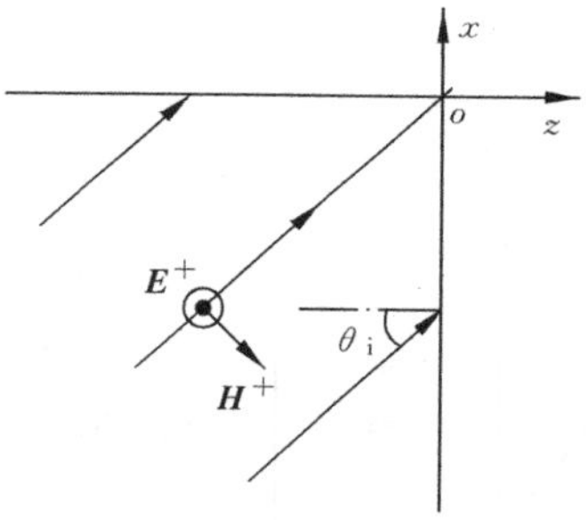

题图 7-1

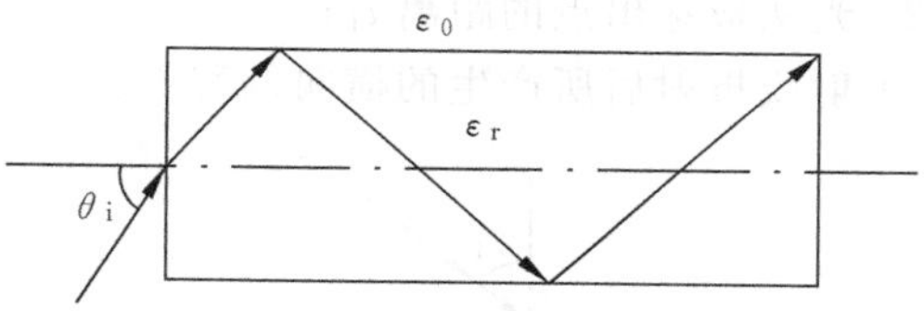

题图 7-2

7-11　一根介质棒可在全反射条件下用来导光或电磁波，若要求波无论从任何角度入射到它的一端后都被全部约束在棒内（参看题图 7-2），问这棒的介电常数最小值应为多少？

7-12　试证一个圆极化波的瞬时坡印亭矢量是一个与时间无关的常数。

7-13　一个右旋圆极化波垂直入射到位于 $z=0$ 的理想导体板上，其电场为

$$\boldsymbol{E}_{\mathrm{m}}(z) = E_0(\hat{\boldsymbol{x}} - \mathrm{j}\hat{\boldsymbol{y}})\mathrm{e}^{-\mathrm{j}\beta z}$$

分析反射波的极化方式是什么，并求出 $z<0$ 的半空间中电场与磁场的分布。

7-14　有一均匀平面波其电场为

$$\boldsymbol{E}_{\mathrm{i}}(z,t) = \hat{\boldsymbol{x}}\cos(\omega t - \beta z)$$

从媒质 1(ε_1,μ_0)垂直入射到一块以理想导体平面为基底，厚度为 d 的无损介质(ε_2,μ_0)上（参看题图 7-3）。

（1）求 $E_{\mathrm{r}}(z,t)$；

（2）求 $E_1(z,t)$；

（3）求 $E_2(z,t)$；

（4）欲使 $E_1(z,t)$与介质板不存在时的相同，问 d 的厚度应为多少？

7-15　试证明在下述两种情况下，在分界面上无反射的条件是布儒斯特角与折射角之和为 $\pi/2$。

（1）垂直极化$(\mu_1\neq\mu_2)$；

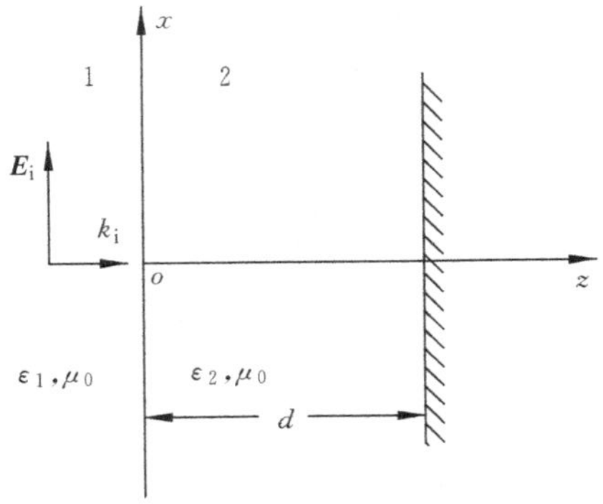

题图 7-3

(2) 平行极化($\varepsilon_1 \neq \varepsilon_2$)。

7-16　有一光线从空气中斜入射到一块厚度为 d，折射率为 n 的透明板上(参看题图 7-4)，入射角为 θ_i，试求：

(1) θ_t；

(2) 光从板穿出点的距离 l_1；

(3) 射线折射后所产生的横向偏移 l_2。

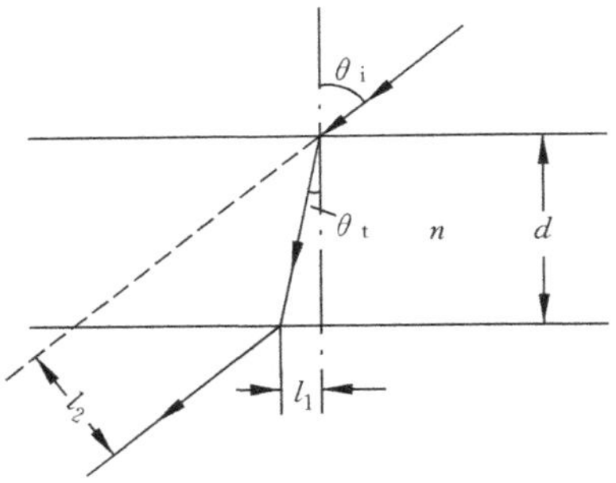

题图 7-4

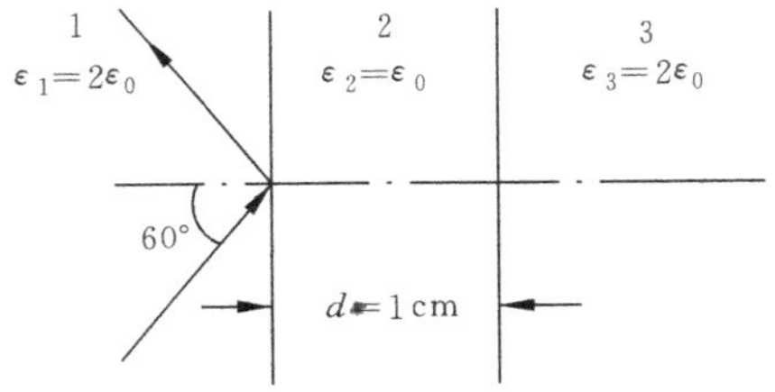

题图 7-5

7-17　一垂直极化波由 1 区入射到 2 区的临界角 $\theta_c=45°$，现以 $\theta_i=60°$ 角入射(参看题图 7-5)，求 3 区中场强的相对振幅(设入射波场强振幅为 1，电磁波的频率 $f=30\text{GHz}$)。

7-18　一垂直极化的均匀平面波投射到一介质分界面上，证明当发生全反射时($\theta_i>\theta_c$)，在两种介质分界面上坡印亭矢量 $\boldsymbol{S}$ 的平均值为零。

7-19　一平面波垂直投射到一理想导体平面上，如

$$\boldsymbol{E}_m = \hat{\boldsymbol{x}}\text{j}E_0\sin kz,\quad \boldsymbol{H}_m = \hat{\boldsymbol{y}}\left(\frac{\varepsilon_0}{\mu_0}\right)^{1/2}E_0\cos kz$$

式中 $k=2\pi/\lambda$，试求在 $z=0,\lambda/8,\lambda/4$ 处坡印亭矢量的瞬时值与平均值。

7-20　一均匀平面波垂直投射到一厚度为 $d=2\text{cm}$ 的介质板上，板的介质常数 $\varepsilon_r=4$，$\mu_r=1,\sigma=0$，波的频率 $f=3\text{GHz}$，波的电场振幅 $E_m=1\text{V/m}$，求波穿过介质板后的电场振幅 E_m'。

7-21　试用多次反射迭加的方法导出式(7-261)。

第 8 章 波导与谐振腔

前一章我们讨论了均匀平面波在各种无界媒质中的传播特性，也讨论了均匀平面波在理想导体表面及两种不同媒质的界面上反射与折射的规律。可以说，前一章涉及的是电磁波在无限大(或半无限大)空间中传播的基本规律。本章我们将讨论电磁波在有界空间中传播时的特性，即电磁波在导波结构(可以广义地称之为传输线)的导引下朝预定方向传播时的规律。

在射频无线电波段，常用的传输线有平行双线、同轴线、平行板传输线、带状线、微带线、矩形波导和圆波导。近年来，随着平面电路和微电子技术的发展，出现了许多新型的传输线如槽线、共面线、鳍线以及它们的变形。图 8-1 给出了一些典型传输线结构的示意。除了这些金属结构以外，还有介质波导。无论是哪一种导波结构，其共性都是将电磁能量限制在有限空间内并沿一定的方向传播。

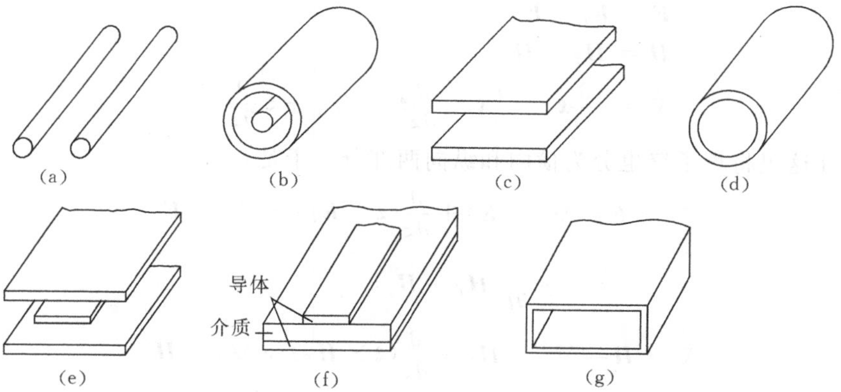

图 8-1 一些典型传输线结构示意图

(a) 平行双线；(b) 同轴线；(c) 平行板传输线；(d) 圆波导；(e) 带状线；(f) 微带线；(g) 矩形波导

从结构上看，图 8-1 所示的传输线大致可分为两类：一类是多导体传输系统(如同轴线)，另一类是空心的单导体管(即金属波导)。我们将这两类传输结构分别加以讨论，并只限于研究一般的柱状结构，即沿传输系统的轴向的横截面形状与尺寸不变且无弯曲。因此，本章的主要内容是在柱状边界条件下求解电磁场方程，从而得出电磁场在不同结构中的特性。

分析表明，柱状传输线中满足边界条件的场方程的解可分成三类，通常称为以下三种模式。

(1) 横电磁波(TEM 模)，其电、磁场均无纵向(传输方向)分量；

(2) 横磁波(TM 或 E 模)，其磁场无纵向分量，但电场有纵向分量；

(3) 横电波(TE 或 H 模)，其电场无纵向分量，但磁场有纵向分量。

在某些情况下，上述三种模式均不能单独满足场方程和边界条件，这时需要考虑第四种模式，即

(4) 混合波(HE 模或 EH 模),其电、磁场的纵向分量均不为零。

8.1 柱形传输结构中场的关系——纵向分量法

取一任意截面的柱形波导如图 8-2 所示,以下从麦克斯韦方程出发,分析其中的场的关系。

因电磁波沿 z 向传输,所以时谐电磁场沿 z 的变化形式为 $e^{-jk_z z}$,电磁波的复数形式场矢量解为

$$\begin{cases}\dot{\boldsymbol{E}}(x,y,z)=\dot{\boldsymbol{E}}(x,y)e^{-jk_z z}\\ \dot{\boldsymbol{H}}(x,y,z)=\dot{\boldsymbol{H}}(x,y)e^{-jk_z z}\end{cases}$$

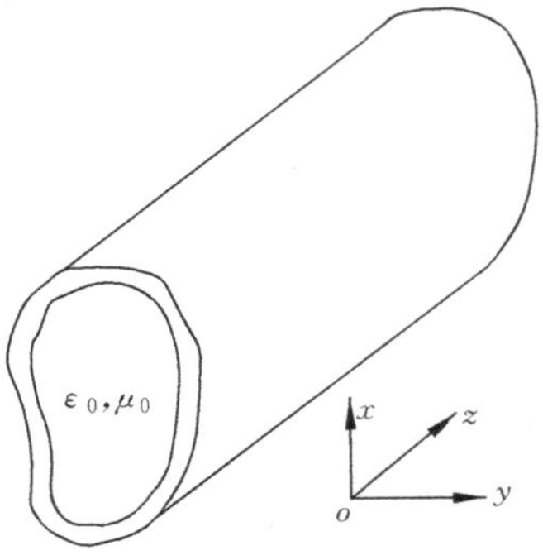

图 8-2 任意截面的柱形波导

本章为了书写方便,将各复数量上面的点号省去,但 $\boldsymbol{E},\boldsymbol{H}$ 等仍应理解为复函数。这样上式变为

$$\boldsymbol{E}(x,y)=\hat{x}E_x(x,y)+\hat{y}E_y(x,y)+\hat{z}E_z(x,y)$$

$\boldsymbol{H}$ 亦然。其中 E_z 和 H_z 称为纵向分量,其他则为横向分量,以下标"T"表示横向,则有

$$\boldsymbol{E}=\boldsymbol{E}_T+\boldsymbol{E}_z$$

$$\boldsymbol{H}=\boldsymbol{H}_T+\boldsymbol{H}_z$$

$$\nabla=\frac{\partial}{\partial x}\hat{x}+\frac{\partial}{\partial y}\hat{y}+\frac{\partial}{\partial z}\hat{z}=\nabla_T+\hat{z}\frac{\partial}{\partial z}$$

注意,我们在这里将算子 ∇ 也分为横向和纵向两部分。于是,

$$\nabla\times\boldsymbol{E}=\nabla_T\times\boldsymbol{E}_T+\frac{\partial}{\partial z}(\hat{z}\times\boldsymbol{E}_T)+\nabla_T\times\boldsymbol{E}_z$$

$$=-\mu\frac{\partial}{\partial t}(\boldsymbol{H}_T+\boldsymbol{H}_z)$$

$$\nabla\times\boldsymbol{H}=\nabla_T\times\boldsymbol{H}_T+\frac{\partial}{\partial z}(\hat{z}\times\boldsymbol{H}_T)+\nabla_T\times\boldsymbol{H}_z$$

$$=\varepsilon\frac{\partial}{\partial t}(\boldsymbol{E}_T+\boldsymbol{E}_z)$$

$$\nabla\cdot\boldsymbol{E}=\nabla_T\cdot\boldsymbol{E}_T+\frac{\partial}{\partial z}(\hat{z}\cdot\boldsymbol{E}_z)=0$$

$$\nabla\cdot\boldsymbol{H}=\nabla_T\cdot\boldsymbol{H}_T+\frac{\partial}{\partial z}(\hat{z}\cdot\boldsymbol{H}_z)=0$$

考虑到 $\frac{\partial}{\partial z}=-jk_z$,$\frac{\partial}{\partial t}=j\omega$,并分离横、纵分量,得到

$$\begin{cases}\nabla_T\times\boldsymbol{E}_T=-j\omega\mu\hat{z}H_z & (8\text{-}1)\\ \nabla_T\times\boldsymbol{E}_z-jk_z\hat{z}\times\boldsymbol{E}_T=-j\omega\mu\boldsymbol{H}_T & (8\text{-}2)\\ \nabla_T\times\boldsymbol{H}_T=j\omega\varepsilon\hat{z}E_z & (8\text{-}3)\\ \nabla_T\times\boldsymbol{H}_z-jk_z\hat{z}\times\boldsymbol{H}_T=j\omega\varepsilon\boldsymbol{E}_T & (8\text{-}4)\\ \nabla_T\cdot\boldsymbol{E}_T-jk_zE_z=0 & (8\text{-}5)\\ \nabla_T\cdot\boldsymbol{H}_T-jk_zH_z=0 & (8\text{-}6)\end{cases}$$

所谓纵向分量法,是将横向分量表示为纵向分量,从而通过求解纵向分量来获得横向分

量。比如，对式(8-2)两侧同乘 jωε，有

$$\mathrm{j}\omega\varepsilon\nabla_T\times\boldsymbol{E}_z-\mathrm{j}k_z\hat{\boldsymbol{z}}\times(\mathrm{j}\omega\varepsilon\boldsymbol{E}_T)=\omega^2\varepsilon\mu\boldsymbol{H}_T$$

把上式代入式(8-4)，有

$$(k^2-k_z^2)\boldsymbol{H}_T=\mathrm{j}\omega\varepsilon\nabla_T E_z\times\hat{\boldsymbol{z}}-\mathrm{j}k_z\nabla_T H_z$$

即

$$\boldsymbol{H}_T=\frac{1}{k^2-k_z^2}(\mathrm{j}\omega\varepsilon\nabla_T E_z\times\hat{\boldsymbol{z}}-\mathrm{j}k_z\nabla_T H_z) \tag{8-7}$$

式中 $k^2=\omega^2\varepsilon\mu$。

同理可得

$$\boldsymbol{E}_T=\frac{1}{k^2-k_z^2}(-\mathrm{j}\omega\mu\nabla_T H_z\times\hat{\boldsymbol{z}}-\mathrm{j}k_z\nabla_T E_z) \tag{8-8}$$

式(8-7)和式(8-8)表明，一旦求得纵向分量 E_z 和 H_z，便可以方便地从式(8-7)和式(8-8)解出场的横向分量，也就是说柱形传输结构中的电磁场问题可以归结为两个纵向分量 E_z 和 H_z 的问题，此即纵向分量法。

纵向分量 E_z 和 H_z 的求解，仍需从麦克斯韦方程出发，解波动方程。我们知道，无源线性空间中的电磁场满足亥姆霍兹方程

$$(\nabla^2+k^2)\boldsymbol{E}=0$$
$$(\nabla^2+k^2)\boldsymbol{H}=0$$

从中可分离出来的纵向分量 E_z 和 H_z 满足的标量波动方程为

$$(\nabla^2+k^2)E_z=0$$
$$(\nabla^2+k^2)H_z=0$$

对于标量方程，有

$$\nabla^2=\nabla\cdot\nabla=(\nabla_T-\mathrm{j}k_z\hat{\boldsymbol{z}})\cdot(\nabla_T-\mathrm{j}k_z\hat{\boldsymbol{z}})=\nabla_T^2-k_z^2$$

于是，

$$\begin{cases}\nabla_T^2E_z+(k^2-k_z^2)E_z=0 & (8\text{-}9)\\ \nabla_T^2H_z+(k^2-k_z^2)H_z=0 & (8\text{-}10)\end{cases}$$

对于式(8-9)和式(8-10)，只要应用标量波动方程的解法即可求解。如果我们分别将 E_z 和 H_z 及用其表达的电磁场横向分量求出来，则可获得两个独立的场模式，一个为 $E_z=0,H_z\neq0$ 的 TE 模(H 模)；另一个则是 $E_z\neq0,H_z=0$ 的 TM 模(E 模)。

对于 TM 模，在解出方程 $(\nabla_T^2+k^2-k_z^2)E_z=0$ 后，可令式(8-7)、式(8-8)中 $H_z=0$，便有

$$\boldsymbol{E}_T=\frac{-\mathrm{j}k_z}{k^2-k_z^2}\nabla_T E_z$$

$$\boldsymbol{H}_T=\frac{\mathrm{j}\omega\varepsilon}{k^2-k_z^2}\nabla_T E_z\times\hat{\boldsymbol{z}}$$

由上式可进一步找出横向场量 $\boldsymbol{E}_T$ 和 $\boldsymbol{H}_T$ 之间的关系

$$\boldsymbol{H}_T=\frac{\omega\varepsilon}{k_z}\hat{\boldsymbol{z}}\times\boldsymbol{E}_T \tag{8-11}$$

可见 $\boldsymbol{E}_T$ 和 $\boldsymbol{H}_T$ 是互相垂直，且其幅度关系可由波型阻抗 Z_{TM} 给出，即

$$Z_{\mathrm{TM}}=\frac{E_T}{H_T}=\left(\frac{\omega\varepsilon}{k_z}\right)^{-1}=\sqrt{\frac{\mu}{\varepsilon}}\frac{k_z}{k} \tag{8-12}$$

对于 TE 模，在解出方程$(\nabla_T^2+k^2-k_z^2)H_z=0$后，可令式(8-7)、式(8-8)中$E_z=0$，便有

$$\boldsymbol{E}_T=\frac{\mathrm{j}\omega\mu}{k^2-k_z^2}\hat{\boldsymbol{z}}\times\nabla_T H_z$$

$$\boldsymbol{H}_T=\frac{-\mathrm{j}k_z}{k^2-k_z^2}\nabla_T H_z$$

故E_T和H_T也是互相垂直的，其幅度关系也可用波型阻抗表示，即

$$Z_{\mathrm{TE}}=\frac{E_T}{H_T}=\frac{\omega\mu}{k_z}=\sqrt{\frac{\mu}{\varepsilon}}\frac{k}{k_z} \tag{8-13}$$

对于 TEM 模而言，由于其电场、磁场的纵向分量均为零，故不可能再利用纵向分量法求解。但此时可由式(8-2)和式(8-4)得到

$$\begin{cases}-\mathrm{j}k_z\hat{\boldsymbol{z}}\times\boldsymbol{E}_T=-\mathrm{j}\omega\mu\boldsymbol{H}_T\\-\mathrm{j}k_z\hat{\boldsymbol{z}}\times\boldsymbol{H}_T=\mathrm{j}\omega\varepsilon\boldsymbol{E}_T\end{cases} \tag{8-14}$$

进而可得

$$\begin{cases}(k^2-k_z^2)E_T=0\\(k^2-k_z^2)H_T=0\end{cases} \tag{8-15}$$

上式中$E_T\neq0,H_T\neq0$，则只有$k^2-k_z^2=0$，即$k=k_z$。显然可见，TEM 模的$\boldsymbol{E}_T$和$\boldsymbol{H}_T$都是既无旋度又无散度的矢量场，因此可以用位函数的梯度来表示，即$\boldsymbol{E}_T=-\nabla_T\varphi$和$\boldsymbol{H}_T=-\nabla_T\varphi_{\mathrm{m}}$，而且从式(8-14)可知，$\varphi$和$\varphi_{\mathrm{m}}$之间只有一个是独立的，一般取电位函数$\varphi$为独立的标量函数。这说明，TEM 模的场与无源区的稳恒场是一样的，在横截面上E_T和H_T满足拉普拉斯方程$\nabla_T^2\varphi=0$，因此可用求解静态场的方法来求解横截面中的$\boldsymbol{E}_T$和$\boldsymbol{H}_T$。由于 TEM 模的边界条件和静态场的边界条件形式相同，因此 TEM 波在横截面内的场结构与静电场的场结构是相同的。也就是说，只有在多导体传输结构中才可能存在 TEM 波，这是不言而喻的。另外，TEM 波沿轴向的分布具有波动性质($\mathrm{e}^{-\mathrm{j}k_z z}$)，而静态场则是平行平面场(即沿轴向是均匀的)，所以说，TEM 模与静态场是有本质区别的。TEM 模是“波”的一种模式。由式(8-14)可知，这种波(TEM)的电场和磁场分量互相垂直，并且$\boldsymbol{E}$及$\boldsymbol{H}$和传播方向$\hat{\boldsymbol{z}}$三者之间满足右手定则，其$\boldsymbol{E}$和$\boldsymbol{H}$的幅度关系可由波阻抗表示为

$$Z_{\mathrm{TEM}}=Z_0=\sqrt{\frac{\mu}{\varepsilon}}$$

8.2 双导体传输线——同轴线

双导体传输线的形式很多，其共同特征是可以建立 TEM 模(因为凡能建立静态场的结构都能传输 TEM 波)。这里仅以比较常用的同轴线为例，说明双导体传输线的横截面上场分布的求解方法。

同轴线横截面如图 8-3 所示。在z等于常数的平面上电位函数φ满足二维拉普拉斯方程(取柱坐标)

$$\nabla_T^2\varphi=\nabla_T^2(\varphi_0\ \mathrm{e}^{-\mathrm{j}k_z})=0 \tag{8-16}$$

其中φ_0是$z=0$平面上的电位，把∇_T在柱坐标中的定义代入上式得

$$\frac{1}{\rho}\frac{\partial}{\partial\rho}\left(\rho\frac{\partial\varphi_0}{\partial\rho}\right)+\frac{1}{\rho^2}\frac{\partial^2\varphi_0}{\partial\phi^2}=0 \tag{8-17}$$

因为$\frac{\partial \varphi_0}{\partial \phi}=0$，所以

$$\varphi_0 = C_1 \ln\rho + C_2 \tag{8-18}$$

设外导体电位 φ_0 为 0，内导体电位 φ_0 为 U_0，即边界条件为

$$\varphi_0\big|_{\rho=r_1} = 0, \quad \varphi_0\big|_{\rho=r_2} = U_0 \tag{8-19}$$

将上式代入通解式(8-18)，可定出常数 C_1 和 C_2，最后得

$$\varphi = \frac{U_0}{\ln\frac{r_2}{r_1}} \ln\frac{\rho}{r_1} e^{-jkz} \tag{8-20}$$

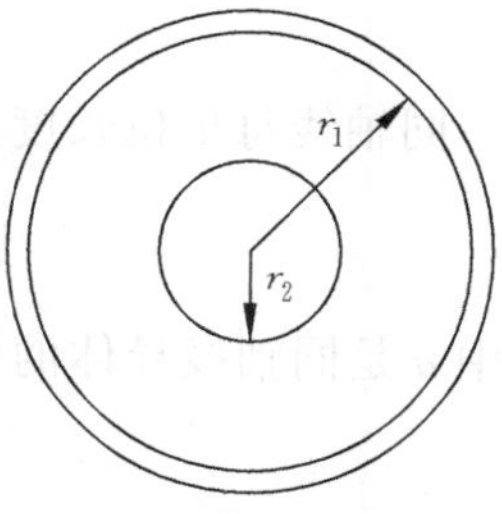

图 8-3　同轴线横截面

该平面上的电场强度为

$$\boldsymbol{E}_T = -\nabla_T\varphi = -\frac{\partial\varphi}{\partial\rho}\hat{\boldsymbol{\rho}} = \frac{U_0 e^{-jkz}}{\ln\frac{r_1}{r_2}} \frac{1}{\rho}\hat{\boldsymbol{\rho}} \tag{8-21}$$

磁场强度为

$$\boldsymbol{H}_T = \sqrt{\frac{\varepsilon}{\mu}} \frac{U_0}{\ln\frac{r_1}{r_2}} \frac{1}{\rho} e^{-jkz} \hat{\boldsymbol{\phi}} \tag{8-22}$$

当 $\rho=r_2$ 时，电场有最大值，设此值为 E_0，则

$$E_0 = \frac{U_0}{r_2}\bigg/\ln\frac{r_1}{r_2} \tag{8-23}$$

因此横截面上电磁场可以表示为

$$\boldsymbol{E}_T = E_0 \frac{r_2}{\rho} e^{-jkz}\hat{\boldsymbol{\rho}} \tag{8-24}$$

$$\boldsymbol{H}_T = \sqrt{\frac{\varepsilon}{\mu}} E_0 \frac{r_2}{\rho} e^{-jkz}\hat{\boldsymbol{\phi}} \tag{8-25}$$

同轴线横截面上 TEM 模的场结构示于图 8-4，图中实线为电力线，虚线为磁力线。

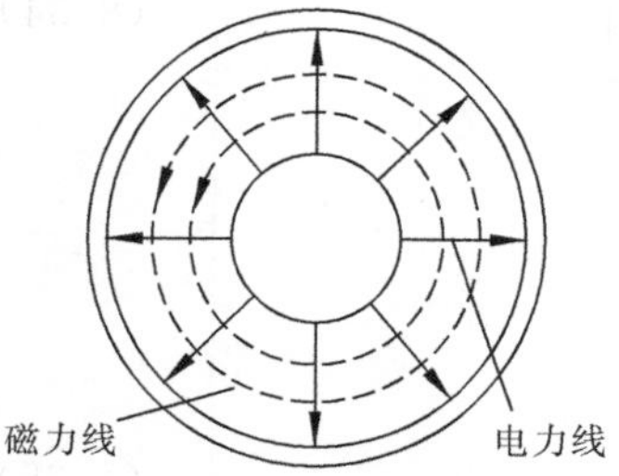

图 8-4　同轴线横截面的场分布

设同轴线的内导体表面上的电流为 I_f，则

$$\oint_l \boldsymbol{H}_T \cdot d\boldsymbol{l} = I_f + \int_S j\omega\boldsymbol{D}_T \cdot d\boldsymbol{S}$$

式中 l 是包围内导体的任意封闭曲线，S 是 l 包围的面积。选 l 为与内导体同心的圆周，并考虑到 $\boldsymbol{D}_T$ 只有横向分量，于是 $\boldsymbol{D}_T \cdot d\boldsymbol{S}=0$，所以有

$$I_f = \sqrt{\frac{\varepsilon}{\mu}} 2\pi r_2 E_0 e^{-jkz} = I_{f0} e^{-jkz} \tag{8-26}$$

外导体内表面的电流和内导体表面上的电流方向相反，大小相等。

同轴线的特性阻抗 Z_c 定义为电压与电流之比，即

$$Z_c = \frac{U_0}{I_{f0}} = \sqrt{\frac{\mu}{\varepsilon}} \frac{1}{2\pi}\ln\frac{r_1}{r_2} \tag{8-27}$$

设 $\mu=\mu_0$，则

$$Z_c = \frac{60}{\sqrt{\varepsilon_r}}\ln\frac{r_1}{r_2} = \frac{138}{\sqrt{\varepsilon_r}}\lg\frac{r_1}{r_2} \tag{8-28}$$

同轴线每单位长度上的电阻近似为

$$R = \frac{1}{\pi\sigma\delta}\left(\frac{1}{r_1}+\frac{1}{r_2}\right) \tag{8-29}$$

其中 σ 是同轴线导体的导电率，δ 是趋肤深度。每单位长度上，同轴线的损耗功率为

$$P_L = \frac{1}{2}I_{f0}^2 R = \frac{I_0^2}{2\pi r_1}\sqrt{\frac{\omega\mu}{2\sigma}}\left(1+\frac{r_1}{r_2}\right) \tag{8-30}$$

同轴线中除了能传输 TEM 波外，也可传播 TE 波和 TM 波，但通常总希望它工作在 TEM 模。

8.3 空心波导——金属矩形波导

在空心波导这样的单导体封闭式传输结构中，由于其内部没有源(电流和电荷)，在其横截面上不可能建立起稳恒场，所以波导管不能传播 TEM 波。

金属波导管的类型很多，应用很广，常用的是矩形和圆形，两者可以分别取直角坐标和柱坐标求解，下面以矩形波导为例分析波导管中的场结构和传输特性。

从麦克斯韦方程出发，选取直角坐标系，可以得到用纵向分量表示的各横向场量(参考式(8-7)和式(8-8))为

$$\begin{cases} E_x = \dfrac{-\mathrm{j}}{k^2-k_z^2}\left[k_z\dfrac{\partial E_z}{\partial x}+\omega\mu\dfrac{\partial H_z}{\partial y}\right] & (8\text{-}31)\\[2ex] E_y = \dfrac{-\mathrm{j}}{k^2-k_z^2}\left[k_z\dfrac{\partial E_z}{\partial y}-\omega\mu\dfrac{\partial H_z}{\partial x}\right] & (8\text{-}32)\\[2ex] H_x = \dfrac{\mathrm{j}}{k^2-k_z^2}\left[\omega\varepsilon_0\dfrac{\partial E_z}{\partial y}-k_z\dfrac{\partial H_z}{\partial x}\right] & (8\text{-}33)\\[2ex] H_y = \dfrac{-\mathrm{j}}{k^2-k_z^2}\left[\omega\varepsilon_0\dfrac{\partial E_z}{\partial x}+k_z\dfrac{\partial H_z}{\partial y}\right] & (8\text{-}34) \end{cases}$$

8.3.1 横磁波(TM 模)

对于 TM 模而言，$H_z=0$，而 E_z 满足的标量波动方程为

$$\frac{\partial^2 E_z}{\partial x^2}+\frac{\partial^2 E_z}{\partial y^2}-(k_z^2-k^2)E_z = 0 \tag{8-35}$$

用分离变量法，设 $E_z=X(x)Y(y)$，代入上式得

$$\frac{1}{X}\frac{\mathrm{d}^2X}{\mathrm{d}x^2}+\frac{1}{Y}\frac{\mathrm{d}^2Y}{\mathrm{d}y^2} = k_z^2-k^2 \tag{8-36}$$

相应的特征方程是

$$\frac{1}{X}\frac{\mathrm{d}^2X}{\mathrm{d}x^2} = -k_x^2 \tag{8-37}$$

$$\frac{1}{Y}\frac{\mathrm{d}^2Y}{\mathrm{d}y^2} = -k_y^2 \tag{8-38}$$

特征值方程为

$$k_x^2 + k_y^2 + k_z^2 = k^2 \tag{8-39}$$

求解式(8-37)和式(8-38),可得

$$E_z(x,y) = (A_1 \sin k_x x + A_2 \cos k_x x)(B_1 \sin k_y y + B_2 \cos k_y y) \tag{8-40}$$

式中积分常数由金属波导壁的边界条件(参照图 8-5)确定,即有

$$\left.\begin{aligned} E_z(x,y) &= 0 \quad (\text{当 } y = 0) \\ E_z(x,y) &= 0 \quad (\text{当 } y = b) \\ E_z(x,y) &= 0 \quad (\text{当 } x = 0) \\ E_z(x,y) &= 0 \quad (\text{当 } x = a) \end{aligned}\right\} \tag{8-41}$$

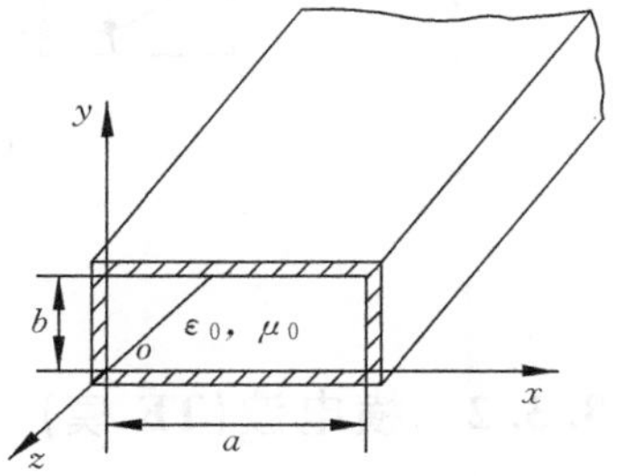

图 8-5 矩形波导

把上式代入式(8-40),得

$$A_2 = B_2 = 0$$

$$\left.\begin{aligned} k_x &= \frac{m\pi}{a} \quad (m = 1,2,3,\cdots) \\ k_y &= \frac{n\pi}{b} \quad (n = 1,2,3,\cdots) \end{aligned}\right\} \tag{8-42}$$

因此,

$$E_z(x,y) = E_0 \sin \frac{m\pi}{a}x \ \sin \frac{n\pi}{b}y \tag{8-43}$$

其中 E_0 是电场幅度,由激励源强度决定,m 和 n 不能为 0,否则是零解。

把式(8-43)代入式(8-31)至式(8-34),可得

$$E_x = \frac{-jk_z}{k_c^2} \frac{m\pi}{a} E_0 \cos \frac{m\pi}{a}x \ \sin \frac{n\pi}{b}y \tag{8-44}$$

$$E_y = \frac{-jk_z}{k_c^2} \frac{n\pi}{b} E_0 \sin \frac{m\pi}{a}x \ \cos \frac{n\pi}{b}y \tag{8-45}$$

$$H_x = \frac{j\omega\varepsilon_0}{k_c^2} \frac{n\pi}{b} E_0 \sin \frac{m\pi}{a}x \ \cos \frac{n\pi}{b}y \tag{8-46}$$

$$H_y = \frac{-j\omega\varepsilon_0}{k_c^2} \frac{m\pi}{a} E_0 \cos \frac{m\pi}{a}x \ \sin \frac{n\pi}{b}y \tag{8-47}$$

式中

$$k_c^2 = k_x^2 + k_y^2 = \left(\frac{m\pi}{a}\right)^2 + \left(\frac{n\pi}{b}\right)^2 \tag{8-48}$$

而常数 m,n 又称为该模式的阶数或次数。对矩形波导的 TM 波而言,m,n 最低取为 1,因而 TM_{11} 模即为基模,$m,n>1$ 的模称为高次模。对于确定的模式,可以画出其场分布见图 8-6,图中实线表示电力线,虚线表示磁力线。

波导壁上的面电荷和面电流分布可以通过该处的电感应强度法向分量和磁场强度的切向分量求得。读者借助于不同阶(次)模式的场分布(参见图 8-6),可以看到:电力线总是垂直于波导壁且始于正电荷止于负电荷(或是闭合的);磁力线总是闭合的,且在波导壁附近与管壁平行;电、磁力线总是互相正交的,并且 $\boldsymbol{E}_T$ 和 $\boldsymbol{H}_T$ 与传播方向三者之间成右手关系。

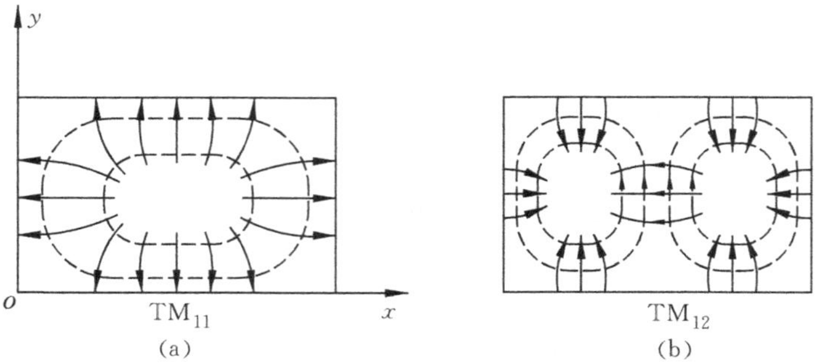

图 8-6 矩形波导中 TM 模场分布

8.3.2 横电波(TE 模)

对于 TE 波有 $E_z=0$，而 $H_z(x,y)$满足标量波动方程

$$\frac{\partial^2 H_z}{\partial x^2}+\frac{\partial^2 H_z}{\partial y^2}-(k_z^2-k^2)H_z=0 \tag{8-49}$$

利用分离变量法，并考虑如下边界条件：

$$\left.\begin{aligned}H_x(x,y)&=0 \quad (\text{当 } x=0)\\ H_y(x,y)&=0 \quad (\text{当 } y=0)\\ H_x(x,y)&=0 \quad (\text{当 } x=a)\\ H_y(x,y)&=0 \quad (\text{当 } y=b)\end{aligned}\right\} \tag{8-50}$$

可以得到

$$H_z=H_0\cos\frac{m\pi}{a}x\ \cos\frac{n\pi}{b}y \tag{8-51}$$

把上式代入式(8-31)至(8-34)可得

$$E_x=\frac{\mathrm{j}\omega\mu}{k_c^2}\frac{n\pi}{b}H_0\cos\frac{m\pi}{a}x\ \sin\frac{n\pi}{b}y \tag{8-52}$$

$$E_y=\frac{-\mathrm{j}\omega\mu}{k_c^2}\frac{m\pi}{a}H_0\sin\frac{m\pi}{a}x\ \cos\frac{n\pi}{b}y \tag{8-53}$$

$$H_x=\frac{\mathrm{j}k_z}{k_c^2}\frac{m\pi}{a}H_0\sin\frac{m\pi}{a}x\ \cos\frac{n\pi}{b}y \tag{8-54}$$

$$H_y=\frac{\mathrm{j}k_z}{k_c^2}\frac{n\pi}{b}H_0\cos\frac{m\pi}{a}x\ \sin\frac{n\pi}{b}y \tag{8-55}$$

式中 H_0 由激励源强度确定；m,n 均可取零，但不能同时为零。TE 模有两个基模，即 TE_{10} 和 TE_{01}，几种 TE 模的场分布如图 8-7，图中实线为电力线，虚线为磁力线。可借助于管壁的面电荷画出面电流分布(参见图 8-8)。从图 8-7 中亦可得出与 TM 波相同的特点。

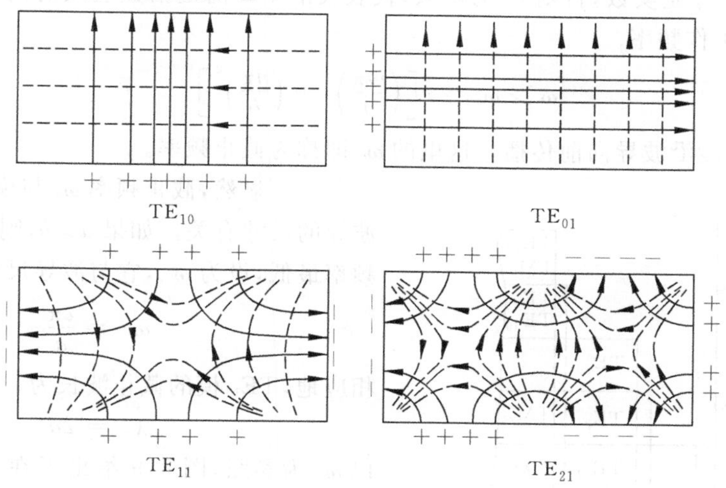

图 8-7 矩形波导 TE 模场分布示例

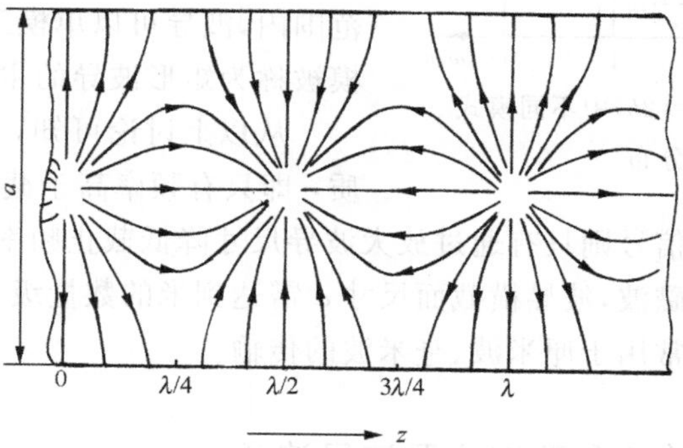

图 8-8 矩形波导 TE_{10} 模波导宽边内壁上的面电流分布

8.3.3 波导的截止频率

截止频率是波导的一个重要概念，它指出对于一定阶数的 TE 和 TM 波来说，可传输的电磁波的频率有一个下限，只有高于这一下限频率的电磁波方能在波导中传播。因为无论是 TE 还是 TM 模，其横向波数均是

$$k_x = \frac{m\pi}{a}, \quad k_y = \frac{n\pi}{b}$$

所以其纵向波数是

$$\begin{aligned} k_z &= [k^2 - k_x^2 - k_y^2]^{1/2} \\ &= \left[\frac{\omega^2}{c^2} - \left(\frac{m\pi}{a}\right)^2 - \left(\frac{n\pi}{b}\right)^2\right]^{1/2} \end{aligned} \tag{8-56}$$

式中 c 为光速。只有当

$$\omega \geqslant c\left[\left(\frac{m\pi}{a}\right)^2 + \left(\frac{n\pi}{b}\right)^2\right]^{1/2}$$

时，传播常数 k_z 才是实数，否则 k_z 为虚数，代表波沿 z 方向是指数衰减的消失波。可见，只有当电磁波的工作频率

$$\omega > \omega_c = c\left[\left(\frac{m\pi}{a}\right)^2 + \left(\frac{n\pi}{b}\right)^2\right]^{1/2} \tag{8-57}$$

时，该电磁波才能沿波导向前传播。这里的 ω_c 即称为截止频率。

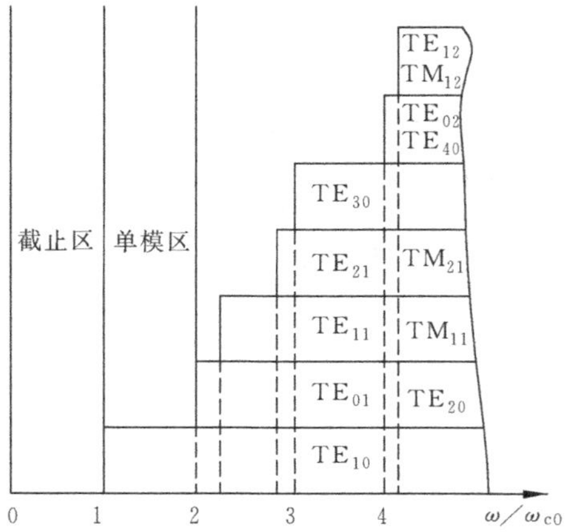

图 8-9　矩形波导($a=2b$)中不同模式的截止频率分布

显然，截止频率 ω_c 与模式的阶数以及波导的尺寸有关。如果 $a>b$，则 TE_{10} 模的截止频率最低，设为 ω_{c0}，它与波导尺寸 a 的关系是

$$\omega_{c0} = \frac{c\pi}{a} \tag{8-58}$$

相应地，TE_{10} 模的截止波长为

$$\lambda_{c0} = 2a \tag{8-59}$$

以 ω_{c0} 为参照，图 8-9 给出了在 $a/b=2$ 的情况下，若干模式的截止频率分布。当 $1<\omega/\omega_{c0}<2$ 时，矩形波导中只能传播 TE_{10} 模，在这个频率范围内，波导可以单模工作。正因为如此，TE_{10} 模被称为矩形波导的主模。

从以上讨论可知，金属波导具有"高通"性质，即只有频率高于截止频率的电磁波才能在其中传输。对于低频的信号则只有通过放大波导尺寸降低截止频率来传输，比如对于波长在米波范围的超高频电磁波，波导横截面尺寸 a 需达到米的数量级才能传输米波，这是不实际的。所以金属波导通常用于厘米波、毫米波的传输。

8.3.4　波导中的相速度与群速度及波导波长

以前我们曾定义电磁波的等相位面移动的速度为波的相速度，即有

$$v_p = \omega/\beta \tag{8-60}$$

β 为相位常数，对于无损波导，$\beta=k_z$，于是由式(8-56)，有

$$\begin{aligned}\beta_{m,n} &= \sqrt{\frac{\omega^2}{c^2} - \left(\frac{m\pi}{a}\right)^2 - \left(\frac{n\pi}{b}\right)^2} \\ &= \omega\sqrt{\mu_0\varepsilon_0}\sqrt{1-\left(\frac{\omega_c}{\omega}\right)^2}\end{aligned} \tag{8-61}$$

式中 ω_c 为截止频率(参见式 8-57)，下标 m,n 代表所对应的波型。将式(8-61)代入式(8-60)，得

$$v_p = \frac{c}{\sqrt{1-\left(\frac{\omega_c}{\omega}\right)^2}}$$

这里，我们看到，波导中电磁波的相速度是大于光速的，仅当频率远高于截止频率时($\omega \gg \omega_c$)，相速度才接近光速。反之，频率降低到截止频率时，相速度可以增大到任意值。而当频率小于截止频率时，将不存在实数相速。这从另一方面说明，只有频率大于截止频率的

电磁波才能够在波导管中传播。

根据群速度的定义，有

$$v_g = \left(\frac{d\beta}{d\omega}\right)_{\omega_0}^{-1} \tag{8-62}$$

对式(8-62)求导，得

$$v_g = c\sqrt{1-\left(\frac{\omega_c}{\omega}\right)^2} \tag{8-63}$$

可见，波导中电磁波的群速度永远小于光速，随着频率的提高，它逐渐增大接近光速，而且频率等于或小于截止频率时，群速度为零或不存在，这正是“截止”的内涵。

对于矩形波导的主模 TE_{10} 波来说，其截止频率

$$\omega_c = \frac{c\pi}{a}$$

$$f_c = \frac{c}{2a}$$

即相速度

$$v_p = c\Bigg/\sqrt{1-\left(\frac{\omega_c}{\omega}\right)^2} = c\Bigg/\sqrt{1-\left(\frac{\lambda}{2a}\right)^2} \tag{8-64}$$

群速度

$$v_g = c\sqrt{1-\left(\frac{\lambda}{2a}\right)^2} \tag{8-65}$$

注意，无论波型如何，其相速与群速之积永远等于光速的平方，即

$$v_p v_g = c^2 \tag{8-66}$$

实际应用中常使用“波导波长”这一概念，所谓波导波长是指电磁波沿波导管轴向(z 向)所表现的波长，即

$$\lambda_g = \frac{v_p}{f} = \frac{c}{f\sqrt{1-\left(\frac{\omega_c}{\omega}\right)^2}} = \frac{\lambda}{\sqrt{1-\left(\frac{\lambda}{\lambda_c}\right)^2}} \tag{8-67}$$

式中 λ_c 是与截止频率相对应的截止波长，对于主模 TE_{10} 波来说，$\lambda_c=2a$，其波导波长为

$$\lambda_g\Big|_{TE_{10}} = \frac{\lambda}{\sqrt{1-\left(\frac{\lambda}{2a}\right)^2}} \tag{8-68}$$

分析以上各式，无论是相速度还是群速度，它们都是频率的函数，这说明波导是一种色散的传输系统。因此，波导是不适于传输类似电磁脉冲这样的超宽带信号的。另外，在正常色散条件下，群速度代表能量传输的速度。一般地讲，相速、群速、能速和信号速度是彼此不同的，仅在特定条件下才是相等的。

8.3.5 沿波导传输的功率

通过波导横截面传输的每单位面积的功率在一个周期内的平均值是

$$\boldsymbol{S}_{\mathrm{av}} = \frac{1}{2}\mathrm{Re}[\dot{\boldsymbol{E}}_{\mathrm{m}} \times \dot{\boldsymbol{H}}_{\mathrm{m}}^{*}] \tag{8-69}$$

当 k_z 是实数,则通过整个波导横截面的平均功率为

$$P_{\mathrm{TM}} = \int_S \boldsymbol{S}_{\mathrm{av}} \cdot \hat{\boldsymbol{n}} \mathrm{d}\boldsymbol{S} = \frac{\omega \varepsilon_0 ab E_0^2}{8k_c^2} \quad (m \neq 0, n \neq 0) \tag{8-70}$$

$$P_{\mathrm{TE}} = \int_S \boldsymbol{S}_{\mathrm{av}} \cdot \hat{\boldsymbol{n}} \mathrm{d}\boldsymbol{S} = \begin{cases} \dfrac{\omega \mu k_z ab H_0^2}{8k_c^2} & (m \neq 0, n \neq 0) \\ \dfrac{\omega \mu k_z ab H_0^2}{4k_c^2} & (m = 0 \text{ 或 } n = 0) \end{cases} \tag{8-71}$$

显然,波导中传输的功率是正比于波导截面尺寸、正比于频率的。另外,不同波型(模式)的功率不同,低阶波型的功率比较大。

还需指出的是,以上讨论均假定不同波型(模式)的能量可以在波导中独立地传输。对于理想导体的无损波导来说,这一假定是成立的。但当波导有损时,将会出现模式耦合问题。

8.4 谐 振 腔

如果沿轴向取一段长为 l 的矩形波导,并将其两端用理想导体封闭起来,则得到一个由理想导体包围的封闭空腔,如图 8-10 所示。这种空腔的作用就相当于谐振回路,故称为谐振腔,用以实现电磁振荡。显然在谐振腔中,由于波导壁的反射,存在某些确定的特征频率(称为谐振频率)的场,它们沿 x,y 和 z 方向都是驻波分布。

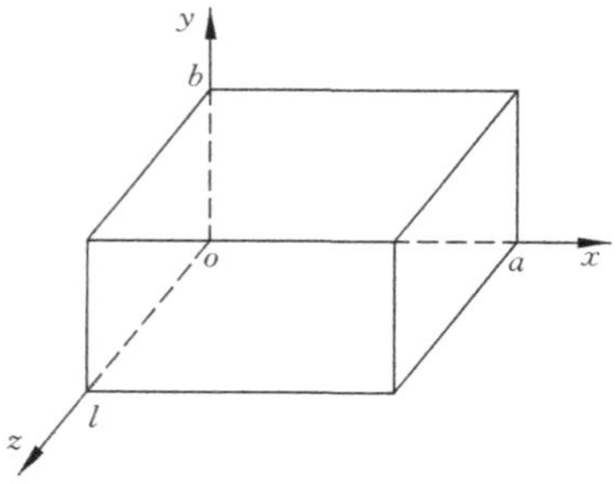

图 8-10　矩形谐振腔

现在我们来求谐振腔中的场分布。设腔中填充线性、均匀各向同性的无损媒质,介质常数为 ε 和 μ。腔中场的每一个分量仍应满足波动方程,例如 E_x 分量应满足

$$\nabla^2 E_x - \frac{1}{v^2}\frac{\partial^2 E_x}{\partial t^2} = 0 \tag{8-72}$$

在时谐情况下为

$$\nabla^2 E_x + k^2 E_x = 0 \tag{8-73}$$

此时沿 z 方向不再是行波,因此用分离变量法求解式(8-73)时,E_x 应具有形式

$$E_x = X(x)Y(y)Z(z) \tag{8-74}$$

解出的通解形式为

$$\begin{aligned} E_x = & (A_1 \sin k_x x + B_1 \cos k_x x)(A_2 \sin k_y y + B_2 \cos k_y y) \\ & \times (A_3 \sin k_z z + B_3 \cos k_z z) \end{aligned} \tag{8-75}$$

其中 $k_x^2 + k_y^2 + k_z^2 = k^2$,边界条件为

$$y = 0, y = b, z = 0, z = l \text{ 时}, \quad E_x = 0 \tag{8-76}$$

解出 $B_2 = B_3 = 0$ 和

$$k_y = \frac{n\pi}{b}, \quad k_z = \frac{p\pi}{l} \tag{8-77}$$

其中 n 和 p 是整数。所以有

$$E_x = (A'_1 \sin k_x x + B'_1 \cos k_x x) \sin \frac{n\pi}{b} y \ \sin \frac{p\pi}{l} z \tag{8-78}$$

其中 $A'_1 = A_1 A_2 A_3$，$B'_1 = B_1 A_2 A_3$。完全类似地可求得

$$E_y = (A'_2 \sin k_y y + B'_2 \cos k_y y) \sin k_x x \ \sin k_z z \tag{8-79}$$

$$E_z = (A'_3 \sin k_z z + B'_3 \cos k_z z) \sin k_x x \ \sin k_y y \tag{8-80}$$

其中

$$k_x = \frac{m\pi}{a}$$

再利用方程 $\nabla \cdot \boldsymbol{E} = 0$，可求得

$$A'_1 = A'_2 = A'_3 = 0 \tag{8-81}$$

$$k_x B'_1 + k_y B'_2 + k_z B'_3 = 0$$

令 $B'_1 = E_1$，$B'_2 = E_2$，$B'_3 = E_3$，则

$$k_x E_1 + k_y E_2 + k_z E_3 = 0$$

把式(8-81)代入式(8-78)、式(8-79)和式(8-80)，可得

$$E_x = E_1 \cos \frac{m\pi}{a} x \ \sin \frac{n\pi}{b} y \ \sin \frac{p\pi}{l} z \tag{8-82}$$

$$E_y = E_2 \sin \frac{m\pi}{a} x \ \cos \frac{n\pi}{b} y \ \sin \frac{p\pi}{l} z \tag{8-83}$$

$$E_z = E_3 \sin \frac{m\pi}{a} x \ \sin \frac{n\pi}{b} y \ \cos \frac{p\pi}{l} z \tag{8-84}$$

显见，E_1，E_2 和 E_3 分别是电场各分量的驻波分布最大值。

由电磁感应定律 $\boldsymbol{H} = \mathrm{j} \dfrac{1}{\omega\mu} \nabla \times \boldsymbol{E}$，可求得

$$H_x = H_1 \sin k_x x \ \cos k_y y \ \cos k_z z \tag{8-85}$$

$$H_y = H_2 \cos k_x x \ \sin k_y y \ \cos k_z z \tag{8-86}$$

$$H_z = H_3 \cos k_x x \ \cos k_y y \ \sin k_z z \tag{8-87}$$

观察上面的表达式，不难发现：

(1) 电场和磁场之间存在 90°的相差，这与谐振电路理论中电压和电流相差 90°是相对应的。它反映了谐振器(腔)中电场能量与磁场能量彼消此长互相转换的关系。

(2) 腔中可能发生谐振的频率 ω 与腔的几何尺寸的关系是

$$\left(\frac{\omega}{v}\right)^2 = \pi^2 \left[\left(\frac{m}{a}\right)^2 + \left(\frac{n}{b}\right)^2 + \left(\frac{p}{l}\right)^2 \right] \tag{8-88}$$

对于确定的波型 m,n,p，不同的尺寸有不同的振荡频率，尺寸愈大，频率愈低。对于确定的尺寸 a,b,l，不同的波型有不同的振荡频率(也可能相同)，高次模的谐振频率比较高。频率最低的是 TE_{101} 模，它是矩形谐振腔的主模。若不同的波型具有相同的频率，则称这些波型是"简并"的。比如，当 $a=b=l$ 时，

$$\omega = \frac{\pi}{a} v \sqrt{m^2 + n^2 + p^2}$$

此时只要保持 $m^2 + n^2 + p^2$ 为相同值的不同的 m,n,p 组合所对应的模式均是简并模。此外，TE 和 TM 模之间也存在简并模。

(3) 可以仿照 8.3 节的方法画出谐振腔中的场分布(读者可自行练习)，其中电场相对

在中部比较集中，而磁场则相对集中于腔壁附近。电场集中的区域可以看作是电容部分，磁场集中的区域可以看作是电感部分，两部分之间有能流往复流动。因此，谐振腔可以等效为一个 LC 谐振回路，只是谐振腔中电感和电容是分布的，不能截然分开。

(4) 以上均假定腔体是理想无损的，因而其品质因数 Q 是无穷大的。在实际情况下，Q 值不可能是无穷大的，它定义为

$$Q_0 = \left.\frac{\text{腔内总储能}}{\text{场相位每变化一弧度的平均耗能}}\right|_{\omega=\omega_0} = \frac{W}{P_L/\omega_0} \tag{8-89}$$

称作空载固有品质因数，它反比于腔体本身的衰耗。当谐振腔与负载耦合时，设外负载消耗的功耗构成外界品质因数 Q_e，这时谐振系统（腔和外负载）的品质因数称为有载品质因数 Q_L，并有

$$\frac{1}{Q_L} = \frac{1}{Q_0} + \frac{1}{Q_e} \tag{8-90}$$

应当指出，谐振器（这里主要指微波谐振器）并不是只有波导谐振腔一种。一般地说，任何一段有限长度的电磁波传输线（如同轴线、平行板、微带线等等）都可以构成谐振器，它们的分析方法是相似的。

本章仅举例讨论了金属波导和谐振器，其实介质也可以构成波导和谐振器，并且有着很广泛的应用，比如光纤就是应用极广的一种介质波导（可以视为柱形介质波导），又如介质谐振器（DR）亦在通信、雷达、广播系统中广为应用。对于介质波导，其分析方法与本章所用方法是一样的，只是边界条件不同而已。

*8.5 光波导简介

以上讨论的都是金属波导，本节将简单地介绍一下光波导的分析方法。

随着工作频段的提高，比如说在可见光波段，金属波导便不适用了。（请读者考虑这是为什么?）在现代光纤通信中大量使用光波频段的圆柱形介质波导即所谓的光纤。

如图 8-11 所示，设光波导的材料的介电常数为 ε_1，其外部材料为 ε_2，必须取 $\varepsilon_1 > \varepsilon_2$。波导半径为 a。采用圆柱坐标系，可建立纵向分量 ψ（ψ 代表 E_z 或 H_z）的标量波动方程为

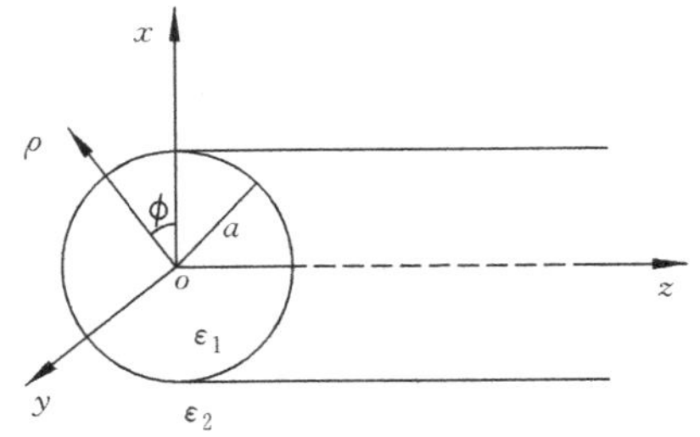

图 8-11　光波导示意图

$$\left.\begin{aligned}&\left(\frac{\partial^2}{\partial\rho^2}+\frac{1}{\rho}\frac{\partial}{\partial\rho}+\frac{1}{\rho^2}\frac{\partial}{\partial\phi^2}+U^2\right)\psi_1=0 \quad (0<\rho\leqslant 1)\\&\left(\frac{\partial}{\partial\rho^2}+\frac{1}{\rho}\frac{\partial}{\partial\rho}+\frac{1}{\rho^2}\frac{\partial}{\partial\phi^2}-W^2\right)\psi_2=0 \quad (l<\rho<\infty)\end{aligned}\right\} \tag{8-91}$$

式中 ρ 为归一化半径，即 $\rho=r/a$；而

$$U^2 = a^2(k_1^2-\beta^2) \tag{8-92}$$

$$W^2 = a^2(\beta^2-k_2^2) \tag{8-93}$$

$$k_1^2 = \omega^2\mu_0\varepsilon_1 = k_0^2 n_1^2 \tag{8-94}$$

$$k_2^2 = \omega^2\mu_0\varepsilon_2 = k_0^2 n_2^2 \tag{8-95}$$

$$k_0^2 = \omega^2\mu_0\varepsilon_0 \tag{8-96}$$

式(8-92)、式(8-93)中 β 为波导的传播常数，且为满足传播条件，有

$$k_2^2 < \beta^2 < k_1^2 \tag{8-97}$$

n_1 和 n_2 分别为波导和外层材料的折射率。

ψ_1 和 ψ_2 的通解可由以前关于标量波动方程解中得出(参见第 6.3 节)。其边界条件为

$\rho = 0$ 时，$\psi_1 = \psi_0$ （场为有限值）

$\rho = 1$ 时，$\psi_2 = \psi_1$ （场的连续性）

$\rho \to \infty$ 时，$\psi_2 \to 0$ （无穷远处场应收敛）

于是，纵向场分量的解为

$$\left.\begin{aligned} E_{1z} &= A_\nu \frac{\mathrm{J}_\nu(U\rho)}{\mathrm{J}_\nu(U)} f_\nu(\phi) \\ H_{1z} &= B_\nu \frac{\mathrm{J}_\nu(U\rho)}{\mathrm{J}_\nu(U)} g_\nu(\phi) \end{aligned}\quad (0 \leqslant \rho \leqslant 1)\right\} \tag{8-98}$$

$$\left.\begin{aligned} E_{2z} &= C_\nu \frac{\mathrm{K}_\nu(W\rho)}{\mathrm{K}_\nu(W)} f_\nu(\phi) \\ H_{2z} &= D_\nu \frac{\mathrm{K}_\nu(W\rho)}{\mathrm{K}_\nu(W)} g_\nu(\phi) \end{aligned}\quad (1 \leqslant \rho < \infty)\right\} \tag{8-99}$$

式中 $\mathrm{J}_\nu(x)$，$\mathrm{K}_\nu(x)$ 分别为第一类和修正的第二类贝塞尔函数，ν 是阶数值。而

$$\left.\begin{aligned} f_\nu(\phi) &= \begin{cases}\cos(\nu\phi) \\ \sin(\nu\phi)\end{cases} \\ g_\nu(\phi) &= \begin{cases}-\sin(\nu\phi) \\ \cos(\nu\phi)\end{cases} \end{aligned}\right\} \tag{8-100}$$

以下的步骤便是先利用横向场分量与纵向场分量的关系式(8-7)、式(8-8)求得各个横向场分量 $E_{1\rho}, E_{1\phi}, H_{1\rho}, H_{1\phi}, E_{2\rho}, E_{2\phi}, H_{2\rho}, H_{2\phi}$，然后利用边界条件来确定待定系数 $A_\nu, B_\nu, C_\nu, D_\nu$。其实，由 $\rho=1$ 的连续性条件，立即可得

$$\left.\begin{aligned} A_\nu &= C_\nu \\ B_\nu &= D_\nu \end{aligned}\right\} \tag{8-101}$$

在利用 E_ϕ 和 H_ϕ 的边界条件求解 A_ν 和 B_ν 时，将得到关于 A_ν, B_ν 的特征行列式为 0 的条件(即 A_ν, B_ν 的非零解条件)，即有

$$\left[\frac{1}{U}\frac{\mathrm{J}'_\nu(U)}{\mathrm{J}_\nu(U)} + \frac{1}{W}\frac{\mathrm{K}'_\nu(W)}{\mathrm{K}_\nu(W)}\right]\left[\frac{k_1^2}{U}\frac{\mathrm{J}'_\nu(U)}{\mathrm{J}_\nu(U)} + \frac{k_2^2}{W}\frac{\mathrm{K}'_\nu(W)}{\mathrm{K}_\nu(W)}\right] = (\nu\beta)^2\left(\frac{1}{U^2}+\frac{1}{W^2}\right) \tag{8-102}$$

式中

$$U^2 + W^2 = a^2(k_1^2 - k_2^2) = V^2 \tag{8-103}$$

其中 V 为归一化频率。式(8-102)称为圆柱介质波导(光波导)的本征值方程(色散方程)。它是一个超越方程，一般需用数值方法求解。

显然，当给定 n_1，n_2 时，满足传播条件的 β 有许多离散值，不同的 $\nu=0,1,2,\cdots$ 和同一 ν 值下有不同的 i 值满足边界条件，故某一波型(模式)的传播常数用 $\beta_{\nu i}$ 表示。可以证明，$\nu=0$ 时，有 TE 和 TM 模存在；$\nu\neq0$ 时，则存在 EH 或 HE 模。

对于光波导来说，也存在截止频率问题。从物理意义上说，当某一波型的电磁波的频率降低到某一频率使其不能沿波导轴向传播而沿径向辐射时，该频率为截止频率。电磁波沿径向临界辐射是发生在 $W=0$ 时，由式(8-93)和式(8-103)可得，光波导工作在截止频率时，有

$$\beta^2 = k_2^2 \quad 或 \quad U = V \tag{8-104}$$

不同的波型有不同的截止频率，模式发生简并时具有相同的截止频率。光波导中截止频率最低的模(称为基模或主模)是 HE_{11} 模，HE_{11} 模的截止频率为零。

与金属波导相比，介质波导并不能将电磁能量局限在波导管内，但它并不扩展到很远而是集中在光波导附近。这一点从贝塞尔函数的性质亦可以看出。在工程中，常常采用双层介质，内层介质的介电常数高，使电场集中于内层。

与金属波导相比，介质波导的损耗要大得多。同时，光波导也是色散的。因此，克服色散和损耗是光纤通信中面临的重要问题。

习　　题

8-1　设一矩形波导截面的尺寸为 $a=86.40\text{mm}$，$b=43.20\text{mm}$，当频率 $f_1=3\text{GHz}$ 和 $f_2=5\text{GHz}$ 时，该波导内能传播哪几种模式？

8-2　设矩形波导中传输 TE_{10} 波，当它的内部填充介电常数为 ε 的介质时，求截止频率和波导波长。

8-3　画出矩形波导中 TE_{22} 和 TM_{22} 模的场结构示意图。

8-4　设计一矩形谐振腔，使它在 1GHz 和 1.5GHz 的频率时分别谐振于两个不同模式上。

8-5　证明矩形波导中，单一模式的 TE 波或 TM 波其电场与磁场互相垂直。

*第 9 章　数值计算方法

前几章介绍了电磁问题的几种严格的求解方法，但是每一种方法都有它的局限性，如分离变量法，除了要求在所用的坐标系中方程是可分离外，求解域的边界面应与坐标面一致。因许多实际的电磁问题通常很难求得精确的解析解，所以近似的数值解的方法随着计算机的飞速发展而迅速发展起来。这一章我们介绍几种求解电磁问题的数值方法，包括有限单元法（finite element method），矩量法（moment method），有限差分法（finite difference method）和时域有限差分法（finite-difference time-domain method，FD-TD）。对于每一个具体问题，究竟选择哪一种数值计算方法显然并不是唯一的，因此必须熟悉各种方法，以利在求解具体电磁问题时选用。

9.1　有限单元法

有限单元法最初是在 20 世纪 50 年代作为处理结构力学问题的方法出现。这种方法的数学基础使它在很多学科领域中得到了广泛的应用，特别是现代数字计算机的迅速发展和性能不断的提高，更为有限单元法的应用和发展提供了充分的条件。

有限单元法在电磁领域中的应用始于 60 年代中期，最初是用来解决电机工程中具有复杂边界的静电场、静磁场及电流场的问题，即拉普拉斯方程的边值问题。60 年代末期延伸到微波技术领域，先是应用于解封闭边界的 TEM 波传输线问题，后来应用于具有复杂截面的均匀及非均匀波导问题，即标量赫姆霍兹方程的边值问题。70 年代以来，在解决开放型 TEM 波传输线以及光纤和不规则介质体的散射问题等方面用有限单元法也取得了相当大的进展。

有限单元法是微分方程的一种数值解法，它建立在变分原理及区域剖分和插值的基础上，即从变分原理出发，求得与微分方程边值问题等价的变分问题（通常是二次泛函求极值的问题），然后通过分区插值，把二次泛函的极值问题化为一组多元线性代数方程来求解。因此，我们先将泛函及变分原理作一简单的叙述。

9.1.1　泛函及泛函的变分

我们通常所说的“函数”关系是指一个变量（因变量）对另一个或多个变量（自变量）的依赖关系，而泛函是函数概念的推广，它是指一个变量（因变量）对一个或多个函数的依赖关系，可以表示成

$$V = V[y(x)] \tag{9-1}$$

其中 $y(x)$ 是自变量，它是一个函数（属于满足一定条件的函数集合 $\{y(x)\}$）；V 是因变量，它是一个实数。泛函的定义域是满足一定条件的函数集合 R。例如积分

$$V(u)=\oint_{\Omega}\left[\left(\frac{\partial u}{\partial x}\right)^2+\left(\frac{\partial u}{\partial y}\right)^2-2uf\right]\mathrm{d}x\mathrm{d}y \tag{9-2}$$

是一个泛函,因为任取一个函数 $u=u(x,y)$,就有一个积分值 $V(u)$ 与之对应。

若 $L[y(x)]$ 为一泛函,当它具有下列性质时称为线性泛函:

(1) $L[Cy(x)]=CL[y(x)]$,其中 C 是常数;

(2) $L[y_1(x)+y_2(x)]=L[y_1(x)]+L[y_2(x)]$

例如

$$L[y(x)]=\int_{x_0}^{x_1}\left[P(x)y+q(x)\frac{\mathrm{d}y}{\mathrm{d}x}\right]\mathrm{d}x \tag{9-3}$$

是一线性泛函。

泛函 $V[y(x)]$ 的自变量 $y(x)$ 的增量(或称变分)是指函数 $y(x)$ 与其附近的另一个函数 $y_1(x)$ 间的差($y(x)$ 和 $y_1(x)$ 均属于满足一定条件的函数集合 $\{y(x)\}$),记为 $\delta y(x)$,即

$$\delta y(x)=y(x)-y_1(x) \tag{9-4}$$

当泛函的自变量取得增量 $\delta y(x)$ 时,泛函也获得相应的增量

$$\Delta V=V[y(x)+\delta y]-V[y(x)] \tag{9-5}$$

在满足一定条件的函数集合 $\{y(x)\}$ 中,仅有一个函数 $y=y_0(x)$ 使泛函 $V[y(x)]$ 取得极值,该函数称为极值函数。泛函的变分问题实质上就是寻求泛函的极值函数的问题。

9.1.2 与边值问题等价的变分问题

1. 与二维边值问题等价的变分问题

同一个物理问题有不同的数学提法,为了便于理解各类边值问题及其等价的变分问题,我们先来讨论静电学中较简单的二维泊松方程问题。如图 9-1 所示,在边界为 l 的平面域 D 中电荷密度为 ρ,介电常数为 ε,电位 φ 在边界 l 上满足齐次第一类边值条件,即边值问题为

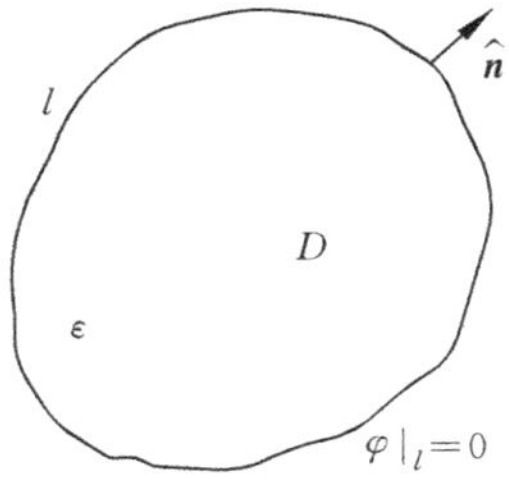

图 9-1 二维泊松方程的定解域

$$A\varphi=-\nabla^2\varphi=-\left(\frac{\partial^2\varphi}{\partial x^2}+\frac{\partial^2\varphi}{\partial y^2}\right)=\frac{\rho}{\varepsilon} \tag{9-6}$$

和

$$\varphi|_l=0$$

其中 A 为算子,$A=-\nabla^2$,下面来求与边值问题式(9-6)等价的变分问题。为此,作相应的泛函

$$F(\varphi)=\langle A\varphi,\varphi\rangle-2\left\langle\frac{\rho}{\varepsilon},\varphi\right\rangle \tag{9-7}$$

其中 φ 属于函数集合 M_0,M_0 中的所有函数在域 D 中连续可微,且在域 D 的边界 l 上满足齐次第一类边值条件,$\langle A\varphi,\varphi\rangle$ 是 $A\varphi$ 与 φ 的内积,定义域为 D 的两个实函数 ξ 和 η 的内积定义为

$$\langle\xi,\eta\rangle=\int_D\xi\eta\mathrm{d}D \tag{9-8}$$

所以边值问题式(9-6)确定的 $A\varphi$ 与 φ 的内积为

$$\langle A\varphi,\varphi\rangle=-\int_D(\varphi\nabla^2\varphi)\mathrm{d}D \tag{9-9}$$

利用恒等式

$$\nabla \cdot \varphi(\nabla \varphi) = \varphi \nabla^2 \varphi + |\nabla \varphi|^2 \tag{9-10}$$

和二维散度定理，式(9-9)变成

$$\begin{aligned}\langle A\varphi, \varphi\rangle &= -\int_D \{\nabla \cdot (\varphi \nabla \varphi)\} \mathrm{d}D + \int_D |\nabla \varphi|^2 \mathrm{d}D \\ &= -\oint_l \left(\varphi \frac{\partial \varphi}{\partial n}\right) \mathrm{d}l + \int_D \left[\left(\frac{\partial \varphi}{\partial x}\right)^2 + \left(\frac{\partial \varphi}{\partial y}\right)^2\right] \mathrm{d}D\end{aligned} \tag{9-11}$$

其中$\frac{\partial \varphi}{\partial n}$是电位函数 φ 沿域 D 外法线方向的偏导数。因为函数 φ 在边界 l 上等于零，因此式(9-11)右边第一项积分为零，所以内积

$$\langle A\varphi, \varphi\rangle = \int_D |\nabla \varphi|^2 \mathrm{d}D \tag{9-12}$$

类似地可得

$$\left\langle \frac{\rho}{\varepsilon}, \varphi \right\rangle = \int_D \frac{\rho}{\varepsilon} \varphi \, \mathrm{d}D \tag{9-13}$$

所以与边值问题式(9-6)相对应的泛函是

$$F(\varphi) = \int_D \left(|\nabla \varphi|^2 - 2\frac{\rho}{\varepsilon}\varphi\right) \mathrm{d}D \tag{9-14}$$

下面证明与边值问题式(9-6)等价的变分问题是在 M_0 中求函数 φ，使式(9-14)中的泛函 $F(\varphi)$取极小值，即

$$F(\varphi) = \int_D \left(|\nabla \varphi|^2 - 2\frac{\rho}{\varepsilon}\varphi\right) \mathrm{d}D = \min \quad (\varphi \in M_0) \tag{9-15}$$

泛函 $F(\varphi)$的变分为

$$\delta F = \int_D \left(2\nabla \varphi \cdot \nabla \delta\varphi - 2\frac{\rho}{\varepsilon}\delta\varphi\right) \mathrm{d}D \tag{9-16}$$

利用恒等式

$$\nabla \varphi \cdot \nabla \delta\varphi = \nabla \cdot (\delta\varphi \nabla \varphi) - \delta\varphi \nabla^2 \varphi \tag{9-17}$$

和二维散度定理，式(9-16)变成

$$\delta F = 2\oint_l \delta\varphi \frac{\partial \varphi}{\partial n} \mathrm{d}l - \int_D 2\delta\varphi \left(\nabla^2 \varphi + \frac{\rho}{\varepsilon}\right) \mathrm{d}D \tag{9-18}$$

因为在边界 l 上 $\varphi=0$，所以边界上 $\delta\varphi=0$，式(9-18)右边第一项积分等于零。而在域 D 内 φ 满足泊松方程，所以右边第二项积分也等于零，因此变分 $\delta F=0$，即满足边值问题式(9-6)的电位函数 φ 一定使泛函 $F(\varphi)$取极值。反之，使泛函 $F(\varphi)$取极值的函数 φ 一定是边值问题的解。这样，同一个物理问题就有两种不同的数学描述形式，把求解边值问题式(9-6)变成了在齐次第一类边值条件下求泛函 $F(\varphi)$的极值问题。

2. 平衡问题的变分表示法

所谓平衡问题是指问题中系统的状态不随时间改变，因而常常把这类问题称为静态问题。例如结构静力学、稳态的静电场均属于这类问题，这类问题在域 D_0 上满足的偏微分方程具有形式

$$Au = f \tag{9-19}$$

其中 u 是一标量或是一向量，而算子 A 通常是一个线性算子，Au 中包含有 u 和 u 对自变量

$x_j(j=1,2,\cdots,n)$的各阶导数(直至 p 阶),f 是 x_j 的函数。在域 D 的边界 Γ 上,u 必须满足条件

$$B_i u = g_i \quad (i=1,2,\cdots,k) \tag{9-20}$$

其中 B_i 是一算子,$B_i u$ 中包含有 u 和 u 的直至 q 阶的各阶导数(通常是对边界的法线求导)。例如将要处理的静电场中的第一类边值问题就属于平衡问题,此时算子 A 是拉普拉斯算子,$A=-\nabla^2$,而算子 $B_i=1$。在本节的 1. 中已经说明与伴有齐次边值条件的平衡问题

$$\left.\begin{aligned} &Au = f \\ &B_i u = 0 \quad (i=1,2,\cdots,k) \end{aligned}\right\} \tag{9-21}$$

等价的变分问题是在齐次边值条件下求泛函

$$F(u) = \langle Au, u\rangle - 2\langle u, f\rangle \tag{9-22}$$

的极值问题。即如果边值问题式(9-21)有解,则该解必使泛函式(9-22)取极小值,反之,使泛函式(9-22)取极小值的函数 u 一定是边值问题式(9-21)的解。

当边值问题具有非齐次边值条件时,必须将非齐次边界条件齐次化以后才能求出其等价的变分问题,这一过程通过下面的例子来说明。

例 9-1 如图 9-2 所示,二维域 D 内,电位函数 φ 满足泊松方程,具有非齐次边界条件的边值问题为

$$\left.\begin{aligned} &A\varphi = -\nabla^2\varphi = -\left(\frac{\partial^2\varphi}{\partial x^2}+\frac{\partial^2\varphi}{\partial y^2}\right) = f(x,y) \\ &\left.\frac{\partial\varphi}{\partial n}\right|_{\Gamma_1} = p(\Gamma_1) \\ &\varphi\big|_{\Gamma_2} = q(\Gamma_2) \end{aligned}\right\} \tag{9-23}$$

求与式(9-23)等价的变分问题。式中 Γ_1 和 Γ_2 是域D 的边界。

解 因为边界问题式(9-23)具有非齐次边界条件,不能直接应用式(9-22)求与其等价的变分问题。为应用式(9-22),引入一新的函数 W,它在边界 Γ 上满足的条件和 φ 的一样,即

$$\left.\frac{\partial W}{\partial n}\right|_{\Gamma_1} = p(\Gamma_1)$$

$$W\big|_{\Gamma_2} = q(\Gamma_2)$$

但函数 W 不是泊松方程的解。令 $V=\varphi-W$,则函数 V 在边界上满足齐次边界条件

$$\left.\frac{\partial V}{\partial n}\right|_{\Gamma_1} = 0$$

$$V\big|_{\Gamma_2} = 0$$

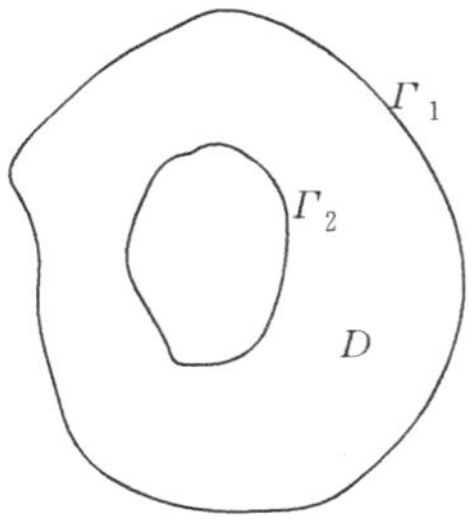

图 9-2 具有非齐次边值条件的泊松方程的定解域

代替欲求解的方程 $A\varphi=f$ 作一新的方程

$$AV = A(\varphi - W) = A\varphi - AW = f - AW = f_1$$

其中 $f_1=f-AW$,因此问题化成了求解具有齐次边界条件的边值问题

$$\left.\begin{aligned} &AV = -\left(\frac{\partial^2 V}{\partial x^2}+\frac{\partial^2 V}{\partial y^2}\right) = f_1 \\ &\left.\frac{\partial V}{\partial n}\right|_{\Gamma_1} = 0 \\ &V\big|_{\Gamma_2} = 0 \end{aligned}\right\} \tag{9-24}$$

据式(9-22)，与边值问题式(9-24)对应的泛函是

$$F_1(V)=\langle AV,V\rangle-2\langle V,f_1\rangle \tag{9-25}$$

将 $V=\varphi-W$ 代入上式，展开后求得

$$F_1(\varphi-W)=\langle A\varphi,\varphi\rangle-2\langle\varphi,f\rangle+\langle\varphi,AW\rangle-\langle A\varphi,W\rangle+2\langle W,f\rangle-\langle AW,W\rangle \tag{9-26}$$

因为 f 是一固定的函数，而 W 是选取的特定的函数，所以泛函式(9-26)中最后两项 $2\langle W,f\rangle$ 和 $\langle AW,W\rangle$ 与 φ 无关，即求泛函的极小值时它们是不变的，因此求泛函 $F_1(\varphi-W)$ 的极小值等价于求下列泛函

$$F_2=\langle A\varphi,\varphi\rangle-2\langle\varphi,f\rangle+\langle\varphi,AW\rangle-\langle A\varphi,W\rangle \tag{9-27}$$

的极小值。因为

$$\begin{aligned}\langle A\varphi,\varphi\rangle&=-\int_D\varphi\nabla^2\varphi\,\mathrm{d}D=-\int_D[\nabla\cdot(\varphi\nabla\varphi)-|\nabla\varphi|^2]\,\mathrm{d}D\\&=-\int_{\Gamma_1}\varphi\frac{\partial\varphi}{\partial n}\mathrm{d}l-\int_{\Gamma_2}\varphi\frac{\partial\varphi}{\partial n}\mathrm{d}l+\int_D|\nabla\varphi|^2\mathrm{d}D\\&=\int_D|\nabla\varphi|^2\mathrm{d}D-\int_{\Gamma_1}\varphi p\,\mathrm{d}l-\int_{\Gamma_2}q\frac{\partial\varphi}{\partial n}\mathrm{d}l\end{aligned} \tag{9-28}$$

类似可求得

$$\langle\varphi,f\rangle=\int_D\varphi f\,\mathrm{d}D \tag{9-29}$$

$$\begin{aligned}\langle A\varphi,W\rangle&=-\int_D W\nabla^2\varphi\,\mathrm{d}D\\&=\int_D(\nabla\varphi\cdot\nabla W)\mathrm{d}D-\int_{\Gamma_2}q\frac{\partial\varphi}{\partial n}\mathrm{d}l-\int_{\Gamma_1}Wp\,\mathrm{d}l\end{aligned} \tag{9-30}$$

$$\begin{aligned}\langle\varphi,AW\rangle&=-\int_D\varphi\nabla^2W\mathrm{d}D\\&=\int_D(\nabla\varphi\cdot\nabla W)\mathrm{d}D-\int_{\Gamma_1}\varphi p\,\mathrm{d}l-\int_{\Gamma_2}q\frac{\partial W}{\partial n}\mathrm{d}l\end{aligned} \tag{9-31}$$

将式(9-28)～式(9-31)代入式(9-27)，类似于前述的理由，式(9-30)和式(9-31)中的最后一项线积分与 φ 无关，在求泛函的极值时可以不考虑，这样求泛函 F_2 的极小值等价于求下列泛函

$$F(\varphi)=\int_D(|\nabla\varphi|^2-2\varphi f)\mathrm{d}D-2\int_{\Gamma_1}\varphi p\,\mathrm{d}l \tag{9-32}$$

的极小值，即与具有非齐次边值条件的边值问题式(9-23)等价的变分问题是

$$F(\varphi)=\int_D(|\nabla\varphi|^2-2\varphi f)\mathrm{d}D-2\int_{\Gamma_1}\varphi p\,\mathrm{d}l=\min\quad(\varphi|_{\Gamma_2}=q) \tag{9-33}$$

不难证明，在变分问题中只有第一类边界条件必须作为定解条件列出(如果存在)，即极值解必须在满足这类边界条件的函数类中去找，因此这类边界条件称为强加边界条件，而第二、三类边界条件被使泛函 $F(\varphi)$ 取极小值的函数自动满足，不须作定解条件列出，因此称这类边界条件为自然边界条件。

式(9-33)表明，与二阶微分方程的边值问题等价的变分问题中只含一阶导数，低阶导数的处理总比高阶导数方便些，另外在变分问题中只有强加边界条件需作为定解条件，而强加边界条件总比自然边界条件简单些，因此利用变分原理来处理问题具有很多有利因素，有

限单元法正是建立在变分原理的基础上。

9.1.3 区域剖分和插值函数

在找到了与边值问题等价的变分问题后，有限单元法的另一个重要的内容是通过区域剖分和分区插值，把二次泛函的极值问题化为一组多元线性代数方程来求解。所谓区域剖分是把定解域从几何上分成若干足够小的区域(单元)，而分区插值是按单元建立插值逼近函数，进而形成整个区域的插值逼近函数，所以有限单元法是应用局部的近似解来建立整个定义域的解的一种方法。由于单元足够小，所以在单元内可以用不多的插值点求出次数较低的插值多项式作为逼近函数，这样就避免了高次插值的缺点。另外在求解过程中，可以先不考虑单元在整个区域的位置，而采用单元的局部坐标来建立单元的插值逼近函数，然后再施以坐标变换求得整个区域的插值逼近函数，这一点使我们很容易建立起单元的插值函数。下面具体地介绍区域剖分和分区插值的方法。

1. 定义域的剖分

定义域 D 可以剖分成有限个离散多边形(子域)，每一个多边形称为一个单元，在单元内选定的一些特殊的点称为结点。通常结点是选在单元的顶点和多边形的边的中心位置，对于三维问题除了单元体积的顶点和棱的中心位置选作结点外，还可选面的中心位置、单元体积的中心位置作为结点。位于定义域边界 Γ 上的结点称为边界结点，有两个以上边界结点的单元称为边界单元，只有一个或没有边界结点的单元称为内部单元，通常是用边界结点间的直线段来逼近定义域的曲线边界。

待解函数 φ 在结点 p 的值用 $\bar{\varphi}_p$，表示，设域 D 一共被剖分成 l 个单元，并且按 1,2,…, e,…,l 的顺序编上号，而域 $D+\Gamma$ 上结点的总数是 n，每一个单元内的结点数是 s。因此，结点可按整个定义域内的顺序编号，即 1,2,…,p,…,n，也可按单元内的顺序加以编号，即 1,2,…,k,…,s。所以，解题时要特别注意区分单元 p 内的一个结点在整个定义域中的编号及其在单元 p 内的编号。为了便于读者区分，下面把结点在整个定义域中的编号数写为黑体，在单元 e 内编号数仍用白体。

在一个单元 e 内，φ 的结点值按单元的结点编号列成一个列向量为 $[\bar{\varphi}^e]$，而在整个定义域 $D+\Gamma$ 中，n 个结点值按整个域内的编号列成一个列向量为 $[\bar{\varphi}]$，即

$$[\bar{\varphi}^e]=\begin{bmatrix}\bar{\varphi}_1^e\\ \bar{\varphi}_2^e\\ \vdots\\ \bar{\varphi}_k^e\\ \vdots\\ \bar{\varphi}_s^e\end{bmatrix}\qquad [\bar{\varphi}]=\begin{bmatrix}\bar{\varphi}_{\mathbf{1}}\\ \bar{\varphi}_{\mathbf{2}}\\ \vdots\\ \bar{\varphi}_{\boldsymbol{p}}\\ \vdots\\ \bar{\varphi}_{\boldsymbol{n}}\end{bmatrix}$$

对于二维问题，定义域 D 通常是被剖分成三角形或四边形单元。图 9-3 表示了一个平面域分成三角形单元的情形，图中带圈的号码是单元的号码，其他则是结点在整个域内的编号，每一结点又可按单元内的顺序加以编号，如按逆时针方向编成 1,2,…。图 9-4 表明了一个典型的三角形单元(图 9-3 中的三角形单元④)，该单元的三个结点在整个定义域中的编号 **8**,**9**,**10** 写在单元的外边，而在单元内的编号 1,2,3 则写在单元内部的相应位置上。

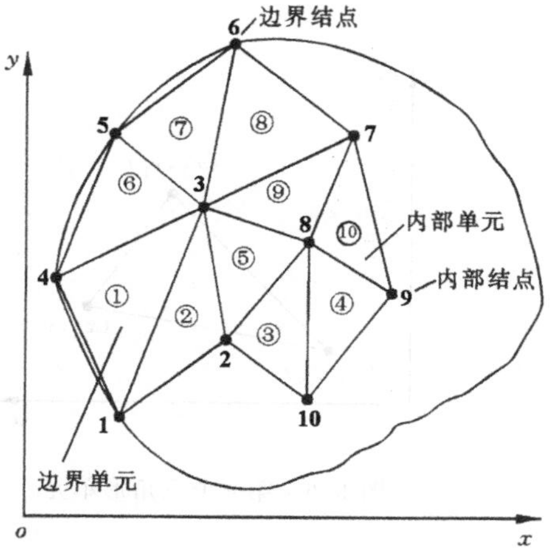

图 9-3 平面域剖分成三角形单元

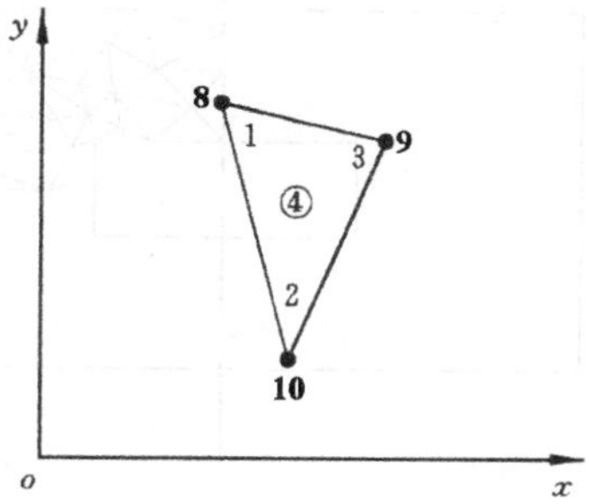

图 9-4 三角形单元

需要指出的是，结点可以选择在任何方便的位置，预计场变化迅速的地方结点可以选择相距近一些，而场变化缓慢的地方结点可以选择相距远一些(如图 9-5 所示)。这种灵活性是有限单元法的重要优点。

2. 单元内局部坐标系中 φ 的近似表达式——插值函数

在有限元法中，待解函数 φ 在每一个单元内可以用一个适当的插值函数 $U(x,y)$ 来近似，最简单的插值函数是线性插值函数，即每个单元内，设 φ 能够用函数 $N_1^e, N_2^e, \cdots, N_k^e, \cdots, N_s^e$ 和结点值 $\bar{\varphi}_1^e, \bar{\varphi}_2^e, \cdots, \bar{\varphi}_s^e, \cdots, \bar{\varphi}_s^e$ 的线性组合表示，亦即

$$U = \sum_{m=1}^{s} N_m^e(x,y)\bar{\varphi}_m^e \tag{9-34}$$

写成矩阵的形式为

$$U = [N^e]^{\mathrm{T}}[\bar{\varphi}^e] \tag{9-35}$$

其中

$$[N^e] = \begin{bmatrix} N_1^e \\ N_2^e \\ \vdots \\ N_k^e \\ \vdots \\ N_s^e \end{bmatrix}, \qquad [\bar{\varphi}^e] = \begin{bmatrix} \bar{\varphi}_1^e \\ \bar{\varphi}_2^e \\ \vdots \\ \bar{\varphi}_k^e \\ \vdots \\ \bar{\varphi}_s^e \end{bmatrix}$$

$[N^e]^{\mathrm{T}}$ 是$[N^e]$的转置，$N_i^e(i=1,2,\cdots,s)$称为形函数，它是坐标的函数。因为在局部坐标为 x_k, y_k 的结点 k 处，插值函数 U 的值应等于 φ 在该点的值 $\bar{\varphi}_k^e$，即

$$U(x_k, y_k) = \bar{\varphi}_k^e \tag{9-36}$$

因此 N_k^e 具有下面的特性：

$$N_k^e(x_i, y_i) = \begin{cases} 1 & (i = k) \\ 0 & (i \neq k) \end{cases}$$

其中 x_i, y_i 是结点 i 的坐标。除线性函数可作为插值函数外，高次多项式也可作为插值函数。

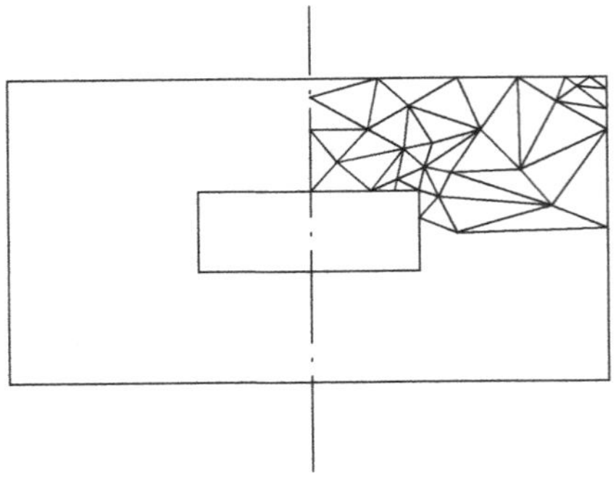

图 9-5　有限单元和结点

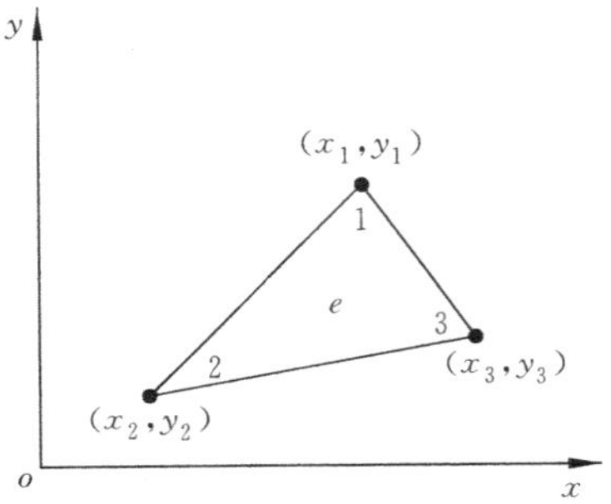

图 9-6　第 e 个三角形单元

计算时究竟将定义域剖分成什么形状的单元(三角形、矩形……)与问题的形式、希望的单元个数、要求的精度以及计算机能提供的时间有关,而在单元内选择怎样的插值函数去逼近待解函数则与单元的形状和单元内的结点个数有关,下面将只限于讨论三角形单元和线性插值的情况,先来求这种情况下的形函数 N_i^e。

取一典型的三角形单元 e,其三结点(三个顶点)在单元内的编号是 1,2,3(按逆时针方向),它们的局部坐标分别是(x_1,y_1),(x_2,y_2)和(x_3,y_3)(参看图 9-6),利用局部坐标,作单元 e 内的线性插值函数

$$U(x,y)=\alpha_1+\alpha_2 x+\alpha_3 y \tag{9-37}$$

$U(x,y)$在结点 1,2,3 的值分别等于待解函数 φ 在这些点的值,即

$$\left.\begin{aligned}\bar{\varphi}_1^e&=\alpha_1+\alpha_2 x_1+\alpha_3 y_1\\ \bar{\varphi}_2^e&=\alpha_1+\alpha_2 x_2+\alpha_3 y_2\\ \bar{\varphi}_3^e&=\alpha_1+\alpha_2 x_3+\alpha_3 y_3\end{aligned}\right\} \tag{9-38}$$

解线性代数方程组(9-38),求出系数 $\alpha_1,\alpha_2,\alpha_3$ 为

$$\alpha_1=\frac{\begin{vmatrix}\bar{\varphi}_1^e & x_1 & y_1\\ \bar{\varphi}_2^e & x_2 & y_2\\ \bar{\varphi}_3^e & x_3 & y_3\end{vmatrix}}{\begin{vmatrix}1 & x_1 & y_1\\ 1 & x_2 & y_2\\ 1 & x_3 & y_3\end{vmatrix}}=\frac{a_1\bar{\varphi}_1^e+a_2\bar{\varphi}_2^e+a_3\bar{\varphi}_3^e}{2\Delta} \tag{9-39}$$

$$\alpha_2=\frac{\begin{vmatrix}1 & \bar{\varphi}_1^e & y_1\\ 1 & \bar{\varphi}_2^e & y_2\\ 1 & \bar{\varphi}_3^e & y_3\end{vmatrix}}{\begin{vmatrix}1 & x_1 & y_1\\ 1 & x_2 & y_2\\ 1 & x_3 & y_3\end{vmatrix}}=\frac{b_1\bar{\varphi}_1^e+b_2\bar{\varphi}_2^e+b_3\bar{\varphi}_3^e}{2\Delta} \tag{9-40}$$

$$\alpha_3 = \frac{\begin{vmatrix} 1 & x_1 & \bar{\varphi}_1^e \\ 1 & x_2 & \bar{\varphi}_2^e \\ 1 & x_3 & \bar{\varphi}_3^e \end{vmatrix}}{\begin{vmatrix} 1 & x_1 & y_1 \\ 1 & x_2 & y_2 \\ 1 & x_3 & y_3 \end{vmatrix}} = \frac{c_1\bar{\varphi}_1^e + c_2\bar{\varphi}_2^e + c_3\bar{\varphi}_3^e}{2\Delta} \tag{9-41}$$

其中 $\Delta=\frac{1}{2}(x_2y_3-x_3y_2-x_1y_3+x_3y_1+x_1y_2-x_2y_1)$，当结点编号按逆时针方向时 $\Delta>0$，其值等于三角形单元的面积，而

$$\left.\begin{aligned} a_1 &= x_2y_3 - x_3y_2, & a_2 &= x_3y_1 - x_1y_3, & a_3 &= x_1y_2 - x_2y_1 \\ b_1 &= y_2 - y_3, & b_2 &= y_3 - y_1, & b_3 &= y_1 - y_2 \\ c_1 &= x_3 - x_2, & c_2 &= x_1 - x_3, & c_3 &= x_2 - x_1 \end{aligned}\right\} \tag{9-42}$$

将 $\alpha_1,\alpha_2,\alpha_3$ 的表示式(9-39)～式(9-41)代入式(9-37)后，求得三角形单元 e 内的线性插值函数

$$U = \sum_{i=1}^{3} N_i^e\bar{\varphi}_i^e = [N^e]^{\mathrm{T}}[\bar{\varphi}^e] \tag{9-43}$$

其中

$$N_i^e = \frac{a_i + b_i x + c_i y}{2\Delta} \quad (i = 1,2,3)$$

N_i^e 是三角形单元内线性插值函数中的形函数，它本身也是一线性函数，并具有特性

$$N_i^e(x_j,y_j) = \begin{cases} 1 & (i=j) \\ 0 & (i\neq j) \end{cases} \quad (i=1,2,3;j=1,2,3)$$

即 N_i^e 在第 i 个结点上的值为 1，在其他两个结点上的值为零。不难证明，由于 N_i^e 本身是 x,y 的线性函数，故在三角形单元第 i 个结点的对边上 $N_i^e(x,y)=0$，例如 $N_1^e(x,y)$ 在三角形单元的结点 2 和 3 之间的边上取零值。

9.1.4 单元分析

为了简单起见，我们以二维泊松方程的第一类边值问题式(9-6)来说明其等价的变分问题的离散化过程。式(9-15)中的泛函 $F(\varphi)$ 可以写成

$$F(\varphi) = \int_D ([\varphi]^{\mathrm{T}}[A][\varphi] - [\varphi]^{\mathrm{T}}[B])\,\mathrm{d}D \tag{9-44}$$

其中矩阵 $[\varphi]$，$[A]$ 和 $[B]$ 分别是

$$[\varphi] = \begin{bmatrix} \varphi \\ \partial\varphi/\partial x \\ \partial\varphi/\partial y \end{bmatrix}, \quad [A] = \begin{bmatrix} a_{1,1} & a_{1,2} & a_{1,3} \\ a_{2,1} & a_{2,2} & a_{2,3} \\ a_{3,1} & a_{3,2} & a_{3,3} \end{bmatrix} = \begin{bmatrix} 0 & 0 & 0 \\ 0 & 1 & 0 \\ 0 & 0 & 1 \end{bmatrix}, \quad [B] = \begin{bmatrix} B_1 \\ B_2 \\ B_3 \end{bmatrix} = \begin{bmatrix} 2\rho/\varepsilon \\ 0 \\ 0 \end{bmatrix}$$

泛函 $F(\varphi)$ 可以表示成各单元上的泛函 $F^e(\varphi)$ 之和，即

$$F(\varphi) = \sum_{e=1}^{l} F^e(\varphi) \tag{9-45}$$

利用式(9-44)，式(9-45)可以写成

$$F(\varphi) = \sum_{e=1}^{l}\int_{D_e} ([\varphi]^{\mathrm{T}}[A][\varphi] - [\varphi]^{\mathrm{T}}[B])\,\mathrm{d}D_e \tag{9-46}$$

其中 D_e 是单元 e 的面积。

在单元内 φ 用插值函数 $U=[N^e]^{\mathrm{T}}[\bar{\varphi}^e]$ 近似代替，即

$$[\underline{\varphi}]\approx[\underline{U}]=\begin{bmatrix}U\\ \partial U/\partial x\\ \partial U/\partial y\end{bmatrix}=\begin{bmatrix}N_1^e & N_2^e & N_3^e\\ \partial N_1^e/\partial x & \partial N_2^e/\partial x & \partial N_3^e/\partial x\\ \partial N_1^e/\partial y & \partial N_2^e/\partial y & \partial N_3^e/\partial y\end{bmatrix}\begin{bmatrix}\bar{\varphi}_1^e\\ \bar{\varphi}_2^e\\ \bar{\varphi}_3^e\end{bmatrix}$$

$$=[D_iN^e][\bar{\varphi}^e] \tag{9-47}$$

其中 D_i 是一个微分算符，且 $D_1=1,D_2=\dfrac{\partial}{\partial x},D_3=\dfrac{\partial}{\partial y}$，即

$$[D_iN^e]=\begin{bmatrix}D_1N_1^e & D_1N_2^e & D_1N_3^e\\ D_2N_1^e & D_2N_2^e & D_2N_3^e\\ D_3N_1^e & D_3N_2^e & D_3N_3^e\end{bmatrix}=\begin{bmatrix}N_1^e & N_2^e & N_3^e\\ \partial N_1^e/\partial x & \partial N_2^e/\partial x & \partial N_3^e/\partial x\\ \partial N_1^e/\partial y & \partial N_2^e/\partial y & \partial N_3^e/\partial y\end{bmatrix}$$

将式(9-47)代入式(9-46)，则单元上的泛函 $F^e(\varphi)$ 可表示成

$$F^e(\varphi)=\int_{D_e}([\bar{\varphi}^e]^{\mathrm{T}}[D_iN^e]^{\mathrm{T}}[A][D_iN^e][\bar{\varphi}^e]-[\bar{\varphi}^e]^{\mathrm{T}}[D_iN^e]^{\mathrm{T}}[B])\mathrm{d}D_e$$

$$=[\bar{\varphi}^e]^{\mathrm{T}}\int_{D_e}[D_iN^e]^{\mathrm{T}}[A][D_iN^e]\mathrm{d}D_e[\bar{\varphi}^e]-[\bar{\varphi}^e]^{\mathrm{T}}\int_{D_e}[D_iN^e]^{\mathrm{T}}[B]\mathrm{d}D_e$$

$$=[\bar{\varphi}^e]^{\mathrm{T}}[K^e][\bar{\varphi}^e]+[\bar{\varphi}^e]^{\mathrm{T}}[\theta^e] \tag{9-48}$$

其中

$$[K^e]=\int_{D_e}[D_iN^e]^{\mathrm{T}}[A][D_iN^e]\mathrm{d}D_e$$

$$[\theta^e]=-\int_{D_e}[D_iN^e]^{\mathrm{T}}[B]\mathrm{d}D_e$$

在固体力学中 $[K^e]$ 称为单元刚度矩阵，其中位于第 α 行第 β 列上的元素为

$$K_{\alpha,\beta}^{e*}=\int_{D_e}\left\{\left(D_1N_\alpha^e\sum_{i=1}^{3}a_{1,i}D_iN_\beta^e\right)+\left(D_2N_\alpha^e\sum_{i=1}^{3}a_{2,i}D_iN_\beta^e\right)+\left(D_3N_\alpha^e\sum_{i=1}^{3}a_{3,i}D_iN_\beta^e\right)\right\}\mathrm{d}D_e \tag{9-49}$$

列矩阵 $[\theta^e]$ 中位于第 α 行上的元素为

$$\theta_\alpha^e=-\int_{D_e}\left(\sum_{i=1}^{3}B_iD_iN_\alpha^e\right)\mathrm{d}D_e \tag{9-50}$$

积分表示式(9-49)和式(9-50)当被积函数简单时可以用分析的方法求出，不能用分析的方法求出时可采用数值积分的方法。

根据矩阵求极值的原则，相应的单元矩阵方程式可根据

$$\frac{\partial F^e(\varphi)}{\partial[\bar{\varphi}^e]}=0$$

求得，其表示式是

$$[K^e][\bar{\varphi}^e]+\frac{1}{2}[\theta^e]=0 \tag{9-51}$$

至此，我们利用单元局部坐标并按单元内的结点编号顺序建立了单元方程(9-51)。

9.1.5 总体合成

总体合成是利用单元分析所建立的单元方程(9-51)通过累加建立整个定解域上的方

程，累加是在现有基础上的累加，而不是取代，即不同单元对于同一位置的系数都可有贡献。因此，由单元方程建立整个定解域上的方程的关键在于建立单元结点的局部编号和该结点在整个定解域内的编号之间的对应关系。

一般情况下，结点在单元内的编号 1，2，…，s 与该结点在整个定解域内的编号是不一样的。首先将单元方程(9-51)中各结点的编号…，α，…，β，…用该结点在整个定解域上的编号…，γ，…，δ，…代替，即在方程(9-51)中 $\bar{\varphi}_\alpha^e$ 用 $\bar{\varphi}_\gamma^e$ 代替（即 $\bar{\varphi}_\alpha^e \to \bar{\varphi}_\gamma^e$），同样 $\bar{\varphi}_\beta^e \to \bar{\varphi}_\delta^e$，$K_{\alpha,\beta}^e \to K_{\gamma,\delta}^e$。为了清楚起见，我们仍以三角形单元 e 内有三个结点的情形为例加以具体说明。结点在单元内的局部编号是 1，2，3，设它们在整个定解域上的编号是 **7**，**9**，**5**，因此单元内的列向量可表示成两种形式，即有

$$[\bar{\varphi}^e] = \begin{bmatrix} \bar{\varphi}_1^e \\ \bar{\varphi}_2^e \\ \bar{\varphi}_3^e \end{bmatrix} = \begin{bmatrix} \bar{\varphi}_{\mathbf{7}}^e \\ \bar{\varphi}_{\mathbf{9}}^e \\ \bar{\varphi}_{\mathbf{5}}^e \end{bmatrix} \tag{9-52}$$

式(9-52)中的两个列矩阵中，一个元素的下标是采用结点在单元内的编号，另一个元素的下标是采用对应的结点在整个定解域上的编号，因而单元矩阵方程具有形式

$$\begin{aligned} &\begin{bmatrix} K_{1,1}^e & K_{1,2}^e & K_{1,3}^e \\ K_{2,1}^e & K_{2,2}^e & K_{2,3}^e \\ K_{3,1}^e & K_{3,2}^e & K_{3,3}^e \end{bmatrix} \begin{bmatrix} \bar{\varphi}_1^e \\ \bar{\varphi}_2^e \\ \bar{\varphi}_3^e \end{bmatrix} + \frac{1}{2} \begin{bmatrix} \theta_1^e \\ \theta_2^e \\ \theta_3^e \end{bmatrix} \\ = &\begin{bmatrix} K_{\mathbf{7},\mathbf{7}}^e & K_{\mathbf{7},\mathbf{9}}^e & K_{\mathbf{7},\mathbf{5}}^e \\ K_{\mathbf{9},\mathbf{7}}^e & K_{\mathbf{9},\mathbf{9}}^e & K_{\mathbf{9},\mathbf{5}}^e \\ K_{\mathbf{5},\mathbf{7}}^e & K_{\mathbf{5},\mathbf{9}}^e & K_{\mathbf{5},\mathbf{5}}^e \end{bmatrix} \begin{bmatrix} \bar{\varphi}_{\mathbf{7}}^e \\ \bar{\varphi}_{\mathbf{9}}^e \\ \bar{\varphi}_{\mathbf{5}}^e \end{bmatrix} + \frac{1}{2} \begin{bmatrix} \theta_{\mathbf{7}}^e \\ \theta_{\mathbf{9}}^e \\ \theta_{\mathbf{5}}^e \end{bmatrix} = 0 \end{aligned} \tag{9-53}$$

从方程(9-53)可以看出，元素 $K_{\gamma,\delta}^e(=K_{\alpha,\beta}^e)$ 在矩阵 $[K^e]$ 中的位置是

$$\begin{bmatrix} & \vdots & \\ \cdots & K_{\gamma,\delta}^e & \cdots \\ & \vdots & \\ & \vdots & \\ & \vdots & \end{bmatrix} \begin{bmatrix} \vdots \\ \bar{\varphi}_\gamma^e \\ \vdots \\ \bar{\varphi}_\delta^e \\ \vdots \end{bmatrix} + \frac{1}{2} \begin{bmatrix} \vdots \\ \theta_\gamma^e \\ \vdots \\ \theta_\delta^e \\ \vdots \end{bmatrix} \begin{matrix} \\ \leftarrow \text{第 } \alpha \text{ 行} \\ = 0 \\ \leftarrow \text{第 } \beta \text{ 行} \\ \\ \end{matrix} \tag{9-54}$$

（箭头所指：第 β 列）

把单元矩阵方程中各矩阵的元素的下标换成在整个定解域中的结点的编号后，再将各元素的顺序加以改变，按结点在整个定解域内的编号重新排列，编号小的元素在矩阵中排在前面。例如方程式(9-53)重新排列后变成

$$\begin{bmatrix} K_{\mathbf{5},\mathbf{5}}^e & K_{\mathbf{5},\mathbf{7}}^e & K_{\mathbf{5},\mathbf{9}}^e \\ K_{\mathbf{7},\mathbf{5}}^e & K_{\mathbf{7},\mathbf{7}}^e & K_{\mathbf{7},\mathbf{9}}^e \\ K_{\mathbf{9},\mathbf{5}}^e & K_{\mathbf{9},\mathbf{7}}^e & K_{\mathbf{9},\mathbf{9}}^e \end{bmatrix} \begin{bmatrix} \bar{\varphi}_{\mathbf{5}}^e \\ \bar{\varphi}_{\mathbf{7}}^e \\ \bar{\varphi}_{\mathbf{9}}^e \end{bmatrix} + \frac{1}{2} \begin{bmatrix} \theta_{\mathbf{5}}^e \\ \theta_{\mathbf{7}}^e \\ \theta_{\mathbf{9}}^e \end{bmatrix} = 0 \tag{9-55}$$

式(9-54)代表的 s 个方程式可以扩展到 n 个方程式，只需将 s 个结点值均排在列向量中，而在矩阵中其他的适当位置添上零，即

$$
\begin{array}{r}
\\ \\ \\ \text{第}\gamma\text{行} \\ \\ \text{第}\delta\text{行} \\ \\ \\
\end{array}
\begin{bmatrix}
\cdots & \cdots & \cdots \\
\cdots & \cdots & \cdots \\
 & \vdots & \\
\cdots & K_{\gamma,\delta}^{e} & \cdots \\
 & \vdots & \\
\cdots & \cdots & \cdots \\
 & \vdots & \\
\cdots & \cdots & \cdots
\end{bmatrix}
\begin{bmatrix}
\bar{\varphi}_1 \\ \bar{\varphi}_2 \\ \vdots \\ \bar{\varphi}_\gamma \\ \vdots \\ \bar{\varphi}_\delta \\ \vdots \\ \bar{\varphi}_n
\end{bmatrix}
+\frac{1}{2}
\begin{bmatrix}
\theta_1^e \\ \theta_2^e \\ \vdots \\ \theta_\gamma^e \\ \vdots \\ \theta_\delta^e \\ \vdots \\ \theta_n^e
\end{bmatrix}
=0 \tag{9-56}
$$

（箭头指向：第 δ 列）

当 γ 不是单元的结点编号(按整个定解域)时式中的 $K_{\gamma,\delta}^{e}=0$。例如方程(9-55)可扩展为

$$
\begin{bmatrix}
0 & 0 & 0 & 0 & 0 & 0 & 0 & 0 & 0 & \\
0 & 0 & 0 & 0 & 0 & 0 & 0 & 0 & 0 & \\
0 & 0 & 0 & 0 & 0 & 0 & 0 & 0 & 0 & \\
0 & 0 & 0 & 0 & 0 & 0 & 0 & 0 & 0 & \\
0 & 0 & 0 & 0 & K_{5,5}^{e} & 0 & K_{5,7}^{e} & 0 & K_{5,9}^{e} & \\
0 & 0 & 0 & 0 & 0 & 0 & 0 & 0 & 0 & \mathbf{0} \\
0 & 0 & 0 & 0 & K_{7,5}^{e} & 0 & K_{7,7}^{e} & 0 & K_{7,9}^{e} & \\
0 & 0 & 0 & 0 & 0 & 0 & 0 & 0 & 0 & \\
0 & 0 & 0 & 0 & K_{9,5}^{e} & 0 & K_{9,7}^{e} & 0 & K_{9,9}^{e} & \\
 & & & & & \mathbf{0} & & & &
\end{bmatrix}_{n\times n}
\begin{bmatrix}
\bar{\varphi}_1^e \\ \bar{\varphi}_2^e \\ \bar{\varphi}_3^e \\ \bar{\varphi}_4^e \\ \bar{\varphi}_5^e \\ \bar{\varphi}_6^e \\ \bar{\varphi}_7^e \\ \bar{\varphi}_8^e \\ \bar{\varphi}_9^e \\ \vdots \\ \vdots \\ \bar{\varphi}_n^e
\end{bmatrix}_{n\times 1}
+\frac{1}{2}
\begin{bmatrix}
0 \\ 0 \\ 0 \\ 0 \\ Q_5^e \\ 0 \\ Q_7^e \\ 0 \\ Q_9^e \\ \mathbf{0}
\end{bmatrix}_{n\times 1}
=0 \tag{9-57}
$$

整个定解域剖分成了 l 个单元,其中每一个单元均能够导出形如式(9-57)的一组方程式,将这 l 组方程累加起来,即

$$
\sum_{e=1}^{l}\left([K^e][\bar{\varphi}^e]+\left[\frac{1}{2}\theta^e\right]\right)=0
$$

可以获得整个定解域上的方程为

$$
\begin{bmatrix}
K_{1,1} & K_{1,2} & \cdots & K_{1,\delta} & \cdots & K_{1,n} \\
K_{2,1} & K_{2,2} & \cdots & K_{2,\delta} & \cdots & K_{2,n} \\
\vdots & \vdots & & \vdots & & \vdots \\
K_{\gamma,1} & K_{\gamma,2} & \cdots & K_{\gamma,\delta} & \cdots & K_{\gamma,n} \\
\vdots & \vdots & & \vdots & & \vdots \\
K_{n,1} & K_{n,2} & \cdots & K_{n,\delta} & \cdots & K_{n,n}
\end{bmatrix}
\begin{bmatrix}
\bar{\varphi}_1 \\ \bar{\varphi}_2 \\ \vdots \\ \bar{\varphi}_\gamma \\ \vdots \\ \bar{\varphi}_n
\end{bmatrix}
+
\begin{bmatrix}
\theta_1/2 \\ \theta_2/2 \\ \vdots \\ \theta_\gamma/2 \\ \vdots \\ \theta_n/2
\end{bmatrix}
=
\begin{bmatrix}
0 \\ 0 \\ \vdots \\ 0 \\ \vdots \\ 0
\end{bmatrix}
\tag{9-58}
$$

其中

$$
K_{\gamma,\delta}=\sum_{e=1}^{l}K_{\gamma,\delta}^{e},\quad \theta_\gamma=\sum_{e=1}^{l}\theta_\gamma^e
$$

9.1.6 引入强加边界条件

在边界 Γ 上函数 φ 的数值由边界条件决定，设位于边界 Γ 上的结点数为 n_1，在这些结点上 φ 的值是已知的。设编号为 η 的结点位于 Γ 上，φ 在该结点的已知值是 $\bar{\varphi}_\eta^\Gamma$。在整个定解域上将强加边界条件引入式(9-58)的法则是：如果 η 是边界上的结点的编号，则把式(9-58)中$[K]$矩阵的第 η 行上的元素除了主对角线上的一个元素外全部换成零，而主对角线上的那个元素换成 1，并且用已知的 $\bar{\varphi}_\eta^\Gamma$ 代替 $\theta_\eta/2$。这实际上是从式(9-58)中删去 n_1 个方程和 n_1 个未知数，剩下 $n-n_1$ 个方程和 $n-n_1$ 个未知数，求解后分别代入式(9-43)可求得每个单元内的插值函数。

为了帮助大家理解这一全过程，下面讨论一个具体的例题。

例 9-2 图 9-7 是一个无限长的三角形波导，截面为边长等于 1 的等边三角形，波导中充满了恒定的体电荷密度 ρ，填充的介质的介电常数为 ε，波导壁接地。求波导横截面上的电位分布。

解 因为波导为无限长，且体电荷密度 ρ 是与坐标无关的常数，因此截面上的电位分布 φ 应满足二维的泊松方程，即 φ 满足的边值问题是

$$\left.\begin{aligned} &A\varphi=-\left(\frac{\partial^2\varphi}{\partial x^2}+\frac{\partial^2\varphi}{\partial y^2}\right)=\frac{\rho}{\varepsilon}\\ &\varphi=0,\quad y=0\\ &\varphi=0,\quad y=\sqrt{3}x\\ &\varphi=0,\quad y=\sqrt{3}(1-x)\end{aligned}\right\}\tag{9-59}$$

等价的变分问题是

$$\left.\begin{aligned} &F(\varphi)=\int_{D_0}\left\{\left(\frac{\partial\varphi}{\partial x}\right)^2+\left(\frac{\partial\varphi}{\partial y}\right)^2-2\frac{\rho}{\varepsilon}\varphi\right\}\mathrm{d}D_0\\ &\varphi=0,\quad y=0\\ &\varphi=0,\quad y=\sqrt{3}x\\ &\varphi=0,\quad y=\sqrt{3}(1-x)\end{aligned}\right\}\tag{9-60}$$

将定义域剖分成 16 个离散的等边三角形 D_e(图 9-7 中示意为①，②，…，⑯)，每一个等边三角形为一个单元，每一个单元内有 3 个结点，即 $s=3$，在单元内的编号分别为 1，2，3(取逆时针方向)，整个定义域共 15 个结点，即 $n=15$(在图 9-7 中示意为 **1**，**2**，…，**15**)。在单元内和整个定义域内电位的结点值排成的列向量分别为$[\bar{\varphi}^e]$和$[\bar{\varphi}]$，即

$$[\bar{\varphi}^e]=\begin{bmatrix}\bar{\varphi}_1^e\\ \bar{\varphi}_2^e\\ \bar{\varphi}_3^e\end{bmatrix},\quad [\bar{\varphi}]=\begin{bmatrix}\bar{\varphi}_1\\ \bar{\varphi}_2\\ \vdots\\ \bar{\varphi}_{14}\\ \bar{\varphi}_{15}\end{bmatrix}$$

三角形 e 单元内电位的线性插值函数为表示式(9-43)。

根据前面单元分析的结果，可知

$$F(\varphi)=\sum_{e=1}^{16}F^e(\varphi)=\sum_{e=1}^{16}\int_{D_e}([\varphi]^{\mathrm{T}}[A][\varphi]-[\varphi]^{\mathrm{T}}[B])\mathrm{d}D_e$$

$$[D_iN^e]=\begin{bmatrix}D_1N_1^e & D_1N_2^e & D_1N_3^e\\ D_2N_1^e & D_2N_2^e & D_2N_3^e\\ D_3N_1^e & D_3N_2^e & D_3N_3^e\end{bmatrix}$$

且

$$D_1N_1^e=\frac{a_1+b_1x+c_1y}{2\Delta},\quad D_2N_1^e=\frac{b_1}{2\Delta},\quad D_3N_1^e=\frac{c_1}{2\Delta}$$

$$D_1N_2^e=\frac{a_2+b_2x+c_2y}{2\Delta},\quad D_2N_2^e=\frac{b_2}{2\Delta},\quad D_3N_2^e=\frac{c_2}{2\Delta}$$

$$D_1N_3^e=\frac{a_3+b_3x+c_3y}{2\Delta},\quad D_2N_3^e=\frac{b_3}{2\Delta},\quad D_3N_3^e=\frac{c_3}{2\Delta}$$

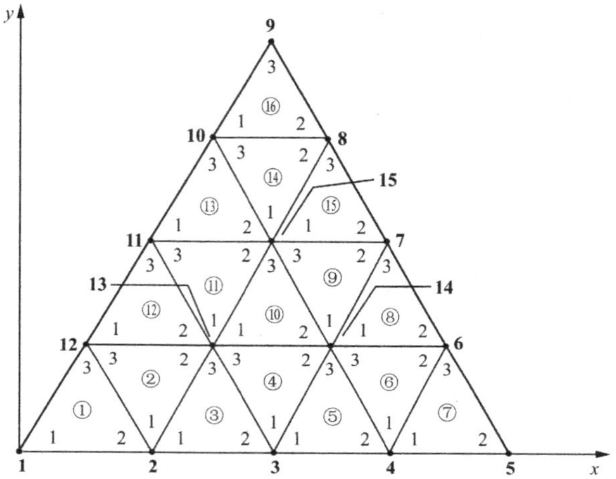

图 9-7　无限长的三角形波导

根据式(9-49)可求得单元刚度矩阵$[K^e]$的各元素，其中 $K_{1,1}^e$ 为

$$K_{1,1}^e=\int_{D_e}\left\{\left(D_1N_1^e\sum_{i=1}^{3}a_{1,i}D_iN_1^e\right)+\left(D_2N_1^e\sum_{i=1}^{3}a_{2,i}D_iN_1^e\right)+\left(D_3N_1^e\sum_{i=1}^{3}a_{3,i}D_iN_1^e\right)\right\}\mathrm{d}D_e$$

$$=\int_{D_e}\left\{\frac{b_1}{2\Delta}\frac{b_1}{2\Delta}+\frac{c_1}{2\Delta}\frac{c_1}{2\Delta}\right\}\mathrm{d}D_e=\frac{b_1^2+c_1^2}{4\Delta}$$

类似可求出其他各元素。因此有

$$\left.\begin{aligned}&K_{1,1}^e=\frac{b_1^2+c_1^2}{4\Delta},\quad K_{1,2}^e=\frac{b_1b_2+c_1c_2}{4\Delta},\quad K_{1,3}^e=\frac{b_1b_3+c_1c_3}{4\Delta}\\ &K_{2,1}^e=\frac{b_1b_2+c_1c_2}{4\Delta},\quad K_{2,2}^e=\frac{b_2^2+c_2^2}{4\Delta},\quad K_{2,3}^e=\frac{b_2b_3+c_2c_3}{4\Delta}\\ &K_{3,1}^e=\frac{b_1b_3+c_1c_3}{4\Delta},\quad K_{3,2}^e=\frac{b_2b_3+c_2c_3}{4\Delta},\quad K_{3,3}^e=\frac{b_3^2+c_3^2}{4\Delta}\end{aligned}\right\}\qquad(9\text{-}61)$$

将各结点的坐标值代入式(9-42)可求得单元 $e(e=1,2,\cdots,16)$的 a_i，b_i 和 $c_i(i=1,2,3)$的具体值，将 b_i，$c_i(i=1,2,3)$的值代入式(9-61)中后可求得单元刚度矩阵$[K^e]$各元素的值，于是有

$$
\left.\begin{aligned}
K_{1,1}^e &= \frac{1}{\sqrt{3}}, \quad K_{1,2}^e = -\frac{1}{2\sqrt{3}}, \quad K_{1,3}^e = -\frac{1}{2\sqrt{3}} \\
K_{2,1}^e &= -\frac{1}{2\sqrt{3}}, \quad K_{2,2}^e = \frac{1}{\sqrt{3}}, \quad K_{2,3}^e = -\frac{1}{2\sqrt{3}} \\
K_{3,1}^e &= -\frac{1}{2\sqrt{3}}, \quad K_{3,2}^e = -\frac{1}{2\sqrt{3}}, \quad K_{3,3}^e = \frac{1}{\sqrt{3}}
\end{aligned}\right\} \tag{9-62}
$$

矩阵$[\theta^e]$的各元素为

$$
\begin{aligned}
\theta_\alpha^e &= -\int_{D_e}\Big(\sum_{i=1}^{3} B_i D_i N_\alpha^e\Big)\mathrm{d}D_e = -2\,\frac{\rho}{\varepsilon}\int_{D_e} N_\alpha^e \mathrm{d}D_e = -\frac{2\rho}{\varepsilon}\int_{D_e}\frac{a_\alpha + b_\alpha x + c_\alpha y}{2\Delta}\mathrm{d}D_e \\
&= \begin{cases} m_1 & (e = 1,3,5,7,8,10,12,13,15,16) \\ m_2 & (e = 2,4,6,9,11,14) \end{cases}
\end{aligned} \tag{9-63}
$$

其中

$$
\begin{aligned}
m_1 = -\frac{\rho}{\varepsilon\Delta}\Big\{ & a_\alpha\Delta + b_\alpha\Big[\frac{\sqrt{3}}{3}(x_b^3 - x_a^3) - \frac{1}{2}(d + y_a)(x_b^2 - x_a^2) \\
& + \frac{1}{2}(f - y_a)(x_c^2 - x_b^2) - \frac{\sqrt{3}}{3}(x_c^3 - x_b^3)\Big] \\
& + \frac{c_\alpha}{2}\Big[\frac{1}{3\sqrt{3}}((\sqrt{3}x_b - d)^3 + (\sqrt{3}x_c - f)^3 \\
& - (\sqrt{3}x_a - d)^3 - (\sqrt{3}x_b - f)^3) - y_a^2(x_c - x_a)\Big]\Big\}
\end{aligned} \tag{9-64}
$$

$$
\begin{aligned}
m_2 = -\frac{\rho}{\varepsilon\Delta}\Big\{ & a_\alpha\Delta + b_\alpha\Big[\frac{\sqrt{3}}{3}(x_b^3 - x_a^3) - \frac{1}{2}(f - y_a)(x_b^2 - x_a^2) \\
& + \frac{1}{2}(y_a + d)(x_c^2 - x_b^2) - \frac{\sqrt{3}}{3}(x_c^3 - x_b^3)\Big] \\
& + \frac{c_\alpha}{2}\Big[\frac{1}{3\sqrt{3}}((\sqrt{3}x_b - d)^3 + (\sqrt{3}x_a - f)^3 \\
& - (\sqrt{3}x_c - d)^3 - (\sqrt{3}x_b - f)^3) - y_a^2(x_a - x_c)\Big]\Big\}
\end{aligned} \tag{9-65}
$$

式(9-64)和式(9-65)中$\alpha=1,2,3$,这二式中不同单元的x_a, x_b, x_c, d, f和y_a的物理意义表示在图9-8(a)和(b)中,图中所画的是图9-7中的两种典型单元。计算表明:在所讨论的具体情况下,各单元的矩阵$[\theta_\alpha^e]$是一样的,并且各元素也相同,即

$$
\theta_\alpha^e = -0.018\,042\,\frac{\rho}{\varepsilon} \quad (e = 1,2,\cdots,16;\quad \alpha = 1,2,3)
$$

因此第e个单元的单元矩阵方程是

$$
\frac{1}{2\sqrt{3}}\begin{bmatrix} 2 & -1 & -1 \\ -1 & 2 & -1 \\ -1 & -1 & 2 \end{bmatrix}\begin{bmatrix} \bar{\varphi}_1^e \\ \bar{\varphi}_2^e \\ \bar{\varphi}_3^e \end{bmatrix} + \frac{1}{2}\,\frac{\rho}{\varepsilon}(-0.018\,042)\begin{bmatrix} 1 \\ 1 \\ 1 \end{bmatrix} = 0
$$

即

$$
0.577\,350\begin{bmatrix} 2 & -1 & -1 \\ -1 & 2 & -1 \\ -1 & -1 & 2 \end{bmatrix}\begin{bmatrix} \bar{\varphi}_1^e \\ \bar{\varphi}_2^e \\ \bar{\varphi}_3^e \end{bmatrix} - 0.018\,042\,\frac{\rho}{\varepsilon}\begin{bmatrix} 1 \\ 1 \\ 1 \end{bmatrix} = 0 \tag{9-66}
$$

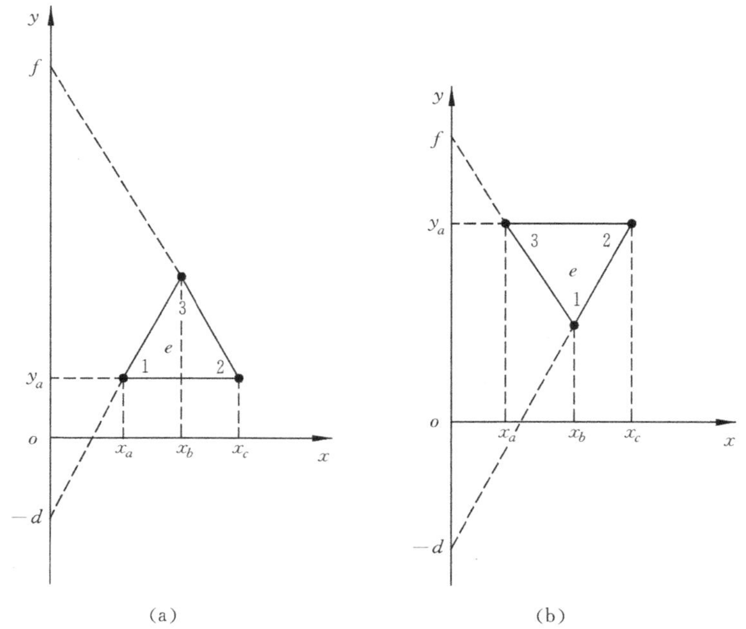

图 9-8　两种典型的三角形单元的参数说明

至此，单元分析已告完成。

总体合成的任务是利用单元矩阵方程(9-66)建立整个定解域上的方程，因此首先要建立单元结点的局部编号和该结点在整个定解域内的编号之间的对应关系，表 9-1 中列出了这种对应关系。

整个定解域共有 15 个结点，因此主刚度矩阵[K]和矩阵[θ]将分别是 15×15 和 15×1 阶的。在利用单元刚度矩阵[K^e]和矩阵[θ^e]形成主刚度矩阵[K]和矩阵[θ]之前，先把[K]和[θ]的所有元素置零，然后从第一个单元开始，利用单元刚度矩阵[K^e]和矩阵[θ^e]累加成主刚度矩阵[K]和矩阵[θ]。例如第一单元，因为结点在单元内的编号 1,2,3 对应于整个定解域内的编号是 **1,2,12**，因此在形成主刚度矩阵[K]和矩阵[θ]的过程中，$K^1_{1,1}$应加到 $K_{\mathbf{1,1}}$上，$K^1_{1,2}$应加到 $K_{\mathbf{1,2}}$上，$K^1_{1,3}$应加到 $K_{\mathbf{1,12}}$上，$K^1_{2,1}$应加到 $K_{\mathbf{2,1}}$上，$K^1_{2,2}$应加到 $K_{\mathbf{2,2}}$上，$K^1_{2,3}$应加到 $K_{\mathbf{2,12}}$上，$K^1_{3,1}$应加到 $K_{\mathbf{12,1}}$上，$K^1_{3,2}$应加到 $K_{\mathbf{12,2}}$上，$K^1_{3,3}$应加到 $K_{\mathbf{12,12}}$上。根据表 9-1 的对应关系，可将第 1 至第 16 个单元刚度矩阵[K^e]累加至总刚度矩阵[K]中，例如

$$K_{\mathbf{3,3}} = K^3_{2,2} + K^4_{1,1} + K^5_{1,1}$$
$$K_{\mathbf{10,10}} = K^{13}_{3,3} + K^{14}_{3,3} + K^{16}_{1,1}$$
$$K_{\mathbf{14,13}} = K^4_{2,3} + K^{10}_{2,1}$$
$$\vdots$$

即主刚度矩阵[K]第三行和第三列相交位置上的元素 $K_{\mathbf{3,3}}$的值，在我们所讨论的情况下是由三部分累加起来的，第一部分是位于第 3 单元的单元刚度矩阵[K^3]第二行和第二列的相交位置上的元素 $K^3_{2,2}$，第二部分是位于第 4 单元的单元刚度矩阵[K^4]第一行和第一列的相交位置上的元素 $K^4_{1,1}$，第三部分是位于第 5 单元的单元刚度矩阵[K^5]第一行和第一列的相交位置上的元素 $K^5_{1,1}$。

表 9-1 单元结点的局部编号与在整个定解域内的编号间的对应关系

单元编号	结点在单元内的编号 ↔ 结点在整个定解域内的编号	单元编号	结点在单元内的编号 ↔ 结点在整个定解域内的编号
①	1↔**1** 2↔**2** 3↔**12**	⑨	1↔**14** 2↔**7** 3↔**15**
②	1↔**2** 2↔**13** 3↔**12**	⑩	1↔**13** 2↔**14** 3↔**15**
③	1↔**2** 2↔**3** 3↔**13**	⑪	1↔**13** 2↔**15** 3↔**11**
④	1↔**3** 2↔**14** 3↔**13**	⑫	1↔**12** 2↔**13** 3↔**11**
⑤	1↔**3** 2↔**4** 3↔**14**	⑬	1↔**11** 2↔**15** 3↔**10**
⑥	1↔**4** 2↔**6** 3↔**14**	⑭	1↔**15** 2↔**8** 3↔**10**
⑦	1↔**4** 2↔**5** 3↔**6**	⑮	1↔**15** 2↔**7** 3↔**8**
⑧	1↔**14** 2↔**6** 3↔**7**	⑯	1↔**10** 2↔**8** 3↔**9**

矩阵$[\theta]$也是按照上述的原则由各单元的矩阵$[\theta^e]$累加而形成的，即 θ_1^1 加到 θ_1 上，θ_2^1 应加到 θ_2 上，θ_3^1 应加到 θ_{12}上，因此

$$\theta_1 = \theta_1^1$$

$$\theta_2 = \theta_2^1 + \theta_1^2 + \theta_1^3$$

$$\vdots$$

$$\theta_{15} = \theta_3^9 + \theta_3^{10} + \theta_2^{11} + \theta_2^{13} + \theta_1^{14} + \theta_1^{15}$$

所以整个定解域上的线性代数方程组为

$$0.577\,350[K][\bar{\varphi}] - 0.018\,042\,\frac{\rho}{\varepsilon}[\theta] = 0 \tag{9-67}$$

其中矩阵$[K]$是相对主对角线对称的矩阵，即有

$$
[K]=\begin{bmatrix}
2 & & & & & & & & & & & & & & \\
-1 & 6 & & & & & & & & & & & & & \\
0 & -1 & 6 & & & & & & & & & & & & \\
0 & 0 & -1 & 6 & & & & & & & & & & & \\
0 & 0 & 0 & -1 & 2 & & & & & & & & & & \\
0 & 0 & 0 & -2 & -1 & 6 & & & & & & \text{对} & \text{称} & & \\
0 & 0 & 0 & 0 & 0 & -1 & 6 & & & & & & & & \\
0 & 0 & 0 & 0 & 0 & 0 & -1 & 6 & & & & & & & \\
0 & 0 & 0 & 0 & 0 & 0 & 0 & -1 & 2 & & & & & & \\
0 & 0 & 0 & 0 & 0 & 0 & 0 & -2 & -1 & 6 & & & & & \\
0 & 0 & 0 & 0 & 0 & 0 & 0 & 0 & 0 & -1 & 6 & & & & \\
-1 & -2 & 0 & 0 & 0 & 0 & 0 & 0 & 0 & 0 & -1 & 6 & & & \\
0 & -2 & -2 & 0 & 0 & 0 & 0 & 0 & 0 & 0 & -2 & -2 & 12 & & \\
0 & 0 & -2 & -2 & 0 & -2 & -2 & 0 & 0 & 0 & 0 & 0 & -2 & 12 & \\
0 & 0 & 0 & 0 & 0 & 0 & -2 & -2 & 0 & -2 & -2 & 0 & -2 & -2 & 12
\end{bmatrix}
$$

$$
[\bar{\varphi}]=\begin{bmatrix}\bar{\varphi}_1\\ \bar{\varphi}_2\\ \bar{\varphi}_3\\ \bar{\varphi}_4\\ \bar{\varphi}_5\\ \bar{\varphi}_6\\ \bar{\varphi}_7\\ \bar{\varphi}_8\\ \bar{\varphi}_9\\ \bar{\varphi}_{10}\\ \bar{\varphi}_{11}\\ \bar{\varphi}_{12}\\ \bar{\varphi}_{13}\\ \bar{\varphi}_{14}\\ \bar{\varphi}_{15}\end{bmatrix}
\qquad
[\theta]=\begin{bmatrix}1\\3\\3\\3\\1\\3\\3\\3\\1\\3\\3\\3\\6\\6\\6\end{bmatrix}
$$

最后将强加边界条件引入方程(9-67)。在边界 $y=0, y=\sqrt{3x}$ 和 $y=\sqrt{3}(1-x)$ 上 $\varphi=0$。结点 **1,2,3,4,5,6,7,8,9,10,11,12** 均位于这些边界上,因此应把式(9-67)中$[K]$矩阵的第 1,2,3,4,5,6,7,8,9,10,11,12 行上的元素除去主对角线的一个外全部换成零,而主对角线上的那个元素换成 1。列矩阵$[\theta]$中的 $\theta_1, \theta_2, \cdots, \theta_{12}$ 也相应地用零代替,因此引入强加边界条件 $\varphi=0$ 后,方程(9-67)变为

$$
0.577\,350[K_0][\bar{\varphi}]-0.018\,042\,\frac{\rho}{\varepsilon}[\theta_0]=[0] \tag{9-68}
$$

其中

$$
[K_0]=\begin{bmatrix}
1 & & & & & & & & & & & & & & \\
0 & 1 & & & & & & & & & & & & & \\
0 & 0 & 1 & & & & & & & & & & & & \\
0 & 0 & 0 & 1 & & & & & & & & & & & \\
0 & 0 & 0 & 0 & 1 & & & & & & & 0 & & & \\
0 & 0 & 0 & 0 & 0 & 1 & & & & & & & & & \\
0 & 0 & 0 & 0 & 0 & 0 & 1 & & & & & & & & \\
0 & 0 & 0 & 0 & 0 & 0 & 0 & 1 & & & & & & & \\
0 & 0 & 0 & 0 & 0 & 0 & 0 & 0 & 1 & & & & & & \\
0 & 0 & 0 & 0 & 0 & 0 & 0 & 0 & 0 & 1 & 0 & 0 & 0 & 0 & 0 \\
0 & 0 & 0 & 0 & 0 & 0 & 0 & 0 & 0 & 0 & 1 & 0 & 0 & 0 & 0 \\
0 & 0 & 0 & 0 & 0 & 0 & 0 & 0 & 0 & 0 & 0 & 1 & 0 & 0 & 0 \\
0 & -2 & -2 & 0 & 0 & 0 & 0 & 0 & 0 & 0 & -2 & -2 & 12 & -2 & -2 \\
0 & 0 & -2 & -2 & 0 & -2 & -2 & 0 & 0 & 0 & 0 & 0 & -2 & 12 & -2 \\
0 & 0 & 0 & 0 & 0 & 0 & -2 & -2 & 0 & -2 & -2 & 0 & -2 & -2 & 12
\end{bmatrix}
$$

$$[\theta_0]=[0\quad 0\quad 0\quad 0\quad 0\quad 0\quad 0\quad 0\quad 6\quad 6\quad 6]^{\mathrm{T}}$$

解方程(9-68)，可求得各结点的电位值为

$$\bar{\varphi}_1=0,\quad \bar{\varphi}_4=0,\quad \bar{\varphi}_7=0,\quad \bar{\varphi}_{10}=0,\quad \bar{\varphi}_{13}=0.023\,44\rho/\varepsilon$$

$$\bar{\varphi}_2=0,\quad \bar{\varphi}_5=0,\quad \bar{\varphi}_8=0,\quad \bar{\varphi}_{11}=0,\quad \bar{\varphi}_{14}=0.023\,44\rho/\varepsilon$$

$$\bar{\varphi}_3=0,\quad \bar{\varphi}_6=0,\quad \bar{\varphi}_9=0,\quad \bar{\varphi}_{12}=0,\quad \bar{\varphi}_{15}=0.023\,44\rho/\varepsilon$$

将 φ 的结点值代入各单元的插值函数中即可求得各单元内电位分布的近似表示式。

可以证明，当 $\rho/\varepsilon=2\sqrt{3}$ 时这个问题的精确解为

$$\varphi=y^3-\frac{\rho}{2\varepsilon}y^2-3x^2y+\frac{\sqrt{3}\rho}{2\varepsilon}xy=y^3-\sqrt{3}y^2-3x^2y+3xy \tag{9-69}$$

将结点 **13**，**14** 和 **15** 的坐标代入式(9-69)，可求得这些点的电位的精确值为

$$\varphi_{13}=\varphi_{14}=\varphi_{15}=0.081\,19 \tag{9-70}$$

而 $\rho/\varepsilon=2\sqrt{3}$ 时，按有限单元法算出的近似值为

$$\varphi_{13}=\varphi_{14}=\varphi_{15}=0.081\,20 \tag{9-71}$$

比较式(9-70)和式(9-71)可见，在剖分的单元很少的情况下精度已经很高了。

9.2 矩 量 法

矩量法是由哈林登(Harrington)1968 年提出的，已成功地用于求解许多实际的电磁问题。本节介绍矩量法的基本原理，包括矩量法的解题过程，基函数和权函数的选择。

9.2.1 矩量法的基本原理

首先以在 Ω 域内满足第一类边值条件的本征值问题为例说明矩量法的基本原理。本

征值问题写成一般的形式为

$$Lf = \lambda f \tag{9-72}$$

其中算子 L 可以是微分算子也可以是积分算子。

在第 8 章中，我们已经讨论了在横截面为 Ω 的柱状空心波导中电磁波的传播规律，其中 TM 模的纵向分量 E_{zm} 满足波动方程和齐次第一类边值条件，即

$$(\nabla_T^2 + K_c^2)E_{zm} = 0$$

在波导壁上

$$E_{zm} = 0$$

其中 $K_c^2 = \dfrac{\omega^2}{c^2} - k_z^2$，$k_z$ 是沿柱状波导轴向的传播常数，这是一典型的本征值问题，本征值 $\lambda = k_c^2$，算子 $L = -\nabla_T^2$，本征函数 $f = E_{zm}$。

矩量法的第一步是将式(9-72)中的未知函数 f 近似表示成函数 N_n 的线性组合，即

$$f \approx f_a = \sum_{n=1}^{M} \alpha_n N_n \tag{9-73}$$

其中函数 N_n 是已知的独立函数，称为基函数；α_n 是未知的待定系数，将式(9-73)代入式(9-72)得

$$L\sum_{n=1}^{M} \alpha_n N_n = \lambda \sum_{n=1}^{M} \alpha_n N_n \tag{9-74}$$

矩量法的第二步是用权函数 W_m（又称检验函数）对式(9-74)两边取内积，即有

$$\left\langle W_m, L\sum_{n=1}^{M} \alpha_n N_n \right\rangle = \left\langle W_m, \lambda \sum_{n=1}^{M} \alpha_n N_n \right\rangle \tag{9-75}$$

其中

$$\left\langle W_m, L\sum_{n=1}^{M} \alpha_n N_n \right\rangle = \int_\Omega \left(W_m L \sum_{n=1}^{M} \alpha_n N_n\right) \mathrm{d}\Omega = \sum_{n=1}^{M} \alpha_n \int_\Omega (W_m L N_n)\, \mathrm{d}\Omega$$

$$\left\langle W_m, \lambda \sum_{n=1}^{M} \alpha_n N_n \right\rangle = \int_\Omega \left(W_m \lambda \sum_{n=1}^{M} \alpha_n N_n\right) \mathrm{d}\Omega = \lambda \sum_{n=1}^{M} \alpha_n \int_\Omega (W_m N_n)\, \mathrm{d}\Omega$$

因此式(9-75)可以重新写成

$$\sum_{n=1}^{M} \alpha_n \int_\Omega (W_m L N_n)\, \mathrm{d}\Omega = \lambda \sum_{n=1}^{M} \alpha_n \int_\Omega (W_m N_n)\, \mathrm{d}\Omega \quad (m = 1, 2, \cdots, M) \tag{9-76}$$

将式(9-76)写成矩阵的形式

$$[K_{mn}][\alpha_n] = \lambda [B_{mn}][\alpha_n] \tag{9-77}$$

其中

$$K_{mn} = \int_\Omega (W_m L N_n)\, \mathrm{d}\Omega$$

$$B_{mn} = \int_\Omega (W_m N_n)\, \mathrm{d}\Omega$$

矩阵$[K_{mn}]$是 $M\times M$ 阶矩阵，$[\alpha_n]$是 $M\times 1$ 阶矩阵，$[B_{mn}]$是 $M\times M$ 阶矩阵。所以矩量法利用基函数和权函数将最初的本征值问题（式(9-72)）转换成了矩阵的本征值问题（式(9-77)），通过求解矩阵方程可得到近似解。为使矩阵方程(9-77)中$[\alpha_n]$有非零解，其系数矩阵$[K_{mn}]-\lambda[B_{mn}]$的行列式必须为零，即

$$\det([K_{mn}] - \lambda [B_{mn}]) = 0 \tag{9-78}$$

解方程(9-78)可求得 M 个本征值 $\lambda_i(i=1,2,\cdots,M)$，对每一个本征值 λ_i，由式(9-77)可求得本征矢量

$$[\alpha_n]_i = [\alpha_{in}] \tag{9-79}$$

最后求得相应的本征函数

$$f_i = \sum_{n=1}^{M} \alpha_{in} N_n \tag{9-80}$$

在上述求解过程中如果把

$$R = Lf_\alpha - \lambda f_\alpha = L\sum_{n=1}^{M}\alpha_n N_n - \lambda\sum_{n=1}^{M}\alpha_n N_n \tag{9-81}$$

称为余量，而将内积

$$\langle W_m, R\rangle = \int_\Omega W_m R\,\mathrm{d}\Omega = \int_\Omega W_m(L-\lambda)\sum_{n=1}^{M}\alpha_n N_n\,\mathrm{d}\Omega$$

称为加权余量，则式(9-74)是使对 W_m 的加权余量为零，因此该方法又称加权余量法。

例 9-3 求定解域为 $0\leqslant x\leqslant 1$ 的本征值问题

$$\left.\begin{aligned} -\frac{\mathrm{d}^2\varphi}{\mathrm{d}x^2} &= \lambda\varphi \\ \varphi|_{x=0} = \varphi|_{x=1} &= 0 \end{aligned}\right\} \tag{9-82}$$

解 将本征函数近似表示成

$$\varphi \approx \varphi_\alpha = \sum_{n=1}^{M}\alpha_n N_n$$

选定基函数和权函数分别为

$$N_n = x(1-x^n) \tag{9-83}$$

$$W_m = x(1-x^m) \tag{9-84}$$

将选定的基函数和权函数代入式(9-76)求得矩阵方程

$$[K_{mn}][\alpha_n] = \lambda[B_{mn}][\alpha_n] \tag{9-85}$$

其中

$$K_{mn} = \int_0^1 x(1-x^m)\left\{-\frac{\mathrm{d}^2}{\mathrm{d}x^2}[x(1-x^n)]\right\}\mathrm{d}x = \frac{mn}{m+n+1}$$

$$B_{mn} = \int_0^1 x^2(1-x^m)(1-x^n)\,\mathrm{d}x = \frac{mn(m+n+6)}{3(m+3)(n+3)(m+n+3)}$$

为简单起见，选 $M=2$，则方程(9-85)变成

$$\begin{bmatrix} \frac{1}{3} & \frac{1}{2} \\ \frac{1}{2} & \frac{4}{5} \end{bmatrix}\begin{bmatrix} \alpha_1 \\ \alpha_2 \end{bmatrix} = \lambda\begin{bmatrix} \frac{1}{30} & \frac{1}{20} \\ \frac{1}{20} & \frac{8}{105} \end{bmatrix}\begin{bmatrix} \alpha_1 \\ \alpha_2 \end{bmatrix} \tag{9-86}$$

为使方程(9-86)中的 $[\alpha_n]$ 有非零解，其系数矩阵的行列式必须为零，即本征值 λ 必须满足方程

$$\begin{vmatrix} \frac{1}{3}-\frac{\lambda}{30} & \frac{1}{2}-\frac{\lambda}{20} \\ \frac{1}{2}-\frac{\lambda}{20} & \frac{4}{5}-\frac{8\lambda}{105} \end{vmatrix} = 0 \tag{9-87}$$

解方程(9-87)求得两个本征值分别为$\lambda_1=10$,$\lambda_2=42$。

对本征值$\lambda_1=10$,式(9-86)变成

$$\begin{bmatrix} 0 & 0 \\ 0 & \dfrac{4}{105} \end{bmatrix} \begin{bmatrix} \alpha_{11} \\ \alpha_{12} \end{bmatrix} = 0 \tag{9-88}$$

求解方程(9-88)得$\alpha_{12}=0$,因此对应$\lambda_1=10$的本征函数为

$$\varphi_1 = \alpha_{11} N_1 = \alpha_{11} x(1-x)$$

其中α_{11}可以任意选取,选择它满足

$$\int_0^1 \varphi_1^2 \mathrm{d}x = 1$$

则求得$\alpha_{11}=30^{1/2}\approx 5.4772$。

对第二个本征值$\lambda_2=42$,方程(9-86)变成

$$\begin{bmatrix} \dfrac{1}{3}-\dfrac{42}{30} & \dfrac{1}{2}-\dfrac{42}{20} \\ \dfrac{1}{2}-\dfrac{42}{20} & \dfrac{4}{5}-\dfrac{336}{105} \end{bmatrix} \begin{bmatrix} \alpha_{21} \\ \alpha_{22} \end{bmatrix} = 0 \tag{9-89}$$

解方程(9-89)求得

$$\alpha_{22} = -\frac{2}{3}\alpha_{21} \tag{9-90}$$

对应的本征函数

$$\varphi_2 = \alpha_{21}\left[x(1-x) - \frac{2}{3}x(1-x^2)\right]$$

选取α_{21}满足

$$\int_0^1 \varphi_2^2 \mathrm{d}x = 1$$

求得$\alpha_{21}\approx 43.474$。

因此本征值问题式(9-82)的近似解为

$$\varphi_1 \approx 5.4772x(1-x), \quad \lambda_1 = 10$$

$$\varphi_2 \approx 43.474\left[x(1-x) - \frac{2}{3}x(1-x^2)\right], \quad \lambda_2 = 42$$

该本征值问题的精确解是

$$\varphi_1 = \sqrt{2}\sin\pi x, \quad \lambda_1 = \pi^2 \approx 9.8696$$

$$\varphi_2 = \sqrt{2}\sin 2\pi x, \quad \lambda_2 = (2\pi)^2 \approx 39.4784$$

图 9-9 中给出了φ的精确解(图中实线)和用矩量法求得的近似解(图中虚线)的曲线,从图中可以看出两者是非常接近的。

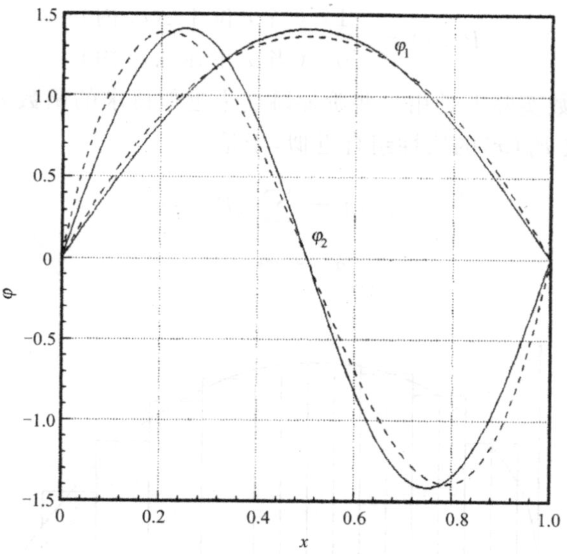

图 9-9　本征问题的矩量法解与精确解的比较

9.2.2　基函数和权函数的选择

在例 9-3 中选用的是整个定解域上的基函数 $N_n=x(1-x^n)$，称为全域基函数。通常在一区间将某一函数展开成傅里叶级数，实际上就是采用三角函数为全域基函数。除了全域基函数外也可采用分域基函数，它只定义在函数定义域的子域上。常用的分域基函数有脉冲函数与三角形函数。

1. 脉冲函数

脉冲函数定义为

$$P_n(\boldsymbol{r})=\begin{cases}1 & \left(\boldsymbol{r}\text{ 位于}\left(\boldsymbol{r}_n-\dfrac{\Delta\boldsymbol{r}}{2},\boldsymbol{r}_n+\dfrac{\Delta\boldsymbol{r}}{2}\right)\text{中}\right)\\[2mm] 0 & \left(\boldsymbol{r}\text{ 位于}\left(\boldsymbol{r}_n-\dfrac{\Delta\boldsymbol{r}}{2},\boldsymbol{r}_n+\dfrac{\Delta\boldsymbol{r}}{2}\right)\text{外}\right)\end{cases}$$

对于一维问题，如图 9-10 所示，假定函数的定义域为 $0\leqslant x\leqslant 1$，将定义域分成 M 个宽度相同的子区间，每个子区间的宽度为 $\Delta x_n(n=1,2,\cdots,M)$，$\Delta x_n=1/M$，则脉冲基函数为

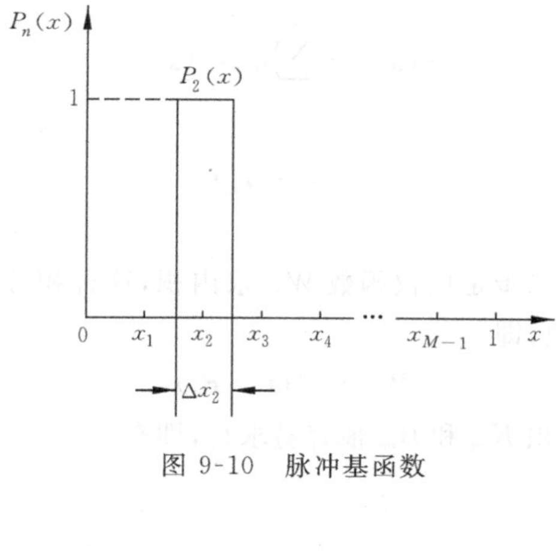

图 9-10　脉冲基函数

$$P_n(x) = \begin{cases} 1 & (\text{当 } x \text{ 位于 } \Delta x_n \text{ 内}) \\ 0 & (\text{当 } x \text{ 不在 } \Delta x_n \text{ 内}) \end{cases}$$

用脉冲函数作为基函数实际上是用一些阶梯跳变来近似待求的函数 φ（如图 9-11 所示），即函数 $\varphi(x)$ 用脉冲函数 $P_n(x)$ 的线性组合近似，于是有

$$\varphi(x) = \sum_{n=1}^{M} \alpha_n P_n(x) \tag{9-91}$$

其中

$$\alpha_n = \varphi(x_n) \tag{9-92}$$

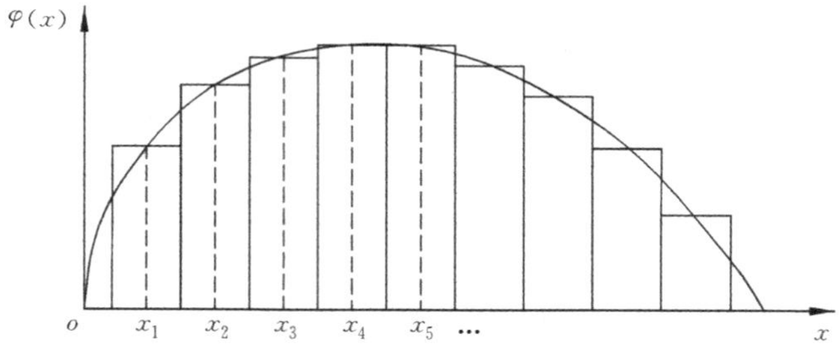

图 9-11　用阶梯跳变近似待求函数

式(9-92)表明系数 α_n 等于函数 φ 在 $x = x_n$ 处的值，但是对于包含二阶导数 $\frac{d^2}{dx^2}$ 的算子不能选脉冲函数作为基函数，这是因为脉冲函数的二阶导数包含有对 δ 函数的导数，这种情况如果选用脉冲函数作为基函数，则必须用有限差分算子近似代替二阶导数算子。

2. 三角形函数

如图 9-12 所示，三角形基函数定义为

$$N_n(x) = \begin{cases} \dfrac{x - x_{n-1}}{\Delta x_{n-1}} & (x_{n-1} \leqslant x \leqslant x_n) \\ \dfrac{\Delta x_n - (x - x_n)}{\Delta x_n} & (x_n \leqslant x \leqslant x_{n+1}) \\ 0 & (x > x_{n+1}, x < x_{n-1}) \end{cases}$$

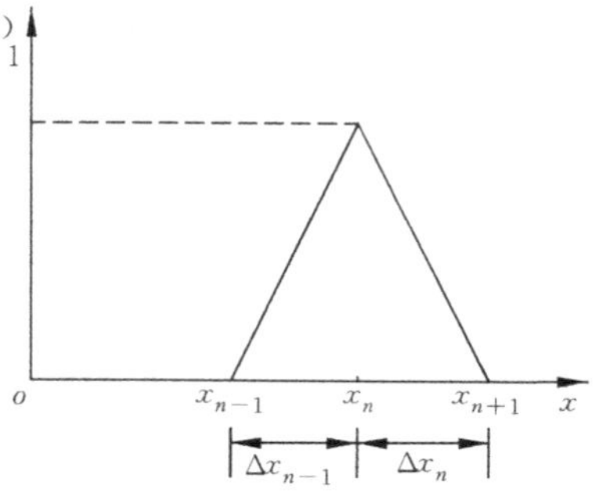

图 9-12　三角形函数

函数 $\varphi(x)$ 可近似地用三角形基函数的线性组合来表示，即有

$$\varphi(x) \approx \sum_{n=1}^{M} \alpha_n N_n(x) \tag{9-93}$$

其中

$$\alpha_n = \varphi(x_n) \tag{9-94}$$

3. 权函数的选择

前已述及，矩量法的第二步是用权函数 W_m 求内积，这种积分的计算常常是很困难的，但如果将权函数选为 δ 函数，即

$$W_m = \delta(\boldsymbol{r} - \boldsymbol{r}_m) \tag{9-95}$$

则由 δ 函数的取样特性，内积 K_{mn} 和 B_{mn} 很容易求得，即有

$$K_{mn} = \langle W_m, LN_n \rangle = \int_\Omega \delta(\boldsymbol{r} - \boldsymbol{r}_m) LN_n \mathrm{d}\Omega$$
$$= LN_n(\boldsymbol{r} = \boldsymbol{r}_m) \tag{9-96}$$
$$B_{mn} = \langle W_m, N_n \rangle = N_n(\boldsymbol{r} = \boldsymbol{r}_m) \tag{9-97}$$

其中 $LN_n(\boldsymbol{r}=\boldsymbol{r}_m)$ 表示 $LN_n(\boldsymbol{r})$ 在 $\boldsymbol{r}=\boldsymbol{r}_m$ 处的值，$N_n(\boldsymbol{r}=\boldsymbol{r}_m)$ 表示 $N_n(\boldsymbol{r})$ 在 $\boldsymbol{r}=\boldsymbol{r}_m$ 处的值。采用 δ 函数作为权函数相当于只要求在离散点 $\boldsymbol{r}=\boldsymbol{r}_m$ 处满足方程(9-74)，所以称为点匹配法。

若选择权函数 W_m 与基函数 N_n 相同，即 $W_m=N_n$，这种特殊情况称为伽略金法。

例 9-4 求表示在图 9-13 中的微带片状电容器的电容。

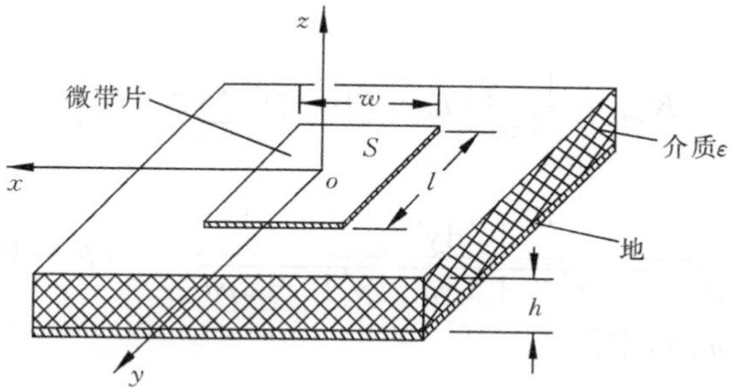

图 9-13 微带片状电容

解 设地为电位参考点，加在微带片上的电压为 U，根据电容的定义，微带片的电容 C 为

$$C = \frac{Q}{U} \tag{9-98}$$

其中 Q 是微带片上的总电荷，因此只需求出微带片上的总电荷 Q 即可求出电容 C。设微带片上的电荷密度为 $\rho(\boldsymbol{r}')$，微带片上的电压 U 与电荷密度 $\rho(\boldsymbol{r}')$ 间满足积分方程

$$U = \int_S G(\boldsymbol{r}, \boldsymbol{r}') \frac{\rho(\boldsymbol{r}')}{\varepsilon} \mathrm{d}S' \tag{9-99}$$

其中 $G(\boldsymbol{r},\boldsymbol{r}')$ 为格林函数。将介质和接地板近似视为无穷大板，选坐标 xoy 平面与微带面重合，原点 o 位于微带片中心(参看图 9-13)，利用镜象法可求得格林函数为

$$G(\boldsymbol{r}, \boldsymbol{r}') = \frac{1-\xi}{4\pi}\left[\frac{1}{\sqrt{(x-x')^2+(y-y')^2}} - (1-\xi)\sum_{p=1}^{\infty}\frac{\xi^{p-1}}{\sqrt{(x-x')^2+(y-y')^2+(2ph)^2}}\right] \tag{9-100}$$

其中

$$\xi = \frac{\varepsilon_0 - \varepsilon}{\varepsilon_0 + \varepsilon}$$

采用矩量法求解积分方程(9-99)，将微带片的宽 w 和长 l 分别等分成 i 和 j 等分，即将微带片分成 $M=ij$ 个小矩形，小矩形的宽为 a，长为 b，每个小矩形的面积为 $\Delta S_n=ab$。选用脉冲基函数，将板上的电荷密度 ρ 表示成

$$\rho(\boldsymbol{r}') = \sum_{n=1}^{M} \alpha_n P_n(\boldsymbol{r}') \tag{9-101}$$

其中

$$P_n(\boldsymbol{r}')=\begin{cases}1 & (\boldsymbol{r}' \text{ 位于 } \Delta S_i \text{ 中})\\ 0 & (\boldsymbol{r}' \text{ 不位于 } \Delta S_i \text{ 中})\end{cases}$$

式(9-101)的物理意义是很清楚的，它表示 ΔS_n 上的电荷密度是均匀的，数值为 α_n。采用点选配法，权函数为

$$W_m=\delta(x-x_m)\delta(y-y_m) \tag{9-102}$$

求得

$$[K_{mn}][\alpha_n]=[B_m] \tag{9-103}$$

其中

$$K_{mn}=\frac{1-\xi}{4\pi\varepsilon}\left[I_0-(1-\xi)^2\sum_{p=1}^{\infty}\xi^{p-1}I_p\right]$$

上式中

$$I_p=\int_{\Delta S_n}\frac{\mathrm{d}x'\mathrm{d}y'}{\sqrt{(x_m-x')^2+(y_m-y')^2+2ph}} \qquad (p=0,1,2,\cdots)$$

上式是可积的。当 $m=n$ 时，求得

$$K_{mn}=\frac{\xi}{2\pi\varepsilon}[b\lg(a+\sqrt{a^2+b^2})+a\lg(b+\sqrt{a^2+b^2})-b\lg b-a\lg a]$$

$$-\frac{(1-\xi)^2}{2\varepsilon}\sum_{p=1}^{\infty}\left(\sqrt{\frac{\Delta S_n}{\pi}+2ph}-2ph\right)$$

当 $m\neq n$ 时，用位于 ΔS_n 中的点电荷近似代替面电荷，求得

$$K_{mn}=\frac{1-\xi}{4\pi\varepsilon}\left[\frac{\Delta S_n}{\sqrt{(x_m-x_n)^2+(y_m-y_n)^2}}\right.$$

$$\left.-(1-\xi)\sum_{p=1}^{\infty}\frac{\xi^{p-1}\Delta S_n}{\sqrt{(x_m-x_n)^2+(y_m-y_n)^2+2ph}}\right]$$

而

$$B_m=\langle W_m,U\rangle=U$$

解方程(9-103)求得电荷密度

$$[\alpha_n]=[K_{mn}]^{-1}[B_m]$$

因此微带片上的总电荷

$$Q=\sum_{n=1}^{M}\alpha_n\Delta S_n \tag{9-104}$$

将 Q 代入式(9-98)最终求得电容值。

9.3 有限差分法

解微分方程的最简单的数值方法之一是有限差分法，本节将通过一些具体的例子说明这一方法的基本原理，为简单起见，先以一维的静电问题为例。

例 9-5 设两块相距 l，电位分别为 U_0 和 U_l 的无限大平行金属板之间的体电荷密度为 ρ，ρ 只沿 x 方向变化，即 $\rho=\rho(x)$，板间填充的介质是均匀的，介电常数为 ε(参看图 9-14)，

求两板间任一点的电位。

解 该边值问题是

$$\left.\begin{aligned}&\frac{d^2\varphi}{dx^2}=-\frac{\rho}{\varepsilon}\quad(0<x<l)\\&\varphi\,|_{x=0}=U_0\\&\varphi\,|_{x=l}=U_l\end{aligned}\right\}\tag{9-105}$$

需将上述微分方程变成差分方程,为此将定解域 $0\leqslant x\leqslant l$ 分成 N 个相等的间隔 Δx,每一间隔的边界点称为结点。在 $x=x_i$ 处的导数采用中心差分近似表示为

$$\left.\frac{d\varphi}{dx}\right|_i\approx\frac{\varphi_{i+1}-\varphi_{i-1}}{2\Delta x}\tag{9-106}$$

其中 φ_{i+1} 表示电位 φ 在 $x=x_{i+1}$ 处的值,$\left.\frac{d\varphi}{dx}\right|_i$ 表示 φ 对 x 的导数在 $x=x_i$ 处的值,φ 的二阶导数在 $x=x_i$ 处的值近似表示为

$$\left.\frac{d^2\varphi}{dx^2}\right|_i\approx\frac{\left.\frac{d\varphi}{dx}\right|_{i+0.5}-\left.\frac{d\varphi}{dx}\right|_{i-0.5}}{\Delta x}\tag{9-107}$$

其中

$$\left.\frac{d\varphi}{dx}\right|_{i+0.5}=\frac{\varphi_{i+1}-\varphi_i}{\Delta x}\tag{9-108}$$

$$\left.\frac{d\varphi}{dx}\right|_{i-0.5}=\frac{\varphi_i-\varphi_{i-1}}{\Delta x}\tag{9-109}$$

将式(9-108)和式(9-109)代入式(9-107)求得

$$\left.\frac{d^2\varphi}{dx^2}\right|_i\approx\frac{\varphi_{i+1}-2\varphi_i+\varphi_{i-1}}{\Delta x^2}\tag{9-110}$$

因此微分方程(9-105)可写成差分形式

$$\frac{\varphi_{i+1}-2\varphi_i+\varphi_{i-1}}{\Delta x^2}\approx-\frac{\rho_i}{\varepsilon}\quad(i=1,2,\cdots,N-1)\tag{9-111}$$

其中 ρ_i 是电荷密度在 $x=x_i$ 的值。将方程(9-111)写成矩阵形式

$$[K_{ij}][\varphi_i]=\frac{\Delta x^2}{\varepsilon}[\rho_i]\quad(i,j=1,2,\cdots,N-1)\tag{9-112}$$

当 $N=5$ 时,$[K_{ij}]$,$[\varphi_i]$,$[\rho_i]$的形式为

$$[K_{ij}]=\begin{bmatrix}2&-1&0&0\\-1&2&-1&0\\0&-1&2&-1\\0&0&-1&2\end{bmatrix}\tag{9-113}$$

$$[\varphi_i]=\begin{bmatrix}\varphi_1\\\varphi_2\\\varphi_3\\\varphi_4\end{bmatrix},\quad[\rho_i]=\begin{bmatrix}\rho_1+\varphi_0\dfrac{\varepsilon}{\Delta x^2}\\\rho_2\\\rho_3\\\rho_4+\varphi_l\dfrac{\varepsilon}{\Delta x^2}\end{bmatrix}$$

从方程(9-113)可以看出,矩阵$[K_{ij}]$是对称的矩阵。解方程(9-112)可求得各结点处的电位

$$[\varphi_i]=\frac{\Delta x^2}{\varepsilon}[K_{ij}]^{-1}[\rho_i] \tag{9-114}$$

其中$[K_{ij}]^{-1}$是矩阵$[K_{ij}]$的逆矩阵。

对于定解域为 S 的二维泊松方程

$$\frac{\partial^2\varphi}{\partial x^2}+\frac{\partial^2\varphi}{\partial y^2}=-\frac{\rho}{\varepsilon} \tag{9-115}$$

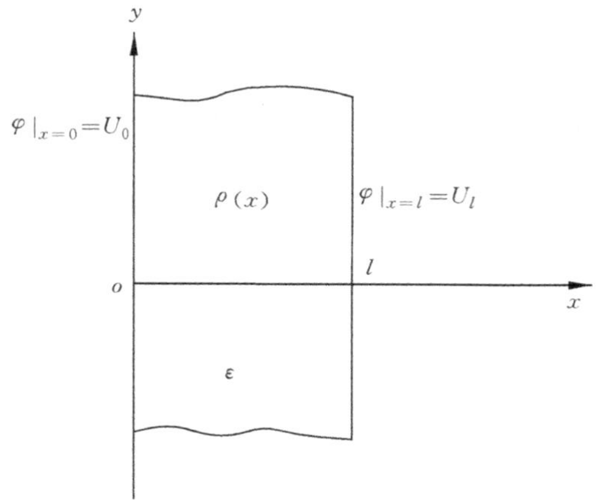

图 9-14　一维问题的有限差分解

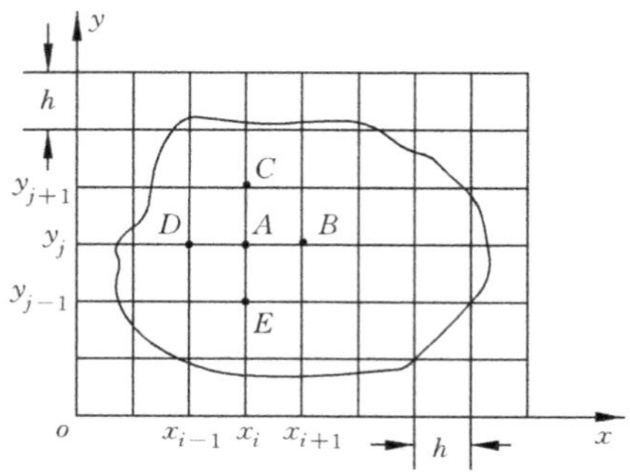

图 9-15　二维问题用有限差分法求解时定解域的剖分

用有限差分法求解时，首先将定解域分成许多边长为 h 的正方形网格(如图 9-15 所示)，每个网格的顶点称为一个结点，然后求出任意结点 $A(x_i, y_j)$处电位的值 φ_A 与相邻的 4 个结点 $B(x_{i+1}, y_j)$，$C(x_i, y_{j+1})$，$D(x_{i-1}, y_j)$和 $E(x_i, y_{j-1})$处的电位值 φ_B，φ_C，φ_D 和 φ_E 间的关系。为此将 φ_B，φ_C，φ_D 和 φ_E 展成台劳级数，即

$$\varphi_B=\varphi_A+h\left(\frac{\partial\varphi}{\partial x}\right)_A+\frac{h^2}{2!}\left(\frac{\partial^2\varphi}{\partial x^2}\right)_A+\frac{h^3}{3!}\left(\frac{\partial^3\varphi}{\partial x^3}\right)_A+O(h^4) \tag{9-116}$$

$$\varphi_D=\varphi_A-h\left(\frac{\partial\varphi}{\partial x}\right)_A+\frac{h^2}{2!}\left(\frac{\partial^2\varphi}{\partial x^2}\right)_A-\frac{h^3}{3!}\left(\frac{\partial^3\varphi}{\partial x^3}\right)_A+O(h^4) \tag{9-117}$$

$$\varphi_C=\varphi_A+h\left(\frac{\partial\varphi}{\partial y}\right)_A+\frac{h^2}{2!}\left(\frac{\partial^2\varphi}{\partial y^2}\right)_A+\frac{h^3}{3!}\left(\frac{\partial^3\varphi}{\partial y^3}\right)_A+O(h^4) \tag{9-118}$$

$$\varphi_E=\varphi_A-h\left(\frac{\partial\varphi}{\partial y}\right)_A+\frac{h^2}{2!}\left(\frac{\partial^2\varphi}{\partial y^2}\right)_A-\frac{h^3}{3!}\left(\frac{\partial^3\varphi}{\partial y^3}\right)_A+O(h^4) \tag{9-119}$$

其中 $O(h^4)$表示 h 的四阶以上的高次项，将式(9-116)至式(9-119)相加求得

$$\varphi_B+\varphi_D+\varphi_C+\varphi_E=4\varphi_A+h^2\left(\frac{\partial^2\varphi}{\partial x^2}+\frac{\partial^2\varphi}{\partial y^2}\right)_A+O(h^4) \tag{9-120}$$

因为在定解域内电位处处满足泊松方程(9-115)，所以式(9-120)右边的第二项等于 $-h^2\dfrac{\rho_A}{\varepsilon}$，忽略高次项 $O(h^4)$，式(9-120)变成

$$4\varphi_A-\varphi_B-\varphi_C-\varphi_D-\varphi_E=h^2\frac{\rho_A}{\varepsilon} \tag{9-121}$$

将 A，B，C，D 和 E 的电位及 A 点的电荷密度用另外的方式表示，即

$$\varphi_A=\varphi_{i,j},\quad \varphi_B=\varphi_{i+1,j},\quad \varphi_C=\varphi_{i,j+1}$$

$$\varphi_D = \varphi_{i-1,j}, \quad \varphi_E = \varphi_{i,j-1}, \quad \rho_A = \rho_{i,j}$$

则式(9-121)变成

$$4\varphi_{i,j} - \varphi_{i+1,j} - \varphi_{i,j+1} - \varphi_{i-1,j} - \varphi_{i,j-1} = h^2 \frac{\rho_{i,j}}{\varepsilon}$$

$$(i = 1,2,\cdots,N; j = 1,2,\cdots,M) \tag{9-122}$$

所以各结点的电位满足矩阵方程

$$[K][\varphi] = [B] \tag{9-123}$$

式(9-123)右边的矩阵[B]包含已知的电荷密度和边值条件,而系数矩阵[K]包含大量的零元素,因此在大多数情况下用叠代法求解。有限差分法简单,适用的范围较广,但它只适用于有限定解域,且计算工作量较大。

9.4 时域有限差分法

K. S. Yee 在 1966 年最早提出时域有限差分法,该方法能有效地用来计算电磁问题是由于它的网格划分方式正确地反映了时变电磁场的物理特性。在第 6 章中我们已经知道,宏观电磁现象满足的麦克斯韦方程组中最基本的是法拉第电磁感应定律和安培环路定律,它们是电场强度 $\boldsymbol{E}$ 和磁场强度 $\boldsymbol{H}$ 满足的两个旋度方程。设媒质的参数不随时间变化且是线性各向同性的,则在无源区域两个旋度方程为

$$\nabla \times \boldsymbol{E} = -\mu \frac{\partial \boldsymbol{H}}{\partial t} \tag{9-124}$$

$$\nabla \times \boldsymbol{H} = \varepsilon \frac{\partial \boldsymbol{E}}{\partial t} + \sigma \boldsymbol{E} \tag{9-125}$$

这两个方程表明了时变电磁场的重要物理特性,即时变的磁场周围伴随有时变的电场,而时变的电场周围又伴随有时变的磁场。

电场和磁场强度在直角坐标系中各有 3 个分量,它们是 E_x,E_y,E_z 和 H_x,H_y,H_z。利用两个旋度方程(9-124)和(9-125),可导出这 6 个标量应满足方程

$$\frac{\partial E_x}{\partial t} = \frac{1}{\varepsilon}\left(\frac{\partial H_z}{\partial y} - \frac{\partial H_y}{\partial z} - \sigma E_x\right) \tag{9-126}$$

$$\frac{\partial E_y}{\partial t} = \frac{1}{\varepsilon}\left(\frac{\partial H_x}{\partial z} - \frac{\partial H_z}{\partial x} - \sigma E_y\right) \tag{9-127}$$

$$\frac{\partial E_z}{\partial t} = \frac{1}{\varepsilon}\left(\frac{\partial H_y}{\partial x} - \frac{\partial H_x}{\partial y} - \sigma E_z\right) \tag{9-128}$$

$$\frac{\partial H_x}{\partial t} = \frac{1}{\mu}\left(\frac{\partial E_y}{\partial z} - \frac{\partial E_z}{\partial y}\right) \tag{9-129}$$

$$\frac{\partial H_y}{\partial t} = \frac{1}{\mu}\left(\frac{\partial E_z}{\partial x} - \frac{\partial E_x}{\partial z}\right) \tag{9-130}$$

$$\frac{\partial H_z}{\partial t} = \frac{1}{\mu}\left(\frac{\partial E_x}{\partial y} - \frac{\partial E_y}{\partial x}\right) \tag{9-131}$$

上面 6 个标量方程包含 6 个未知量,它们除了随空间坐标 x,y 和 z 变化外,还随时间 t 变化,即在时域内计算空间的电磁场是在四维空间(x,y,z,t)内进行,要将微分方程(9-126)至(9-131)变成差分方程,关键是要把四维变量空间的连续变量 E_x,E_y,E_z 和 H_x,H_y,H_z 正

确地离散化,亦即要建立反映时变电磁场的重要物理特性的合适的网格剖分体系。K. S. Yee 成功地完成了这一工作,创造性地建立了一个在时域中用有限差分法计算电磁场量的网格体系,在有关文献中将其称为 Yee 氏网格。

1. Yee 氏网格体系

Yee 氏网格体系表示在图 9-16 中,从图中可以看出,在网格的结点上不仅反映了电场和磁场的 6 个分量,而且电场和磁场的各分量交叉地放置在结点上,这样就保证了在每一个坐标平面上电场分量环绕着磁场分量,同样磁场分量也环绕着电场分量,很好地满足了法拉第电磁感应定律和安培环路定律描述的时变电磁场的重要物理特性。

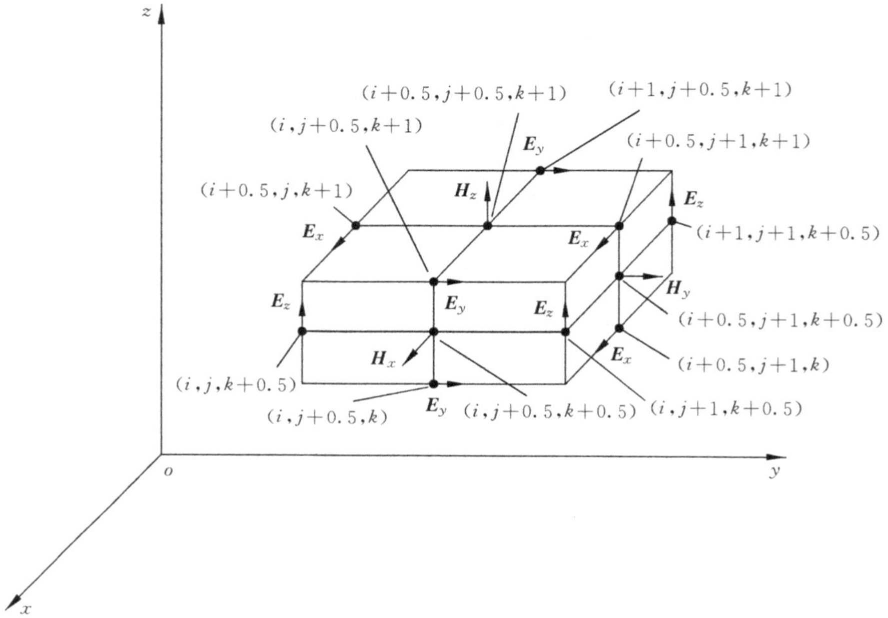

图 9-16　Yee 氏网格

2. 结点上的电场和磁场分量满足的差分方程

Yee 氏在提出了正确的网格体系后,导出了微分方程(9-126)至(9-131)的差分形式。假定网格空间的步长分别为 Δx,Δy 和 Δz,网格结点的坐标为 $x_i=i\Delta x$,$y_j=j\Delta y$,$z_k=k\Delta z$,且简单地用(i,j,k)表示。时间步长为 Δt,时间 $t_n=n\Delta t$。对于时间和空间的任何函数 $F(x,y,z,t)$在(x_i,y_j,z_k,t_n)的值简单地表示为 $F^n(i,j,k)$,即

$$F^n(i,j,k) = F(x_i,y_j,z_k,t_n)$$

在 Yee 氏网格中电场和磁场分量的空间位置之间相隔半个空间步长,并且电场和磁场分量的导数采用中心差商。若时间和空间均采用相隔半个步长对场量的离散值进行计算,则方程(9-126)在 $t=(n-1/2)\Delta t$,$x=(i+1/2)\Delta x$,$y=j\Delta y$,$z=k\Delta z$ 点的差分形式是

$$\frac{E_x^n(i+1/2,j,k)-E_x^{n-1}(i+1/2,j,k)}{\Delta t}=\frac{1}{\varepsilon(i+1/2,j,k)}(\xi_1-\xi_2-\xi_3) \tag{9-132}$$

其中

$$\xi_1 = \frac{H_z^{n-1/2}(i+1/2,j+1/2,k) - H_z^{n-1/2}(i+1/2,j-1/2,k)}{\Delta y}$$

$$\xi_2 = \frac{H_y^{n-1/2}(i+1/2,j,k+1/2) - H_y^{n-1/2}(i+1/2,j,k-1/2)}{\Delta z}$$

$$\xi_3 = \sigma E_x^{n-1/2}(i+1/2,j,k)$$

在方程(9-132)中包含有电场强度 x 分量在 3 个时间的值，即 $E_x^n, E_x^{n-1/2}, E_x^{n-1}$，为使计算简化，作如下的近似：

$$E_x^{n-1/2}(i+1/2,j,k) = \frac{1}{2}[E_x^n(i+1/2,j,k) + E_x^{n-1}(i+1/2,j,k)] \tag{9-133}$$

则方程(9-132)可表示为

$$E_x^n(i+1/2,j,k) = a_1 E_x^{n-1}(i+1/2,j,k) + a(\xi_1 - \xi_2) \tag{9-134}$$

其中

$$a = \frac{1}{\dfrac{\varepsilon(i+1/2,j,k)}{\Delta t} + \dfrac{\sigma(i+1/2,j,k)}{2}}$$

$$a_1 = a\left[\frac{\varepsilon(i+1/2,j,k)}{\Delta t} - \frac{\sigma(i+1/2,j,k)}{2}\right]$$

类似处理，方程(9-127)～(9-131)的差分形式如下所述。

电场的 y 分量为

$$E_y^n(i,j+1/2,k) = b_1 E_y^{n-1}(i,j+1/2,k) + b(\zeta_1 - \zeta_2) \tag{9-135}$$

其中

$$\zeta_1 = \left[\frac{H_x^{n-1/2}(i,j+1/2,k+1/2) - H_x^{n-1/2}(i,j+1/2,k-1/2)}{\Delta z}\right]$$

$$\zeta_2 = \left[\frac{H_z^{n-1/2}(i+1/2,j+1/2,k) - H_z^{n-1/2}(i-1/2,j+1/2,k)}{\Delta x}\right]$$

$$b = \frac{1}{\dfrac{\varepsilon(i,j+1/2,k)}{\Delta t} + \dfrac{\sigma(i,j+1/2,k)}{2}}$$

$$b_1 = b\left[\frac{\varepsilon(i,j+1/2,k)}{\Delta t} - \frac{\sigma(i,j+1/2,k)}{2}\right]$$

电场的 z 分量为

$$E_z^n(i,j,k+1/2) = c_1 E_z^{n-1}(i,j,k+1/2) + c(\eta_1 - \eta_2) \tag{9-136}$$

其中

$$\eta_1 = \left[\frac{H_y^{n-1/2}(i+1/2,j,k+1/2) - H_y^{n-1/2}(i-1/2,j,k+1/2)}{\Delta x}\right]$$

$$\eta_2 = \left[\frac{H_x^{n-1/2}(i,j+1/2,k+1/2) - H_x^{n-1/2}(i,j-1/2,k+1/2)}{\Delta y}\right]$$

$$c = \frac{1}{\dfrac{\varepsilon(i,j,k+1/2)}{\Delta t} + \dfrac{\sigma(i,j,k+1/2)}{2}}$$

$$c_1 = c\left[\frac{\varepsilon(i,j,k+1/2)}{\Delta t} - \frac{\sigma(i,j,k+1/2)}{2}\right]$$

磁场的 x 分量为

$$H_x^{n+1/2}(i,j+1/2,k+1/2) = H_x^{n-1/2}(i,j+1/2,k+1/2) + \frac{\Delta t}{\mu}(\xi_4 - \xi_5) \tag{9-137}$$

其中

$$\xi_4 = \left[\frac{E_y^n(i,j+1/2,k+1) - E_y^n(i,j+1/2,k)}{\Delta z}\right]$$

$$\xi_5 = \left[\frac{E_z^n(i,j+1,k+1/2) - E_z^n(i,j,k+1/2)}{\Delta y}\right]$$

磁场的 y 分量为

$$H_y^{n+1/2}(i+1/2,j,k+1/2) = H_y^{n-1/2}(i+1/2,j,k+1/2) + \frac{\Delta t}{\mu}(\zeta_3 - \zeta_4) \tag{9-138}$$

其中

$$\zeta_3 = \left[\frac{E_z^n(i+1,j,k+1/2) - E_z^n(i,j,k+1/2)}{\Delta x}\right]$$

$$\zeta_4 = \left[\frac{E_x^n(i+1/2,j,k+1) - E_x^n(i+1/2,j,k)}{\Delta z}\right]$$

磁场的 z 分量为

$$H_z^{n+1/2}(i+1/2,j+1/2,k) = H_z^{n-1/2}(i+1/2,j+1/2,k) + \frac{\Delta t}{\mu}(\eta_3 - \eta_4) \tag{9-139}$$

其中

$$\eta_3 = \left[\frac{E_x^n(i+1/2,j+1,k) - E_x^n(i+1/2,j,k)}{\Delta y}\right]$$

$$\eta_4 = \left[\frac{E_y^n(i+1,j+1/2,k) - E_y^n(i,j+1/2,k)}{\Delta x}\right]$$

对于二维问题,假定场分量沿 z 方向不变,对于横电波(TE 波)有

$$E_z = 0, \quad H_x = H_y = 0$$

$$\frac{\partial E_x}{\partial t} = \frac{1}{\varepsilon}\left(\frac{\partial H_z}{\partial y} - \sigma E_x\right) \tag{9-140}$$

$$\frac{\partial E_y}{\partial t} = \frac{-1}{\varepsilon}\left(\frac{\partial H_z}{\partial x} + \sigma E_y\right) \tag{9-141}$$

$$\frac{\partial H_z}{\partial t} = \frac{1}{\mu}\left(\frac{\partial E_x}{\partial y} - \frac{\partial E_y}{\partial x}\right) \tag{9-142}$$

横磁波(TM 波)有

$$H_z = 0, \quad E_x = E_y = 0$$

$$\frac{\partial E_z}{\partial t} = \frac{1}{\varepsilon}\left(\frac{\partial H_y}{\partial x} - \frac{\partial H_x}{\partial y}\right) \tag{9-143}$$

$$\frac{\partial H_x}{\partial t} = -\frac{1}{\mu}\frac{\partial E_z}{\partial y} \tag{9-144}$$

$$\frac{\partial H_y}{\partial t} = \frac{1}{\mu}\frac{\partial E_z}{\partial x} \tag{9-145}$$

方程(9-140)～(9-145)的差分形式如下所述。

(1) TE 波

电场的 x 分量为

$$E_x^n(i+1/2,j) = a_3 E_x^{n-1}(i+1/2,j) + a_2\xi_6 \tag{9-146}$$

其中

$$\xi_6 = \frac{H_z^{n-1/2}(i+1/2,j+1/2) - H_z^{n-1/2}(i+1/2,j-1/2)}{\Delta y}$$

$$a_2 = \frac{1}{\frac{\varepsilon(i+1/2,j)}{\Delta t} + \frac{\sigma(i+1/2,j)}{2}}$$

$$a_3 = a_2\left[\frac{\varepsilon(i+1/2,j)}{\Delta t} - \frac{\sigma(i+1/2,j)}{2}\right]$$

电场的 y 分量为

$$E_y^n(i,j+1/2) = b_3 E_y^{n-1}(i,j+1/2) - b_2 \zeta_5 \tag{9-147}$$

其中

$$\zeta_5 = \frac{H_z^{n-1/2}(i+1/2,j+1/2) - H_z^{n-1/2}(i-1/2,j+1/2)}{\Delta x}$$

$$b_2 = \frac{1}{\frac{\varepsilon(i,j+1/2)}{\Delta t} + \frac{\sigma(i,j+1/2)}{2}}$$

$$b_3 = b_2\left[\frac{\varepsilon(i,j+1/2)}{\Delta t} - \frac{\sigma(i,j+1/2)}{2}\right]$$

磁场的 z 分量为

$$H_z^{n+1/2}(i+1/2,j+1/2) = H_z^{n-1/2}(i+1/2,j+1/2) + \frac{\Delta t}{\mu}(\eta_5 - \eta_6) \tag{9-148}$$

其中

$$\eta_5 = \frac{E_x^n(i+1/2,j+1) - E_x^n(i+1/2,j)}{\Delta y}$$

$$\eta_6 = \frac{E_y^n(i+1,j+1/2) - E_y^n(i,j+1/2)}{\Delta x}$$

(2) TM 波

电场的 z 分量为

$$E_z^n(i,j) = c_3 E_z^{n-1}(i,j) + c_2(\eta_7 - \eta_8) \tag{9-149}$$

其中

$$c_2 = \frac{1}{\frac{\varepsilon(i,j)}{\Delta t} + \frac{\sigma(i,j)}{2}}$$

$$c_3 = c_2\left[\frac{\varepsilon(i,j)}{\Delta t} - \frac{\sigma(i,j)}{2}\right]$$

$$\eta_7 = \left[\frac{H_y^{n-1/2}(i+1/2,j) - H_y^{n-1/2}(i-1/2,j)}{\Delta x}\right]$$

$$\eta_8 = \left[\frac{H_x^{n-1/2}(i,j+1/2) - H_x^{n-1/2}(i,j-1/2)}{\Delta y}\right]$$

磁场的 x 分量为

$$H_x^{n+1/2}(i,j+1/2) = H_x^{n-1/2}(i,j+1/2) - \frac{\Delta t}{\mu}\xi_7 \tag{9-150}$$

其中

$$\xi_7 = \frac{E_z^n(i,j+1) - E_z^n(i,j)}{\Delta y}$$

磁场的 y 分量为

$$H_y^{n+1/2}(i+1/2,j) = H_y^{n-1/2}(i+1/2,j) - \frac{\Delta t}{\mu}\zeta_6 \tag{9-151}$$

其中

$$\zeta_6 = \frac{E_z^n(i+1,j) - E_z^n(i,j)}{\Delta x}$$

3. 数值稳定的条件

利用 Yee 氏网格导出的差分方程在计算过程中存在稳定性问题，即随着迭代次数的增加所得场量的值有可能无限制地增加。为保证计算所得结果正确，避免在迭代过程中出现不稳定，时间和空间步长 Δt，Δx，Δy 和 Δz 间必须满足下列的稳定条件：

$$\Delta t \leqslant \frac{1}{v_p\sqrt{\left(\frac{1}{\Delta x}\right)^2 + \left(\frac{1}{\Delta y}\right)^2 + \left(\frac{1}{\Delta z}\right)^2}} \tag{9-152}$$

对于二维问题，稳定条件为

$$\Delta t \leqslant \frac{1}{v_p\sqrt{\left(\frac{1}{\Delta x}\right)^2 + \left(\frac{1}{\Delta y}\right)^2}} \tag{9-153}$$

其中 v_p 是电磁波的相速度。

4. 吸收边界条件

从前面的讨论可知，利用时域有限差分法计算电磁问题时必须在场存在的整个空间建立 Yee 氏网格，而天线的辐射和物体的散射等都是开放域中的电磁问题。受计算机资源的限制，不可能在无限大网格空间中计算电磁场，因此需要在有限处截断，这样就人为地引入了反射，使计算精度下降。为减小甚至消除人为造成的反射，正确模拟电磁波在无界空间中的传播，需要在截断处加上特殊的条件，使得投射到截断边界上的波不产生反射，类似被边界完全吸收一样，因此称为吸收边界条件。为简单起见，以一维问题为例加以说明。

设 $\Phi(x,t)$ 是一维问题中场的任一分量，波沿负 x 方向传播，传播速度为 v_{p}，截断边界面位于 $x=0$ 处，则截断边界面处的吸收边界条件可表示为

$$\left.\frac{\partial}{\partial x}\Phi(x,t)\right|_{x=0} = \left.\frac{1}{v_{\mathrm{p}}}\frac{\partial}{\partial t}\Phi(x,t)\right|_{x=0} \tag{9-154}$$

即一垂直投射到 $x=0$ 的平界面上的平面波只要使其在平界面上满足式(9-154)，它在平界面上就不会产生反射。这是因为微分方程

$$\left(\frac{\partial}{\partial x} - \frac{1}{v_{\mathrm{p}}}\frac{\partial}{\partial t}\right)\Phi(x,t) = 0 \tag{9-155}$$

的解是 $\Phi(x,t) = f(x + v_{\mathrm{p}}t)$，它代表一个沿负 x 方向传播的波，即满足吸收边界条件的要求。

上述介绍的是最简单的一种情况，最常用的吸收边界条件有 Engquist-Majda 吸收边界条件，Lindman 吸收边界条件，Bayliss-Turkel 吸收边界条件，Liao 吸收边界条件，读者在相关的文献中可以找到有关的介绍。

习　　题

9-1　设平面域 D 内，位函数满足泊松方程的第一类边值问题

$$\frac{\partial^2 \varphi}{\partial x^2}+\frac{\partial^2 \varphi}{\partial y^2}=f(x,y)$$

$$\varphi\,|_C=u(C)$$

其中 C 是 D 的周界。求对应的变分问题。

9-2　设平面域 D 内，位函数满足拉普拉斯方程的第三类边值问题

$$\frac{\partial^2 \varphi}{\partial x^2}+\frac{\partial^2 \varphi}{\partial y^2}=0$$

$$\left[\frac{\partial \varphi}{\partial n}+f_1(C)\varphi\right]_C=f_2(C)$$

C 是 D 的周界。求对应的变分问题。

9-3　用有限元法解下列边值问题，并与精确解进行比较。

$$\frac{\mathrm{d}^2 f}{\mathrm{d}x^2}=-(1+x)$$

$$f\,|_{x=0}=f\,|_{x=1}=0$$

9-4　用矩量法解下列本征值问题，求前两个近似的本征值 λ_1 和 λ_2。

$$\left[\frac{\mathrm{d}^2}{\mathrm{d}x^2}+\lambda(1-x^2)\right]f=0$$

$$f\,|_{x=0}=f\,|_{x=1}=0$$

9-5　求表示在式(9-100)中的格林函数。

9-6　D 为正方形域 $0\leqslant x\leqslant 1, 0\leqslant y<1$，导出下列边值问题在域 D 中的差分方程。

$$\frac{\partial^2 \varphi}{\partial x^2}+\frac{\partial^2 \varphi}{\partial y^2}=f(x,y)$$

$$\varphi\,|_{x=0}=\varphi\,|_{x=1}=0$$

$$\left.\frac{\partial \varphi}{\partial y}\right|_{y=0}=0,\quad \left[\frac{\partial \varphi}{\partial y}+\varphi\right]_{y=1}=g(x)$$

其中 $f(x,y)$，$g(x)$ 为已知函数。

9-7　D 为正方形域 $-1\leqslant x\leqslant 1, -1\leqslant y\leqslant 1$，利用有限差分法在域 D 中求解下列边值问题：

$$\frac{\partial^2 \varphi}{\partial x^2}+\frac{\partial^2 \varphi}{\partial y^2}=-1$$

在边界上，$$\frac{\partial \varphi}{\partial n}+\varphi=0$$

$\boldsymbol{n}$ 为边界的外法线方向的单位矢量，取步长 $h=2/3$。

第 10 章　电磁波的辐射

第 7 章讨论了无源空间中电磁波的传播规律，即电磁波在无限大的无损或有损以及各向异性等媒质中的传播，也讨论了电磁波在介质分界面上的反射和折射，但均没有涉及这些波同产生它们的场源之间的联系。这一章讨论辐射电磁波的两个最基本的单元——电偶极子和磁偶极子——的辐射特性。首先讨论电偶极子的辐射特性，然后再讨论磁偶极子的辐射特性。电偶极子是最简单的一种波源，利用它和叠加原理可以求出天线和天线阵的辐射特性。

10.1　推迟位的多极子展开

在第 6 章中我们已经知道，时变电磁场在空间中是以波动形式向外传播的，同时求得了推迟位 $\boldsymbol{A}(\boldsymbol{r},t)$，它与激发源——电流分布 $\boldsymbol{J}(\boldsymbol{r},t)$之间的关系是

$$\boldsymbol{A}(\boldsymbol{r},t)=\frac{\mu_0}{4\pi}\int_{V'}\frac{\boldsymbol{J}(\boldsymbol{r}',t')}{|\boldsymbol{r}-\boldsymbol{r}'|}\mathrm{d}V' \tag{10-1}$$

上式即为式(6-137)，其中 $t'=t-|\boldsymbol{r}-\boldsymbol{r}'|/c$。当给定电流分布按式(10-1)计算 $\boldsymbol{A}$ 时，一般情况下是相当困难的，这一节我们讨论当场源电流分布在一小的有限区域内，而场点位置坐标 r 远大于电流分布体积的线度时，式(10-1)的近似解和性质。

设已知在一有限区域内电流和电荷的分布函数 $\boldsymbol{J}(\boldsymbol{r},t)$，$\rho(\boldsymbol{r},t)$分别是时间的简谐函数，即

$$\rho(\boldsymbol{r}',t)=\mathrm{Re}[\dot{\rho}_{\mathrm{m}}(\boldsymbol{r}')\mathrm{e}^{\mathrm{j}\omega t}]$$

$$\boldsymbol{J}(\boldsymbol{r}',t)=\mathrm{Re}[\dot{\boldsymbol{J}}_{\mathrm{m}}(\boldsymbol{r}')\mathrm{e}^{\mathrm{j}\omega t}]$$

电荷密度 $\dot{\rho}_{\mathrm{m}}(\boldsymbol{r}')$和电流密度 $\dot{\boldsymbol{J}}_{\mathrm{m}}(\boldsymbol{r}')$之间满足电荷守恒定律

$$\nabla\cdot\dot{\boldsymbol{J}}_{\mathrm{m}}=-\mathrm{j}\omega\dot{\rho}_{\mathrm{m}}$$

在时谐场的情况下，推迟位 $\boldsymbol{A}(\boldsymbol{r},t)$和 $\varphi(\boldsymbol{r},t)$可表示为

$$\boldsymbol{A}(\boldsymbol{r},t)=\mathrm{Re}\left[\frac{\mu_0}{4\pi}\mathrm{e}^{\mathrm{j}\omega t}\int_{V'}\frac{\dot{\boldsymbol{J}}_{\mathrm{m}}(\boldsymbol{r}')}{|\boldsymbol{r}-\boldsymbol{r}'|}\mathrm{e}^{-\mathrm{j}k|\boldsymbol{r}-\boldsymbol{r}'|}\mathrm{d}V'\right] \tag{10-2}$$

$$\varphi(\boldsymbol{r},t)=\mathrm{Re}\left[\frac{1}{4\pi\varepsilon_0}\mathrm{e}^{\mathrm{j}\omega t}\int_{V'}\frac{\dot{\rho}_{\mathrm{m}}(\boldsymbol{r}')}{|\boldsymbol{r}-\boldsymbol{r}'|}\mathrm{e}^{-\mathrm{j}k|\boldsymbol{r}-\boldsymbol{r}'|}\mathrm{d}V'\right] \tag{10-3}$$

下面为了书写方便，各复数量上的点号省去，但在时谐场情况下，必须将其理解为复数振幅。

由 $\boldsymbol{A}$ 和 φ，根据 $\boldsymbol{B}_{\mathrm{m}}=\nabla\times\boldsymbol{A}_{\mathrm{m}}$ 和 $\boldsymbol{E}_{\mathrm{m}}=-\nabla\varphi_{\mathrm{m}}-\mathrm{j}\omega\boldsymbol{A}_{\mathrm{m}}$ 可以求出磁感应强度 $\boldsymbol{B}_{\mathrm{m}}$ 和电场强度 $\boldsymbol{E}_{\mathrm{m}}$，但是因为 $\boldsymbol{A}_{\mathrm{m}}$，$\varphi_{\mathrm{m}}$ 之间满足洛伦兹条件

$$\varphi_{\mathrm{m}}=\mathrm{j}\frac{c^2}{\omega}\nabla\cdot\boldsymbol{A}_{\mathrm{m}}$$

因此

$$\boldsymbol{E}_{\mathrm{m}}=-\nabla\varphi_{\mathrm{m}}-\mathrm{j}\omega\boldsymbol{A}_{\mathrm{m}}=-\mathrm{j}\frac{c^2}{\omega}\left[\nabla(\nabla\cdot\boldsymbol{A}_{\mathrm{m}})+\frac{\omega^2}{c^2}\boldsymbol{A}_{\mathrm{m}}\right]$$

$$=-\mathrm{j}\,\frac{c^2}{\omega}\left[\nabla\times\boldsymbol{B}_{\mathrm{m}}+\nabla^2\boldsymbol{A}_{\mathrm{m}}+\frac{\omega^2}{c^2}\boldsymbol{A}_{\mathrm{m}}\right]$$

在 $\boldsymbol{J}=0$ 的场点处有

$$\nabla^2\boldsymbol{A}_{\mathrm{m}}+\frac{\omega^2}{c^2}\boldsymbol{A}_{\mathrm{m}}=0$$

所以

$$\boldsymbol{E}_{\mathrm{m}}=-\mathrm{j}\,\frac{c^2}{\omega}\nabla\times\boldsymbol{B}_{\mathrm{m}}=-\mathrm{j}\,\frac{c}{k}\nabla\times\boldsymbol{B}_{\mathrm{m}} \tag{10-4}$$

式(10-4)表明:只要求出 $\boldsymbol{A}_{\mathrm{m}}$ 即可同时求出 $\boldsymbol{B}_{\mathrm{m}}$ 和 $\boldsymbol{E}_{\mathrm{m}}$,因此只要讨论推迟矢位 $\boldsymbol{A}_{\mathrm{m}}$ 的展开式就足够了。

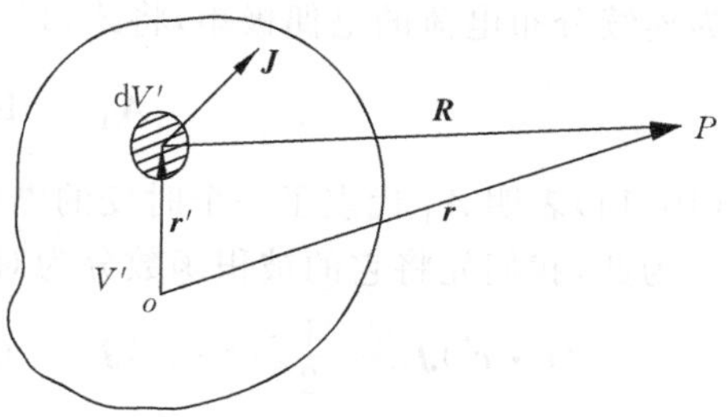

图 10-1 在有限体积 V' 中的电流分布

如图 10-1 所示,电源 $\boldsymbol{J}$ 分布在有限的体积 V' 中,选 V' 中或 V' 附近的任一点 o 作为坐标原点,而场点 P 距原点 o 的距离 r 远大于 V' 的线度。与恒定场中 $\boldsymbol{A}$ 的多极子展开的处理方法相似,先将式(10-2)中的距离倒数 $1/|\boldsymbol{r}-\boldsymbol{r}'|$ 按式(4-83)展开,然后将 $\mathrm{e}^{-\mathrm{j}k|\boldsymbol{r}-\boldsymbol{r}'|}$ 也展成一级数,因为 $|\boldsymbol{r}-\boldsymbol{r}'|=R$,且根据式(4-81)

$$kR=kr+k[r(1+\eta)^{0.5}-r]\approx kr+kr\left(\frac{1}{2}\eta-\frac{1}{8}\eta^2\right) \tag{10-5}$$

其中 $\eta=(r'/r)^2-2\boldsymbol{r}\cdot\boldsymbol{r}'/r^2$。所以

$$\begin{aligned}\mathrm{e}^{-\mathrm{j}k|\boldsymbol{r}-\boldsymbol{r}'|}&\approx\mathrm{e}^{-\mathrm{j}kr[1+\eta(0.5-0.125\eta)]}=\mathrm{e}^{-\mathrm{j}kr}\,\mathrm{e}^{-\mathrm{j}kr\eta(0.5-0.125\eta)}\\&\approx\mathrm{e}^{-\mathrm{j}kr}[1-\mathrm{j}kr\eta(0.5-0.125\eta)-0.5(kr)^2\eta(0.5-0.125\eta)^2]\\&\approx\mathrm{e}^{-\mathrm{j}kr}\{1-0.5\mathrm{j}kr\eta+0.125[\mathrm{j}kr-(kr)^2]\eta^2\}\end{aligned} \tag{10-6}$$

将 $1/|\boldsymbol{r}-\boldsymbol{r}'|$ 的展开式(4-83)和 $\mathrm{e}^{-\mathrm{j}k|\boldsymbol{r}-\boldsymbol{r}'|}$ 的展开式(10-6)代入式(10-2),且只保留前两项,则可求得

$$\boldsymbol{A}=\boldsymbol{A}_{\mathrm{I}}+\boldsymbol{A}_{\mathrm{II}} \tag{10-7}$$

其中

$$\boldsymbol{A}_{\mathrm{I}}=\mathrm{Re}\left[\frac{\mu_0}{4\pi r}\mathrm{e}^{\mathrm{j}(\omega t-kr)}\int_{V'}\boldsymbol{J}_{\mathrm{m}}(\boldsymbol{r}')\mathrm{d}V'\right] \tag{10-8}$$

$$\boldsymbol{A}_{\mathrm{II}}=\mathrm{Re}\left[\frac{\mu_0(1+\mathrm{j}kr)}{4\pi r^2}\mathrm{e}^{\mathrm{j}(\omega t-kr)}\int_{V'}(\hat{\boldsymbol{r}}\cdot\boldsymbol{r}')\boldsymbol{J}_{\mathrm{m}}(\boldsymbol{r}')\mathrm{d}V'\right] \tag{10-9}$$

式(10-7)中忽略的高次项将随 r 的增大衰减得更快,通常可以不考虑。式(10-8)和式(10-9)中都有因子 $\mathrm{e}^{\mathrm{j}(\omega t-kr)}$,表明它们都是以原点为中心向外扩散的球面波。$\boldsymbol{A}_{\mathrm{I}}$ 称为单极项,其形式与恒定磁场中矢量磁位的多极子展开式中单极项表示式很相似,但在时变场的情况下 $\boldsymbol{A}_{\mathrm{I}}$ 不等于零,这是因为在时变场的情况下,电流和电荷之间满足关系 $\nabla\cdot\boldsymbol{J}_{\mathrm{m}}=-\mathrm{j}\omega\rho_{\mathrm{m}}$(恒定场的情况下 $\nabla\cdot\boldsymbol{J}=0$)。下面先来说明 $\boldsymbol{A}_{\mathrm{I}}$ 的物理意义。为此,利用恒等式

$$\boldsymbol{J}_{\mathrm{m}}=(\boldsymbol{J}_{\mathrm{m}}\cdot\nabla')\,\boldsymbol{r}' \tag{10-10}$$

把上式代入式(10-8)后求得

$$\boldsymbol{A}_{\mathrm{I}}=\mathrm{Re}\left[\frac{\mu_0}{4\pi r}\mathrm{e}^{\mathrm{j}(\omega t-kr)}\int_{V'}(\boldsymbol{J}_{\mathrm{m}}\cdot\nabla')\boldsymbol{r}'\mathrm{d}V'\right] \tag{10-11}$$

根据积分定理式(1-92)有

$$\oint_{S'} \boldsymbol{r}'(\boldsymbol{J}_{\mathrm{m}} \cdot \mathrm{d}\boldsymbol{S}') = \int_{V'} [(\boldsymbol{J}_{\mathrm{m}} \cdot \nabla')\boldsymbol{r}' + \boldsymbol{r}'(\nabla' \cdot \boldsymbol{J}_{\mathrm{m}})]\mathrm{d}V' \tag{10-12}$$

因为场源电流 $\boldsymbol{J}$ 全部集中在体积 V'内,穿过边界面 S'的电流等于零,因此

$$\int_{V'} \boldsymbol{J}_{\mathrm{m}} \mathrm{d}V' = -\int_{V'} \boldsymbol{r}'(\nabla' \cdot \boldsymbol{J}_{\mathrm{m}})\mathrm{d}V' = \mathrm{j}\omega \int_{V'} \rho_{\mathrm{m}}(\boldsymbol{r}')\boldsymbol{r}' \mathrm{d}V' = \mathrm{j}\omega \boldsymbol{p}_{\mathrm{m}} \tag{10-13}$$

其中

$$\boldsymbol{p}_{\mathrm{m}} = \int_{V'} \rho_{\mathrm{m}}(\boldsymbol{r}')\boldsymbol{r}' \mathrm{d}V'$$

称为连续分布电荷的电偶极矩,将式(10-13)代入式(10-11)可求得

$$\boldsymbol{A}_{\mathrm{I}} = \mathrm{Re}\left[\frac{\mathrm{j}\omega\mu_0 \boldsymbol{p}_{\mathrm{m}}}{4\pi r} \mathrm{e}^{\mathrm{j}(\omega t - kr)}\right] \tag{10-14}$$

式(10-14)表明 $\boldsymbol{A}_{\mathrm{I}}$ 代表了一个时变的电偶极矩产生的电磁场。现在再来说明 $\boldsymbol{A}_{\mathrm{II}}$ 的物理意义。为此,我们先将它的被积函数分为对称和反对称两部分,即

$$\begin{aligned}(\hat{\boldsymbol{r}} \cdot \boldsymbol{r}')\boldsymbol{J}_{\mathrm{m}} &= \frac{1}{2}[(\hat{\boldsymbol{r}} \cdot \boldsymbol{r}')\boldsymbol{J}_{\mathrm{m}} - (\hat{\boldsymbol{r}} \cdot \boldsymbol{J}_{\mathrm{m}})\boldsymbol{r}'] + \frac{1}{2}[(\hat{\boldsymbol{r}} \cdot \boldsymbol{r}')\boldsymbol{J}_{\mathrm{m}} + (\hat{\boldsymbol{r}} \cdot \boldsymbol{J}_{\mathrm{m}})\boldsymbol{r}'] \\ &= \frac{1}{2}(\boldsymbol{r}' \times \boldsymbol{J}_{\mathrm{m}}) \times \hat{\boldsymbol{r}} + \frac{1}{2}[(\hat{\boldsymbol{r}} \cdot \boldsymbol{r}')\boldsymbol{J}_{\mathrm{m}} + (\hat{\boldsymbol{r}} \cdot \boldsymbol{J}_{\mathrm{m}})\boldsymbol{r}']\end{aligned} \tag{10-15}$$

将式(10-15)代入式(10-9)可求得

$$\boldsymbol{A}_{\mathrm{II}} = \boldsymbol{A}_{\mathrm{II\,M}} + \boldsymbol{A}_{\mathrm{II\,Q}} \tag{10-16}$$

其中

$$\boldsymbol{A}_{\mathrm{II\,M}} = \mathrm{Re}\left[\frac{\mu_0(1+\mathrm{j}kr)}{4\pi r^2}\mathrm{e}^{\mathrm{j}(\omega t - kr)}\left[\int_{V'} \frac{1}{2}(\boldsymbol{r}' \times \boldsymbol{J}_{\mathrm{m}})\mathrm{d}V'\right] \times \hat{\boldsymbol{r}}\right]$$

$$\boldsymbol{A}_{\mathrm{II\,Q}} = \mathrm{Re}\left[\frac{\mu_0(1+\mathrm{j}kr)}{8\pi r^2}\mathrm{e}^{\mathrm{j}(\omega t - kr)}\left\{\int_{V'} [(\hat{\boldsymbol{r}} \cdot \boldsymbol{r}')\boldsymbol{J}_{\mathrm{m}} + (\hat{\boldsymbol{r}} \cdot \boldsymbol{J}_{\mathrm{m}})\boldsymbol{r}']\mathrm{d}V'\right\}\right]$$

式(10-16)等号右边的第一项代表电流分布的磁偶极矩 $\boldsymbol{m}_{\mathrm{m}}$ 产生的电磁场,它可以表示成

$$\boldsymbol{A}_{\mathrm{II\,M}} = \mathrm{Re}\left[\frac{\mu_0(1+\mathrm{j}kr)}{4\pi r^2}(\boldsymbol{m}_{\mathrm{m}} \times \hat{\boldsymbol{r}})\mathrm{e}^{\mathrm{j}(\omega t - kr)}\right] \tag{10-17}$$

其中

$$\boldsymbol{m}_{\mathrm{m}} = \int_{V'} \frac{1}{2}(\boldsymbol{r}' \times \boldsymbol{J}_{\mathrm{m}})\mathrm{d}V'$$

对于式(10-16)等号右边的第二项,将其被积函数作如下变换。因为 $\boldsymbol{J}_{\mathrm{m}} = (\boldsymbol{J}_{\mathrm{m}} \cdot \nabla')\boldsymbol{r}'$ 和 $\nabla'(\hat{\boldsymbol{r}} \cdot \boldsymbol{r}') = \hat{\boldsymbol{r}}$,因此

$$\begin{aligned}(\hat{\boldsymbol{r}} \cdot \boldsymbol{r}')\boldsymbol{J}_{\mathrm{m}} + (\hat{\boldsymbol{r}} \cdot \boldsymbol{J}_{\mathrm{m}})\boldsymbol{r}' &= [(\hat{\boldsymbol{r}} \cdot \boldsymbol{r}')(\boldsymbol{J}_{\mathrm{m}} \cdot \nabla')\boldsymbol{r}'] + [\nabla'(\hat{\boldsymbol{r}} \cdot \boldsymbol{r}') \cdot \boldsymbol{J}_{\mathrm{m}}]\boldsymbol{r}' \\ &= [(\hat{\boldsymbol{r}} \cdot \boldsymbol{r}')(\boldsymbol{J}_{\mathrm{m}} \cdot \nabla')\boldsymbol{r}'] + \boldsymbol{r}'\{\nabla' \cdot [(\hat{\boldsymbol{r}} \cdot \boldsymbol{r}')\boldsymbol{J}_{\mathrm{m}}]\} - \boldsymbol{r}'(\hat{\boldsymbol{r}} \cdot \boldsymbol{r}')\nabla' \cdot \boldsymbol{J}_{\mathrm{m}}\end{aligned}$$

考虑到等式 $\nabla' \cdot \boldsymbol{J}_{\mathrm{m}} = -\mathrm{j}\omega\rho_{\mathrm{m}}$ 和式(10-12),式(10-16)等号右边的第二项积分变成

$$\oint_{S'} \boldsymbol{r}'(\hat{\boldsymbol{r}} \cdot \boldsymbol{r}')(\boldsymbol{J}_{\mathrm{m}} \cdot \mathrm{d}\boldsymbol{S}') - \int_{V'} \boldsymbol{r}'(\hat{\boldsymbol{r}} \cdot \boldsymbol{r}')(\nabla' \cdot \boldsymbol{J}_{\mathrm{m}})\mathrm{d}V' = \mathrm{j}\omega\int_{V'} \boldsymbol{r}'(\hat{\boldsymbol{r}} \cdot \boldsymbol{r}')\rho_{\mathrm{m}}\mathrm{d}V' \tag{10-18}$$

因为电流分布在有限的体积 V'内,没有电流穿过面 S',式(10-18)中的面积分等于零。因此式(10-16)等号右边的第二项变为

$$\boldsymbol{A}_{\mathrm{II\,Q}} = \mathrm{Re}\left[\frac{\mathrm{j}\omega\mu_0(1+\mathrm{j}kr)}{8\pi r^2}\mathrm{e}^{\mathrm{j}(\omega t - kr)}\left\{\int_{V'} [\boldsymbol{r}'(\hat{\boldsymbol{r}} \cdot \boldsymbol{r}')\rho_{\mathrm{m}}(\boldsymbol{r}')]\mathrm{d}V'\right\}\right] \tag{10-19}$$

式(10-19)实际上代表了电荷分布的四极矩产生的磁矢位。为了清楚地看出这一点,只需

将式(10-19)稍作变换,因为 $\boldsymbol{B}=\nabla\times\boldsymbol{A}$,由式(1-151)可知,在式(10-19)中加上一个 $\hat{\boldsymbol{r}}$ 方向的常数分量

$$-\int_{V'}\frac{1}{3}r'^2\rho_m(\boldsymbol{r}')\hat{\boldsymbol{r}}\mathrm{d}V'$$

并不会影响磁感应强度 $\boldsymbol{B}$,这样式(10-19)中的积分变成

$$\frac{1}{3}\int_{V'}[3\boldsymbol{r}'(\hat{\boldsymbol{r}}\cdot\boldsymbol{r}')-r'^2\hat{\boldsymbol{r}}]\rho_m(\boldsymbol{r}')\mathrm{d}V'=\frac{1}{3}\boldsymbol{Q}_m \tag{10-20}$$

于是式(10-19)变为

$$\boldsymbol{A}_{\mathrm{II}\,\mathrm{Q}}=\mathrm{Re}\left[\frac{\mathrm{j}\omega\mu_0(1+\mathrm{j}kr)}{24\pi r^2}\boldsymbol{Q}_m\mathrm{e}^{\mathrm{j}(\omega t-kr)}\right]$$

从第 2 章知道,式(10-20)具有电四极矩的形式,因此上式代表电四极矩产生的电磁场。通过上面的运算可知 $\boldsymbol{A}_{\mathrm{II}}$ 为

$$\begin{aligned}\boldsymbol{A}_{\mathrm{II}}&=\boldsymbol{A}_{\mathrm{II}\,\mathrm{M}}+\boldsymbol{A}_{\mathrm{II}\,\mathrm{Q}}\\&=\mathrm{Re}\left\{\left[\frac{\mu_0(1+\mathrm{j}kr)}{4\pi r^2}(\boldsymbol{m}_m\times\hat{\boldsymbol{r}})+\frac{\mathrm{j}\omega\mu_0(1+\mathrm{j}kr)}{24\pi r^2}\boldsymbol{Q}_m\right]\mathrm{e}^{\mathrm{j}(\omega t-kr)}\right\}\end{aligned}$$

由上面的分析可知,一个分布在有限区域内的电流在远区所产生的矢量磁位 $\boldsymbol{A}$ 可表示成

$$\boldsymbol{A}=\boldsymbol{A}_{\mathrm{I}}+\boldsymbol{A}_{\mathrm{II}\,\mathrm{M}}+\boldsymbol{A}_{\mathrm{II}\,\mathrm{Q}} \tag{10-21}$$

即在忽略更高阶项的条件下,矢量磁位 $\boldsymbol{A}$ 视为一电偶极矩 $\boldsymbol{p}_m$、一磁偶极矩 $\boldsymbol{m}_m$ 和一电四极矩 $\boldsymbol{Q}_m$ 辐射的叠加。下面两节我们将分别讨论电偶极矩和磁偶极矩产生的辐射场。

10.2 电偶极子的辐射场

设长为 $\mathrm{d}\boldsymbol{l}$ 的线导体元,其上电流分布是均匀的(参看图 10-2),但随时间按正弦变化,即

$$i(t)=\mathrm{Re}[I_0\mathrm{e}^{\mathrm{j}\omega t}] \tag{10-22}$$

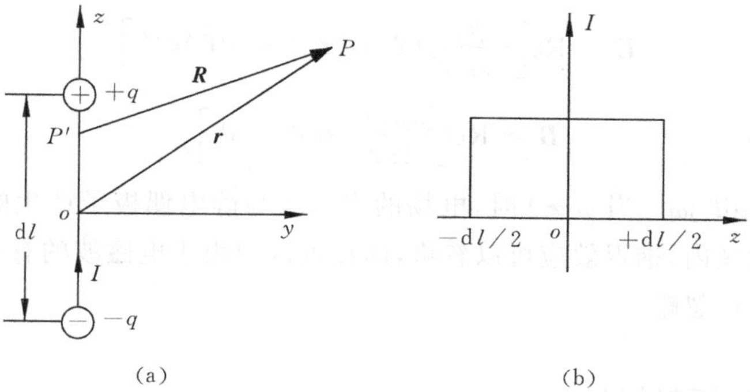

图 10-2 电偶极子

因为在两端电流不连续,因此两端必定有符号相反的电荷 q,它也随时间作正弦变化,即

$$q=\mathrm{Re}[q_m\mathrm{e}^{\mathrm{j}\omega t}] \tag{10-23}$$

其中 $q_m=I_0/\mathrm{j}\omega$,因此构成了一偶极子,其偶极矩为

$$\boldsymbol{p}=q\mathrm{d}\boldsymbol{l}=\mathrm{Re}[\boldsymbol{p}_m\mathrm{e}^{\mathrm{j}\omega t}] \tag{10-24}$$

设电偶极子的臂沿 z 轴方向,则电流只有 z 方向的分量,x 和 y 方向的分量为零,即

$$\boldsymbol{I}_m=I_{zm}\hat{\boldsymbol{z}}=I_0\hat{\boldsymbol{z}} \tag{10-25}$$

$$I_{xm} = I_{ym} = 0 \tag{10-26}$$

电偶极矩也只有 z 方向的分量,将它变换到球坐标系后为

$$\boldsymbol{p}_{\mathrm{m}} = p_{\mathrm{m}}\hat{\boldsymbol{z}} = p_{\mathrm{m}}(\cos\theta\,\hat{\boldsymbol{r}} - \sin\theta\,\hat{\boldsymbol{\theta}}) \tag{10-27}$$

根据前节的分析,电偶极矩 $\boldsymbol{p}_{\mathrm{m}}$ 产生的磁矢位 $\boldsymbol{A}_{\mathrm{I}}$ 为

$$\boldsymbol{A}_{\mathrm{I}} = \mathrm{Re}\left[\frac{\mathrm{j}\omega\mu_0 p_{\mathrm{m}}}{4\pi r}\mathrm{e}^{\mathrm{j}(\omega t-kr)}(\cos\theta\,\hat{\boldsymbol{r}} - \sin\theta\,\hat{\boldsymbol{\theta}})\right] \tag{10-28}$$

因为 $\boldsymbol{B}=\nabla\times\boldsymbol{A}_{\mathrm{I}}$,所以球坐标中,电偶极矩 $\boldsymbol{p}_{\mathrm{m}}$ 辐射场中的磁感应强度 $\boldsymbol{B}$ 为

$$\boldsymbol{B} = \mathrm{Re}\left[-\frac{\mu_0 k^2 \omega p_{\mathrm{m}}}{4\pi}\left(\frac{1}{kr} - \frac{\mathrm{j}}{(kr)^2}\right)\sin\theta\,\mathrm{e}^{\mathrm{j}(\omega t-kr)}\,\hat{\boldsymbol{\phi}}\right] \tag{10-29}$$

由式(10-4)可求得电场强度为

$$\boldsymbol{E} = E_r\,\hat{\boldsymbol{r}} + E_\theta\,\hat{\boldsymbol{\theta}} \tag{10-30}$$

其中

$$E_r = \mathrm{Re}\left[\frac{k^3 p_{\mathrm{m}}}{4\pi\varepsilon_0}\left[\frac{2\mathrm{j}}{(kr)^2} + \frac{2}{(kr)^3}\right]\cos\theta\,\mathrm{e}^{\mathrm{j}(\omega t-kr)}\right]$$

$$E_\theta = \mathrm{Re}\left[-\frac{k^3 p_{\mathrm{m}}}{4\pi\varepsilon_0}\left[\frac{1}{kr} - \frac{\mathrm{j}}{(kr)^2} - \frac{1}{(kr)^3}\right]\sin\theta\,\mathrm{e}^{\mathrm{j}(\omega t-kr)}\right]$$

为了较清楚地看出电偶极子辐射场的特点,我们将空间分成三个区域:第一区称近区,其条件是 $kr\ll1$,即 $r\ll\lambda$;第二区称为中间区,其条件是 $kr\approx1$,即 $r\approx\lambda$;第三区是远区,又称为辐射区,其条件是 $kr\gg1$,即 $r\gg\lambda$。

10.2.1 近区场

因为近区内 $kr\ll1$,所以 $\mathrm{e}^{-\mathrm{j}kr}\approx1$,并且相对于 $1/(kr)^3$ 的项而言 $1/(kr)^2$ 和 $1/(kr)$的项可以忽略,所以电场和磁场强度的表示式变成

$$\boldsymbol{E} = \mathrm{Re}\left[\frac{p_{\mathrm{m}}}{4\pi\varepsilon_0 r^3}(2\cos\theta\,\hat{\boldsymbol{r}} + \sin\theta\,\hat{\boldsymbol{\theta}})\mathrm{e}^{\mathrm{j}\omega t}\right] \tag{10-31}$$

$$\boldsymbol{B} = \mathrm{Re}\left[\frac{\mathrm{j}\omega\mu_0 p_{\mathrm{m}}}{4\pi r^2}\sin\theta\,\mathrm{e}^{\mathrm{j}\omega t}\,\hat{\boldsymbol{\phi}}\right] \tag{10-32}$$

其中 $\boldsymbol{p}_{\mathrm{m}}=q_{\mathrm{m}}\mathrm{d}\boldsymbol{l}=I_0\,\mathrm{d}\boldsymbol{l}/\mathrm{j}\omega$。当 $\omega\to0$ 时,电场的表示式与静电偶极子产生的电场的表示式完全一致。因此在近区内,推迟效应可以忽略,即在近区内由于电磁波的有限传播速度所引起的相位滞后效应可以忽略。

10.2.2 远区场(辐射场)

在远区内 $kr\gg1$,即 $r\gg\lambda/2\pi$,因此相对于 $1/(kr)$项而言,$1/(kr)^2$ 和 $1/(kr)^3$ 项均可以忽略,这时电场和磁场强度的表示式为

$$\boldsymbol{E} = \mathrm{Re}\left[\frac{-k^2 p_{\mathrm{m}}}{4\pi\varepsilon_0 r}\sin\theta\,\mathrm{e}^{\mathrm{j}(\omega t-kr)}\,\hat{\boldsymbol{\theta}}\right] \tag{10-33}$$

$$\boldsymbol{B} = \mathrm{Re}\left[\frac{-\omega\mu_0 k p_{\mathrm{m}}}{4\pi r}\sin\theta\,\mathrm{e}^{\mathrm{j}(\omega t-kr)}\,\hat{\boldsymbol{\phi}}\right] \tag{10-34}$$

由于$\hat{\boldsymbol{\phi}}=\hat{\boldsymbol{r}}\times\hat{\boldsymbol{\theta}}$，所以在这一区域内，电场和磁场满足关系

$$\boldsymbol{B}=\frac{1}{c}\hat{\boldsymbol{r}}\times\boldsymbol{E} \tag{10-35}$$

其中c为真空中的光速。由式(10-33)和式(10-34)可知，这个区域中占主要成分的场与近区场完全不同。它的电场强度和磁场强度同相，因此在每一点，坡印亭矢量在一个周期内的平均值不等于零，而为

$$\boldsymbol{S}_{\mathrm{av}}=\frac{1}{2}\mathrm{Re}[\boldsymbol{E}_{\mathrm{m}}\times\boldsymbol{H}_{\mathrm{m}}]=\frac{\mu_0\omega^4|p_{\mathrm{m}}|^2}{32\pi^2cr^2}\sin^2\theta\hat{\boldsymbol{r}} \tag{10-36}$$

因为$\boldsymbol{S}_{\mathrm{av}}$沿$+\hat{\boldsymbol{r}}$方向，即有平均功率向外传播，因此远区中的场是辐射场占主要部分。式(10-36)表明$|\boldsymbol{S}_{\mathrm{av}}|$正比于偶极矩的模的平方和频率的四次方，这说明在其他条件相同的情况下，频率越高，辐射能力越强。电偶极子是最基本的辐射单元，将式(10-36)沿半径为r的大球面S积分可求得电偶极子辐射的总功率为

$$\begin{aligned}P&=\int_S\boldsymbol{S}_{\mathrm{av}}\cdot\hat{\boldsymbol{n}}\mathrm{d}S=\frac{I_0^2k^3\mathrm{d}l^2}{32\pi^2\omega\varepsilon_0}\int_0^{2\pi}\int_0^{\pi}\frac{\sin^2\theta}{r^2}r^2\sin\theta\mathrm{d}\theta\mathrm{d}\phi\\&=80\pi^2\left(\frac{\mathrm{d}l}{\lambda}\right)^2I_{\mathrm{rms}}^2=R_{\mathrm{r}}I_{\mathrm{rms}}^2\end{aligned} \tag{10-37}$$

其中

$$I_{\mathrm{rms}}=\frac{1}{\sqrt{2}}I_0 \tag{10-38}$$

$$R_{\mathrm{r}}=80\pi^2\left(\frac{\mathrm{d}l}{\lambda}\right)^2 \tag{10-39}$$

I_{rms}是正弦电流的有效值，R_{r}称为电偶极子的辐射电阻。电偶极子向外辐射的能量是与它相连结的外源提供的，因此对外源而言，电偶极子的作用相当于一个电阻，其阻值为R_{r}，显然，在$\mathrm{d}l\ll\lambda$的条件下，R_{r}越大，则对于同样的电流I_{rms}，电偶极子辐射的功率越多。

从电磁场强度的表示式(10-33)和式(10-34)可以看出，电偶极子辐射的电磁波的等相位面为$r=$常数的球面，所以它辐射的电磁波是球面波，因为纵向分量E_r等于零，所以该球面波是一个横电磁波，即TEM波。$\boldsymbol{E}$，$\boldsymbol{B}$和传播方向$\hat{\boldsymbol{r}}$之间的关系表示在图10-3中，在$r=$常数的球面上，这个球面波的场强的大小并不是均匀的，而是与$\sin\theta$成正比，因而$|\boldsymbol{S}_{\mathrm{av}}|$与$\sin^2\theta$成正比，这说明电偶极子在空间中的辐射场是有方向性的。在$\theta=0$时，$\boldsymbol{E}=0$，$\boldsymbol{B}=0$，即电偶极子的极轴上场强为零；在$\theta=\pi/2$，即垂直于极轴的平面上，辐射最强，如图10-4(a)所示。在天线技术中以电场或功率在空间的相对分布图形来表示辐射场的方向性，电偶极子的辐射在与其轴垂直的水平面内是均匀的(与方位角无关)，即无方向性(如图10-4(b)所示)，而电偶极子的辐射在包含其轴的铅垂面内辐射场与$\sin\theta$成正比(如图10-4(a)所示)。方向图是一个立体图形，可以想象电偶极子在空间的辐射方向图是铅垂面的∞字图绕z轴旋转形成的旋转体。

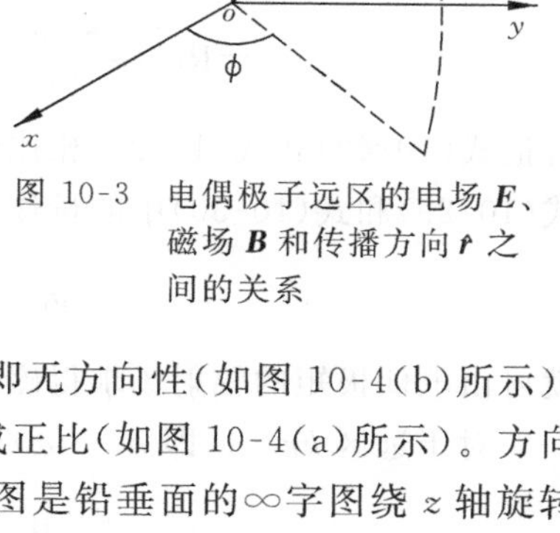

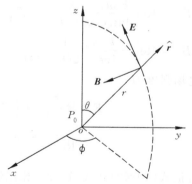

图 10-3　电偶极子远区的电场$\boldsymbol{E}$、磁场$\boldsymbol{B}$和传播方向$\hat{\boldsymbol{r}}$之间的关系

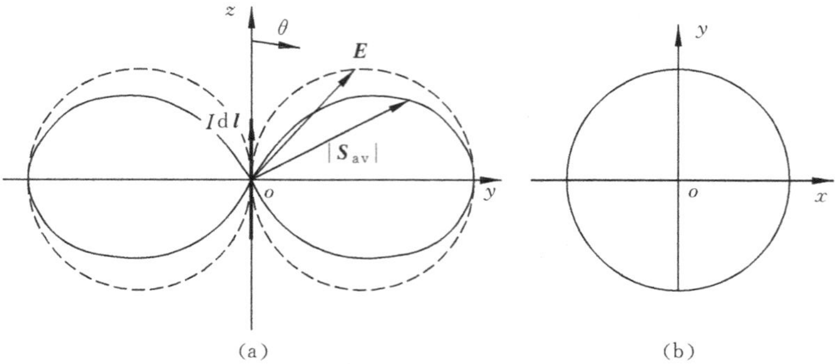

图 10-4　电偶极子辐射的方向图

上面我们将电偶极子在近区和远区的辐射场做了一些简化，但对于中间区，辐射场只能用式(10-29)和式(10-30)来描述，不能简化。

10.3　磁偶极子的辐射场

一个通有电流的小环构成磁偶极子，设磁偶极矩 $\boldsymbol{m}$ 取 z 轴的方向，即如图 10-5 所示，$\boldsymbol{m}=m\hat{\boldsymbol{z}}$。根据式(10-17)，在球坐标系中磁偶极矩 $\boldsymbol{m}$ 产生的矢量磁位为

$$\boldsymbol{A}=\mathrm{Re}\left[\frac{\mu_0 \boldsymbol{m}_{\mathrm{m}}\times\hat{\boldsymbol{r}}}{4\pi r^2}(1+\mathrm{j}kr)\sin\theta \mathrm{e}^{\mathrm{j}(\omega t-kr)}\right] \quad (10\text{-}40)$$

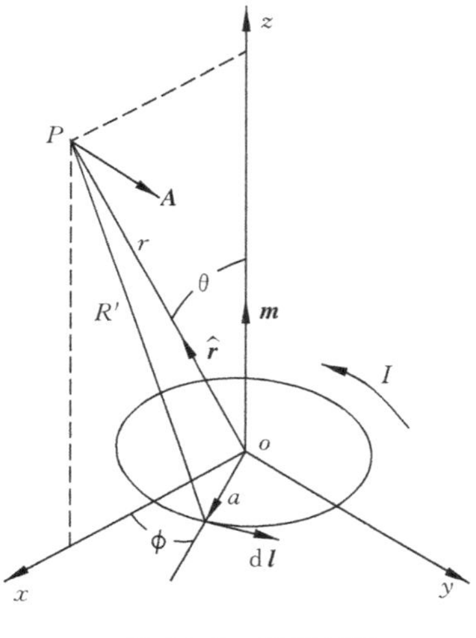

图 10-5　磁偶极子

因此，磁偶极矩产生的辐射场的磁感应强度为

$$\boldsymbol{B}=\nabla\times\boldsymbol{A}=B_r\hat{\boldsymbol{r}}+B_\theta\hat{\boldsymbol{\theta}} \quad (10\text{-}41)$$

其中

$$B_r=\mathrm{Re}\left[\frac{k^3 m_{\mathrm{m}}}{4\pi\varepsilon_0 c^2}\left[\frac{2\mathrm{j}}{(kr)^2}+\frac{2}{(kr)^3}\right]\cos\theta \mathrm{e}^{\mathrm{j}(\omega t-kr)}\right]$$

$$B_\theta=\mathrm{Re}\left[-\frac{k^3 m_{\mathrm{m}}}{4\pi\varepsilon_0 c^2}\left[\frac{1}{kr}-\frac{\mathrm{j}}{(kr)^2}-\frac{1}{(kr)^3}\right]\sin\theta \mathrm{e}^{\mathrm{j}(\omega t-kr)}\right]$$

电场强度为

$$\begin{aligned}\boldsymbol{E}&=\mathrm{Re}\left[\left(-\mathrm{j}\frac{c}{k}\nabla\times\boldsymbol{B}_{\mathrm{m}}\right)\mathrm{e}^{\mathrm{j}(\omega t-kr)}\right]\\&=\mathrm{Re}\left[\frac{\mu_0 k^2\omega m_{\mathrm{m}}}{4\pi}\left(\frac{1}{kr}-\frac{\mathrm{j}}{(kr)^2}\right)\sin\theta \mathrm{e}^{\mathrm{j}(\omega t-kr)}\hat{\boldsymbol{\phi}}\right]\end{aligned} \quad (10\text{-}42)$$

若把式(10-42)和式(10-29)相比较，把式(10-41)和式(10-30)相比较，则可以看出，只需把式(10-29)和式(10-30)中的量作如下置换：

$$\boldsymbol{p}_{\mathrm{m}}\rightarrow\frac{\boldsymbol{m}_{\mathrm{m}}}{c},\quad \boldsymbol{E}\rightarrow c\boldsymbol{B},\quad \boldsymbol{B}\rightarrow-\frac{\boldsymbol{E}}{c}$$

就可由电偶极矩的辐射场求得磁偶极矩的辐射场的表示式。

对于远区 $kr\gg 1$(即 $r\gg c/\omega$)，则式(10-41)和式(10-42)变成

$$\boldsymbol{B}=\mathrm{Re}\left[-\frac{k^2 m_{\mathrm{m}}}{4\pi\varepsilon_0 c^2 r}\sin\theta \mathrm{e}^{\mathrm{j}(\omega t-kr)}\hat{\boldsymbol{\theta}}\right] \quad (10\text{-}43)$$

$$\boldsymbol{E} = \mathrm{Re}\left[\frac{\mu_0 k\omega m_{\mathrm{m}}}{4\pi r}\sin\theta \mathrm{e}^{\mathrm{j}(\omega t - kr)}\hat{\boldsymbol{\phi}}\right] \tag{10-44}$$

同样可以求出磁偶极矩辐射场的方向性图，它在垂直于极轴的平面上仍无方向性，而在包含有极轴的平面上为∞字图。它的平均能流密度向量为

$$\boldsymbol{S}_{\mathrm{av}} = \frac{1}{2}\mathrm{Re}[\boldsymbol{E}_{\mathrm{m}} \times \boldsymbol{H}_{\mathrm{m}}] = \frac{\mu_0 \omega^4 \mid m_{\mathrm{m}} \mid^2}{32\pi c^3 r^2}\sin^2\theta\,\hat{\boldsymbol{r}} \tag{10-45}$$

总的辐射功率为

$$P = \frac{\mu_0 \omega^2 \mid m_{\mathrm{m}} \mid^2}{12\pi c^3} \tag{10-46}$$

辐射电阻为

$$R_{\mathrm{r}} = 197\left(\frac{a\omega}{c}\right)^4 \tag{10-47}$$

由磁偶极子辐射的同样是球面波，并且是 TEM 波。

将式(10-47)与式(10-39)相比较可知，电偶极子的辐射电阻 $R_{\mathrm{r}} \propto (\mathrm{d}l/\lambda)^2$，而磁偶极子的辐射电阻 $R_{\mathrm{r}} \propto (a/\lambda)^4$，在 $\mathrm{d}l \ll \lambda, a \ll \lambda$ 的条件下，两者的辐射能力都比较弱，在 $\mathrm{d}l$ 与 a 同数量级的情况下，磁偶极子的辐射能力更弱。

不论对电偶极子还是磁偶极子，它们在远区的辐射场 E 与 H 之比为 $120\pi\Omega$，为真空中的波阻抗。

*10.4　惠更斯原理和零值定理

前面两节讨论了电偶极子和磁偶极子的辐射场。本节的讨论将表明，当场源分布在体积 V' 中时，如果包围体积 V' 的表面 S 上的场分布为已知(场源可以位于 S 内亦可以位于 S 外)，则根据表面 S 上的场分布可以求出空间任一点 P(位置矢量为 $\boldsymbol{r}$)处的场。这实际上是光学中的惠更斯原理。

根据惠更斯原理，空间某点的场是位于源和观察点之间某一表面上的每一点作为源发出的球面子波的叠加，如图 10-6 所示。下面讨论标量波的惠更斯原理的数学表示式。

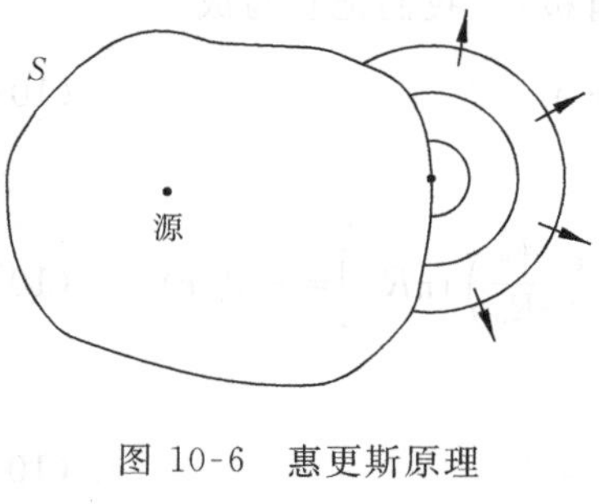

图 10-6　惠更斯原理

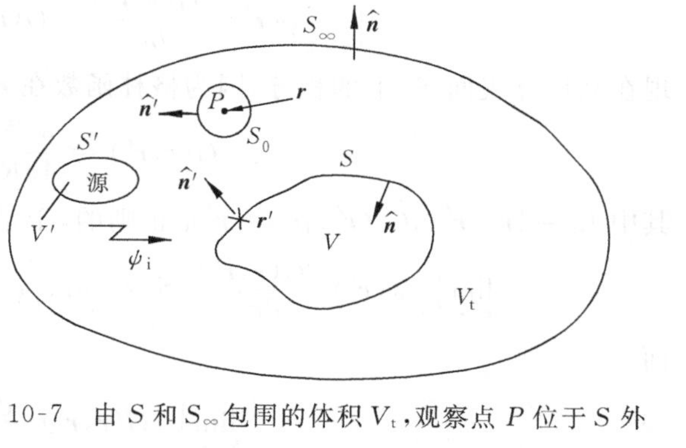

图 10-7　由 S 和 S_∞ 包围的体积 V_{t}，观察点 P 位于 S 外

设源 $f(\boldsymbol{r}')$ 位于由表面 S' 包围的体积 V' 中(如图 10-7 所示)，求其在任一封闭面 S 和无穷远处的封闭面 S_∞ 之间的体积 V_{t} 中任一点 P 产生的标量场 $\psi(\boldsymbol{r})$(即电场强度 $\boldsymbol{E}$ 和磁场强度 $\boldsymbol{H}$ 在直角坐标系中的各分量)的表示式。$\psi(\boldsymbol{r})$ 满足非齐次波动方程

$$(\nabla^2 + k^2)\psi(\boldsymbol{r}) = -f(\boldsymbol{r}) \tag{10-48}$$

将格林第二定理式(1-86)应用到体积 V_t 中，具有连续二阶导数的任意两个标量函数 u 和 v 满足

$$\int_{V_t}(u\nabla^2 v - v\nabla^2 u)\mathrm{d}V = \int_{S_t}\left(u\frac{\partial v}{\partial n} - v\frac{\partial u}{\partial n}\right)\mathrm{d}S \tag{10-49}$$

其中$\dfrac{\partial}{\partial n}$是外法向导数。选择式(10-49)中的 u 为标量场 ψ，v 为格林函数 G，即

$$u(\boldsymbol{r}') = \psi(\boldsymbol{r}') \tag{10-50}$$

$$v(\boldsymbol{r}') = G(\boldsymbol{r}',\boldsymbol{r}) = G(\boldsymbol{r},\boldsymbol{r}') \tag{10-51}$$

因为格林函数在 $\boldsymbol{r}=\boldsymbol{r}'$有极点，因此作一小球面 S_0 包住观察点 P，S_0 的半径为 $R_0=|\boldsymbol{r}-\boldsymbol{r}'|$，所以式(10-49)中的 $S_t=S+S_\infty+S_0$。格林函数 $G(\boldsymbol{r}',\boldsymbol{r})$在体积 V_t 中满足齐次波动方程，即

$$(\nabla'^2 + k^2)G(\boldsymbol{r}',\boldsymbol{r}) = 0 \tag{10-52}$$

其中 ∇'^2 是对源点 $\boldsymbol{r}'$的拉普拉辛算符，由式(10-48)和式(10-52)，在体积 V_t 中有

$$\psi\nabla'^2 G - G\nabla'^2\psi = \psi(\nabla'^2 + k^2)G - G(\nabla'^2 + k^2)\psi = Gf \tag{10-53}$$

将式(10-53)代入式(10-49)，并且将外法向导数$\dfrac{\partial}{\partial n}$用内法向导数$\dfrac{\partial}{\partial n'}$代替，即$\dfrac{\partial}{\partial n} = -\dfrac{\partial}{\partial n'}$，整理后求得

$$\psi_i(\boldsymbol{r}) = -\int_{S_t}\left[\psi(\boldsymbol{r}')\frac{\partial G(\boldsymbol{r},\boldsymbol{r}')}{\partial n'} - G(\boldsymbol{r},\boldsymbol{r}')\frac{\partial\psi(\boldsymbol{r}')}{\partial n'}\right]\mathrm{d}S' \tag{10-54}$$

其中

$$\psi_i(\boldsymbol{r}) = \int_{V'}G(\boldsymbol{r},\boldsymbol{r}')f(\boldsymbol{r}')\mathrm{d}V' \tag{10-55}$$

下面分别计算式(10-54)中每一个表面 S_∞，S_0 和 S 上的积分。

可以证明，当标量波函数 $\psi(\boldsymbol{r})$满足辐射条件

$$\lim_{r\to\infty}\left[r\left(\frac{\partial}{\partial r} + \mathrm{j}k\right)\psi(\boldsymbol{r})\right] = 0 \tag{10-56}$$

时，表面 S_∞ 上的积分等于零，即

$$\int_{S_\infty}\left[\psi(\boldsymbol{r}')\frac{\partial G(\boldsymbol{r},\boldsymbol{r}')}{\partial n'} - G(\boldsymbol{r},\boldsymbol{r}')\frac{\partial\psi(\boldsymbol{r}')}{\partial n'}\right]\mathrm{d}S' = 0 \tag{10-57}$$

现在来计算表面 S_0 上的积分，因为格林函数在 $\boldsymbol{r}=\boldsymbol{r}'$处有极点，我们把它写成

$$G(\boldsymbol{r},\boldsymbol{r}') = \frac{\mathrm{e}^{-\mathrm{j}kR_0}}{4\pi R_0} + G_1(\boldsymbol{r}') \tag{10-58}$$

其中 $R_0=|\boldsymbol{r}-\boldsymbol{r}'|$，$G_1(\boldsymbol{r}')$在 $\boldsymbol{r}=\boldsymbol{r}'$是正则的，于是有

$$\lim_{R_0\to 0}\int_{S_0}\psi(\boldsymbol{r}')\frac{\partial G(\boldsymbol{r},\boldsymbol{r}')}{\partial n'}\mathrm{d}S' = \lim_{R_0\to 0}\left[\psi(\boldsymbol{r})\frac{\partial}{\partial R_0}\left(\frac{\mathrm{e}^{-\mathrm{j}kR_0}}{4\pi R_0}\right)4\pi R_0^2\right] = -\psi(\boldsymbol{r}) \tag{10-59}$$

而

$$\lim_{R_0\to 0}\int_{S_0}G(\boldsymbol{r},\boldsymbol{r}')\frac{\partial\psi(\boldsymbol{r}')}{\partial n'}\mathrm{d}S' = 0 \tag{10-60}$$

所以面积 S_0 上的积分等于$-\psi(\boldsymbol{r})$，即

$$\int_{S_0}\left[\psi(\boldsymbol{r}')\frac{\partial G(\boldsymbol{r},\boldsymbol{r}')}{\partial n'} - G(\boldsymbol{r},\boldsymbol{r}')\frac{\partial\psi(\boldsymbol{r}')}{\partial n'}\right]\mathrm{d}S' = -\psi(\boldsymbol{r}) \tag{10-61}$$

将式(10-57)和式(10-61)代入式(10-54)后，求得当观察点 P 在封闭面 S 以外时的标量场 $\psi(\boldsymbol{r})$ 为

$$\psi(\boldsymbol{r}) = \psi_i(\boldsymbol{r}) + \int_S \left[\psi(\boldsymbol{r}') \frac{\partial G(\boldsymbol{r},\boldsymbol{r}')}{\partial n'} - G(\boldsymbol{r},\boldsymbol{r}') \frac{\partial \psi(\boldsymbol{r}')}{\partial n'}\right] \mathrm{d}S' = \psi_i(\boldsymbol{r}) + \psi_s(\boldsymbol{r}) \tag{10-62}$$

其中 $\psi_i(\boldsymbol{r})$ 由式(10-55)给定，而 $\psi_s(\boldsymbol{r})$ 为

$$\psi_s(\boldsymbol{r}) = \int_S \left[\psi(\boldsymbol{r}') \frac{\partial G(\boldsymbol{r},\boldsymbol{r}')}{\partial n'} - G(\boldsymbol{r},\boldsymbol{r}') \frac{\partial \psi(\boldsymbol{r}')}{\partial n'}\right] \mathrm{d}S' \tag{10-63}$$

$\psi_i(\boldsymbol{r})$ 是空间不存在封闭面 S 时观察点 P 处的场，所以它代表投射场。而 $\psi_s(\boldsymbol{r})$ 代表散射场，它是表面 S 上的场的贡献。到目前为止对格林函数 $G(\boldsymbol{r},\boldsymbol{r}')$ 并未加任何条件的限制，最一般的情况是将其选定为自由空间的格林函数 $G_0(\boldsymbol{r},\boldsymbol{r}')$，即

$$G(\boldsymbol{r},\boldsymbol{r}') = G_0(\boldsymbol{r},\boldsymbol{r}') = \frac{\mathrm{e}^{-\mathrm{j}k|\boldsymbol{r}-\boldsymbol{r}'|}}{4\pi\,|\,\boldsymbol{r}-\boldsymbol{r}'\,|} \tag{10-64}$$

式(10-62)给出了在一个物体(其表面为 S)外空间任一点 P 处的场的最基本的表示式，它由投射场 $\psi_i(\boldsymbol{r})$ 和散射场 $\psi_s(\boldsymbol{r})$ 构成。

当观察点 P 从 S 外面移到表面 S 上时，先作一个以 P 点为球心，R_0 为半径的小球面 S_0 包住观察点 P，在 P 点附近的 S 面改由半个小球面 S_2 代替(如图 10-8 所示)。下面来计算位于 S 上的半个小球面 S_2 上的积分。因为包围观察点 P 的小球面 S_0 上的积分仍如式(10-61)所示，而半球面 S_2 上的法线 $\hat{\boldsymbol{n}}'$ 与 S_0 上的法线 $\hat{\boldsymbol{n}}'$ 方向是相反的，所以

$$\int_{S_2} \left[\psi(\boldsymbol{r}') \frac{\partial G(\boldsymbol{r},\boldsymbol{r}')}{\partial n'} - G(\boldsymbol{r},\boldsymbol{r}') \frac{\partial \psi(\boldsymbol{r}')}{\partial n'}\right] \mathrm{d}S' = \frac{1}{2}\psi(\boldsymbol{r}) \tag{10-65}$$

因此当观察点 P 位于表面 S 上时，P 点的场 $\psi(\boldsymbol{r})$ 为

$$\frac{1}{2}\psi(\boldsymbol{r}) = \psi_i(\boldsymbol{r}) + \mathrm{P}\left\{\int_S \left[\psi(\boldsymbol{r}') \frac{\partial G(\boldsymbol{r},\boldsymbol{r}')}{\partial n'} - G(\boldsymbol{r},\boldsymbol{r}') \frac{\partial \psi(\boldsymbol{r}')}{\partial n'}\right] \mathrm{d}S'\right\} \tag{10-66}$$

其中积分 $\mathrm{P}\left\{\int_S [\cdots]\mathrm{d}S'\right\}$ 称为柯西主值，它表明积分是在除去半径为 R_0 的小圆面积后的 S 表面上进行。

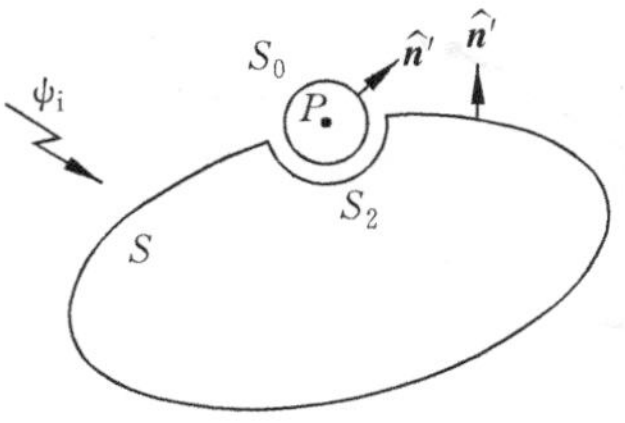

图 10-8　观察点 P 在 S 表面上

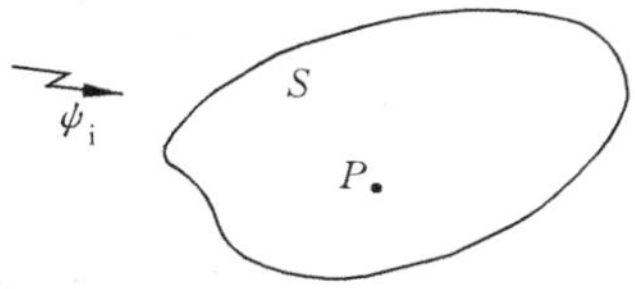

图 10-9　观察点 P 位于表面 S 内

当观察点 P 是在表面 S 内时(如图 10-9 所示)，积分面积 S_t 中不包括 S_0，因此

$$\psi_i(\boldsymbol{r}) + \int_S \left[\psi(\boldsymbol{r}') \frac{\partial G(\boldsymbol{r},\boldsymbol{r}')}{\partial n'} - G(\boldsymbol{r},\boldsymbol{r}') \frac{\partial \psi(\boldsymbol{r}')}{\partial n'}\right] \mathrm{d}S' = 0 \tag{10-67}$$

式(10-67)表明，在一表面 S 内部的任一点 P 处的投射场 $\psi_i(\boldsymbol{r})$ 和表面 S 上的场对该点的贡献相消使总场为零，因此称为零值定理。将它应用到一种特殊情况，即当 S 面内不存在任何物体，各处的场仅是投射场本身时，零值定理可以改写成

$$\psi_i(\boldsymbol{r}) = \int_S \left[\psi_i(\boldsymbol{r}') \frac{\partial G_0(\boldsymbol{r},\boldsymbol{r}')}{\partial n} - G_0(\boldsymbol{r},\boldsymbol{r}') \frac{\partial \psi_i(\boldsymbol{r}')}{\partial n}\right] \mathrm{d}S' \tag{10-68}$$

其中 $G_0(\boldsymbol{r},\boldsymbol{r}')$ 是自由空间的格林函数(参看式(10-64)), $\partial/\partial n$ 是指向 S 内部的法向导数。式(10-68)表明, S 面内任一点 P 处的场可以通过表面 S 上已知的场 ψ_i 和 $\partial\psi_i/\partial n$ 计算,这边界 S 上的场是球面波的二次源。式(10-68)是惠更斯原理的严格数学描述。式(10-68)是源 $f(\boldsymbol{r}')$ 在面 S 外,观察点 P 在 S 面内的情况下求得的,当源在 S 面内,观察点在 S 面外时可求得与式(10-68)完全一样的表示式。

式(10-62)、式(10-63)和式(10-67)是三个最基本的方程式,它们在求解许多具体问题时是非常有用的。这三个基本方程式可以应用到二维问题,此时格林函数是

$$G_0(\boldsymbol{r},\boldsymbol{r}') = -\frac{\mathrm{j}}{4}H_0^{(2)}(k\,|\,\boldsymbol{r}-\boldsymbol{r}'\,|) \tag{10-69}$$

其中 $H_0^{(2)}$ 是第二类零阶汉开尔函数,

$$\boldsymbol{r} = x\hat{\boldsymbol{x}} + y\hat{\boldsymbol{y}}, \boldsymbol{r}' = x'\hat{\boldsymbol{x}} + y'\hat{\boldsymbol{y}}$$

式(10-62)、式(10-63)和式(10-67)中的面积分应变成线积分。

式(10-62)是当观察点 P 位于表面 S 外时该点标量场 $\psi(\boldsymbol{r})$ 的表示式,它由投射场 $\psi_i(\boldsymbol{r})$ 和表面 S 的散射场 $\psi_s(\boldsymbol{r})$ 来组成。但是对公式中的格林函数并未附加任何条件,当选择表示在式(10-64)中的自由空间的格林函数时,则散射场 $\psi_s(\boldsymbol{r})$ 为

$$\psi_s(\boldsymbol{r}) = \int_S\left[\psi(\boldsymbol{r}')\frac{\partial G_0(\boldsymbol{r},\boldsymbol{r}')}{\partial n'} - G_0(\boldsymbol{r},\boldsymbol{r}')\frac{\partial\psi(\boldsymbol{r}')}{\partial n'}\right]\mathrm{d}S' \tag{10-70}$$

式(10-70)称为赫姆霍兹-克希霍夫公式。当标量场 ψ 及其法向导数 $\partial\psi/\partial n$ 在表面 S 上已知时,利用式(10-70)可以计算任一点 P 的散射场 $\psi_s(\boldsymbol{r})$,但是标量场 ψ 及其法向导数 $\frac{\partial\psi}{\partial n}$ 在表面 S 上的精确值是很难求得的。因此,在某些具体情况下需作一些近似。下面以具有孔径 A 的无限大平面屏 S 后面的散射场 $\psi_s(\boldsymbol{r})$ 的求法为例加以具体说明。

如图 10-10 所示,设屏 S 前的投射场为 $\psi_i(\boldsymbol{r})$,且孔径 A 的尺寸比波长大,则孔径上的场可近似地认为等于投射场,即认为孔径上有

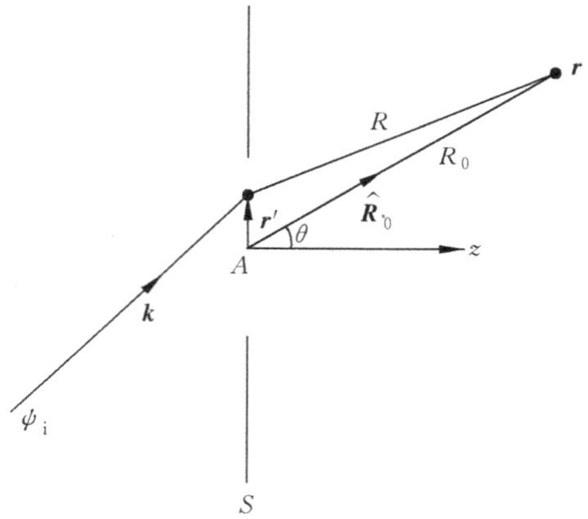

图 10-10 无限大屏上有一孔径 A 的散射场

$$\psi = \psi_i, \quad \frac{\partial\psi}{\partial n'} = \frac{\partial\psi_i}{\partial n'} \tag{10-71}$$

而在屏上的其他部分

$$\psi = 0, \quad \frac{\partial \psi}{\partial n'} = 0 \tag{10-72}$$

这种近似称为克希霍夫近似。

因为

$$\left.\frac{\partial G_0}{\partial n'}\right|_{z'=0} = \frac{\mathrm{e}^{-\mathrm{j}kR}}{4\pi R}\left(\mathrm{j}k + \frac{1}{R}\right)\frac{z}{R} \tag{10-73}$$

其中

$$R^2 = |\boldsymbol{r} - \boldsymbol{r}'|^2 = (x - x')^2 + (y - y')^2 + (z - z')^2$$

将式(10-71)至式(10-73)代入式(10-70)，则具有孔径 A 的无限大屏 S 后面任一点的散射场为

$$\psi_s(\boldsymbol{r}) = \int_S \left[\psi_i(\boldsymbol{r}')\left(\mathrm{j}k + \frac{1}{R}\right)\frac{z}{R} - \frac{\partial \psi_i(\boldsymbol{r}')}{\partial n'}\right]\frac{\mathrm{e}^{-\mathrm{j}kR}}{4\pi R}\mathrm{d}S' \tag{10-74}$$

设投射波为均匀平面波，波矢量为 $\boldsymbol{k}$，孔径 A 是在 $z=0$ 的平面中，则

$$\psi_i(\boldsymbol{r}') = A_0 \mathrm{e}^{-\mathrm{j}\boldsymbol{k}\cdot\boldsymbol{r}'} \tag{10-75}$$

由上式得

$$\frac{\partial \psi_i(\boldsymbol{r}')}{\partial n'} = -\mathrm{j}\boldsymbol{k}\cdot\hat{\boldsymbol{z}} A_0 \mathrm{e}^{-\mathrm{j}\boldsymbol{k}\cdot\boldsymbol{r}'} \tag{10-76}$$

对于距孔径较远的地方(同波长比)，式(10-74)中 $\left(\mathrm{j}k + \frac{1}{R}\right)$ 项中的 $\frac{1}{R}$ 可忽略，$\frac{z}{R} \approx \cos\theta$，$\frac{1}{R} \approx \frac{1}{R_0}$，而相位 $kR \approx k(R_0 - \boldsymbol{r}'\cdot\hat{\boldsymbol{R}}_0)$，因此式(10-74)可简化为

$$\psi_s(\boldsymbol{r}) = \frac{\mathrm{e}^{-\mathrm{j}kR_0}}{4\pi R_0}\int_S \left[\psi_i(\boldsymbol{r}')(\mathrm{j}k\cos\theta + \mathrm{j}\boldsymbol{k}\cdot\hat{\boldsymbol{z}})\mathrm{e}^{-\mathrm{j}k\boldsymbol{r}'\cdot\hat{\boldsymbol{R}}_0}\right]\mathrm{d}S' \tag{10-77}$$

式(10-77)是在克希霍夫近似条件下求得的。而通常并不同时知道标量场 $\psi(\boldsymbol{r})$ 及其法向导数 $\frac{\partial \psi}{\partial n}$ 在表面 S 上的值，因此，在一般情况下，式(10-70)的应用将遇到困难。但是根据唯一性定理，只需知道标量场 $\psi(\boldsymbol{r})$ 或其法向导数 $\frac{\partial \psi}{\partial n}$ 在表面 S 上的值就可唯一地决定 P 点的场，因此可以对格林函数附加一些边值条件，使式(10-70)简化。

令格林函数在表面 S 上满足第一类齐次边值条件，即

$$G_1(\boldsymbol{r},\boldsymbol{r}')\big|_S = 0 \tag{10-78}$$

则 S 面外观察点 P 处的散射场，即式(10-70)简化为

$$\psi_s(\boldsymbol{r}) = \int_S \psi(\boldsymbol{r}')\frac{\partial}{\partial n'}G_1(\boldsymbol{r},\boldsymbol{r}')\mathrm{d}S' \tag{10-79}$$

令格林函数在表面 S 上满足第二类齐次边值条件，即

$$\left.\frac{\partial G_2(\boldsymbol{r},\boldsymbol{r}')}{\partial n'}\right|_S = 0 \tag{10-80}$$

则 S 面外观察点 P 处的散射场，即式(10-70)简化为

$$\psi_s(\boldsymbol{r}) = -\int_S G_2(\boldsymbol{r},\boldsymbol{r}')\frac{\partial \psi(\boldsymbol{r}')}{\partial n'}\mathrm{d}S' \tag{10-81}$$

例 10-1 利用式(10-79)求解具有孔径 A 的无限大平面屏后的散射场。

解 利用镜象法(参看图 10-11)可求得屏上满足第一类齐次边值条件的格林函数 G_1 为

$$G_1(\boldsymbol{r},\boldsymbol{r}') = \frac{\mathrm{e}^{-\mathrm{j}kr_1}}{4\pi r_1} - \frac{\mathrm{e}^{-\mathrm{j}kr_2}}{4\pi r_2} \tag{10-82}$$

其中

$$r_1^2=(x-x')^2+(y-y')^2+(z-z')^2$$

$$r_2^2=(x-x')^2+(y-y')^2+(z+z')^2$$

格林函数的法向导数在 S 屏上的值为

$$\left.\frac{\partial G_1(\boldsymbol{r},\boldsymbol{r}')}{\partial n'}\right|_{z'=0}=\frac{\mathrm{e}^{-\mathrm{j}kR}}{2\pi R}\left(\mathrm{j}k+\frac{1}{R}\right)\frac{z}{R}\quad(10\text{-}83)$$

其中

$$R^2=(x-x')^2+(y-y')^2+z^2$$

将式(10-83)代入式(10-79)求得屏后一点的散射场为

$$\psi_s(\boldsymbol{r})=\int_S\frac{\mathrm{e}^{-\mathrm{j}kR}}{2\pi R}\left(\mathrm{j}k+\frac{1}{R}\right)\frac{z}{R}\psi(\boldsymbol{r}')\mathrm{d}S'\quad(10\text{-}84)$$

若观察点 P 接近 z 轴($z/R\approx1$),且 $kR\gg1$,则式(10-84)可简化为

$$\psi_s(\boldsymbol{r})=\frac{\mathrm{j}k}{2\pi}\int_S\frac{\mathrm{e}^{-\mathrm{j}kR}}{R}\psi(\boldsymbol{r}')\mathrm{d}S'\qquad(10\text{-}85)$$

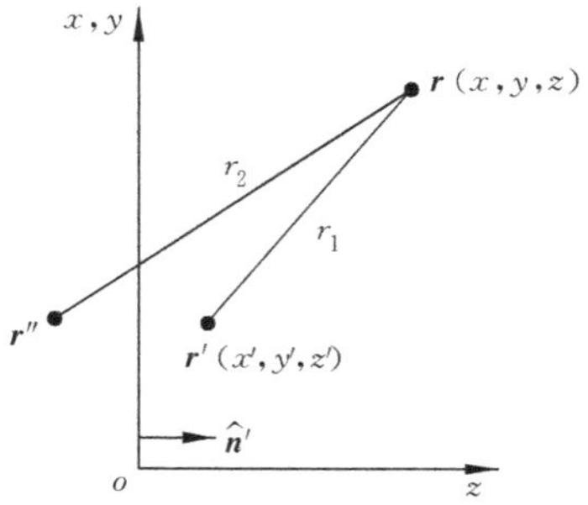

图 10-11　例 10-1 的示意图

如果已知的是平面屏 S 上标量场的法向导数$\frac{\partial\psi}{\partial n}$,则利用公式(10-81)可计算屏后的散射场。此时满足第二类齐次边界条件的格林函数为

$$G_2(\boldsymbol{r},\boldsymbol{r}')=\frac{\mathrm{e}^{-\mathrm{j}kr_1}}{4\pi r_1}+\frac{\mathrm{e}^{-\mathrm{j}kr_2}}{4\pi r_2}\qquad(10\text{-}86)$$

则

$$\psi_s(\boldsymbol{r})=\frac{-1}{2\pi}\int_S\frac{\mathrm{e}^{-\mathrm{j}kR}}{R}\frac{\partial\psi(\boldsymbol{r}')}{\partial n'}\mathrm{d}S'\qquad(10\text{-}87)$$

习　　题

10-1　天线的方向性系数 D 定义为辐射图中坡印亭矢量的最大数值与坡印亭矢量在整个球面上的平均值之比,即

$$D=\frac{S_{\max}}{\frac{1}{4\pi}\int_0^{2\pi}\int_0^{\pi}S\sin\theta\mathrm{d}\theta\mathrm{d}\phi}$$

证明电偶极子和磁偶极子的方向性系数是 1.5。

10-2　两个磁偶极子互相垂直,直径相同,证明:如果一个偶极子比另一个相位超前了($\pi/2$)rad,则在垂直于它们的公共直径的平面内,辐射图(振幅对 θ 的函数关系)是一个圆。

10-3　证明电偶极子的远区场与电偶极矩 $\boldsymbol{p}$ 之间存在关系

$$\boldsymbol{E}_R=\frac{\mu_0}{4\pi r}\left\{\left[\frac{\mathrm{d}^2\boldsymbol{p}}{\mathrm{d}t^2}\right]\times\hat{\boldsymbol{r}}\right\}\times\hat{\boldsymbol{r}}$$

$$\boldsymbol{B}_R=\frac{\mu_0}{4\pi cr}\left[\frac{\mathrm{d}^2\boldsymbol{p}}{\mathrm{d}t^2}\right]\times\hat{\boldsymbol{r}}$$

其中$\left[\frac{\mathrm{d}^2\boldsymbol{p}}{\mathrm{d}t^2}\right]$表示 $\boldsymbol{p}$ 的二阶导数的滞后值。

10-4　证明磁偶极子的远区场与磁偶极矩之间的关系是

$$\boldsymbol{E}_{\mathrm{R}} = -\frac{\mu_0}{4\pi cr}\left[\frac{\mathrm{d}^2\boldsymbol{m}}{\mathrm{d}t^2}\right]\times\hat{\boldsymbol{r}}$$

$$\boldsymbol{B}_{\mathrm{R}} = \frac{\mu_0}{4\pi c^2 r}\left\{\left[\frac{\mathrm{d}^2\boldsymbol{m}}{\mathrm{d}t^2}\right]\times\hat{\boldsymbol{r}}\right\}\times\hat{\boldsymbol{r}}$$

其中$\left[\frac{\mathrm{d}^2\boldsymbol{m}}{\mathrm{d}t^2}\right]$是 $\boldsymbol{m}$ 的二阶导数的滞后值。

10-5　证明无论是电偶极子还是磁偶极子的远区场和矢磁位 $\boldsymbol{A}$ 之间存在关系

$$\boldsymbol{E}_{\mathrm{R}} = \left\{\left[\frac{\mathrm{d}\boldsymbol{A}}{\mathrm{d}t}\right]\times\hat{\boldsymbol{r}}\right\}\times\hat{\boldsymbol{r}}$$

$$\boldsymbol{B}_{\mathrm{R}} = \frac{1}{c}\left[\frac{\mathrm{d}\boldsymbol{A}}{\mathrm{d}t}\right]\times\hat{\boldsymbol{r}}$$

其中$\left[\frac{\mathrm{d}\boldsymbol{A}}{\mathrm{d}t}\right]$是$\boldsymbol{A}$ 的一阶导数的滞后值。

10-6　题图 10-1 是一个半波天线，其上电流分布为

$$I = I_{\mathrm{m}}\cos kz \quad (-l/2 < z < l/2)$$

(1) 求证当 $r_0 \gg l$ 时，P 点的矢量磁位为

$$A_z = \frac{I_{\mathrm{m}}\mathrm{e}^{-\mathrm{j}kr_0}}{2\pi kr_0}\,\frac{\cos\left(\frac{\pi}{2}\cos\theta\right)}{\sin^2\theta}$$

(2) 求远区的磁场和电场；

(3) 用极坐标画出方向图；

(4) 求坡印亭矢量；

(5) 求辐射电阻；

(6) 求方向性系数。

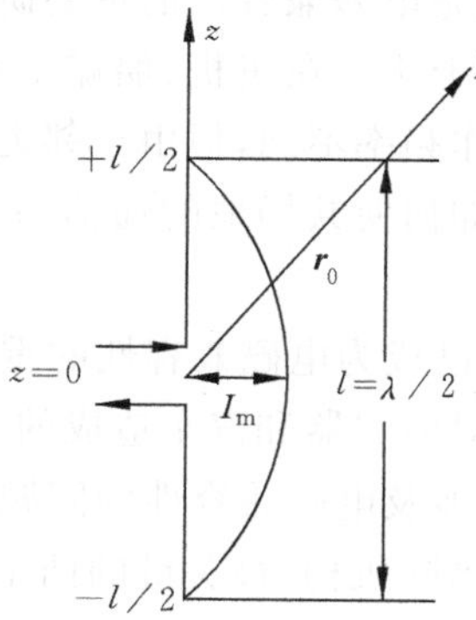

题图 10-1　半波天线

10-7　均匀平面波垂直投射到一个具有孔径 A 的无限大屏上，孔径为长方形，尺寸为 $a(\mathrm{m})\times b(\mathrm{m})$，利用克希霍夫近似求屏后任一点的散射场。

第 11 章　电磁场理论在电磁兼容性中的应用

11.1　综　　述

由于通信、计算机、控制系统及其他电气和电子设备的飞速发展，各种电子设备的利用渗透到人们生活的各个方面，使用的频谱日益扩展，但无线电通信的频道反而日趋拥挤，加上有限的频谱资源被非法滥用，使得系统内和系统间的电磁干扰问题变得越来越严重。有人估计在下一个二十年电磁干扰将成为环境科学主要关心的问题之一，因此引起了各国科学家和工程师的广泛关注，从 20 世纪 60 年代中期开始逐渐形成了一门称为“电磁兼容性”的学科，英文简称为 EMC(electromagnetic compatibility)。所谓电磁兼容性按照国际电工技术委员会(IEC)给出的定义是指一个设备在电磁环境中能满意地完成其功能而又不对环境(包括其他设备)造成不允许的干扰的能力。电磁兼容性所涉及的研究课题很多，包括各种干扰源的特性和形成的原因，系统内和系统间干扰的分析、预测、抑制和防护，系统性能的测量方法和设备以及防信息泄漏和信息截获等都属于电磁兼容性的研究范围。下面是几个典型的电磁兼容性问题的例子。

(1) 军用系统中防核爆炸产生的电磁脉冲(EMP)，电子对抗以及发达国家正在积极发展的微波武器都是电磁兼容性的研究范围。

(2) 现代计算机系统的计算速度越来越高，计算机主机及其各种外围设备的高频电磁辐射能够在距离计算机站的一定距离处检测到，若将检测到的信号送进另一终端，则可复现远距离计算机显示屏上正在显示的内容。因此计算机信息的保密，即如何防护计算机的信息泄露以及如何截获计算机的信息是电磁兼容性的重要研究课题。

(3) 共场地通信系统相互间的干扰。在飞机、船舶上和移动通信中心站通常都有多台发射和接收设备，它们之间虽然工作频率不同，但由于邻近信道和其他非线性原因产生的频率使它们之间可能存在相互干扰，如何使共场地的通信系统能正常工作是电磁兼容性要解决的问题。

(4) 静电放电问题在许多方面已成为电磁兼容性的重要课题。例如在微波集成电路芯片加工期间造成的干扰，静电放电对航空器和汽车造成的干扰等。

(5) 频谱资源的保护和利用也涉及电磁兼容性的问题。为了使得有限的频谱资源得到合理和有序的利用，成立了相关的国际机构，最关键的两个组织是国际电信联盟(ITU)和国际电工技术委员会(IEC)。各国也成立了国家级的频谱管理机构，但是由于合法和非法的用户不断膨胀，频率资源使用不合理而造成了许多射频干扰的问题。

(6) 各类电气和电子系统的研制必须解决电磁兼容性问题。因为各种电磁干扰造成的电气和电子系统的误动作，可能引起严重的故障，造成重大的损失。

电磁兼容性作为一门学科已经发展了许多年，但进入 20 世纪 90 年代后更显出其重要性，世界各国尤其是一些发达国家为保护其电磁环境对各种电子产品的性能包括寄生辐射等制订了许多强制执行的标准，例如 1992 年开始执行的欧共体(EEC)关于电磁兼容性的法令(89/336/EEC),使得许多生产厂家必须认真对待产品的电磁兼容性问题。

电磁兼容性虽然发展迅速,在解决实际问题中也积累了许多经验,但尚未形成系统的理论,大量的资料分散在相关的刊物、会议录、各种标准文件和专题著作中。电磁兼容性问题中有许多是电磁场的问题,为了使读者对电磁兼容性有一初步了解,我们编写了这一章。本章除了介绍电磁兼容性的一些基本概念和解决电磁兼容性问题的一般方法外,还介绍了在干扰理论中经常用到的高阻抗场和低阻抗场的概念,并以屏蔽的基础理论作为典型的例子说明电磁场理论在电磁兼容性中的应用。本章较详细地说明和推导了一些在文献中经常被引用的基本公式,力求物理概念明确,由于篇幅的限制不可能涉及更广泛的内容,有兴趣的读者可查阅有关文献。

11.2 电磁兼容性的基本概念

电磁兼容性问题必定存在于系统内部或系统之间,系统可以是无线电系统、电子控制系统等。在系统内部所有的电气和电子设备必须能共同正常工作。

11.2.1 电磁兼容性问题中常用的定义

电磁兼容性问题中有许多常用的定义,目前虽未统一,但为了讨论方便,下面介绍美国电气与电子工程师协会(The Institute of Electrical and Electronics Engineers, IEEE)1987年利用其学报的电磁兼容性分刊颁布的定义中的一部分。

电磁环境:存在于一给定场所的全部电磁现象。

无线电环境:在一给定的场所由各种无线电发射机产生的全部电磁场。

电磁噪声:不传送信息的时变电磁现象,它们可能与一希望的信号组合在一起。

电磁干扰:任何可能使器件、设备或系统性能下降的电磁现象。

射频干扰:有射频范围内的分量的电磁干扰。

抗干扰性:器件、设备或系统在不降低存在的电磁干扰的情况下运行的能力。

抗干扰性电平:送入一特定器件、设备或系统的电磁干扰最大电平,在这个电平下它们还能按所要求的性能等级运行。

抗干扰性限值:指定的抗干扰性电平。

电磁兼容性电平:预期加在工作于特定条件下的器件、设备或系统上的指定的最大电磁干扰电平。

抗干扰范围:器件、设备或系统的抗干扰限值和电磁兼容性电平之间的差。

11.2.2 造成干扰的三要素

存在于系统内部或系统之间的所有的干扰问题必定包括干扰源,受干扰的接受器,干扰源与接受器之间干扰传输的路径,分别介绍如下。

1. 干扰源

干扰源分为自然产生的和人为造成的两类,典型的自然干扰源包括以下两种。

(1) 大气中产生的雷电过程

大气中产生的雷电过程造成的电磁干扰表现为三种形式。

① 对任何导体例如架空电力线的直接放电。放电产生一个大的电脉冲通过整个电力线系统,放电电压超过 200kV,这么高的电压不仅使该系统靠近放电处的那部分受到破坏,而且通过地的放电电流可能耦合到附近的任何电缆系统。

② 与带电的雷暴云有关。在地表处总存在一个量级为 1～10kV/m 的电场。当闪电的时候,在放电区域这个场附近的导体上将引起感生的瞬变过程而形成干扰源。

③ 沿放电通道电流的急剧变化将产生宽带的高频辐射,频率可达 100MHz 以上,这种辐射是造成大气噪声的主要原因。

以上的介绍表明闪电是一个宽带的冲击性的潜在干扰源,其频谱是连续的,从几 Hz 到 100MHz 以上,能传播较远的距离,它对电话、电力线系统、飞机和大范围的计算机网络都构成威胁。

(2) 宇宙干扰源

宇宙干扰源是来自外层空间的干扰噪声,一般有三种形式,即星系噪声、热噪声和反常星噪声,频率从几百 MHz 直到 30GHz。例如太阳的辐射引起电离层的变化对短波和人造卫星的通信都将造成影响。

人为造成的干扰源分为有意的和无意的两种,有意的干扰源是为了某种目的使对方的电子系统不能正常工作而专门发射的干扰,因此形成了专门研究如何制造干扰和抗干扰的称为电子对抗的技术课题。核爆炸形成的电磁脉冲 EMP(有时称为 NEMP)是另一种人为的电磁干扰源,核爆炸时形成辐射源的范围直径可达数百公里,场强可达 10^5V/m,对应的磁场强度为 260A/m,脉冲宽度约为 20ns 量级,这样高的场强,在裸露的导体中感应的电流可以造成严重的干扰。例如电力和通信网络将受到很大的威胁。无意的人为造成的干扰源则包括各种电气和电子子系统,其中有些子系统本身就是专为辐射电磁能而设计的,诸如电视、无线电通信、导航和雷达等子系统,它们的有用辐射有可能对其他子系统造成干扰;而更为严重的是伴随其有用辐射而产生的寄生辐射形成的干扰。另一种子系统是其工作时附带产生的电磁辐射,例如汽车点火装置、计算机、高压电力线、各种照明装置、各种用电设备和各种医疗设备等。

2. 干扰接受器

任何一个工作的电气和电子设备、子系统或系统都是一个干扰的接受器。

3. 干扰源和接受器之间干扰的传输途径

形成干扰除了干扰源、接受器外,在干扰源和接受器之间干扰还应有合适的传输途径。系统内或系统间的相互干扰通过两种耦合模式,即辐射模式和传导模式,图 11-1 中表示了

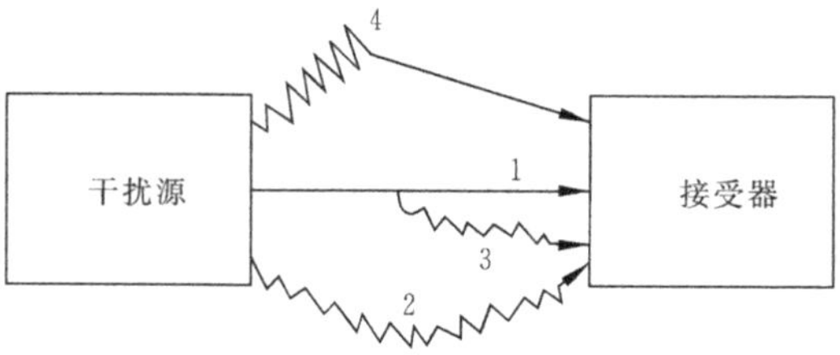

图 11-1　干扰源和接受器间干扰的传输途径

各种干扰可能的传播途径。图中标明的第 1 种途径是干扰源和接受器之间只有传导模式，第 2 种途径是干扰源和接受器之间只有辐射模式，第 3 种途径是干扰源产生的干扰先通过传导模式而后通过辐射模式耦合到接受器，第 4 种途径是干扰源产生的干扰先通过辐射模式而后通过传导模式到达接受器。

辐射模式是指两个隔离的设备、子系统或系统间的相互干扰直接通过辐射场的耦合完成，而传导模式是指干扰源和接受器之间通过电流流动引起的干扰模式。传导模式又可分为共模(common mode)和差模(differential mode)两种。共模干扰是指干扰源和接受器之间相连的导线上具有共同的干扰电流，即所有导线上的干扰电流 I_{cm} 的大小相等相位相同，它们的回流线是共用的地线(如图 11-2 所示)，这种电流称为共模电流。同一图中还标明了干扰源和接受器相连的导线上的差模干扰电流 I_{dm}，在不同的导线上它的大小相等而相位差 180°，因此差模干扰电流不流经系统的共用地线。图 11-3 和图 11-4 中分别表示了两子系统之间相互干扰时共模干扰和差模干扰模式的等效电路。其中 I_{1cm} 和 I_{2cm} 分别是子系统 1 和子系统 2 作为干扰源时产生的共模干扰电流，Z_{1cm} 和 Z_{2cm} 是子系统 1 和子系统 2 分别为接

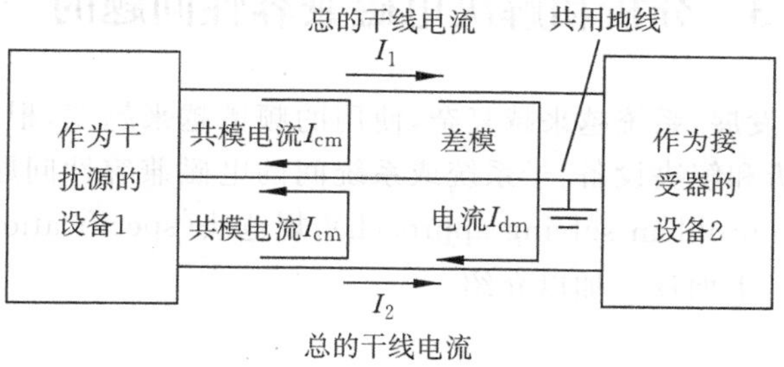

图 11-2 传导模式的共模电流和差模电流

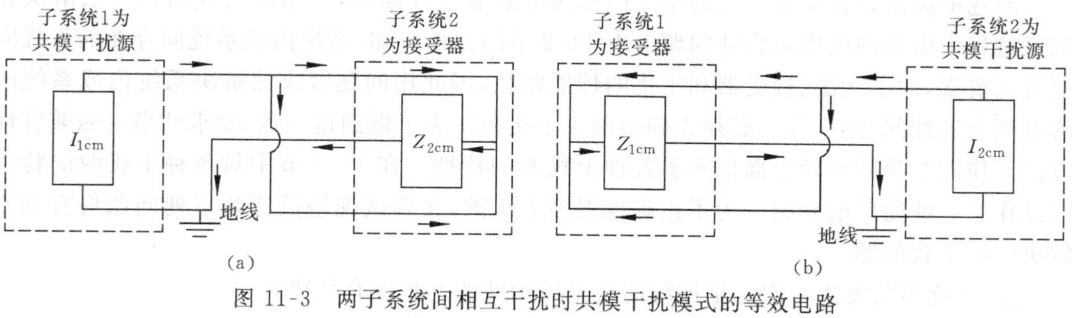

图 11-3 两子系统间相互干扰时共模干扰模式的等效电路

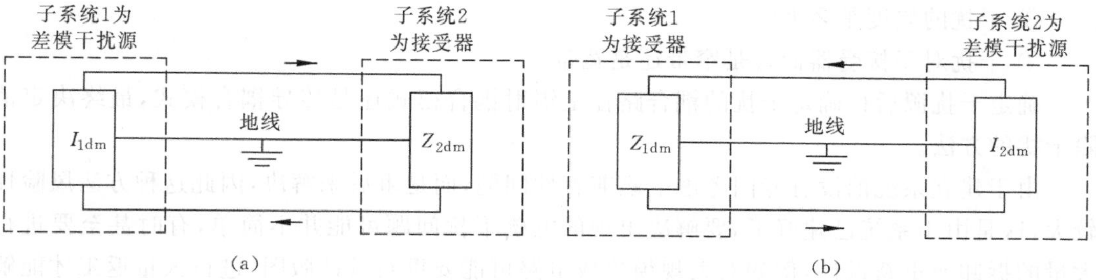

图 11-4 两子系统间相互干扰时差模干扰模式的等效电路

受器时的共模输入阻抗；I_{1dm} 和 I_{2dm} 是子系统 1 和子系统 2 作为干扰源时产生的差模干扰电流，Z_{1dm} 和 Z_{2dm} 是子系统 1 和子系统 2 分别为接受器时的差模输入阻抗。因此在任一干扰频率下连接两子系统的各根线上的总的干扰电流是不相等的，一根线上总的干扰电流是(图 11-2)

$$I_1 = I_{cm} + I_{dm} \tag{11-1}$$

另一根线上总的干扰电流是

$$I_2 = I_{cm} - I_{dm} \tag{11-2}$$

上面的分析表明，在考虑两根线上的干扰电流时，总可以把它们分成两种模式：共模和差模。从式(11-1)和式(11-2)可知，两线上的共模电流 I_{cm} 和差模电流 I_{dm} 与两线上总的干扰电流 I_1 和 I_2 的关系是

$$I_{cm} = 0.5(I_1 + I_2) \tag{11-3}$$

$$I_{dm} = 0.5(I_1 - I_2) \tag{11-4}$$

*11.3 分析和解决电磁兼容性问题的一般方法

随着科学技术的发展，系统越来越复杂，使用的频谱越来越宽，根据电磁兼容性学科中多年的研究可知，分析和解决设备、子系统或系统间的电磁兼容性问题一般有三种方法，它们分别为问题解决法(problem solving approach)、规范法(specification approach)和系统法(systems approach)。下面逐一加以介绍。

11.3.1 问题解决法

问题解决法是在建立系统前不专门考虑电磁兼容性问题，待系统建成后再设法解决在调试过程中出现的电磁兼容性问题。由 11.2 节的分析可知，系统内或系统间存在的干扰问题有三要素，即干扰源、接受器和干扰的传播路径，因此用问题解决法解决系统内或系统间的电磁兼容性问题时，首先必须正确地确定干扰源。为了做到这一点，要求从事电磁兼容性方面工作的工程师比较全面地熟悉各种干扰源的特性。在 11.2 节中对各种干扰源的特性已经作了一些简单的介绍。为了正确地识别干扰源，在调试现场搞清楚下列问题将有利于解决电磁干扰问题。

① 干扰多久发生一次？是连续的还是周期性的？是否有规律？

② 干扰的频率是多少？是否是由周围设备工作频率的谐波造成的？

③ 干扰的幅度是多大？

④ 干扰对于接受器而言是窄带还是宽带？

确定干扰源后再确定干扰的耦合路径是辐射耦合模式还是传导耦合模式，最终决定消除干扰的方法。

由于建立系统前没有专门考虑电磁兼容性问题，而是事后来解决，因此这种方法风险性较大，这是由于系统已建好了，要解决出现的电磁干扰问题可能并不简单，有时甚至要进行大量的拆卸或重新设计，例如对大规模集成电路可能要重新设计版图，进行大量返工才能解决问题，这样不仅耽误了宝贵的时间，还可能造成重大的经济损失。

11.3.2 规范法

为了满足电磁兼容性的要求，各国政府和工业部门尤其是军方都制订了很多强制执行的标准和规范，例如美国军用标准 MIL-STD-461。所谓规范法是指在采购系统的设备和设计建立子系统时必须满足预先已制订的规范。规范法预期达到的效果应是：如果组成系统的每个部件都满足规范要求，则系统的电磁兼容性就能保证。

采用规范法显然比问题解决法合理，但也存在缺点，主要缺点是通常一些规范是建立在电磁兼容性实践经验基础上的通用文件，其中对设备各项指标的限值一般是根据最坏情况定的，这可能导致对设备或子系统的设计过于保守，有时甚至谋求解决的问题系统内部并不一定真正存在，致使造价昂贵，造成经济上的很大浪费。但另外，也有可能虽然满足了规范的要求，但最终整个系统并不安全。

11.3.3 系统法

系统法集中了电磁兼容性方面的研究成果，从系统的设计阶段开始就用分析程序预测在系统中将要遇到的那些电磁干扰问题，以便在系统设计过程中作为基本问题来解决。目前有下列几种已广泛使用的大规模电磁干扰分析程序。

1. 系统和电磁兼容性分析程序（SEMCAP）

系统和电磁兼容性分析程序 SEMCAP(system and electromagnetic compatibility analysis program)可以处理 240 个发生器和 1240 个接受器。用它分析具有 150 个发生器和 120 个接受器的 B-1 型轰炸机的电磁兼容性问题在 IBM-360/70 计算机上只需 20 分钟。

2. 干扰预测程序 IPP-1

干扰预测程序 IPP-1(interference prediction process one)是用来分析和预测拟用的或现有的发射机和接收机之间存在的潜在干扰的。

3. 系统内部分析程序 IAP

系统内部分析程序 IAP(intrasystem analysis program)是美国空军研制的一种大规模的电磁兼容性分析程序，它可以分析大型系统，可以分析超过 100 个源、接受器和耦合通道的组合。

4. 共场地分析模型程序 COSAM

共场地分析模型程序 COSAM(co-site analysis model)是用来分析在同一场地例如船、航空和航天器上有大量发射和接收设备时这些设备间的电磁兼容性问题。

*11.4 短线天线和小圆环天线的辐射场

由前几节的分析可知，电磁兼容性问题实际上是要解决系统内部或系统间的电磁干扰问题。干扰源产生的干扰通过辐射或(和)传导耦合到接受器。在分析干扰源时常常用到两个最基本的干扰源(天线)模型，即表示在图 11-5 中的长为 L 的短线天线和半径为 a 的小圆环天线，“短”和“小”是相对于其辐射的电磁波的波长 λ 而言的，即 $L \ll \lambda, a \ll \lambda$。

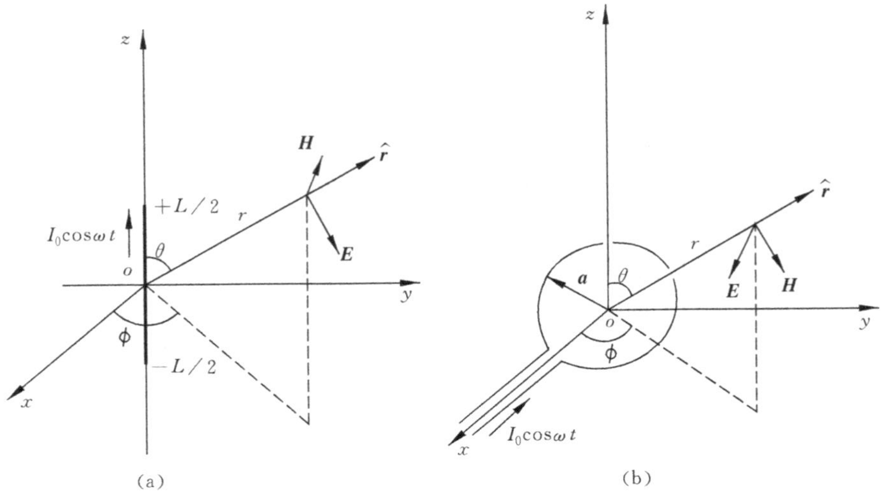

图 11-5　短线天线(a)和小圆环天线(b)

11.4.1　短线天线和小圆环天线产生的辐射场的一般表示式

假定短线天线和小圆环天线上的交变电流是 $I_0\cos\omega t$,将它们视为电偶极子天线和磁偶极子天线。这两个最基本的干扰模型实际系统中确实存在,利用它们也可以构成实际的源和天线。利用第 10 章求出的偶极子天线的辐射场的表示式可求得短线天线和小圆环天线产生的辐射场的一般表示式(采用时间因子 $e^{j\omega t}$)。

本章为了书写方便,省略各复数量上的点号,但在时谐场情况下,必须将其理解为复数振幅。

短线天线产生的辐射场为

$$E_r = \frac{k^3 I_0 L\cos\theta}{j\omega 4\pi\varepsilon_0}\left[j\frac{2}{(kr)^2}+\frac{2}{(kr)^3}\right]e^{-jkr} \tag{11-5}$$

$$E_\theta = -\frac{k^3 I_0 L\sin\theta}{j\omega 4\pi\varepsilon_0}\left[\frac{1}{kr}-\frac{j}{(kr)^2}-\frac{1}{(kr)^3}\right]e^{-jkr} \tag{11-6}$$

$$H_\phi = \frac{k^2 I_0 L\sin\theta}{4\pi}\left[\frac{j}{kr}+\frac{1}{(kr)^2}\right]e^{-jkr} \tag{11-7}$$

小圆环天线产生的辐射场为

$$E_\phi = \frac{k^2\omega\mu_0\pi a^2 I_0\sin\theta}{4\pi}\left[\frac{1}{kr}-\frac{j}{(kr)^2}\right]e^{-jkr} \tag{11-8}$$

$$H_r = \frac{k^3\pi a^2 I_0\cos\theta}{4\pi}\left[\frac{j2}{(kr)^2}+\frac{2}{(kr)^3}\right]e^{-jkr} \tag{11-9}$$

$$H_\theta = -\frac{k^3\pi a^2 I_0\sin\theta}{4\pi}\left[\frac{1}{kr}-\frac{j}{(kr)^2}-\frac{1}{(kr)^3}\right]e^{-jkr} \tag{11-10}$$

其中 k 为自由空间的传播常数,$k=\omega\sqrt{\varepsilon_0\mu_0}=2\pi/\lambda$。

从式(11-5)~式(11-10)可以看出,短线天线和小圆环天线朝空中辐射的电磁波是一个球面波,相位因子为 e^{-jkr},等相位面为球面。

11.4.2 短线天线和小圆环天线的远区场和近区场

在工程计算中希望尽量简单，为此按距短线天线和小圆环天线的距离将式(11-5)至式(11-10)作进一步的简化。

1. 远区场

当 $kr \gg 1$，即 $r \gg \lambda/2\pi$ 时称为远区，在这一区域内的场称为远区场。远区场中式(11-5)至式(11-10)中相对于 $1/kr$ 项而言，其他 $1/(kr)^2$ 及 $1/(kr)^3$ 高次项可以忽略不计，因此远区场的近似表示式可作如下简化。

短线天线的远区场为

$$E_\theta = \frac{jk^2 I_0 L\sin\theta}{4\pi r\omega\varepsilon_0} e^{-jkr} \tag{11-11}$$

$$H_\phi = \frac{jkI_0 L\sin\theta}{4\pi r} e^{-jkr} \tag{11-12}$$

小圆环天线的远区场为

$$E_\phi = \frac{k\omega\mu_0 \pi a^2 I_0 \sin\theta}{4\pi r} e^{-jkr} \tag{11-13}$$

$$H_\theta = -\frac{k^2 \pi a^2 I_0 \sin\theta}{4\pi r} e^{-jkr} \tag{11-14}$$

从式(11-11)～式(11-14)可以看出短线天线和小圆环天线的远区场是很相似的，短线天线的电力线和磁力线与小圆环天线的磁力线和电力线是一样的，无论是电场还是磁场均没有传播方向(径向 r)的分量，因此两种干扰源模型辐射的远区场是一个横电磁波(TEM 波)，但仍是一球面波。短线天线远区场的波阻抗 Z_w 为

$$Z_w = \frac{E_\theta}{H_\phi} = \frac{k}{\omega\varepsilon_0} = \sqrt{\frac{\mu_0}{\varepsilon_0}} = Z_0 = 120\pi\Omega \approx 377\Omega$$

小圆环天线远区的波阻抗 Z_w 为

$$Z_w = \frac{E_\phi}{H_\theta} = -\frac{\omega\mu_0}{k} = -\sqrt{\frac{\mu_0}{\varepsilon_0}} = -Z_0 = -120\pi\Omega \approx -377\Omega$$

上式中“－”号是因为 E_ϕ，H_θ 和传播方向 $\boldsymbol{r}$ 满足左手螺旋规则。

以上的讨论表明在电磁兼容性问题中处理短线天线和小圆环天线的远区场时没有什么不同。

2. 近区场

当 $kr \ll 1$，即 $r \ll \lambda/2\pi$ 时称为近区，在这一区域内的场称为近区场，近区场中起主要作用的是高次项 $1/(kr)^3$，因为 $kr \ll 1$，所以 $e^{-jkr} \approx 1$，因此短线天线近区场的近似表示式是

$$E_r = \frac{I_0 L\cos\theta}{j\omega\varepsilon_0 2\pi r^3} \tag{11-15}$$

$$E_\theta = \frac{I_0 L\sin\theta}{j\omega\varepsilon_0 4\pi r^3} \tag{11-16}$$

$$H_\phi = \frac{I_0 L\sin\theta}{4\pi r^2} \tag{11-17}$$

小圆环天线近区场的近似表示式是

$$E_\phi = -\frac{j\omega\mu_0 \pi a^2 I_0 \sin\theta}{4\pi r^2} \tag{11-18}$$

$$H_r = \frac{\pi a^2 I_0 \cos\theta}{2\pi r^3} \tag{11-19}$$

$$H_\theta = \frac{\pi a^2 I_0 \sin\theta}{4\pi r^3} \tag{11-20}$$

11.4.3 近区和远区的转换区

上面按距离源的远近来区分近场区和远场区，现在定量地说明工程上如何划分这两个区域。为此将包含在式(11-6)中的三项 $1/kr$，$1/(kr)^2$ 和 $1/(kr)^3$ 随距源的距离 kr 的变化规律表示在图 11-6 中。从图中可见，$kr=1$ 时，即在 $r=\lambda/2\pi$ 的地方，$1/kr$，$1/(kr)^2$ 和 $1/(kr)^3$ 三项对场的贡献是一样的，该处附近通常看成近场和远场的转换区域。工程上为了精确起见常常把近场区和远场区域定义如下：

远场区 $\qquad r_f \geqslant 10\,\dfrac{\lambda}{2\pi}$

近场区 $\qquad r_n \leqslant 0.1\,\dfrac{\lambda}{2\pi}$

但是在电磁兼容性手册上常常将近场区和远场区粗略地划分如下：

远场区 $\qquad r \geqslant \dfrac{\lambda}{2\pi}$

近场区 $\qquad r \leqslant \dfrac{\lambda}{2\pi}$

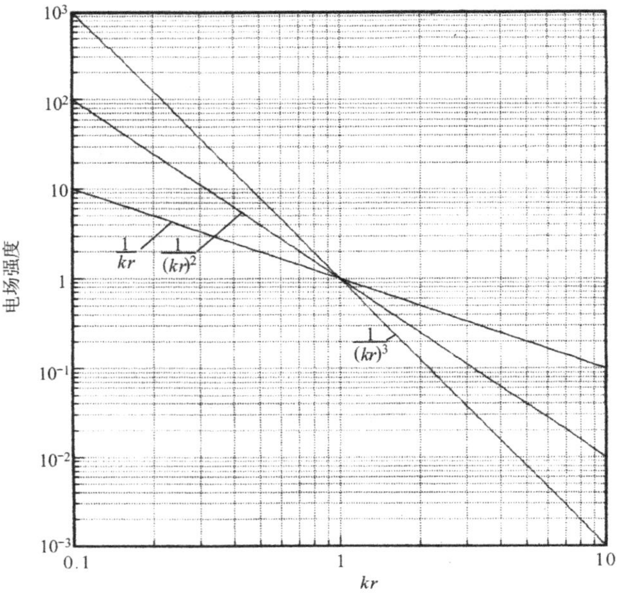

图 11-6 短线天线产生的辐射场的一般表示式中各项对电场大小的贡献

表 11-1 中列出了不同频率情况下 $0.1\lambda/2\pi$，$\lambda/2\pi$ 和 $10\lambda/2\pi$ 的值。

表 11-1　近场和远场区的划分与频率的关系

频率/MHz	$(0.1\lambda/2\pi)$/m	$(\lambda/2\pi)$/m	$(10\lambda/2\pi)$/m
1.0	4.77	47.7	477
10.0	0.477	4.77	47.7
100.0	0.048	0.48	4.8
1000.0	0.005	0.05	0.5

以上的分析表明近场和远场的特性是完全不同的，通常干扰源的频谱是很宽的，在进行远场测量时，测量距离必须以干扰谱中最低的频率为依据来计算。

11.4.4　高阻抗场和低阻抗场

除了近场和远场的特性不同之外，短线天线和小圆环天线的近场特性也是完全不同的。从麦克斯韦方程可知，交变的电场的源除随时间变化的电荷外，沿线流动的交变电流产生的交变磁场也是电场的源。同样磁场的源除电流外，随时间变化的电场也是磁场的源。因此在短线天线和小圆环天线周围的电场 $\boldsymbol{E}$ 和磁场 $\boldsymbol{H}$ 是由两种不同的机理产生的。

在短线天线中，电流为(参看图 11-5(a))

$$I_z = I_0 \cos\omega t$$

因为在短线天线两端电流不连续，所以两端聚集有电荷，设分别为 $\pm Q$。电荷是电流对时间的积分，所以

$$Q = \frac{I_0}{\omega}\sin\omega t$$

由于在短线天线中电流不能形成回路，从物理概念上可以想象在其上难于形成大的电流，因此从式(11-15)～式(11-17)可以看出，在短线天线的近场中，磁场相对于电场而言是很弱的，近场中最重要的场将是电偶极矩 $p_m = Q_m L$(写成瞬时值为 $p = p_0 \sin\omega t$，$p_0 = I_0 L/\omega$)产生的电场，即近场中电场与磁场的比值 $|\boldsymbol{E}|/|\boldsymbol{H}|$(具有阻抗的量纲)大，这种近场称为高阻抗场，在电磁兼容性问题中简称为电场。

在小圆环天线中，因为电流有环路，容易形成较大的电流，但在环路上电流到处是连续的，在环路上的各处很难形成正负电荷的聚集，所以在小圆环天线的近场中和电场相比磁场占优势，$|\boldsymbol{E}|/|\boldsymbol{H}|$ 小，这种近场称为低阻抗场，在电磁兼容性问题中简称为磁场。

引入高阻抗场和低阻抗场的概念并弄清楚两者之间的区别在电磁兼容性问题中是非常重要的，因为各种材料的屏蔽效果与场是高阻抗场还是低阻抗场有很大关系，这一点在讨论屏蔽的 11.6 节中将详细论述。

*11.5　近场的阻抗

通常将某处的电场与磁场横向分量的比值称为媒质的波阻抗 Z_w，由于电场和磁场一般不同相，因此波阻抗常常是复数，即 $Z_w = |Z_w| e^{j\phi}$，在 11.4 节中已经求出短线天线和小圆环

天线远区场的波阻抗均近似等于自由空间的特征阻抗 Z_0，即 $Z_w \approx Z_0 = 120\pi\Omega \approx 377\Omega$。但是近区场的波阻抗表示式复杂得多，且短线天线和小圆环天线的近区场的波阻抗表示式完全不同。

11.5.1 短线天线近场的波阻抗

短线天线产生的辐射场的波阻抗定义为

$$Z_w = \frac{E_\theta}{H_\phi} \tag{11-21}$$

将 E_θ 和 H_ϕ 的表示式(11-6)和式(11-7)代入式(11-21)，化简后求得

$$Z_w = \frac{-1}{j\omega\varepsilon_0} \frac{(k^2 - jk/r - 1/r^2)}{jk + 1/r} = \frac{Z_0}{1 + (1/kr)^2}[1 - j(1/kr)^3] \tag{11-22}$$

所以波阻抗 Z_w 的模为

$$|Z_w| = Z_0 \frac{\sqrt{1 + (1/kr)^6}}{1 + (1/kr)^2} \tag{11-23}$$

对远区场，$r \gg \lambda/2\pi$，在式(11-23)的分子和分母中，相对于 1 而言 $1/kr$ 的高次项可以忽略，所以远区场的波阻抗 $|Z_w| \approx Z_0$。对近区场，$r \ll \lambda/2\pi$，在式(11-23)中相对于 $1/kr$ 的高次项而言 1 可以忽略，因此近场的波阻抗的模为

$$|Z_w| \approx Z_0 \frac{(1/kr)^3}{(1/kr)^2} = \frac{Z_0}{kr} = Z_0 \frac{\lambda}{2\pi r} \tag{11-24}$$

11.5.2 小圆环天线近场的波阻抗

小圆环天线产生的辐射场的波阻抗定义为

$$Z_w = \frac{E_\phi}{H_\theta} \tag{11-25}$$

将 E_ϕ 和 H_θ 的表示式(11-8)和式(11-10)代入式(11-25)，化简后求得

$$Z_w = -\frac{Z_0}{[(1/kr)^2 - 1]^2 + (1/kr)^2}[1 + j(1/kr)^3] \tag{11-26}$$

所以波阻抗的模为

$$|Z_w| = Z_0 \frac{\sqrt{1 + (1/kr)^6}}{[(1/kr)^2 - 1]^2 + (1/kr)^2} \tag{11-27}$$

对小圆环天线的远区场，$r \gg \lambda/2\pi$，在式(11-27)中，$1/kr \ll 1$，因此远区场的波阻抗 $|Z_w| \approx Z_0$。对近区场，$r \ll \lambda/2\pi$，在式(11-27)中 $1/kr \gg 1$，因此近场的波阻抗的模 $|Z_w|$ 近似为

$$|Z_w| \approx Z_0 \frac{1/(kr)^3}{1/(kr)^4} = Z_0 kr = Z_0 \frac{2\pi r}{\lambda} \tag{11-28}$$

按式(11-23)和式(11-27)计算的短线天线和小圆环天线的波阻抗与距天线的距离的关系表示在图 11-7 中。从图中可以看出，在远区两者的波阻抗均趋向 Z_0。而近区短线天线的波阻抗高(见图中曲线①)，它产生的近区场中电场占优势，因此在电磁兼容性问题中，简单地称短线天线的干扰源模型为电场干扰源。小圆环天线近区的波阻抗低(见图中曲线②)，它产生的近区场中磁场占优势，在电磁兼容性问题中将它简单地称为磁场干扰源。

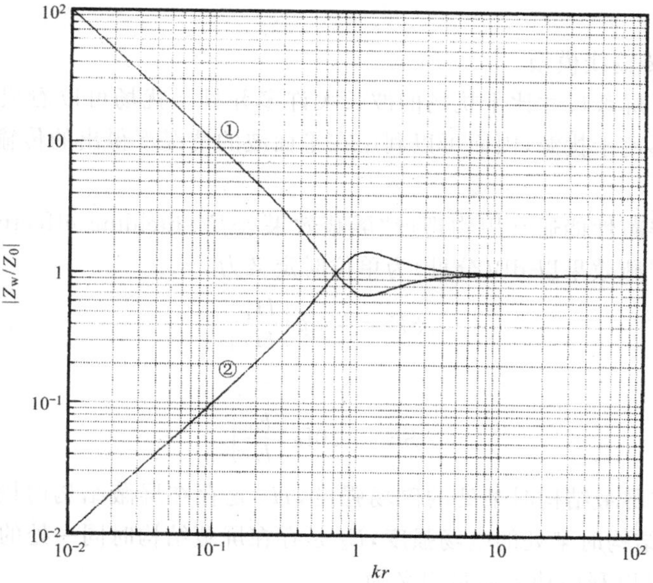

图 11-7　短线天线和小圆环天线的波阻抗与距天线的距离的关系

*11.6　屏蔽的理论和实践

为保证系统间和系统内的电磁兼容性，屏蔽是重要的方法之一。屏蔽要达到两个目的，一是位于屏蔽结构内部的设备所辐射的干扰电磁能不能穿过屏蔽结构，二是防止屏蔽结构外的辐射场进入屏蔽区内。移动系统中的屏蔽问题是最困难的，因为在这种系统中，很多发射机、接收机和其他敏感设备位于一狭窄的空间，彼此相距很近，同时对设备的重量又有严格的限制。另一个屏蔽的难点是系统中包含有极高灵敏度的设备，例如射电天文学、导弹控制、卫星和飞船的跟踪等系统。屏蔽结构可以是一个大到坚固的钢筋建筑物（用于检验军用设备），也可以小到如同轴电缆的编织带。屏蔽效果的分析计算有多种方法。求严格解的方法是在有屏蔽结构时和无屏蔽结构时在相应的边值条件下求解麦克斯韦方程。这种方法在实际中也常常用，但解析解只能在少数几种情况下求得，例如球壳和柱壳。随着计算机和计算技术的发展，数值方法显得越来越重要，原则上数值法可以计算任意形状屏蔽结构的屏蔽效果。但是对于工程实际而言，精确解可能太复杂，对工程师并无多大价值，而数值求解又可能成本过高。基于此，各种近似方法在实际屏蔽效果的评估中显得非常重要，在实际工程中用得很多。对于不同的情况建立了三个不同的近似模型，这种近似模型在各自的应用范围内给出的计算结果与实际测得的结果一致性很好。三种模型以及它们适用的范围分述如下。

1. 管道(ducting)模型

该模型适用于静态（或准静态）电场和磁场的屏蔽效果评估。

2. 等效电路模型

该模型适用于屏蔽结构的尺寸比干扰场的波长小许多的情况。这一模型清楚地表明了电场屏蔽和磁场屏蔽之间的不同。该模型无论高频和低频都能应用，包括考虑趋肤深度对屏蔽效果的影响。

3. 平面波或传输线模型

该模型适用于屏蔽尺寸比干扰场的波长大许多并且干扰场可以看成平面波的情形，这意味着屏蔽结构远离干扰源，因而可以利用在平面波的情况下得出的传输、反射和趋肤深度的有关方程。

屏蔽结构的屏蔽性能通常用物理量“屏蔽效果”SE(shielding effectiveness)来表示，它是频率的函数。屏蔽效果以 dB(分贝)为单位时定义为

$$SE = 20\lg\left|\frac{H_1}{H_2}\right| \tag{11-29}$$

或

$$SE = 20\lg\left|\frac{E_1}{E_2}\right| \tag{11-30}$$

其中 H_1 是不存在屏蔽结构时某处的磁场强度，H_2 是存在屏蔽结构时同一处的磁场强度，E_1 是不存在屏蔽结构时某处的电场强度，E_2 是存在屏蔽结构时同一处的电场强度。

屏蔽效果也可以利用功率通量定义为

$$SE = 10\lg\left(\frac{P_1}{P_2}\right) \tag{11-31}$$

其中 P_1 是不存在屏蔽结构时某处的功率通量，P_2 是存在屏蔽结构时同一处的功率通量。

11.6.1 静态(或准静态)场的屏蔽

为了简单起见，以无限长的空心圆柱管为例说明静态场屏蔽的基本原理，“管道”模型因此得名。

1. 静磁场的屏蔽

设一无限长的磁性材料空心圆柱置于一均匀的外磁场 $\boldsymbol{H}_0 = H_0\hat{\boldsymbol{x}}$ 中。圆柱管的轴线与外磁场垂直，圆柱管的内外半径分别为 a 和 b，如图 11-8 所示。在所讨论的边界域内假定没有自由电流，即磁场强度 $\boldsymbol{H}$ 满足 $\nabla\times\boldsymbol{H}=0$，因为任一标量函数 φ_m 的梯度 $\nabla\varphi_m$ 的旋度恒等于零，即 $\nabla\times\nabla\varphi_m=0$，因此定义

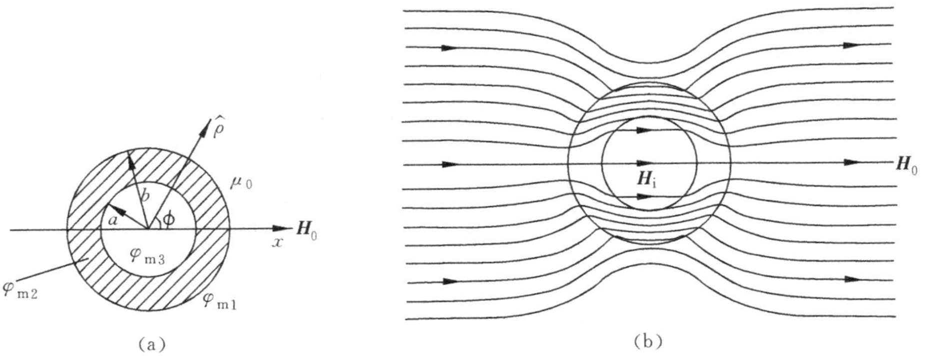

图 11-8　无限长圆柱管对静磁场的屏蔽

$$\boldsymbol{H} = -\nabla\varphi_{\mathrm{m}} \tag{11-32}$$

φ_{m} 称为标量磁位，它满足拉普拉斯方程

$$\nabla^2\varphi_{\mathrm{m}} = 0 \tag{11-33}$$

无限长的圆柱管将空中分成三个区域：① 圆柱外，即 $\rho>b$，设该区域的标量磁位为 φ_{m1}；② 圆柱管壁中，即 $a<\rho<b$，该区域的标量磁位为 φ_{m2}；③ 圆柱管内，即 $\rho<a$，设该区域的标量磁位为 φ_{m3}。在求解 φ_{m} 满足的拉普拉斯方程时，φ_{m} 应满足的边界和边值条件如下：

（1）无限长圆柱的存在对外场源的分布没有影响，因为在远离圆柱的地方外场 $\boldsymbol{H}_0$ 仍是均匀的。

（2）在圆柱的界面（已假定没有自由电流）上磁场强度 $\boldsymbol{H}$ 的切线分量连续，即标量磁位连续，亦即

$$\varphi_{\mathrm{m1}}\big|_{\rho=b} = \varphi_{\mathrm{m2}}\big|_{\rho=b},\quad \varphi_{\mathrm{m2}}\big|_{\rho=a} = \varphi_{\mathrm{m3}}\big|_{\rho=a}$$

（3）在各区的交界面处磁感应强度 $\boldsymbol{B}$ 的法线分量连续，即标量磁位沿径向 ρ 的偏导数应满足

$$\mu_0\frac{\partial\varphi_{\mathrm{m1}}}{\partial\rho}\bigg|_{\rho=b} = \mu\frac{\partial\varphi_{\mathrm{m2}}}{\partial\rho}\bigg|_{\rho=b}$$

$$\mu\frac{\partial\varphi_{\mathrm{m2}}}{\partial\rho}\bigg|_{\rho=a} = \mu_0\frac{\partial\varphi_{\mathrm{m3}}}{\partial\rho}\bigg|_{\rho=a}$$

利用第3章中介绍的圆柱坐标系中的分离变量法，考虑到上述的边界和边值条件可求得各区中标量磁位的表示式，即有

$$\varphi_{\mathrm{m1}} = -H_0\rho\cos\phi + \frac{(\mu^2-\mu_0^2)(b^2-a^2)H_0b^2\cos\phi}{[(\mu^2+\mu_0^2)(b^2-a^2)+2\mu\mu_0(b^2+a^2)]\rho}\quad(\rho\geqslant b) \tag{11-34}$$

$$\varphi_{\mathrm{m2}} = \frac{-2(\mu+\mu_0)\mu_0H_0b^2\rho\cos\phi}{(\mu^2+\mu_0^2)(b^2-a^2)+2\mu\mu_0(b^2+a^2)} + \frac{2(\mu_0-\mu)\mu_0H_0b^2a^2\cos\phi}{[(\mu^2+\mu_0^2)(b^2-a^2)+2\mu\mu_0(b^2+a^2)]\rho}\quad(a\leqslant\rho\leqslant b) \tag{11-35}$$

$$\varphi_{\mathrm{m3}} = \frac{-4\mu\mu_0H_0b^2x}{(\mu^2+\mu_0^2)(b^2-a^2)+2\mu\mu_0(b^2+a^2)}\quad(0\leqslant\rho\leqslant a) \tag{11-36}$$

各处的磁场强度由式(11-32)可以求出。圆柱管内的磁场强度为

$$\boldsymbol{H}_{\mathrm{i}} = H_{\mathrm{i}}\hat{\boldsymbol{x}} = -\frac{\partial\varphi_{\mathrm{m3}}}{\partial x}\hat{\boldsymbol{x}} = \frac{4\mu\mu_0H_0b^2}{(\mu^2+\mu_0^2)(b^2-a^2)+2\mu\mu_0(b^2+a^2)}\hat{\boldsymbol{x}} \tag{11-37}$$

所以

$$\frac{H_0}{H_{\mathrm{i}}} = \frac{(\mu^2+\mu_0^2)(b^2-a^2)+2\mu\mu_0(b^2+a^2)}{4\mu\mu_0b^2} \tag{11-38}$$

从式(11-37)可以看出圆柱管内的磁场仍是均匀的。设磁性材料的相对导磁率 $\mu_{\mathrm{r}}\gg1$，则式(11-37)和式(11-38)可近似为

$$\boldsymbol{H}_{\mathrm{i}} = H_{\mathrm{i}}\hat{\boldsymbol{x}} = \frac{4H_0b^2}{\mu_{\mathrm{r}}(b^2-a^2)+2(b^2+a^2)}\hat{\boldsymbol{x}} \tag{11-39}$$

$$\frac{H_0}{H_{\mathrm{i}}} = \frac{\mu_{\mathrm{r}}(b^2-a^2)+2(b^2+a^2)}{4b^2} \tag{11-40}$$

无限长磁性材料空心圆柱的壁厚 $t=b-a$，平均半径 $R=0.5(a+b)$，对于大半径薄壁长圆柱，即 $R\approx a\approx b$，式(11-40)可简化为

$$\frac{H_0}{H_i}=\frac{\mu_r 2Rt+4R^2}{4R^2}=1+\frac{\mu_r t}{2R} \tag{11-41}$$

从式(11-38)可求得无限长磁性材料圆柱管对静磁场的屏蔽效果的一般表示式为

$$SE=20\lg\left(\frac{H_0}{H_i}\right)=20\lg\left[\frac{(\mu^2+\mu_0^2)(b^2-a^2)+2\mu\mu_0(b^2+a^2)}{4\mu\mu_0 b^2}\right] \tag{11-42}$$

对于大半径和薄壁圆柱,式(11-42)简化为

$$SE=20\lg\left(1+\frac{\mu_r t}{2R}\right) \tag{11-43}$$

从式(11-37)可得出静磁场屏蔽的一个重要特性,当 $\mu_r=1$ 时,$H_i=H_0$,$SE=0$ dB,即空中存在 $\mu_r=1$ 的材料时对静磁场没有任何影响。因此由导体但非磁性材料例如铜构成的屏蔽结构对静磁场没有任何屏蔽作用。

同样可以解析地求出磁性材料做成的球壳对磁场的屏蔽效果。这时只须在球坐标系中用分离变量法解拉普拉斯方程,对于大半径薄壁球壳(壁厚为 t),可求得近似解

$$\frac{H_0}{H_i}=1+\frac{2\mu_r t}{3R} \tag{11-44}$$

$$SE=20\lg\frac{H_0}{H_i}=20\lg\left(1+\frac{2\mu_r t}{3R}\right) \tag{11-45}$$

对于任何形状的屏蔽结构难于求得其对静磁场的屏蔽效果的解析解,但可利用数值法求出其数值解。

2. 静电场的屏蔽

静电场的完全屏蔽似乎比较容易,通常认为良导体就能实现,例如一处在外加均匀电场中的无限长导体圆柱空心管,利用分离变量法可证明圆柱管内部的电场强度为零,感应电荷分布在管的外表面上。但静电场的屏蔽也并非如此简单,在实际情况下一些外部场能够进入屏蔽体内,屏蔽效果并不好,这种在工程实际中经常能够遇到的情况一般可以利用分布电容来解释。下面用具体例子加以说明。

如图 11-9 所示,A 和 B 为两平行导体,它们之间有一耦合电容 C_1,两导体对地的电容均为 C_g,如果在导体 A 上加一脉冲电压 U,则在导体 B 上将产生干扰电压 U_{B1},且

$$U_{B1}=\frac{UC_1}{C_g+C_1} \tag{11-46}$$

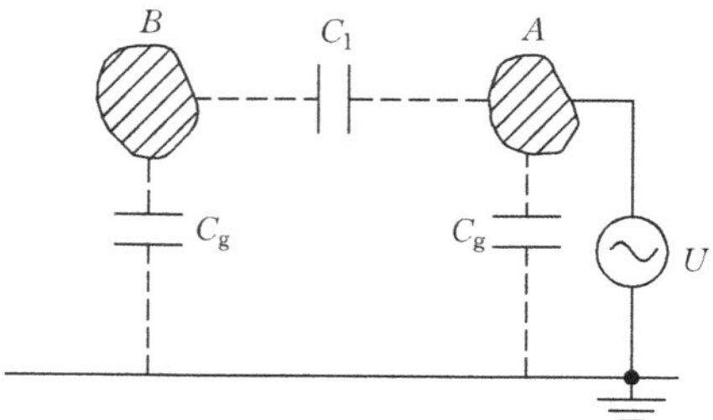

图 11-9　两导体间耦合电容造成的干扰

从式(11-46)可以看出,增加导体对地的电容 C_g 和减小相互间的耦合电容 C_1 可以使导体 B 上的干扰电压下降。为此,在导体 A 和 B 间插入一导体板,如图 11-10 所示。设 A,B 与导

体板的电容均为 C_2，且 $C_2=2C_1$，A 和 B 间的耦合电容为 C_{AB}。当插入的导体板接地时，如果在 A 导体上加一脉冲电压，则等效电路如图 11-11 所示。此时导体 B 上的干扰电压为 U_{B2}，且

$$U_{B2}=\frac{UC_{AB}}{C_{AB}+(C_g+C_2)} \tag{11-47}$$

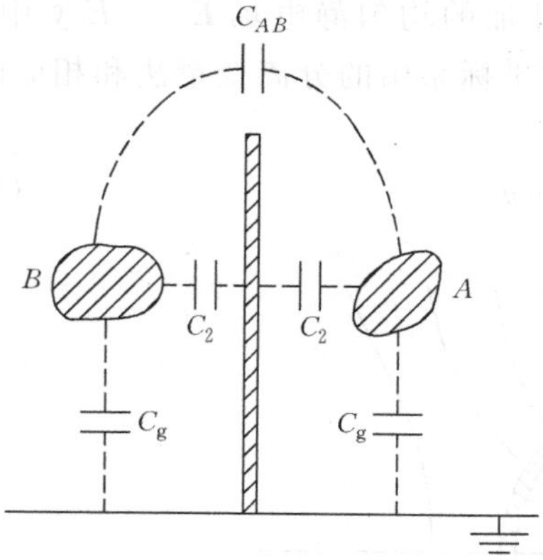

图 11-10　两导体间用导体板隔开

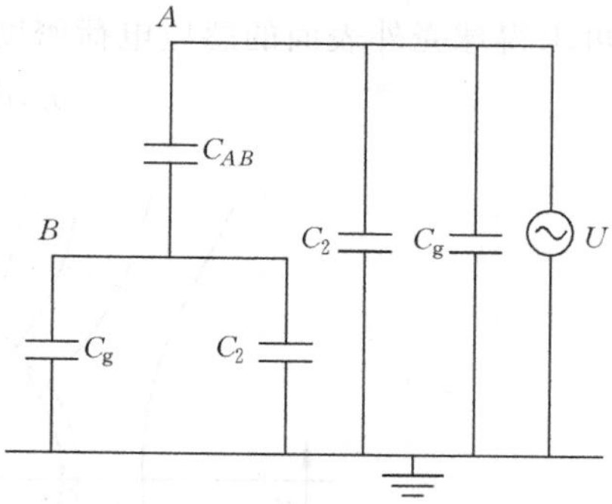

图 11-11　两导体间用接地导体板隔开后的等效电路

比较式(11-46)和式(11-47)，因为 $C_{AB}<C_1$，$C_{AB}+C_2>C_1$，所以 $U_{B2}<U_{B1}$。但如果插入的导体板不接地而悬浮着，则等效电路如图 11-12 所示，相对于 C_2，C_{AB} 可忽略，这时导体 B 上的干扰电压为

$$U_{B3}=\frac{0.5C_2U}{C_g+0.5C_2} \tag{11-48}$$

式(11-48)和式(11-46)的结果是一样的，所以如果在两导体间插入一不接地或接地不好的金属板是起不到屏蔽作用的。

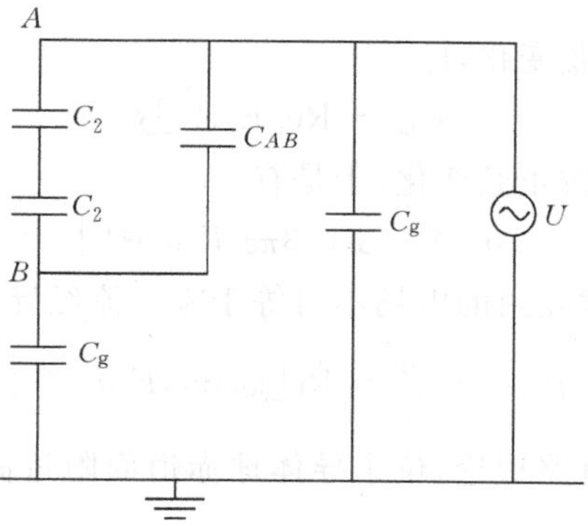

图 11-12　两导体间用悬浮的导体板隔开后的等效电路

11.6.2　屏蔽的等效电路模型

电路法最早是由 Wheeler 提出来的，随后许多学者做了很多工作。电路法最重要的特点是用它求得的屏蔽结构的屏蔽效果不仅包含了屏蔽结构材料和壁厚的影响，而且也考虑

了结构的整个几何尺寸和几何形状的影响。电路法是一种近似的方法，虽然低频和高频都能用，但用它来求低频情况下薄壁结构的屏蔽效果的精度较高。本小节以球壳为例讨论屏蔽的等效电路模型。分析的方法是让球壳先位于一个外加的均匀静场中，然后让外场随时间按正弦变化求出球壳中的感应电流，最后求出屏蔽效果。

1. 电场屏蔽

假定一外半径为 a 的薄壁导体球壳位于一个外加的均匀静电场 $\boldsymbol{E}_{0u}=E_0\hat{\boldsymbol{y}}$ 中（如图11-13所示），则在球表面上将产生感应电荷。利用球坐标系中的分离变量法和相应的边界条件，可求得球壳外表面的感应电荷密度为

$$\sigma_g(\theta)=3\varepsilon_0 E_0\cos\theta \tag{11-49}$$

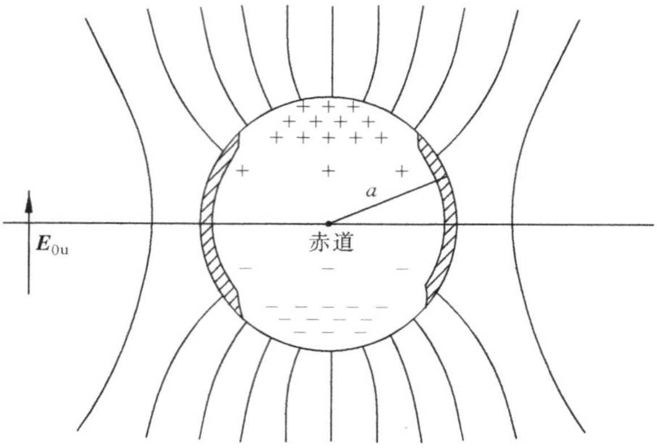

图 11-13　导体球壳上的电荷分布

在每个半球上对 $\sigma_g(\theta)$ 积分，求得每半球上总的电荷大小为

$$q=3\pi\varepsilon_0 E_0 a^2 \tag{11-50}$$

此时球壳内的电场强度为零。

当外加电场随时间按正弦变化，即

$$\boldsymbol{E}_{0u}=\mathrm{Re}[E_0\mathrm{e}^{\mathrm{j}\omega t}]\hat{\boldsymbol{y}} \tag{11-51}$$

则球壳表面的电荷也随时间按正弦变化，于是有

$$q(t)=\mathrm{Re}[3\pi\varepsilon_0 E_0 a^2\mathrm{e}^{\mathrm{j}\omega t}] \tag{11-52}$$

这时在导体中将形成电流，球壳内的电场不再等于零。流经导体球赤道面的电流是

$$i(t)=\frac{\partial q}{\partial t}=\mathrm{Re}[\mathrm{j}\omega 3\pi\varepsilon_0 E_0 a^2\mathrm{e}^{\mathrm{j}\omega t}] \tag{11-53}$$

先讨论低频情况，根据电路理论，位于导体球赤道面附近高度为 y（见图 11-14）的导体环上的压降为

$$U_y(t)=i(t)R_y \tag{11-54}$$

其中 R_y 是赤道环的电阻，且

$$R_y=\frac{y}{2\pi ad\sigma} \tag{11-55}$$

上式中，σ 是导体球壳的电导率，d 是导体球壳的厚度。将 $i(t)$ 和 R_y 的表示式代入式(11-54)求得

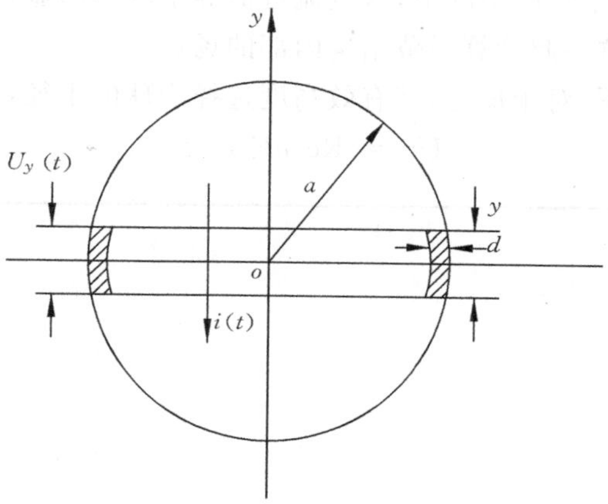

图 11-14　赤道环上的电压降

$$U_y(t) = \mathrm{Re}\left[\frac{\mathrm{j}\omega 3\varepsilon_0 a E_0 y}{2d\sigma}\mathrm{e}^{\mathrm{j}\omega t}\right] \tag{11-56}$$

因为球对称，在赤道面附近的等位面是平行于赤道面的，因此球心处的电场强度可近似地表示为

$$E_{\mathrm{i}} \approx \frac{U_y(t)}{y} = \mathrm{Re}\left[\frac{\mathrm{j}\omega 3\varepsilon_0 a E_0}{2d\sigma}\mathrm{e}^{\mathrm{j}\omega t}\right] \tag{11-57}$$

当频率足够高时，趋肤深度 δ 小于球壳的厚度 d，则大部分电流在靠近球外表面的地方流动，即由于趋肤深度的原因使赤道环的电阻增加。考虑到趋肤深度的影响，可以证明球壳内部中心的电场强度为

$$E_{\mathrm{i}} = \mathrm{Re}\left[\frac{\mathrm{j}\omega 3\sqrt{2}\,\varepsilon_0 a E_0}{\sigma\delta}\mathrm{e}^{-d/\delta}\mathrm{e}^{\mathrm{j}\omega t}\right] \tag{11-58}$$

其中

$$\delta = \sqrt{1/(\pi f \mu\sigma)}$$

按屏蔽效果的定义，由式(11-57)和式(11-58)可以求得薄导体球壳的电场屏蔽效果。

当频率较低，趋肤深度 δ 比球壳的厚度 d 大许多，即 $\delta \gg d$ 时

$$SE = 20\lg\left(\frac{E_0}{E_{\mathrm{i}}}\right) = 20\lg\left(\frac{2\sigma d}{3\varepsilon_0 a\omega}\right) \tag{11-59}$$

当频率较高，趋肤深度 δ 比球壳厚度 d 小许多，即 $d \gg \delta$ 时

$$SE = 20\lg\left(\frac{E_0}{E_{\mathrm{i}}}\right) = 20\lg\left(\frac{\sigma\delta\mathrm{e}^{d/\delta}}{3\sqrt{2}\,\varepsilon_0 a\omega}\right) \tag{11-60}$$

图 11-15 是按式(11-59)和式(11-60)计算的薄壁铝球壳(半径 $a=45$cm，壁厚 $d=1.2$mm)的屏蔽效果与频率的关系，铝的电导率 $\sigma=3.54\times10^7$ S/m，虚线部分是趋肤深度 δ 和球壁厚度 d 同数量级时的过渡区域。

在利用电路法计算球、椭球、长细棒和有关结构的屏蔽效果时，首先必须确定垂直流过相应结构对称等位面的，且由平行于其主轴的场引起的电流 $i(t)$。为此，通常在低频的情况下，将屏蔽结构视为一个长天线，该天线又被视为一个黑盒子网络，网络的开路电压等于外加电场强度 E_0 乘以结构的等效高度 h_e。其次决定网络的源阻抗并且用来计算流进等位面

的电流，在高导电率屏蔽结构的情况下，这电流近似等于网络的短路电流。最后利用这个电流与屏蔽结构的表面阻抗一起计算屏蔽结构内部的场。

在高导电率的情况下，对于球壳，其有效高度选择为球的半径，则开路电压是

$$U_{oc} = \mathrm{Re}[aE_0 e^{j\omega t}] \tag{11-61}$$

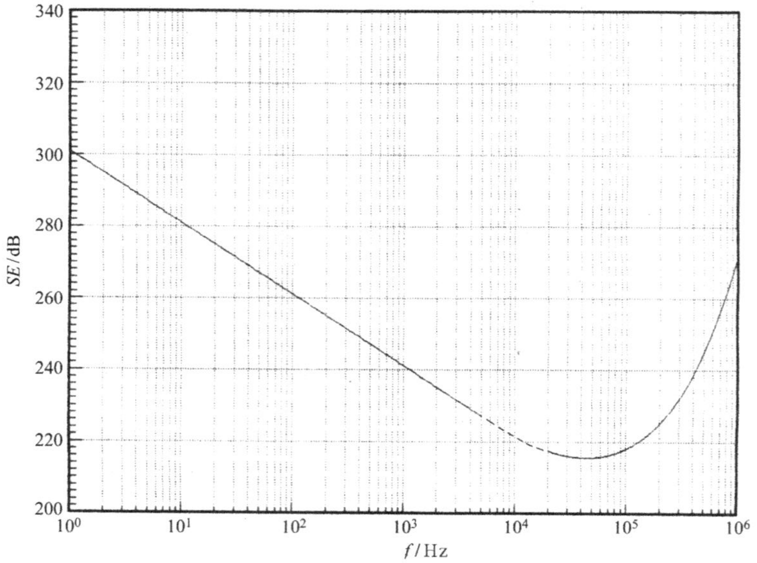

图 11-15　铝球壳对电场的屏蔽效果与频率的关系

式(11-53)可以重写成

$$i(t) = \mathrm{Re}\left[\frac{aE_0 e^{j\omega t}}{1/(j3\pi\varepsilon_0 a\omega)}\right] = \mathrm{Re}\left[\frac{aE_0 e^{j\omega t}}{1/(jC\omega)}\right] = \frac{U_{oc}(t)}{Z_s} \tag{11-62}$$

其中 $Z_s = 1/(j\omega C)$，$C = 3\pi\varepsilon_0 a$。所以对所选定的有效高度，源阻抗相当于一电容 C。基于式(11-61)、式(11-62)和式(11-55)，球壳屏蔽结构的低频等效电路当 $\delta \gg d$，$(2\sigma d)/(3\varepsilon_0) > \omega$ 时如图 11-16 所示。等效电路法和基于散射理论的精确解相比较，其误差约为±1dB。

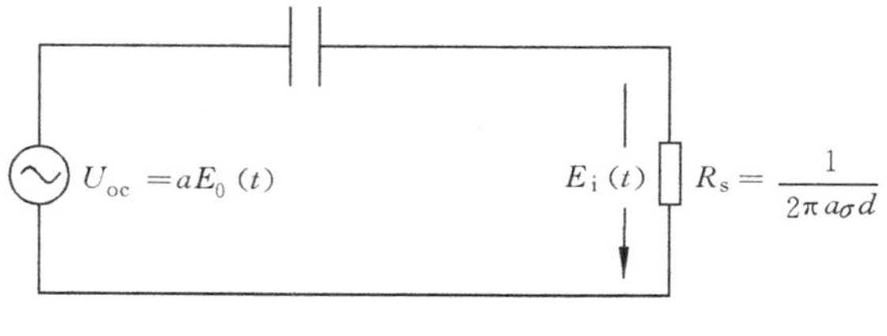

图 11-16　球壳屏蔽结构的低频等效电路

2. 磁场屏蔽

在 11.6.1 节中已经证明，当一个导体壳处在外加均匀磁场中时，如果导体是非磁性材料，则它对于静磁场没有屏蔽作用。当磁场随时间变化时将有感应电流在导体中流动，如图 11-17所示。感应电流的方向由其产生的新磁场来确定，该新磁场阻止外加磁场的变化，且越靠近外壁，电流密度越高。这表明对外加磁场，每一个屏蔽结构的电路特性可视为一具有电阻 R_s 和电感 L_s 的短路环，其等效电路表示在图 11-18 中。

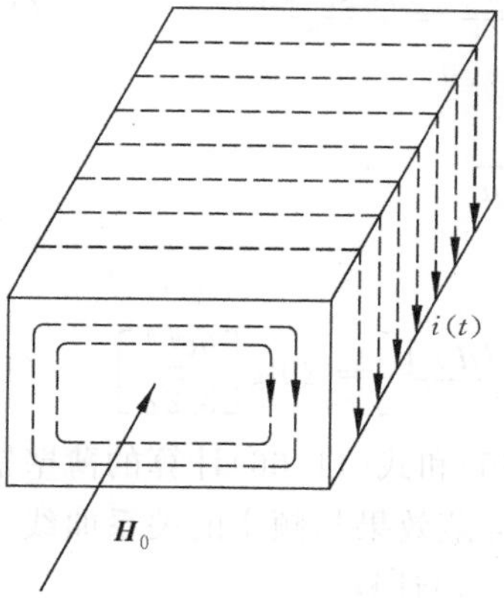

图 11-17　在外磁场作用下导体壳中的感应电流

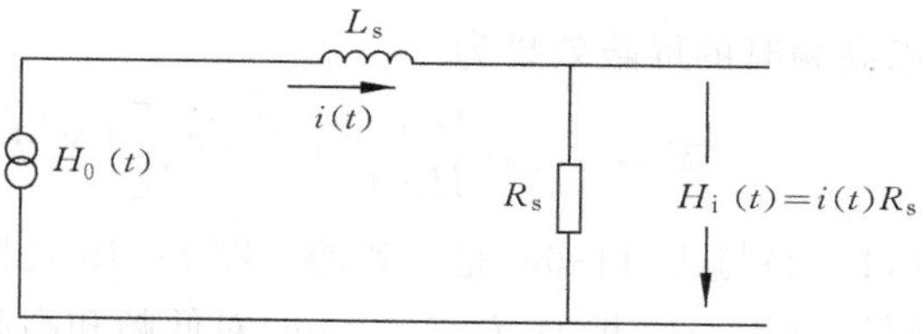

图 11-18　导体壳对磁场屏蔽的等效电路

Wheeler 给出了一球壳的 R_s 和 L_s，它们是

$$R_s = \frac{2\pi n^2}{3d\sigma} \tag{11-63}$$

$$L_s = \frac{2\pi\mu a n^2}{9} \tag{11-64}$$

其中 a 是球的外径，d 是壁厚，σ 是球的导电率，μ 是导磁率，n 是等效匝数，从图 11-18 可计算出低频时球壳对磁场的屏蔽效果是

$$\begin{aligned} SE &= 20\lg\left|\frac{H_0}{H_i}\right| = 20\lg\frac{|R_s + j\omega L_s|}{R_s} \\ &= 20\lg\frac{|(1/3d\sigma) + j\omega(\mu a/9)|}{(1/3d\sigma)} = 20\lg\left|1 + \frac{j\omega\mu a d\sigma}{3}\right| \end{aligned} \tag{11-65}$$

当频率较高时，$d \gg \delta$，$j\omega L_s \gg R_s$，导体球壳对磁场的屏蔽效果变成

$$SE = 20\lg\left[\frac{b e^{d/\delta}}{3\sqrt{2}\,\delta}\right] \tag{11-66}$$

式(11-65)和式(11-66)是导体球壳的屏蔽效果在低频和高频的近似表示式，它与导体球壳对磁场的屏蔽效果的严格解在低频和高频的渐近式是一致的。King 给出的严格解是

$$\frac{H_0(f)}{H_i(f)} = \frac{k^2 b^2[(1 + 3/(kb)^2)\mathrm{sh}(kd) + (3/kb)\mathrm{ch}(kd)]}{3ka} \tag{11-67}$$

其中 k 是球壁中的传播常数，$k^2 = j\omega\mu\sigma - \omega^2\varepsilon\mu$，$b$ 是球壁的内径。对低频，$\omega \to 0$，$kd \ll 1$，$\mathrm{sh}(kd) \to kd$，$\mathrm{ch}(kd) \to 1$。考虑薄壁的情况 $a \approx b$，则式(11-67)近似为

$$\frac{H_0(f)}{H_i(f)} \approx \frac{kb[(1 + 3/(kb)^2)kd + (3/kb)]}{3} = \frac{k^2 db + 3(1 + (d/b))}{3} \tag{11-68}$$

因为$(d/b) \ll 1$，$k^2 \approx j\omega\mu\sigma$，所以式(11-68)进一步简化为

$$\frac{H_0(f)}{H_i(f)} = 1 + \frac{k^2 da}{3} = 1 + \frac{j\omega\mu\sigma da}{3} \tag{11-69}$$

$$SE = 20\lg\left|\frac{H_0(f)}{H_i(f)}\right| = 20\lg\left|1 + \frac{j\omega\mu a\sigma d}{3}\right| \tag{11-70}$$

式(11-70)与式(11-65)是一致的。

对高频，$kd \gg 1$，$(3/kd) \ll 1$，$\mathrm{sh}(kd) \approx \mathrm{ch}(kd)$，则式(11-67)近似为

$$\frac{H_0(f)}{H_i(f)} \approx \frac{k^2b^2[\mathrm{sh}(kd)+(3/kb)\mathrm{sh}(kd)]}{3ka} = \frac{kb\,\mathrm{sh}(kd)}{3} \tag{11-71}$$

因为

$$k = \sqrt{\mathrm{j}\omega\sigma\mu} = \frac{1+\mathrm{j}}{\sqrt{2}}\sqrt{\omega\sigma\mu}$$

所以高频时的屏蔽效果为

$$SE = 20\lg\left|\frac{H_0(f)}{H_i(f)}\right| = 20\lg\left[\frac{b\sqrt{2\pi f\sigma\mu}\ |\mathrm{sh}(kd)|}{3}\right] = 20\lg\left[\frac{b\mathrm{e}^{d/\delta}}{3\sqrt{2}\delta}\right] \tag{11-72}$$

式(11-72)与式(11-66)是一致的。图 11-19 是按式(11-65)和式(11-66)计算的薄壁铝球壳(半径 $a=45$ cm,壁厚 $d=1.2$ mm)对低频和高频磁场的屏蔽效果与频率的关系曲线。频率从 1kHz 至 100kHz 这一段的屏蔽效果应按精确公式(11-67)计算。

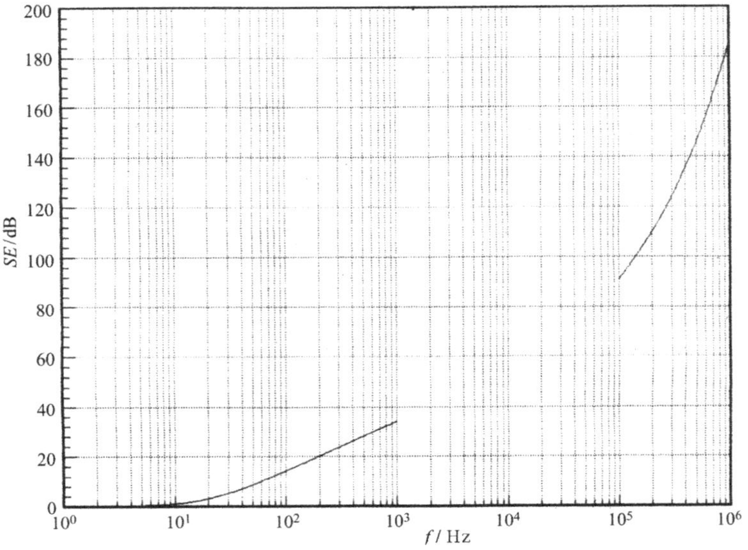

图 11-19　铝球壳对磁场的屏蔽效果与频率的关系

11.6.3　屏蔽的平面波或传输线模型

屏蔽的平面波模型最早由 Schelkunoff 提出,它特别适用于屏蔽结构的尺寸比干扰场的波长大许多且干扰源和屏蔽体之间距离相对较大的情形。该方法进一步由 Schultz 发展应用到源和屏蔽结构间距离较近或干扰源的波长比屏蔽结构的尺寸大的情况。但这一推广并不总是正确,并且计算得出的屏蔽效果总比实际测试的结果要好。

下面利用平面波(传输线)模型研究导体平板的屏蔽效果。如图 11-20 所示,厚度为 L 的导体平板波阻抗为 Z_2,其左边媒质的波阻抗为 Z_1,右边的波阻抗为 Z_3。设一均匀平面波垂直投射到屏蔽板上,投射波的电场和磁场分别为 $\boldsymbol{E}_i$ 和 $\boldsymbol{H}_i$,在屏蔽板的两边界面处将产生多次反射,因而在屏蔽板中形成驻波。投射波透过屏蔽板后,在右半空间的透射场为 $\boldsymbol{E}_t$ 和 $\boldsymbol{H}_t$,根据第 7 章中讨论的多层媒质的反射和折射的结果可求得磁场的透射系数为

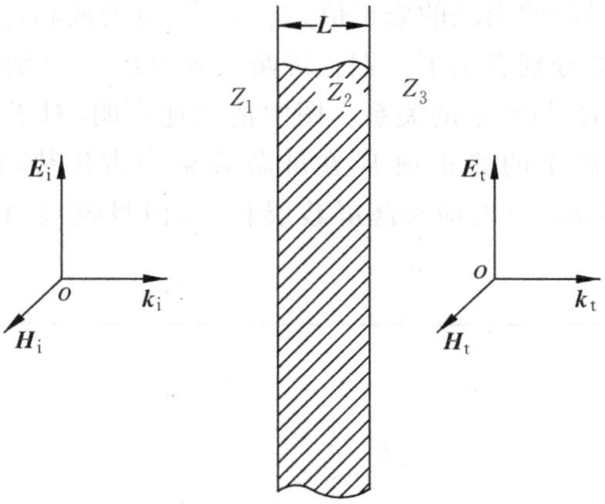

图 11-20　屏蔽的平面波模型

$$W_H = P_H(1 - Q_H e^{-2\gamma L})^{-1} e^{-\gamma L} \tag{11-73}$$

其中 $\gamma=\alpha+j\beta$ 是屏蔽板中的传播常数，对于强损耗媒质（良导体）

$$\alpha \approx \beta \approx \sqrt{\pi \mu f \sigma} \tag{11-74}$$

其中 f 是频率，σ 是屏蔽板的导电率，μ 是导磁率，而

$$P_H = \frac{4Z_1 Z_2}{(Z_1 + Z_2)(Z_2 + Z_3)} \tag{11-75}$$

$$Q_H = \frac{(Z_1 - Z_2)(Z_3 - Z_2)}{(Z_1 + Z_2)(Z_2 + Z_3)} \tag{11-76}$$

类似可求得电场的透射系数 W_E。通常 $Z_1=Z_3=Z_0$（Z_0 是空气的波阻抗），则电场的透射系数与磁场的透射系数相等，即 $W_E=W_H=W$，此时

$$W = P(1 - Q e^{-2\gamma L})^{-1} e^{-\gamma L} \tag{11-77}$$

其中

$$P = \frac{4Z_0 Z_2}{(Z_0 + Z_2)^2} = \frac{4\eta}{(\eta + 1)^2}$$

$$Q = \frac{(Z_0 - Z_2)^2}{(Z_0 + Z_2)^2} = \frac{(\eta - 1)^2}{(\eta + 1)^2}$$

式中

$$\eta = \frac{Z_0}{Z_2}$$

按定义，总的屏蔽效果

$$\begin{aligned} SE &= -20\lg|W| = 20\lg|e^{\gamma L}| + 20\lg|1 - Q e^{-2\gamma L}| - 20\lg|P| \\ &= A + B + R \end{aligned} \tag{11-78}$$

其中

$$A = 20\lg|e^{\gamma L}| = 8.686\alpha L \tag{11-79}$$

$$B = 20\lg\left|1 - \frac{(\eta - 1)^2}{(\eta + 1)^2} e^{-2\gamma L}\right| \tag{11-80}$$

$$R = -20\lg|P| = 20\lg\left|\frac{(\eta + 1)^2}{4\eta}\right| \tag{11-81}$$

A 代表屏蔽导体中的吸收损耗，R 代表屏蔽导体两边界面处的反射引起的反射损耗，B 代表

屏蔽导体中由多次反射引起的损耗的修正值，其值总是负的或趋近于零。

图 11-21 和图 11-22 分别表示了一铜板屏蔽层其厚度 L 分别为 10^{-6}m 和 10^{-3}m 时式(11-78)中的各项(A,B,R)与频率的关系。图中清楚地表明，对于薄的屏蔽层($L=10^{-6}$m)反射损耗 R 和多次反射产生的修正项 B 在屏蔽效果中占优势，而对于厚的屏蔽层($L=10^{-3}$m)，修正项 B 可以忽略，反射项与薄屏蔽层相同，但吸收项 A 随着频率的升高对屏蔽效果的贡献越来越大。

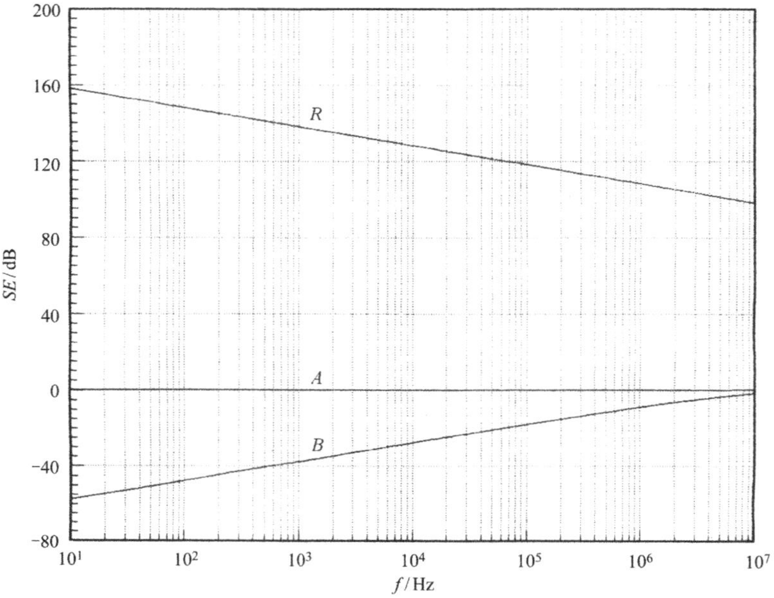

图 11-21　厚度为 10^{-6}m 的铜屏蔽层的屏蔽效果中的各项(A,B,R)随频率的变化关系

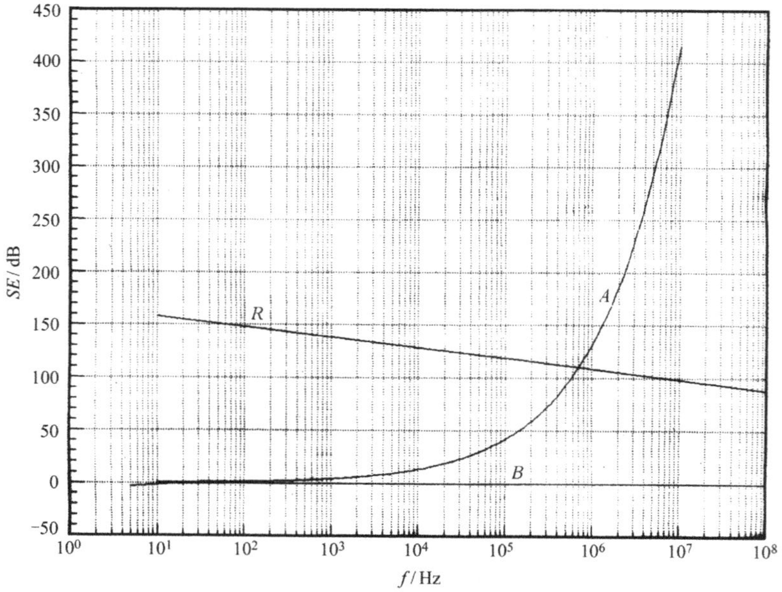

图 11-22　厚度为 10^{-3}m 的铜屏蔽层的屏蔽效果中的各项(A,B,R)随频率的变化关系

有时为了提高屏蔽效果，采用由空气隔开的双层屏蔽，如图 11-23 所示。设两导体板的波阻抗分别是 Z_{w1} 和 Z_{w3}，板厚为 L_1 和 L_3，中间空气隔层的波阻抗是 Z_0，间隔为 L_2，$\gamma_2=j\beta_0=j2\pi/\lambda$。利用前述单层的结果，两层的屏蔽效果仍由 A，B 和 R 三项组成，分别为

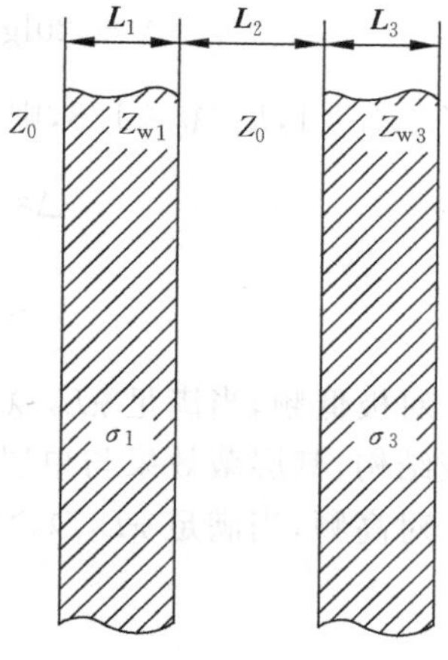

图 11-23　双层金属屏蔽

$$A=8.686(\alpha_1 L_1+\alpha_3 L_3) \tag{11-82}$$

$$\begin{aligned}R=&-20\lg|P|=20\lg\frac{|1+Z_{w1}/Z_0|}{2}\\&+20\lg\frac{|1+Z_0/Z_{w1}|}{2}+20\lg\frac{|1+Z_{w3}/Z_0|}{2}\\&+20\lg\frac{|1+Z_0/Z_{w3}|}{2}\end{aligned} \tag{11-83}$$

$$\begin{aligned}B=&20\lg|1-Q_1 e^{-2\gamma_1 L_1}|+20\lg|1-Q_2 e^{-j2\beta_0 L_2}|\\&+20\lg|1-Q_3 e^{-2\gamma_3 L_3}|\end{aligned} \tag{11-84}$$

其中

$$\alpha_1=\sqrt{\pi\mu f\sigma_1},\quad \alpha_3=\sqrt{\pi\mu f\sigma_3}$$

$$P=\frac{16Z_0^2 Z_{w1}Z_{w3}}{(Z_0+Z_{w1})^2(Z_0+Z_{w3})^2}$$

$$Q_1=\frac{(Z_{w1}-Z_0)(Z_{w1}-Z_{L1})}{(Z_0+Z_{w1})(Z_0+Z_{L1})}$$

$$Q_2=\frac{(Z_0-Z_{w1})(Z_0-Z_{L2})}{(Z_0+Z_{w1})(Z_0+Z_{L2})}$$

$$Q_3=\frac{(Z_{w3}-Z_0)^2}{(Z_{w3}+Z_0)^2}$$

上述式中

$$Z_{L1}=Z_0\frac{Z_{L2}\cos(\beta_0 L_2)+jZ_0\sin(\beta_0 L_2)}{Z_0\cos(\beta_0 L_2)+jZ_{L2}\sin(\beta_0 L_2)}$$

$$Z_{L2}=Z_{w3}\frac{Z_0\,\mathrm{ch}(\gamma_3 L_3)+jZ_{w3}\,\mathrm{sh}(\gamma_3 L_3)}{Z_{w3}\,\mathrm{ch}(\gamma_3 L_3)+jZ_0\,\mathrm{sh}(\gamma_3 L_3)}$$

当两金属板采用相同的材料和具有相同的厚度时

$$\gamma_1 L_1=\gamma_3 L_3=\gamma L,\quad Z_{w1}=Z_{w3}=Z_w$$

则式(11-82)～式(11-84)变成

$$A=2\times 8.686\alpha L \tag{11-85}$$

$$R=2\times\left[20\lg\frac{|1+(Z_w/Z_0)|^2}{4|Z_w/Z_0|}\right] \tag{11-86}$$

$$\begin{aligned}B=&20\lg|1-Q_1 e^{-2\gamma L}|+20\lg|1-Q_2 e^{-j2\beta_0 L_2}|\\&+20\lg|1-Q_3 e^{-2\gamma L}|\end{aligned} \tag{11-87}$$

将式(11-79)～式(11-81)与式(11-85)～式(11-87)进行比较可以看出，当每块金属板的厚度相同时，双屏蔽层的吸收损耗 A 和反射损耗 R 是单层屏蔽的两倍，但由多次反射引起的修正项 B 则不是简单的两倍关系。为了比较单层和双层的屏蔽效果，设单层的厚度 L 和双层的总厚度 L_1+L_3 相等，屏蔽效果分别为 SE_1 和 SE_2，两者的屏蔽效果之差设为 Δ，即

$$\Delta=SE_2-SE_1 \tag{11-88}$$

两者的屏蔽效果中的吸收损耗 A 项是一样的，但双层的反射损耗项 R 是单层的两倍，修正

项 B 也不同，将式(11-79)～式(11-81)和式(11-85)～式(11-87)代入式(11-88)后得

$$\Delta = 20\lg \frac{|1+(Z_w/Z_0)|^2}{4|Z_w/Z_0|} + 20\lg|1-Q_2 e^{-j2\beta_0 L_2}| \tag{11-89}$$

设 $Z_w/Z_0 \ll 1, L_2/\lambda_0 \ll 1/8$，则

$$\begin{aligned}\Delta &\approx -20\lg\left|\frac{4Z_w}{Z_0}\right| + 20\lg\left|\frac{4Z_w}{Z_0} + j\frac{4\pi L_2}{\lambda_0}\right| \\ &\approx 20\lg\left|1 + j\frac{\pi L_2 Z_0}{\lambda_0 Z_w}\right| \end{aligned} \tag{11-90}$$

对极低频，当满足 $\pi L_2/\lambda_0 \ll |Z_w/Z_0|$ 时，有 $\Delta = 0$，即总厚度与单层屏蔽结构相同的双层屏蔽结构，其屏蔽效果与单层的是一样的。

对高频，当满足 $\pi L_2/\lambda_0 \gg |Z_w/Z_0|$ 时，有

$$\Delta \approx 20\lg\left[\frac{\pi L_2}{\lambda_0}\left|\frac{Z_0}{Z_w}\right|\right] \tag{11-91}$$

例如 $L_2=2.54$ cm，$f=1$MHz，若屏蔽结构的材料为铜，$\sigma=5.80\times10^7$ S/m，则总厚度相同的双层屏蔽比单层屏蔽的屏蔽效果好 49dB。

最后需要指出的是，平面波模型预测的屏蔽效果比从实际的屏蔽室测得的要好得多，当干扰场中占优势的场是磁场(低阻抗场)时，平面波模型预测的屏蔽效果的误差在 $f=10$Hz 时可高达 160dB，这是因为平面波模型的条件在实际情况下是很难满足的。

11.6.4 平面波模型推广到非理想屏蔽结构

由于实际情况中干扰场并不是以平面波的形式投射到屏蔽结构上，因此平面波模型的应用受到限制，预测的屏蔽效果尤其在低频误差较大。为了使平面波模型能推广应用到实际的屏蔽结构，作如下的假定。

(1) 设屏蔽结构是一球形，干扰源(短线天线和小圆环天线)位于其中心，则干扰源产生的电磁场分量 E_θ 和 H_ϕ 将与球表面相切，与屏蔽体的半径无关。对于源激励的、垂直投射到屏蔽体上的球面波，其阻抗 $Z_1=E_\theta/H_\phi$(近场阻抗)在球面上各点是一样的。

(2) 球面波进入屏蔽体后将被视为平面波，因此这时屏蔽体的阻抗是平面波的波阻抗 Z_2。这一假定对良导体构成的屏蔽结构和实际情况是非常接近的。因为良导体中波传播的相移常数 β 和波长 λ 分别为

$$\beta = \sqrt{\pi\mu f\sigma}$$

$$\lambda = 2\pi/\beta = 2\pi/\sqrt{\pi f\mu\sigma} = 2\pi\delta$$

其中 δ 为趋肤深度，即良导体中的波长比空气中的波长小得多，因此对大多数的实际屏蔽体，其屏蔽半径 r 比屏蔽体内的波长大得多。

(3) 电磁波离开屏蔽体后，设仍是在上面(1)中的波阻抗中传播，即认为屏蔽体的厚度 L 比屏蔽体的半径 r 小许多。

在上述假设条件下，11.6.3 节中导出的方程可用来计算球屏蔽体的屏蔽效果，此时式(11-80)和式(11-81)中的

$$\eta = \frac{Z_1}{Z_2} \tag{11-92}$$

对于电场(短线天线模型)

$$Z_1 = \frac{Z_0 \lambda_0}{2\pi r} = \frac{Z_0 c}{2\pi r f} \quad \left(r \ll \frac{c}{2\pi f}\right) \tag{11-93}$$

对于磁场(小圆环天线模型)

$$Z_1 = \frac{Z_0 2\pi r}{\lambda_0} = \frac{Z_0 2\pi r f}{c} \quad \left(r \ll \frac{c}{2\pi f}\right) \tag{11-94}$$

以上二式中,c 是空气中的光速。

当 $r \gg c/2\pi f$ 时,无论是电场和磁场,$Z_1 = Z_0 = 120\pi\ \Omega$。而良导体构成的屏蔽体中的波阻抗是

$$Z_2 = \sqrt{\frac{\pi f \mu}{\sigma}}(1+\mathrm{j}) \tag{11-95}$$

将式(11-92)中的 η 代入式(11-79)~式(11-81)可求得球屏蔽体的屏蔽效果。图 11-24 中表示了半径 $r=1\text{m}$,厚度 $L=1\text{mm}$,材料为铜的球体采用近场阻抗后,按式(11-79)~式(11-81)

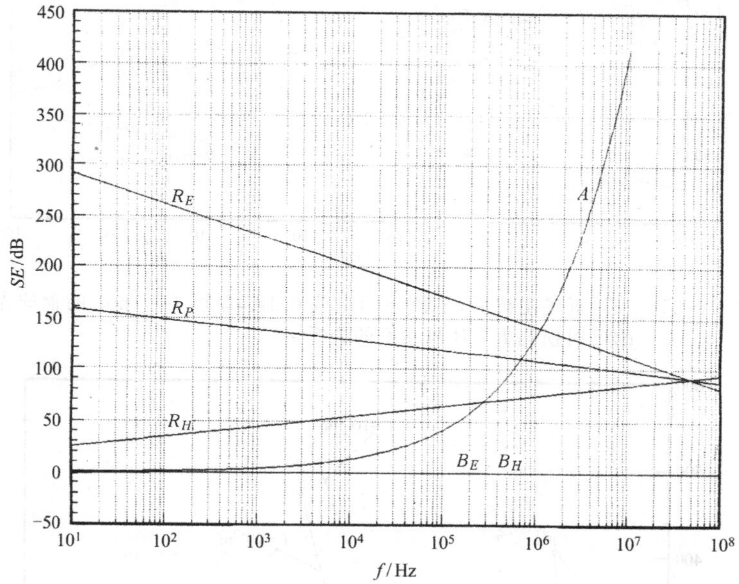

图 11-24　采用近场阻抗后,半径 $r=1\text{m}$,厚度 $L=1$ mm 的铜球壳的屏蔽效果中的各项随频率的变化关系

计算的屏蔽效果中的各项,其中 R_E,B_E 是高阻抗场的反射损耗,R_H,B_H 是低阻抗场的反射损耗,R_P 是平面波的反射损耗,A 是吸收损耗。从图中可以看出,在高频,吸收损耗 A 是主要的。在低频,波阻抗起主要作用,反射损耗 R 是主要的。$r=1\text{m}$,$f=100\text{Hz}$ 时,按式(11-93)计算的高阻抗场的 $Z_1=1.8\times10^8\ \Omega$,按式(11-94)计算的低阻抗场的 $Z_1=7.9\times10^{-4}\ \Omega$,而按式(11-95)计算的屏蔽体的波阻抗 $|Z_2|=3.7\times10^{-6}\ \Omega$。从这些数据可以看出,在低频,高阻抗场(电场)的阻抗与屏蔽体的波阻抗严重失配,所以反射损耗 R_E 大,而低阻抗场(磁场)的阻抗与屏蔽体的波阻抗相对比较接近,反射损耗 R_H 较小,因此低频磁场屏蔽十分困难。因为近场的波阻抗 Z_1 与干扰源和屏蔽体的距离 r 有关,因此屏蔽效果 SE 也与距离 r 有关。图 11-25中的曲线代表了 $r=1\text{m}$,0.1m 和厚度 $L=10^{-3}$ m 的铜球的反射损耗($R+B$)与频

率的关系，其中$(R+B)_E|_{r=1}$和$(R+B)_E|_{r=0.1}$代表高阻抗场的总的反射损耗，$(R+B)_H|_{r=1}$和$(R+B)_H|_{r=0.1}$代表低阻抗场的总的反射损耗，$(R+B)_P$代表平面波总的反射损耗。从图中可以看出，对磁场屏蔽而言，源和屏蔽体的距离r大，则屏蔽效果好一些，而对电场却正好相反。图中还表明高阻抗场比平面波容易屏蔽，而低阻抗场比平面波难屏蔽。图11-26中给出了$r=1\text{m}, L=10^{-6}\text{m}, 10^{-3}\text{m}$两种情况下$SE=A+B+R$与频率关系的计算曲线。

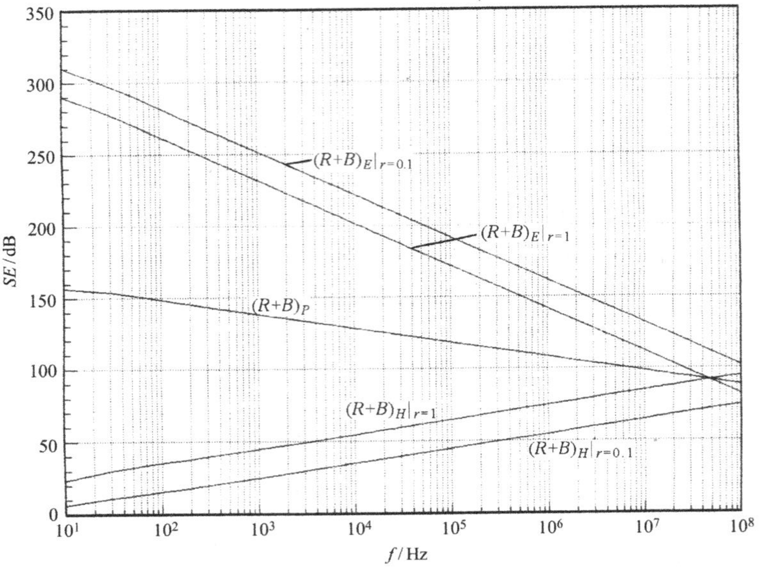

图 11-25 采用近场阻抗后，半径$r=1\text{m}$或0.1m，厚度$L=1\text{mm}$的铜球壳的反射损耗$R+B$与频率的关系

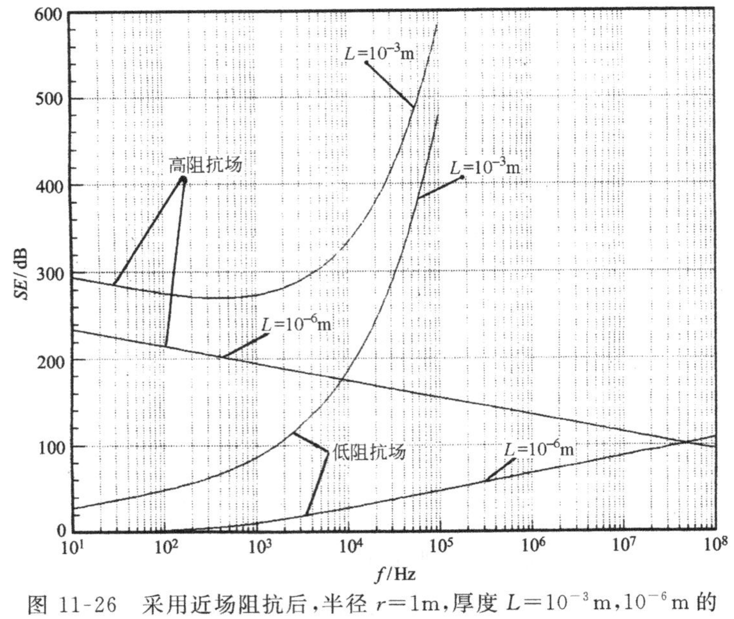

图 11-26 采用近场阻抗后，半径$r=1\text{m}$，厚度$L=10^{-3}\text{m}, 10^{-6}\text{m}$的两个铜球壳的总的屏蔽效果与频率的关系

习　题

11-1　利用分离变量法导出大半径薄壁球壳对恒定磁场的屏蔽效果 SE 的表示式(11-45)。

11-2　一薄导体球壳位于一外加的均匀电场 $\boldsymbol{E}_{0u}=E_0\hat{\boldsymbol{y}}$ 中,证明球壳外表面的感应电荷密度为 $\sigma_g=3\varepsilon_0 E_0\cos\theta$。

11-3　如图 11-13 所示,一薄导体球壳位于一外加的电场 $\boldsymbol{E}_{0u}=E_0\cos(\omega t)\hat{\boldsymbol{y}}$ 中,证明当考虑趋肤深度的影响时,球壳内部中心处的电场强度为

$$E_i = \mathrm{Re}\left[\frac{\mathrm{j}\omega 3\sqrt{2}\varepsilon_0 a E_0}{\sigma\delta}\mathrm{e}^{-d/\delta}\mathrm{e}^{\mathrm{j}\omega t}\right]$$

上式即式(11-58),其中

$$\delta = \sqrt{1/(\pi f\mu\sigma)}$$

11-4　设导体球壳的外半径为 a,壁厚为 d,导电率为 σ,利用表示在图 11-18 中的导体球壳的等效电路和式(11-63)及式(11-64)计算低频和高频时球壳的屏蔽效果 SE。

11-5　利用传输线模型导出双层金属屏蔽板(参看图 11-23)的屏蔽效果中的表示式(11-82)、式(11-83)和式(11-84)。

参考书目

[1] 林德云,李国定. 电磁场理论基础. 北京:清华大学出版社,1990
[2] Young E C. Vector and Tensor Analysis. New York: Dekker,1973
[3] 方能航. 电磁理论导引. 北京:科学出版社,1986
[4] 包德修,罗耀煌. 静电场的分析与解法. 昆明:云南人民出版社,1984
[5] Stratton J A. Electromagnetic Theory. McGraw-Hill Book Company,1941
[6] Jackson J D. Classical Electrodynamics. 2nd ed. John Wiley & Sons,1975
[7] Cook D M. The Theory of the Electromagnetic Field. Prentice-Hall Inc. ,1975
[8] Zahn M. Electromagnetic Field Theory. John Wiley & Sons,1979
[9] Wangsness R K. Electromagnetic Fields. John Wiley & Sons,1979
[10] Tai C T. Dyadic Green's Function in Electromagnetic Theory. Scranton: Intex Educationa Pub. ,1971
[11] 斯廷逊 D C. 电磁学中的数学. 王昌曜,刘天惠,译. 北京:国防工业出版社,1982
[12] 劳兰 P,考森 D R. 电磁场与电磁波. 陈成钧,译. 北京:人民教育出版社,1980
[13] 李润旗,李国定,陈兆清. 微波电路 CAD 软件应用技术. 北京:国防工业出版社,1996
[14] Seely S, Poularikas A D. Electromagnetics. Marcel Dekker Inc. ,1979
[15] Kraus J D. Electromagnetics. 3rd ed. McGraw-Hill Book Company,1984
[16] Brekhovskikh L M. Waves in Layered Media. 2nd ed. New York: Academic Pr. ,1980
[17] Moon P, Spencer D E. Field Theory Handbook. 2nd ed. Berlin: Springer,1971
[18] Chatterton Paul A, Houlden Michael A. EMC Electromagnetic Theory to Practical Design. John Wiley & Sons,1991
[19] 高本庆. 时域有限差分法. 北京: 国防工业出版社,1995
[20] Christos Christopoulos. Principles and Techniques of Electromagnetic Compatibility. CRC Press, Inc. ,1995
[21] 盛剑霓. 工程电磁场数值方法. 西安:西安交通大学出版社,1991
[22] Wadell B C. Transmission Line Design Handbook. Artech House,1991
[23] 吴志忠,杜忠顺. 电磁场工程中的场与波. 南京:东南大学出版社,1992